Wölfel

Theoretische Physik
Band 1
Walter Greiner
Mechanik Teil 1

Walter Greiner

Theoretische Physik

Band 1: Mechanik, Teil 1
Band 2: Mechanik, Teil 2
Band 3: Elektrodynamik
Band 4: Quantenmechanik, Teil 1: Einführung
Band 5: Quantenmechanik, Teil 2: Symmetrien
Band 6: Relativistische Quantenmechanik, Wellengleichungen
Band 7: Quantenelektrodynamik
Band 8: Eichtheorie der schwachen Wechselwirkung
Band 9: Thermodynamik und Statistische Mechanik
Band 10: Quantenchromodynamik

Ergänzungsbände

Band 2 A: Hydrodynamik
Band 3 A: Spezielle Relativitästheorie
Band 4 A: Quantentheorie, Spezielle Kapitel
Band 7 A: Feldquantisierung

In Vorbereitung:

Physik der Elementarteilchen, Theoretische Grundlagen
Modelle der Elementarteilchen
Kernmodelle
Quantenstatistik
Allgemeine Relativitästheorie und Gravitation

Theoretische Physik

Band 1

Walter Greiner

Mechanik

Teil 1

Ein Lehr- und Übungsbuch

Mit zahlreichen Abbildungen, Beispielen und Aufgaben mit ausführlichen Lösungen

6., überarbeitete Auflage 1993

Verlag Harri Deutsch

Professor Dr. rer. nat. Dr. h. c. mult. Walter Greiner ist Direktor des Instituts für Theoretische Physik der Universität Frankfurt am Main

Die Deutsche Bibliothek – CIP-Einheitsaufnahme

Theoretische Physik. – Thun ; Frankfurt am Main : Deutsch

Bd. 1. Mechanik.
Teil 1. – 6., überarb. Aufl. – 1993

Mechanik / Walter Greiner. – Thun ; Frankfurt am Main : Deutsch

NE: Greiner, Walter

Teil 1. – 6., überarb. Aufl. – 1993
(Theoretische Physik ; Bd. 1)
ISBN 3-8171-1267-X

6., überarbeitete Auflage

ISBN 3-8171-1267-X

Vorwort

Das vorliegende Buch ist der erste Band einer mehrbändigen Reihe zur theoretischen Physik, die den Stoff der Kursvorlesungen, wie sie an der Universität Frankfurt seit 1965 gehalten werden, abdeckt. Damals haben die Frankfurter Physiker beschlossen, die Ausbildung in ihrem Fach gründlich zu modernisieren. Vor allem zusammen mit den Professoren Bilz, Martienssen, Schopper, Süßmann und später auch Fulde, Thomas, Dreizler, Scheid und Jelitto, wurde konsequent die Neuordnung des Physikstudiums durchgeführt und – als Voraussetzung dafür – der Vorlesungsbeginn für die theoretische Physik vom dritten in das erste Semester vorverlegt.

Das Thema der ersten beiden Vorlesungen vor dem Vordiplom ist die Mechanik, das der beiden anderen Elektrodynamik und Einführung in die Quantenmechanik. Die Besonderheit dieses Kurses liegt, wie oben gesagt, im Beginn mit der Ausbildung in theoretischer Physik im ersten Semester, was anfangs eine Neuheit war, mittlerweile in Frankfurt aber zur Tradition geworden ist. Die Einführung in die theoretische Physik im ersten Semester macht es notwendig, die erforderliche Mathematik in der Vorlesung mitzubehandeln. Der erste Teil dieses Buches beschäftigt sich daher ausschließlich mit den grundlegenden Begriffen der Vektorrechnung; auch in den folgenden Bänden wird immer die erforderliche Mathematik im Zusammenhang mit den physikalischen Anwendungen erläutert. Diesem Zwecke dienen auch zahlreiche Übungsaufgaben mit ihren zumeist ausführlichen Lösungen. Dem Leser wird vorgeschlagen, eine selbständige Lösung der Aufgaben zu versuchen und den gegebenen Lösungsweg nur zu verwenden, um über unüberwindlich scheinende Schwierigkeiten hinwegzukommen.

Die Vorlesungsreihe existierte für mehrere Jahre in der Form von Skripten, die vom Institut für Theoretische Physik für die Studenten herausgegeben wurden. Der Umfang der Skripten und ihre Auflage hat allerdings derart zugenommen, daß der Aufwand die Möglichkeiten des Instituts übersteigt. Aus dieser Situation heraus haben wir uns entschlossen, eine überarbeitete Version der Skripten in der vorliegenden Form herauszugeben.

Die erste Zusammenstellung der Skripten wurde von Dr. B. Fricke mit Hilfe der Studenten M. Bundschuh, E. Stämmler, L. Kohaupt, E. Hoffmann, H. Betz, H.J. Scheefer, R. Fickler, G. Binnig[1] , C. von Charzewski, R. Zimmermann, R. Mörschel, B. Moreth, B. Müller[2], N. Krug, J. von Czarnecki und H. Schaller vorgenommen. Bei der nach drei Jahren folgenden Neufassung waren vor allen die Studenten W. Betz, H.R. Fiedler, P. Kurowski, J. Reinhardt, M. Soffel, K.E. Stiebing und J. Wagner beteiligt.

[1]Gerd Binnig erhielt 1986 für die Entwicklung des Raster-Tunnel-Mikroskopes zusammen mit H. Rohrer und E. Ruska den Nobelpreis für Physik. Er ist jetzt IBM-Fellow und Professor an der Universität in München.

[2]Jetzt Professor of Physics an der Duke University in Durham, North Carolina (USA).

Bei ihnen allen bedanken wir uns an dieser Stelle besonders. Ebenso gilt unser Dank den Damen M. Knolle, R. Lasarzig, B. Utschig und Herrn G. Terlecki für ihre Hilfe bei der Anfertigung des Manuskripts.

Frankfurt am Main, Januar 1974

Walter Greiner
Herbert Diehl

Vorwort zur 2. Auflage

Die Vorlesungen zur Theoretischen Physik haben viele Freunde gefunden, so daß eine Neuauflage notwendig wurde. Dies gab uns Gelegenheit, die zahlreichen Druck- und Flüchtigkeitsfehler der ersten Auflage zu eliminieren und gleichzeitig notwendig erscheinende didaktische und sachliche Verbesserungen vorzunehmen. Besonders die Kapitel über das Planetensystem und seine Umgebung und über spezielle Relativitätstheorie wurden beträchtlich erweitert. Dies sind Themen, die vor allem junge Physiker sehr faszinieren. Wegen ihrer mathematischen Einfachheit eignen sie sich besonders für das 1. Semester. Teilweise wurden sehr ausführlich gehaltene Diskussionen über spezielle, interessante, recht originelle Fragen, wie z.B. über das sichtbare Erscheinen bewegter Körper nach der Newtonschen und nach der Relativitätstheorie als Vertiefungsstoff aufgenommen. Wir hoffen, daß somit die Vorlesungen gewinnen.

Wie bei der ersten Auflage bedanken wir uns auch diesmal besonders bei Frau R. Lasarzig, Frau B. Utschig und Herrn G. Terlecki für ihre ständige Hilfe bei der Neubearbeitung.

Frankfurt am Main, August 1976

Walter Greiner

Vorwort zur 3. Auflage

Wir freuen uns über die Beliebtheit der Vorlesungen zur Theoretischen Physik. Die erneute Auflage gab uns die Möglichkeit zur Überarbeitung und Ergänzung. Zahlreiche neue Beispiele und ausgearbeitete Aufgaben wurden aufgenommen. Sie sind durch Petit-Druck gekennzeichnet. Darüber hinaus haben wir biographische und geschichtliche Fußnoten eingeführt. Wir danken dem Verlag Harri Deutsch und dem Verlag F.A. Brockhaus (gekennzeichnet durch [BR]) für die Erlaubnis, biographische Daten von Physikern und Mathematikern deren Lexika zu entnehmen. Einige wissenschaftsgeschichtliche Zusammenhänge wurden in Anlehnung an I. Szabo (Einführung in die Technische Mechanik, Springer Verlag 1965) und F. Hund (Einführung in die Theoretische Physik, VEB Bibliographisches Institut Leipzig, 1951) verfaßt. Von Szabos Werk und auch von M. Spiegel haben wir uns bei der Verfassung einiger Aufgaben und Beispiele leiten lassen.

Diesmal bedanken wir uns besonders bei Frau Brigitte Utschig für die Gestaltung der Zeichnungen, bei Herrn Dipl.-Physiker Martin Seiwert für die Überwachung der Drucklegung und bei meinen Söhnen Martin und Carsten Greiner für die Ausarbeitung einiger Aufgaben und Beispiele.

Frankfurt am Main, Dezember 1980 Walter Greiner

Vorwort zur 4. Auflage

Wiederum haben wir die Gelegenheit benutzt, Verbesserungen und Ergänzungen einzuarbeiten. Vor allem die relativistische Mechanik wurde erweitert.

Unser Dank gilt erneut Herrn Dr. Martin Seiwert für die Überwachung der Drucklegung und meinem Sohn Carsten Greiner für die Ausarbeitung einiger Beispiele.

Frankfurt am Main, im Juni 1984 Walter Greiner

Vorwort zur 5. Auflage

Erneut wurden die Vorlesungen überarbeitet, mit weiteren Aufgaben angereichert und didaktische Verbesserungen angebracht. Diesmal danken wir den Herren Dipl.-Phys. R. Heuer und M. Rufa für ihre Hilfe bei der Überarbeitung und Neuausarbeitung einiger Aufgaben und bei Herrn Dipl.-Phys. G. Plunien für die Überwachung der Drucklegung. Meinen Söhnen, den Herren Dipl.-Phys. M. Greiner und C. Greiner danke ich für zahlreiche Verbesserungsvorschläge.

Frankfurt am Main, im Januar 1989 Walter Greiner

Vorwort zur 6. Auflage

In der vorliegenden 6. Auflage der Mechanik I wurden wiederum einige neue Aufgaben aufgenommen, sowie einige immer noch vorhandene Ungereimtheiten beseitigt.
Beginnend mit dieser Auflage bemühen wir uns, das Layout aller Bänder dieser Reihe einheitlich zu gestalten. Dabei gilt unser Dank den Herren Dipl.-Phys. Ch. Best, K. Griepenkerl und M. Vidović, die zu diesem Zweck eine neue LaTeX Umgebung erstellten.
Unser Dank gilt besonders Herrn Dr. G. Peilert, der die Gestaltung dieser Neuauflage überwachte, sowie den Herren Dipl.-Phys. J. Augustin, A. Bischoff, A. Dumitru, B. Ehrnsperger, A. von Keitz und O. Graf für Ihre Mitarbeit.
Ein besonderer Dank gebührt Frau A. Steidel für die Gestaltung vieler Zeichnungen.

Frankfurt am Main, im Juli 1992 Walter Greiner

Inhaltsverzeichnis

Aufgaben und Beispiele

Kapitel I

Vektorrechnung

1 Einführung und Grunddefinitionen

Physikalische Größen, die durch Angabe eines Zahlenwertes vollständig bestimmt sind, nennt man

Skalare (z.B. Masse, Temperatur, Energie, Wellenlänge).

Größen, zu deren vollständiger Beschreibung neben dem Zahlenwert, dem Betrag, noch die Angabe ihrer Richtung erforderlich ist, nennt man

Vektoren (z.B. Kraft, Geschwindigkeit, Beschleunigung, Drehmoment).

Ein Vektor läßt sich geometrisch durch eine gerichtete Strecke darstellen, d.h. durch eine Strecke, der man eine Richtung zuordnet, so daß z.B. gilt: A sei der Anfangspunkt und B sei der Endpunkt des Vektors $\vec{a}$ (vgl. Figur).

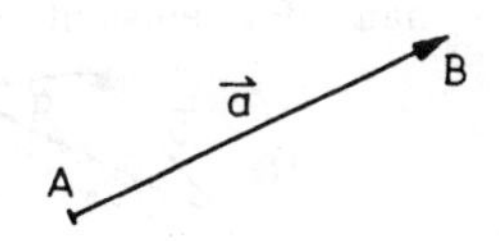

Der *Betrag* des Vektors wird dann durch die Länge der Strecke AB dargestellt. Symbolisch beschreibt man einen Vektor häufig durch einen lateinischen Buchstaben, den man zur Verdeutlichung des Vektorcharakters mit einem kleinen Pfeil versieht. Weitere mögliche Darstellungen sind die Benutzung deutscher Buchstaben oder Herausheben durch Fettdruck.

Den Betrag eines Vektors $\vec{a}$ schreibt man als: $|\vec{a}| = a$.

Definition: Zwei Vektoren $\vec{a}$ und $\vec{b}$ heißen genau dann *gleich,* wenn

1. $|\vec{a}| = |\vec{b}|$,
2. $\vec{a} \uparrow\uparrow \vec{b}$ (gleichgerichtet parallel)

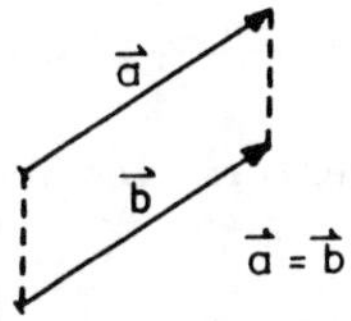

sind. Dann schreiben wir $\vec{a} = \vec{b}$.

Das heißt: Alle gleichlangen und gleichgerichteten Strecken sind gleichberechtigte Darstellungen desselben Vektors. Man sieht also bei einem Vektor von seiner speziellen Lage im Raum ab.

Ein zum Vektor $\vec{a}$ *entgegengesetzt gleicher* Vektor ist $-\vec{a}$. Entgegengesetzt gleiche Vektoren sind längengleich ($|\vec{a}| = |-\vec{a}|$) und liegen auf parallelen Geraden, haben aber entgegengesetzte Richtungen; sie sind somit antiparallel ($\vec{a} \uparrow\downarrow -\vec{a}$). Ist also etwa $\vec{a} = \overrightarrow{AB}$, so ist $-\vec{a} = \overrightarrow{BA}$.

Addition: Sollen zwei Vektoren $\vec{a}$ und $\vec{b}$ addiert werden, so bringt man durch Parallelverschiebung den Anfangspunkt des einen Vektors mit dem Endpunkt des anderen zur Deckung. Die Summe $\vec{a} + \vec{b}$, auch *Resultierende* genannt, entspricht dann der Strecke vom Anfangspunkt des einen Vektors zum Endpunkt des anderen. Man kann diese Summe auch als Diagonale des von $\vec{a}$ und $\vec{b}$ gebildeten Parallelogramms finden (vgl. Figur).

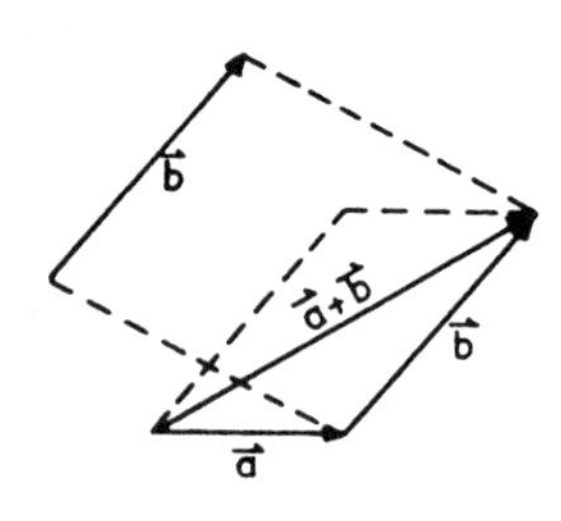

Die Addition der Vektoren $\vec{a}$ und $\vec{b}$.

Rechenregeln: Es gelten

$$\vec{a} + \vec{b} = \vec{b} + \vec{a} \qquad \text{(Kommutativgesetz)},$$

und

$$(\vec{a} + \vec{b}) + \vec{c} = \vec{a} + (\vec{b} + \vec{c}) \qquad \text{(Assoziativgesetz)}$$

wie man sofort einsieht (vgl. Figuren).

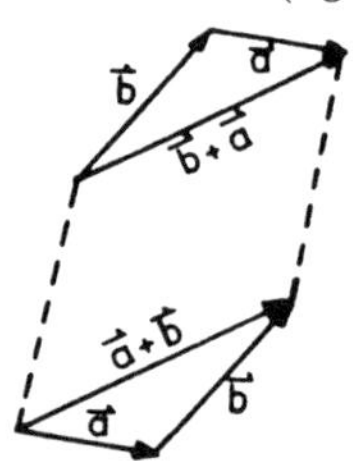

Verdeutlichung der Kommutativität der Vektoraddition

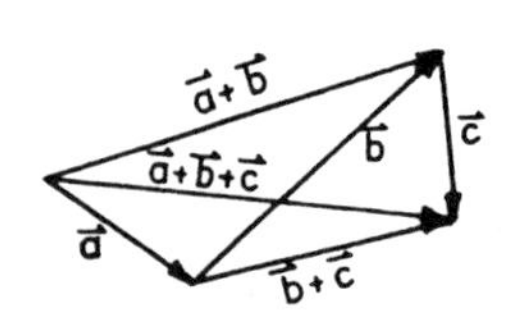

Verdeutlichung der Assoziativität der Vektoraddition

Subtraktion: Die Differenz zweier Vektoren $\vec{a}$ und $\vec{b}$ ist definiert als:

$$\vec{a} - \vec{b} = \vec{a} + (-\vec{b}).$$

Nullvektor: Die Vektordifferenz $\vec{a} - \vec{a}$ bezeichnet man als Nullvektor:

$$\vec{a} - \vec{a} = \vec{0} \quad \text{oder} \quad \vec{a} - \vec{a} = 0.$$

-$\vec{a}$

$\vec{a}$

Der Nullvektor hat den Betrag 0; er ist richtungslos.

Multiplikation eines Vektors mit einem Skalar: Unter dem Produkt $p\vec{a}$ eines Vektors $\vec{a}$ mit einem Skalar p, wobei p eine reelle Zahl ist, versteht man einen Vektor, der die gleiche Richtung besitzt wie $\vec{a}$ und den Betrag $|\,p\vec{a}\,| = |\,p\,| \cdot |\,\vec{a}\,|$.

Rechenregeln:

$$\begin{aligned} q(p\vec{a}\,) &= p(q\vec{a}\,) = qp\vec{a}, \quad \text{(wobei } p \text{ und } q \text{ reell)} \\ (p+q)\vec{a} &= p\vec{a} + q\vec{a}, \\ p(\vec{a}+\vec{b}\,) &= p\vec{a} + p\vec{b}. \end{aligned}$$

Diese Regeln sind sofort einzusehen und bedürfen keiner weiteren Erläuterung.

Beispiel zur Multiplikation eines Vektors $\vec{a}$ mit einem Skalar p (in diesem Fall ist p=3).

2 Das Skalarprodukt

Die physikalischen Größen Kraft und Weg sind gerichtete Größen und werden durch die Vektoren $\vec{F}$ und $\vec{s}$ dargestellt. Die *mechanische Arbeit* W, die eine Kraft $\vec{F}$ längs eines geradlinigen Weges $\vec{s}$ verrichtet, ist:

$$W = Fs\cos\varphi = |\,\vec{F}\,|\,|\,\vec{s}\,|\cos\varphi$$

wobei φ der von $\vec{F}$ und $\vec{s}$ eingeschlossene Winkel ist. W selbst ist also, obwohl aus zwei Vektoren hervorgegangen, eine *skalare* Größe. Im Hinblick auf derartige physikalische Anwendungen definieren wir deshalb:

Unter dem *Skalarprodukt* $\vec{a} \cdot \vec{b}$ zweier Vektoren versteht man

$$\vec{a} \cdot \vec{b} = |\,\vec{a}\,| \cdot |\,\vec{b}\,| \cdot \cos\varphi$$

wobei φ der von $\vec{a}$ und $\vec{b}$ eingeschlossene Winkel ist. $\vec{a} \cdot \vec{b}$ ist eine *reelle Zahl.* In Worten ausgedrückt ist das Skalarprodukt so definiert: $\vec{a} \cdot \vec{b} = |\,\vec{a}\,| \times$ Projektion von $\vec{b}$ auf $\vec{a}$ oder umgekehrt.

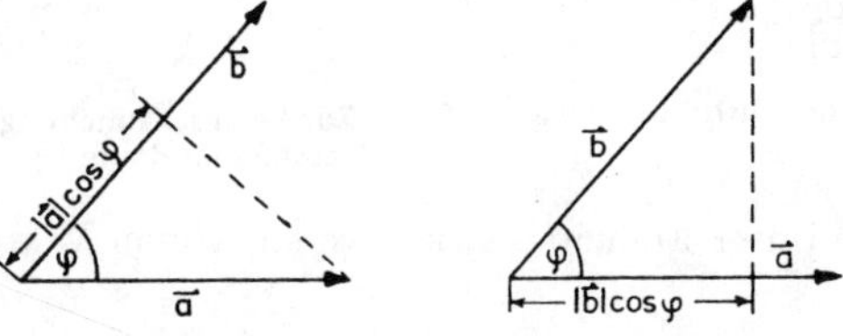

Zur Veranschaulichung des Skalarproduktes

Die anschauliche Bedeutung des Skalarproduktes:

Projektion von $\vec{b}$ auf $\vec{a}$ multipliziert mit $|\vec{a}|$ oder

Projektion von $\vec{a}$ auf $\vec{b}$ multipliziert mit $|\vec{b}|$.

Eigenschaften des Skalarproduktes: $\vec{a} \cdot \vec{b}$ besitzt für φ gleich Null seinen größten Wert ($\cos 0 = 1$, $\vec{a}$ parallel $\vec{b}$)

$$\vec{a} \cdot \vec{b} = |\vec{a}| \cdot |\vec{b}|.$$

Für $\varphi = \pi$ nimmt das Skalarprodukt seinen kleinsten Wert an ($\cos \pi = -1$, $\vec{a}$ antiparallel $\vec{b}$), nämlich

$$\vec{a} \cdot \vec{b} = -|\vec{a}| \cdot |\vec{b}|.$$

Für $\varphi = \frac{\pi}{2}$ wird $\vec{a} \cdot \vec{b} = 0$, wenn $\vec{a}$ und $\vec{b}$ ungleich Null sind ($\cos \frac{\pi}{2} = 0$, $\vec{a}$ senkrecht auf $\vec{b}$); also

$$\vec{a} \cdot \vec{b} = 0, \qquad \text{wenn} \qquad \vec{a} \perp \vec{b}.$$

Rechenregeln: Es gelten

$$\begin{aligned} \vec{a} \cdot \vec{b} &= \vec{b} \cdot \vec{a}, && \text{(Kommutativität)} \\ \vec{a} \cdot (\vec{b} + \vec{c}) &= \vec{a} \cdot \vec{b} + \vec{a} \cdot \vec{c}, && \text{(Distributivität)} \\ p(\vec{b} \cdot \vec{c}) &= (p\vec{b}) \cdot \vec{c}. && \text{(Assoziativität)} \end{aligned}$$

Die erste und letzte Regel sind sofort einzusehen, die zweite Regel ist in der untenstehenden Figur verdeutlicht.

Wenn $\vec{b}$, $\vec{c}$, $\vec{a}$ nicht in einer Ebene liegen, kann man sich die Distributivitätsregel leicht mit einem im Raume liegenden Dreieck veranschaulichen. Der Vektor $\vec{a}$ kann durch einen Bleistift oder einen Zeigestock leicht veranschaulicht werden (vgl. Figuren !).

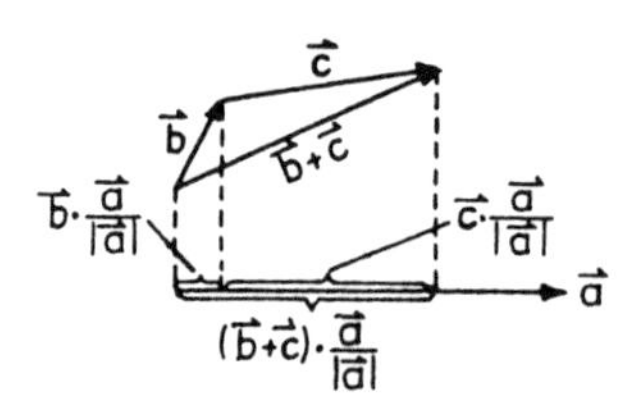

Zur Veranschaulichung des Distributivitätsgesetzes

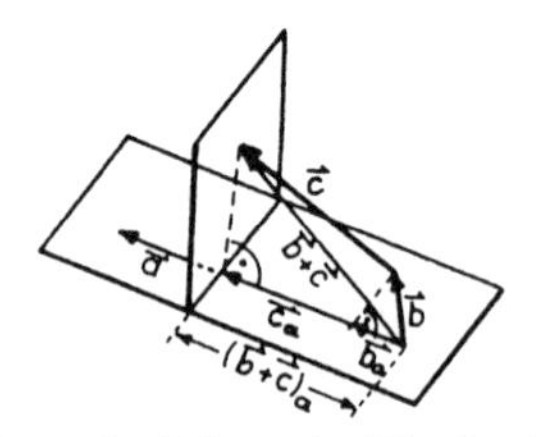

Zur Veranschaulichung des Distributivitätsgesetzes im Raum

Einheitsvektoren: Unter Einheitsvektoren versteht man Vektoren des Betrages 1. Ist $\vec{a} \neq \vec{0}$, so ist

$$\vec{e} = \frac{\vec{a}}{|\vec{a}|}$$

ein Einheitsvektor in Richtung von $\vec{a}$. In der Tat ist der Betrag von $\vec{e}$ gleich 1; denn $|\vec{e}| = \big|\vec{a}/|\vec{a}|\big| = |\vec{a}|/|\vec{a}| = 1$. Eine in der Physik häufig verwendete Möglichkeit ist es, einer skalar formulierten Gleichung durch den Einheitsvektor eine Richtung zuzuordnen. Die Gravitationskraft besitzt z.B. den Betrag

$$F = \gamma \frac{mM}{r^2}.$$

Sie wirkt entlang der Verbindungslinie der beiden Massen M und m, also

$$\vec{F} = -\gamma \frac{mM}{r^2} \frac{\vec{r}}{|\vec{r}|}.$$

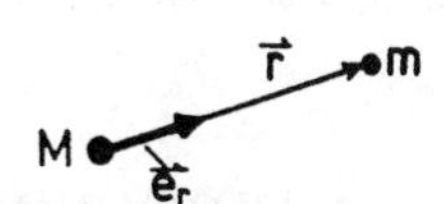

$\vec{e}_r = \dfrac{\vec{r}}{|\vec{r}|}$ = Einheitsvektor von der großen zur kleinen Masse

$\vec{F}$ ist also die Kraft, die von der Masse M auf die Masse m ausgeübt wird. Ihre Richtung ist durch $-\vec{e}_r = -\vec{r}/|\vec{r}|$ gegeben. Sie wirkt also zur Masse M hin.

Kartesische Einheitsvektoren: Die Einheitsvektoren, die in Richtung der positiven x-, y-, bzw. z -Achse eines kartesischen Koordinatensystems liegen, definiert man folgendermaßen:

$$\vec{e}_1 \quad \text{(in } x\text{-Richtung) oder auch } \vec{i},$$

$$\vec{e}_2 \quad \text{(in } y\text{-Richtung) oder auch } \vec{j},$$

$$\vec{e}_3 \quad \text{(in } z\text{-Richtung) oder auch } \vec{k}.$$

Es gibt zwei Sorten von kartesischen Koordinatensystemen, nämlich Rechtssysteme und Linkssysteme (vgl. untenstehende Figuren).

Rechtssystem

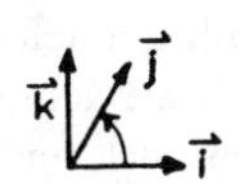

$\vec{k}$ zeigt in Richtung der Bewegung einer Rechtsschraube, wenn $\vec{i} \to \vec{j}$ auf kürzestem Weg gedreht wird.

Linkssystem

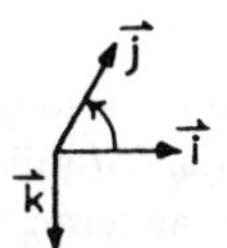

$\vec{k}$ zeigt in Richtung der Bewegung einer Linksschraube, wenn $\vec{i} \to \vec{j}$ auf kürzestem Weg gedreht wird.

Wir werden in unseren Vorlesungen immer nur Rechtssysteme verwenden.

Orthogonalitätsrelationen: $\vec{i}, \vec{j}, \vec{k}$ bzw. $\vec{e}_1, \vec{e}_2, \vec{e}_3$ werden im folgenden immer nebeneinander benutzt, je nach Zweckmäßigkeit.

Betrachten wir nun die Eigenschaften der kartesischen Einheitsvektoren in bezug auf die Skalarproduktbildung, so gilt, da der jeweils eingeschlossene Winkel ein rechter ist:

$$\begin{aligned} \vec{i} \cdot \vec{i} &= \vec{j} \cdot \vec{j} = \vec{k} \cdot \vec{k} = 1 \qquad (\text{wegen } \varphi = 0, \text{ also } \cos 0 = 1), \\ \vec{i} \cdot \vec{j} &= \vec{i} \cdot \vec{k} = \vec{j} \cdot \vec{k} = 0 \qquad (\text{wegen } \varphi = \tfrac{\pi}{2}, \text{ also } \cos \tfrac{\pi}{2} = 0). \end{aligned} \tag{2.1}$$

Diese Beziehungen faßt man zusammen, indem man

$$\vec{e}_\mu \cdot \vec{e}_\nu = \delta_{\mu\nu}$$

definiert, wobei

$$\delta_{\mu\nu} = \begin{cases} 0 & \text{für } \nu \neq \mu \\ 1 & \text{für } \nu = \mu, \end{cases}$$

und *Kronecker-Symbol*[1] heißt. μ und ν laufen für unseren Fall des dreidimensionalen Raumes von 1 bis 3, $\vec{e}_1 = \vec{i}$, $\vec{e}_2 = \vec{j}$, $\vec{e}_3 = \vec{k}$.

3 Komponentendarstellung eines Vektors

Der Vektor $\vec{a}$, der eindeutig durch die Summe von Vektoren, in unserem Beispiel durch die Summe der Vektoren $\vec{b}, \vec{c}, \vec{d}, \vec{f}$, dargestellt wird, heißt *Linearkombination* der Vektoren (z.B. $\vec{b}, \vec{c}, \vec{d}$ und $\vec{f}$). Die Summandenvektoren und ihre Linearkombination bilden also anschaulich ein geschlossenes Vieleck, das Vektorpolygon. Es ist natürlich auch möglich, aus gegebenen Vektoren $\vec{b}, \vec{c}, \vec{d}$ auf die Linearkombination zu schließen, die den beliebigen (aber festen) Vekor $\vec{a}$ ergibt.

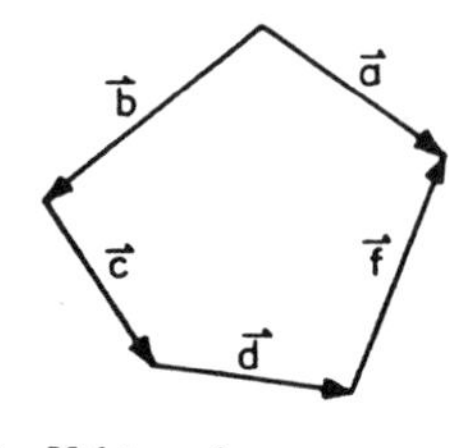

Das Vektorpolygon

Nach der oben eingeführten Definition muß dann der Vektor $\vec{a}$ eine Linearkombination der Vektoren $\vec{b}, \vec{c}, \vec{d}$, sein, also

$$\vec{a} = q_1\vec{b} + q_2\vec{c} + q_3\vec{d}.$$

Dabei werden q_1, q_2 und q_3 als Komponenten des Vektors $\vec{a}$ bezüglich $\vec{b}, \vec{c}, \vec{d}$ bezeichnet. Die Vektoren $\vec{b}, \vec{c}, \vec{d}$ müssen linear unabhängig sein, d.h. es darf keiner der drei Vektoren durch die anderen beiden ausdrückbar sein. Sonst ließe sich nicht jeder beliebige Vektor $\vec{a}$ aus den drei Grundvektoren $\vec{b}, \vec{c}, \vec{d}$ kombinieren. Wäre beispielsweise $\vec{d}$ durch $\vec{b}$ und $\vec{c}$ ausdrückbar, also $\vec{d} = \alpha\vec{b} + \beta\vec{c}$, so müßte $\vec{a} = (q_1 + q_3\alpha)\vec{b} + (q_2 + q_3\beta)\vec{c}$ immer in der durch $\vec{b}$ und $\vec{c}$ aufgespannten Ebene liegen. Ein beliebiger Vektor $\vec{a}$ liegt aber im allgemeinen nicht in dieser Ebene (ragt z.B. aus ihr heraus). Wir sagen: *Die Basis $\vec{b}$, $\vec{c}$ ist für beliebige Vektoren $\vec{a}$ unvollständig.* Im dreidimensionalen Raum brauchen wir daher immer drei linear unabhängige (d.h. nicht durcheinander ausdrückbare) Grund- und Basisvektoren .

[1] *Kronecker,* Leopold, geb. 7.12.1823 Liegnitz (Legnica), gest. 29.12.1891 Berlin. – K. war ein reicher Privatmann, der 1855 nach Berlin übersiedelte. Er lehrte, ohne einen Lehrstuhl zu haben, viele Jahre an der dortigen Universität. Erst 1883, nach Ausscheiden seines Lehrers und Freundes *Kummer,* nahm er eine Professur an. Seine wichtigsten Veröffentlichungen betreffen Arithmetik, Idealtheorie, Zahlentheorie und elliptische Funktionen. K. war der führende Vertreter der *Berliner Schule,* die die Notwendigkeit der Arithmetisierung der gesamten Mathematik behauptete.

Komponentendarstellung in kartesischen Koordinaten: Man kann jeden Vektor des dreidimensionalen Raumes darstellen als Linearkombination der kartesischen Einheitsvektoren $\vec{i}, \vec{j}, \vec{k}$. Wegen der Orthogonalitätsrelationen führt diese Darstellung zu einfachen und übersichtlichen Rechnungen. Es gilt dann:

$$\vec{a} = a_x\vec{i} + a_y\vec{j} + a_z\vec{k},$$

wobei $a_x = \vec{a} \cdot \vec{i}$, $a_y = \vec{a} \cdot \vec{j}$ und $a_z = \vec{a} \cdot \vec{k}$ sind, also die Projektionen von $\vec{a}$ auf die Achsen des Systems. Die Einheitsvektoren $\vec{i}, \vec{j}, \vec{k}$ (bzw. $\vec{e}_1, \vec{e}_2, \vec{e}_3$) heißen auch *Basisvektoren.*

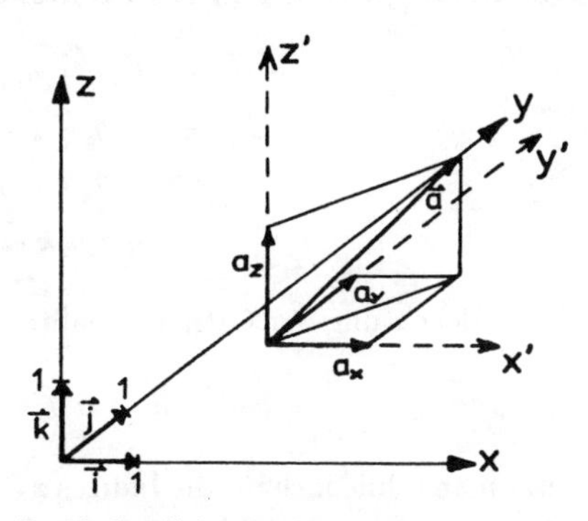

Durch Parallelprojektion werden die Komponenten des Vektors erhalten.

Außer der Schreibweise als Summe von Vektoren in Richtung der Einheitsvektoren läßt sich der Vektor $\vec{a}$ noch darstellen als

$$\vec{a} = (a_x, a_y, a_z)\,, \qquad \text{(Zeilenschreibweise)}$$

$$\vec{a} = \begin{pmatrix} a_x \\ a_y \\ a_z \end{pmatrix}. \qquad \text{(Spaltenschreibweise)}$$

Wenn die Basisvektoren bekannt sind, genügt es, die drei Komponenten zu kennen.

Berechnung des Betrages aus den Komponenten: Nach dem Satz von Pythagoras gilt für den Betrag eines Vektors $\vec{a}$ aus seinen kartesischen Komponenten:

$$|\,\vec{a}\,| = \sqrt{a_x^2 + a_y^2 + a_z^2}.$$

Addition von Vektoren durch Komponenten ausgedrückt: Es ist

$$\begin{aligned}\vec{a} + \vec{b} &= \sum_{i=1}^{3} a_i\vec{e}_i + \sum_{i=1}^{3} b_i\vec{e}_i = \sum_{i=1}^{3}(a_i + b_i)\vec{e}_i \\ &= (a_1 + b_1)\vec{e}_1 + (a_2 + b_2)\vec{e}_2 + (a_3 + b_3)\vec{e}_3 \\ &= (a_1 + b_1,\, a_2 + b_2,\, a_3 + b_3)\,.\end{aligned}$$

Hierbei wurden mehrmals sowohl Kommutativität als auch Assoziativität der Vektoraddition benutzt. Die Komponenten des Summenvektors sind also die Summen der Komponenten der einzelnen Vektoren.

Das Skalarprodukt in Komponentendarstellung: Es ist

$$\begin{aligned}\vec{a}\cdot\vec{b} &= (a_x\vec{i}+a_y\vec{j}+a_z\vec{k})\cdot(b_x\vec{i}+b_y\vec{j}+b_z\vec{k}),\\ &= a_xb_x\vec{i}\cdot\vec{i}+a_xb_y\vec{i}\cdot\vec{j}+a_xb_z\vec{i}\cdot\vec{k}\\ &\quad +a_yb_x\vec{j}\cdot\vec{i}+a_yb_y\vec{j}\cdot\vec{j}+a_yb_z\vec{j}\cdot\vec{k}\\ &\quad +a_zb_x\vec{k}\cdot\vec{i}+a_zb_y\vec{k}\cdot\vec{j}+a_zb_z\vec{k}\cdot\vec{k}\,.\end{aligned}$$

Unter Beachtung der Orthonormalitätsrelationen (2.1) folgt dann

$$\vec{a}\cdot\vec{b}=a_xb_x+a_yb_y+a_zb_z\,. \tag{3.1}$$

Setzt man schließlich für die Indizes $x\widehat{=}1$, für $y\widehat{=}2$ und für $z\widehat{=}3$, so kann man schreiben:

$$\vec{a}\cdot\vec{b}=\sum_{i=1}^{3}a_ib_i. \tag{3.2}$$

Das Skalarprodukt zweier Vektoren kann man demnach einfach ausrechnen, indem man die gleichen Komponenten der Vektoren miteinander multipliziert und die drei Produkte summiert.

3.1 Aufgabe: Addition und Subtraktion von Vektoren

Eine DC 10 „fliegt“ in nordwestlicher Richtung mit 930 km/h relativ zur Erde. Es bläst eine steife Brise aus Westen mit 120 km/h relativ zur Erde.

Mit welcher Geschwindigkeit und in welche Richtung würde das Flugzeug ohne Windablenkung fliegen?

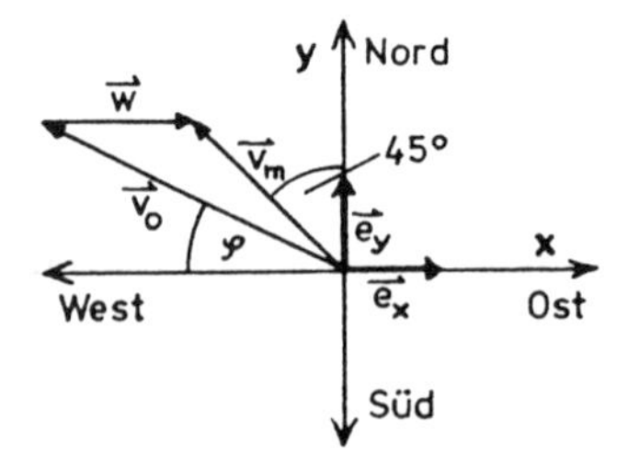

Lösung: Es seien

$$\begin{aligned}|\,\vec{v}_m\,| &= 930\text{ km/h die Geschwindigkeit des Flugzeuges im Wind},\\ |\,\vec{v}_0\,| &= \text{die Geschwindigkeit des Flugzeuges ohne Wind},\\ |\,\vec{w}\,| &= \text{die Windgeschwindigkeit}.\end{aligned}$$

Nun können wir schreiben

$$\begin{aligned}
\vec{w} &= 120\,\vec{e}_x \\
\vec{v}_m &= -930\cos(45°)\vec{e}_x + 930\sin(45°)\vec{e}_y \\
&= -657.61\vec{e}_x + 657.61\vec{e}_y \\
\vec{v}_0 &= \vec{v}_m - \vec{w} = -777.61\vec{e}_x + 657.61\vec{e}_y \\
&\Rightarrow \quad v_0 = |\,\vec{v}_0\,| = 1018.39 \text{ km/h} \\
\tan\varphi &= \frac{|\,v_{0y}\,|}{|\,v_{0x}\,|} = 0.845 \\
&\Rightarrow \quad \varphi = 40.2°.
\end{aligned}$$

Der Ortsvektor : Man kann einen Punkt P im Raum eindeutig durch die Angabe des Vektors festlegen, der vom Koordinatenursprung ausgeht und den Punkt P als Endpunkt besitzt.
Die Komponenten dieses Vektors, des Ortsvektors, entsprechen dann den Koordinaten (x, y, z) des Punktes P. Es gilt also für den Ortsvektor, der meist mit $\vec{r}$ abgekürzt wird:

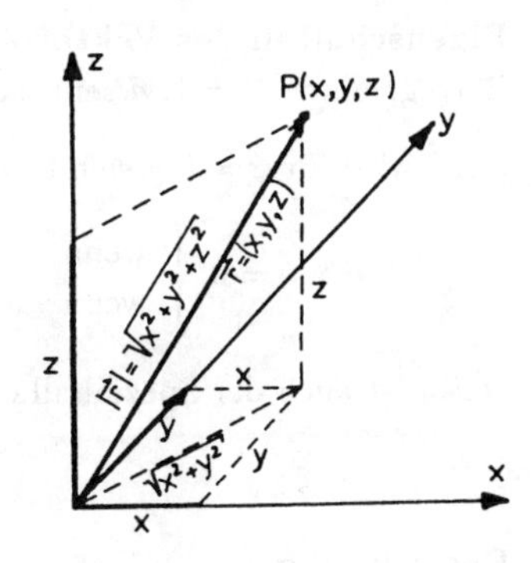

$$\vec{r} = x\vec{i} + y\vec{j} + z\vec{k}, \quad \text{oder}: \ \vec{r} = (x, y, z);$$

$$|\,\vec{r}\,| = \sqrt{x^2 + y^2 + z^2}.$$

Der Winkel zwischen zwei Vektoren: Aus der Kenntnis der zwei Darstellungsmöglichkeiten des Skalarproduktes

$$\vec{a} \cdot \vec{b} = |\,\vec{a}\,|\,|\,\vec{b}\,| \cos\varphi = a_x b_x + a_y b_y + a_z b_z,$$

erhält man folgende Beziehung für den von $\vec{a}$ und $\vec{b}$ eingeschlossenen Winkel:

$$\cos\varphi = \frac{\vec{a} \cdot \vec{b}}{|\,\vec{a}\,|\,|\,\vec{b}\,|} = \frac{a_x b_x + a_y b_y + a_z b_z}{\sqrt{a_x^2 + a_y^2 + a_z^2}\sqrt{b_x^2 + b_y^2 + b_z^2}}.$$

4 Das Vektorprodukt (axialer Vektor)

Man kann zwischen Vektoren ein weiteres Produkt angeben. Hierbei entsteht ein neuer Vektor, der folgendermaßen definiert ist.

Definition: Unter dem Vektorprodukt zweier Vektoren $\vec{a}$ und $\vec{b}$ versteht man den Vektor

$$\vec{a} \times \vec{b} = (|\,\vec{a}\,| \cdot |\,\vec{b}\,| \sin\varphi)\vec{n}, \tag{4.1}$$

wobei $\vec{n}$ der Einheitsvektor ist, der senkrecht auf der von $\vec{a}$ und $\vec{b}$ festgelegten Ebene steht, und aus ihr bei einer Drehung des ersten Vektors des Produktes in den zweiten in Form einer Rechtsschraube herauszeigt. Es ist zu beachten, daß die Drehung auf kürzestem Weg erfolgt.

Man erkennt aus der Figur, daß der Betrag des Vektorproduktes gleich dem Flächeninhalt des von $\vec{a}$ und $\vec{b}$ aufgespannten Parallelogramms ist.

$$F = |\vec{a} \times \vec{b}| = |\vec{a}| \cdot |\vec{b}| \sin\varphi = ab \sin\varphi$$

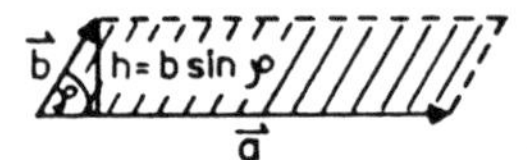

Zur geometrischen Deutung des Betrages des Vektorproduktes als Flächeninhalt.

Eigenschaften des Vektorproduktes: $\vec{a} \times \vec{b}$ besitzt für $\varphi = \pi/2$ seinen größten Betrag, $\sin(\pi/2) = 1$, $\vec{a}$ senkrecht auf $\vec{b}$, $|\vec{a} \times \vec{b}| = |\vec{a}|\,|\vec{b}|$.

$\vec{a} \times \vec{b}$ wird für $\varphi = 0$ gleich 0. ($\sin 0 = 0$, $\vec{a}$ parallel zu $\vec{b}$)

$$\vec{a} \times \vec{b} = 0, \begin{cases} \text{wenn} \quad \vec{a} \uparrow\downarrow \vec{b} \quad \text{oder} & (\uparrow\downarrow \text{ bedeutet antiparallel}) \\ \text{wenn} \quad \vec{a} \uparrow\uparrow \vec{b}. & (\uparrow\uparrow \text{ bedeutet parallel}) \end{cases}$$

Darin ist auch der Spezialfall enthalten, daß $\vec{a} = \vec{b}$ ist, also

$$\vec{a} \times \vec{a} = 0.$$

Bezeichnungen:

$\odot$ stellt einen Vektor dar, der senkrecht zur Zeichenebene steht und aus ihr herauszeigt (Pfeilspitze).

$\otimes$ stellt einen Vektor senkrecht zur Zeichenebene dar, der in sie hineinzeigt (Pfeilanfang).

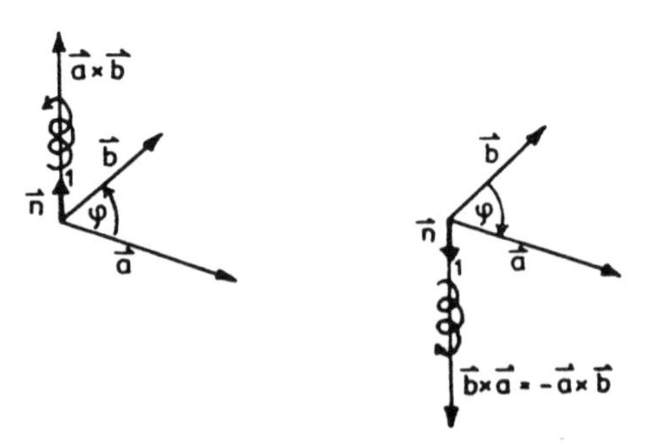

Zum Beweis der Rechenregel I.
Der Drehsinn der Schraubenbewegung ist angedeutet.

Rechenregeln: Das Vektorprodukt hat folgende Eigenschaften:

$$\begin{array}{llll} \text{I.} & \vec{a} \times \vec{b} = -\vec{b} \times \vec{a} & \text{(keine Kommutativität)} & \\ \text{II.} & \vec{a} \times (\vec{b} + \vec{c}) = \vec{a} \times \vec{b} + \vec{a} \times \vec{c} & \text{(Distributivität)} & \\ \text{III.} & \vec{a} \times (\vec{b} \times \vec{c}) \neq (\vec{a} \times \vec{b}) \times \vec{c} & \text{(keine Assoziativität)} & \\ \text{IV.} & p(\vec{a} \times \vec{b}) = (p\vec{a}) \times \vec{b} = \vec{a} \times (p\vec{b}). & & \end{array} \quad (4.2)$$

Regel I folgt unmittelbar aus der Definition des Kreuzproduktes (vgl. Figur).

Regel III: Links steht ein Vektor in der durch $\vec{b}$ und $\vec{c}$, rechts ein Vektor in der durch $\vec{a}$ und $\vec{b}$ aufgespannten Ebene. Auch das folgende Beispiel zeigt, daß die Assoziativität nicht gilt. Es ist $\vec{e}_1 \times (\vec{e}_2 \times \vec{e}_2) = 0$, aber $(\vec{e}_1 \times \vec{e}_2) \times \vec{e}_2 = -\vec{e}_1$.

Regel II: Der Beweis hierfür wird in zwei Schritten geführt:

1. $\vec{a}$ sei senkrecht ($\perp$) auf $\vec{b}$ und $\vec{c}$, d.h. $\vec{a} \cdot \vec{b} = \vec{a} \cdot \vec{c} = 0$. Dann ist $\vec{a} \times (\vec{b} + \vec{c}) = \vec{a} \times \vec{b} + \vec{a} \times \vec{c}$. Der Beweis hierfür ist unmittelbar aus den beiden Figuren abzulesen. $\vec{a} \times \vec{b}$ steht $\perp$ auf $\vec{b}$ und $\vec{a}$ und ist um 90° gegenüber $\vec{b}$ gedreht und um den Faktor $|\vec{a}|$ länger als $\vec{b}$. Ähnlich ist es mit $\vec{a} \times \vec{c}$ und $\vec{a} \times (\vec{b} + \vec{c})$. Das Parallelogramm der Vektoren $\vec{a} \times \vec{b}$, $\vec{a} \times \vec{c}$, $\vec{a} \times (\vec{b} + \vec{c})$ geht aus dem der Vektoren $\vec{b}$, $\vec{c}$, $(\vec{b} + \vec{c})$ durch eine Drehung um $\vec{a}$ von 90° und anschließender Streckung um $|\vec{a}|$ hervor.

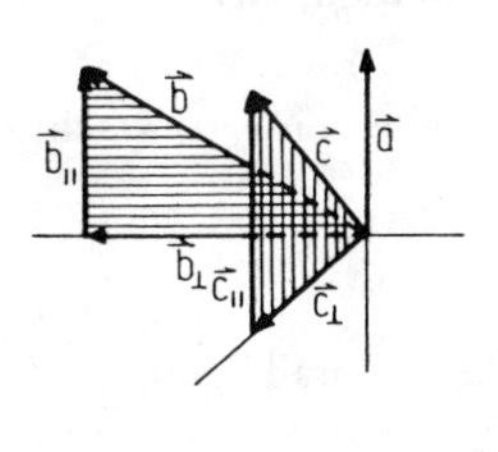

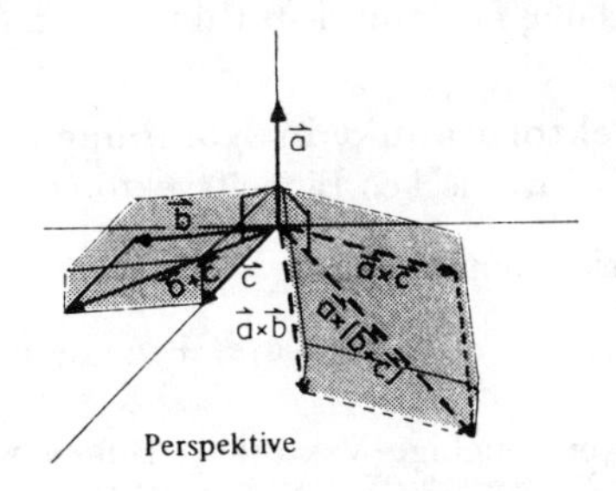

2. Wir zerlegen nun im allgemeinen Fall

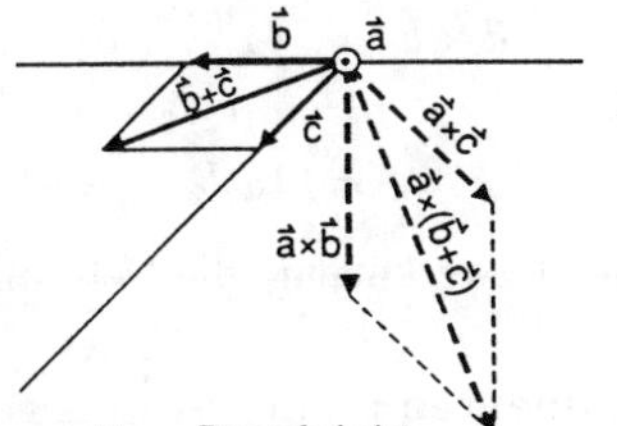

$$\begin{aligned} \vec{b} &= \vec{b}_\perp + \vec{b}_{||} \\ \vec{c} &= \vec{c}_\perp + \vec{c}_{||} \end{aligned}$$

d.h. $\vec{b}$ und $\vec{c}$ in Komponenten $\perp$ und $||$ zu $\vec{a}$ (vgl. Figur).

Dann ist einerseits

$$\vec{a} \times \vec{b} = (|\vec{a}| \cdot |\vec{b}| \cdot \sin\varphi) \frac{\vec{a} \times \vec{b}}{|\vec{a} \times \vec{b}|}$$

und andererseits

$$\vec{a} \times \vec{b}_\perp = (|\vec{a}| \cdot |\vec{b}_\perp|)\frac{\vec{a} \times \vec{b}}{|\vec{a} \times \vec{b}|} = (|\vec{a}| \cdot |\vec{b}| \cdot \sin\varphi)\,\frac{\vec{a} \times \vec{b}}{|\vec{a} \times \vec{b}|}$$

und daher

$$\vec{a} \times \vec{b} = \vec{a} \times \vec{b}_\perp . \tag{4.3}$$

Das gilt für jeden beliebigen Vektor $\vec{b}$. Deshalb folgert man sofort $\vec{a} \times \vec{c} = \vec{a} \times \vec{c}_\perp$. Dann können wir schließen

$$\begin{aligned} \vec{a} \times (\vec{b} + \vec{c}) &= \vec{a} \times (\vec{b} + \vec{c})_\perp = \vec{a} \times (\vec{b}_\perp + \vec{c}_\perp) \\ &= \vec{a} \times \vec{b}_\perp + \vec{a} \times \vec{c}_\perp && \text{(wegen (4.2), II)} \\ &= \vec{a} \times \vec{b} + \vec{a} \times \vec{c} && \text{(wegen (4.3))} \end{aligned}$$

q.e.d.

Regel IV: Die Multiplikationsregel mit einem Skalar p ist sofort verständlich, wenn wir uns an die Bedeutung von $p\vec{a}$ erinnern.

Vektorproduktes der kartesischen Einheitsvektoren: Es gilt

$$\vec{i} \times \vec{i} = \vec{j} \times \vec{j} = \vec{k} \times \vec{k} = 0, \quad \text{und} \quad \vec{i} \times \vec{j} = \vec{k}\,. \tag{4.4}$$

Bei diesem Produkt besteht zyklische Vertauschbarkeit. Bei antizyklischer Vertauschung muß mit dem Faktor -1 multipliziert werden, z.B. $\vec{j} \times \vec{i} = -\vec{k}$.

Vektorprodukt in Komponenten: An Stelle von $\vec{i}$, $\vec{j}$, $\vec{k}$ schreiben wir jetzt für die kartesischen Einheitsvektoren $\vec{e}_1$, $\vec{e}_2$, $\vec{e}_3$.

Seien nun

$$\vec{a} = a_1\vec{e}_1 + a_2\vec{e}_2 + a_3\vec{e}_3 = \sum_{i=1}^{3} a_i\vec{e}_i, \quad \text{und} \quad \vec{b} = \sum_{i=1}^{3} b_i\vec{e}_i$$

zwei beliebige Vektoren. Bilden wir das Vektorprodukt der beiden Vektoren $\vec{a} = \sum_{i=1}^{3} a_i\vec{e}_i$ und $\vec{b} = \sum_{i=1}^{3} b_i\vec{e}_i$ dann erhalten wir

$$\begin{aligned} \vec{a} \times \vec{b} &= (a_1\vec{e}_1 + a_2\vec{e}_2 + a_3\vec{e}_3) \times (b_1\vec{e}_1 + b_2\vec{e}_2 + b_3\vec{e}_3) \\ &= a_1b_2\vec{e}_3 - a_2b_1\vec{e}_3 + a_2b_3\vec{e}_1 - a_3b_2\vec{e}_1 + a_3b_1\vec{e}_2 - a_1b_3\vec{e}_2 \\ &= (a_2b_3 - a_3b_2)\vec{e}_1 + (a_3b_1 - a_1b_3)\vec{e}_2 + (a_1b_2 - a_2b_1)\vec{e}_3. \end{aligned} \tag{4.5}$$

Es ist jetzt zweckmäßig, die Determinantenschreibweise einzuführen.

Determinanten : Ein rechteckiges Schema von Zahlen wird *Matrix* genannt (siehe Figur).

Spalten
↓

$$\begin{pmatrix} a_{11} & a_{12} & \dots & a_{1q} \\ a_{21} & a_{22} & \dots & a_{2q} \\ \dots & \dots & \dots & \dots \\ a_{p1} & a_{p2} & \dots & a_{pq} \end{pmatrix}$$

←Zeilen

Für den Fall, daß $q = p$ ist, nennt man die Matrix *quadratische Matrix.* Ihr läßt sich ein Zahlenwert D zuordnen, der *Determinante* genannt wird. Sie ist folgendermaßen definiert:

$$\textbf{I.} \qquad \det(a_{11}) \equiv |a_{11}| = a_{11}.$$

$$\textbf{II.} \qquad \det\begin{pmatrix} a_{11} & a_{12} \\ a_{21} & a_{22} \end{pmatrix} \equiv \begin{vmatrix} a_{11} & a_{12} \\ a_{21} & a_{22} \end{vmatrix} = a_{11}a_{22} - a_{12}a_{21}.$$

$$\textbf{III.} \quad \det\begin{pmatrix} a_{11} & a_{12} & a_{13} \\ a_{21} & a_{22} & a_{23} \\ a_{31} & a_{23} & a_{33} \end{pmatrix} \equiv \begin{vmatrix} a_{11} & a_{12} & a_{13} \\ a_{21} & a_{22} & a_{23} \\ a_{31} & a_{32} & a_{33} \end{vmatrix} \tag{4.6}$$

$$= a_{11}\begin{vmatrix} a_{22} & a_{23} \\ a_{32} & a_{33} \end{vmatrix} - a_{12}\begin{vmatrix} a_{21} & a_{23} \\ a_{31} & a_{33} \end{vmatrix}$$

$$+a_{13}\begin{vmatrix} a_{21} & a_{22} \\ a_{31} & a_{32} \end{vmatrix}.$$

Die Auswertung der Determinanten dritten Grades kann mit der sogenannten *Sarrusschen Regel*[2] vereinfacht werden. Sie beruht darauf, daß man eine zusätzliche Hilfsmatrix aufstellt, indem man rechts von der ursprünglichen Matrix ihre zwei ersten Spalten noch einmal niederschreibt und dann nach folgendem Schema die vorzeichenbehafteten Produkte bildet.

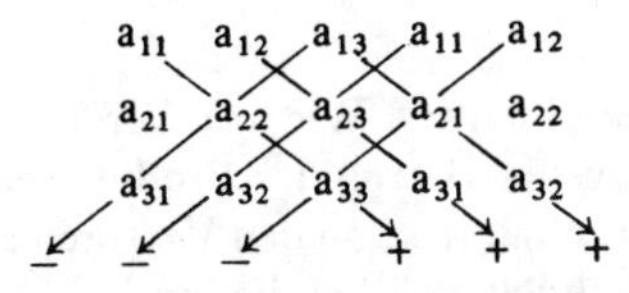

Mehrreihige Determinanten führt man analog zu (Gl. (4.6), III) durch Entwicklung nach einer Zeile oder Spalte (Bildung der Unterdeterminanten) auf Determinanten niedrigerer Ordnung zurück.

Rechenregeln: Die wichtigsten Regeln für das Rechnen mit Determinanten sind:

1. Sind zwei Zeilen oder Spalten der quadratischen Matrix gleich oder zueinander proportional, so ist die Determinante dieser Matrix = 0.

---

[2] *Sarrus,* Pierre Frédéric, geb. 1798 und gest. 1861 Saint Affriques. – S. war von 1826 bis 1856 Professor der Mathematik in Straßbourg. Er befaßte sich hauptsächlich mit der numerischen Lösung von Gleichungen mit mehreren Unbekannten (1832), mit mehrfachen Integralen (1842) sowie mit der Bahnbestimmung von Kometen (1843). Nach ihm ist die Regel zur Berechnung dreireihiger Determinanten benannt.

2. Vertauscht man zwei beliebige, benachbarte Zeilen oder Spalten, so ändert die Determinante ihr Vorzeichen.

3. Die Determinante der an der Hauptdiagonalen gespiegelten Matrix (sie wird transponierte Matrix genannt) ist gleich der ursprünglichen Determinante.

4. Der Entwicklungssatz, dem wir in (Gl. (4.6), III) nach der ersten Zeile benutzten, gilt in gleicher Weise für die erste Spalte.

Diese Regeln prüft man in den oben aufgeführten Fällen (Gl. (4.6), I, II, III) leicht explizit nach. Die Fälle I–III sind für uns hier die wichtigsten. In Aufgabe 4.3 werden die Eigenschaften der 3×3 Determinanten weiter detailliert besprochen und aufgezeigt. Die Regeln gelten jedoch allgemein für beliebige Determinanten.

Man kann nun das Vektorprodukt (4.5) als dreireihige Determinante schreiben:

$$\begin{aligned} \vec{a} \times \vec{b} &= \begin{vmatrix} \vec{e}_1 & \vec{e}_2 & \vec{e}_3 \\ a_1 & a_2 & a_3 \\ b_1 & b_2 & b_3 \end{vmatrix} \\ &= \vec{e}_1(a_2b_3 - a_3b_2) + \vec{e}_2(a_3b_1 - a_1b_3) + \vec{e}_3(a_1b_2 - a_2b_1)\,. \end{aligned} \tag{4.7}$$

Sind die beiden Vektoren des Kreuzproduktes gleich, so sind auch die beiden unteren Zeilen der Determinante gleich und das Vektorprodukt verschwindet.

Weiterhin läßt sich auf Grund von (Gl. (4.6),III) leicht nachprüfen, daß sich bei Zeilen- (oder Spalten-) Vertauschung das Vorzeichen der Determinante ändert. Das entspricht der Antikommutativität des Kreuzproduktes.

Darstellung des Produktvektors: Wie wir bereits in der Definition des Vektorproduktes feststellten, kann der Betrag des Produktvektors zwar auch durch eine Strecke aber besser durch den Inhalt des von den Vektoren gebildeten Parallelogramms veranschaulicht werden. Es handelt sich bei diesem Vektor nicht um einen, der allein durch Länge und Richtung (man nennt solche Vektoren *polare Vektoren)* bestimmt ist, sondern um einen sogenannten *axialen Vektor.* Um diesen Unterschied zu verstehen, betrachten wir Raumspiegelungen: Dabei gehen wir von den Komponenten a_1, a_2, a_3 zu den neuen Basisvektoren $a'_1 = -a_1$, $a'_2 = -a_2$, $a'_3 = -a_3$ über. Der Vektor $\vec{a}$ wird also am Ursprung gespiegelt. Bei einer Raumspiegelung, die auch *Paritätstransformation* heißt, ändert ein polarer Vektor sein Vorzeichen: $\vec{a} \to -\vec{a}$. Ein axialer Vektor bleibt dagegen unverändert: $\vec{a} \times \vec{b} = (-\vec{a}\,) \times (-\vec{b}\,)$.

Die Einführung dieser neuen Vektoren ist notwendig, da bestimmte physikalische Größen zu ihrer vollständigen Beschreibung einen Drehsinn verlangen, der durch einen axialen Vektor berücksichtigt wird. Solche Größenarten sind z.B. Winkelgeschwindigkeit und Drehimpuls. Man mache sich klar, daß ein Drehsinn bei einer Raumspiegelung nicht geändert wird!

Die Darstellung des axialen Vektors erfolgt jedoch ebenfalls als gerichtete Strecke.

Das doppelte Vektorprodukt : Das Vektorprodukt $\vec{a} \times (\vec{b} \times \vec{c})$ heißt zweifaches Vektorprodukt. Um es auszurechnen, bezeichnen wir die Komponenten von $\vec{b} \times \vec{c}$ folgendermaßen:

$$\begin{array}{ll} (\vec{b} \times \vec{c})_x & \text{sei die } x\text{-Komponente,} \\ (\vec{b} \times \vec{c})_y & \text{sei die } y\text{-Komponente und} \\ (\vec{b} \times \vec{c})_z & \text{sei die } z\text{-Komponente.} \end{array}$$

Dann folgt für die x-Komponente des dreifachen Vektorproduktes

$$\begin{aligned} (\vec{a} \times (\vec{b} \times \vec{c}))_x &= a_y(\vec{b} \times \vec{c})_z - a_z(\vec{b} \times \vec{c})_y \\ &= a_y(b_x c_y - b_y c_x) - a_z(b_z c_x - b_x c_z). \end{aligned}$$

Wir addieren hierzu $a_x b_x c_x - a_x b_x c_x = 0$ und erhalten

$$\begin{aligned} (\vec{a} \times (\vec{b} \times \vec{c}))_x &= b_x(a_x c_x + a_y c_y + a_z c_z) - c_x(a_x b_x + a_y b_y + a_z b_z) \\ &= b_x(\vec{a} \cdot \vec{c}) - c_x(\vec{a} \cdot \vec{b}). \end{aligned}$$

Analoge Überlegungen für die y- und z-Komponenten von $\vec{a} \times (\vec{b} \times \vec{c})$ liefern den

Grassmannschen Entwicklungssatz: Es ist

$$\vec{a} \times (\vec{b} \times \vec{c}) = (\vec{a} \cdot \vec{c})\vec{b} - (\vec{a} \cdot \vec{b})\vec{c},$$

wohingegen

$$(\vec{a} \times \vec{b}) \times \vec{c} = (\vec{a} \cdot \vec{c})\vec{b} - (\vec{b} \cdot \vec{c})\vec{a}. \tag{4.8}$$

Dies ist auch ein Beweis dafür, daß das Vektorprodukt nicht assoziativ ist (siehe (4.2), III).

4.1 Aufgabe: Vektorprodukt

a) Der Vektor $(1, a, b)$ steht auf den beiden Vektoren (4, 3, 0) und (5, 1, 7) senkrecht. Bestimmen Sie a und b.

b) Berechnen Sie in kartesischen Koordinaten das Vektorprodukt $\vec{a} \times \vec{b}$, wenn $\vec{a} = (1, 7, 0)$ und $\vec{b} = (1, 1, 1)$ ist.

c) Zeigen Sie, daß

$$(\vec{a} \times \vec{b})^2 = a^2 b^2 - (\vec{a} \cdot \vec{b})^2$$

gilt.

Lösung:

a) Es muß gelten $(1, a, b) \cdot (4, 3, 0) = 0$ und $(1, a, b) \cdot (5, 1, 7) = 0$. Das liefert die beiden Gleichungen

$$4 + 3a = 0 \quad \text{und} \quad 5 + a + 7b = 0 \quad \Rightarrow \quad a = -\frac{4}{3},\ b = -\frac{11}{21}$$

b)

$$\begin{aligned}(\vec{a}\times\vec{b})_x &= (a_yb_z - a_zb_y) = 7;\\ (\vec{a}\times\vec{b})_y &= (a_zb_x - a_xb_z) = -1;\\ (\vec{a}\times\vec{b})_z &= (a_xb_y - a_yb_x) = -6.\end{aligned}$$

c)

$$\begin{aligned}(\vec{a}\times\vec{b})^2 &= (|\vec{a}|\cdot|\vec{b}|\cdot\sin\varphi\cdot\vec{e}_n)^2\\ &= |\vec{a}|^2|\vec{b}|^2\sin^2\varphi(\vec{e}_n)^2\\ &= |\vec{a}|^2|\vec{b}|^2(1-\cos^2\varphi)(\vec{e}_n)^2\\ &= a^2b^2-(\vec{a}\cdot\vec{b})^2\end{aligned}$$

Hier ist $\varphi :\sphericalangle(\vec{a},\vec{b})$ und $\vec{e}_n$ der Einheitsvektor in Richtung von $\vec{a}\times\vec{b}$.

4.2 Aufgabe: Determinanten

Berechnen Sie unter Anwendung der Determinantensätze:

a) $\begin{vmatrix} x & x+1 & x+2\\ 0 & 1 & 2\\ 3 & 3 & 3\end{vmatrix}$ b) $\begin{vmatrix} a & d & xa+yd\\ b & e & xb+ye\\ c & f & xc+yf\end{vmatrix}$ c) $\begin{vmatrix} 4 & 5 & 22\\ 8 & 11 & 44\\ 3 & 7 & 1\end{vmatrix}$

Lösung:

a) Fallunterscheidung:

i) Ist $x = 0$, dann lautet die 1. Zeile (0, 1, 2) und ist damit gleich der 2. Zeile $\Rightarrow$ Determinante = 0

ii) Ist $x \neq 0$, dann bilden wir die Linearkombination

$$\alpha\cdot(2.\,\text{Zeile})+\beta\cdot(3.\,\text{Zeile})\quad\text{mit}\quad \alpha=1,\beta=\frac{\text{x}}{3}$$

und erhalten $(x, x+1, x+2)$, also gerade die 1. Zeile. Aus i) und ii) folgt, daß die Determinante immer Null ist.

b) Die 3. Spalte ist eine Linearkombination aus 1. Spalte und 2. Spalte mit den Faktoren x und y:

$$x\begin{pmatrix}a\\b\\c\end{pmatrix}+y\begin{pmatrix}d\\e\\f\end{pmatrix}=\begin{pmatrix}xa+yd\\xb+yc\\xc+yf\end{pmatrix}.$$

Daraus folgt, daß die Determinante Null wird.

c) Wir entwickeln nach der ersten Zeile:

$$\begin{aligned}&4\begin{vmatrix}11 & 44\\ 7 & 1\end{vmatrix}-5\begin{vmatrix}8 & 44\\ 3 & 1\end{vmatrix}+22\begin{vmatrix}8 & 11\\ 3 & 7\end{vmatrix}\\ &= 4(-297)-5(-124)+22(23)=-62.\end{aligned}$$

4.3 Aufgabe: Beweis von Determinantenregeln

Die wichtigsten Determinantenregeln lauten:

a) Bei Vertauschung von Zeilen und Spalten (Spiegelung an der Hauptdiagonalen) ändert eine Determinante ihren Wert nicht.

b) Bei Vertauschung zweier beliebiger, benachbarter Zeilen ändert sich das Vorzeichen der Determinante.

c) Enthalten alle Elemente einer Zeile einen gemeinsamen Faktor c, so kann er vor die Determinante gezogen werden.

d) Sind zwei Zeilen einer Determinante proportional, dann ist die Determinante $= 0$.

e) Eine Determinante ändert ihren Wert nicht, wenn man zu einer Zeile das Vielfache einer beliebigen anderen addiert.

Überprüfen Sie diese Regeln für eine allgemeine 3×3-Determinante.

Lösung: Aus der Vorlesung kennen wir die Definitionen der Dreierdeterminante:

$$
\begin{aligned}
D &= \begin{vmatrix} a_{11} & a_{12} & a_{13} \\ a_{21} & a_{22} & a_{23} \\ a_{31} & a_{32} & a_{33} \end{vmatrix} \\
&= a_{11}(a_{22}a_{33} - a_{23}a_{32}) - a_{12}(a_{21}a_{33} - a_{23}a_{31}) + a_{13}(a_{21}a_{32} - a_{22}a_{31}) \\
&= a_{11}a_{22}a_{33} - a_{11}a_{23}a_{32} - a_{12}a_{21}a_{33} + a_{12}a_{23}a_{31} + a_{13}a_{21}a_{32} - a_{13}a_{22}a_{31} \quad \underline{1}
\end{aligned}
$$

a) Vertauschung von Zeilen und Spalten von D (Spiegelung an der Hauptdiagonalen) führt auf

$$
\begin{aligned}
\widetilde{D} &= \begin{vmatrix} a_{11} & a_{21} & a_{31} \\ a_{12} & a_{22} & a_{32} \\ a_{13} & a_{23} & a_{33} \end{vmatrix} \\
&= a_{11}(a_{22}a_{33} - a_{32}a_{23}) - a_{21}(a_{12}a_{33} - a_{32}a_{13}) + a_{31}(a_{12}a_{23} - a_{22}a_{13}) \\
&= a_{11}a_{22}a_{33} - a_{11}a_{32}a_{23} - a_{21}a_{12}a_{33} + a_{21}a_{32}a_{13} + a_{31}a_{12}a_{23} - a_{31}a_{22}a_{13} \\
&= a_{11}(a_{22}a_{33} - a_{32}a_{23}) - a_{12}(a_{21}a_{33} - a_{23}a_{31}) + a_{13}(a_{21}a_{32} - a_{22}a_{31})
\end{aligned}
$$

Ein Vergleich mit D (siehe oben) ergibt

$$\widetilde{D} = D. \quad \underline{2}$$

b) Vertauschung von z. B. 2. und 3. Zeile von D liefert

$$
\begin{aligned}
D' &= \begin{vmatrix} a_{11} & a_{12} & a_{13} \\ a_{31} & a_{32} & a_{33} \\ a_{21} & a_{22} & a_{23} \end{vmatrix} \\
&= a_{11}(a_{32}a_{23} - a_{33}a_{22}) - a_{12}(a_{31}a_{23} - a_{33}a_{21}) + a_{13}(a_{31}a_{22} - a_{32}a_{21}) \\
&= a_{11}a_{32}a_{23} - a_{11}a_{33}a_{22} - a_{12}a_{31}a_{23} + a_{12}a_{33}a_{21} + a_{13}a_{31}a_{22} - a_{13}a_{32}a_{21}
\end{aligned}
$$

Mit Hilfe von $\underline{1}$ folgert man nun sofort

$$D' = -D. \quad \underline{3}$$

Das bedeutet: Bei Vertauschung der 2. und 3. Zeile wechselt die Determinante ihr Vorzeichen. Ähnlich überprüft man das für die Vertauschung anderer Zeilen. Aus a) folgt dann dasselbe für Spalten: Auch bei Vertauschung benachbarter Spalten ändert die Determinante ihr Vorzeichen.

c) Wir untersuchen

$$
\begin{aligned}
D'' &= \begin{vmatrix} a_{11} & a_{12} & a_{13} \\ ca_{21} & ca_{22} & ca_{23} \\ a_{31} & a_{32} & a_{33} \end{vmatrix} \\
&= a_{11}(ca_{22}a_{33} - ca_{23}a_{32}) - a_{12}(ca_{21}a_{33} - ca_{23}a_{31}) \\
&\quad + a_{13}(ca_{21}a_{32} - ca_{22}a_{31}) \\
&= c\Big[a_{11}(a_{22}a_{33} - a_{23}a_{32}) - a_{12}(a_{21}a_{33} - a_{23}a_{31}) \\
&\quad + a_{13}(a_{21}a_{32} - a_{22}a_{31})\Big]
\end{aligned}
$$

und vergleichen mit $\underline{1}$. Offensichtlich ist

$$D'' = cD. \qquad \underline{4}$$

d) Beispielsweise sei die 3. Zeile der 2. proportional, also

$$
\begin{aligned}
\widetilde{D}' &= \begin{vmatrix} a_{11} & a_{12} & a_{13} \\ a_{21} & a_{22} & a_{23} \\ \lambda a_{21} & \lambda a_{22} & \lambda a_{23} \end{vmatrix} \\
&= a_{11}(\lambda a_{22}a_{23} - \lambda a_{23}a_{22}) - a_{12}(\lambda a_{21}a_{23} - \lambda a_{23}a_{21}) \\
&\quad + a_{13}(\lambda a_{21}a_{22} - \lambda a_{22}a_{21}) \\
&= \lambda a_{11}a_{22}a_{23} - \lambda a_{11}a_{23}a_{22} - \lambda a_{12}a_{21}a_{23} \\
&\quad + \lambda a_{12}a_{23}a_{21} + \lambda a_{13}a_{21}a_{22} - \lambda a_{13}a_{22}a_{21} \\
&= 0 \qquad \underline{5}
\end{aligned}
$$

Ähnlich überprüft man die Behauptung für die Proportionalität anderer Zeilen. Aus a) folgt sofort, daß auch bei Proportionalität zweier Spalten die Determinante verschwindet.

e) Addieren wir z. B. zur 2. Zeile ein Vielfaches der 1. Zeile so ist

$$
\begin{aligned}
\widetilde{D}'' &= \begin{vmatrix} a_{11} & a_{12} & a_{13} \\ a_{21} + \lambda a_{11} & a_{22} + \lambda a_{12} & a_{23} + \lambda a_{13} \\ a_{31} & a_{32} & a_{33} \end{vmatrix} \\
&= a_{11}\Big[(a_{22} + \lambda a_{12})a_{33} - (a_{23} + \lambda a_{13})a_{32}\Big] \\
&\quad - a_{12}\Big[(a_{21} + \lambda a_{11})a_{33} - (a_{23} + \lambda a_{13})a_{31}\Big] \\
&\quad + a_{13}\Big[(a_{21} + \lambda a_{11})a_{32} - (a_{22} + \lambda a_{12})a_{31}\Big] \\
&= a_{11}a_{22}a_{33} + \lambda a_{11}a_{12}a_{33} - a_{11}a_{23}a_{32} - \lambda a_{11}a_{13}a_{32} \\
&\quad - a_{12}a_{21}a_{33} - \lambda a_{12}a_{11}a_{33} + a_{12}a_{23}a_{31} + \lambda a_{12}a_{13}a_{31} \\
&\quad + a_{13}a_{21}a_{32} + \lambda a_{13}a_{11}a_{32} - a_{13}a_{22}a_{31} - \lambda a_{13}a_{12}a_{31} \\
&= a_{11}(a_{22}a_{33} - a_{23}a_{32}) - a_{12}(a_{21}a_{33} - a_{23}a_{31}) + a_{13}(a_{21}a_{32} - a_{22}a_{31}).
\end{aligned}
$$

Ein Vergleich mit 1 liefert die Behauptung:

$$\widetilde{D}'' = D. \qquad \underline{6}$$

4.4 Beispiel: Laplacescher Entwicklungssatz

$A = (a_{ik})$ sei eine $n \times m$-Matrix und S_{ik} seien die Streichmatrizen von A, die entstehen, wenn man aus der Matrix A die i-te Zeile und die k-te Spalte streicht. Dann gilt für jedes i mit $a \leq i \leq n$:

$$\det A = \sum_{k=1}^{n} (-1)^{i+k} a_{ik} \det\ S_{ik} \quad \text{(Entwicklung nach der } i-\text{ten Zeile)}$$

und auch

$$\det A = \sum_{k=1}^{n} (-1)^{i+k} a_{ki} \det\ S_{ki} \quad \text{(Entwicklung nach der } i-\text{ten Spalte)}$$

Wir prüfen das explizit für Dreierdeterminanten und entwickeln zunächst die allg. 3×3–Determinante:

Entwicklung von $\det\ A = \begin{vmatrix} a_{11} & a_{12} & a_{13} \\ a_{21} & a_{22} & a_{23} \\ a_{31} & a_{32} & a_{33} \end{vmatrix}$ nach der ersten Zeile ergibt:

$$\begin{aligned} \det A &= (-1)^{1+1} a_{11} S_{11} + (-1)^{1+2} a_{12} S_{12} + (-1)^{1+3} a_{13} S_{13} && \underline{1} \\ &= a_{11} \begin{vmatrix} a_{22} & a_{23} \\ a_{32} & a_{33} \end{vmatrix} - a_{12} \begin{vmatrix} a_{21} & a_{23} \\ a_{31} & a_{33} \end{vmatrix} + a_{13} \begin{vmatrix} a_{21} & a_{22} \\ a_{31} & a_{32} \end{vmatrix} && \underline{2} \end{aligned}$$

Entwicklung der Dreierdeterminante nach der 2. Spalte ergibt:

$$\det A = (-)^{1+2} a_{12} S_{12} + (-)^{2+2} a_{22} S_{22} + (-)^{3+2} a_{32} S_{32} \qquad \underline{3}$$

Der erste Term rechts ist mit dem 2. Term von 1 identisch. Die letzten beiden Terme von 3 lauten explizit.

$$\begin{aligned} a_{22} \begin{vmatrix} a_{11} & a_{13} \\ a_{31} & a_{33} \end{vmatrix} - a_{32} \begin{vmatrix} a_{11} & a_{13} \\ a_{21} & a_{23} \end{vmatrix} &= a_{22}(a_{11}a_{33} - a_{13}a_{31}) \\ &\quad - a_{32}(a_{11}a_{23} - a_{13}a_{21}) && \underline{4} \end{aligned}$$

Die Summe des ersten und dritten Terms von 1 bzw. 2 ergibt:

$$\begin{aligned} a_{11} \begin{vmatrix} a_{22} & a_{23} \\ a_{32} & a_{33} \end{vmatrix} + a_{13} \begin{vmatrix} a_{21} & a_{21} \\ a_{31} & a_{32} \end{vmatrix} &= a_{11}(a_{22}a_{33} - a_{23}a_{32}) \\ &\quad - a_{13}(a_{21}a_{32} - a_{22}a_{31}) && \underline{5} \end{aligned}$$

Offensichtlich stimmen 4 und 5 überein. Damit ist klar, daß die Dreierdeterminante, nach der 1. Zeile bzw. 2. Spalte entwickelt, dasselbe ergibt. Ähnlich überzeugt man sich, daß die Entwicklung nach anderen Zeilen bzw. Spalten auf das gleiche Ergebnis führt. Damit ist der Entwicklungssatz für Dreierdeterminanten als gültig erkannt.

Jetzt rechnen wir noch die 3×3-Determinante durch Entwicklung nach der zweiten Zeile und nachfolgend, nach der zweiten Spalte, am Beispiel der Determinante

$$\det A = \begin{vmatrix} 4 & 5 & 22 \\ 8 & 11 & 44 \\ 3 & 7 & 1 \end{vmatrix}$$

aus. Das liefert:

a) Entwicklung nach der zweiten Zeile:

$$\begin{aligned} \det A &= (-1)^{2+1} a_{21} S_{21} + (-1)^{2+2} a_{22} S_{22} + (-1)^{2+3} a_{23} S_{23} \\ &= -a_{21} \begin{vmatrix} a_{12} & a_{13} \\ a_{32} & a_{33} \end{vmatrix} + a_{22} \begin{vmatrix} a_{11} & a_{13} \\ a_{31} & a_{33} \end{vmatrix} - a_{23} \begin{vmatrix} a_{11} & a_{12} \\ a_{31} & a_{32} \end{vmatrix} \\ &= -8 \begin{vmatrix} 5 & 22 \\ 7 & 1 \end{vmatrix} + 11 \begin{vmatrix} 4 & 22 \\ 3 & 1 \end{vmatrix} - 44 \begin{vmatrix} 4 & 5 \\ 3 & 7 \end{vmatrix} = -62 \end{aligned}$$ 6

b) Entwicklung nach der zweiten Spalte:

$$\begin{aligned} \det A &= (-1)^{2+1} a_{12} S_{12} + (-1)^{2+2} a_{22} S_{22} + (-1)^{2+3} a_{32} S_{32} \\ &= -a_{12} \begin{vmatrix} a_{21} & a_{23} \\ a_{31} & a_{33} \end{vmatrix} + a_{22} \begin{vmatrix} a_{11} & a_{13} \\ a_{31} & a_{33} \end{vmatrix} - a_{32} \begin{vmatrix} a_{11} & a_{13} \\ a_{21} & a_{23} \end{vmatrix} \\ &= -5 \begin{vmatrix} 8 & 44 \\ 3 & 1 \end{vmatrix} + 11 \begin{vmatrix} 4 & 22 \\ 3 & 1 \end{vmatrix} - 7 \begin{vmatrix} 4 & 22 \\ 8 & 44 \end{vmatrix} = -62 \end{aligned}$$ 7

5 Das Spatprodukt

Definition: Unter dem Spatprodukt der drei Vektoren $\vec{a}, \vec{b}$ und $\vec{c}$ versteht man

$$\vec{a} \cdot (\vec{b} \times \vec{c}),$$

also eine Kombination zwischen Skalar- und Vektorprodukt, weshalb das Spatprodukt auch als gemischtes Produkt bezeichnet wird. Das Spatprodukt ist ein Skalar.

Spatprodukt in Komponenten:

$$\begin{aligned} \vec{a} \cdot (\vec{b} \times \vec{c}) &= (a_1, a_2, a_3) \cdot [(b_1, b_2, b_3) \times (c_1, c_2, c_3)] \\ &= (a_1, a_2, a_3) \cdot \begin{vmatrix} \vec{e}_1 & \vec{e}_2 & \vec{e}_3 \\ b_1 & b_2 & b_3 \\ c_1 & c_2 & c_3 \end{vmatrix} \\ &= (a_1, a_2, a_3) \cdot (b_2 c_3 - b_3 c_2, -b_1 c_3 + b_3 c_1, b_1 c_2 - b_2 c_1) \\ &= a_1(b_2 c_3 - b_3 c_2) - a_2(b_1 c_3 - b_3 c_1) + a_3(b_1 c_2 - b_2 c_1). \end{aligned}$$

Die drei Terme können wiederum zu einer Determinante zusammengefaßt werden, so daß

$$\vec{a} \cdot (\vec{b} \times \vec{c}) = \begin{vmatrix} a_1 & a_2 & a_3 \\ b_1 & b_2 & b_3 \\ c_1 & c_2 & c_3 \end{vmatrix} = (\vec{a} \times \vec{b}) \cdot \vec{c}. \tag{5.1}$$

Zyklische Vertauschbarkeit: Für das Spatprodukt besteht die Möglichkeit, die Faktoren zyklisch zu vertauschen. Es ist nämlich

$$\vec{a} \cdot (\vec{b} \times \vec{c}) = \vec{b} \cdot (\vec{c} \times \vec{a}) = \vec{c} \cdot (\vec{a} \times \vec{b}).$$

Diese Regeln lassen sich durch sukzessive Zeilenvertauschungen in der Determinante (5.1) leicht bestätigen. Die folgende vereinfachte Schreibweise für das Spatprodukt findet man ab und zu in der Literatur:

$$\vec{a} \cdot (\vec{b} \times \vec{c}) = [\vec{a}\,\vec{b}\,\vec{c}] = [\vec{b}\,\vec{c}\,\vec{a}] = [\vec{c}\,\vec{a}\,\vec{b}].$$

Geometrisch stellt das Spatprodukt das Volumen

$$\begin{aligned} V = \vec{a} \cdot (\vec{b} \times \vec{c}) &= a\cos\varphi\, bc\sin\gamma \\ &= abc\cos\varphi\,\sin\gamma \end{aligned}$$

eines von den drei Vektoren gebildeten Parallelepipeds dar (siehe Figur).

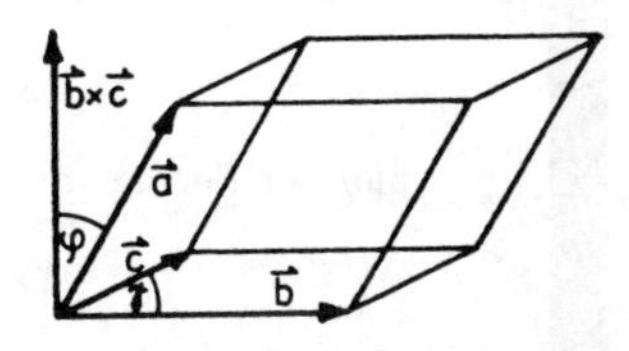

Veranschaulichung des Spatproduktes

Beachten Sie: Das Volumen hat positives Vorzeichen (+), wenn $\vec{a}$ auf der Seite von $\vec{b} \times \vec{c}$ liegt; dagegen negatives Vorzeichen (−), wenn $\vec{a}$ auf der Seite von $-\vec{b} \times \vec{c}$ liegt. Dem Volumen könnte also ein Vorzeichen zugeordnet werden. Davon macht man jedoch im allgemeinen keinen Gebrauch und verlangt immer ein positives Vorzeichen. Das erreicht man durch die Definition $V = |\,\vec{a} \cdot (\vec{b} \times \vec{c})\,|$.

Eigenschaften des Spatproduktes: Aus

$$\vec{a} \cdot (\vec{b} \times \vec{c}) = 0 \quad \text{folgt} \quad \varphi = \frac{\pi}{2} \quad \text{und / oder} \quad \gamma = 0, \tag{5.2}$$

d.h. die drei Vektoren liegen in einer Ebene oder (und) zwei Vektoren auf einer Geraden.

Dies ist auch ein sehr anschaulicher Beweis für die schon früher erwähnten Determinantensätze:

1. Sind 2 Zeilenvektoren (oder Spaltenvektoren) gleich oder einander proportional, dann ist die Determinante Null.

2. Vertauscht man zwei benachbarte Zeilen, dann ändert sich die Determinante um den Faktor (−1).

6 Anwendung der Vektorrechnung

Anwendung in der Mathematik:

6.1 Aufgabe: Abstandsvektor

Man berechne die Länge des Vektors $\vec{a}$, der den Abstandsvektor zwischen den Punkten $\vec{r}_1$ und $\vec{r}_2$ darstellt.

Lösung:

$$\begin{aligned} \vec{a} &= \vec{r}_2 - \vec{r}_1 \\ &= (x_2\vec{e}_1 + y_2\vec{e}_2 + z_2\vec{e}_3) - (x_1\vec{e}_1 + y_1\vec{e}_2 + z_1\vec{e}_3) \\ &= (x_2 - x_1)\vec{e}_1 + (y_2 - y_1)\vec{e}_2 + (z_2 - z_1)\vec{e}_3, \end{aligned}$$

demnach lautet $\vec{a}$ in Zeilenschreibweise

$$\vec{a} = (x_2 - x_1, y_2 - y_1, z_2 - z_1)$$

und der Betrag von $\vec{a}$ ist also

$$|\vec{a}| = \sqrt{(x_2 - x_1)^2 + (y_2 - y_1)^2 + (z_2 - z_1)^2}.$$

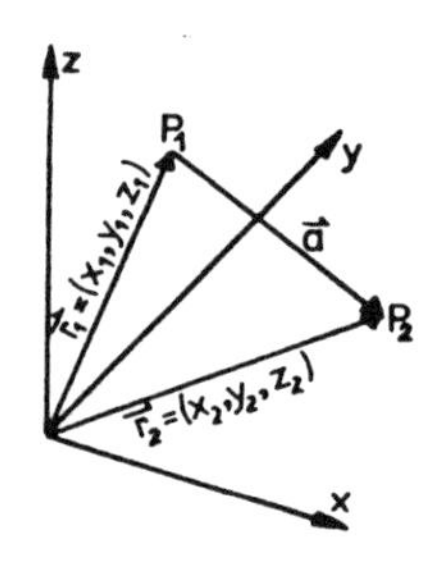

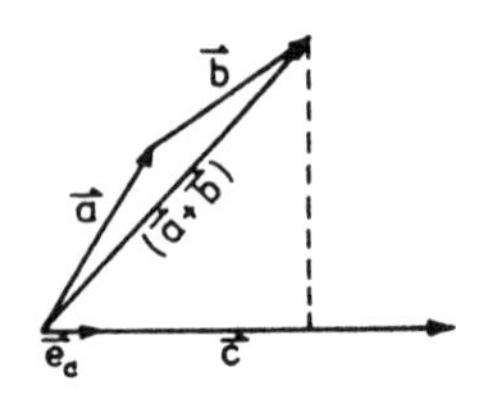

6.2 Aufgabe: Projektion eines Vektors auf einen anderen

Es sind gegeben:

$$\begin{aligned} \vec{a} &= (2, 1, 1), \\ \vec{b} &= (1, -2, 2), \\ \vec{c} &= (3, -4, 2). \end{aligned}$$

Wie groß ist die Projektion der Summe $(\vec{a} + \vec{b})$ auf den Vektor $\vec{c}$?

Lösung: Diese Projektion ist gegeben durch das Skalarprodukt aus $(\vec{a}+\vec{b})$ und dem Einheitsvektor $\vec{e}_c$ in Richtung von $\vec{c}$.

$$\begin{aligned}
\vec{e}_c &= \frac{\vec{c}}{|\vec{c}|} = \frac{(3,-4,2)}{\sqrt{3^2+4^2+2^2}}, \\
(\vec{a}+\vec{b}) &= (2+1,\, 1-2,\, 1+2), \\
(\vec{a}+\vec{b})\cdot\vec{e}_c &= \frac{3\cdot 3+(-1)\cdot(-4)+3\cdot 2}{\sqrt{29}} = \frac{19}{\sqrt{29}}.
\end{aligned}$$

6.3 Aufgabe: Geraden- und Ebenengleichung

Die Punkte A und B sind durch ihre Ortsvektoren $\vec{a}$ und $\vec{b}$ gegeben.
Wie lautet die Gleichung der Geraden durch A und B?

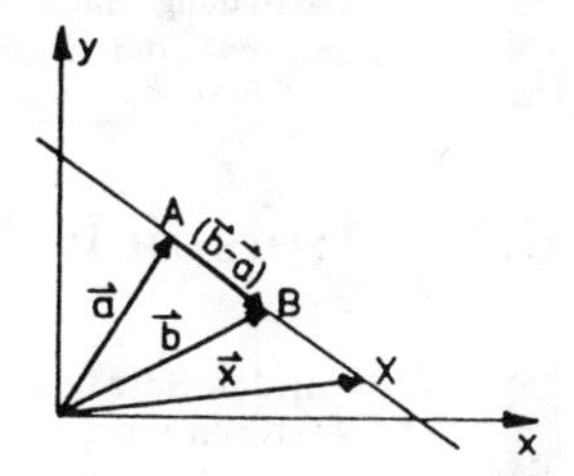

Lösung: Die Gerade AB ist zu $(\vec{b}-\vec{a})$ parallel. Sie geht außerdem durch den Punkt A. Somit lautet die Gleichung, nach der man jeden Ortsvektor $\vec{x}$ eines Punktes X, der auf der gesuchten Geraden liegt, ermitteln kann:

$$\vec{x} = \vec{a} + t(\vec{b}-\vec{a}),$$

wobei t eine reelle Zahl (laufender Parameter $-\infty \leq t \leq \infty$) ist. Sind nicht zwei Punkte A und B gegeben, sondern ein Punkt A und ein Vektor $\vec{u}$, der die Richtung der Geraden angibt, so lautet die Gleichung der Geraden

$$\vec{x} = \vec{a} + t\vec{u}\,.$$

Das ist die sogenannte *Punkt-Richtungsform* einer Geradengleichung.

Beispiel:

$$\begin{aligned}
\vec{a} &= (a_1, a_2, a_3), \qquad \vec{u} = (u_1, u_2, u_3) \\
\vec{x} &= (a_1 + tu_1, a_2 + tu_2, a_3 + tu_3) \\
&= (x, y, z).
\end{aligned}$$

Gibt man außer dem Ortsvektor $\vec{a}$ und dem Richtungsvektor $\vec{u}$ noch einen zweiten Richtungsvektor $\vec{v}$ vor, so kann man dadurch eine Ebene im Raum genau festlegen:

$$\vec{x}_E = \vec{a} + t\vec{u} + k\vec{v}, \quad \text{wobei} \quad \vec{u} \uparrow\uparrow \vec{v} \quad \text{und auch} \quad \vec{u} \uparrow\downarrow \vec{v} \quad \text{und} \quad k, t \in \mathrm{R}$$

Das ist die *Punkt-Richtungs-Form* der Ebenengleichung.

6.4 Beispiel: Der Kosinussatz

Der Kosinussatz der ebenen Trigonometrie ergibt sich, indem man die Gleichung $\vec{c} = \vec{a} - \vec{b}$ skalar mit sich multipliziert:

$$\begin{aligned}
\vec{c}\cdot\vec{c} &= (\vec{a}-\vec{b})\cdot(\vec{a}-\vec{b}) = \vec{a}^{\,2} + \vec{b}^{\,2} - 2\vec{a}\cdot\vec{b} \\
&= a^2 + b^2 - 2ab\cos\beta. \\
\Rightarrow \qquad c^2 &= a^2 + b^2 - 2ab\cos\beta.
\end{aligned}$$

Für $\beta = \frac{\pi}{2}$ führt das zum Satz von Pythagoras.

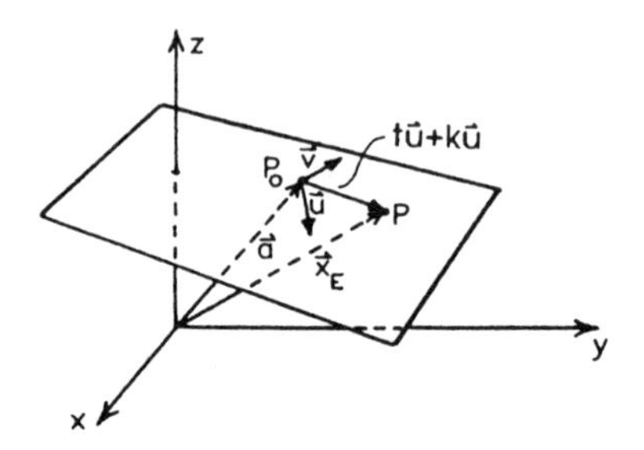

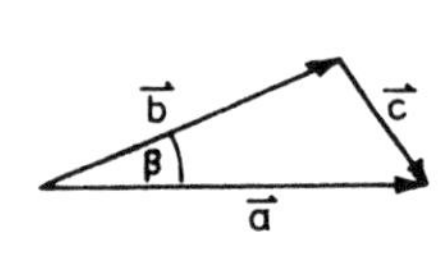

Darstellung einer Ebene im Raum aufgespannt durch die Vektoren $\vec{u}$ und $\vec{v}$ im Punkte P_0.

6.5 Beispiel: Der Satz von Thales

Um den Satz von Thales [3] zu beweisen, führen wir nach der Skizze die folgenden Vektoren ein:

$$\overrightarrow{MA} = -\overrightarrow{MB} = \vec{a}, \qquad \overrightarrow{MC} = \vec{b}.$$

Es gelten

$$|\vec{a}| = |\vec{b}|, \quad \overrightarrow{BC} = \vec{a} + \vec{b} \quad \text{und} \quad \overrightarrow{AC} = \vec{b} - \vec{a}.$$

Das Skalarprodukt $(\vec{a} + \vec{b}) \cdot (\vec{a} - \vec{b})$ besitzt den Wert

$$(\vec{a} - \vec{b}) \cdot (\vec{a} + \vec{b}) = \vec{a}^{\,2} - \vec{b}^{\,2} = |\vec{a}|^2 - |\vec{b}|^2 = 0.$$

Daraus folgt aber für den von $(\vec{a} + \vec{b})$ und $(\vec{a} - \vec{b})$ eingeschlossenen Winkel $\vartheta = \frac{\pi}{2}$ oder

$$(\vec{a} + \vec{b}) \perp (\vec{a} - \vec{b}) \quad \text{(Satz von Thales).}$$

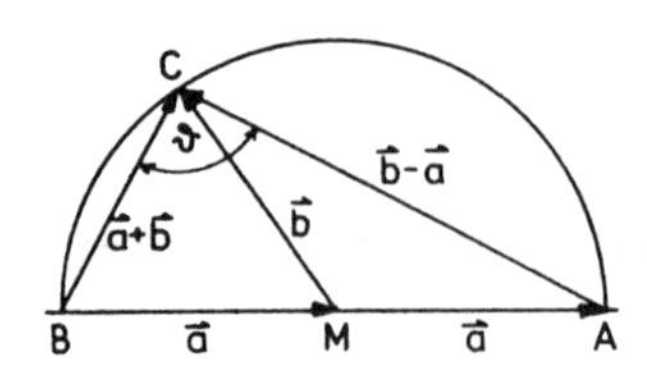

[3] Benannt nach *Thales von Milet*, geb. um 624 v. Chr., gest. 546 v. Chr. Er ist der erste Vertreter der ionischen Schule. Er soll der Überlieferung nach weite Reisen (z.B. nach Ägypten) unternommen haben und auch als Politiker sehr aktiv gewesen sein. Der nach ihm benannte Satz ist von ihm erstmals streng formuliert worden.

6.6 Beispiel: Die Drehmatrix

Aus nebenstehender Zeichnung ist zu ersehen, in welche Vektoren $\vec{e}'_1$ bzw. $\vec{e}'_2$ die kartesischen Einheitsvektoren $\vec{e}_1$ und $\vec{e}_2$ bei einer Drehung um den Winkel β in der x-y-Ebene übergehen:

$$\begin{aligned} \vec{e}'_1 &= \vec{e}_1 \cos\beta + \vec{e}_2 \sin\beta + \vec{e}_3 \cdot 0 \\ \vec{e}'_2 &= \vec{e}_1(-\sin\beta) + \vec{e}_2 \cos\beta + \vec{e}_3 \cdot 0 \quad \underline{1} \\ \vec{e}'_3 &= \vec{e}_1 \cdot 0 + \vec{e}_2 \cdot 0 + \vec{e}_3 \cdot 1 . \end{aligned}$$

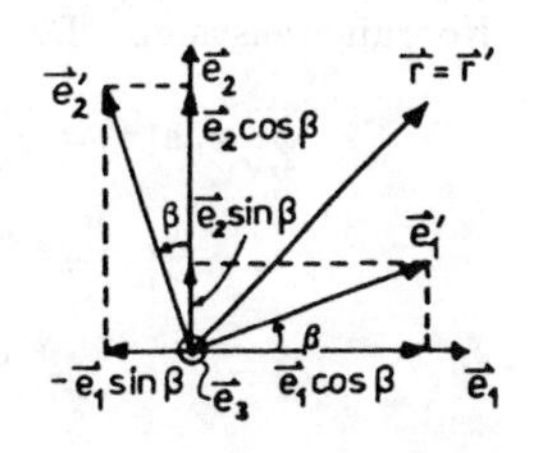

1. Fall: Der Vektor $\vec{r}$ bleibt liegen und das Koordinatensystem wird gedreht.

Dieses Gleichungssystem läßt sich in Matrixform (siehe Gleichung 7) schreiben:

$$\begin{pmatrix} \vec{e}'_1 \\ \vec{e}'_2 \\ \vec{e}'_3 \end{pmatrix} = \begin{pmatrix} \cos\beta & \sin\beta & 0 \\ -\sin\beta & \cos\beta & 0 \\ 0 & 0 & 1 \end{pmatrix} \cdot \begin{pmatrix} \vec{e}_1 \\ \vec{e}_2 \\ \vec{e}_3 \end{pmatrix} = \begin{pmatrix} d_{11}\vec{e}_1 + d_{12}\vec{e}_2 + d_{13}\vec{e}_3 \\ d_{21}\vec{e}_1 + d_{22}\vec{e}_2 + d_{23}\vec{e}_3 \\ d_{31}\vec{e}_1 + d_{32}\vec{e}_2 + d_{33}\vec{e}_3 \end{pmatrix} \qquad \underline{2}$$

oder in Kurzform

$$\vec{e}'_\nu = \sum_{\mu=1}^{3} d_{\nu\mu}\vec{e}_\mu ,$$

wobei

$$d_{\nu\mu} = \vec{e}'_\nu \cdot \vec{e}_\mu \quad \text{oder} \quad (\mathrm{d}_{\nu\mu}) = \begin{pmatrix} \cos\beta & \sin\beta & 0 \\ -\sin\beta & \cos\beta & 0 \\ 0 & 0 & 1 \end{pmatrix}$$

die *Richtungskosinusse* bedeuten. Dies ist die Transformation der Basisvektoren. Für eine Drehung im dreidimensionalen Raum in der x-y-Ebene (also um die z-Achse) lautet die Drehmatrix:

$$\widehat{D} = \begin{pmatrix} \cos\beta & \sin\beta & 0 \\ -\sin\beta & \cos\beta & 0 \\ 0 & 0 & 1 \end{pmatrix} \equiv (d_{\nu\mu}). \qquad \underline{3}$$

1. Fall: $\vec{r} = \vec{r}'$ fest im Raum. Wenn $\vec{r} = \vec{r}'$ fest im Raum liegt, aber das Koordinatensystem sich dreht, gilt

$$\sum_\nu x_\nu \vec{e}_\nu = \sum_\mu x'_\mu \vec{e}'_\mu \quad \Rightarrow \quad x'_\mu = \sum_\nu x_\nu (\vec{e}_\nu \cdot \vec{e}'_\mu) = \sum_\nu d_{\mu\nu} x_\nu .$$

Es gilt also für die Transformation der Komponenten eines fest im Raume stehenden Ortsvektors

$$\vec{r}' = \widehat{D}\vec{r}, \qquad \underline{4}$$

wobei $\widehat{D}$ die Drehmatrix bedeutet. Ausführlich heißt das wegen $x'_1 = x'$, $x'_2 = y'$, $x'_3 = z'$:

$$\begin{pmatrix} x' \\ y' \\ z' \end{pmatrix}_{\text{neue Basis}} = \begin{pmatrix} \cos\beta & \sin\beta & 0 \\ -\sin\beta & \cos\beta & 0 \\ 0 & 0 & 1 \end{pmatrix} \cdot \begin{pmatrix} x \\ y \\ z \end{pmatrix}_{\text{alte Basis}} \qquad \underline{5}$$

Der Zusatz „neue Basis“ am Spaltentupel soll darauf hinweisen, daß die Komponenten x', y', z' des Spaltentupels als Koeffizienten der Basisvektoren $\vec{e}'_1, \vec{e}'_2, \vec{e}'_3$ zu interpretieren sind.

2. Fall: $\vec{r}$ ist fest verankert im sich drehenden Koordinatensystem. $\vec{r}$ dreht sich also mit dem Koordinatensystem. Das bedeutet

$$\begin{aligned} \sum_\nu x_\nu \vec{e}\,'_\nu &= \sum_\mu x'_\mu \vec{e}_\mu \\ \Rightarrow \quad x'_\mu &= \sum_\nu x_\nu (\vec{e}\,'_\nu \cdot \vec{e}_\mu) \\ &= \sum_\nu d_{\nu\mu} x_\nu \\ &= \sum_\nu \widetilde{d}_{\mu\nu} x_\nu . \end{aligned} \qquad \underline{6}$$

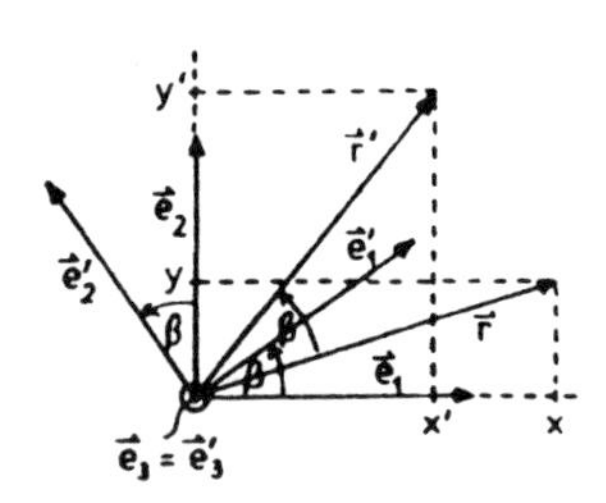

x'_μ sind die neue Komponenten des gedrehten Vektors in bezug auf das feste System $\vec{e}_\mu$: x_ν sind alte Komponenten des Vektors in bezug auf das feste System $\vec{e}_\mu$

Beachten Sie: Sowohl x'_ν als auch x_ν sind im alten System (alte Basis $\vec{e}_\mu$) definiert. Sie bezeichnen die Komponenten des neuen (gedrehten) bzw. alten (nicht gedrehten) Vektors!

Wir haben schon oben die Matrixmultiplikation benützt. Sie soll hier noch einmal klar definiert werden.

Definition des Matrix-Produktes: Das der Zeile i und der Spalte j gemeinsame Element C_{ij} der Produktmatrix $\widehat{C} = \widehat{A} \cdot \widehat{B}$ erhält man durch Bildung der Summe

$$C_{ij} = \sum_k A_{ik} B_{kj}, \qquad \underline{7}$$

wenn $\widehat{A}$ und $\widehat{B}$ die Faktor-Matrizen sind.

Es würden also die Komponenten eines Vektors $\vec{a} = (a_1, a_2, a_3)$ bei Drehungen des Koordinatensystems übergehen in:

$$\begin{aligned} \begin{pmatrix} a'_1 \\ a'_2 \\ a'_3 \end{pmatrix}_{\text{neue Basis}} = \vec{a}\,' &= \begin{pmatrix} \cos\beta & \sin\beta & 0 \\ -\sin\beta & \cos\beta & 0 \\ 0 & 0 & 1 \end{pmatrix} \cdot \begin{pmatrix} a_1 \\ a_2 \\ a_3 \end{pmatrix} \\ &= \begin{pmatrix} \cos\beta\, a_1 + \sin\beta\, a_2 \\ -\sin\beta\, a_2 + \cos\beta\, a_2 \\ a_3 \end{pmatrix} \\ a'_\mu &= \sum_\nu d_{\mu\nu} a_\nu . \end{aligned}$$

Der Vektor als solcher bleibt im Raume liegen. Seine Komponenten ändern sich jedoch, weil sich die Basis gedreht hat (1. Fall). Würde sich der Vektor drehen (2. Fall), so erhielten wir nach $\underline{6}$

$$\begin{pmatrix} a'_1 \\ a'_2 \\ a'_3 \end{pmatrix}_{\text{neue Basis}} = \begin{pmatrix} \cos\beta\, a_1 - \sin\beta\, a_2 \\ \sin\beta\, a_1 + \cos\beta\, a_2 \\ a_3 \end{pmatrix}; \qquad a'_\mu = \sum\nolimits_\nu \widetilde{d}_{\mu\nu} a_\nu = \sum\nolimits_\nu d_{\nu\mu} a_\nu$$

wobei $\widetilde{d}_{\mu\nu} = d_{\nu\mu}$ die *transponierte* Drehmatrix ist. Die Transponierte einer Matrix ist einfach die an der Hauptdiagonalen (von der linken oberen in die rechte untere Ecke) gespiegelte Matrix.

Anwendung in der Physik:

6.7 Aufgabe: Überlagerung von Kräften

Vier in einer Ebene liegende Kräfte wirken auf den Punkt 0 wie in der Zeichnung dargestellt.

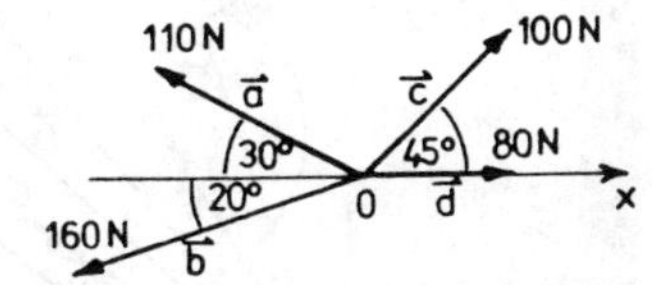

Lösung:

$$\vec{a} = (-95.3, 53)\,\text{N}, \quad \vec{b} = (-150.4, -54,7)\,\text{N},$$
$$\vec{c} = (71, 71)\,\text{N}, \quad \vec{d} = (80, 0)\,\text{N}. \quad \left(\text{N} = \text{Newton} = 1\frac{\text{kg m}}{\text{s}^2}\right)$$

Es ist:

$$\vec{F}_{\text{ges}} = \vec{a} + \vec{b} + \vec{c} + \vec{d} = (-94.7, 71.3)\,\text{N},$$
$$|\,\vec{F}_{\text{ges}}\,| = \sqrt{94.7^2 + 71.3^2}\,\text{N} = 119\,\text{N}.$$

Wir erinnern uns dabei an

$$\vec{a} + \vec{b} = \sum_i a_i\vec{e}_i + \sum_i b_i\vec{e}_i$$
$$= \sum_i (a_i + b_i)\vec{e}_i = (a_1 + b_1, a_2 + b_2, a_3 + b_3).$$

Graphische Bestimmung der Kraft: Darstellung mittels *Kräftepolygon.*
Den Winkel β, den $\vec{F}$ mit der x-Achse bildet, kann man leicht berechnen. Es ist

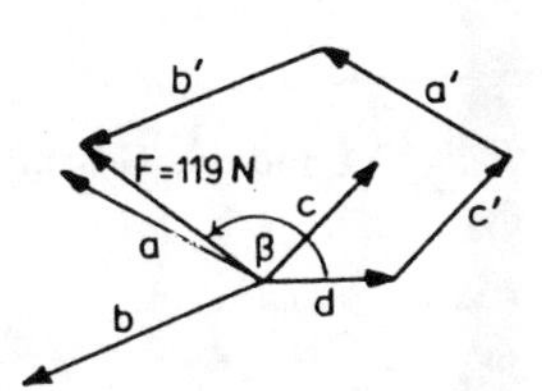

$$\vec{F} = (-94.7, 71.3)\,\text{N}; \quad \frac{F_y}{F_x} = \tan\beta = -\frac{71.3}{94.7};$$

daraus folgt: $\beta = 143°$.

6.8 Beispiel: Gleichgewichtsbedingung für einen starren Körper ohne feste Drehachse

An einem starren Körper greifen an den Orten $\vec{r}_i$ die Kräfte $\vec{F}_i$ an. Wir untersuchen das Gleichgewicht im Punkt A (Ortsvektor $\vec{a}$), um den wir uns den Körper drehbar denken. In A werden nun alle Kräfte $\vec{F}_i$ addiert und subtrahiert, so daß sich insgesamt nichts ändert.

Für die Kraft $\vec{F}_1$ ist das in der Figur auf der nächsten Seite veranschaulicht; für die anderen Kräfte verfahren wir genauso. Nun bilden die Kräfte $\vec{F}_1$ in $\vec{r}_1$ und $-\vec{F}_1$ in $\vec{a}$ ein *Kräftepaar,* welches das *Drehmoment* (vgl. Sie hierzu Aufgabe 6.9)

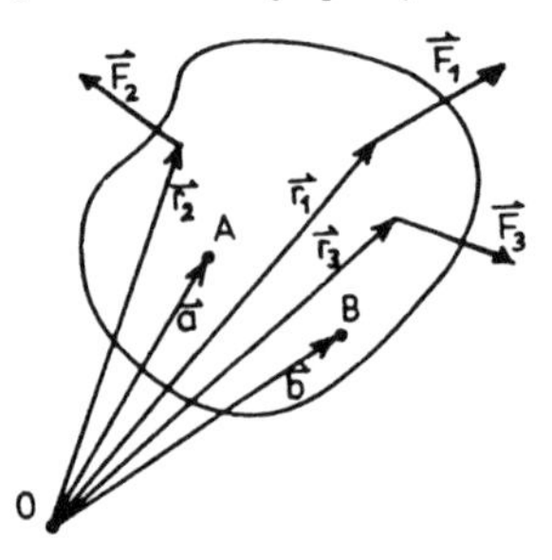

Ein starrer Körper ist in bezug auf den Punkt A im Gleichgewicht, wenn die Summe aller Drehmomente in bezug auf A und die Summe aller Kräfte in A verschwinden. Ist diese Bedingung in A erfüllt, so gilt sie auch in jedem anderen Punkt B.

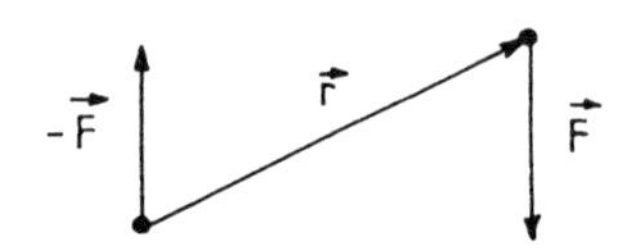

Ein Kräftepaar verursacht ein Drehmoment $\vec{M} = \vec{r} \times \vec{F}$, das den Körper, an dem es angreift, zu drehen versucht.

$$\vec{M}_1(\vec{a}\,) = (\vec{r}_1 - \vec{a}\,) \times \vec{F}_1 \qquad \underline{1}$$

besitzt und den Körper drehen will. Ähnlich bilden alle anderen Kräfte $\vec{F}_i$ (in $\vec{r}_i$) und $-\vec{F}_i$ (in $\vec{a}$) Kräftepaare mit den Drehmomenten

$$\vec{M}_i(\vec{a}) = (\vec{r}_i - \vec{a}) \times \vec{F}_i \qquad \underline{2}$$

Im Punkt A beträgt daher die Gesamtkraft

$$\vec{F} = \sum_i \vec{F}_i \qquad \underline{3}$$

und das Gesamtdrehmoment

$$\vec{M}(\vec{a}) = \sum_i \vec{M}_i(\vec{a}) = \sum_i (\vec{r}_i - \vec{a}\,) \times \vec{F}_i. \qquad \underline{4}$$

Im Punkt B (Ortsvektor $\vec{b}$) ergäbe sich durch ähnliche Konstruktion die Gesamtkraft

$$\vec{F} = \sum_i \vec{F}_i \qquad \underline{5}$$

und das Gesamtdrehmoment um B,

$$\vec{M}(\vec{b}) = \sum_i \vec{M}_i(\vec{b}) = \sum_i (\vec{r}_i - \vec{b}) \times \vec{F}_i \qquad \underline{6}$$

Die Gesamtkraft $\vec{F}$ versucht den Körper insgesamt zu beschleunigen. Das Gesamtdrehmoment versucht den Körper zu drehen. Soll Gleichgewicht in bezug auf den Punkt A (Ortsvektor $\vec{a}$) herrschen, so müssen die Gesamtkraft $\vec{F}$ und das Gesamtdrehmoment $\vec{M}(\vec{a})$ verschwinden:

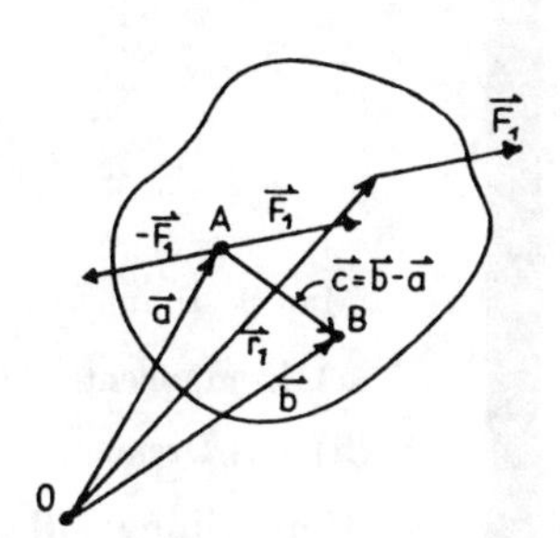

$$\vec{F} = 0 \qquad \underline{7}$$
$$\vec{M}(\vec{a}) = 0 \qquad \underline{8}$$

Es erhebt sich die Frage, ob Gleichgewicht im Punkt A auch Gleichgewicht im Punkt B bedeutet. Zu diesem Zweck rechnen wir die Gleichungen 7,8 auf den Punkt B (Gln. 5 und 6) um. Wir stellen fest: 7 ist mit 5 identisch. Ferner gilt

$$\begin{aligned}
\vec{M}(\vec{b}) &= \sum_i (\vec{r}_i - \vec{b}) \times \vec{F}_i = \sum_i (\vec{r}_i - (\vec{a} + \vec{c})) \times \vec{F}_i \\
&= \sum_i (\vec{r}_i - \vec{a}) \times \vec{F}_i - \sum_i \vec{c} \times \vec{F}_i \\
&= \vec{M}(\vec{a}) - \vec{c} \times \underbrace{\sum_i \vec{F}_i}_{=0 \text{ wegen } \underline{7}} = \vec{M}(\vec{a}) = 0
\end{aligned}$$

Daher können wir behaupten: Sind die Gleichgewichtsbedingungen 7,8 in einem Punkt A erfüllt, so gelten sie auch in jedem beliebigen anderen Punkt B.

6.9 Aufgabe: Kraft und Drehmoment

Folgende äußeren Kräfte wirken auf einen Körper:

$$\vec{F}_1 = (10, 2, -1)\,\mathrm{N} \qquad (\mathrm{N} = \text{Newton} = 1\frac{\mathrm{kg\,m}}{\mathrm{s}^2}) \text{ im Punkt } \mathrm{P}_1(2,0,0)\,\mathrm{cm},$$
$$\vec{F}_2 = (0,0,5)\,\mathrm{N} \qquad \text{im Punkt } \mathrm{P}_2(1,3,0)\,\mathrm{cm}$$

und

$$\vec{F}_3 = (-6,1,8)\,\mathrm{N} \quad \text{im Punkt } \mathrm{P}_3(6,8,1)\,\mathrm{cm}.$$

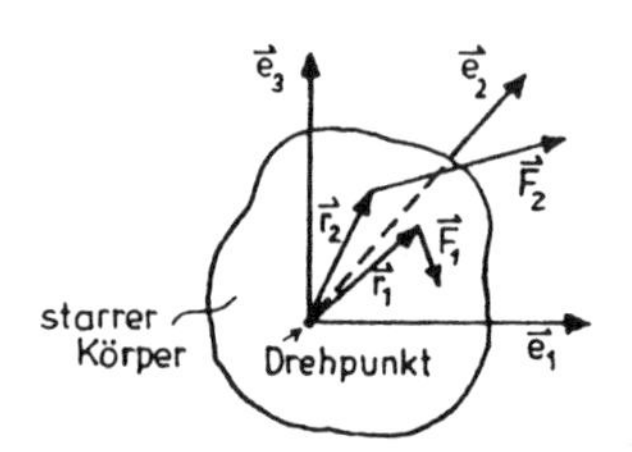

Zur Veranschaulichung des Drehmomentes zweier Kräfte

Man bestimme:

a) Komponenten, Betrag und Richtung der resultierenden Kraft $\vec{F}$;

b) das Drehmoment in bezug auf P_2.

Bemerkung: (kp = Kilopond). Das Kilopond ist gesetzlich abgeschafft, alle Kräfte werden in Newton (N) gemessen:

$$\begin{aligned} 1\,\mathrm{N} &= 1\,\mathrm{kg}\cdot\frac{\mathrm{Meter}}{\mathrm{s}^2} = 10^5\,\frac{\mathrm{g\,cm}}{\mathrm{s}^2} = 10^5\,\mathrm{dyn} \\ 1\,\mathrm{kp} &= 9.81\,\mathrm{N} \end{aligned}$$

Lösung:

a)

$$\begin{aligned} \vec{F} &= \vec{F}_1 + \vec{F}_2 + \vec{F}_3 = (4,\,3,\,12)\,\mathrm{N} \\ |\vec{F}| &= \sqrt{4^2+3^2+12^2}\,\mathrm{N} = 13\,\mathrm{N} \\ \cos\beta_1 &= \frac{F_x}{|\vec{F}|} = 0.308, \quad \beta_1 = 72°, \\ \cos\beta_2 &= \frac{F_y}{|\vec{F}|} = 0.231, \quad \beta_2 = 77°, \\ \cos\beta_3 &= \frac{F_z}{|\vec{F}|} = 0.923, \quad \beta_3 = 23°. \end{aligned}$$

Das sind die Richtungskosinusse der Kraft. Sie beschreiben die Kraftrichtung

$$\vec{n} = \frac{\vec{F}}{|\vec{F}|} = (\cos\beta_1,\,\cos\beta_2,\,\cos\beta_3) = (0,308;\,0,231;\,0,923).$$

b) Das Drehmoment einer Kraft $\vec{F}_p$, die im Punkt $P(x,y,z)$, d.h. am Orte $\vec{r} = (x,y,z)$ angreift, ist definiert in bezug auf den Koordinatenursprung (Drehpunkt) als der Vektor

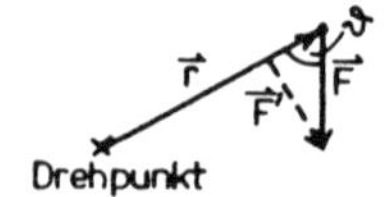

$$\vec{M} = \vec{r}\times\vec{F}_p.$$

Hierbei ist $\vec{r}$ der Ortsvektor vom Drehpunkt zum Angriffspunkt der Kraft $\vec{F}_p$. Für den Betrag von $\vec{M}$ gilt offenbar $M = r \cdot F'$, wobei $F' = F \sin\vartheta$ die Kraftkomponente senkrecht zum Ortsvektor ist (vgl. Figur). Man kann das auch so ausdrücken: M = Abstand vom Drehpunkt bis Angriffspunkt der Kraft *mal* Kraftkomponente senkrecht zum Abstandsvektor.

Auch dieses Drehmoment $\vec{M}$ wird von einem Kräftepaar verursacht, wie in Beispiel 6.8 besprochen. Wenn wir nämlich im Drehpunkt die Kräfte $-\vec{F}$ und $\vec{F}$, also insgesamt $\vec{0}$ addieren (vgl. Figur), so bilden die Kräfte $-\vec{F}$ im Drehpunkt und $\vec{F}$ bei $\vec{r}$ ein Kräftepaar. Die im Drehpunkt wirkende Kraft $\vec{F}$ drückt aufs Lager der Drehachse und wird von diesem aufgenommen.

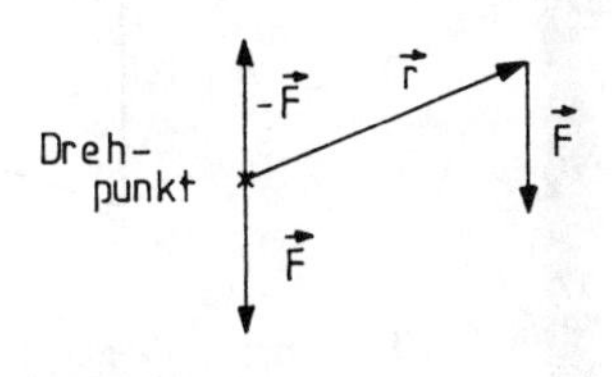

Greifen mehrere Kräfte $\vec{F}_\nu$ am starren Körper bei den Punkten $\vec{r}_\nu$ an, so ist das Gesamtdrehmoment

$$\vec{M} = \sum_\nu \vec{M}_\nu = \sum_\nu \vec{r}_\nu \times \vec{F}_\nu.$$

In unserem Beispiel ist

$$\begin{aligned}
\vec{M} &= (\vec{r}_1 \times \vec{F}_1) + (\vec{r}_2 \times \vec{F}_2) + (\vec{r}_3 \times \vec{F}_3) \\
\vec{r}_1 &= \vec{p}_1 - \vec{p}_2 = (1,\,-3,\,0)\,\text{cm} \\
\vec{r}_2 &= \vec{p}_2 - \vec{p}_2 = (0,\,0,\,0)\,\text{cm} \\
\vec{r}_3 &= \vec{p}_3 - \vec{p}_2 = (5,\,5,\,1)\,\text{cm},
\end{aligned}$$

wobei $\vec{p}_1, \vec{p}_2$ und $\vec{p}_3$ die Ortsvektoren der Punkte P_1, P_2 und P_3 sind. Man erhält also

$$\begin{aligned}
\vec{M}_1 &= \vec{r}_1 \times \vec{F}_1 = (3,\,1,\,32)\,\text{N cm} \\
\vec{M}_2 &= \vec{r}_2 \times \vec{F}_2 = 0 \\
\vec{M}_3 &= \vec{r}_3 \times \vec{F}_3 = (39,\,-46,\,35)\,\text{N cm}.
\end{aligned}$$

Für das totale Drehmoment ergibt sich

$$\begin{aligned}
\vec{M} &= \vec{M}_1 + \vec{M}_2 + \vec{M}_3 \\
&= (42,\,-45,\,67)\,\text{N cm}.
\end{aligned}$$

6.10 Aufgabe: Stabkräfte im Dreibock

Von einem in den Punkten A, B, C gelenkig an eine senkrechte Wand angeschlossenen und im Punkt D durch die Kraft $\vec{F}$ belasteten Dreibock bestimme man die

Stabkräfte.

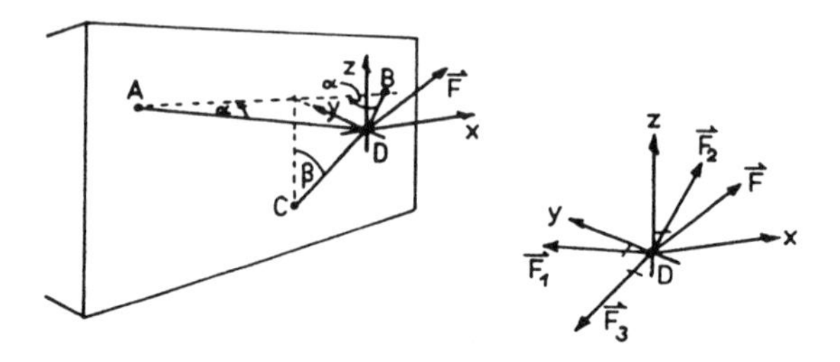

Lösung: Wegen der in allen Punkten gelenkigen Aufhängung (Vernachlässigung von Drehkräften) der Stäbe, können in diesen nur Längskräfte wirken. Sie sind für den herausgeschnittenen Knotenpunkt D als äußere Kräfte zu betrachten und ermitteln sich aus der Gleichgewichtsbedingung

$$\vec{F}_1 + \vec{F}_2 + \vec{F}_3 + \vec{F} = 0. \qquad \underline{1}$$

Unter Verwendung der Einheitsvektoren $\vec{e}_i\,(i = 1,2,3)$ in Richtung der Stabachsen sowie der Beträge $F_i\,(i = 1,2,3)$ der Stabkräfte läßt sich Gl. $\underline{1}$ auf die Form bringen

$$F_1\vec{e}_1 + F_2\vec{e}_2 + F_3\vec{e}_3 = -\vec{F}. \qquad \underline{2}$$

Zur Bestimmung der Stabkräfte multipliziert man Gl. $\underline{2}$ der Reihe nach skalar mit den Vektoren $\vec{e}_i \times \vec{e}_j\,(i \neq j)$, wobei nach Definition $(\vec{e}_i \times \vec{e}_j)$ auf $\vec{e}_i$ senkrecht steht und somit die Skalarprodukte $\vec{e}_i \cdot (\vec{e}_i \times \vec{e}_j)$ verschwinden.

Nach Heranziehung der Definition des Spatprodukts $\vec{A}\cdot(\vec{B}\times\vec{C}\,)$ erhält man dann für $F_i\,(i = 1,2,3)$ aus Gl. $\underline{2}$:

$$F_1 = -\frac{\vec{F}\cdot(\vec{e}_2\times\vec{e}_3)}{\vec{e}_1\cdot(\vec{e}_2\times\vec{e}_3)}, \quad F_2 = -\frac{\vec{F}\cdot(\vec{e}_3\times\vec{e}_1)}{\vec{e}_1\cdot(\vec{e}_2\times\vec{e}_3)}, \quad F_3 = -\frac{\vec{F}\cdot(\vec{e}_1\times\vec{e}_2)}{\vec{e}_1\cdot(\vec{e}_2\times\vec{e}_3)}. \qquad \underline{3}$$

Legt man gemäß obiger Abbildung ein Koordinatensystem in den Knotenpunkt D, so erhält man für die Einheitsvektoren

$$\begin{aligned} \vec{e}_1 &= (-\cos\alpha,\ \sin\alpha,\ 0) \\ \vec{e}_2 &= (\cos\alpha,\ \sin\alpha,\ 0) \\ \vec{e}_3 &= (0,\ \sin\beta,\ -\cos\beta). \end{aligned} \qquad \underline{4}$$

Einsetzen von Gl. $\underline{4}$ in Gl. $\underline{3}$ ergibt:

$$\begin{aligned} \vec{F}\cdot(\vec{e}_2\times\vec{e}_3) &= \begin{vmatrix} F_x & F_y & F_z \\ \cos\alpha & \sin\alpha & 0 \\ 0 & \sin\beta & -\cos\beta \end{vmatrix} \\ &= -F_x\sin\alpha\cos\beta + F_y\cos\alpha\cos\beta + F_z\cos\alpha\sin\beta \end{aligned} \qquad \underline{5}$$

und

$$\begin{aligned} \vec{e}_1\cdot(\vec{e}_2\times\vec{e}_3) &= \begin{vmatrix} -\cos\alpha & \sin\alpha & 0 \\ \cos\alpha & \sin\alpha & 0 \\ 0 & \sin\beta & -\cos\beta \end{vmatrix} \\ &= 2\sin\alpha\cos\alpha\cos\beta. \end{aligned} \qquad \underline{6}$$

Daraus erhält man für die Komponente F_1:

$$F_1 = \frac{1}{2}\left(\frac{F_x}{\cos\alpha} - \frac{F_y}{\sin\alpha} - \frac{F_z \tan\beta}{\sin\alpha}\right). \qquad \underline{7}$$

Analog verfährt man bei der Berechnung der Spatprodukte für F_2 und F_3 aus Gl. 3; man berechnet

$$\begin{aligned} F_2 &= \frac{1}{2}\left(-\frac{F_x}{\cos\alpha} - \frac{F_y}{\sin\alpha} - \frac{F_z \tan\beta}{\sin\alpha}\right) \\ F_3 &= \frac{F_z}{\cos\beta}. \end{aligned} \qquad \underline{8}$$

6.11 Aufgabe: Gesamtkraft und Drehmoment

a) Man bestimme die Komponenten F_y, F_z der im Punkt $P_1(1,2,3)\,\mathrm{m}$ angreifenden Kraft $\vec{F} = (2, F_y, F_z)\,\mathrm{N}$, so daß sie auf der durch die 3 Punkte P_1, $P_2(2,3,4)\,\mathrm{m}$ und $P_3(2,2,1)\,\mathrm{m}$ gegebenen Ebene senkrecht steht.

b) Wie groß ist der Betrag der Kraft $\vec{F}$ und welches Drehmoment $\vec{M}$ übt sie hinsichtlich des Punktes $P_4(0,1,2)\,\mathrm{m}$ aus?

c) Wie groß ist die Komponente des Momentenvektors $\vec{M}$, die senkrecht auf der Ebene steht?

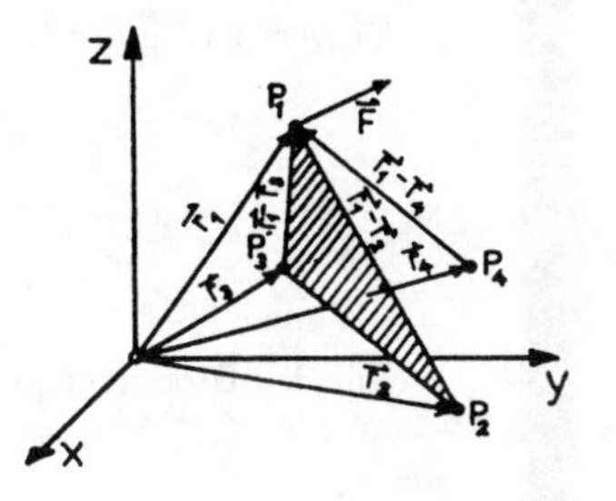

Lösung:

a) Da die Vektoren $(\vec{r}_1 - \vec{r}_2)$ und $(\vec{r}_1 - \vec{r}_3)$ in der dargestellten Ebene liegen, liefert das Vektorprodukt $\vec{R} = (\vec{r}_1 - \vec{r}_2) \times (\vec{r}_1 - \vec{r}_3)$ einen auf der Ebene senkrecht stehenden Normalenvektor $\vec{R}$. Soll nun die Kraft $\vec{F}$ senkrecht auf der Ebene stehen, also parallel zum Vektor $\vec{R}$, so muß gelten,

$$\vec{R} = (R_x, R_y, R_z) = (\vec{r}_1 - \vec{r}_2) \times (\vec{r}_1 - \vec{r}_3) = \lambda \vec{F} = \lambda\,(2, F_y, F_z). \qquad \underline{1}$$

Daraus erhält man

$$\lambda = \frac{1}{2} R_x\,, \qquad F_y = \frac{1}{\lambda} R_y\,, \qquad F_z = \frac{1}{\lambda} R_z. \qquad \underline{2}$$

Für die in den Aufgabenstellungen vorgegebenen Punkte $P_1(1,2,3)$, $P_2(2,3,4)$, $P_3(2,2,1)$ und $P_4(0,1,2)$ berechnet man leicht die Ortsvektoren $\vec{r}_i$ $(i = 1,2,3,4)$, sowie deren Differenzen $(\vec{r}_i - \vec{r}_j)$ $(i \neq j)$:

$$\begin{aligned} (\vec{r}_1 - \vec{r}_2) &= (-1,\,-1,\,-1) \\ (\vec{r}_1 - \vec{r}_3) &= (-1,\,0,\,2) \\ (\vec{r}_1 - \vec{r}_4) &= (1,\,1,\,1). \end{aligned} \qquad \underline{3}$$

Für das Kreuzprodukt in Gl. 1 ergibt sich dann

$$\vec{R} = (\vec{r}_1 - \vec{r}_2) \times (\vec{r}_1 - \vec{r}_3) = (-2, 3, -1) = (R_x, R_y, R_z). \quad \underline{4}$$

Setzt man diese Wert in Gl. 2 ein, erhält man

$$\begin{aligned} \lambda &= \frac{1}{2} R_x = -1 \text{ m}^2\text{N}^{-1} \\ F_y &= \frac{R_y}{\lambda} = -3 \text{ N} \\ F_z &= \frac{R_z}{\lambda} = 1 \text{ N}. \end{aligned} \quad \underline{5}$$

Die Komponenten der Kraft $\vec{F}$ sind somit:

$$\vec{F} = (2, -3, 1) \text{ N}. \quad \underline{6}$$

b) Der Betrag der Kraft $\vec{F}$ ergibt sich zu

$$\begin{aligned} |\vec{F}| &= (F_x^2 + F_y^2 + F_z^2)^{1/2} \\ &= (2^2 + 3^2 + 1)^{1/2} \text{ N} \\ &\approx 3.74 \text{ N}. \end{aligned} \quad \underline{7}$$

Für das Drehmoment $\vec{M}$ bzgl. des Punktes P_4 berechnet man das Kreuzprodukt

$$\begin{aligned} \vec{M} &= (\vec{r}_1 - \vec{r}_4) \times \vec{F} \\ &= (1, 1, 1) \times (2, -3, 1) \text{ Nm} \\ &= (4, 1, -5) \text{ Nm}. \end{aligned} \quad \underline{8}$$

c) Die Komponente des Momentenvektors $\vec{M}$ senkrecht zur Ebene, d.h. in Richtung der Kraft $\vec{F}$, ergibt sich aus der Definition des Spatproduktes zu:

$$|\vec{M}_{\vec{F}}| = [(\vec{r}_1 - \vec{r}_4) \times \vec{F}] \cdot \frac{\vec{F}}{|\vec{F}|} = 0. \quad \underline{9}$$

7 Differentiation und Integration von Vektoren

Die Bildung des Differentialquotienten: Der Vektor $\vec{A}$ kann als eine Funktion eines Parameters auftreten. Denken wir beispielsweise an den Ortsvektor $\vec{r}(t)$, der als Funktion der Zeit t die Bahn des Massenpunktes beschreibt. Zerlegt man $\vec{A}$ nach festen Einheitsvektoren in seine Komponenten, so sind diese Funktionen des Parameters. Wir schreiben

$$\vec{A}(u) = A_x(u)\vec{e}_1 + A_y(u)\vec{e}_2 + A_z(u)\vec{e}_3. \quad (7.1)$$

Bei der Bildung des Differentialquotienten werden die Komponenten einzeln differenziert, wie es der Differentiationsregel für Summen entspricht. Da die Einheitsvektoren nicht variabel sind, bleiben sie bei der Differentiation erhalten.

$$\begin{aligned}
\frac{d\vec{A}(u)}{du} &= \lim_{\Delta u \to 0} \frac{\vec{A}(u+\Delta u) - \vec{A}(u)}{\Delta u} \\
&= \lim_{\Delta u \to 0} \left(\frac{A_x(u+\Delta u) - A_x(u)}{\Delta u}\vec{e}_1 + \frac{A_y(u+\Delta u) - A_y(u)}{\Delta u}\vec{e}_2 \right. \\
&+ \left. \frac{A_z(u+\Delta u) - A_z(u)}{\Delta u}\vec{e}_3 \right).
\end{aligned}$$

Der Grenzwert der Summe ist gleich der Summe der Grenzwerte, d.h. im Grenzübergang erhält man

$$\frac{d\vec{A}(u)}{du} = \frac{dA_x(u)}{du}\vec{e}_1 + \frac{dA_y(u)}{du}\vec{e}_2 + \frac{dA_z(u)}{du}\vec{e}_3. \tag{7.2}$$

Vergleicht man (7.1) mit (7.2), so erkennt man, daß die Differentiation eines Vektors in einem beliebigen Koordinatensystem mit festen Einheitsvektoren auf die Differentiation der Komponenten des Vektors hinausläuft. Allgemein lautet die Regel für die n-fache Differentiation eines Vektors:

$$\frac{d^n\vec{A}(u)}{du^n} = \frac{d^nA_x(u)}{du^n}\vec{e}_1 + \frac{d^nA_y(u)}{du^n}\vec{e}_2 + \frac{d^nA_z(u)}{du^n}\vec{e}_3. \tag{7.3}$$

7.1 Beispiel: Differentiation eines Vektors

$$\begin{aligned}
\vec{A}(u) &= \underbrace{(2u^2 - 3u)}_{A_x(u)}\vec{e}_1 + \underbrace{(5 \cdot \cos u)}_{A_y(u)}\vec{e}_2 - \underbrace{(3 \cdot \sin u)}_{A_z(u)}\vec{e}_3, \\
&= (2u^2 - 3u,\ 5 \cdot \cos u,\ -3 \cdot \sin u) \\
\frac{d\vec{A}(u)}{du} &= (4u-3)\vec{e}_1 - (5 \cdot \sin u)\vec{e}_2 - (3 \cdot \cos u)\vec{e}_3 \\
&= (4u-3),\ -5 \cdot \sin u,\ -3 \cdot \cos u) \\
\frac{d^2\vec{A}(u)}{du^2} &= 4\vec{e}_1 - 5 \cdot \cos u \cdot \vec{e}_2 + 3 \cdot \sin u \cdot \vec{e}_3 \\
&= (4,\ -5 \cdot \cos u,\ 3 \cdot \sin u).
\end{aligned}$$

Für zusammengesetzte Funktionen gelten die üblichen Differentiationsregeln, d.h. zum Beispiel gilt für das Produkt eines variablen Skalars mit einem Vektor oder für das Skalar- und Kreuzprodukt zweier variabler Vektoren (Parameter u) die Produktregel.

Differentiation eines Produktes aus Skalar und Vektor:

$$\frac{d(\phi(u)\vec{A}(u))}{du} = \frac{d}{du}(\phi(u)A_x(u)\vec{e}_1 + \phi(u)A_y(u)\vec{e}_2 + \phi(u)A_z(u)\vec{e}_3)\,.$$

Nun ist

$$\frac{d(\phi A_x)}{du} = \frac{d\phi}{du}A_x + \phi\frac{dA_x}{du}$$

und analog für die anderen Komponenten:

$$\frac{d}{du}(\phi A_i) = \frac{d}{du}(\phi)A_i + \frac{d}{du}(A_i)\phi\,. \qquad (i = 1, 2, 3)$$

Das ergibt

$$\begin{aligned}\frac{d(\phi(u)\cdot\vec{A}(u))}{du} &= \frac{d\phi}{du}A_x\vec{e}_1 + \frac{d\phi}{du}A_y\vec{e}_2 + \frac{d\phi}{du}A_z\vec{e}_3 \\ &+ \phi\frac{dA_x}{du}\vec{e}_1 + \phi\frac{dA_y}{du}\vec{e}_2 + \phi\frac{dA_z}{du}\vec{e}_3\end{aligned}$$

oder einfach

$$\frac{d(\phi(u)\vec{A}(u))}{du} = \frac{d\phi}{du}\vec{A} + \phi\frac{d\vec{A}}{du}. \tag{7.4}$$

Differentiation des Skalarproduktes: Es ist

$$\begin{aligned}\frac{d(\vec{A}(u)\cdot\vec{B}(u))}{du} &= \frac{d}{du}\left(\sum_{i=1}^{3}A_i(u)B_i(u)\right) = \sum_{i=1}^{3}\frac{d}{du}(A_i(u)B_i(u)) \\ &= \sum_{i=1}^{3}\left(\frac{dA_i(u)}{du}B_i(u) + A_i(u)\frac{dB_i(u)}{du}\right)\end{aligned}$$

und daher

$$\frac{d(\vec{A}(u)\cdot\vec{B}(u))}{du} = \frac{d\vec{A}}{du}\cdot\vec{B} + \vec{A}\cdot\frac{d\vec{B}}{du}. \tag{7.5}$$

Differentiation des Vektorproduktes: Sie erfolgt analog zu der Differentiation des Skalarproduktes. Da das Vektorprodukt nicht kommutativ ist, muß man die Reihenfolge der Faktoren beachten.

$$\frac{d}{du}(\vec{A}(u)\times\vec{B}(u)) = \frac{d\vec{A}(u)}{du}\times\vec{B}(u) + \vec{A}(u)\times\frac{d\vec{B}(u)}{du}. \tag{7.6}$$

Man beweist dies leicht, indem man die einzelnen Komponenten (z.B. die x- Komponente) auf beiden Seiten überprüft.

7.2 Beispiel: Differentiation eines Produktes aus Skalar und Vektor

Für die skalare Funktion $\varphi(x) = x + 5$ und die Vektorfunktion $\vec{A}(x) = (x^2 + 2x + 1,\, 2x,\, x + 2)$ wird die zweite Ableitung des Produktes $\varphi \cdot \vec{A}$ gesucht.

Wir erhalten für die Differentiation des Produktes

$$\frac{d^2(\varphi\vec{A})}{dx^2} = \frac{d}{dx}\left(\frac{d\varphi}{dx}\vec{A} + \varphi\frac{d\vec{A}}{dx}\right) = \frac{d^2\varphi}{dx^2}\vec{A} + 2\frac{d\varphi}{dx}\frac{d\vec{A}}{dx} + \varphi\frac{d^2\vec{A}}{dx^2}.$$

Die einzelnen Funktionen abgeleitet lauten:

$$\frac{d\varphi}{dx} = 1, \quad \frac{d^2\varphi}{dx^2} = 0, \quad \frac{d\vec{A}}{dx} = (2x + 2,\, 2,\, 1), \quad \frac{d^2\vec{A}}{dx^2} = (2,\, 0,\, 0).$$

Damit ergibt sich

$$\frac{d^2(\varphi\vec{A})}{dx^2} = (4x + 4,\, 4,\, 2) + (2x + 10,\, 0,\, 0) = (6x + 14,\, 4,\, 2).$$

Anwendung: Der Ort, die Geschwindigkeit und die Beschleunigung eines Massenpunktes auf einer bestimmten Bahn lassen sich als Vektoren darstellen. Der Ortsvektor für die Bewegung des Massenpunktes auf einer beliebigen Bahnkurve B ist der Vektor vom Ursprung des Koordinatensystems zum Massenpunkt; die zeitliche Änderung der Lage des Massenpunktes läßt sich als zeitliche Änderung des Ortsvektors darstellen (vgl. Figur).

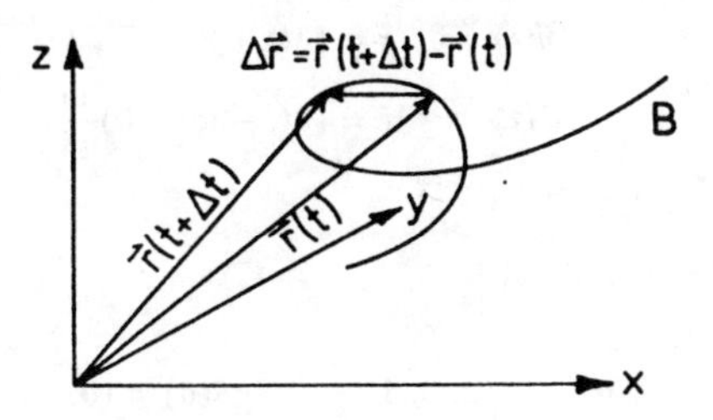

Zur Definition der Bahngeschwindigkeit: $\Delta\vec{r} = \vec{r}(t + \Delta t) - \vec{r}(t)$ ist ein Sekantenvektor an die Kurve im Punkte $\vec{r}(t)$.

Die Geschwindigkeit ist definiert als die erste Ableitung des Ortsvektors $\vec{r}(t)$ der Bahnkurve nach der Zeit.

$$\vec{v} = \lim_{\Delta t \to 0} \frac{\Delta\vec{r}}{\Delta t} = \lim_{\Delta t \to 0} \frac{\vec{r}(t + \Delta t) - \vec{r}(t)}{\Delta t} = \frac{d\vec{r}}{dt}. \tag{7.7}$$

Aus der Gleichung (7.7) erkennt man, daß der Vektor der Geschwindigkeit die Grenzlage der Sekante durch die Ortsvektoren $\vec{r}(t + \Delta t)$ und $\vec{r}(t)$ pro Zeit Δt im Limes

$\Delta t \to 0$ darstellt, d.h. die Geschwindigkeit liegt in der Tangente im Punkte $\vec{r}(t)$ an die Bahnkurve.

Die Beschleunigung erhalten wir als die erste Abteilung der Geschwindigkeit nach der Zeit, oder als die zweite Abteilung des Ortsvektors nach der Zeit.

$$\vec{a}(t) = \frac{d\vec{v}(t)}{dt} = \lim_{\Delta t \to 0} \frac{\Delta \vec{v}}{\Delta t} = \frac{d(d\vec{r}/dt)}{dt} = \frac{d^2\vec{r}(t)}{dt^2}. \tag{7.8}$$

Da der Ortsvektor ein Vektor ist, sind seine Ableitungen nach dem Skalar Zeit (t) wieder Vektoren. Die Geschwindigkeit und die Beschleunigung sind also wieder Vektoren.

7.3 Aufgabe: Geschwindigkeit und Beschleunigung auf einer Raumkurve

Der Ortsvektor ist gegeben durch $\vec{r} = (t^3 + 2t,\, -3e^{-t},\, t)\,\mathrm{m}$. Geben Sie für die Zeitpunkte $t = 0\,\mathrm{s}$ und $t = 1$ s die Geschwindigkeit und die Beschleunigung sowie deren Beträge an.

Lösung: Für Geschwindigkeit und Beschleunigung erhalten wir:

$$\begin{aligned}\vec{v}(t) &= \dot{\vec{r}} = (3t^2 + 2,\, 3e^{-t},\, 1)\,\frac{\mathrm{m}}{\mathrm{s}},\\ \vec{a}(t) &= \ddot{\vec{r}} = (6t,\, -3e^{-t},\, 0)\,\frac{\mathrm{m}}{\mathrm{s}^2}.\end{aligned}$$

Für die Zeit $t = 0$ ergibt sich

$$\begin{aligned}\vec{v}(0) &= (2,\, 3,\, 1)\frac{\mathrm{m}}{\mathrm{s}}, \qquad \vec{a}(0) = (0,\, -3,\, 0)\,\frac{\mathrm{m}}{\mathrm{s}^2},\\ v(0) &= \sqrt{14}\ \ \frac{\mathrm{m}}{\mathrm{s}}, \qquad a(0) = 3\frac{\mathrm{m}}{\mathrm{s}^2}.\end{aligned}$$

Für $t = 1$ s :

$$\begin{aligned}\vec{v}(1) &= (5,\, \frac{3}{e},\, 1)\frac{\mathrm{m}}{\mathrm{s}} \qquad \vec{a}(1) = (6,\, -\frac{3}{e},\, 0)\,\frac{\mathrm{m}}{\mathrm{s}^2},\\ v(1) &= 5.22\,\frac{\mathrm{m}}{\mathrm{s}}, \qquad a(1) = 6.1\,\frac{\mathrm{m}}{\mathrm{s}^2}.\end{aligned}$$

7.4 Beispiel: Kreisbewegung

Für die kartesischen Komponenten einer Kreisbewegung gilt:

$$\begin{aligned} x(t) &= R\cos\omega t, \\ y(t) &= R\sin\omega t, \\ z(t) &= 0. \end{aligned}$$

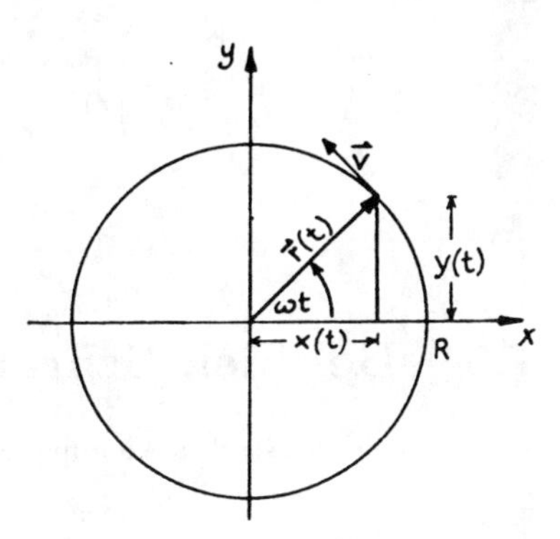

ω ist die sogenannte Winkelgeschwindigkeit oder auch Kreisfrequenz. Sie hängt mit der Umlaufzeit T über $\omega T = 2\pi$ zusammen. Der Ortsvektor ergibt sich nun als

$$\begin{aligned} \vec{r}(t) &= (x(t),\, y(t),\, z(t)) = x(t)\vec{e}_1 + y(t)\vec{e}_2 + z(t)\vec{e}_3, \\ \vec{r}(t) &= (R\cdot\cos\omega t,\, R\cdot\sin\omega t,\, 0) = R\cdot\cos\omega t\,\vec{e}_1 + R\cdot\sin\omega t\,\vec{e}_2 + 0\vec{e}_3. \end{aligned}$$

Für die Geschwindigkeit erhält man

$$\vec{v} = \frac{d\vec{r}}{dt} = (-\omega R\cdot\sin\omega t,\, R\omega\cos\omega t,\, 0).$$

Es ist

$$\begin{aligned} \vec{r}\cdot\vec{v} &= \vec{r}\cdot\frac{d\vec{r}}{dt} = 0 \qquad \text{für jeden Zeitpunkt;} \\ \Rightarrow &\qquad \vec{v}\perp\vec{r}, \end{aligned}$$

was beim Kreis sofort verständlich ist.
Für den Betrag der Geschwindigkeit erhält man:

$$\begin{aligned} v = |\vec{v}| &= \sqrt{\left(\frac{dx}{dt}\right)^2 + \left(\frac{dy}{dt}\right)^2 + \left(\frac{dz}{dt}\right)^2} \\ &= \sqrt{\omega^2R^2\sin^2\omega t + \omega^2R^2\cos^2\omega t + 0} \\ &= \sqrt{\omega^2R^2(\sin^2\omega t + \cos^2\omega t)} \\ &= \omega R = \frac{2\pi R}{T} = \frac{\text{Kreisumfang}}{\text{Umlaufzeit}}. \end{aligned}$$

Die Beschleunigung ergibt sich zu

$$\begin{aligned} \vec{b} &= \frac{d\vec{v}}{dt} = \frac{d^2\vec{r}}{dt^2} \\ &= (-\omega^2R\cos\omega t,\, -\omega^2R\sin\omega t,\, 0) \\ &= -\omega^2(R\cos\omega t,\, R\sin\omega t,\, 0), \\ &= -\omega^2\vec{r}. \end{aligned}$$

Es zeigt sich, daß die Beschleunigung der Richtung des Ortsvektors entgegengerichtet ist (Zentripetalbeschleunigung). Für den Betrag der Beschleunigung gilt:

$$\begin{aligned} |\vec{b}| &= \sqrt{\left(\frac{d^2x}{dt^2}\right)^2 + \left(\frac{d^2y}{dt^2}\right)^2 + \left(\frac{d^2z}{dt^2}\right)^2}, \\ &= \omega^2 R = \frac{v^2}{R}. \end{aligned}$$

7.5 Beispiel: Schraubenlinie

Die kartesischen Koordinaten der Schraubenlinie lauten:

$$x(t) = R\cos\omega t, \quad y(t) = R\sin\omega t, \quad z(t) = b\omega t.$$

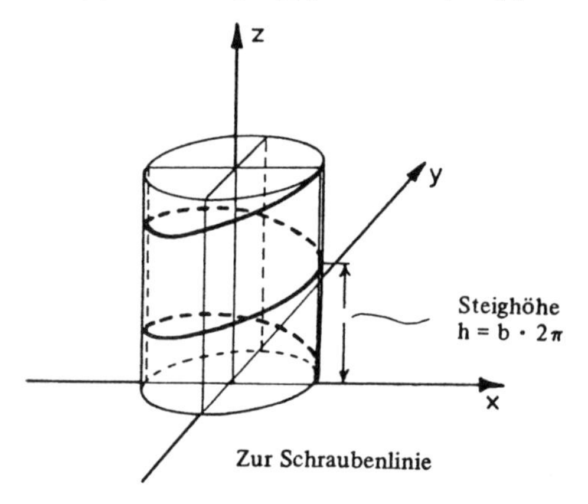

Zur Schraubenlinie

Den Ortsvektor erhält man durch Einsetzen in die Beziehung

$$\vec{r}(t) = (x(t), y(t), z(t)),$$

d.h. es gilt

$$\vec{r}(t) = (R\cos\omega t, R\sin\omega t, b\omega t).$$

Bemerkung:

$b > 0$ bedeutet Rechtsschraube, $b < 0$ bedeutet Linksschraube.

Die Geschwindigkeit ergibt sich analog der Kreisbewegung

$$\vec{v} = (-R\omega\sin\omega t, R\omega\cos\omega t, b\omega).$$

Die dritte Komponente $v_3 = b\omega$ impliziert gleichmäßige (konstante) Geschwindigkeit in die Höhe (z-Richtung), falls der Parameter t die Zeit bedeutet.

Es ist

$$|\vec{v}| = \sqrt{R^2\omega^2 + b^2\omega^2} = \omega\sqrt{R^2 + b^2},$$

d.h. der Betrag der Geschwindigkeit ist konstant.

Die Beschleunigung ist die Ableitung der Geschwindigkeit

$$\vec{b} = -\omega^2 \cdot (R\cos\omega t,\ R\sin\omega t,\ 0) = -\omega^2 \vec{r}_\perp,$$

wobei

$$\vec{r}_\perp = (R\cos\omega t,\ R\sin\omega t,\ 0) = (\vec{r}\cdot\vec{e}_r)\vec{e}_r$$

und $\vec{e}_r$ der polare Einheitsvektor in der x-y-Ebene ist. Wir erhalten also dieselbe Beschleunigung wie beim Kreis. Für den Betrag gilt $|\vec{b}| = \omega^2 R$.

Integration von Vektoren: Die Integrationsregeln lassen sich in gewohnter Weise auch auf Vektoren anwenden. Für einen Vektor $\vec{A}$, der von einem Parameter (z.B. u) abhängt, folgt

$$\begin{aligned}\int \vec{A}(u)\,du &= \int (A_x(u)\vec{e}_1 + A_y(u)\vec{e}_2 + A_z(u)\vec{e}_3)\,du \\ &= \int A_x(u)\,du\,\vec{e}_1 + \int A_y(u)\,du\,\vec{e}_2 + \int A_z(u)\,du\,\vec{e}_3.\end{aligned}$$

Sind die Einheitsvektoren konstant, können sie bei der Integration vor das Integralzeichen gezogen werden:

$$\int \vec{A}(u)\,du = \vec{e}_1 \int A_x(u)\,du + \vec{e}_2 \int A_y(u)\,du + \vec{e}_3 \int A_z(u)\,du.$$

Wir können somit folgende Regel formulieren: Man integriert einen Vektor, indem man seine Komponenten integriert. Diese Vektor-Integration bedeutet anschaulich die Summation sehr vieler Vektoren nach Maßgabe der Integralgrenzen; etwa die Summe aller Kräfte, die an einem Körper angreifen. Genauer gesagt: $\vec{A}(u)$ ist eine Vektordichte und $d\vec{A} = \vec{A}(u)\,du$ der dem Intervall du zugeordnete Vektor. Diese $d\vec{A}$ werden im Integral summiert. Ein Beispiel ist der *Kraftstoß* $\vec{K}$. Darunter versteht man die in einem Zeitintervall auf einen Körper wirkende Kraft $\vec{K}$, also $\vec{K} = \int_{\Delta t} \vec{F}(t')\,dt'$. Der Kraftstoß ist also die Summe der während des Zeitintervalls wirkenden Kräfte $\vec{F}(t')$. Mehr dazu ist im Kapitel 17 in den Gleichungen (17.14) und (17.15) zu finden.

7.6 Beispiel: Integration eines Vektors

$$\begin{aligned}\vec{A} &= (2u^2 - 3u, 5\cos u, -3\sin u), \\ \int \vec{A}\,du &= \left(\frac{2}{3}u^3 - \frac{3}{2}u^2 + C_1\right)\vec{e}_1 + (5\sin u + C_2)\vec{e}_2 + (3\cos u + C_3)\vec{e}_3 \\ &= \left(\frac{2}{3}u^3 - \frac{3}{2}u^2\right)\vec{e}_1 + (5\sin u)\vec{e}_2 + (3\cos u)\vec{e}_3 + C_1\vec{e}_1 + C_2\vec{e}_2 + C_3\vec{e}_3 \\ &= \left(\frac{2}{3}u^3 - \frac{3}{2}u^2, 5\sin u, 3\cos u\right) + \vec{C}.\end{aligned}$$

Im angeführten Beispiel ist zu erkennen, daß die Integrationskonstanten, die in den Komponenten auftreten, sich zum Vektor $\vec{C}$ zusammensetzen.

7.7 Aufgabe: Integration eines Vektors

Berechnen Sie

$$\int_0^2 \vec{A}(n)\,dn \qquad mit \quad \vec{A} = (3n^2 - 1, 2n - 3, 6n^2 - 4n).$$

Lösung:

$$\begin{aligned} \int_0^2 \vec{A}(n)\,dn &= \int_0^2 (3n^2 - 1, 2n - 3, 6n^2 - 4n)\,dn \\ &= \Big[(n^3 - n, n^2 - 3n, 2n^3 - 2n^2)\Big]_0^2 \\ &= (6, -2, 8). \end{aligned}$$

7.8 Aufgabe: Bewegung auf einer Raumkurve

a) Welche Kurve durchläuft der Vektor

$$\vec{r}(t) = (x(t), y(t), z(t)) = (t\cos t, t\sin t, t)$$

wenn t von 0 bis 2π läuft?

b) Sei $\vec{n}$ ein gegebener Einheitsvektor. Welches geometrische Objekt bildet die Menge aller $\vec{x}$, die die Gleichung $\vec{n} \cdot \vec{x} = 1$ erfüllen?

c) Berechnen Sie Geschwindigkeit und Beschleunigung des Punktes zum Zeitpunkt t.

d) Wie lauten Geschwindigkeit und Beschleunigung für $t = 0$ und $t = 2$?

e) Wie verhalten sich Betrag des Radiusvektors, Geschwindigkeits- und Beschleunigungsbetrag für große Zeiten t?

Lösung:

a) Wir betrachten zunächst den Vektor $\tilde{\vec{r}}(t)$ mit $\tilde{z}(t) \equiv 0$ (Projektion auf die x-y-Ebene).

$$\tilde{\vec{r}}(t) = (t\cos t, t\sin t, 0).$$

Wegen

$$|\,\tilde{\vec{r}}(t)\,| = (t^2\cos^2 t + t^2\sin^2 t)^{1/2} = t$$

resultiert eine Spirallinie mit Radius von 0 bis 2π:

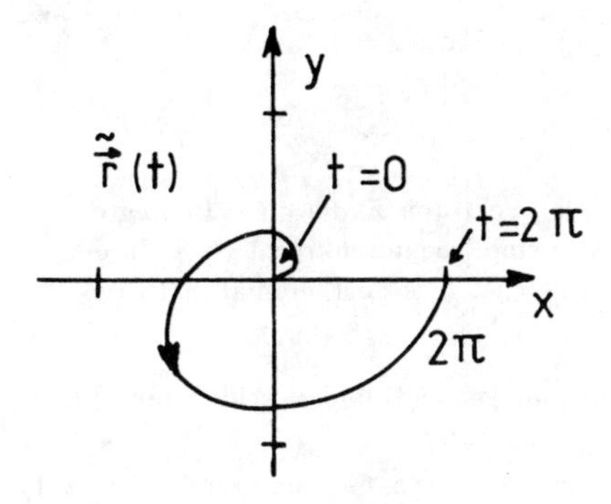

Läuft $z(t) = t$ jetzt zusätzlich von 0 bis 2π, erhalten wir eine spiralförmige Linie auf dem Mantel eines Kegels der Höhe 2π mit der Spitze in $(0,0,0)$.

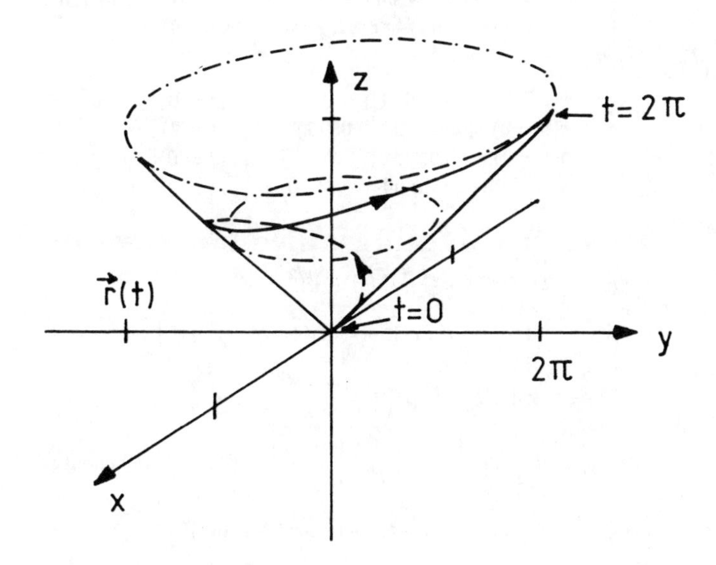

Die obenstehende Figur veranschaulicht dieses Ergebnis.

b) Es ist

$$\vec{n} \cdot \vec{x} = 1 \quad \Leftrightarrow \quad |\vec{n}| \cdot |\vec{x}| \cos\varphi = 1, \qquad \varphi = \sphericalangle(\vec{n}, \vec{x}).$$

Wegen

$$|\vec{n}| = 1 \quad \Rightarrow \quad |\vec{x}| \cos\varphi = 1.$$

Aus $|\vec{x}| \geq 0$ und zugleich $|\cos\varphi| \leq 1$ erhält man die Bedingungen

$$|\vec{x}|\cos\varphi = 1$$
$$1 \le |\vec{x}| < \infty$$
$$0 \le \cos\varphi \le 1$$

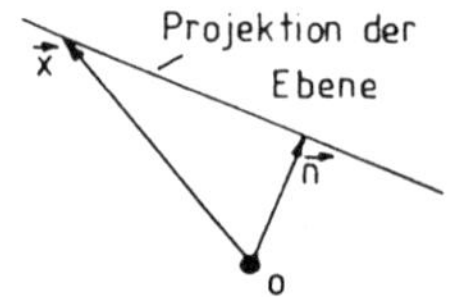

Die Endpunkte aller Vektoren $\vec{x}$, die diese Bedingung erfüllen, bilden also eine Ebene senkrecht zu $\vec{n}$. In der nebenstehenden Figur ist dies noch einmal in Projektion graphisch dargestellt.

c) Für die Geschwindigkeit $\vec{v}(t)$ und Beschleunigung $\vec{b}(t)$ ergibt sich

$$\begin{aligned}
\vec{v}(t) &= \frac{d\vec{r}}{dt} = (\cos t - t\sin t, \sin t + t\cos t, 1) \\
\vec{b}(t) &= \frac{d\vec{v}}{dt} = \frac{d^2\vec{r}}{dt^2} \\
&= (-\sin t - \sin t - t\cos t, \cos t + \cos t - t\sin t, 0), \\
&= (-2\sin t - t\cos t, 2\cos t - t\sin t, 0)
\end{aligned}$$

d) Es ist

$$\begin{array}{llll}
\vec{v}(t=0) = & (1,\,0,\,1); & |\vec{v}(t=0)| = & \sqrt{2}, \\
\vec{v}(t=2) = & (-2.23,\,0.08,\,1); & |\vec{v}(t=2)| = & \sqrt{6}, \\
\vec{b}(t=0) = & (0,\,2,\,0); & |\vec{b}(t=0)| = & 2, \\
\vec{b}(t=2) = & (-0.99,\,-2.65,\,0); & |\vec{b}(t=2)| = & \sqrt{8}.
\end{array}$$

e)

$$\begin{aligned}
|\vec{r}(t)| &= (t^2\cos^2 t + t^2\sin^2 t + t^2)^{1/2} = \sqrt{2}\,|t| \\
|\vec{v}(t)| &= \Big((\cos t - t\sin t)^2 + (\sin t + t\cos t)^2 + 1\Big)^{1/2} \\
&= (2+t^2)^{1/2} = |t|\left(1+\frac{2}{t^2}\right)^{1/2} \\
&= |t|\left\{1+\frac{1}{t^2} - O\left(\frac{1}{t^4}\right)\right\} \quad \overset{t\gg 1}{\longrightarrow} \quad |t|, \qquad \text{Reihenentwicklung} \\
|\vec{b}(t)| &= \Big((2\sin t + t\cos t)^2 + (2\cos t - t\sin t)^2\Big)^{1/2} \\
&= (4+t^2)^{1/2} = |t|\left(1+\frac{4}{t^2}\right)^{1/2} \\
&= |t|\left\{1+\frac{2}{t^2} - O\left(\frac{1}{t^4}\right)\right\} \quad \overset{t\gg 1}{\longrightarrow} \quad |t|. \qquad \text{Reihenentwicklung}
\end{aligned}$$

7.9 Aufgabe: Bewegung auf einer Raumkurve

Ein Motorflugzeug setzt zur Landung an. Dabei bewegt es sich auf der Raumkurve

$$\vec{r}(t) = (x(t), y(t), z(t)) = (R\cos\omega t, R\sin\omega t, (H - b\omega t))$$

mit

$$\begin{aligned} R &= 1000 \text{ m} \\ \omega &= \frac{1}{7}\text{s}^{-1} \\ H &= 400 \text{ m} \\ b &= H/6\pi \\ t &\in [0, 42\pi]\,\text{s} \end{aligned}$$

Mit welcher Geschwindigkeit setzt das Flugzeug auf (bei $t = 42\pi\,\text{s}$)? Würden Sie so landen?

Lösung: Die Geschwindigkeit berechnet sich zu

$$\vec{v} = \frac{d\vec{r}}{dt} = (-\omega R \sin\omega t, \omega R \cos\omega t, -b\omega)$$

und ihr Betrag lautet

$$\begin{aligned} |\,\vec{v}\,| &= (\omega^2 R^2 \sin^2\omega t + \omega^2 R^2 \cos^2\omega t + b^2\omega^2)^{1/2} \\ &= \omega(R^2 + b^2)^{1/2}, \end{aligned}$$

also unabhängig von t! Einsetzen der Werte ergibt:

$$\begin{aligned} |\,\vec{v}\,| &= \frac{1}{7}\left(1000^2 + \frac{400^2}{(6\pi)^2}\right)^{1/2} \text{m}\,\text{s}^{-1} \\ &\approx 142.9\,\text{m}\,\text{s}^{-1} \;\widehat{=}\; 514.4\,\text{km}\,\text{h}^{-1}\,. \end{aligned}$$

Diese Art der Landung ist sicher unzweckmäßig; die Anfluggeschwindigkeit sollte besser reduziert werden.

8 Das begleitende Dreibein

In manchen Fällen kann es einfacher sein, Geschwindigkeit und Beschleunigung in *natürlichen Koordinaten* auszudrücken. Das bedeutet, daß man nicht die Geschwindigkeit und die Beschleunigung aus der Änderung des Ortsvektors mit der Zeit herleitet, sondern aus seiner Änderung mit dem zurückgelegten Weg s, der Bogenlänge, dessen Ausgangspunkt beliebig ist. Die Kurve selbst sei durch den Ortsvektor $\vec{r}(t) = (x_1(t), x_2(t), x_3(t))$ gegeben. Bei infinitesimal kleinen Abschnitten ist der Zuwachs der Bogenlänge $|d\vec{r}\,| = ds$.

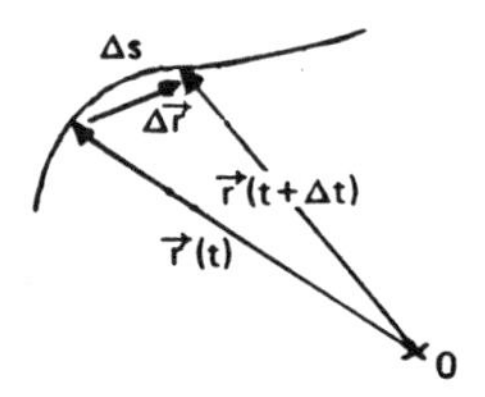

Der Betrag des Sekantenvektors $\Delta\vec{r}$, geht im Limes in das Bogenlängenelement ds über, d.h. $|\Delta\vec{r}\,| \to ds$.

Die Bogenlänge s der Kurve zwischen den Parameterwerten t_0 und t ergibt sich dann durch Integration:

$$\begin{aligned} s(t) &= \int_{t_0}^{t} ds = \int_{t_0}^{t} |d\vec{r}\,| = \int_{t_0}^{t} \frac{|d\vec{r}\,|}{dt}\,dt \\ &= \int_{t_0}^{t} \sqrt{\left(\frac{dx_1}{dt}\right)^2 + \left(\frac{dx_2}{dt}\right)^2 + \left(\frac{dx_3}{dt}\right)^2}\,dt. \end{aligned} \tag{8.1}$$

Es ist auch

$$|\vec{v}\,| = \left|\frac{d\vec{r}}{dt}\right| = \frac{|d\vec{r}\,|}{dt} = \frac{ds}{dt}$$

der Geschwindigkeitsbetrag. Um vom Koordinatensystem unabhängig zu werden, legt man ein System von orthogonalen Einheitsvektoren in den durch s gegebenen Punkt der Bahnkurve des Massenpunktes. Das System der Einheitsvektoren wandert mit dem Massenpunkt mit: man nennt es deshalb auch *„begleitendes Dreibein“*. Als Einheitsvektoren nimmt man:

$\vec{T}$ Tangentialvektor,
$\vec{N}$ Hauptnormalenvektor,
$\vec{B}$ Binormalenvektor.

Da die Vektoren ein orthonormiertes System bilden, gilt $(\vec{N} \times \vec{B}\,) = \vec{T}$, zyklisch vertauschbar. Wir zeigen im folgenden die genaue Definition dieser drei Basisvektoren des begleitenden Dreibeins und ihre Berechnung bei gegebener Raumkurve $\vec{r}\,(t)$.

Die Funktion $\vec{r}\,(t)$ beschreibt eine Raumkurve in Abhängigkeit von der Zeit t als Parameter. Um das begleitende Dreibein zu bestimmen, muß man die Funktion $\vec{r}\,(t)$ in $\vec{r}\,(s)$ überführen; dies geschieht durch Substitution der Zeit $t = t(s)$ aus $s = s(t)$ (vgl. Gleichung (8.1)).

Aus den lokalen Eigenschaften der Bahnkurve wird das begleitende Dreibein bestimmt. Es ist $d\vec{r}/ds$ ein Vektor in Richtung der Grenzlage der Sekante, also der Tangente.

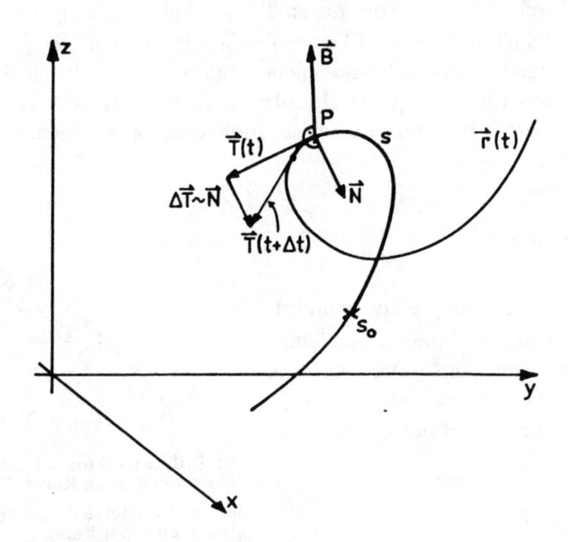

Eine Kurve im Raum und das begleitende Dreibein (letzteres gekennzeichnet in einem bestimmten Punkt P der Kurve).

Der Betrag dieses Vektors ist $|\Delta\vec{r}|/\Delta s$. Bei infinitesimal kleinen Stücken ist $|d\vec{r}| = ds$, also $|d\vec{r}|/ds = 1$. Damit hat man den Tangenteneinheitsvektor bestimmt:

$$\vec{T} = \frac{d\vec{r}}{ds}.$$

Da $ds = |d\vec{r}|$ ist, gilt auch

$$\vec{T} = \frac{d\vec{r}}{|d\vec{r}|} = \frac{d\vec{r}\,/\,dt}{|d\vec{r}\,/\,dt|} = \frac{\vec{v}}{|\vec{v}|}.$$

Zur Bestimmung des Hauptnormalenvektors bildet man zunächst

$$\vec{T}\cdot\vec{T} = 1.$$

Differenziert man das Skalarprodukt des Tangentialvektors, so erhält man

$$\frac{d}{ds}(\vec{T}\cdot\vec{T}) = \frac{d\vec{T}}{ds}\cdot\vec{T} + \vec{T}\cdot\frac{d\vec{T}}{ds} = 0.$$

Da keiner der Vektoren Null ist, folgt, daß $d\vec{T}/ds$ senkrecht auf $\vec{T}$ steht, d.h. $d\vec{T}/ds \cdot \vec{T}$ ist gleich Null. Weil das Kommutativgesetz für das Skalarprodukt gilt, ist auch $\vec{T} \cdot d\vec{T}/ds$ gleich Null.

Der Vektor $d\vec{T}/ds$ gibt die Richtung des Hauptnormalenvektors an. Seine Lage charakterisieren wir dadurch, daß wir zu der durch $\vec{T}(s)$ definierten Tangente eine zweite Tangente $\vec{T}(s+\Delta s)$ (Nachbartangente) konstruieren, die sich von der ersten nur um einen infinitesimalen Vektor unterscheidet (siehe Figur). In der durch diese beiden Tangenten entstandenen Ebene liegt der Hauptnormaleneinheitsvektor. Da der Betrag von $d\vec{T}/ds$ im allgemeinen nicht eins ist, muß man noch einen Faktor κ zur Normierung einführen:

$$\kappa \cdot \vec{N} = \frac{d\vec{T}}{ds},$$

oder $\kappa = |\frac{d\vec{T}}{ds}|$. κ wird immer positiv definiert. Das ist möglich, weil die Richtung von $\vec{N}$ entsprechend gewählt werden kann. Der Faktor κ heißt die *Krümmung* der Raumkurve.
Der dritte Einheitsvektor, der Binormalenvektor, wird aus $\vec{T}$ und $\vec{N}$ gebildet:

$$\vec{B} = \vec{T} \times \vec{N}.$$

Alle drei Einheitsvektoren sind in *ihrer Richtung* Funktionen der Bogenlänge.

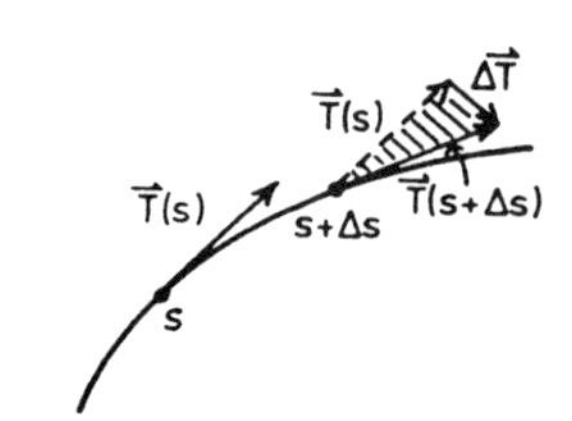

Der Differenzvektor $\Delta\vec{T}$ ist ein Maß für die Krümmung der Kurve. Für eine Gerade verschwindet $\Delta\vec{T}$. $\Delta\vec{T}$ zeigt nach der „Innenseite“ der Kurve.

Die Vektoren des begleitenden Dreibeins kann man nach der Bogenlänge differenzieren. Die drei Differentialquotienten heißen *Frenetsche*[4] *Formeln* und lauten:

$$\frac{d\vec{T}}{ds} = \kappa\vec{N}, \tag{8.2}$$

$$\frac{d\vec{N}}{ds} = \tau\vec{B} - \kappa\vec{T}, \tag{8.3}$$

$$\frac{d\vec{B}}{ds} = -\tau\vec{N}. \quad \text{oder} \quad |\tau| = \left|\frac{d\vec{B}}{ds}\right| \tag{8.4}$$

τ ist ein Umrechnungsfaktor und wird *Torsion* genannt. Die Torsion beschreibt die Windung der Kurve aus der $\vec{T}$-$\vec{N}$-Ebene. $d\vec{B}/ds$ ist genau ein Maß dafür. Aus Krümmung und Torsion ergibt sich

$$\varrho = \frac{1}{\kappa} \quad \text{Krümmungsradius}, \qquad \sigma = \frac{1}{\tau} \quad \text{Torsionsradius}.$$

[4] *Frenet,* Jean Frédéric, geb. 7.2.1816 und gest. 12.6.1900 Périgueux (Dordogne). - F. trat 1840 als Schüler in die École Normale in Paris ein, wurde 1848 zum Professor ernannt und lehrte bis 1868 an der Universität Lyon. In seinen Forschungen widmet er sich vor allem Fragen der *Differentialgeometrie* und fand unabhängig von Serret 1847 die Frenetschen Formeln.

Der Krümmungsradius einer Kurve in einem Punkt ist gleich dem Radius des Kreises, der dieselbe Krümmung hat wie die Kurve in diesem Punkt.

Die Formel (8.2) haben wir schon als Definition eingeführt. Zur anschaulichen Herleitung der übrigen Formeln benutzt man den Satz, daß jeder Vektor darstellbar ist als Linearkombination der drei Einheitsvektoren.

Herleitung der 2. Frenetschen Formel: Da das begleitende Dreibein den gesamten dreidimensionalen Raum aufspannt, gilt

$$\frac{d\vec{N}}{ds} = \alpha\vec{T} + \beta\vec{N} + \gamma\vec{B}$$

wobei α, β, γ zu bestimmen sind. Da $\vec{N}$ ein Einheitsvektor ist, gilt $\vec{N} \cdot \vec{N} = 1$.

Differenziert man das Skalarprodukt $\vec{N} \cdot \vec{N}$, so erhält man

$$\frac{d}{ds}(\vec{N} \cdot \vec{N}) = \frac{d}{ds}(1) = 0$$

oder in anderer Schreibweise (Produktregel) $d\vec{N}/ds \cdot \vec{N} + \vec{N} \cdot d\vec{N}/ds = 0$ bzw., da das Kommutativgesetz bei dem Skalarprodukt gilt,

$$2\vec{N} \cdot \frac{d\vec{N}}{ds} = 0.$$

Da weder $\vec{N}$ noch $d\vec{N}/ds$ Null sind, bedeutet das Ergebnis, daß $d\vec{N}/ds$ auf $\vec{N}$ senkrecht steht, d.h. es existiert keine Komponente von $d\vec{N}/ds$ in Richtung von $\vec{N}$. Es ist daher

$$\beta = 0; \quad \text{d.h.} \quad \frac{d\vec{N}}{ds} = \alpha\vec{T} + \gamma\vec{B}. \tag{8.5}$$

Weiterhin ist nach der Definition der Einheitsvektoren $\vec{T} \cdot \vec{N} = 0$. Bildet man von diesem Skalarprodukt die erste Ableitung, so ist

$$\frac{d\vec{T}}{ds} \cdot \vec{N} + \vec{T} \cdot \frac{d\vec{N}}{ds} = 0. \tag{8.6}$$

Mit Hilfe der 1. Frenetschen Formel ist

$$\frac{d\vec{T}}{ds} \cdot \vec{N} = \kappa\vec{N} \cdot \vec{N} = \kappa. \tag{8.7}$$

Setzt man (8.7) in (8.6) ein, so erhält man

$$\kappa + \vec{T} \cdot \frac{d\vec{N}}{ds} = 0, \quad \text{bzw.} \quad \vec{T} \cdot \frac{d\vec{N}}{ds} = -\kappa.$$

Multipliziert man Gleichung (8.5) mit $\vec{T}$, so ist

$$\vec{T} \cdot \frac{d\vec{N}}{ds} = \alpha\vec{T} \cdot \vec{T} + \gamma\vec{B} \cdot \vec{T} = \alpha.$$

Da $\vec{T} \cdot \frac{d\vec{N}}{ds} = -\kappa$ ist, folgt $\alpha = -\kappa$. Somit ist

$$\frac{d\vec{N}}{ds} = -\kappa\vec{T} + \tau\vec{B},$$

wobei $\gamma = \tau$ definiert und als Umrechnungsfaktor eingesetzt wird.

Herleitung der 3. Frenetschen Formel: Wir versuchen zunächst den vorherigen Trick und gehen von $\vec{B} \cdot \vec{N} = 0$ aus. Differenziert man das Skalarprodukt $\vec{B} \cdot \vec{N}$, so erhält man nach der Produktregel

$$\frac{d\vec{B}}{ds} \cdot \vec{N} + \vec{B} \cdot \frac{d\vec{N}}{ds} = 0.$$

Das hilft aber nicht unmittelbar weiter. Deshalb gehen wir einfach von der Definition von $\vec{B}$ aus. Da $\vec{B} = \vec{T} \times \vec{N}$ ist, folgt:

$$\frac{d\vec{B}}{ds} = \frac{d}{ds}(\vec{T} \times \vec{N}) = \frac{d\vec{T}}{ds} \times \vec{N} + \vec{T} \times \frac{d\vec{N}}{ds}. \tag{8.8}$$

Den ersten Summanden der Gleichung kann man folgendermaßen umformen:

$$\frac{d\vec{T}}{ds} \times \vec{N} = \kappa\vec{N} \times \vec{N} = 0. \tag{8.9}$$

Setzt man Gleichung (8.9) in (8.8) ein, so folgt:

$$\frac{d\vec{B}}{ds} = \vec{T} \times \frac{d\vec{N}}{ds}.$$

Mit

$$\frac{d\vec{N}}{ds} = \tau\vec{B} - \kappa\vec{T}$$

folgt

$$\frac{d\vec{B}}{ds} = \vec{T} \times (\tau\vec{B} - \kappa\vec{T}), \quad \frac{d\vec{B}}{ds} = \tau(\vec{T} \times \vec{B}) - \kappa(\vec{T} \times \vec{T}).$$

Da

$$\vec{T} \times \vec{B} = -\vec{N} \quad \text{und} \quad \vec{\mathrm{T}} \times \vec{\mathrm{T}} = 0\,,$$

folgt

$$\frac{d\vec{B}}{ds} = -\tau\vec{N}.$$

Darbouxscher Drehvektor: Wir definieren einen Vektor $\vec{D}$ wie folgt:

$$\vec{D} = \tau\vec{T} + \kappa\vec{B}.$$

Dieser Vektor $\vec{D}$ heißt Darbouxscher[5] Drehvektor. Man bildet

$$\begin{aligned} \vec{D} \times \vec{T} &= (\tau\vec{T} + \kappa\vec{B}) \times \vec{T} \\ &= \tau(\vec{T} \times \vec{T}) + \kappa(\vec{B} \times \vec{T}). \end{aligned}$$

Da $\vec{T} \times \vec{T} = 0$ und $\vec{B} \times \vec{T} = \vec{N}$ folgt

$$\vec{D} \times \vec{T} = \kappa\vec{N}. \tag{8.10}$$

Entsprechend hat man

$$\begin{aligned} \vec{D} \times \vec{N} &= (\tau\vec{T} + \kappa\vec{B}) \times \vec{N} \\ &= \tau(\vec{T} \times \vec{N}) + \kappa(\vec{B} \times \vec{N}). \end{aligned}$$

Da $\vec{B} \times \vec{N} = -\vec{T}$ und $\vec{T} \times \vec{N} = \vec{B}$ folgt

$$\vec{D} \times \vec{N} = \tau\vec{B} - \kappa\vec{T} \tag{8.11}$$

und es ist

$$\begin{aligned} \vec{D} \times \vec{B} &= (\tau\vec{T} + \kappa\vec{B}) \times \vec{B} \\ &= \tau(\vec{T} \times \vec{B}) + \kappa(\vec{B} \times \vec{B}). \end{aligned}$$

Da $\vec{B} \times \vec{B} = 0$ und $\vec{T} \times \vec{B} = -\vec{N}$ ist, folgt

$$\vec{D} \times \vec{B} = -\tau\vec{N}. \tag{8.12}$$

Mit den Zeilen (8.10), (8.11) und (8.12) können wir die Frenetschen Formeln in die folgende, sehr symmetrische Form umschreiben:

$$\frac{d\vec{T}}{ds} = \vec{D} \times \vec{T}, \qquad \frac{d\vec{N}}{ds} = \vec{D} \times \vec{N}, \qquad \frac{d\vec{B}}{ds} = \vec{D} \times \vec{B}.$$

[5] *Darboux,* Jean Gaston, geb. 14.8.1842 Nimes, gest. 23.2.1917 Paris. - D. stammte aus bescheidenen Verhältnissen. Nach Absolvierung der École Polytechnique und der École Normale 1861 entschied er sich für den Lehrberuf an der École Normale. Mit Unterstützung einflußreicher Pariser Gelehrter erhielt er nach seiner Promotion 1866 zwei Lehraufträge und wurde 1881 zum Professor berufen. Seit 1880 erwarb er sich als Dekan der naturwissenschaftlichen Fakultät Verdienste beim Neuaufbau der Sorbonne und war ab 1900 ständiger Sekretär der Academie des sciences. Seine Hauptleistungen liegen auf dem Gebiet der *Flächentheorie;* er bemühte sich jedoch stets, möglichst an alle Gebiete der Mathematik anzuknüpfen, sie geometrisch zu durchdringen und den organischen Zusammenhang zwischen Mechanik, Variationsrechnung, Theorie der partiellen Differentialgleichungen und Invariantentheorie herauszuarbeiten.

8.1 Aufgabe: Krümmung und Torsion

Beweisen Sie die Relation

$$\frac{d\vec{r}}{ds} \cdot \left(\frac{d^2\vec{r}}{ds^2} \times \frac{d^3\vec{r}}{ds^3} \right) = \frac{\tau}{\varrho^2}.$$

Lösung: Durch Einsetzen der Frenetschen Formeln und $\vec{T} = d\vec{r}/ds$ folgt:

$$\begin{aligned} \frac{d\vec{r}}{ds} \cdot \left(\frac{d^2\vec{r}}{ds^2} \times \frac{d^3\vec{r}}{ds^3} \right) &= \vec{T} \cdot \left[\frac{d\vec{T}}{ds} \times \left(\kappa \frac{d\vec{N}}{ds} + \frac{d\kappa}{ds} \vec{N} \right) \right] \\ &= \vec{T} \cdot \left(\frac{d\vec{T}}{ds} \times \kappa \frac{d\vec{N}}{ds} \right) = \vec{T} \cdot (\kappa\vec{N} \times \kappa(\tau\vec{B} - \kappa\vec{T})) \\ &= \vec{T}\kappa^2 \cdot (\vec{N} \times (\tau\vec{B} - \kappa\vec{T})) = \kappa^2\vec{T} \cdot ((\vec{N} \times \tau\vec{B}) - (\vec{N} \times \kappa\vec{T})) \\ &= \kappa^2\vec{T} \cdot (\vec{N} \times \tau\vec{B}) = \kappa^2\tau\vec{T} \cdot \vec{T} = \kappa^2\tau = \frac{\tau}{\varrho^2}. \end{aligned}$$

Beispiele zu den Frenetschen Formeln:

8.2 Beispiel: Frenetsche Formeln am Kreis

Gegeben ist der Ortsvektor

$$\vec{r}(t) = (R\cos\omega t, R\sin\omega t, 0).$$

Es sollen die Vektoren des begleitenden Dreibeins errechnet werden.

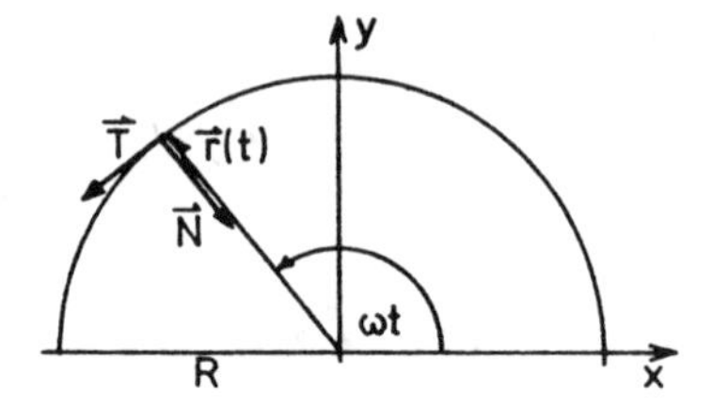

Tangenten- und Normalenvektor des Kreises.

Tangentialvektor: Es ist

$$\vec{T} = \frac{d\vec{r}}{ds}$$

und mit $ds = |d\vec{r}|$ folgt

$$\vec{T} = \frac{d\vec{r}}{|d\vec{r}|} = \frac{d\vec{r}/dt}{|d\vec{r}/dt|} = \frac{\vec{v}}{|\vec{v}|}.$$

Für die Geschwindigkeit gilt

$$\begin{aligned} \frac{d\vec{r}}{dt} &= \vec{v} = (-R\omega\sin\omega t, R\omega\cos\omega t, 0) = R\omega(-\sin\omega t, \cos\omega t, 0) \\ \left|\frac{d\vec{r}}{dt}\right| &= |\vec{v}| = \sqrt{R^2\omega^2\sin^2\omega t + R^2\omega^2\cos^2\omega t} = R\omega. \end{aligned}$$

Damit erhalten wir für den Tangentialvektor

$$\vec{T} = \frac{R\omega(-\sin\omega t, \cos\omega t, 0)}{R\omega} = (-\sin\omega t, \cos\omega t, 0).$$

Normalenvektor: Es ist nach der 1. Frenetschen Formel

$$\kappa\vec{N} = \frac{d\vec{T}}{ds} = \frac{d\vec{T}/dt}{ds/dt}.$$

Wir gehen von der Zeitableitung aus:

$$\begin{aligned}
\frac{d\vec{T}}{dt} &= -\omega(\cos\omega t, \sin\omega t, 0), \\
\frac{ds}{dt} &= \left|\frac{d\vec{r}}{dt}\right| = R\omega, \\
\frac{d\vec{T}}{ds} &= \frac{-\omega(\cos\omega t, \sin\omega t, 0)}{R\omega}.
\end{aligned}$$

Das heißt:

$$\kappa\vec{N} = -\frac{1}{R}(\cos\omega t, \sin\omega t, 0) = -\frac{\vec{r}}{R^2}.$$

Es ist

$$|(\cos\omega t, \sin\omega t, 0)| = 1.$$

Da die Krümmung κ als positive Größe definiert ist, also stets $\kappa > 0$ ist, so gilt:

$$\kappa\vec{N} = \frac{1}{R}(-\cos\omega t, -\sin\omega t, 0), \quad \text{also} \quad \kappa = |\kappa|\,|\mathrm{\vec{N}}\,| = \frac{1}{\mathrm{R}}.$$

Da $\kappa = 1/R$ ist, folgt $\vec{N} = (-\cos\omega t, -\sin\omega t, 0)$.
Der Krümmungsradius $\varrho = 1/\kappa = R$, was zu erwarten war, da R der Radius des Kreises ist. Hat man aber eine beliebige Raumkurve, dann wird sich der Krümmungsradius im allgemeinen dauernd verändern; er ist gleich dem Radius des berührenden Kreises in einem Punkt der Kurve. Man nennt den geometrischen Ort der Krümmungsmittelpunkte einer Kurve *Evolute.* Beim Kreisbeispiel sieht man, daß in diesem Fall die Richtung des Normalenvektors entgegengesetzt der des Ortsvektors ist. Der Normaleneinheitsvektor zeigt immer auf den Mittelpunkt des Krümmungskreises. Die Evolute ist in diesem Fall der Kreismittelpunkt.

Binormalenvektor: Der Vektor $\vec{B}$ wird errechnet aus $\vec{B} = \vec{T} \times \vec{N}$.

$$\begin{aligned}
\vec{B} &= \begin{vmatrix} \vec{e}_1 & \vec{e}_2 & \vec{e}_3 \\ -\sin\omega t & \cos\omega t & 0 \\ -\cos\omega t & -\sin\omega t & 0 \end{vmatrix} = \vec{e}_3(\sin^2\omega t + \cos^2\omega t) = \vec{e}_3. \\
\vec{B} &= (0,0,1) \\
\frac{d\vec{B}}{ds} &= (0,0,0) = -\tau\vec{N}, \quad \Rightarrow \quad \tau = 0.
\end{aligned}$$

Die Torsion (Windung) ist Null, weil die Kurve in einer Ebene liegt. Man macht sich leicht klar, daß für alle ebenen Kurven die Torsion verschwindet, weil $\vec{T}$ und $\vec{N}$ in der Ebene, daher $\vec{B} = \vec{T} \times \vec{N} \perp$ zur Ebene steht und daher konstant ist. Also folgt aus der 3. Frenetschen Formel und aus $d\vec{B}/ds = 0$ daß $\tau = 0$. Die Torsion gibt an, wie stark die Kurve aus der Ebene herausläuft (sich herauswindet).

8.3 Beispiel: Begleitendes Dreibein und Schraubenlinie

Die Berechnung des begleitenden Dreibeins der Schraubenlinie erfolgt analog wie beim Kreis. Der Ortsvektor, der die Schraubenlinie im Raum beschreibt, lautet:

$$\vec{r}(t) = (R\cos\omega t, R\sin\omega t, b\omega t).$$

Tangentialvektor:

$$\begin{aligned}\vec{T} &= \frac{\vec{v}}{|\vec{v}|} = \frac{d\vec{r}/dt}{ds/dt} = \frac{(-R\omega\sin\omega t, R\omega\cos\omega t, b\omega)}{\sqrt{R^2\omega^2(\sin^2\omega t + \cos^2\omega t) + b^2\omega^2}} \\ &= \frac{(-R\sin\omega t, R\cos\omega t, b)}{\sqrt{R^2+b^2}}.\end{aligned}$$

Normalenvektor:

$$\frac{d\vec{T}}{ds} = \frac{d\vec{T}/dt}{ds/dt} = \frac{-R\omega(\cos\omega t, \sin\omega t, 0)}{\sqrt{R^2+b^2}\cdot\omega\sqrt{R^2+b^2}} = |\kappa|\vec{N}.$$

Man definiert κ immer positiv und legt entsprechend die Richtung von $\vec{N}$ fest (vgl. S. 48.) Das ergibt also

$$\vec{N} = (-\cos\omega t, -\sin\omega t, 0), \quad |\kappa| = \frac{R}{R^2+b^2}.$$

Die Krümmung der Schraubenlinie ist etwas kleiner als die des Kreises, was geometrisch verständlich ist.

Binormalenvektor: Man bildet das Kreuzprodukt

$$\vec{B} = \vec{T}\times\vec{N}.$$

In Determinantenschreibweise ergibt sich:

$$\begin{aligned}\vec{B} &= \frac{1}{\sqrt{R^2+b^2}}\begin{vmatrix}\vec{e}_1 & \vec{e}_2 & \vec{e}_3 \\ -R\sin\omega t & R\cos\omega t & b \\ -\cos\omega t & -\sin\omega t & 0\end{vmatrix} \\ &= \vec{e}_1\frac{b\sin\omega t}{\sqrt{R^2+b^2}} + \vec{e}_2\frac{-b\cos\omega t}{\sqrt{R^2+b^2}} + \vec{e}_3\frac{(R\sin^2\omega t + R\cos^2\omega t)}{\sqrt{R^2+b^2}} \\ &= \frac{1}{\sqrt{R^2+b^2}}(b\sin\omega t, -b\cos\omega t, R).\end{aligned}$$

Für $b \to 0$ wird $\vec{B} = \overrightarrow{\text{const.}} = (0, 0, 1)$. Zur Berechnung der Torsion bildet man

$$\begin{aligned}\frac{d\vec{B}}{ds} &= \frac{d\vec{B}/dt}{ds/dt} = \frac{(1/\sqrt{R^2+b^2})(b\omega\cos\omega t, b\omega\sin\omega t, 0)}{\omega\sqrt{R^2+b^2}} \\ &= \frac{b}{R^2+b^2}(\cos\omega t, \sin\omega t, 0) \\ \frac{d\vec{B}}{ds} &= -\tau\vec{N}.\end{aligned}$$

Der Vektor $\vec{N}$ wurde oben schon berechnet: $\vec{N} = (-\cos\omega t, -\sin\omega t, 0)$. Daraus folgt die Torsion der Schraubenlinie. Es ist

$$-\tau = \frac{-b}{R^2+b^2}, \quad \tau = \frac{b}{R^2+b^2}.$$

Der Torsionsradius: $\sigma = \frac{1}{\tau} = \frac{R^2+b^2}{b}$.

Für $b = 0$ folgt $\tau = 0$. τ ist ein Maß für die Änderung von $\vec{B}$, d.h. für $d\vec{B}/ds$. Anders gesagt: τ ist ein Maß dafür, wie sich die Kurve aus der Ebene herausdreht.

Durch die drei Einheitsvektoren $\vec{T}, \vec{N}$ und $\vec{B}$ werden drei Ebenen festgelegt, die besondere Namen haben. Sie heißen:

$\vec{T}$ und $\vec{N}$ spannen die *Schmiegebene*,
$\vec{N}$ und $\vec{B}$ spannen die *Normalebene*,
$\vec{B}$ und $\vec{T}$ spannen die *rektifizierende Ebene* auf.

Bemerkung: Bei einer Geraden $\vec{r}(t) = \vec{a} + t\vec{e}$ ist $\kappa = 0$ ($\varrho = \infty$) und $\tau = 0$ ($\sigma = \infty$); $\vec{N}$ und $\vec{B}$ können dann willkürlich $\perp$ zu $\vec{T} = \vec{e}$ gelegt werden. Das ist anschaulich klar.

Geschwindigkeit und Beschleunigung eines Massenpunktes auf einer beliebigen Raumkurve: Bei beliebigen Raumkurven ist es manchmal nützlich, die Geschwindigkeit und die Beschleunigung mit Hilfe der neuen Einheitsvektoren auszudrücken. Nach der Einführung des Vektors $\vec{T}$ ist

$$\vec{T} = \frac{\vec{v}}{|\vec{v}|}, \quad \vec{v} = |\vec{v}| \cdot \vec{T} = v\vec{T}.$$

Diese Beziehung kann man zur Ableitung der Beschleunigung benutzen.

$$\vec{b} = \frac{d^2\vec{r}}{dt^2} = \frac{d\vec{v}}{dt} = \frac{d}{dt}(v\vec{T}) = \frac{dv}{dt}\vec{T} + v\frac{d\vec{T}}{dt}.$$

Durch Umformung des zweiten Summanden erhält man für die Beschleunigung:

$$\begin{aligned} \frac{d\vec{T}}{dt} &= \frac{d\vec{T}}{ds}\frac{ds}{dt} = \frac{d\vec{T}}{ds}v, \\ \vec{b} &= \frac{dv}{dt}\vec{T} + v^2\frac{d\vec{T}}{ds} = \frac{dv}{dt}\vec{T} + v^2\kappa\vec{N} = \frac{dv}{dt}\vec{T} + \frac{v^2}{\varrho}\vec{N}. \end{aligned}$$

Die Beschleunigung ist aus zwei Komponenten zusammengesetzt, der Tangentialbeschleunigung $dv/dt\vec{T}$, die in tangentialer Richtung zeigt und der Zentripetalbeschleunigung $v^2/\varrho\vec{N}$, die in Richtung auf den Krümmungskreismittelpunkt zeigt. Bei der gleichförmigen Bewegung eines Massenpunktes auf einem Kreis (Beispiel 7.4) gibt es nur die Zentripetalbeschleunigung, weil wegen der Gleichförmigkeit der Bewegung $dv/dt = 0$ ist.

Evolute und Evolvente: Die Evolute $\vec{E}(t)$ einer Kurve $\vec{r}(t)$ ist der geometrische Ort der Krümmungsmittelpunkte der Kurve $\vec{r}(t)$:

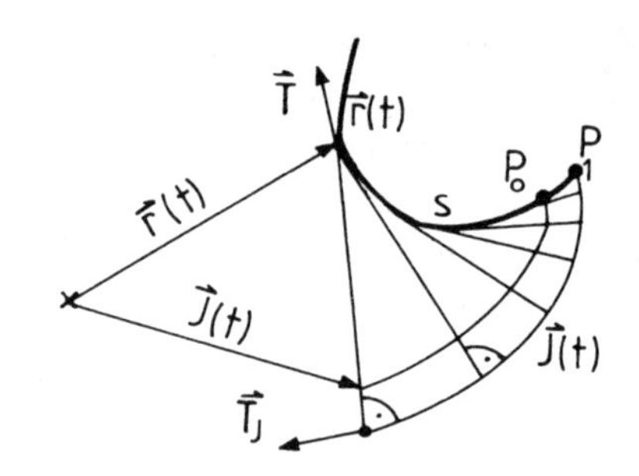

$$\begin{aligned}\vec{E}(t) &= \vec{r}(t) + \varrho(t)\vec{N}(t)\\ &= \vec{r}(t) + \frac{1}{\kappa(t)}\vec{N}(t),\end{aligned}$$

wobei $1/\kappa = \varrho$ der Krümmungsradius der Kurve im Punkt $\vec{r}$ ist. Für *ebene Kurven* ($\tau = 0$) gilt: Die Tangenten der Evoluten sind gleichzeitig Normalen der Ausgangskurve, denn

$$\begin{aligned}\frac{d\vec{E}}{dt} &= \frac{d\vec{r}}{dt} + \frac{d\varrho}{dt}\vec{N}(t) + \varrho\frac{d\vec{N}}{dt}\\ &= \vec{T}\frac{ds}{dt} + \frac{d\varrho}{dt}\vec{N}(t) + \varrho\frac{ds}{dt}(\tau\vec{B} - \kappa\vec{T})\\ &= \vec{T}\left(\frac{ds}{dt} - \underbrace{\varrho\kappa}_{=1}\frac{ds}{dt}\right) + \frac{d\varrho}{dt}\vec{N} \quad (\text{wegen} \quad \tau = 0)\\ &= \frac{d\varrho}{dt}\vec{N}.\end{aligned}$$

Die *Evolvente* (oder *Involute* oder *Abwicklungskurve*) $\vec{J}(t)$ ist der geometrische Ort der auf den Tangenten abgetragenen Bogenlänge s:

$$\vec{J}(t) = \vec{r}(t) - s(t)\cdot\vec{T}(t).$$

s wird hierbei von einem Anfangspunkt P_0 aus gemessen. Je nach Anfangspunkt P_0 erhält man eine Kurvenschar, wobei 2 Evolventen untereinander in jedem Punkt in Normalenrichtung jeweils gleichen Abstand haben. Solche Kurven heißen *parallele Kurven.* Man sieht dies sofort ein, wenn wir nachweisen, daß die Tangente an die Evolvente senkrecht auf der Tangente der Ausgangskurve steht, also $\vec{T}\cdot\vec{T}_J = 0$ ist. Das aber sehen wir leicht, denn

$$\vec{T}_J \sim \frac{d\vec{J}}{dt} = \underbrace{\frac{ds}{dt}\vec{T} - \frac{ds}{dt}\vec{T}}_{=0} - s(t)\frac{d\vec{T}}{dt}, \quad \text{also} \quad \vec{T}_J = -\vec{N}.$$

Wenn man es mit *ebenen Kurven* zu tun hat, dann stehen die Bildung der Evoluten und der Evolventen in einer Art Umkehrverhältnis zueinander. Man findet:

I. Eine der Evolventen einer Evolute ist die Ausgangskurve selbst, also symbolisch geschrieben

$$\vec{J}_{\vec{E}_{\vec{r}}}(s) = \vec{r}(s).$$

II. Die Evolute jeder Evolvente einer Kurve ist die Ausgangskurve selbst, d.h.

$$\vec{E}_{\vec{J}_{\vec{r}}}(s) = \vec{r}(s).$$

Dabei haben wir die jeweilige Ausgangskurve als Index geschrieben; $\vec{J}_{\vec{r}}(s)$ ist also die Evolvente der Kurve $\vec{r}(s)$ und $\vec{E}_{\vec{J}_{\vec{r}}}(s)$ ist wiederum die Evolute der Evolvente $\vec{J}_{\vec{r}}(s)$.

Beweisen wir die zweite Behauptung: Sie lautet geschrieben

$$\vec{E}_{\vec{J}_{\vec{r}}}(s) = \vec{J}_{\vec{r}}(s) + \frac{1}{\kappa_J}\vec{N}_{\vec{J}} = (\vec{r}(s) - s\vec{T}_{\vec{r}}(s)) + \frac{1}{\kappa_J}\vec{N}_{\vec{J}}.$$

Die Normale der Kurve $\vec{J}_{\vec{r}}$ erhält man durch Differentiation des Tangentenvektors $\vec{T}_{\vec{J}} = -\vec{N}_{\vec{r}}$ nach der Bogenlänge s_J (also nicht nach $s \equiv s_r$!). Daher ist

$$\begin{aligned}
\vec{N}_{\vec{J}} &= \frac{1}{\kappa_J}\frac{d\vec{T}_{\vec{J}}}{ds_J} = \frac{1}{\kappa_J}\frac{ds}{ds_J}\left(\frac{-d\vec{N}_{\vec{r}}}{ds}\right) \\
&= -\frac{1}{\kappa_J}\frac{ds}{ds_J}\left(\tau\vec{B}_{\vec{r}} - \kappa\vec{T}_{\vec{r}}\right) = \frac{\kappa}{\kappa_J}\frac{ds}{ds_J}\vec{T}_{\vec{r}},
\end{aligned}$$

wenn die Torsion τ verschwindet (ebene Kurve!).

Die Ableitung der Bogenlänge der Kurve $\vec{r}$ nach der Bogenlänge der Evolvente $\vec{J}_{\vec{r}}$ ergibt sich wegen

$$\vec{T}_{\vec{J}} = \frac{d\vec{J}_{\vec{r}}}{ds_J} = \frac{d\vec{J}_{\vec{r}}}{ds}\frac{ds}{ds_J}, \quad \text{also} \quad \frac{ds}{ds_J} = \frac{|\vec{T}_{\vec{J}}|}{|d\vec{J}/ds|} = \frac{1}{s|d\vec{T}/ds|} = \frac{1}{s\kappa}.$$

Damit $\vec{N}_{\vec{J}}$ ein Normalenvektor wird, muß gelten

$$\frac{\kappa}{\kappa_J}\frac{ds}{ds_J} = 1 \quad \text{oder} \quad \kappa_J = \kappa\frac{ds}{ds_J} = \kappa\frac{1}{s\kappa} = \frac{1}{s}.$$

Wir sehen also, daß der Krümmungsradius der Evolvente gerade gleich der zugehörigen Bogenlänge s der „abgewickelten“ Kurve ist, wie man es anschaulich auch erwartet.

Für die Evolute der Evolvente erhalten wir nun

$$\begin{aligned}
\vec{E}_{\vec{J}_{\vec{r}}} &= \vec{r}(s) - s\vec{T}_{\vec{r}}(s) + \frac{1}{\kappa_J}\vec{N}_{\vec{J}} \\
&= \vec{r}(s) - s\vec{T}_{\vec{r}}(s) + \frac{1}{\kappa_J}\vec{T}_{\vec{r}}(s) \\
&= \vec{r}(s) - s\vec{T}_{\vec{r}}(s) + s\vec{T}_{\vec{r}}(s) = \vec{r}(s).
\end{aligned}$$

Damit ist die Behauptung **II** bewiesen. Auf ähnliche Weise läßt sich auch **I** nachprüfen.

Anmerkung: Man kann die Definition der Evolute durch Hinzufügen eines Anteils, der in Binormalenrichtung zeigt, so verallgemeinern, daß die Behauptung auch für allgemeine Raumkurven mit Torsion $\tau \neq 0$ gilt (vgl. Beispiel 8.6).

8.4 Beispiel: Evolvente eines Kreises

Die Evolvente eines Kreises ist eine Spirale. Die Krümmungsmittelpunkte dieser Spirale sitzen auf dem Kreis, der damit die Evolute der Spirale ist (vgl. Figur).

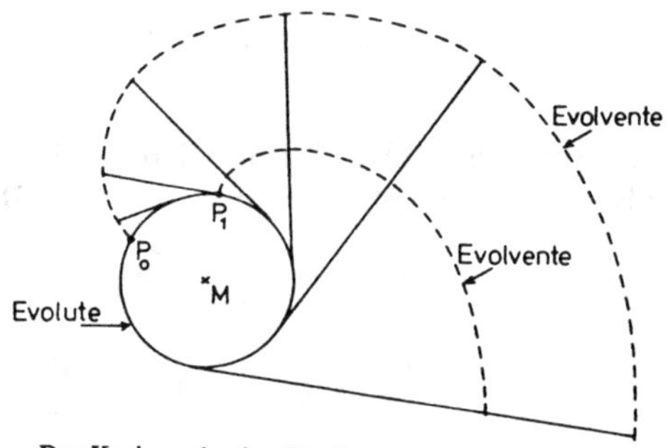

Der Kreis und seine Evolventen.

8.5 Aufgabe: Bogenlänge

Berechnen Sie die Bogenlänge der durch

$$\vec{r}(t) = 3\cosh(2t)\,\vec{e}_x + 3\sinh(2t)\,\vec{e}_y + 6t\vec{e}_z$$

gegebenen Raumkurve im Intervall $0 \leq t \leq \pi$. Skizzieren Sie die Kurve!

Lösung: Es ist

$$\begin{aligned}
s &= \int ds = \int \frac{ds}{dt}dt = \int \left|\frac{d\vec{r}}{dt}\right| dt, \quad \text{weil} \quad \mathrm{ds} = |\mathrm{d}\vec{r}|. \\
\frac{d\vec{r}}{dt} &= 6\sinh(2t)\,\vec{e}_x + 6\cosh(2t)\,\vec{e}_y + 6\vec{e}_z \\
\left|\frac{d\vec{r}}{dt}\right| &= 6\sqrt{\sinh^2(2t) + \cosh^2(2t) + 1} = 6\sqrt{2\cosh^2(2t)},
\end{aligned}$$

da $\sinh^2 x = \cosh^2 x - 1 \rightarrow |d\vec{r}/dt| = 6\sqrt{2}\cosh(2t)$

$$s = \int\limits_0^{\pi} 6\sqrt{2}\cosh(2t)\,dt = \frac{1}{2}6\sqrt{2}\int\limits_0^{2\pi} \cosh x\,dx = 3\sqrt{2}\sinh(2\pi).$$

Die Raumkurve kommt aus dem 1. Oktanten, geht im Punkt (3,0,0) durch die x-y-Ebene und läuft in den 8. Oktanten. [Gedrehte Hyperbel: man betrachte die x-y-Komponente: $x = \cosh 2t$, $y = \sinh 2t$, bilde: $x^2 - y^2 = \cosh^2 2t - \sinh^2 2t = 1 \to x^2 - y^2 = k\,(k = \text{const.})$ (Hyperbelgleichung)]

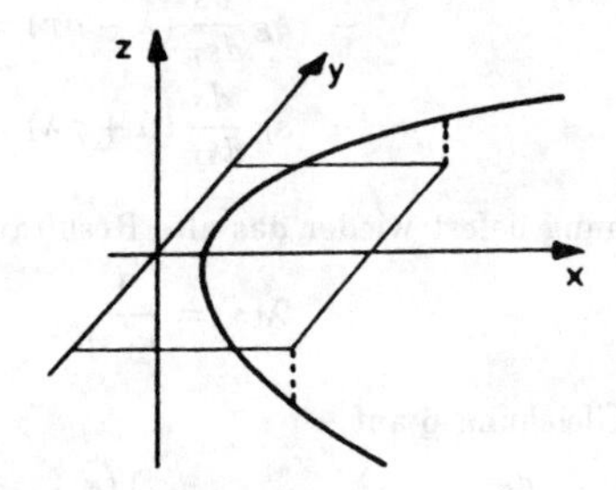

Skizze der Raumkurve

8.6 Beispiel: Verallgemeinerung der Evolute

Die Definition der Evoluten läßt sich für den Fall nichtebener Kurven (d.h. Kurven mit Torsion, $\tau(s) \neq 0$) so erweitern, daß weiterhin

$$\vec{J}_{\vec{E}_{\vec{r}}}(s) = \vec{r}(s) \qquad \underline{1}$$

gilt. Dazu machen wir einen allgemeinen Ansatz, der es erlaubt, daß die Evolute aus der Schmiegebene der Kurve $\vec{r}(s)$ herausläuft, nämlich

$$\vec{E}(s) = \vec{r}(s) + \lambda(s)\vec{N}(s) + \mu(s)\vec{B}(s) \qquad \underline{2}$$

mit zwei unbestimmten Funktionen $\lambda(s)$ und $\mu(s)$.

Zur Bildung der Evolventen von $\vec{E}$ wird die Ableitung benötigt:

$$\begin{aligned}\frac{d\vec{E}}{ds} &= \frac{d\vec{r}}{ds} + \frac{d\lambda}{ds}\vec{N} + \lambda\frac{d\vec{N}}{ds} + \frac{d\mu}{ds}\vec{B} + \mu\frac{d\vec{B}}{ds} \\ &= \vec{T}(1-\kappa\lambda) + \vec{N}(\dot{\lambda} - \mu\tau) + \vec{B}(\dot{\mu} + \tau\lambda),\end{aligned} \qquad \underline{3}$$

wobei die Frenetschen Formeln benutzt wurden. Der Punkt bezeichnet die Differentiation nach s.

Die Evolvente der Evolute hat dann die Form

$$\begin{aligned}\vec{J}_{\vec{E}_{\vec{r}}}(s) &= \vec{E}_{\vec{r}}(s) - s_E(s)\vec{T}_{\vec{E}}(s) = \vec{E}_{\vec{r}}(s) - s_E(s)\frac{d\vec{E}}{ds_E}(s) \\ &= \vec{r} + \lambda\vec{N} + \mu\vec{B} - s_E\frac{ds}{ds_E}\frac{d\vec{E}}{ds} \\ &= \vec{r} - \frac{ds}{ds_E}s_E\vec{T}(1-\kappa\lambda) + \vec{N}\left[\lambda - s_E\frac{ds}{ds_E}(\dot{\lambda} - \mu\tau)\right] \\ &\quad + \vec{B}\left[\mu - s_E\frac{ds}{ds_E}(\dot{\mu} + \tau\lambda)\right].\end{aligned} \qquad \underline{4}$$

Um 1 zu erfüllen, müssen alle Zusatzterme auf der rechten Seite von 4 verschwinden. Da die Vektoren des begleitenden Dreibeins orthogonal sind, führt dies zu drei unabhängigen Gleichungen

$$\begin{aligned} 1 &- \kappa\lambda = 0, && \underline{5} \\ \lambda &- s_E \frac{ds}{ds_E}(\dot{\lambda} - \mu\tau) = 0, && \underline{6} \\ \mu &- s_E \frac{ds}{ds_E}(\dot{\mu} + \tau\lambda) = 0. && \underline{7} \end{aligned}$$

Die erste Gleichung liefert wieder das alte Resultat

$$\lambda(s) = \frac{1}{\kappa(s)}. \qquad \underline{8}$$

Nun lösen wir Gleichung 6 auf

$$s_E \frac{ds}{ds_E} = \frac{\lambda}{\dot{\lambda} - \mu\tau} = \frac{1/\kappa}{(-1/\kappa^2)\dot{\kappa} - \mu\tau} = \frac{-\kappa}{\dot{\kappa} + \mu\tau\kappa^2} \qquad \underline{9}$$

und setzen dies in Gleichung 7 ein

$$\mu + \frac{\kappa}{\dot{\kappa} + \mu\tau\kappa^2}(\dot{\mu} + \tau\lambda) = 0. \qquad \underline{10}$$

Das ist eine Differentialgleichung erster Ordnung für die Funktion $\mu(s)$

$$\dot{\mu} + \tau\kappa\mu^2 + \frac{\dot{\kappa}}{\kappa}\mu + \frac{\tau}{\kappa} = 0. \qquad \underline{11}$$

Um 11 zu lösen multiplizieren wir mit κ

$$(\kappa\dot{\mu} + \dot{\kappa}\mu) + \tau\kappa^2\mu^2 + \tau = 0. \qquad \underline{12}$$

Wir substituieren $Y(s) = \kappa(s)\mu(s)$, also

$$\frac{d}{ds}Y + \tau(Y^2 + 1) = 0. \qquad \underline{13}$$

Dies läßt sich durch Variablentrennung integrieren

$$-\int \frac{dY}{Y^2 + 1} = +\int ds\, \tau + C,$$

also

$$+\mathrm{arccot} Y = \int_0^s ds' \tau(s') + C$$

oder

$$\mu(s) = \frac{1}{\kappa(s)} \cot\left(\int_0^s ds' \tau(s') + C \right). \qquad \underline{14}$$

Die verallgemeinerte Definition der Evolute lautet daher

$$\vec{E}(s) = \vec{r}(s) + \frac{1}{\kappa(s)}\vec{N}(s) + \frac{1}{\kappa(s)} \cot\left(\int_0^s ds' \tau(s') + C \right) \vec{B}(s). \qquad \underline{15}$$

Da C eine beliebige Konstante ist, gibt es also eine ganze Schar von Evoluten.

9 Flächen im Raum

Es ist möglich, daß der Ortsvektor nicht Funktion nur eines Parameters ist, sondern von zwei Parametern u und v abhängt.

$$\vec{r}(u,v) = (x(u,v), y(u,v), z(u,v)).$$

Der Ortsvektor beschreibt dann eine Fläche im Raum. Das wollen wir uns klar machen: Sei $\vec{r}$ eine Funktion von zwei Parametern u und v. Für v soll zunächst ein fester Wert v_1 gewählt werden und u wird kontinuierlich verändert. Dann beschreibt $\vec{r}(u,v_1)$ eine Raumkurve (vgl. Figur).
Nun wählen wir einen anderen festen Wert von v, der von v_1 nicht weit entfernt ist und nennen ihn v_2. u wird wieder kontinuierlich verändert.

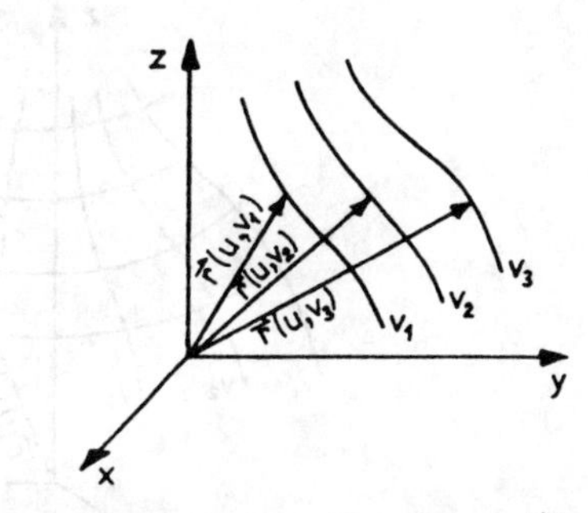

Veranschaulichung der Raumkurven $\vec{r}(u, v_n)$.

Es entsteht eine Raumkurve $\vec{r}(u,v_2)$, die von $\vec{r}(u,v_1)$ nicht sehr verschieden ist. Dieses Verfahren kann man oft wiederholen und man erhält viele benachbarte Raumkurven (vgl. Figur).

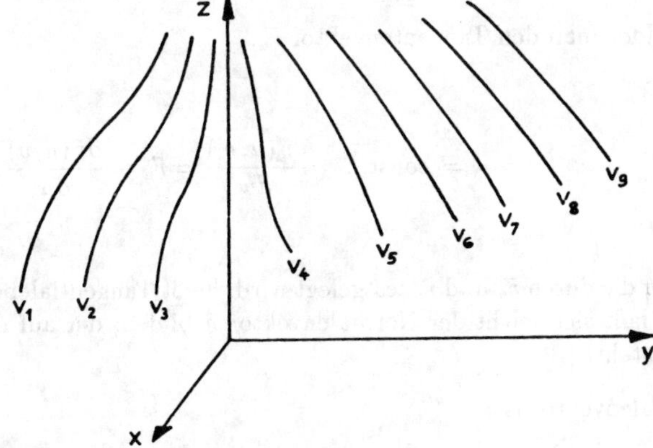

u-Koordinatenlinien werden durch die festen Werte $v_1, v_2 \ldots$ gekennzeichnet.

Dann wird das gleiche Verfahren andersherum durchgeführt. Wählt man einen festen Wert für u und verändert v kontinuierlich, so erhält man verschiedene benachbarte Linien $\vec{r}(u_n, v)$ für ein festes u_n (vgl. nächste Figur).

Werden die Abstände von u und v immer dichter, dann erhält man eine Fläche im Raum. Entlang einer solchen Kurve (z.B. festes $u = u_2$ und v veränderlich), kann man die Ableitung der Kurve bilden. Die Ableitung, bei der man einen der Parameter als variabel, die anderen als konstant betrachtet, nennt man partielle Ableitung und bezeichnet sie mit einem runden ∂ (gesprochen: „d partiell“ oder „d partiell abgeleitet nach“).

$$u = u_i = \text{const.}: \quad \frac{d\vec{r}\,(u_i, v)}{dv} = \vec{r}_v = \frac{\partial\vec{r}\,(u,v)}{\partial v}.$$

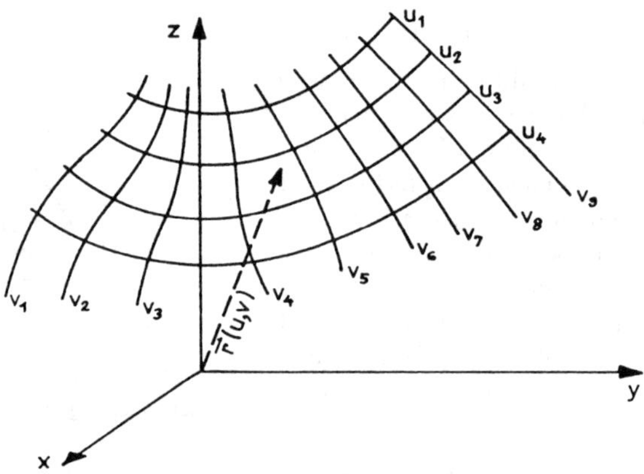

Netz aus Koordinatenlinien.

Ebenso bildet man den Tangentenvektor $\vec{r}_u$.

$$v = v_i = \text{const.}: \quad \frac{d\vec{r}\,(u, v_i)}{du} = \vec{r}_u = \frac{\partial\vec{r}\,(u,v)}{\partial u}.$$

Die Ebene, die durch $\vec{r}_u$ und $\vec{r}_v$ festgelegt wird, heißt Tangentialebene der Fläche. Aus $\vec{r}_u$ und $\vec{r}_v$ läßt sich leicht der Normalenvektor $\vec{n}$ bilden, der auf der Tangentialebene senkrecht steht.

Der Normalenvektor ist:

$$\vec{n}\,(u,v) = \frac{\vec{r}_u \times \vec{r}_v}{|\vec{r}_u \times \vec{r}_v|}.$$

Ist in jedem Punkt der Fläche $\vec{r}_u \cdot \vec{r}_v = 0$, so nennt man das Netz, welches von den Kurven für $u = \text{const.}$ und $v = \text{const.}$ gebildet wird, ein orthogonales Netz. Die Längen- und Breitenkreise einer Kugel bilden z.B. solch ein orthogonales Netz. Man nennt eine Fläche, für die in jedem Punkt ein Normalenvektor konstruiert werden kann, *orientierbar.* Bei orientierbaren Flächen definiert man $\vec{n}$ positiv für Außenflächen (konvex) und negativ für konkave Flächen.

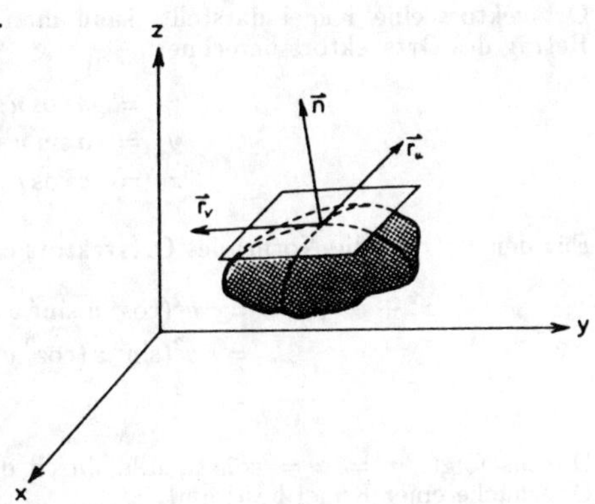

Veranschaulichung einer Fläche im Raum mit Tangenten- und Normalenvektoren und Tangentialebene in einem Flächenpunkt.

9.1 Beispiel: Normalenvektor einer Fläche im Raum

Der Ortsvektor $\vec{r}(u,v) = a\cos u \sin v\,\vec{e}_1 + a\sin u \sin v\,\vec{e}_2 + a\cos v\,\vec{e}_3$ beschreibt beim Verändern der Parameter eine Fläche im Raum.

Gesucht ist der Normalenvektor als Funktion von u und v.

Lösung:

$$\begin{aligned}
\vec{r}_u &= -a\sin u \sin v\,\vec{e}_1 + a\cos u \sin v\,\vec{e}_2 + 0\,\vec{e}_3,\\
\vec{r}_v &= a\cos u \cos v\,\vec{e}_1 + a\sin u \cos v\,\vec{e}_2 - a\sin v\,\vec{e}_3.
\end{aligned}$$

$$\begin{aligned}
\vec{r}_u \times \vec{r}_v &= \begin{vmatrix} \vec{e}_1 & \vec{e}_2 & \vec{e}_3 \\ -a\sin u \sin v & a\cos u \sin v & 0 \\ a\cos u \cos v & a\sin u \cos v & -a\sin v \end{vmatrix}\\
&= -a^2\cos u \sin^2 v\,\vec{e}_1 - a^2 \sin u \sin^2 v\,\vec{e}_2 - a^2 \sin v \cos v\,\vec{e}_3\,,\\
|\vec{r}_u \times \vec{r}_v| &= a^2\sqrt{\cos^2 u \sin^4 v + \sin^2 u \sin^4 v + \sin^2 v \cos^2 v}\\
&= a^2\sqrt{(\cos^2 u + \sin^2 u)\sin^4 v + \sin^2 v \cos^2 v}\\
&= a^2\sqrt{\sin^2 v\,(\sin^2 v + \cos^2 v)}\\
&= a^2|\sin v|.
\end{aligned}$$

$$\vec{n} = (-\cos u \sin v, -\sin u \sin v, -\cos v) \quad \text{für } \sin v > 0.$$

Das Ergebnis bedeutet, daß der Normalenvektor immer entgegengesetzte Richtung zum Ortsvektor hat, was bei einer Kugel der Fall ist. Daß die Funktion des

Ortsvektors eine Kugel darstellt, kann man leicht nachprüfen, wenn man den Betrag des Ortsvektors berechnet:

$$\begin{aligned} x &= a \cos u \sin v \\ y &= a \sin u \sin v \\ z &= a \cos v\,. \end{aligned}$$

Für den Betrag (die Norm) des Ortsvektors ergibt sich dann:

$$\begin{aligned} x^2 + y^2 + z^2 &= a^2(\cos^2 u \sin^2 v + \sin^2 u \sin^2 v + \cos^2 v) \\ &= a^2(\sin^2 v\,(\cos^2 u + \sin^2 u) + \cos^2 v) \\ &= a^2. \end{aligned}$$

Daraus folgt: $r = a = \text{const.}$, d.h. durch den gegebenen Ortsvektor wird die Oberfläche einer Kugel bestimmt.

Da

$$\vec{r}_u \cdot \vec{r}_v = -a^2 \sin u \cos u \sin v \cos v + a^2 \sin u \cos u \sin v \cos v + 0\,(-a \sin v) = 0$$

ist, handelt es sich bei dem aus den u-v-Linien bestehenden Netz um orthogonale Koordinaten. Man macht sich leicht klar, daß die u-v-Linien die Meridiane bzw. Breitenkreise auf der Kugel sind.

10 Koordinatensysteme

In einem n-dimensionalen Raum lassen sich jeweils n linear unabhängige *Basisvektoren* angeben, aus denen sich durch Linearkombination jeder beliebige Vektor zusammensetzen läßt. Der Einfachheit halber verwendet man gewöhnlich Vektoren vom Betrage Eins als Basisvektoren.

Entsprechend der Zahl der Basisvektoren läßt sich die Lage eines beliebigen Punktes durch n voneinander unabhängige reelle Zahlen u_i, $i = 1, \ldots, n$ bestimmen. Jedes *Koordinatensystem* ist durch eine umkehrbar eindeutige Zuordnung zwischen den Punkten des Raumes und diesen n Zahlen, den *Koordinaten,* charakterisiert.

Ein Vektor im n-dimensionalen Raum lautet

$$\vec{r} = \sum_{i=1}^{n} u_i \vec{e}_i,$$

wobei für die n Basisvektoren $\vec{e}_i$ wieder die Orthonormalitätsrelation $\vec{e}_i \cdot \vec{e}_j = \delta_{i,j}$ gelten soll. Das Skalarprodukt zweier n-dimensionaler Vektoren $\vec{a} = \{a_i\}$ und $\vec{b} = \{b_i\}$ läßt sich analog zum 3-dimensionalen Raum definieren als $\vec{a} \cdot \vec{b} = \sum_{i=1}^{n} a_i b_i$.

Wie aus der Einführung des Koordinatensystems hervorgeht, ändern sich die Koordinaten eines raumfesten Punktes, wenn das System verschoben oder gedreht wird. Daraus folgt, daß zu jedem speziellen System ein *Bezugspunkt* und eine bestimmte *Orientierung* im Raum gegeben sein muß. Physikalisch gesehen kann man beides festlegen, indem man das Koordinatensystem z.B. in einem starren Körper als Bezugskörper verankert; im völlig leeren Raum wäre es dementsprechend nicht sinnvoll von der Lage eines Punktes zu sprechen. Natürlich muß ein Koordinatensystem nicht „in Ruhe" sein (z.B. sind alle auf der Erde verankerten Systeme wegen der Erdrotation beschleunigt).

Spezielle Beispiele:

1. Die Lage eines Punktes auf einer beliebig gekrümmten Linie ($n = 1$) ist schon durch eine Zahlenangabe bestimmt. Im einfachsten Fall verwendet man als „natürlichen Parameter" die Bogenlänge s gemessen von einem Bezugspunkt aus in einer vorgegebenen Fortschreitungsrichtung. Dies ist ein eindimensionaler Raum.

Raupe kriecht auf Grashalm

2. Die Erdoberfläche ist, obwohl äußerst kompliziert geformt (Berge usw.), eine Fläche mit $n = 2$. Jeder Punkt auf ihr läßt sich demnach durch zwei Zahlen eindeutig bestimmen. Bekanntermaßen ist dies durch zwei Winkelangaben möglich: Geographische Länge und Breite. Willkürlich gewählte Bezugsgrößen sind der Nullmeridian durch Greenwich (geographische Länge = 0) und der Äquator (geographische Breite = 0). Dies ist ein zweidimensionaler Raum. Um von einem Koordinatensystem (q_1, q_2, q_3) in ein anderes (hier speziell das kartesische: x, y, z) übergehen zu können, müssen folgende Gleichungen aufgestellt werden:

Ameise kriecht auf Kugel

Transformationsgleichungen:

$$\begin{aligned} q_1 &= q_1(x,y,z) \\ q_2 &= q_2(x,y,z) \\ q_3 &= q_3(x,y,z) \end{aligned} \quad \text{und ihre Umkehrung} \quad \begin{aligned} x &= x(q_1,q_2,q_3) \\ y &= y(q_1,q_2,q_3) \\ z &= z(q_1,q_2,q_3) \end{aligned} \tag{10.1}$$

Kartesische Koordinaten: Vorgegeben sind die drei Basisvektoren $\vec{e}_1$, $\vec{e}_2$, $\vec{e}_3$ in Richtung dreier, senkrecht aufeinander stehender Achsen. Die Koordinaten x, y, z eines Punktes P sind die Projektionen des Ortsvektors $\vec{r} = \overrightarrow{OP}$ auf die Achsen.

$$\vec{r} = x\vec{e}_1 + y\vec{e}_2 + z\vec{e}_3, \qquad |\vec{e}_i| = 1.$$

Die drei Einheitsvektoren bilden konventionsgemäß ein Rechtssystem. Da sie wechselweise senkrecht aufeinander stehen, handelt es sich um ein *orthogonales System.*

Weiterhin sind die Einheitsvektoren immer parallel zu den Achsen, also von der Lage des Punktes P im Raum völlig unabhängig.

Diese *konstante Richtung der Einheitsvektoren,* zusammen mit deren Orthogonalität ist Grund für die Bevorzugung kartesischer Koordinaten. Bei vielen speziellen Problemen mit besonderer Symmetrie erweist es sich als nützlich, Koordinatensysteme zu verwenden, die den geometrischen Gegebenheiten angepaßt sind und daher die Rechnungen vereinfachen (z.B. läßt sich die Bewegung eines ebenen Pendels durch eine, eines Kugelpendels durch zwei Winkelangaben beschreiben).

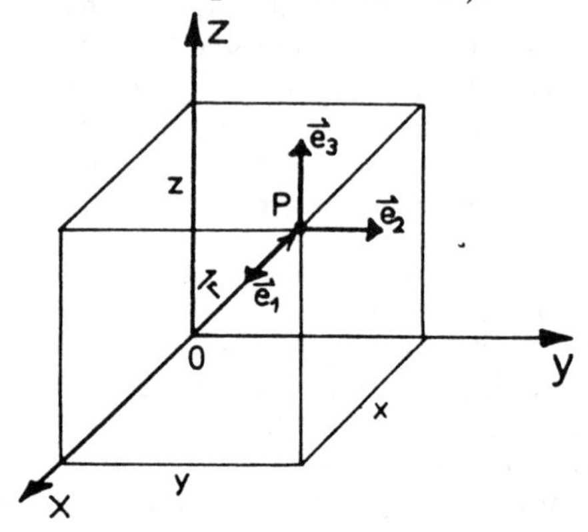

Fig. 10.1: Zur Definition der kartesischen Koordinaten.

Krummlinige Koordinatensysteme: Zur Erklärung dieser Bezeichnung denken wir uns zunächst die Koordinaten x, y, z von $\vec{r}$ gemäß (10.1) durch q_1, q_2, q_3 ausgedrückt. Es entsteht dann

$$\vec{r}(q_1, q_2, q_3) = \{x(q_1, q_2, q_3), y(q_1, q_2, q_3), z(q_1, q_2, q_3)\} \quad .$$

Zwei dieser drei Koordinaten q_1, q_2, q_3 werden nun konstant gehalten und nur die dritte sei variabel. Die Punkte, die diesen Bedingungen genügen, liegen alle auf einer Kurve im Raum. Es entstehen die drei

Koordinatenlinien:

$$\begin{aligned} L_1 : \quad \vec{r} &= \vec{r}(q_1 \quad\quad , q_2 = c_2, q_3 = c_3) \\ L_2 : \quad \vec{r} &= \vec{r}(q_1 = c_1, q_2 \quad\quad , q_3 = c_3) \\ L_3 : \quad \vec{r} &= \vec{r}(q_1 = c_1, q_2 = c_2, q_3 \quad\quad). \end{aligned} \tag{10.2}$$

Wie man sofort aus dem Schema erkennt, haben die drei Koordinatenlinien genau einen gemeinsamen Schnittpunkt $P\,(c_1, c_2, c_3)$.

Im kartesischen System sind diese Linien Geraden parallel zu den drei Achsen. Ist hingegen mindestens eine der Linien keine Gerade, so spricht man von krummlinigen

Koordinaten. Man kann noch einen Schritt weitergehen und nur eine der drei Koordinaten konstant halten, während die beiden anderen variabel sind. Es entstehen zweidimensionale (i. allg. gekrümmte) Flächen im Raum.

Koordinatenflächen:

$$\begin{aligned} F_1: \quad \vec{r} &= \vec{r}(q_1 = c_1, q_2, q_3), \\ F_2: \quad \vec{r} &= \vec{r}(q_1, q_2 = c_2, q_3), \\ F_3: \quad \vec{r} &= \vec{r}(q_1, q_2, q_3 = c_3). \end{aligned} \tag{10.3}$$

Die Koordinatenlinien kann man sich durch Schnitt jeweils zweier dieser Flächen entstanden denken. Im kartesischen System sind die Koordinatenflächen Ebenen, die den Punkt P gemeinsam haben.
Allgemein läßt sich ein beliebiger Punkt als Schnittpunkt seiner drei Koordinatenflächen (und natürlich auch -linien) darstellen. Vorausgesetzt wird dabei, daß durch jeden Punkt des Raumes genau eine Fläche aus jeder der drei Scharen von Koordinatenflächen hindurchgeht. Die drei festen Parameter dieser Flächen sind dann die Koordinaten des Punktes.

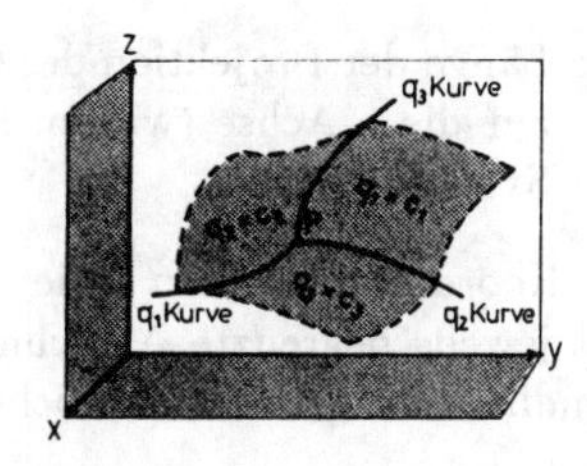

Fig. 10.2: Veranschaulichung der Koordinatenflächen.

Der Vektor $\vec{r}(q_1, q_2, q_3)$ beschreibt als Funktion der drei Parameter q_1, q_2, q_3 ein Raumgebiet. In der Tat, wird eine der Koordinaten festgehalten, z.B. $q_3 = \overline{q}_3$, so haben wir es nach Abschnitt 9 mit einer Fläche im Raum zu tun. Wird q_3 geändert in $q_3 = \overline{q}_3 + \Delta\overline{q}_3$, so entsteht eine Nachbarfläche. Läuft q_3 stetig, entstehen immer mehr beliebig dicht liegende Flächen im Raum, die in ihrer Gesamtheit ein Raumgebiet ausfüllen.

Allgemeingültige Festlegung von Grundvektoren: Als normierten Basisvektor (Einheitsvektor) $\vec{e}_{q_1}$ im Punkt P wählen wir einen Vektor vom Betrage 1 tangential zur Koordinatenlinie $q_2 = c_2$, $q_3 = c_3$ in P. Seine Richtung soll dem Durchlaufsinn der Koordinatenlinie bei wachsendem q_1 entsprechen.

Diese Einführung des Einheitsvektors entspricht genau der geometrischen Bedeutung der partiellen Ableitung; $\vec{e}_{q_1}$ läßt sich also durch partielle Differentiation des Ortsvektors nach q_1 und anschließendes Normieren berechnen:

$$\vec{e}_{q_1} = \frac{\partial\vec{r}/\partial q_1}{|\partial\vec{r}/\partial q_1|} \quad \text{oder} \quad \frac{\partial\vec{r}}{\partial q_1} = h_1\vec{e}_{q_1} \quad \text{oder} \quad \frac{\partial\vec{r}}{\partial q_i} = h_i\vec{e}_{q_i}; \quad i = 1, 2, 3 \tag{10.4}$$

Dabei sind h_i *Skalenfaktoren,* nämlich $h_i = |\partial\vec{r}/\partial q_i|$.

In krummlinigen Systemen ändert sich definitionsgemäß die Richtung von zumindest einer der Koordinatenlinien. Daher sind sie, ganz im Gegensatz zum kartesischen System, Koordinatensysteme mit *variablen Einheitsvektoren.*

Zylinderkoordinaten:
Als Koordinaten werden verwendet

φ: Winkel zwischen der Projektion des Ortsvektors auf die x-y-Ebene und der x-Achse

ϱ: Abstand des Punktes von der z-Achse

z: Länge der Projektion des Ortsvektors auf die z-Achse (wie im kartesischen System).

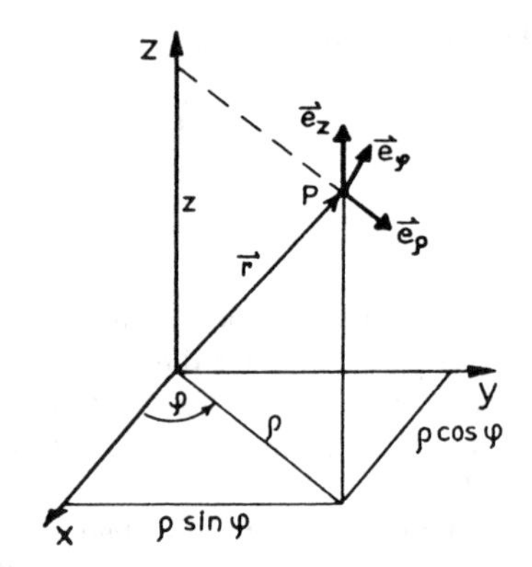

Fig. 10.3:
Zur Definition der Zylinderkoordinaten.

Die Koordinatenflächen (die Figur 10.5 zeigt jeweils begrenzte Ausschnitte der ins Unendliche ausgedehnten Flächen) sind

$$\begin{aligned} \varrho &= \varrho_1 : && \text{Kreiszylinder um die } z\text{-Achse} \\ \varphi &= \varphi_1 : && \text{Halbebenen, die die } z\text{-Achse enthalten,} \\ z &= z_1 : && \text{Ebenen parallel zur } x-y\text{-Achse} \end{aligned} \tag{10.5}$$

Koordinatenlinien sind zwei Geraden und ein Kreis.

Transformationsgleichungen: Direkt aus der Abbildung 10.3 lassen sich die Beziehungen ablesen:

$$\vec{r} = (x_1, x_2, x_3) = (\varrho \cos\varphi, \varrho \sin\varphi, z)$$

oder ausführlich:

$$\begin{aligned} x &= \varrho\cos\varphi, \quad \varrho = \sqrt{x^2+y^2}, \\ y &= \varrho\sin\varphi, \quad \varphi = \arctan\frac{y}{x} = \arcsin\frac{y}{\varrho}, \\ z &= z, \quad z = z. \end{aligned} \tag{10.6}$$

Um zu erreichen, daß ein Punkt nicht durch verschiedene Kombinationen von Koordinaten charakterisiert werden kann, vereinbaren wir folgende Einschränkungen:

$$\varrho \geq 0; \quad 0 \leq \varphi < 2\pi$$

Die Darstellung ist nicht völlig eindeutig, da für Punkte mit $\varrho = 0$ der Winkel unbestimmt ist. Umgekehrt aber – und das ist die wichtigere Forderung – wird jedem Tripel ϱ, φ, z nur ein Raumpunkt zugeordnet.

Einheitsvektoren: Nach der geometrischen Einführung als Tangentialvektoren an die Koordinatenlinien gilt für $\vec{e}_\varrho$, $\vec{e}_\varphi$, $\vec{e}_z$:

$$\begin{aligned}
\vec{e}_\varrho &= \frac{\partial\vec{r}/\partial\varrho}{|\partial\vec{r}/\partial\varrho|} = \frac{(\cos\varphi, \sin\varphi, 0)}{1} \\
\vec{e}_\varphi &= \frac{\partial\vec{r}/\partial\varphi}{|\partial\vec{r}/\partial\varphi|} = \varrho\,\frac{(-\sin\varphi, \cos\varphi, 0)}{\varrho} \\
\vec{e}_z &= \frac{\partial\vec{r}/\partial z}{|\partial\vec{r}/\partial z|} = \frac{(0, 0, 1)}{1}
\end{aligned} \tag{10.7}$$

$\vec{e}_\varrho$ ist parallel zur x-y-Ebene und zeigt radial von der z-Achse weg.

$\vec{e}_\varphi$ ist Tangente an den Kreis $z = z_1$, $\varrho = \varrho_1$, also ebenfalls parallel zur x-y-Ebene.

$\vec{e}_z$ entspricht dem kartesischen $\vec{e}_3$.

$\vec{e}_\varrho$ und $\vec{e}_\varphi$ lassen sich also ohne Veränderungen auf die x-y-Ebene projezieren. Nach Fig. 10.3 gilt

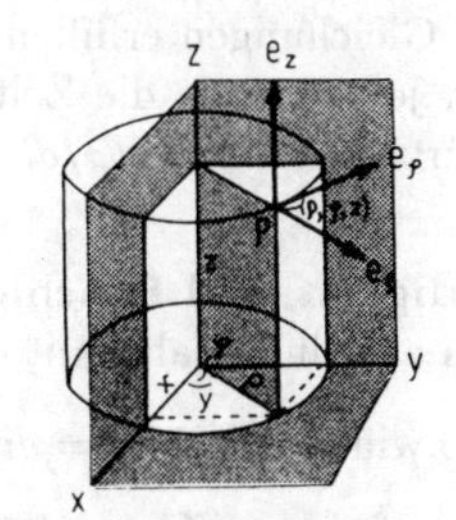

Fig. 10.4:
Veranschaulichung der Zylinderkoordinaten

$$\begin{aligned}
\vec{e}_\varrho &= \cos\varphi\,\vec{e}_1 + \sin\varphi\,\vec{e}_2, \\
\vec{e}_\varphi &= \cos\left(\varphi + \frac{\pi}{2}\right)\vec{e}_1 + \sin\left(\varphi + \frac{\pi}{2}\right)\vec{e}_2 = -\sin\varphi\,\vec{e}_1 + \cos\varphi\,\vec{e}_2, \\
\vec{e}_\varrho &= (\cos\varphi, \sin\varphi, 0), \\
\vec{e}_\varphi &= (-\sin\varphi, \cos\varphi, 0), \\
\vec{e}_z &= (0, 0, 1).
\end{aligned} \tag{10.8}$$

Das gleiche Ergebnis ergibt sich durch partielles Ableiten von $\vec{r}$ nach ϱ, φ, z und anschließendes Normieren (s. Gleichung (10.7)).

Zur Überprüfung der Einheitsvektoren bilden wir das Spatprodukt

$$\vec{e}_\varrho \cdot (\vec{e}_\varphi \times \vec{e}_z) = \begin{vmatrix} \cos\varphi & \sin\varphi & 0 \\ -\sin\varphi & \cos\varphi & 0 \\ 0 & 0 & 1 \end{vmatrix} = 1.$$

Das ist das von den Vektoren $\vec{e}_\varrho$, $\vec{e}_\varphi$, $\vec{e}_z$ aufgespannte Einheitsvolumen. Die Zylinderkoordinaten bilden also ein *orthogonales* System mit *variablen* Einheitsvektoren.

Für kinematische Probleme ist es wichtig, die *Ableitung der Einheitsvektoren* nach der Zeit zu kennen. Seien die Funktionen $\varrho(t), \varphi(t), z(t)$ bekannt. Die Verallgemeinerung der Kettenregel für eine Funktion mehrerer Veränderlicher liefert dann:

$$\begin{aligned}
\frac{d\vec{e}_\varrho}{dt} &= \frac{\partial\vec{e}_\varrho}{\partial\varrho}\frac{d\varrho}{dt} + \frac{\partial\vec{e}_\varrho}{\partial\varphi}\frac{d\varphi}{dt} + \frac{\partial\vec{e}_\varrho}{\partial z}\frac{dz}{dt} \\
&= 0 + (-\sin\varphi, \cos\varphi, 0)\dot{\varphi} + 0 \quad = \dot{\varphi}\,\vec{e}_\varphi \\
\frac{d\vec{e}_\varphi}{dt} &= (-\cos\varphi, -\sin\varphi, 0)\dot{\varphi} \quad = -\dot{\varphi}\,\vec{e}_\varrho \\
\frac{d\vec{e}_z}{dt} &= 0.
\end{aligned} \tag{10.9}$$

Die Ableitung eines Vektors $\vec{e}$ mit konstantem Betrag besitzt keine Komponente in Richtung von $\vec{e}$, muß also senkrecht auf ihm stehen: $\vec{e}\cdot\vec{e} = \text{const.} \Rightarrow \vec{e}\cdot\frac{d\vec{e}}{dt} = 0$!

Die obigen Gleichungen erfüllen diese Bedingung! Noch etwas ist mitzuteilen: Wir werden von jetzt an oft die Zeitableitung einer Größe durch einen Punkt über der Größe abkürzen, wie z.B. $d\varphi/dt \equiv \dot{\varphi}$ oder $d\vec{e}_\varrho/dt \equiv \dot{\vec{e}}_\varrho$, usw.

Geschwindigkeit und Beschleunigung in Zylinderkoordinaten: Ein Punkt bewege sich auf einer Bahn mit dem Ortsvektor $\vec{r}(t)$. Es ist dann

a) die Geschwindigkeit $\vec{v}(t) = d\vec{r}/dt$,

b) die Beschleunigung $\vec{b}(t) = d^2\vec{r}/dt^2 = d\vec{v}/dt$.

In Zylinderkoordinaten seien gegeben $\varrho(t)$, $\varphi(t)$, $z(t)$. Der Ortsvektor ist

$$\vec{r} = \varrho\vec{e}_\varrho + z\vec{e}_z. \tag{10.10}$$

Beachten Sie: Diese Basisvektoren sind jetzt nicht fest, sondern selbst koordinatenabhängig. Man muß deshalb – bei Komponentendarstellung – aufpassen: z.B. $\vec{r} = (\varrho, 0, z)$ darf man nicht einfach differenzieren! Man muß den Vektor ausschreiben, um Fehler zu vermeiden, wie z.B.

a)

$$\dot{\vec{r}} = \dot{\varrho}\vec{e}_\varrho + \varrho\dot{\vec{e}}_\varrho + \dot{z}\vec{e}_z + z\dot{\vec{e}}_z\,.$$

Das liefert die *Geschwindigkeit:*

$$\dot{\vec{r}} = \dot{\varrho}\vec{e}_\varrho + \varrho\dot{\varphi}\vec{e}_\varphi + \dot{z}\vec{e}_z\,. \tag{10.11}$$

b)

$$\ddot{\vec{r}} = (\ddot{\varrho}\vec{e}_\varrho + \dot{\varrho}\dot{\vec{e}}_\varrho) + (\dot{\varrho}\dot{\varphi}\vec{e}_\varphi + \varrho\ddot{\varphi}\vec{e}_\varphi + \varrho\dot{\varphi}\dot{\vec{e}}_\varphi) + (\ddot{z}\vec{e}_z + \dot{z}\dot{\vec{e}}_z).$$

Das liefert die *Beschleunigung:*

$$\ddot{\vec{r}} = (\ddot{\varrho} - \varrho\dot{\varphi}^2)\vec{e}_\varrho + (\varrho\ddot{\varphi} + 2\dot{\varrho}\dot{\varphi})\vec{e}_\varphi + \ddot{z}\vec{e}_z. \tag{10.12}$$

Geschwindigkeit und Beschleunigung setzen sich also im Zylindersystem aus drei Komponenten zusammen: Einer Radialkomponente, einer Azimutalkomponente und einem Anteil in z-Richtung.

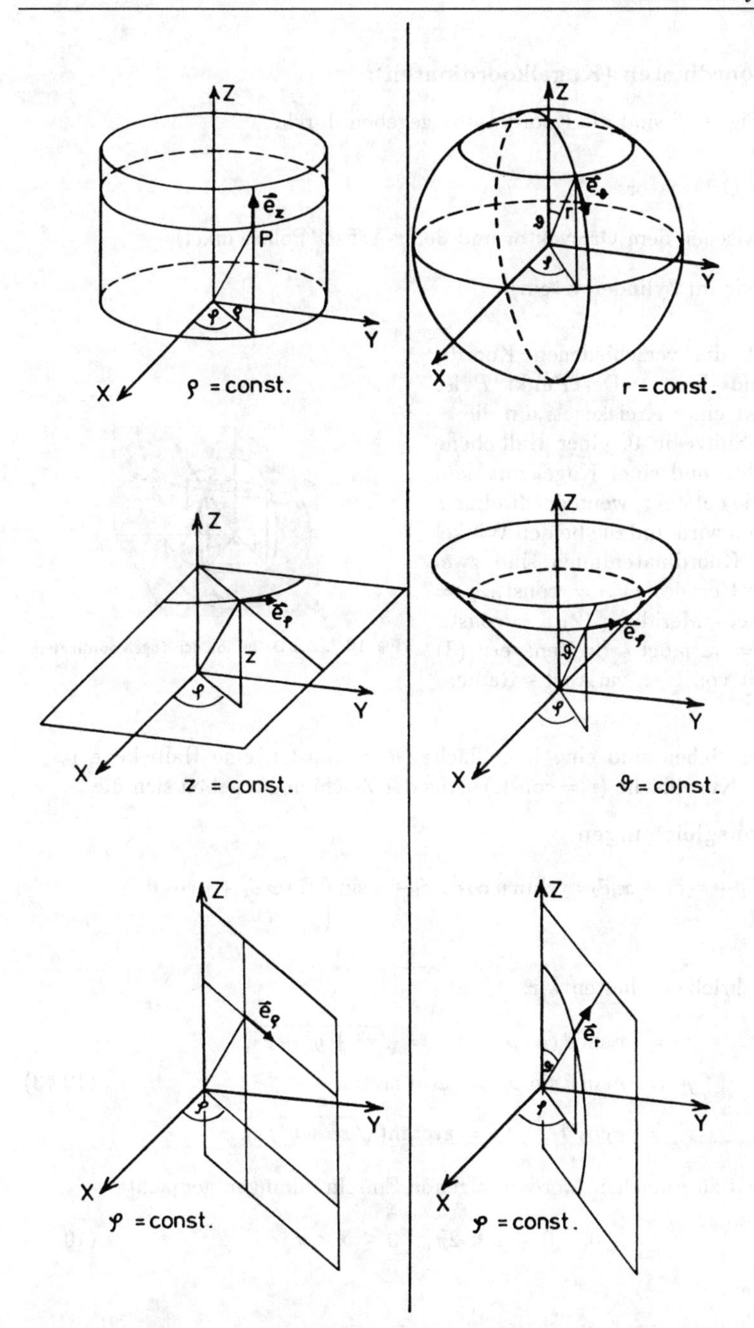

Fig. 10.5:
Koordinatenflächen und -linien für Zylinderkoordinaten

Fig. 10.6:
Koordinatenflächen und -linien für Kugelkoordinaten.

Sphärische Koordinaten (Kugelkoordinaten):

Entsprechend Fig. 10.7 sind die Koordinaten gegeben durch:

r: Länge des Ortsvektors,

ϑ: Winkel zwischen dem Ortsvektor und der z-Achse (Polarwinkel),

φ: Azimut (wie im Zylindersystem).

Fig. 10.6 zeigt die verschiedenen Koordinatenflächen und -linien. Der Punkt P ist der Schnittpunkt eines Kreiskegels um die z-Achse mit der Spitze in 0, einer Halbebene durch die z-Achse und einer Kugel mit dem Zentrum in 0, die entsteht, wenn der Radius r konstant gehalten wird und die beiden Winkel variieren. Die Koordinatenlinien sind zwei Kreise und eine Gerade (1) r = const., φ = const., ϑ variabel - Meridian; (2) r = const., ϑ = const., φ = variabel - Breitenkreis; (3) φ = const., ϑ = const., r variabel - Radienstrahl.

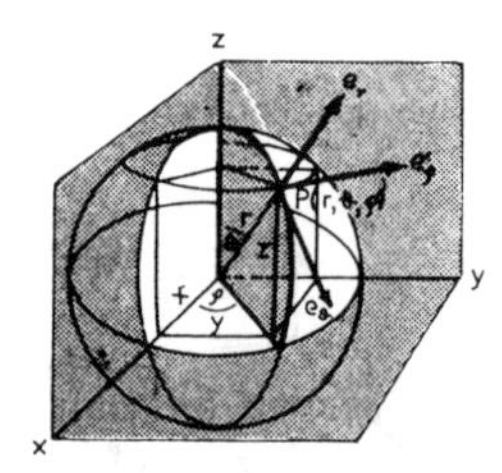

Fig. 10.7: Zur Definition der Kugelkoordinaten.

Die Koordinatenflächen sind eine Kegelfläche (ϑ = const.), eine Halbebene (φ = const.) und eine Kugelfläche (r = const.). Aus der Zeichnung ergeben sich die

Transformationsgleichungen:

$$\vec{r} = x_1\vec{e}_1 + x_2\vec{e}_2 + x_3\vec{e}_2 = r\sin\vartheta\cos\varphi\,\vec{e}_1 + r\sin\vartheta\sin\varphi\,\vec{e}_2 + r\cos\vartheta\,\vec{e}_3 .$$

Ausführlich geschrieben erhalten wir:

$$\begin{aligned} x &= r\sin\vartheta\cos\varphi, \qquad r = \sqrt{x^2+y^2+z^2}, \\ y &= r\sin\vartheta\sin\varphi, \qquad \varphi = \arctan\frac{y}{x}, \\ z &= r\cos\vartheta, \qquad \vartheta = \arctan(\sqrt{x^2+y^2}/z). \end{aligned} \tag{10.13}$$

Um Eindeutigkeit zu erreichen, werden folgende Einschränkungen gemacht:

$$r \geq 0, \quad 0 \leq \varphi < 2\pi, \quad 0 \leq \vartheta < \pi \tag{10.14}$$

Einheitsvektoren für Kugelkoordinaten: Der Ortsvektor ist

$$\vec{r} = r\,(\sin\vartheta\cos\varphi, \sin\vartheta\sin\varphi, \cos\vartheta).$$

Partielle Differentiation ergibt:

$$\begin{aligned}
\frac{\partial \vec{r}}{\partial r} &= (\sin\vartheta\cos\varphi, \sin\vartheta\sin\varphi, \cos\vartheta), & h_r &= \left|\frac{\partial \vec{r}}{\partial r}\right| = 1 \\
\frac{\partial \vec{r}}{\partial \vartheta} &= r(\cos\vartheta\cos\varphi, \cos\vartheta\sin\varphi, -\sin\vartheta), & h_\vartheta &= \left|\frac{\partial \vec{r}}{\partial \vartheta}\right| = r \\
\frac{\partial \vec{r}}{\partial \varphi} &= r(-\sin\vartheta\sin\varphi, \sin\vartheta\cos\varphi, 0) & h_\varphi &= \left|\frac{\partial \vec{r}}{\partial \varphi}\right| = r\sin\vartheta.
\end{aligned} \tag{10.15}$$

Durch Normieren folgen die Einheitsvektoren:

$$\begin{aligned}
\vec{e}_r &= (\sin\vartheta\cos\varphi, \sin\vartheta\sin\varphi, \cos\vartheta) \\
\vec{e}_\vartheta &= (\cos\vartheta\cos\varphi, \cos\vartheta\sin\varphi, -\sin\vartheta) \\
\vec{e}_\varphi &= (-\sin\varphi, \cos\varphi, 0)
\end{aligned} \tag{10.16}$$

Geometrische Interpretation: Es ist $r\vec{e}_r = \vec{r}$; damit hat $\vec{e}_r$ die Richtung des Ortsvektors, ist also die Normale der Kugeloberfläche.

$\vec{e}_\varphi$ liegt tangential am Kreis $r = r_1$, $\vartheta = \vartheta_1$, also in der x-y-Ebene. Für seine Komponentendarstellung gilt sinngemäß Fig. 10.7, wenn man den Kreisradius gleich $r\sin\vartheta$ setzt.

$\vec{e}_\vartheta$ besitzt eine Komponente $\sin\vartheta$ in negativer z-Richtung. Wir wissen, daß $\vec{e}_\vartheta$ Tangentenvektor der ϑ-Koordinatenlinie, d.h. an den Meridian (Längenkreis) ist. Die Frage, ob $\vec{e}_\vartheta$ nach oben oder nach unten zeigt, wird durch die z-Komponente $(-\sin\vartheta)$ entschieden: $\vec{e}_\vartheta$ zeigt wie in Fig. 10.7 nach unten.

Durch Bildung des Spatprodukts $\vec{e}_r \cdot (\vec{e}_\vartheta \times \vec{e}_\varphi) = 1$ überzeugt man sich, daß auch die Kugelkoordinaten ein *orthogonales* System mit variablen Einheitsvektoren bilden.

Die Gleichungen (10.16) schreiben wir explizit

$$\begin{aligned}
\vec{e}_r &= \sin\vartheta\cos\varphi\,\vec{e}_1 + \sin\vartheta\sin\varphi\,\vec{e}_2 + \cos\vartheta\,\vec{e}_3\,, \\
\vec{e}_\vartheta &= \cos\vartheta\cos\varphi\,\vec{e}_1 + \cos\vartheta\sin\varphi\,\vec{e}_2 - \sin\vartheta\,\vec{e}_3\,, \\
\vec{e}_\varphi &= -\sin\varphi\,\vec{e}_1 + \cos\varphi\,\vec{e}_2 + 0\,\vec{e}_3
\end{aligned} \tag{10.17}$$

und lösen sie nach der Cramerschen Regel[6] nach $\vec{e}_1, \vec{e}_2, \vec{e}_3$ auf. Zum Beispiel finden

[6] *Cramer,* Gabriel, geb. 31.7.1704 in Genf als Sohn eines Arztes, gest. 4.1.1752 Bagnols bei Nismes.– Nach seinem Studium an der Universität Genf wurde C. dort Professor für Philosophie und der Mathematik. Von 1727 bis 29 unternahm er eine Studienreise durch viele Länder Europas. Seit seiner Heimkehr bekleidete C. hohe kommunale Ämter in Genf. Sein rasch verschlechternder Gesundheitszustand führte C. nach Südfrankreich, dort verstarb er bald. Sein Hauptwerk ist die *„Introduction* l'Analyse des Lignes Courbes Algbriques" (1750), in dem auch die Theorie der Auflösung von Gleichungssystemen durch Determinanten gegeben wird.

wir für $\vec{e}_1$

$$\begin{aligned}
\vec{e}_1 &= \frac{\begin{vmatrix} \vec{e}_r & \sin\vartheta\sin\varphi & \cos\vartheta \\ \vec{e}_\vartheta & \cos\vartheta\sin\varphi & -\sin\vartheta \\ \vec{e}_\varphi & \cos\varphi & 0 \end{vmatrix}}{\begin{vmatrix} \sin\vartheta\cos\varphi & \sin\vartheta\sin\varphi & \cos\vartheta \\ \cos\vartheta\cos\varphi & \cos\vartheta\sin\varphi & -\sin\vartheta \\ -\sin\varphi & \cos\varphi & 0 \end{vmatrix}} \\
&= \frac{\vec{e}_r\sin\vartheta\cos\varphi + \vec{e}_\vartheta\cos\vartheta\cos\varphi + \vec{e}_\varphi(-\sin\varphi)}{\sin^2\vartheta\cos^2\varphi + \cos^2\vartheta\cos^2\varphi + \sin^2\varphi}, \\
\vec{e}_1 &= \sin\vartheta\cos\varphi\,\vec{e}_r + \cos\vartheta\cos\varphi\,\vec{e}_\vartheta - \sin\varphi\,\vec{e}_\varphi
\end{aligned} \tag{10.18}$$

und ähnlich für $\vec{e}_2$ und $\vec{e}_3$

$$\begin{aligned}
\vec{e}_2 &= \sin\vartheta\sin\varphi\,\vec{e}_r + \cos\vartheta\sin\varphi\,\vec{e}_\vartheta + \cos\varphi\,\vec{e}_\varphi\,, \\
\vec{e}_3 &= \cos\vartheta\,\vec{e}_r - \sin\vartheta\,\vec{e}_\vartheta\,.
\end{aligned} \tag{10.19}$$

Für die Berechnung der Geschwindigkeit und Beschleunigung in Kugelkoordinaten benötigen wir noch die zeitlichen Ableitungen $\dot{\vec{e}}_r, \dot{\vec{e}}_\vartheta, \dot{\vec{e}}_\varphi$. Wir finden

$$\begin{aligned}
\dot{\vec{e}}_r &= \frac{\partial\vec{e}_r}{\partial\vartheta}\dot{\vartheta} + \frac{\partial\vec{e}_r}{\partial\varphi}\dot{\varphi} \\
&= (\cos\vartheta\cos\varphi, \cos\vartheta\sin\varphi, -\sin\vartheta)\dot{\vartheta} + (-\sin\vartheta\sin\varphi, \sin\vartheta\cos\varphi, 0)\dot{\varphi} \\
&= \dot{\vartheta}\vec{e}_\vartheta + \sin\vartheta\dot{\varphi}\vec{e}_\varphi
\end{aligned} \tag{10.20}$$

und ähnlich

$$\begin{aligned}
\dot{\vec{e}}_\vartheta &= -\dot{\vartheta}\,\vec{e}_r + \cos\vartheta\,\dot{\varphi}\,\vec{e}_\varphi\,, \\
\dot{\vec{e}}_\varphi &= -\sin\vartheta\,\dot{\varphi}\,\vec{e}_r - \cos\vartheta\,\dot{\varphi}\,\vec{e}_\vartheta\,.
\end{aligned} \tag{10.21}$$

Jetzt können wir die Geschwindigkeit in Kugelkoordinaten berechnen. Es ist

$$\begin{aligned}
\vec{r} &= r\vec{e}_r \\
\dot{\vec{r}} &= \dot{r}\vec{e}_r + r\dot{\vec{e}}_r \\
&= \dot{r}\vec{e}_r + r\dot{\vartheta}\vec{e}_\vartheta + r\sin\vartheta\,\dot{\varphi}\,\vec{e}_\varphi
\end{aligned} \tag{10.22}$$

$$\begin{aligned}
\ddot{\vec{r}} &= \ddot{r}\vec{e}_r + \dot{r}\dot{\vec{e}}_r + \dot{r}\dot{\vartheta}\vec{e}_\vartheta + r\ddot{\vartheta}\vec{e}_\vartheta + r\dot{\vartheta}\dot{\vec{e}}_\vartheta \\
&\quad + \dot{r}\sin\vartheta\,\dot{\varphi}\,\vec{e}_\varphi + r\cos\vartheta\,\dot{\vartheta}\,\dot{\varphi}\,\vec{e}_\varphi + r\sin\vartheta\,\ddot{\varphi}\,\vec{e}_\varphi + r\sin\vartheta\,\dot{\varphi}\,\dot{\vec{e}}_\varphi \\
&= (\text{nach Einsetzen von (10.20) und(10.21)}) \\
&= \underbrace{(\ddot{r} - r\dot{\vartheta}^2 - r\sin^2\vartheta\,\dot{\varphi}^2)}_{b_r}\vec{e}_r + \underbrace{\left(\frac{1}{r}\frac{d}{dt}(r^2\dot{\vartheta}) - r\sin\vartheta\cos\vartheta\,\dot{\varphi}^2\right)\vec{e}_\vartheta}_{b_\vartheta} \\
&\quad + \underbrace{\left(\frac{1}{r\sin\vartheta_{b_\varphi}}\frac{d}{dt}(r^2\sin^2\vartheta\,\dot{\varphi})\right)}_{b_\varphi}\vec{e}_\varphi \\
&\equiv b_r\vec{e}_r + b_\vartheta\vec{e}_\vartheta + b_\varphi\vec{e}_\varphi
\end{aligned} \tag{10.23}$$

Wenn $\vartheta \equiv \pi/2$, also $\sin\vartheta = 1$, $\dot\vartheta = 0$, $\cos\vartheta = 0$ gehen (10.22) und (10.23) in

$$\dot{\vec r} = \dot r \vec e_r + r\dot\varphi \vec e_\varphi$$

bzw.

$$\ddot{\vec r} = (\ddot r - r\dot\varphi^2)\vec e_r + (2\dot r\dot\varphi + r\ddot\varphi)\vec e_\varphi$$

über. Das sind die schon aus der Diskussion über Zylinderkoordinaten bekannten Ausdrücke für Geschwindigkeit und Beschleunigung in Polarkoordinaten der Ebene.

10.1 Aufgabe: Zur Geschwindigkeit und Beschleunigung in Zylinderkoordinaten

Ein Teilchen bewegt sich mit konstanter Geschwindigkeit v auf der Herzkurve oder Kadioide $r = k(1+\cos\varphi)$; (cardis = Herz). Wie groß ist die Beschleunigung a, ihr Betrag und die Winkelgeschwindigkeit? (r ist hierbei die Koordinate ϱ der Zylinderkoordinaten).

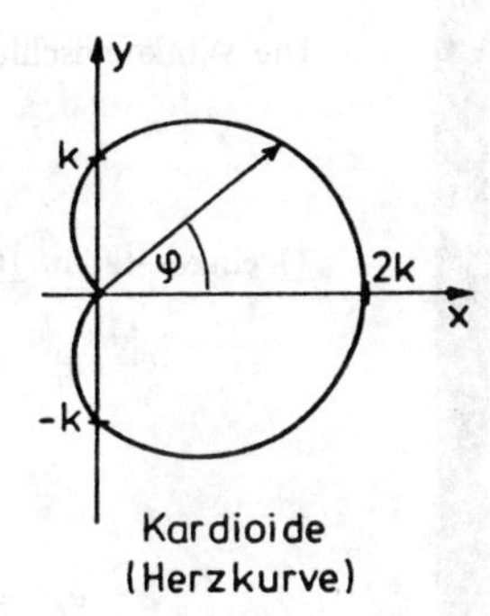

Fig. 10.8: Die Kardioide (Herzkurve)

Lösung: Zeitliches Ableiten der Bahngleichung ergibt

$$\begin{aligned} r &= k(1+\cos\varphi), && \underline{1}\\ \dot r &= -k\sin\varphi\,\dot\varphi, && \underline{2}\\ \ddot r &= -k(\dot\varphi^2\cos\varphi + \ddot\varphi\sin\varphi). && \underline{3} \end{aligned}$$

Für später ist es nützlich aus $\underline{1}$

$$\cos\varphi = \frac{r}{k} - 1 \quad \text{und} \quad \sin^2\varphi = 1 - \left(\frac{r}{k} - 1\right)^2 = 2\frac{r}{k} - \frac{r^2}{k^2} \qquad \underline{4}$$

zu folgern. Dann erhalten wir entsprechend $\underline{2}$ für

$$\dot r^2 = k^2\sin^2\varphi\,\dot\varphi^2 = k^2\left(2\frac{r}{k} - \frac{r^2}{k^2}\right)\dot\varphi^2. \qquad \underline{5}$$

Da es sich um ebene Polarkoordinaten handelt, schreiben wir für den Radiusvektor

$$\begin{aligned} \vec r &= r\vec e_r, && \underline{6}\\ \dot{\vec r} &= \dot r\vec e_r + r\dot\varphi\vec e_\varphi, && \underline{7}\\ \ddot{\vec r} &= (\ddot r - r\dot\varphi^2)\vec e_r + (r\ddot\varphi + 2\dot r\dot\varphi)\vec e_\varphi. && \underline{8} \end{aligned}$$

Da die Geschwindigkeit als Konstante gegeben ist, folgt aus $\underline{7}$

$$v = \sqrt{\dot r^2 + r^2\dot\varphi^2}$$

und mit 5 für die Winkelgeschwindigkeit

$$\dot{\varphi} = \frac{v}{\sqrt{2kr}},$$

weil nämlich

$$v = \left(\sqrt{\left(2\frac{r}{k} - \frac{r^2}{k^2}\right)k^2 + r^2}\right)\dot{\varphi} = \sqrt{2kr}\dot{\varphi},$$

also

$$\dot{\varphi} = \frac{v}{\sqrt{2kr}}. \qquad \underline{9}$$

Offenbar gilt für $r \to 0$, daß $\dot{\varphi} \to \infty$. Das liegt am „Umschlagen" des Polarwinkels bei $r = 0$. (vgl. die Anmerkung am Ende der Aufgabe). Die $\vec{e}_r$-Komponente der Beschleunigung ist

$$a_r = \ddot{\vec{r}} \cdot \vec{e}_r = \ddot{r} - r\dot{\varphi}^2 = -k\left(\frac{v^2}{2kr}\cos\varphi + \sin\varphi\,\ddot{\varphi}\right) - \frac{v^2}{2k}. \qquad \underline{10}$$

Die Winkelbeschleunigung $\ddot{\varphi}$ folgt aus 9, wobei $\dot{v} = 0$:

$$\ddot{\varphi} = -\frac{v\dot{r}}{2r\sqrt{2kr}} = \frac{v^2\sin\varphi}{4r^2}. \qquad \underline{11}$$

11 eingesetzt in 10:

$$\begin{aligned} a_r &= -k\frac{v^2}{4r^2}\left(r\frac{2}{k}\cos\varphi + \sin^2\varphi\right) - \frac{v^2}{2k} \\ &= -k\frac{v^2}{4k^2(1+\cos\varphi)^2}(1 + 2\cos\varphi + \cos^2\varphi) - \frac{v^2}{2k}, \\ a_r &= -\frac{3}{4}\frac{v^2}{k}, \qquad \text{Radialbeschleunigung.} \end{aligned} \qquad \underline{12}$$

Für die zweite Komponente der Beschleunigung (Azimutalbeschleunigung) ergibt sich

$$\begin{aligned} a_\varphi &= \ddot{\vec{r}} \cdot \vec{e}_\varphi = r\ddot{\varphi} + 2\dot{r}\dot{\varphi} \\ &= \frac{v^2\sin\varphi}{4r} - 2k\frac{v^2\sin\varphi}{2kr} = -\frac{3}{4}\frac{v^2\sin\varphi}{r} = -\frac{3}{4}\frac{v^2}{k}\cdot\frac{\sin\varphi}{1+\cos\varphi}. \end{aligned} \qquad \underline{13}$$

Offensichtlich gilt $b_\varphi \to -\infty$ für $\varphi \to 180°$ (der Winkel φ schlägt um – vgl. Anmerkung am Ende der Aufgabe).

Da die Beschleunigungskomponenten $b_r\vec{e}_r$ und $b_\varphi\vec{e}_\varphi$ orthogonal sind, folgt für den Betrag der Beschleunigung:

$$a = \sqrt{a_r^2 + a_\varphi^2} = \frac{3}{4}\frac{v^2}{k}\sqrt{1 + \frac{\sin^2\varphi}{(1+\cos\varphi)^2}} = \frac{3}{4}\frac{v^2}{k}\sqrt{\frac{2}{1+\cos\varphi}}.$$

Auch für die Gesamtbeschleunigung gilt $b \to \infty$ für $\varphi \to 180°$.

Anmerkung: Die Winkelgeschwindigkeit 9 und die Winkelbeschleunigung 11 sind unendlich für $r = 0$. Diese Singularität folgt aus der Wahl des Koordinatensystems und ist unabhängig von der Bewegung auf der Kardioide. Betrachten wir z.B. die gleichförmige Bewegung eines Teilchens auf einer beliebigen Bahn in Polarkoordinaten. Der Ursprung soll auf einer Normalen zur Bahn liegen. Die Winkelgeschwindigkeit ist wegen $\omega = v/d$ von der Distanz des Ursprungs zur Bahn abhängig: $\omega_1 < \omega_2 < \ldots < \omega_n$. In dem Grenzfall, daß der Ursprung auf der Bahn liegt, ist die Winkelgeschwindigkeit unendlich. Ebenso werden die Kräfte (Beschleunigung) in der obigen Aufgabe singulär im Ursprung.

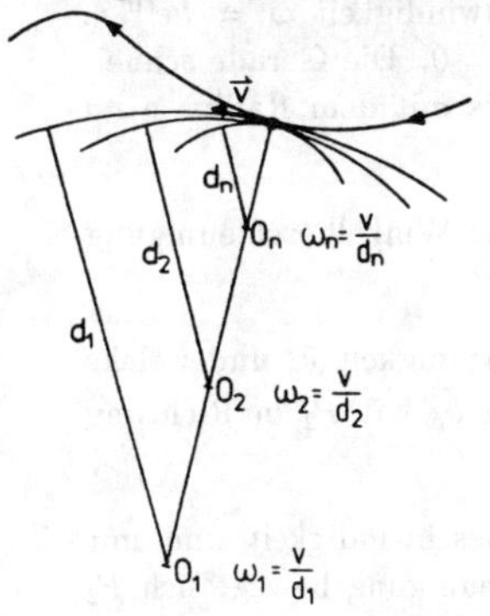

10.2 Aufgabe: Darstellung eines Vektors in Zylinderkoordinaten

Man stelle den Vektor $\vec{A} = z\vec{e}_1 + 2x\vec{e}_2 + y\vec{e}_3$ in zylindrischen Koordinaten dar.

Lösung: Der Ansatz für die Lösung ist $\vec{A} = A_\varrho\vec{e}_\varrho + A_\varphi\vec{e}_\varphi + A_z\vec{e}_z$. Es müssen also die Einheitsvektoren des kartesischen Systems durch die des Zylindersystems ersetzt werden. Außerdem müssen die Komponenten, also z, $2x$ und y durch Zylinderkoordinaten ausgedrückt werden.

Das Gleichungssystem

$$\begin{aligned} \vec{e}_\varrho &= \vec{e}_1\cos\varphi + \vec{e}_2\sin\varphi \\ \vec{e}_\varphi &= -\vec{e}_1\sin\varphi + \vec{e}_2\cos\varphi \end{aligned}$$

läßt sich nach $\vec{e}_1, \vec{e}_2$ auflösen und liefert

$$\begin{aligned} \vec{e}_1 &= \vec{e}_\varrho\cos\varphi - \vec{e}_\varphi\sin\varphi \\ \vec{e}_2 &= \vec{e}_\varrho\sin\varphi + \vec{e}_\varphi\cos\varphi. \end{aligned}$$

Gleichzeitig gilt

$$x = \varrho\cos\varphi \qquad y = \varrho\sin\varphi \qquad z = z.$$

Eingesetzt ergibt das

$$\vec{A} = z(\vec{e}_\varrho\cos\varphi - \vec{e}_\varphi\sin\varphi) + 2\varrho\cos\varphi(\vec{e}_\varrho\sin\varphi + \vec{e}_\varphi\cos\varphi) + \varrho\sin\varphi\vec{e}_z.$$

Somit sind die Komponenten

$$\begin{aligned} A_\varrho &= z\cos\varphi + 2\varrho\cos\varphi\sin\varphi, \\ A_\varphi &= 2\varrho\cos^2\varphi - z\sin\varphi, \\ A_z &= \varrho\sin\varphi. \end{aligned}$$

10.3 Aufgabe: Winkelgeschwindigkeit und Radialbeschleunigung

Eine Stange dreht sich um P_1 in einer Ebene mit der Winkelgeschwindigkeit $\omega = ke^{\sin\varphi}$. Zur Zeit $t = 0$ ist $\varphi = 0$. Die Gerade schneidet einen festen Kreis mit dem Radius a im Punkt P_2.

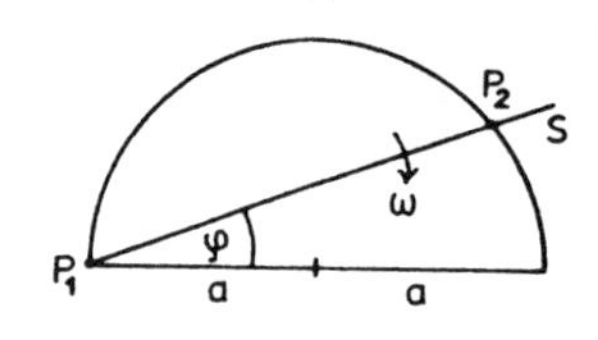

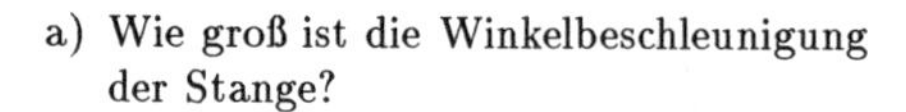

a) Wie groß ist die Winkelbeschleunigung der Stange?

b) Welche Geschwindigkeit $\vec{v}_\varrho$ und welche Beschleunigung $\vec{b}_\varrho$ hat P_2 in Richtung der Stange?

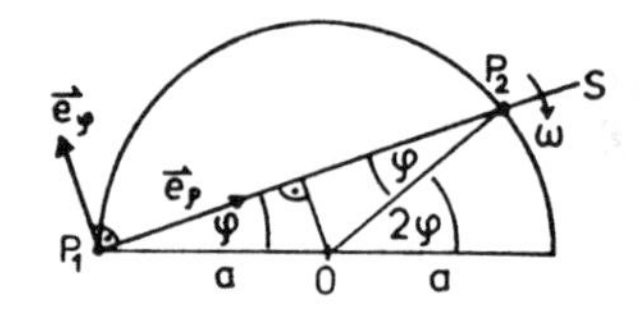

c) Mit welcher Geschwindigkeit und mit welcher Beschleunigung bewegt sich P_2 bzgl. des Kreismittelpunktes ?

Lösung:

a) Die Winkelgeschwindigkeit ist

$$\omega = \dot{\varphi} = ke^{\sin\varphi}$$

$\Rightarrow$ für die Winkelbeschleunigung

$$\begin{aligned} \dot{\omega} = \ddot{\varphi} &= k\omega\cos\varphi e^{\sin\varphi} \\ &= k^2 e^{2\sin\varphi}\cos\varphi\,. \end{aligned}$$

b) Der Ortsvektor zum Punkt P_2 auf der Stange ist

$$\vec{r} = \varrho\vec{e}_\varrho\,, \qquad \text{wobei} \quad \varrho = 2a\cos\varphi \quad \Rightarrow \quad \vec{r} = 2a\cos\varphi\,\vec{e}_\varrho\,.$$

Die Geschwindigkeit von P_2 erhält man aus der Beziehung

$$\dot{\vec{r}} = \dot{\varrho}\vec{e}_\varrho + \varrho\dot{\varphi}\vec{e}_\varphi$$

und die Beschleunigung ist

$$\ddot{\vec{r}} = (\ddot{\varrho} - \varrho\dot{\varphi}^2)\vec{e}_\varrho + (\varrho\ddot{\varphi} + 2\dot{\varrho}\dot{\varphi})\vec{e}_\varphi\,.$$

Eingesetzt erhält man:

$$\begin{aligned} \vec{v} = \dot{\vec{r}} &= -2a\sin\varphi\,\dot{\varphi}\,\vec{e}_\varrho + 2a\cos\varphi\,\dot{\varphi}\,\vec{e}_\varphi \\ &= 2a(-\sin\varphi\,\dot{\varphi}\,\vec{e}_\varrho + \cos\varphi\dot{\varphi}\vec{e}_\varphi)\,, \\ \vec{b} = \ddot{\vec{r}} &= 2a[(-\ddot{\varphi}\sin\varphi - 2\dot{\varphi}^2\cos\varphi)\vec{e}_\varrho + (\ddot{\varphi}\cos\varphi - 2\dot{\varphi}^2\sin\varphi)\vec{e}_\varphi] \end{aligned}$$

Geschwindigkeit und Beschleunigung in Richtung der Stange, d.h. in $\vec{e}_\varrho$-Richtung erhält man zu

$$\vec{v}_\varrho = -2a\dot{\varphi}\sin\varphi\,\vec{e}_\varrho\,, \qquad \vec{b}_\varrho = -2a(\ddot{\varphi}\sin\varphi + 2\dot{\varphi}^2\cos\varphi)\vec{e}_\varrho$$

Aus dem negativen Vorzeichen ersehen wir, daß sowohl $\vec{v}_\varrho$ als auch $\vec{b}_\varrho$ auf den Drehpunkt P_1 gerichtet sind.

c) Der Drehwinkel von $\overline{OP_2}$ ist gerade 2φ und die Geschwindigkeit auf dem Kreis ist

$$r_{P_2} = a\cdot 2\varphi \quad\Rightarrow\quad v_{P_2} = 2a\dot{\varphi} = 2ake^{\sin\varphi}\,.$$

Die Normalbeschleunigung ist

$$b_{P_2\vec{b}} = \frac{v_{P_2}^2}{a} = 4ak^2e^{2\sin\varphi}$$

und die Tangentialbeschleunigung

$$b_{P_2\vec{\tau}} = \frac{dv_{P_2}}{dt} = 2a\ddot{\varphi} = 2ak^2\cos\varphi\,e^{2\sin\varphi}$$

und die Gesamtbeschleunigung

$$b_{P_2} = \sqrt{b_{P_2\vec{b}}^2 + b_{P_2\vec{\tau}}^2} = 2ak^2e^{2\sin\varphi}\sqrt{4+\cos^2\varphi}\,.$$

11 Vektorielle Differentialoperationen

Skalare Felder: Unter einem skalaren Feld versteht man eine Funktion $\phi(x,y,z)$, die jedem Raumpunkt $P(x_1,y_1,z_1)$ einen Skalar, den Wert $\phi(x_1,y_1,z_1)$ zuordnet. Beispiele sind Temperaturfelder $T(x,y,z)$, Dichtefelder $\varrho(x,y,z)$, (z.B. Massendichte, Ladungsdichte).

Vektorielle Felder: Entsprechend versteht man unter einem Vektorfeld eine Funktion $\vec{A}(x,y,z)$, die jedem Raumpunkt $P(x_1,y_1,z_1)$ den Vektor $\vec{A}(x_1,y_1,z_1)$ zuordnet.

Vektorfelder sind elektrische und magnetische Felder, charakterisiert durch die Feldstärkevektoren $\vec{E}$ und $\vec{H}$, Geschwindigkeitsfelder in strömenden Flüssigkeiten oder Gasen, $\vec{v}(x,y,z)$.

Die Operationen Gradient, Divergenz und Rotation

Gradient: Gegeben sei ein Skalarfeld $\phi(x,y,z)$. Dann ist der Gradient des Skalarfeldes am festen Ort $P_0(x_0,y_0,z_0)$, geschrieben grad $\phi(x_0,y_0,z_0)$, *ein Vektor, der in Richtung des stärksten Anstiegs von ϕ zeigt* und dessen Betrag die Änderung von ϕ pro Weglänge in Richtung des stärksten Anstiegs im Punkt $P_0(x_0,y_0,z_0)$ ist.

Jedem Punkt eines Skalarfeldes kann man so einen Gradientenvektor zuordnen. Die Gesamtheit der Gradientenvektoren bildet ein dem Skalarfeld zugeordnetes Vektorfeld. Mathematisch ist das so definierte Vektorfeld gegeben durch den Zusammenhang:

$$\vec{A}(x,y,z) = \operatorname{grad}\phi = \vec{e}_1\frac{\partial}{\partial x}\phi + \vec{e}_2\frac{\partial}{\partial y}\phi + \vec{e}_3\frac{\partial}{\partial z}\phi. \tag{11.1}$$

Als Vereinfachung der mathematischen Beschreibungsweise benutzt man folgende Symbolik:

$$\vec{\nabla}\phi = \vec{\nabla}\phi, \qquad \text{wobei} \quad \vec{\nabla} = \vec{e}_1\frac{\partial}{\partial x} + \vec{e}_2\frac{\partial}{\partial y} + \vec{e}_3\frac{\partial}{\partial z}.$$

($\vec{\nabla}$: sprich „Nabla“ oder „Nabla-Operator“).

Definition eines Operators: Der Nablaoperator ist ein symbolischer Vektor (Vektoroperator), der auf eine Funktion ϕ angewandt den Gradienten von ϕ bildet.

Wir zeigen jetzt, daß das Vektorfeld $\vec{\nabla}\phi$ die oben angegebenen Eigenschaften besitzt. Hierzu benötigen wir das *totale Differential* von ϕ, nämlich

$$d\phi = \frac{\partial\phi}{\partial x}dx + \frac{\partial\phi}{\partial y}dy + \frac{\partial\phi}{\partial z}dz. \tag{11.2}$$

Es beschreibt den Hauptteil des totalen Zuwachses der Funktion ϕ, wenn sich x um dx, y um dy, z um dz ändert, d.h.

$$d\phi \approx \phi(x+dx,\ y+dy,\ z+dz) - \phi(x,y,z).$$

Die Taylorentwicklung bis zum Glied erster Ordnung ergibt

$$\begin{aligned}\phi(\vec{r}+d\vec{r}) &= \phi(x+dx,\ y+dy,\ z+dz)\\ &= \phi(x,y,z) + \frac{\partial\phi}{\partial x}dx + \frac{\partial\phi}{\partial y}dy + \frac{\partial\phi}{\partial z}dz + \cdots\end{aligned}$$

und daher

$$\begin{aligned}\Delta\phi &= \phi(\vec{r}+d\vec{r}) - \phi(\vec{r}) = \frac{\partial\phi}{\partial x}dx + \frac{\partial\phi}{\partial y}dy + \frac{\partial\phi}{\partial z}dz + \cdots\\ &= d\phi + \text{Glieder höherer Ordnung}\end{aligned} \tag{11.3}$$

Das macht den Namen „totales Differential“ für den Hauptteil des Gesamtzuwachses der Funktion ϕ verständlich. Wir haben dabei die Taylor-Entwicklung einer Funktion (bis zu den ersten Gliedern in den kleinen Größen dx, dy, dz) benutzt. Im Kapitel 22 wird dies ausführlich vorgestellt und an etlichen Beispielen verdeutlicht. Wir empfehlen schon jetzt, einen Blick auf jenes Kapitel zu werfen.

Mit dem infinitesimalen Ortsvektor $d\vec{r} = (dx, dy, dz)$ kann das totale Differential auch so geschrieben werden:

$$\begin{aligned}d\phi &= \vec{\nabla}\phi\cdot d\vec{r} = \left(\frac{\partial\phi}{\partial x}, \frac{\partial\phi}{\partial y}, \frac{\partial\phi}{\partial z}\right)\cdot(dx,dy,dz)\\ &= \frac{\partial\phi}{\partial x}dx + \frac{\partial\phi}{\partial y}dy + \frac{\partial\phi}{\partial z}dz\,.\end{aligned} \tag{11.4}$$

Äquipotentialflächen sind Flächen, auf denen die Funktion ϕ einen festen Wert hat, $\phi(x,y,z) = \text{const.}$

Wie wir eben gezeigt haben, besteht der Zusammenhang:

$$\vec{\nabla}\phi \cdot d\vec{r} = d\phi, \quad \text{mit} \quad d\vec{r} = (dx, dy, dz). \tag{11.5}$$

Da $d\phi$ die Summe der Zuwächse von ϕ in jeder Richtung $d\vec{r}$ bedeutet, beschreibt $d\phi = 0$ das Verbleiben auf einer Äquipotentialfläche. Für diesen Fall gilt:

$$0 = d\phi = \vec{\nabla}\phi \cdot d\vec{r}_{\ddot{A}F}, \tag{11.6}$$

wobei $d\vec{r}_{\ddot{A}F}$ in der Äquipotentialfläche liegt. Das skalare Produkt $\vec{\nabla}\phi \cdot d\vec{r}_{\ddot{A}F}$ wird nun nur Null, wenn der Kosinus des Zwischenwinkels Null wird, (vgl. die nebenstehende Figur), vorausgesetzt: $\vec{\nabla}\phi \neq 0$. Daraus folgt, daß $\vec{\nabla}\phi$ und $d\vec{r}_{\ddot{A}F}$ senkrecht aufeinander stehen. Der Gradient von ϕ steht also stets senkrecht auf den Äquipotentialflächen.

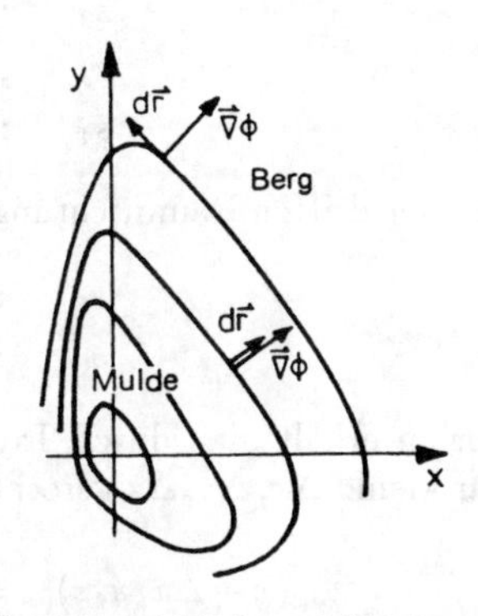

Äquipotentialflächen und Richtung des Gradienten.

Betrachten wir nun den Zuwachs $d\phi$ in Richtung des Gradientenvektors in einem festen Punkt des Skalarfeldes: Hierfür ist $d\vec{r}$ zu $\vec{\nabla}\phi$ parallel und somit ist $\vec{\nabla}\phi \cdot d\vec{r}$ maximal. Der Vektor $\vec{\nabla}\phi = \vec{\nabla}\phi$ zeigt daher immer in Richtung des stärksten Zuwachses von ϕ, vgl. die nebenstehende Figur.

Divergenz: Im Gegensatz zum Gradienten wird die Divergenz auf Vektorfelder angewandt. Gegeben sei ein Vektorfeld $\vec{A} = (A_x, A_y, A_z)$; weiterhin stelle man sich ein quaderförmiges *„Kontrollvolumen"* vor, mit den Kanten $\Delta x, \Delta y, \Delta z$.

Unter dem *„Vektorfluß"* durch eine Fläche versteht man nun die Gesamtheit der durchströmenden Vektoren, d.h. die aufintegrierten Normalkomponenten der Vektoren über die gesamte Fläche.

Die Seitenflächen des Quaders nennen wir s_1, s_2, ..., s_6.

Wir wollen nun den Vektorfluß durch sämtliche Seitenflächen des Quaders berechnen. Die Kantenlängen $\Delta x, \Delta y, \Delta z$ sollen so klein gewählt werden,daß man den Vektor auf den Quaderflächen als nahezu konstant ansehen kann, so daß man die Integration des Vektors über die Flächen durch eine einfache Summation ersetzen kann. Dann wollen wir den Vektorfluß als positiv ansehen, wenn er aus dem Volumen ausströmt, umgekehrt soll er ein negatives Vorzeichen erhalten, wenn er in das Volumen einströmt.

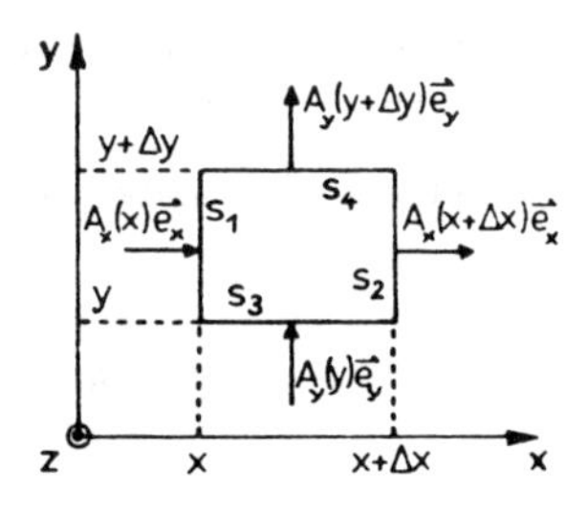

Fluß durch einen Quader: die z-Ausdehnung (aus der Bildebene heraus) ist nicht gezeigt.

Damit lautet der Vektorfluß durch

$$\begin{aligned} s_1 &: \quad -A_x(x)\Delta y\Delta z, \\ s_2 &: \quad A_x(x+\Delta x)\Delta y\Delta z, \\ s_3 &: \quad -A_y(y)\Delta x\Delta z, \\ s_4 &: \quad A_y(y+\Delta y)\Delta x\Delta z, \end{aligned} \tag{11.7}$$

und in der dritten Raumrichtung

$$\begin{aligned} s_5 &: \quad -A_z(z)\Delta x\Delta y, \\ s_6 &: \quad A_z(z+\Delta z)\Delta x\Delta y. \end{aligned} \tag{11.8}$$

Weiterhin erhält man durch Taylorreihentwicklung bis zu Gliedern erster Ordnung, die für kleine $\Delta x, \Delta y, \Delta z$ gerechtfertigt ist:

$$\begin{aligned} A_x(x+\Delta x,y,z) &= A_x(x,y,z)+\frac{\partial}{\partial x}A_x(x,y,z)\Delta x+\cdots, \\ A_y(x,y+\Delta y,z) &= A_y(x,y,z)+\frac{\partial}{\partial y}A_y(x,y,z)\Delta y+\cdots, \\ A_z(x,y,z+\Delta z) &= A_z(x,y,z)+\frac{\partial}{\partial z}A_z(x,y,z)\Delta z+\cdots . \end{aligned} \tag{11.9}$$

Die durch Punkte $\cdots$ angedeuteten Glieder sind von höherer Ordnung in den kleinen Inkrementen Δx, Δy, Δz und können vernachlässigt werden. Der resultierende Vektorfluß durch das Kontrollvolumen ergibt sich durch Summation über die Seitenflächen:

$$\begin{aligned} & (A_x(x+\Delta x,y,z)-A_x(x,y,z))\Delta y\Delta z \\ + \quad & (A_y(x,y+\Delta y,z)-A_y(x,y,z))\Delta x\Delta z \\ + \quad & (A_z(x,y,z+\Delta z)-A_z(x,y,z))\Delta y\Delta x, \\ = \quad & \frac{\partial}{\partial x}A_x(x,y,z)\Delta x\Delta y\Delta z+\frac{\partial}{\partial y}A_y(x,y,z)\Delta x\Delta y\Delta z \end{aligned}$$

$$+\frac{\partial}{\partial z}A_z(x,y,z)\Delta x\Delta y\Delta z$$
$$= \left(\frac{\partial}{\partial x}A_x(x,y,z)+\frac{\partial}{\partial y}A_y(x,y,z)+\frac{\partial}{\partial z}A_z(x,y,z)\right)\Delta V.$$

Somit lautet der „Durchfluß" (Gesamtfluß) durch ein infinitesimal kleines Volumen ($\Delta x \to dx$, $\Delta y \to dy$, $\Delta z \to dz$):

$$dV \cdot \left(\frac{\partial}{\partial x}A_x + \frac{\partial}{\partial y}A_y + \frac{\partial}{\partial z}A_z\right), \tag{11.10}$$

wobei der Klammerausdruck die Divergenz des Vektorfeldes $\vec{A}$ genannt wird:

$$\mathrm{div}\vec{A} = \frac{\partial}{\partial x}A_x + \frac{\partial}{\partial y}A_y + \frac{\partial}{\partial z}A_z, \tag{11.11}$$

Die Divergenz Stellt also den Vektorfluß durch ein Volumen ΔV pro Volumen dar. Sie kann auch in der Form

$$\mathrm{div}\vec{A} = \vec{\nabla}\cdot\vec{A}(x,y,z) \tag{11.12}$$

geschrieben werden. Diese letzte Beziehung können wir als analytische Definition auffassen. Sie ist, wie gezeigt wurde, identisch mit der geometrischen Definition, nämlich:

$$\mathrm{div}\vec{A} = \lim_{\Delta V\to 0}\frac{\text{Fluß des Vektorfeldes }\vec{A}\text{ durch }\quad\Delta V}{\Delta V} = \lim_{\Delta V\to 0}\frac{\int_{\Delta F}\vec{A}\cdot\vec{n}\,dF}{\Delta V}. \tag{11.13}$$

Während beim Gradienten das Argument ein Skalar ist, stellt die Divergenz das Skalarprodukt des Operators $\vec{\nabla}$ mit dem Vektor $\vec{A}$ dar. Bei verschwindender Divergenz ist der Gesamtdurchfluß durch ein infinitesimales Volumen Null, d.h. es fließt genau so viel herein wie heraus. Gilt an einer Stelle des Vektorfeldes div $\vec{A} > 0$, so spricht man davon, daß das Vektorfeld dort eine *Quelle* besitzt und für div $\vec{A} < 0$, spricht man von einer *Senke* des Vektorfeldes. Aus der Definition der Divergenz als Nettofluß = Ausfluß – Einfluß pro Volumeneinheit wird das sofort verständlich.

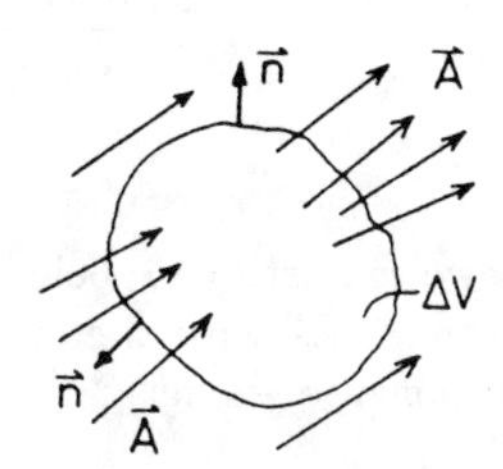

Bildliche Darstellung der Divergenz als Vektorfluß durch ein Volumen.

Rotation: Durch die Bildung von rot $\vec{A}$ wird einem Vektorfeld $\vec{A}$ ein Vektorfeld rot $\vec{A}$ zugeordnet. Das Vektorfeld rot $\vec{A}$ sagt etwas über mögliche „Wirbel" des Feldes $\vec{A}$ aus (ein Wirbel liegt dann vor, wenn es eine geschlossene Kurve im Vektorfeld gibt, mit der Bedingung, daß das Linienintegral $\oint \vec{A}\cdot d\vec{s} \neq 0$ (s. Satz von Stokes)). Die mathematische Formulierung von rot $\vec{A}$ ist gegeben durch:

1. $\text{rot}\,\vec{A} = \vec{\nabla} \times \vec{A}$, oder

2. $\vec{n} \cdot \text{rot}\,\vec{A} = \lim_{\Delta F \to 0} \frac{\oint \vec{A} \cdot d\vec{s}}{\Delta F}$.

$\vec{n}$ ist Einheits-Normalenvektor auf ΔF.

Die zweite Definition sagt, daß man die Rotation auch durch Bildung des Linienintegrals bestimmen kann. Man integriert über das Vektorfeld entlang einer Kurve; genauer gesagt: Man integriert über die Projektion von $\vec{A}$ auf $d\vec{s}$ in Tangentenrichtung der Kurve, die den Rand von ΔF bildet. Das ergibt nach Division mit ΔF die Komponente von $\text{rot}\,\vec{A}$ in Richtung von $\vec{n}$.

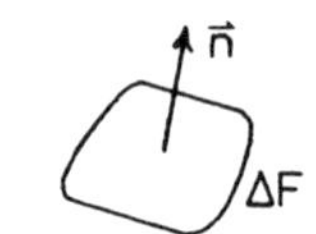

Orientiertes Flächenelement

Die Rotation wird also durch zwei verschiedene Definitionen bestimmt, deren erste ausführlich lautet

$$\begin{aligned} \text{rot}\,\vec{A} &= \vec{\nabla} \times \vec{A} = \begin{vmatrix} \vec{e}_1 & \vec{e}_2 & \vec{e}_3 \\ \partial/\partial x & \partial/\partial y & \partial/\partial z \\ A_x & A_y & A_z \end{vmatrix} \\ &= \vec{e}_1 \left(\frac{\partial A_z}{\partial y} - \frac{\partial A_y}{\partial z} \right) + \vec{e}_2 \left(\frac{\partial A_x}{\partial z} - \frac{\partial A_z}{\partial x} \right) + \vec{e}_3 \left(\frac{\partial A_y}{\partial x} - \frac{\partial A_x}{\partial y} \right) \end{aligned} \quad (11.14)$$

Zu beweisen ist, daß beide Definitionen identisch sind. Es wird hier nur die Identität der x-Komponente gezeigt.

x-Komponente der Rotation $\vec{A}$: Man kann hierzu um eine Fläche $\Delta F = 4\Delta y \Delta z$ in der yz-Ebene integrieren (siehe untere Figur). Hierfür liegt $\vec{n}$ nämlich in Richtung der x-Achse, d.h. $\vec{n} \cdot \text{rot}\,\vec{A}$ ergibt gerade die x-Komponente von $\text{rot}\,\vec{A}$, d.h. $(\text{rot}\,\vec{A})_x$.

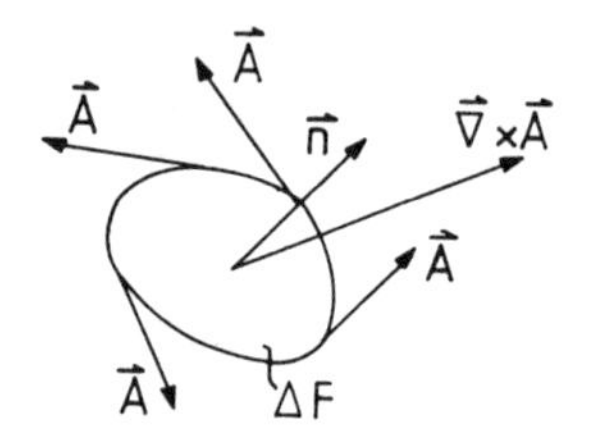

Veranschaulichung eines Vektorfeldes $\vec{A}$ mit Wirbelstruktur entlang eines Flächenelementes ΔF mit der Normalen $\vec{n}$.

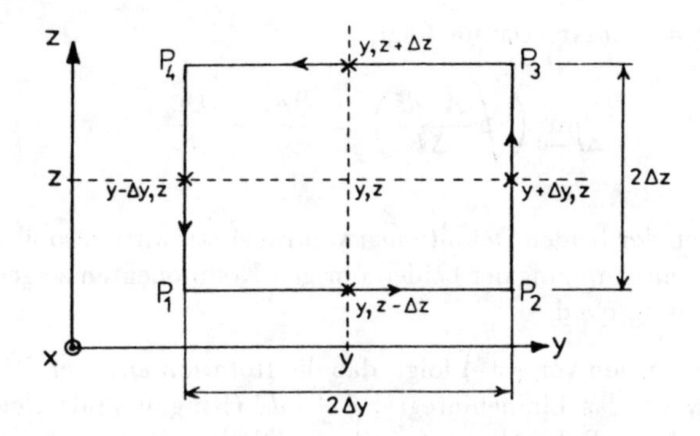

Für das Umlaufintegral erhalten wir:

$$\left(\oint \vec{A}\cdot d\vec{r}\right)_x = \int_C A_x dx + \int_C A_y dy + \int_C A_z dz, \tag{11.15}$$
$$= \int_C (A_y dy + A_z dz),$$

weil bei dieser Orientierung des Flächenstücks (s. Figur) $\Delta x = 0$ (d.h. Δx kommt überhaupt nicht vor). Mit anderen Worten: Da x sich hierbei nicht ändert, ($dx = 0$), fällt $\int A_x dx$ weg. Für die genaue Definition des Linien- bzw. Ringintegrals verweisen wir auf Kapitel 12. Es wird empfohlen, dies – schon jetzt – kurz zu studieren.

Bemerkung: $\oint$ soll andeuten, daß die Integration über eine geschlossene Kurve geführt wird (Kreis- oder Ringintegral). $\int$ bedeutet Integration über ein Kurvenstück. Zur Berechnung eines Linienintegrals verwenden wir die Werte der Funktionen in der **Mitte** der einzelnen Strecken (Punkte).

$$\left(\oint \vec{A}\cdot d\vec{r}\right)_x = \int_{P_1}^{P_2} + \int_{P_2}^{P_3} + \int_{P_3}^{P_4} + \int_{P_4}^{P_1} (A_y dy + A_z dz)$$
$$\approx A_y(x,y,z-\Delta z)2\Delta y + A_z(x,y+\Delta y,z)2\Delta z$$
$$-A_y(x,y,z+\Delta z)2\Delta y - A_z(x,y-\Delta y,z)2\Delta z \tag{11.16}$$

Nach Taylor entwickelt ergibt das

$$\approx \left[A_y - \frac{\partial A_y}{\partial z}\Delta z\right]2\Delta y + \left[A_z + \frac{\partial A_z}{\partial y}\Delta y\right]2\Delta z$$
$$-\left[A_y + \frac{\partial A_y}{\partial z}\Delta z\right]2\Delta y - \left[A_z - \frac{\partial A_z}{\partial y}\Delta y\right]2\Delta z$$
$$= 4\Delta y\Delta z\left[\frac{\partial A_z}{\partial y} - \frac{\partial A_y}{\partial z}\right].$$

Die Fläche ist $\Delta F = 4\Delta y \Delta z$. Daraus folgt

$$\lim_{\Delta F \to 0} \left(\oint \frac{\vec{A} \cdot d\vec{s}}{\Delta F} \right)_x = \frac{\partial A_z}{\partial y} - \frac{\partial A_y}{\partial z}. \tag{11.17}$$

Die x-Komponenten der beiden Definitionen von rot $\vec{A}$ stimmen also überein. Analog kann man die Übereinstimmung der beiden übrigen Komponenten zeigen. Wir wollen uns diese Mühe sparen, q.e.d.

Aus der zweiten Definition von rot $\vec{A}$ folgt, daß die Rotation an einer Stelle des Feldes $\vec{A}$ verschwindet, wenn das Lininenintegral $\oint \vec{A} \cdot d\vec{s}$ (Ringintegral) gleich Null ist – siehe Satz von Stokes. Daher kommt auch der Name „Rotation“. Das endliche Ringintegral drückt eine gewisse Rotation, d.h. Wirbelbildung des Vektorfeldes (zu veranschaulichen als Strömungsfeld) aus.

Mehrfachanwendung des Vektoroperators Nabla: Gegeben sei ein skalares Feld $f(\vec{r})$ und ein Vektorfeld $\vec{g}(\vec{r})$. Dann ist

a)

$$\vec{\nabla} \cdot (\vec{\nabla} f) = \frac{\partial^2 f}{\partial x^2} + \frac{\partial^2 f}{\partial y^2} + \frac{\partial^2 f}{\partial z^2} = \text{div}\vec{\nabla} f(x,y,z) = \Delta f(x,y,z), \tag{11.18}$$

wobei Δ als neuer Operator eingeführt wird:

$$\Delta = \frac{\partial^2}{\partial x^2} + \frac{\partial^2}{\partial y^2} + \frac{\partial^2}{\partial z^2} = \vec{\nabla} \cdot \vec{\nabla}$$

(Δ, sprich: delta, heißt Laplace Operator[7]). $\vec{\nabla} \cdot (\vec{\nabla} f) = \text{div}\vec{\nabla} f$ ist ein Skalarfeld.

b)

$$\vec{\nabla} \times (\vec{\nabla} f) = \text{rot}\,\text{grad}\, f = \begin{vmatrix} \vec{e}_1 & \vec{e}_2 & \vec{e}_3 \\ \frac{\partial}{\partial x} & \frac{\partial}{\partial y} & \frac{\partial}{\partial z} \\ \frac{\partial f}{\partial x} & \frac{\partial f}{\partial y} & \frac{\partial f}{\partial z} \end{vmatrix} \equiv 0.$$

Hierbei ist natürlich erforderlich, daß f zweifach stetig differenzierbar ist. Der Physiker setzt immer hinreichend oft stetig differentierbare Funktionen voraus; so auch im folgenden. Ein Gradientenfeld besitzt also keine Wirbel!

[7] *Laplace,* Pierre Simon, geb. 28(?).3.1749 Beaumonten-Auge, gest. 5.3.1827 Paris. – Nach seinem Schulbesuch wurde L. Lehrer in Beaumont und durch Vermittlung von D'Alembert Professor an der Militärschule von Paris. Da L. seine politischen Überzeugungen sehr schnell zu ändern pflegte, wurde er ebenso von Napoleon wie von Ludwig XVIII. mit Ehren überhäuft. – Von seinen Arbeiten sind seine *„Analytische Theorie der Wahrscheinlichkeit“* (1812) und die *„Himmelsmechanik“* (1799–1825) bedeutungsvoll geworden. Die Wahrscheinlichkeitsrechnung enthält z.B. die Methode der *erzeugenden Funktionen,* die *L.-Transformationen* und die endgültige Formulierung des mechanischen Materialismus. In der Himmelsmechanik finden sich z.B. die kosmologische Hypothese von L., die Theorien von der Gestalt der Erde und von der Mondbewegung, die Störungstheorie der Planeten und die Potentialtheorie mit der L.schen Gleichung.

c)

$$\begin{aligned}\vec{\nabla}(\vec{\nabla}\cdot\vec{g}) &= \vec{\nabla}\left(\frac{\partial g_x}{\partial x}+\frac{\partial g_y}{\partial y}+\frac{\partial g_z}{\partial z}\right)\\ &= \frac{\partial}{\partial x}\left(\frac{\partial g_x}{\partial x}+\frac{\partial g_y}{\partial y}+\frac{\partial g_z}{\partial z}\right)\vec{e}_1+\frac{\partial}{\partial y}\left(\frac{\partial g_x}{\partial x}+\frac{\partial g_y}{\partial y}+\frac{\partial g_z}{\partial z}\right)\vec{e}_2\\ &\quad +\frac{\partial}{\partial z}\left(\frac{\partial g_x}{\partial x}+\frac{\partial g_y}{\partial y}+\frac{\partial g_z}{\partial z}\right)\vec{e}_3\\ &= \operatorname{grad}(\operatorname{div}\vec{g}) \qquad \text{ist ein Vektorfeld.}\end{aligned}$$

d)

$$\vec{\nabla}\cdot(\vec{\nabla}\times\vec{g}) = \operatorname{div}(\operatorname{rot}\vec{g}) = 0.$$

Ein Rotationsfeld besitzt also keine Quellen und Senken, was anschaulich klar ist: Das Vektorfeld $\vec{A} = \vec{\omega}\times\vec{r}$, wobei $\vec{\omega} = \overrightarrow{\text{const}}$, ist gewissermaßen ein optimales Wirbelfeld (das Geschwindigkeitsfeld eines mit der Winkelgeschwindigkeit $\vec{\omega}$ rotierenden starren Körpers).

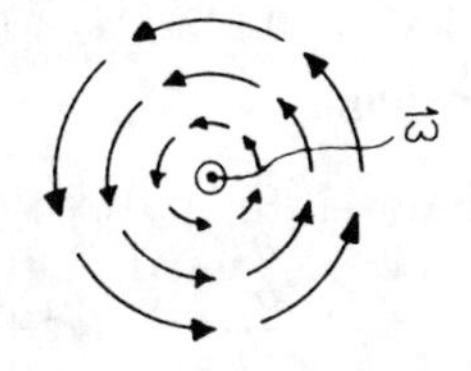

Das Geschwindigkeitsfeld eines rotierenden starren Körpers $\vec{A} = \vec{\omega}\times\vec{r}$.

Es ist rot $\vec{A} = 2\vec{\omega}$. Im Fall dieses maximalen Wirbelfeldes ist also rot $\vec{A} = 2\vec{\omega}$, ein konstantes Vektorfeld, das ganz offensichtlich divergenzfrei ist. Man beachte die Ähnlichkeit von $\vec{\nabla}$ mit einem Vektor: Das Spatprodukt, in dem gleiche Vektoren vorkommen, verschwindet.

Die Rotation des obigen Geschwindigkeitsfeldes rot $\vec{A}$ = rot $\vec{\omega}\times\vec{r} = 2\vec{\omega}$

e)

$$\begin{aligned}\vec{\nabla}\times(\vec{\nabla}\times\vec{g}) &= \operatorname{rot}(\operatorname{rot}\vec{g})\\ &= \vec{\nabla}(\vec{\nabla}\cdot\vec{g})-(\vec{\nabla}\cdot\vec{\nabla})\vec{g}\\ &= \operatorname{grad}(\operatorname{div}\vec{g})-\Delta\vec{g}\end{aligned}$$

ist ein Vektorfeld.

Der Beweis ist einfach, da nach dem Entwicklungsgesetz:

$$\vec{C}\times(\vec{B}\times\vec{A}) = \vec{B}(\vec{C}\cdot\vec{A})-(\vec{C}\cdot\vec{B})\vec{A}.$$

Diese doppelte Rotationsbildung bedeutet physikalisch-geometrisch, daß man die Wirbel des Wirbelfeldes berechnet.

f)

$$\operatorname{div}(\vec{B}\times\vec{C}) = \vec{C}\cdot(\operatorname{rot}\vec{B})-\vec{B}\cdot(\operatorname{rot}\vec{C}).$$

11.1 Aufgabe: Gradient eines Skalarfeldes

Gegeben sei das skalare Feld $\varphi = x^2 + y^2 = r^2$. Man bestimme den Gradienten von φ.

Lösung:

$$\vec{\nabla}\varphi = 2(x\vec{e}_x + y\vec{e}_y) = 2\sqrt{x^2+y^2}\vec{e}_r = 2r\vec{e}_r$$

11.2 Aufgabe: Bestimmung des Skalarfeldes aus dem zugehörigen Gradientenfeld

Sei $\vec{\nabla}\varphi = (1 + 2xy)\,\vec{e}_x + (x^2 + 3y^2)\,\vec{e}_y$. Man bestimme das zugehörige Skalarfeld.

Lösung:

$$\begin{aligned} \frac{\partial\varphi}{\partial x} &= (1+2xy) \quad &\Rightarrow \quad &\varphi(x,y) = x + x^2y + f_1(y). \\ \frac{\partial\varphi}{\partial y} &= (x^2+3y^2) \quad &\Rightarrow \quad &\varphi(x,y) = x^2y + y^3 + f_2(x), \end{aligned}$$

durch Vergleich:

$$f_1(y) = y^3, \qquad f_2(x) = x,$$

also:

$$\varphi(x,y) = x + x^2y + y^3.$$

11.3 Aufgabe: Divergenz eines Vektorfeldes

Man berechne die Divergenz des Feldes der Ortsvektoren:

$$\vec{r} = x\,\vec{e}_1 + y\,\vec{e}_2 + z\,\vec{e}_3.$$

Lösung:

$$\mathrm{div}\vec{r} = \frac{\partial x}{\partial x} + \frac{\partial y}{\partial y} + \frac{\partial z}{\partial z} = 3.$$

Das Vektorfeld $\vec{r}$ hat also überall Divergenz, d.h. Quellendichte 3. Um es praktisch durch eine Strömung zu erzeugen, müssen in jedem Raumpunkt Quellen der Stärke 3 angebracht werden.

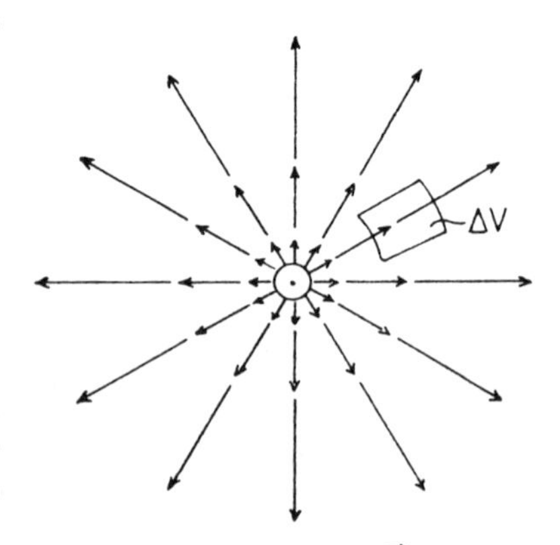

Das Feld des Ortsvektors $\vec{A}(x,y,z) = \vec{r}$ In das Volumenelement ΔV fließt weniger hinein als heraus

11.4 Aufgabe: Rotation eines Vektorfeldes

Man berechne die Rotation des Vektorfeldes

$$\vec{A} = 3x^2y\vec{e}_1 + yz^2\vec{e}_2 - xz\vec{e}_3.$$

Lösung:

$$\begin{aligned}\operatorname{rot}\vec{A} &= \vec{e}_1\left(\frac{\partial(-xz)}{\partial y} - \frac{\partial yz^2}{\partial z}\right) + \vec{e}_2\left(\frac{\partial 3x^2y}{\partial z} - \frac{\partial(-xz)}{\partial x}\right) \\ &\quad + \vec{e}_3\left(\frac{\partial yz^2}{\partial x} - \frac{\partial 3x^2y}{\partial y}\right) \\ &= -2yz\,\vec{e}_1 + z\,\vec{e}_2 - 3x^2\,\vec{e}_3\end{aligned}$$

11.5 Aufgabe: Elektrische Feldstärke, elektrisches Potential

Im Koordinatenursprung befinde sich eine positive elektrische Ladung der Stärke Q. Die Feldstärke $\vec{E}$, die das elektrostatische Feld beschreibt, ist gegeben durch:

$$\vec{E} = \frac{Q}{r^2}\vec{e}_r, \qquad \underline{1}$$

wobei r den räumlichen Abstand vom Koordinatenursprung bedeutet und $\vec{e}_r$ den zugehörigen Einheitsvektor in radialer Richtung. Man berechne das zugehörige Potentialfeld (bezeichne U das Potentialfeld, so gilt $\vec{E} = -\vec{\nabla}U$) und zeige, daß es mit Ausnahme des Ursprungs die Laplace-Gleichung $\Delta U = 0$ erfüllt.

Lösung:

$$\vec{E} = \frac{Q}{r^2}\vec{e}_r = \frac{Q}{r^2}\frac{\vec{r}}{r} \qquad \vec{E} = -\vec{\nabla}\,U. \qquad \underline{2}$$

Da $\vec{E}$ in radialer Richtung weist und der Gradient die Ableitung in dieser Richtung bedeutet, gilt:

$$|\vec{E}\,| = -\frac{dU}{dr} \qquad \underline{3}$$

und weil $\vec{E}$ lediglich eine Funktion von r ist, folgt:

$$U = -\int |\vec{E}\,|dr = -Q\int \frac{dr}{r^2} = Q\frac{1}{r} + C. \qquad \underline{4}$$

Für dieses Potentialfeld prüft man leicht die Beziehung $\underline{2}$ nach, z.B. für die x-Komponente

$$-\frac{\partial U}{\partial x} = -\frac{\partial}{\partial x}\frac{Q}{r} = -Q\frac{\partial r}{\partial x}\frac{\partial}{\partial r}\left(\frac{1}{r}\right) = Q\frac{x}{r^3} = E_x,$$

usw. Die Konstante C wird üblicherweise gleich Null gesetzt, d.h. das Potential verschwindet für $r \to \infty$.

$$\mathrm{div}\vec{E} = Q\left\{\frac{\partial}{\partial x}\frac{x}{(x^2+y^2+z^2)^{3/2}} + \frac{\partial}{\partial y}\frac{y}{(x^2+y^2+z^2)^{3/2}} \right. \quad \underline{5}$$

$$\left. + \frac{\partial}{\partial z}\frac{z}{(x^2+y^2+z^2)^{3/2}}\right\} = 0 \quad \underline{6}$$

$\mathrm{div}(\vec{\nabla}U) = \Delta U = 0$ für $r \neq 0$. Bei $r = 0$ ist $\mathrm{div}\vec{E} = -\mathrm{div}\vec{\nabla}U \neq 0$ (siehe später: Das Gaußsche Theorem).

11.6 Aufgabe: Differentialoperationen in Kugelkoordinaten

Gegeben ist ein skalares Feld $\phi(r, \vartheta, \varphi)$ bzw. ein Vektorfeld $\vec{A}(r, \vartheta, \varphi)$. Wie lauten die Beziehungen für a) $\vec{\nabla}\phi$, b) $\vec{\nabla} \cdot \vec{A}$, c) $\vec{\nabla} \times \vec{A}$, d) $\vec{\nabla}^2\phi$ in Kugelkoordinaten?

Lösung:

a) Gradient: Für das totale Differential gilt die Gleichung

$$d\phi = \vec{\nabla}\phi \cdot d\vec{r} \quad . \quad \underline{1}$$

Dabei ist in Kugelkoordinaten

$$\begin{aligned} d\phi &= \frac{\partial\phi}{\partial r}dr + \frac{\partial\phi}{\partial\vartheta}d\vartheta + \frac{\partial\phi}{\partial\varphi}d\varphi\,, & \underline{2} \\ d\vec{r} &= \frac{\partial\vec{r}}{\partial r}dr + \frac{\partial\vec{r}}{\partial\vartheta}d\vartheta + \frac{\partial\vec{r}}{\partial\varphi}d\varphi \\ &= \vec{e}_r dr + r\vec{e}_\vartheta\, d\vartheta + r\sin\vartheta\,\vec{e}_\varphi\, d\varphi & \underline{3} \end{aligned}$$

und

$$\vec{\nabla}\phi = (\vec{\nabla}\phi)_r\vec{e}_r + (\vec{\nabla}\phi)_\vartheta\vec{e}_\vartheta + (\vec{\nabla}\phi)_\varphi\vec{e}_\varphi\,.$$

Die partiellen Ableitungen des Ortsvektors wurden schon in Kap. 10 bei der Bildung von Einheitsvektoren berechnet:

$$\frac{\partial\vec{r}}{\partial r} = \vec{e}_r, \qquad \frac{\partial\vec{r}}{\partial\vartheta} = r\vec{e}_\vartheta, \qquad \frac{\partial\vec{r}}{\partial\varphi} = r\sin\vartheta\,\vec{e}_\varphi. \quad \underline{4}$$

Setzt man ein, so liefert $\underline{1}$ durch Koeffizientenvergleich sofort für die Komponenten des Gradienten in Polarkoordinaten

$$(\vec{\nabla}\phi)_r dr + (\vec{\nabla}\phi)_\vartheta r\, d\vartheta + (\vec{\nabla}\phi)_\varphi r\sin\vartheta\, d\varphi = \frac{\partial\phi}{\partial r}dr + \frac{\partial\phi}{\partial\vartheta}\cdot d\vartheta + \frac{\partial\phi}{\partial\varphi}d\varphi$$

$$\begin{aligned} \vec{\nabla}\phi &= \frac{\partial\phi}{\partial r}\vec{e}_r + \frac{1}{r}\frac{\partial\phi}{\partial\vartheta}\vec{e}_\vartheta + \frac{1}{r\sin\vartheta}\frac{\partial\phi}{\partial\varphi}\vec{e}_\varphi \\ &= (\vec{\nabla}\phi)_r\vec{e}_r + (\vec{\nabla}\phi)_\vartheta\vec{e}_\vartheta + (\vec{\nabla}\phi)_\varphi\vec{e}_\varphi & \underline{5} \end{aligned}$$

b) Divergenz: Die Divergenz läßt sich durch den Fluß des Vektors $\vec{A}$ durch die Oberfläche eines infinitesimalen Volumenelementes ΔV ausdrücken:

$$\operatorname{div}\vec{A} = \lim_{\Delta V \to 0} \frac{\int_{\Delta F} \vec{A} \cdot \vec{n}\, dF}{\Delta V}. \qquad \underline{6}$$

Die Abbildung zeigt das Volumenelement mit der Größe

$$\Delta V = r^2 \sin\vartheta\, \Delta r\, \Delta\vartheta\, \Delta\varphi. \qquad \underline{7}$$

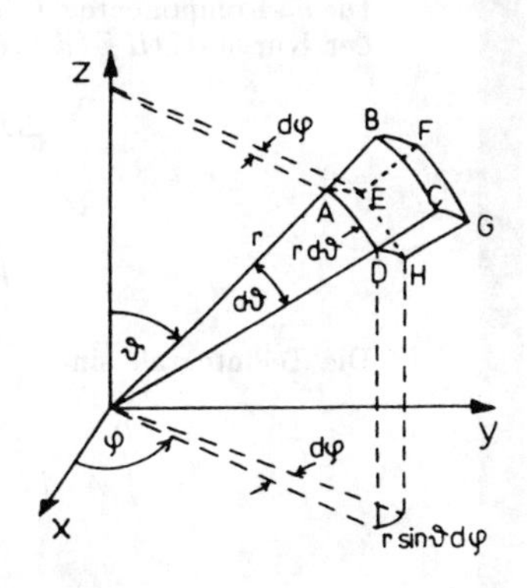

Berechnung der Fluß-Komponenten (in erster Näherung): Der Fluß in $\vec{e}_r$-Richtung durch die Fläche $ADHE$:

$$\vec{A}(r,\vartheta,\varphi)\vec{e}_r \Delta F_r = A_r r^2 \sin\vartheta\, \Delta\varphi\, \Delta\vartheta,$$

durch die Rückwand $BCGF$:

$$\vec{A}(r+\Delta r,\vartheta,\varphi)\vec{e}_r \Delta F_{r+\Delta r} = A_r r^2 \sin\vartheta\, \Delta\varphi\, \Delta\vartheta + \frac{\partial}{\partial r}\big(r^2 \sin\vartheta\, A_r\, \Delta\varphi\, \Delta\vartheta\big)\Delta r.$$

Die Differenz ergibt den Beitrag des Flussess in $\vec{e}_r$-Richtung zum Oberflächenintegral in 6. Fluß-Überschuß:

$$\sin\vartheta \frac{\partial}{\partial r}(r^2 A_r)\Delta\varphi\, \Delta\vartheta\, \Delta r. \qquad \underline{8}$$

In $\vec{e}_\vartheta$-Richtung (Flächen $ABFE$ und $DCGH$) folgt entsprechend Fluß-Überschuß:

$$r\frac{\partial}{\partial\vartheta}(\sin\vartheta A_\vartheta)\, \Delta\varphi\, \Delta r\, \Delta\vartheta \qquad \underline{9}$$

In $\vec{e}_\varphi$-Richtung Fluß-Überschuß:

$$r\frac{\partial}{\partial\varphi}A_\varphi\, \Delta r\, \Delta\vartheta\, \Delta\varphi \qquad \underline{10}$$

Die Summation der Beiträge 8, 9, 10 ergibt das Flußintegral $\oint \vec{A}\cdot\vec{n}dF$. Dann liefert 6 für die Divergenz den Ausdruck

$$\vec{\nabla}\cdot\vec{A} = \frac{1}{r^2}\frac{\partial}{\partial r}(r^2 A_r) + \frac{1}{r\sin\vartheta}\frac{\partial}{\partial\vartheta}(\sin\vartheta A_\vartheta) + \frac{1}{r\sin\vartheta}\frac{\partial}{\partial\varphi}A_\varphi. \qquad \underline{11}$$

c) Rotation Ihre geometrische Definition führt die Rotation auf ein Linienintegral zurück:

$$\vec{n}\cdot\operatorname{rot}\vec{A} = \lim_{\Delta F\to 0}\frac{\oint \vec{A}\cdot d\vec{s}}{\Delta F}. \qquad \underline{12}$$

Komponente in Richtung von $\vec{e}_r$:

Die $\vec{e}_r$-Komponente der Rotation erhalten wir, wenn wir das Linienintegral entlang der Kurve $ADHE\,(\vec{n} = \vec{e}_r)$ ausführen. Die eingeschlossene Fläche ist dabei

$$\Delta F = r^2 \sin\vartheta\,\Delta\vartheta\,\Delta\varphi. \qquad \text{(vgl. Abb.)} \tag{13}$$

$$\oint_{ADHE} \vec{A}\cdot d\vec{s} = \int_A^D + \int_D^H + \int_H^E + \int_E^A .$$

Die Teilintegrale sind

$$\begin{aligned} \int_A^D \vec{A}\cdot d\vec{s} &= \vec{A}\cdot\vec{e}_\vartheta r\Delta\vartheta = A_\vartheta r\Delta\vartheta, \\ \int_E^A \vec{A}\cdot d\vec{s} &= \vec{A}\cdot(-\vec{e}_\varphi) r\sin\vartheta\,\Delta\varphi = -A_\varphi r\sin\vartheta\,\Delta_\varphi. \end{aligned}$$

Und in erster Näherung

$$\begin{aligned} \int_H^E \vec{A}\cdot d\vec{s} &= -\Big(rA_\vartheta\Delta\vartheta + \frac{\partial}{\partial\varphi}(rA_\vartheta\Delta\vartheta)\Delta\varphi\Big), \\ \int_D^H \vec{A}\cdot d\vec{s} &= r\sin\vartheta A_\varphi\Delta\varphi + \frac{\partial}{\partial\vartheta}(r\sin\vartheta A_\varphi\Delta\varphi)\Delta\vartheta. \end{aligned}$$

Damit wird das Linienintegral über die geschlossene Kurve

$$\oint_{ADHE} \vec{A}\cdot d\vec{s} = r\frac{\partial}{\partial\vartheta}(\sin\vartheta\,A_\varphi)\Delta\varphi\,\Delta\vartheta - r\frac{\partial}{\partial\varphi}(A_\vartheta)\Delta\vartheta\,\Delta\varphi. \tag{14}$$

Aus 12, 13, 14 folgt die $\vec{e}_r$-Komponente der Rotation:

$$\operatorname{rot}_r\vec{A} = \frac{1}{r\sin\vartheta}\left[\frac{\partial}{\partial\vartheta}(\sin\vartheta A_\varphi) - \frac{\partial}{\partial\varphi}A_\vartheta\right]. \tag{15}$$

Entsprechend wird für die Kurve $AEFB$ mit $\Delta F = r\sin\vartheta\Delta r\Delta\varphi$

$$\oint_{ADHE} \vec{A}\cdot d\vec{s} = \frac{\partial}{\partial r}(A_\varphi r\sin\vartheta\Delta\varphi)\Delta r - \frac{\partial}{\partial\varphi}(A_r\Delta r)\Delta\varphi$$

und da $\vec{n} = -\vec{e}_\vartheta$ folgt:

$$\operatorname{rot}_\vartheta\vec{A} = \frac{1}{r\sin\vartheta}\left[\frac{\partial}{\partial\varphi}A_r - \sin\vartheta\frac{\partial}{\partial r}(rA_\varphi)\right]. \tag{16}$$

Die Betrachtung der Kurve $ABCD$ führt zu dem Ergebnis

$$\operatorname{rot}_\varphi\vec{A} = \frac{1}{r}\left(\frac{\partial}{\partial r}(rA_\vartheta) - \frac{\partial}{\partial\vartheta}A_r\right). \tag{17}$$

Die Ergebnisse 15, 16, 17 lassen sich zu einer Determinante zusammenfassen:

$$\vec{\nabla} \times \vec{A} = \frac{1}{r^2 \sin\vartheta} \begin{vmatrix} \vec{e}_r & r\vec{e}_\vartheta & r\sin\vartheta\, \vec{e}_\varphi \\ \frac{\partial}{\partial r} & \frac{\partial}{\partial \vartheta} & \frac{\partial}{\partial \varphi} \\ A_r & rA_\vartheta & r\sin\vartheta\, A_\varphi \end{vmatrix} \qquad \underline{18}$$

d) Laplace-Operator: Der Laplace-Operator ist definiert durch

$$\vec{\nabla}^2\phi = \mathrm{div}\vec{\nabla}\phi. \qquad \underline{19}$$

Verwendet man die Ergebnisse 5 und 11, so folgt

$$\vec{\nabla}^2\phi = \frac{1}{r^2}\frac{\partial}{\partial r}\left(r^2\frac{\partial\phi}{\partial r}\right) + \frac{1}{r^2\sin\vartheta}\frac{\partial}{\partial\vartheta}\left(\sin\vartheta\frac{\partial\phi}{\partial\vartheta}\right) + \frac{1}{r^2\sin^2\vartheta}\frac{\partial^2\phi}{\partial\varphi^2}. \qquad \underline{20}$$

Differentialoperatoren in beliebigen allgemeinen (krummlinigen) Koordinaten

In Kapitel 10 haben wir krummlinige Koordinaten (z.B. Kugel- und Zylinderkoordinaten) besprochen und uns in Aufgabe 11.6 die Differentialoperatoren $\vec{\nabla}$, div und rot in Kugelkoordinaten beschafft. Letzteres geschah durch spezielle Betrachtungen. Wir wollen jetzt die allgemeinen Methoden entwickeln, um Differentialoperatoren in beliebigen krummlinigen Koordinaten zu berechnen.

Kurze Wiederholung: Sei $\vec{r}(x_\nu) = \sum_{\nu=1}^{3} x_\nu \vec{e}_\nu$ der Ortsvektor im kartesischen Koordinaten x_ν ($\nu = 1,2,3$), die über $x_\nu = x_\nu\,(q_1, q_2, q_3)$ mit den krummlinigen Koordinaten q_σ ($\sigma = 1,2,3$) zusammenhängen. Dann können wir die x_ν im Ortsvektor einsetzen und erhalten

$$\vec{r}(x_\nu) = \vec{r}(x_\nu(q_\sigma)) = \vec{r}(q_\sigma). \qquad (11.19)$$

In jedem Punkt q_σ ($\sigma = 1,2,3$) lassen sich die neuen, im allgemeinen für den Punkt q_σ charakteristischen Einheitsvektoren $\vec{e}_{q_\sigma}$ definieren.

$$\vec{e}_{q_\sigma} = \frac{\partial\vec{r}(q_\mu)/\partial q_\sigma}{|\partial\vec{r}(q_\mu)/\partial q_\sigma|}, \qquad \sigma = 1,2,3 \qquad (11.20)$$

oder

$$\frac{\partial\vec{r}(q_\mu)}{\partial q_\sigma} = h_\sigma \vec{e}_{q_\sigma} \qquad \text{mit} \quad h_\sigma = \left|\frac{\partial\vec{r}(q_\mu)}{\partial q_\sigma}\right|. \qquad (11.21)$$

Dabei sind die h_σ ($\sigma = 1, 2, 3$) *Skalenfaktoren.* Die Einheitsvektoren $\vec{e}_{q_\sigma}$ zeigen in die Richtung von wachsendem q_σ entlang der q_σ-Koordinatenlinie.

Die Koordinatenflächen erhält man, indem die drei Gleichungen $x_\nu = x_\nu(q_1, q_2, q_3)$ nach q_σ aufgelöst werden:

$$q_\sigma = q_\sigma(x_1, x_2, x_3) = q_\sigma(x_\mu) \qquad (11.22)$$

$q_\sigma = \text{const} = c_\sigma$ ($\sigma = 1,2,3$) sind die Gleichungen für die Koordinatenflächen.

Nun kann man im Punkt $P(x, y, z) = P(q_1, q_2, q_3)$ auch andere Einheitsvektoren $\vec{E}_{q_\sigma}$ konstruieren (vgl. Figur), nämlich

$$\vec{E}_{q_\sigma} = \frac{\vec{\nabla} q_\sigma}{|\vec{\nabla} q_\sigma|}, \qquad \sigma = 1, 2, 3 \tag{11.23}$$

Die $\vec{E}_{q_\sigma}$ stehen offensichtlich auf den Koordinatenflächen $q_\sigma = c_\sigma$ senkrecht. Wir haben also in jedem Punkt $P(q_\sigma)$ zwei Sätze von Einheitsvektoren, nämlich $\vec{e}_{q_\sigma}$ und $\vec{E}_{q_\sigma}$. Sie sind im allgemeinen verschieden. Weiter unten zeigen wir, daß diese beiden Basissysteme nur dann gleich sind, wenn die krummlinigen Koordinaten orthogonal sind. Man muß auch beachten, daß sowohl $\vec{e}_{q_\nu}(q_1, q_2, q_3)$ als auch $\vec{E}_{q_\nu}(q_1, q_2, q_3)$ vom Punkt $P(q_1, q_2, q_3)$ abhängen, d.h. im allgemeinen von Punkt zu Punkt ihre Richtung ändern.

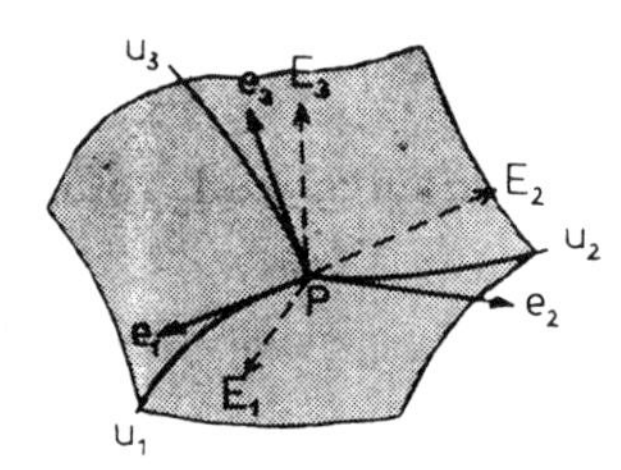

Die verschiedenen Basisvektoren im Punkt P.

Ein beliebiger Vektor $\vec{A}$ kann nun sowohl in der Basis $\vec{e}_{q_\nu}$ als auch $\vec{E}_{q_\sigma}$ ausgedrückt werden

$$\vec{A} = A_1\vec{e}_{q_1} + A_2\vec{e}_{q_2} + A_3\vec{e}_{q_3} = a_1\vec{E}_{q_1} + a_2\vec{E}_{q_2} + a_3\vec{E}_{q_3} \tag{11.24}$$

Die A_i bzw. a_i sind die Komponenten von $\vec{A}$ in den betreffenden Basen. Nun kann man anstatt der normierten Basisvektoren $\vec{e}_{q_\nu}$ bzw. $\vec{E}_{q_\sigma}$ auch die nichtnormierten Vektoren

$$\vec{b}_{q_\nu} = \frac{\partial \vec{r}(q_\sigma)}{\partial q_\nu} \qquad (\nu = 1, 2, 3) \tag{11.25}$$

und

$$\vec{B}_{q_\nu} = \vec{\nabla} q_\nu \qquad (\nu = 1, 2, 3) \tag{11.26}$$

benutzen. Sie heißen *unitäre Basisvektoren* und sind im allgemeinen keine Einheitsvektoren. Man hat für einen beliebigen Vektor $\vec{A}$

$$\vec{A} = C_1\frac{\partial \vec{r}}{\partial q_1} + C_2\frac{\partial \vec{r}}{\partial q_2} + C_3\frac{\partial \vec{r}}{\partial q_3} = C_1\vec{b}_{q_1} + C_2\vec{b}_{q_2} + C_3\vec{b}_{q_3} \tag{11.27}$$

und

$$\vec{A} = c_1\vec{\nabla} q_1 + c_2\vec{\nabla} q_2 + c_3\vec{\nabla} q_3 = c_1\vec{B}_{q_1} + c_2\vec{B}_{q_2} + c_3\vec{B}_{q_3}.$$

Die Komponenten C_ν ($\nu = 1, 2, 3$) heißen *kontravariante* Komponenten und c_ν ($\nu = 1, 2, 3$) *kovariante* Komponenten des Vektors $\vec{A}$. Sie spielen in der allgemeinen Relativitätstheorie, wo alle Koordiantensysteme gleichberechtigt benutzt werden, eine wichtige Rolle. In kartesischen Koordinaten sind ko- und kontravariante Komponenten eines Vektors einander gleich, was nach deren Konstruktion sofort verständlich ist.

a) Bogenlänge und Volumenelement: Aus $\vec{r} = \vec{r}(q_1, q_2, q_3)$ erhalten wir

$$d\vec{r} = \frac{\partial \vec{r}}{\partial q_1} dq_1 + \frac{\partial \vec{r}}{\partial q_2} dq_2 + \frac{\partial \vec{r}}{\partial q_3} dq_3 = h_1 dq_1 \, \vec{e}_{q_1} + h_2 dq_2 \, \vec{e}_{q_2} + h_3 dq_3 \, \vec{e}_{q_3}. \tag{11.28}$$

Damit ergibt sich für das Differential ds der Bogenlänge

$$ds^2 = d\vec{r} \cdot d\vec{r}, \tag{11.29}$$

was sich für *orthogonale Koordinaten* ($\vec{e}_{q\mu} \cdot \vec{e}_{q\nu} = \delta_{\mu\nu}$) vereinfacht zu

$$ds^2 = h_1^2 \, dq_1^2 + h_2^2 \, dq_2^2 + h_3^2 \, dq_3^2. \tag{11.30}$$

Für *nichtorthogonale Koordinaten* gilt

$$\vec{b}_{q_\mu} \cdot \vec{b}_{q_\nu} = h_\mu h_\nu \vec{e}_{q_\mu} \cdot \vec{e}_{q_\nu} \equiv g_{\mu\nu} \not\equiv h_\mu h_\nu \delta_{\mu\nu} \tag{11.31}$$

und daher folgt aus (11.28),(11.29) und (11.31)

$$\begin{aligned} (ds)^2 &= d\vec{r} \cdot d\vec{r} \\ &= \left(\sum_\mu h_\mu dq_\mu \vec{e}_{q_\mu} \right) \cdot \left(\sum_\nu h_\nu dq_\nu \vec{e}_{q_\nu} \right) \\ &= \sum_{\mu,\nu} g_{\mu\nu} dq_\mu dq_\nu. \end{aligned} \tag{11.32}$$

Dies ist die *fundamentale quadratische* (oder *metrische*) Form. Die $g_{\mu\nu}$ heißen *metrische Koeffizienten* (weil sie über das Längenelement ds^2 das Messen in den Koordinaten q_ν bestimmen) oder auch *metrischer Tensor* (kurz: Metrik). Falls $g_{\mu\nu} = 0$ für $\mu \neq \nu$, dann ist das Koordinatensystem orthogonal. In diesem Fall ist $g_{11} = h_1^2$, $g_{22} = h_2^2$, $g_{33} = h_3^2$. Der metrische Tensor ist in der allgemeinen Relativitätstheorie von grundlegender Bedeutung. Er wird dort aus der Energie (Massen-)Verteilung im Raum bestimmt.

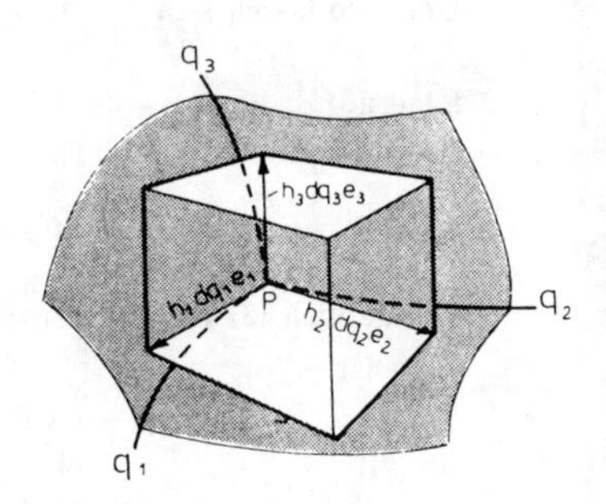

Veranschaulichung des Volumenelements.

Die Gleichungen, die das ermöglichen, heißen Einsteinsche Gleichungen.

Das Volumenelement dV läßt sich *im Fall orthogonaler Koordinaten* leicht berechnen (vgl. Figur).

$$\begin{aligned} dV &= |(h_1 \, dq_1 \, \vec{e}_{q_1}) \cdot [(h_2 \, dq_2 \, \vec{e}_{q_2}) \times (h_3 \, dq_3 \, \vec{e}_{q_3})]| \\ &= h_1 h_2 h_3 \, dq_1 \, dq_2 \, dq_3, \end{aligned} \tag{11.33}$$

weil

$$\left| \vec{e}_{q_1} \cdot (\vec{e}_{q_2} \times \vec{e}_{q_3}) \right| = 1.$$

11.7 Aufgabe: Reziprokes Dreibein

Gegeben sind die drei nicht komplanaren Vektoren $\vec{a}$, $\vec{b}$, $\vec{c}$ für die also gilt $\vec{a}\cdot(\vec{b}\times\vec{c})\neq 0$. Zeigen Sie, daß dann die drei *reziproken* Vektoren

$$\vec{a}\,' = \frac{\vec{b}\times\vec{c}}{\vec{a}\cdot(\vec{b}\times\vec{c})}, \qquad \vec{b}\,' = \frac{\vec{c}\times\vec{a}}{\vec{a}\cdot(\vec{b}\times\vec{c})}, \qquad \vec{c}\,' = \frac{\vec{a}\times\vec{b}}{\vec{a}\cdot(\vec{b}\times\vec{c})} \tag{1}$$

auch nicht komplanar sind und daß

a)

$$\vec{a}\,'\cdot\vec{a} = \vec{b}\,'\cdot\vec{b} = \vec{c}\,'\cdot\vec{c} = 1 \tag{2}$$

b)

$$\begin{aligned} \vec{a}\,'\cdot\vec{b} &= \vec{a}\,'\cdot\vec{c} = 0 \\ \vec{b}\,'\cdot\vec{a} &= \vec{b}\,'\cdot\vec{c} = 0 \\ \vec{c}\,'\cdot\vec{a} &= \vec{c}\,'\cdot\vec{b} = 0. \end{aligned} \tag{3}$$

c) Wenn $\vec{a}\cdot(\vec{b}\times\vec{c})\equiv V$, dann $\vec{a}\,'\cdot(\vec{b}\,'\times\vec{c}\,') = 1/V$

Lösung:

a)

$$\vec{a}\,'\cdot\vec{a} = \frac{\vec{a}\cdot(\vec{b}\times\vec{c})}{\vec{a}\cdot(\vec{b}\times\vec{c})} = 1 \tag{4}$$

Genauso lassen sich

$$\vec{b}\,'\cdot\vec{b} = \vec{c}\,'\cdot\vec{c} = 1 \tag{5}$$

folgern.

b)

$$\vec{a}\,'\cdot\vec{b} = \vec{b}\cdot\vec{a}\,' = \cdot\frac{\vec{b}\cdot(\vec{b}\times\vec{c})}{\vec{a}\cdot(\vec{b}\times\vec{c})} = 0 \tag{6}$$

und ähnlich für die anderen Fälle.

c) Es ist

$$\vec{a}\,' = \frac{\vec{b}\times\vec{c}}{V}, \qquad \vec{b}\,' = \frac{\vec{c}\times\vec{a}}{V}, \qquad \vec{c}\,' = \frac{\vec{a}\times\vec{b}}{V}. \tag{7}$$

Dann folgt

$$\begin{aligned} \vec{a}\,'\cdot(\vec{b}\,'\times\vec{c}\,') &= \frac{(\vec{b}\times\vec{c})\cdot[(\vec{c}\times\vec{a})\times(\vec{a}\times\vec{b})]}{V^3} \\ &= \frac{(\vec{a}\times\vec{b})\cdot[(\vec{b}\times\vec{c})\times(\vec{c}\times\vec{a})]}{V^3} \\ &= \frac{(\vec{a}\times\vec{b})\cdot[\vec{c}\cdot((\vec{b}\times\vec{c})\cdot\vec{a}) - \vec{a}\cdot((\vec{b}\times\vec{c})\cdot\vec{c})]}{V^3} \\ &= \frac{[(\vec{a}\times\vec{b})\cdot\vec{c}][(\vec{b}\times\vec{c})\cdot\vec{a}]}{V^3} = \frac{[\vec{a}\cdot(\vec{b}\times\vec{c})]^2}{V^3} = \frac{V^2}{V^3} = \frac{1}{V}. \end{aligned}$$

Daraus folgt auch, daß $\vec{a}\,'$, $\vec{b}\,'$, $\vec{c}\,'$ nicht komplanar sind, falls $\vec{a}$, $\vec{b}$, $\vec{c}$ es nicht sind.

11.8 Aufgabe: Reziproke Koordinatensysteme

Seien q_1, q_2, q_3 allgemeine Koordinaten. Zeigen Sie, daß $\partial\vec{r}/\partial q_1$, $\partial\vec{r}/\partial q_2$, $\partial\vec{r}/\partial q_3$ und $\vec{\nabla} q_1$, $\vec{\nabla} q_2$, $\vec{\nabla} q_3$ zwei reziproke Systeme von Vektoren bilden und daß

$$\left\{\frac{\partial\vec{r}}{\partial q_1}\cdot\left(\frac{\partial\vec{r}}{\partial q_2}\times\frac{\partial\vec{r}}{\partial q_3}\right)\right\}\cdot\left\{\vec{\nabla} q_1\cdot(\vec{\nabla} q_2\times\vec{\nabla} q_3)\right\}=1\,. \qquad \underline{1}$$

Lösung: Es muß gezeigt werden, daß

$$\frac{\partial\vec{r}}{\partial q_\nu}\cdot\vec{\nabla} q_\mu=\left\{\begin{array}{l}1 \text{ wenn } \nu=\mu\\ 0 \text{ wenn } \nu\neq\mu,\end{array}\right\} \qquad \underline{2}$$

wobei μ, ν irgendeinen der Werte 1,2,3 annehmen können. Nun ist

$$d\vec{r}=\frac{\partial\vec{r}}{\partial q_1}dq_1+\frac{\partial\vec{r}}{\partial q_2}dq_2+\frac{\partial\vec{r}}{\partial q_3}dq_3 \qquad \underline{3}$$

und daher nach Multiplikation mit $\vec{\nabla} q_1$

$$\vec{\nabla} q_1\cdot d\vec{r}=dq_1=\left(\vec{\nabla} q_1\cdot\frac{\partial\vec{r}}{\partial q_1}\right)dq_1+\left(\vec{\nabla} q_1\cdot\frac{\partial\vec{r}}{\partial q_2}\right)dq_2+\left(\vec{\nabla} q_1\cdot\frac{\partial\vec{r}}{\partial q_3}\right)dq_3. \qquad \underline{4}$$

Es folgt

$$\vec{\nabla} q_1\cdot\frac{\partial\vec{r}}{\partial q_1}=1,\qquad \vec{\nabla} q_1\cdot\frac{\partial\vec{r}}{\partial q_2}=0,\qquad \vec{\nabla} q_1\cdot\frac{\partial\vec{r}}{\partial q_3}=0. \qquad \underline{5}$$

Die anderen Relationen ergeben sich ähnlich durch Bildung von $\vec{\nabla} q_2\cdot d\vec{r}=dq_2$ und $\vec{\nabla} q_3\cdot d\vec{r}=dq_3$. Damit ist die Reziprozität der Vektorsysteme $\partial\vec{r}/\partial q_\nu$ und $\vec{\nabla} q_\nu$ nachgewiesen.
Aus der vorherigen Aufgabe folgt dann unmittelbar

$$\left\{\frac{\partial\vec{r}}{\partial q_1}\cdot\left(\frac{\partial\vec{r}}{\partial q_2}\times\frac{\partial\vec{r}}{\partial q_3}\right)\right\}\cdot\{\vec{\nabla} q_1\cdot(\vec{\nabla} q_2\times\vec{\nabla} q_3)\}=1. \qquad \underline{6}$$

Diese Aussage ist äquivalent mit dem folgenden Theorem über *Jacobi Determinanten:*

$$J\left(\frac{q_1,q_2,q_3}{x,y,z}\right)\overset{\text{Def.}}{\equiv}\vec{\nabla} q_1\cdot(\vec{\nabla} q_2\times\vec{\nabla} q_3)=\begin{vmatrix}\frac{\partial q_1}{\partial x} & \frac{\partial q_1}{\partial y} & \frac{\partial q_1}{\partial z}\\ \frac{\partial q_2}{\partial x} & \frac{\partial q_2}{\partial y} & \frac{\partial q_2}{\partial z}\\ \frac{\partial q_3}{\partial x} & \frac{\partial q_3}{\partial y} & \frac{\partial q_3}{\partial z}\end{vmatrix}, \qquad \underline{7}$$

welches lautet

$$J\left(\frac{x,y,z}{q_1,q_2,q_3}\right)\cdot J\left(\frac{q_1,q_2,q_3}{x,y,z}\right)=1\,. \qquad \underline{8}$$

b) Gradient in allgemeinen, orthogonalen Koordinaten: Es sei $\phi(q_1, q_2, q_3)$ eine beliebige Funktion. Wir fragen nach den Komponenten f_1, f_2, f_3 des Gradienten in der allgemeinen Basis $\vec{e}_{q_\nu}$, d.h.

$$\vec{\nabla}\phi = f_1\vec{e}_{q_1} + f_2\vec{e}_{q_2} + f_3\vec{e}_{q_3}. \tag{11.34}$$

Da nun

$$\begin{aligned} d\vec{r} &= \frac{\partial \vec{r}}{\partial q_1}dq_1 + \frac{\partial \vec{r}}{\partial q_2}dq_2 + \frac{\partial \vec{r}}{\partial q_3}dq_3 \\ &= h_1\vec{e}_{q_1}dq_1 + h_2\vec{e}_{q_2}dq_2 + h_3\vec{e}_{q_3}dq_3 \end{aligned}$$

folgt, wegen der angenommenen Orthogonalität der $\vec{e}_{q_\nu}$:

$$d\phi = \vec{\nabla}\phi \cdot d\vec{r} = h_1 f_1\, dq_1 + h_2 f_2\, dq_2 + h_3 f_3\, dq_3 \quad .$$

Es gilt aber auch

$$d\phi = \frac{\partial \phi}{\partial q_1}dq_1 + \frac{\partial \phi}{\partial q_2}dq_2 + \frac{\partial \phi}{\partial q_3}dq_3,$$

weswegen durch Vergleich der letzten beiden Beziehungen folgt

$$\vec{\nabla}\phi = \frac{\vec{e}_{q_1}}{h_1}\frac{\partial \phi}{\partial q_1} + \frac{\vec{e}_{q_2}}{h_2}\frac{\partial \phi}{\partial q_2} + \frac{\vec{e}_{q_3}}{h_3}\frac{\partial \phi}{\partial q_3}.$$

In Operatorform lautet dies

$$\vec{\nabla} = \vec{e}_{q_1}\left(\frac{1}{h_1}\frac{\partial}{\partial q_1}\right) + \vec{e}_{q_2}\left(\frac{1}{h_2}\frac{\partial}{\partial q_2}\right) + \vec{e}_{q_3}\left(\frac{1}{h_3}\frac{\partial}{\partial q_3}\right). \tag{11.35}$$

Daraus folgt speziell für $\phi = q_1$, daß

$$\vec{\nabla} q_1 = \frac{\vec{e}_{q_1}}{h_1} \tag{11.36}$$

und daher $|\vec{\nabla} q_1| = 1/h_1$ oder allgemein $|\vec{\nabla} q_\nu| = 1/h_\nu \quad (\nu = 1, 2, 3)$.

Da

$$\vec{E}_{q_\nu} = \frac{\vec{\nabla} q_\nu}{|\vec{\nabla} q_\nu|}$$

(vgl. Gl. (11.23)), ergibt sich

$$\vec{E}_{q_\nu} = \frac{\vec{\nabla} q_\nu}{|\vec{\nabla} q_\nu|} = h_\nu \vec{\nabla} q_\nu = h_\nu \frac{\vec{e}_{q_\nu}}{h_\nu} = \vec{e}_{q_\nu} \qquad (\nu = 1, 2, 3).$$

Das bedeutet, daß *für orthogonale Koordinaten die reziproken Basissysteme* $\vec{E}_{q_\nu}$ *und* $\vec{e}_{q_\nu}$ *zusammenfallen.* Dies ist natürlich insbesondere für kartesische Koordinaten der Fall.

Für das Folgende sind noch die Beziehungen

$$\begin{aligned} \vec{e}_{q_1} &= h_2 h_3 \vec{\nabla} q_2 \times \vec{\nabla} q_3 \\ \vec{e}_{q_2} &= h_3 h_1 \vec{\nabla} q_3 \times \vec{\nabla} q_1 \\ \vec{e}_{q_3} &= h_1 h_2 \vec{\nabla} q_1 \times \vec{\nabla} q_2 \end{aligned} \tag{11.37}$$

von Nutzen. Sie lassen sich schnell nachrechnen, z.B.

$$h_2 h_3 \vec{\nabla} q_2 \times \vec{\nabla} q_3 = h_2 h_3 \left(\frac{\vec{e}_{q2}}{h_2} \times \frac{\vec{e}_{q3}}{h_3} \right) = \frac{h_2 h_3}{h_2 h_3} (\vec{e}_{q_2} \times \vec{e}_{q_3}) = \vec{e}_{q_1} \,. \tag{11.38}$$

c) Divergenz in allgemeinen orthogonalen Koordinaten: Wir wollen jetzt

$$\mathrm{div} \vec{A} = \vec{\nabla} \cdot (A_1 \vec{e}_{q_1} + A_2 \vec{e}_{q_2} + A_3 \vec{e}_{q_3})$$

in allgemeinen Koordinaten berechnen. Zu diesem Zwecke betrachten wir zunächst

$$\begin{aligned}
\vec{\nabla} \cdot (A_1 \vec{e}_{q1}) &= \vec{\nabla} \cdot (A_1 h_2 h_3 \vec{\nabla} q_2 \times \vec{\nabla} q_3) \\
&= (\vec{\nabla}(A_1 h_2 h_3)) \cdot (\vec{\nabla} q_2 \times \vec{\nabla} q_3) + A_1 h_2 h_3 \vec{\nabla} \cdot (\vec{\nabla} q_2 \times \vec{\nabla} q_3) \\
&= (\vec{\nabla}(A_1 h_2 h_3)) \cdot \left(\frac{\vec{e}_{q_2}}{h_2} \times \frac{\vec{e}_{q_3}}{h_3} \right) + 0 \\
&= \vec{\nabla}(A_1 h_2 h_3) \cdot \frac{\vec{e}_{q_1}}{h_2 h_3} \\
&= \left[\frac{\vec{e}_{q_1}}{h_1} \frac{\partial}{\partial q_1}(A_1 h_2 h_3) + \frac{\vec{e}_{q_2}}{h_2} \frac{\partial}{\partial q_2}(A_1 h_2 h_3) \right. \\
&\quad \left. + \frac{\vec{e}_{q_3}}{h_3} \frac{\partial}{\partial q_3}(A_1 h_2 h_3) \right] \cdot \frac{\vec{e}_{q_1}}{h_2 h_3} \\
&= \frac{1}{h_1 h_2 h_3} \frac{\partial}{\partial q_1}(A_1 h_2 h_3).
\end{aligned}$$

Ähnlich folgt

$$\vec{\nabla} \cdot (A_2 \vec{e}_{q_2}) = \frac{1}{h_1 h_2 h_3} \frac{\partial}{\partial q_2}(A_2 h_1 h_3)$$

und

$$\vec{\nabla} \cdot (A_3 \vec{e}_{q_3}) = \frac{1}{h_1 h_2 h_3} \frac{\partial}{\partial q_3}(A_3 h_1 h_2).$$

Daher ist

$$\begin{aligned}
\mathrm{div} \vec{A} &= \vec{\nabla} \cdot (A_1 \vec{e}_{q_1} + A_2 \vec{e}_{q_2} + A_3 \vec{e}_{q_3}) \\
&= \vec{\nabla} \cdot A_1 \vec{e}_{q_1} + \vec{\nabla} \cdot A_2 \vec{e}_{q_2} + \vec{\nabla} \cdot A_3 \vec{e}_{q_3} \,, \\
\mathrm{div} \vec{A} &= \frac{1}{h_1 h_2 h_3} \left[\frac{\partial}{\partial q_1}(A_1 h_2 h_3) + \frac{\partial}{\partial q_2}(A_2 h_1 h_3) + \frac{\partial}{\partial q_3}(A_3 h_1 h_2) \right] . \qquad (11.39)
\end{aligned}$$

d) Rotation in allgemeinen orthogonalen Koordinaten: Wir müssen

$$\begin{aligned}
\vec{\nabla} \times \vec{A} &= \vec{\nabla} \times (A_1 \vec{e}_{q_1} + A_2 \vec{e}_{q_2} + A_3 \vec{e}_{q_3}) \\
&= \vec{\nabla} \times (A_1 \vec{e}_{q_1}) + \vec{\nabla} \times (A_2 \vec{e}_{q_2}) + \vec{\nabla} \times (A_3 \vec{e}_{q_3})
\end{aligned}$$

berechnen. Dazu genügt es z.B. den Term $\vec{\nabla} \times (A_1 \vec{e}_{q_1})$ genauer zu betrachten. Wir erhalten

$$\begin{aligned}
\vec{\nabla} \times (A_1 \vec{e}_{q_1}) &= \vec{\nabla} \times (A_1 h_1 \vec{\nabla} q_1) = \vec{\nabla}(A_1 h_1) \times \vec{\nabla} q_1 + A_1 h_1 \vec{\nabla} \times \vec{\nabla} q_1 \\
&= \vec{\nabla}(A_1 h_1) \times \frac{\vec{e}_{q_1}}{h_1} + 0 \\
&= \left[\frac{\vec{e}_{q_1}}{h_1} \frac{\partial}{\partial q_1}(A_1 h_1) + \frac{\vec{e}_{q_2}}{h_2} \frac{\partial}{\partial q_2}(A_1 h_1) + \frac{\vec{e}_{q_3}}{h_3} \frac{\partial}{\partial q_3}(A_1 h_1) \right] \times \frac{\vec{e}_{q_1}}{h_1} \\
&= \frac{\vec{e}_{q_2}}{h_3 h_1} \frac{\partial}{\partial q_3}(A_1 h_1) - \frac{\vec{e}_{q_3}}{h_1 h_2} \frac{\partial}{\partial q_2}(A_1 h_1).
\end{aligned}$$

Daher ist

$$\begin{aligned}
\vec{\nabla} \times \vec{A} &= \frac{\vec{e}_{q_1}}{h_2 h_3} \left[\frac{\partial}{\partial q_2}(A_3 h_3) - \frac{\partial}{\partial q_3}(A_2 h_2) \right] \\
&\quad + \frac{\vec{e}_{q_2}}{h_3 h_1} \left[\frac{\partial}{\partial q_3}(A_1 h_1) - \frac{\partial}{\partial q_1}(A_3 h_3) \right] \\
&\quad + \frac{\vec{e}_{q_3}}{h_1 h_2} \left[\frac{\partial}{\partial q_1}(A_2 h_2) - \frac{\partial}{\partial q_2}(A_1 h_1) \right].
\end{aligned}$$

In Determinantenform lautet dies

$$\vec{\nabla} \times \vec{A} = \frac{1}{h_1 h_2 h_3} \begin{vmatrix} h_1 \vec{e}_{q_1} & h_2 \vec{e}_{q_2} & h_3 \vec{e}_{q_3} \\ \frac{\partial}{\partial q_1} & \frac{\partial}{\partial q_2} & \frac{\partial}{\partial q_3} \\ A_1 h_1 & A_2 h_2 & A_3 h_3 \end{vmatrix} . \tag{11.40}$$

e) Der Deltaoperator in allgemeinen (orthogonalen) Koordinaten: Zu berechnen ist $\nabla^2 \psi$ in orthogonalen krummlinien Koordinaten. Das bereitet nun keine Schwierigkeit, denn

$$\Delta\psi = \vec{\nabla} \cdot \vec{\nabla}\psi = \vec{\nabla} \cdot \left(\frac{\vec{e}_{q_1}}{h_1} \frac{\partial}{\partial q_1} + \frac{\vec{e}_{q_2}}{h_2} \frac{\partial}{\partial q_2} + \frac{\vec{e}_{q_3}}{h_3} \frac{\partial}{\partial q_3} \right) \psi .$$

Benutzen wir nun Gl. (11.39) für die Divergenz, wobei offensichtlich

$$A_\nu = \frac{1}{h_\nu} \frac{\partial}{\partial q_\nu} \qquad (\nu = 1, 2, 3),$$

so erhalten wir sofort

$$\begin{aligned}
\Delta\psi &= \vec{\nabla} \cdot \vec{\nabla}\psi \qquad\qquad (11.41) \\
&= \frac{1}{h_1 h_2 h_3} \left[\frac{\partial}{\partial q_1} \left(\frac{h_2 h_3}{h_1} \frac{\partial \psi}{\partial q_1} \right) + \frac{\partial}{\partial q_2} \left(\frac{h_3 h_1}{h_2} \frac{\partial \psi}{\partial q_2} \right) + \frac{\partial}{\partial q_3} \left(\frac{h_1 h_2}{h_3} \frac{\partial \psi}{\partial q_3} \right) \right] .
\end{aligned}$$

f) Beispiele von speziellen orthogonalen Koordinatensystemen

1. Zylinderkoordinaten

$$\begin{aligned} \vec{r}(x, y, z) &= x\vec{e}_1 + y\vec{e}_2 + z\vec{e}_3 \\ &= \varrho\cos\varphi\,\vec{e}_1 + \varrho\sin\varphi\,\vec{e}_2 + z\vec{e}_3 = \vec{r}(\varrho, \varphi, z). \end{aligned} \tag{11.42}$$

Hierbei ist $\varrho \geq 0$, $0 \leq \varphi < 2\pi$, $-\infty < z < \infty$.

Wir identifizieren $q_1 = \varrho$, $q_2 = \varphi$, $q_3 = z$. Dann folgt entsprechend Gl. (11.20)

$$\begin{aligned} \vec{e}_{q_1} \equiv \vec{e}_\varrho &= \cos\varphi\,\vec{e}_1 + \sin\varphi\,\vec{e}_2\,, \\ \vec{e}_{q_2} \equiv \vec{e}_\varphi &= -\sin\varphi\,\vec{e}_1 + \cos\varphi\,\vec{e}_2\,, \\ \vec{e}_{q_3} \equiv \vec{e}_z &= \vec{e}_3. \end{aligned} \tag{11.43}$$

Ferner ist

$$\begin{aligned} h_1 \equiv h_\varrho &= \left|\frac{\partial\vec{r}}{\partial\varrho}\right| = 1\,, \\ h_2 \equiv h_\varphi &= \left|\frac{\partial\vec{r}}{\partial\varphi}\right| = \varrho\,, \\ h_3 \equiv h_z &= \left|\frac{\partial\vec{r}}{\partial z}\right| = 1\,. \end{aligned}$$

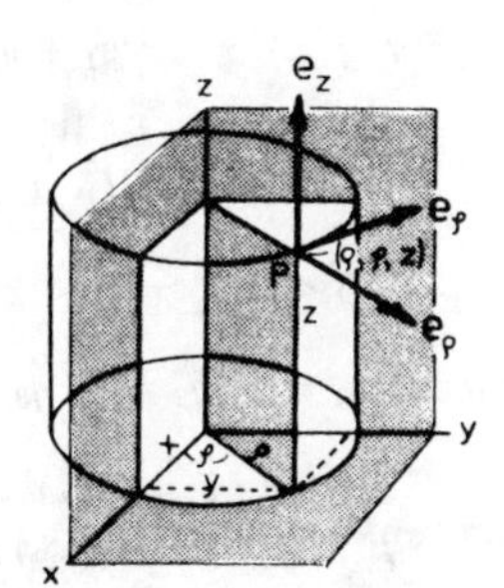

Veranschaulichung der Zylinderkoordinaten.

Daher folgt nach Gleichung (11.35)

$$\vec{\nabla}\phi = \frac{\partial\phi}{\partial\varrho}\vec{e}_\varrho + \frac{1}{\varrho}\frac{\partial\phi}{\partial\varphi}\vec{e}_\varphi + \frac{\partial\phi}{\partial z}\vec{e}_z.$$

Nach Gleichung (11.40)

$$\mathrm{div}\vec{A} = \vec{\nabla}\cdot\vec{A} = \frac{1}{\varrho}\left[\frac{\partial}{\partial\varrho}(\varrho A_\varrho) + \frac{\partial}{\partial\varphi}A_\varphi + \frac{\partial}{\partial z}(\varrho A_z)\right],$$

wobei

$$\vec{A} = A_\varrho\vec{e}_\varrho + A_\varphi\vec{e}_\varphi + A_z\vec{e}_z \equiv \sum_\nu A_\nu\vec{e}_{q_\nu}.$$

Ferner ergibt sich entsprechend Gleichung (11.42)

$$\begin{aligned} \vec{\nabla}\times\vec{A} &= \frac{1}{\varrho}\begin{vmatrix} \vec{e}_\varrho & \varrho\vec{e}_\varphi & \vec{e}_z \\ \frac{\partial}{\partial\varrho} & \frac{\partial}{\partial\varphi} & \frac{\partial}{\partial z} \\ A_\varrho & \varrho A_\varphi & A_z \end{vmatrix} \\ &= \frac{1}{\varrho}\left[\left(\frac{\partial A_z}{\partial\varphi} - \frac{\partial}{\partial z}(\varrho A_\varphi)\right)\vec{e}_\varrho + \left(\varrho\frac{\partial A_\varrho}{\partial z} - \varrho\frac{\partial A_z}{\partial\varrho}\right)\vec{e}_\varphi \right. \\ &\quad \left. + \left(\frac{\partial}{\partial\varrho}(\varrho A_\varphi) - \frac{\partial A_\varrho}{\partial_\varphi}\right)\vec{e}_z\right] \end{aligned}$$

und entsprechend Gleichung (11.41)

$$\begin{aligned}\Delta\psi &= \vec{\nabla}^2\psi = \frac{1}{\varrho}\left[\frac{\partial}{\partial\varrho}\left(\varrho\frac{\partial\psi}{\partial\varrho}\right)+\frac{\partial}{\partial\varphi}\left(\frac{1}{\varrho}\frac{\partial\psi}{\partial\varphi}\right)+\frac{\partial}{\partial z}\left(\varrho\frac{\partial\psi}{\partial z}\right)\right]\\ &= \frac{1}{\varrho}\frac{\partial}{\partial\varrho}\left(\varrho\frac{\partial\psi}{\partial\varrho}\right)+\frac{1}{\varrho^2}\frac{\partial^2\psi}{\partial\varphi^2}+\frac{\partial^2\psi}{\partial z^2}.\end{aligned}$$

Die Einführung von Zylinderkoordinaten ist bei der Lösung axialsymmetrischer Probleme sehr nützlich.

2. Sphärische Koordinaten (Kugelkoordinaten)

$$\begin{aligned}\vec{r}(x,y,z) &= x\vec{e}_1+y\vec{e}_2+z\vec{e}_3\\ &= r\sin\vartheta\cos\varphi\,\vec{e}_1+r\sin\vartheta\sin\varphi\,\vec{e}_2+r\cos\vartheta\,\vec{e}_3\\ &= \vec{r}\,(r,\vartheta,\varphi).\end{aligned} \tag{11.44}$$

Hierbei ist $r\geq 0,\ 0\leq\vartheta\leq\pi,\ 0\leq\varphi\leq 2\pi$.

Wir identifizieren $q_1=r$, $q_2=\vartheta$, $q_3=\varphi$. Dann folgt entsprechend Gl. (11.2)

$$\begin{aligned}\vec{e}_{q_1} &= \vec{e}_r = \sin\vartheta\cos\varphi\,\vec{e}_1+\sin\vartheta\sin\varphi\,\vec{e}_2+\cos\vartheta\,\vec{e}_3\\ \vec{e}_{q_2} &= \vec{e}_\vartheta = \cos\vartheta\cos\varphi\,\vec{e}_1+\cos\vartheta\sin\varphi\,\vec{e}_2-\sin\vartheta\,\vec{e}_3\\ \vec{e}_{q_3} &= \vec{e}_\varphi = -\sin\varphi\,\vec{e}_1+\cos\varphi\,\vec{e}_2\end{aligned} \tag{11.45}$$

Ferner ist

$$\begin{aligned}h_1 &= h_r = \left|\frac{\partial\vec{r}}{\partial r}\right| = 1,\\ h_2 &= h_\vartheta = \left|\frac{\partial\vec{r}}{\partial\vartheta}\right| = r,\\ h_3 &= h_\varphi = \left|\frac{\partial\vec{r}}{\partial\varphi}\right| = r\sin\vartheta.\end{aligned}$$

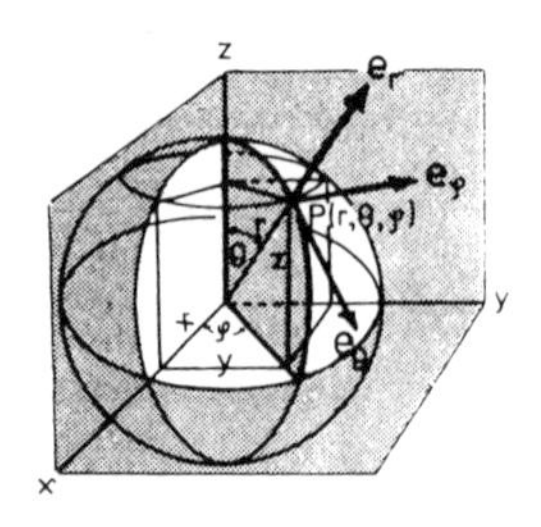

Veranschaulichung der Kugelkoordinaten.

Daher ist nach Gl. (11.35)

$$\vec{\nabla}\phi = \frac{\partial\phi}{\partial r}\vec{e}_r+\frac{1}{r}\frac{\partial\phi}{\partial\vartheta}\vec{e}_\vartheta+\frac{1}{r\sin\vartheta}\frac{\partial\phi}{\partial\varphi}\vec{e}_\varphi,$$

nach Gl. (11.39)

$$\mathrm{div}\vec{A} = \vec{\nabla}\cdot\vec{A} = \frac{1}{r^2}\frac{\partial}{\partial r}(r^2A_r)+\frac{1}{r\sin\vartheta}\frac{\partial}{\partial\vartheta}(\sin\vartheta A_\vartheta)+\frac{1}{r\sin\vartheta}\frac{\partial A_\varphi}{\partial\varphi},$$

wobei $\vec{A} = A_r\vec{e}_r+A_\vartheta\vec{e}_\vartheta+A_\varphi\vec{e}_\varphi$.

Ferner ergibt sich entsprechend Gl. (11.40)

$$\begin{aligned}
\vec{\nabla} \times \vec{A} &= \frac{1}{r \cdot r \sin\vartheta} \begin{vmatrix} \vec{e}_r & r\vec{e}_\vartheta & r\sin\vartheta\,\vec{e}_\varphi \\ \frac{\partial}{\partial r} & \frac{\partial}{\partial \vartheta} & \frac{\partial}{\partial \varphi} \\ A_r & rA_\vartheta & r\sin\vartheta A_\varphi \end{vmatrix} \\
&= \frac{1}{r^2 \sin\vartheta}\left[\left\{\frac{\partial}{\partial\vartheta}(r\sin\vartheta A_\varphi) - \frac{\partial}{\partial\varphi}(rA_\vartheta)\right\}\vec{e}_r \right. \\
&\quad \left. + \left\{\frac{\partial A_r}{\partial\varphi} - \frac{\partial}{\partial r}(r\sin\vartheta A_\varphi)\right\} r\vec{e}_\vartheta + \left\{\frac{\partial}{\partial r}(rA_\vartheta) - \frac{\partial A_r}{\partial\vartheta}\right\} r\sin\vartheta\,\vec{e}_\varphi\right]
\end{aligned}$$

und entsprechend Gl. (11.41)

$$\begin{aligned}
\Delta\psi &= \vec{\nabla}\cdot\vec{\nabla}\psi \\
&= \frac{1}{r \cdot r\sin\vartheta}\left[\frac{\partial}{\partial r}\left(r \cdot r\sin\vartheta\frac{\partial\psi}{\partial r}\right) + \frac{\partial}{\partial\vartheta}\left(\frac{r\sin\vartheta}{r}\frac{\partial\psi}{\partial\vartheta}\right) \right. \\
&\quad \left. + \frac{\partial}{\partial\varphi}\left(\frac{r}{r\sin\vartheta}\frac{\partial\psi}{\partial\varphi}\right)\right] \\
&= \frac{1}{r^2}\frac{\partial}{\partial r}\left(r^2\frac{\partial\psi}{\partial r}\right) + \frac{1}{r^2\sin\vartheta}\frac{\partial}{\partial\vartheta}\left(\sin\vartheta\frac{\partial\psi}{\partial\vartheta}\right) + \frac{1}{r^2\sin^2\vartheta}\frac{\partial^2\psi}{\partial\varphi^2}.
\end{aligned}$$

Die Einführung sphärischer Koordinaten ist bei der Lösung kugelsymmetrischer Probleme äußerst nützlich.

3. Parabolische Zylinderkoordinaten:

$$\begin{aligned}
\vec{r}(x,y,z) &= x\vec{e}_1 + y\vec{e}_2 + z\vec{e}_3 \\
&= \frac{1}{2}(u^2 - v^2)\vec{e}_1 + uv\vec{e}_2 + z\vec{e}_3 \\
&= \vec{r}(u,v,z).
\end{aligned} \tag{11.46}$$

Hierbei ist $-\infty < u < \infty,\ v \geq 0,\ -\infty < z < \infty.$

Mit $q_1 = u$, $q_2 = v$ und $q_3 = z$ errechnet man leicht

$$h_1 = h_u = \sqrt{u^2 + v^2}, \qquad h_2 = h_v = \sqrt{u^2 + v^2}, \qquad h_3 = h_z = 1.$$

Alles andere folgt entsprechend den erläuterten allgemeinen Methoden (Gl. (11.35) -

(11.41)). Die Figur erläutert diese parabolischen Koordinaten in der x-y-Ebene.

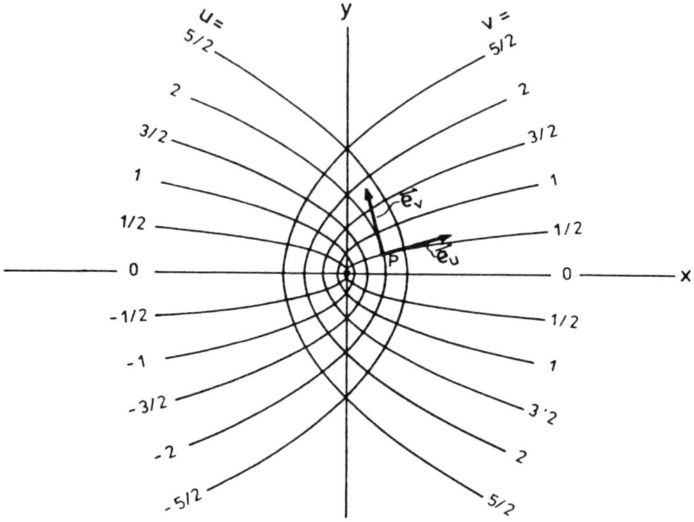

Projektion der Koordinatenflächen der parabolischen Zylinderkoordinaten in die x-y-Ebene. Die z-Koordinate eines Punktes ist identisch mit seiner kartesischen z-Koordinate. Die (veränderlichen) Einheitsvektoren $\vec{e}_u$ und $\vec{e}_v$ sind an einem Punkt P eingezeichnet.

4. Elliptische und hyperbolische Zylinderkoordinaten

$$\begin{aligned}\vec{r}(x,y,z) &= x\vec{e}_1 + y\vec{e}_2 + z\vec{e}_3 \\ &= a\cosh u\cos v\,\vec{e}_1 + a\sinh u\sin v\,\vec{e}_2 + z\vec{e}_3 \\ &= \vec{r}(u,v,z). \end{aligned} \tag{11.47}$$

Offensichtlich ist

$$\begin{aligned} x^2 &= a^2\cosh^2 u\,\cos^2 v, \\ y^2 &= a^2\sinh^2 u\,\sin^2 v, \end{aligned}$$

und daher

$$\frac{x^2}{a^2\cosh^2 u} + \frac{y^2}{a^2\sinh^2 u} = 1, \quad \text{sowie} \quad \frac{x^2}{a^2\cos^2 v} - \frac{y^2}{a^2\sin^2 v} = 1.$$

Hierbei ist $\quad u \geq 0, \quad 0 \leq v < 2\pi, \quad -\infty < z < \infty.$

Mit $\quad q_1 = u, \quad q_2 = v, \quad q_3 = z \quad$ folgt

$$h_1 = h_u = a\sqrt{\sinh^2 u + \sin^2 v},$$

$$\begin{aligned} h_2 &= h_v = a\sqrt{\sinh^2 u + \sin^2 v}, \\ h_3 &= h_z = 1. \end{aligned}$$

Alle anderen Operatoren folgen nun gemäß der allgemeinen Gl. (11.35) - (11.41). Die Projektionen der Koordinatenflächen $u = \text{const}$, $v = \text{const}$ in die x-y-Ebene sind in der Figur illustriert. Sie stellen konfokale Ellipsen bzw. Hyperbeln dar.

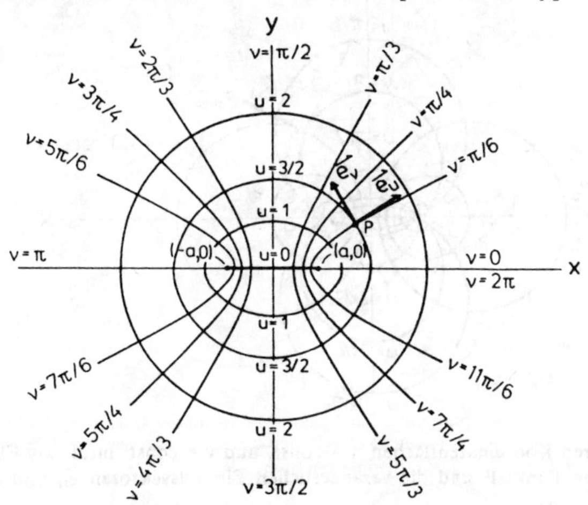

Projektion der Koordinatenflächen u = const bzw. v = const. der elliptischen Zylinderkoordinaten in die x-y-Ebene.

5. Bipolare Koordinaten

$$\begin{aligned} \vec{r}(x,y,z) &= x\vec{e}_1 + y\vec{e}_2 + z\vec{e}_3 \\ &= \frac{a\sinh v}{\cosh v - \cos u}\vec{e}_1 + \frac{a\sin u}{\cosh v - \cos u}\vec{e}_2 + z\vec{e}_3 \\ &= \vec{r}(u,v,z). \end{aligned} \tag{11.48}$$

Hierbei ist $0 \le u < 2\pi$, $-\infty < v < \infty$, $-\infty < z < \infty$.

Mit $q_1 = u$, $q_2 = v$, $q_3 = z$ erhält man

$$\begin{aligned} h_1 &= h_u = \frac{a}{\cosh v - \cos u}, \\ h_2 &= h_v = \frac{a}{\cosh v - \cos u}, \\ h_3 &= h_z = 1. \end{aligned}$$

Die Differentialoperatoren folgen dann gemäß den allgemeinen Regeln (11.35) - (11.41).

Um die Koordinatenflächen $u = \text{const.}$ bzw. $v = \text{const.}$ und ihre Projektion in die x-y-Ebene besser zu erkennen, ist es nützlich, die folgenden Beziehungen aus (11.48) abzuleiten:

$$x^2 + (y - a \cot u)^2 = a^2 \csc^2 u, \quad (x - a \coth v)^2 + y^2 = a^2 \operatorname{csch}^2 v, \quad z = z.$$

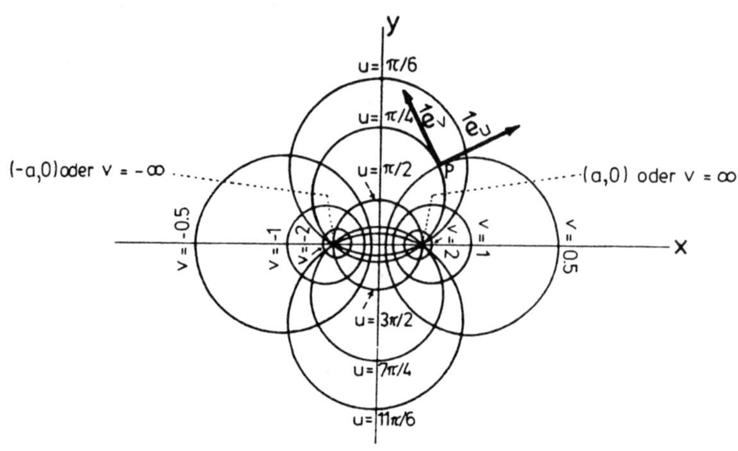

Die Projektion der bipolaren Koordinatenflächen u = const. und v = const. in die x-y-Ebene. An einem willkürlich gewählten Punkt P sind die veränderlichen Einheitsvektoren $\vec{e}_u$ und $\vec{e}_v$ eingezeichnet.

12 Bestimmung von Linienintegralen

Gibt $\vec{A}$ ein Kraftfeld an, so ist das Wegintegral $\int_{P_1}^{P_2} \vec{A} \cdot d\vec{r}$ die Energie (Arbeit), die bei einer Bewegung von P_1 nach P_2 aufgewendet werden muß bzw. frei wird. Wir machen uns das jetzt klar:

Gesucht ist die Arbeit, die wir benötigen, um vom Punkt P_1 auf einer Raumkurve $\vec{r} = \vec{r}(t)$ im Kraftfeld (Vektorfeld) zum Punkt P_2 zu gelangen. Dazu zerlegen wir die Raumkurve in kleine Wegstücke $\Delta\vec{r}$, berechnen den Ausdruck $A\Delta r \cos(\vec{A}, \Delta\vec{r})$, der die gesuchte Arbeit auf der Strecke Δr angibt und summieren über alle Δr. Die Arbeit ist dann gegeben durch

$$\sum_{\Delta r_i} A_i \Delta r_i \cos(\vec{A}_i, \Delta\vec{r}_i).$$

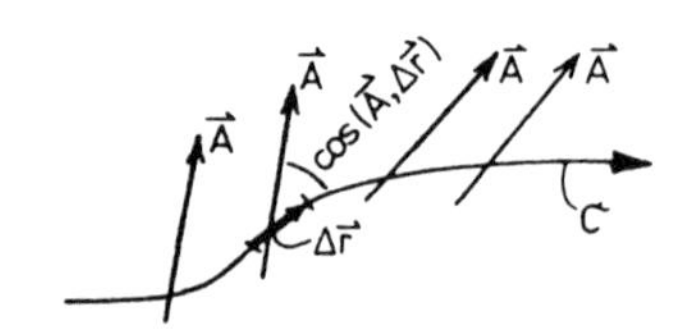

Erläuterung des Arbeitsintegrals (Wegintegrals) über der Kurve c.

Gehen wir zu infinitesimal kleinen Wegstücken $d\vec{r}$ über, so erhalten wir die Arbeit als

Linienintegral

$$\int_C \vec{A} \cdot d\vec{r} = \lim_{\Delta r_i \to 0} \sum_{\Delta r_i} A_i \Delta r_i \cos(\vec{A}_i, \Delta\vec{r}_i) = \lim_{\Delta r_i \to 0} \sum_{\Delta r_i} \vec{A}_i \cdot \Delta\vec{r}_i,$$

wobei $\vec{A} \cdot d\vec{r}$ das skalare Produkt des Feldes $\vec{A}$ mit dem Vektor $d\vec{r}$ ist. C ist die Bezeichnung für die Raumkurve $\vec{r}(t)$ zwischen Anfangspunkt $\vec{r}(t_1)$ und Endpunkt $\vec{r}(t_2)$.

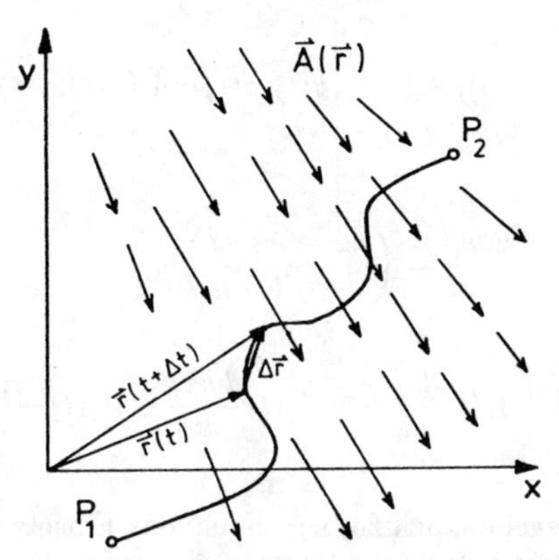

Ein Weg von P_1 nach P_2 durch das Vektorfeld $\vec{A}(\vec{r})$.

Ein Linienintegral wird nun folgendermaßen berechnet:

Wir bilden zunächst das unbestimmte Integral. Dazu zerlegen wir das Vektorfeld $\vec{A}$ in seine kartesischen Komponenten und setzen dies in das Integral ein:

$$\int \vec{A} \cdot d\vec{r} = \int (A_x, A_y, A_z) \cdot d\vec{r}.$$

Diese kartesischen Komponenten sind noch eine Funktion des Ortes, d. h. es gilt:

$$A_x = A_x(x, y, z); \quad A_y(x, y, z); \quad A_z = A_z(x, y, z).$$

Die gegebene Raumkurve läßt sich auch in Komponenten schreiben als:

$$\vec{r}(t) = (x(t),\, y(t),\, z(t)).$$

Für das Integral benötigen wir die Komponenten des Vektorfeldes $\vec{A}$ entlang der Raumkurve in Abhängigkeit des Parameters t. Wir erhalten dies, indem wir die entsprechenden Komponenten der Raumkurve $\vec{r}(t)$ in A_x, A_y und A_z einsetzen:

$$\begin{aligned} A_x(t) &= A_x(x(t), y(t), z(t)); \\ A_y(t) &= A_y(x(t), y(t), z(t)); \\ A_z(t) &= A_z(x(t), y(t), z(t)). \end{aligned}$$

Da $\vec{r} = \vec{r}(t)$ ist, können wir das totale Differential bilden und schreiben:

$$d\vec{r} = \frac{d\vec{r}}{dt}dt.$$

Für das Integral ergibt sich daraus durch Einsetzen:

$$\int_c \vec{A} \cdot d\vec{r} = \int_c \Big(A_x(x,y,z), A_y(x,y,z), A_z(x,y,z)\Big) \cdot d\vec{r}$$

$$= \int_c \left[\Big(A_x(x(t),y(t),z(t)), A_y(x(t),y(t),z(t)), A_z(x(t),y(t),z(t))\Big) \cdot \frac{d\vec{r}}{dt}\right] dt\,.$$

Wegen

$$\frac{d\vec{r}}{dt} = \left(\frac{dx}{dt}, \frac{dy}{dt}, \frac{dz}{dt}\right)$$

hat man weiter:

$$\int_c \vec{A} \cdot d\vec{r} = \int \left[A_x(t)\frac{dx(t)}{dt} + A_y(t)\frac{dy(t)}{dt} + A_z(t)\frac{dz(t)}{dt}\right] dt.$$

Dieses Integral ist in der Regel einfach zu berechnen; das Einsetzen der Grenzen nach der Integration liefert das gesuchte Linienintegral.

12.1 Beispiel: Linienintegral über ein Vektorfeld

Das Vektorfeld $\vec{A}$ und die Raumkurve $\vec{r} = \vec{r}(t)$ sind gegeben durch:

$$\begin{aligned} \vec{A} &= (3x^2 - 6yz, 2y + 3xz, 1 - 4xyz^2), \\ \vec{r}(t) &= (t, t^2, t^3). \end{aligned}$$

Die Komponenten der Raumkurve sind:

$$\begin{aligned} x &= t & \Rightarrow \quad & \dot{x} = 1, \\ y &= t^2 & \Rightarrow \quad & \dot{y} = 2t, \\ z &= t^3 & \Rightarrow \quad & \dot{z} = 3t^2. \end{aligned}$$

Wir setzen nun ein:

$$\begin{aligned} \int \vec{A} \cdot d\vec{r} &= \int \left(A_x\frac{dx}{dt} + A_y\frac{dy}{dt} + A_z\frac{dz}{dt}\right) dt \\ &= \int \left[(3t^2 - 6t^5) \cdot 1 + (2t^2 + 3t^4) \cdot 2t + (1 - 4t^9) \cdot 3t^2\right] dt \end{aligned}$$

Das Integral in den Grenzen $t_1 = 0$ und $t_2 = 2$ ist dann

$$\int_0^2 \vec{A} \cdot d\vec{r} = -4064.$$

13 Die Integralsätze von Gauß und Stokes

Gaußscher Satz:[8] Mit dem im vorigen Kapitel erarbeiteten Divergenzbegriff kann man auch den Überschuß des austretenden über den eintretenden Vektorfluß eines Vektorfeldes $\vec{A}$ für ein beliebig großes Volumen V berechnen. Dazu zerlegen wir dieses Volumen in kleine Volumenelemente dV, berechnen die Divergenz für jedes Volumenelement und summieren über alle Volumenelemente auf, d.h. man hat für den Gesamtfluß ein Volumenintegral:

$$\phi = \int_V \operatorname{div}\vec{A}\, dV.$$

Da der ein- oder austretende Vektorfluß dieses Volumens durch dessen Oberflächen F

[8] *Gauß,* Carl Friedrich, geb. 30.4.1777 Braunschweig, gest. 23.2.1855 Göttingen. – G. war Sohn eines Tagelöhners und fiel bereits sehr früh durch seine außerordentl. mathemat. Begabung auf. Der Herzog von Braunschweig übernahm seit 1791 die Kosten seiner Ausbildung. G. studierte 1794/98 in Göttingen und promovierte 1799 in Helmstedt. Seit 1807 war G. Direktor der Sternwarte und Professor an der Universität in Göttingen. Alle Angebote, z.B. nach Berlin an die Akademie zu kommen, lehnte er ab. G. begann 1791 seine wissenschaftl. Tätigkeit mit Untersuchungen zum geometrisch-arithmet. Mittel, zur Verteilung der Primzahlen und 1792 zu den *Grundlagen der Geometrie.* Bereits 1794 fand er die *Methode der kleinsten Quadrate,* und von 1795 datiert die intensive Beschäftigung mit der Zahlentheorie, z.B. mit dem quadrat. Reziprozitätsgesetz. Im Jahre 1796 veröffentlichte G. seine erste Arbeit. In ihr wurde der Beweis geführt, daß außer in den bekannten Fällen regelmäßige n-Ecke mit Zirkel und Lineal konstruiert werden können, wenn n eine Fermatsche Primzahl ist. Insbes. trifft das auf das 17-Eck zu. In seiner Dissertation von 1799 gab G. den ersten exakten Beweis des *Fundamentalsatzes der Algebra,* dem er weitere folgen ließ. Aus dem Nachlaß ist bekannt, daß G. im gleichen Jahr bereits die Grundlagen der Theorie der ellipt. und der Modulfunktionen besaß. Das erste umfangreiche Werk, das G. 1801 veröffentliche, sind seine berühmten *„Disquisitionesarithmeticae“* , die als Beginn der neueren Zahlentheorie gelten. In ihm finden sich z.B. die Theorie der quadr. Kongruenzen und der erste Beweis des quadrat. Reziprozitätsgesetzes, des „Theorema aureum“ , sowie die *Kreisteilungslehre.*

Seit etwa 1801 begann sich G. für die Astronomie zu interessieren. Die Ergebnisse dieser Studien waren 1801 die Bahnberechnung des Planeten Ceres, die Untersuchungen 1809 und 1818 zu den säkularen Störungen und 1813 zur Anziehung des allgemeinen Ellipsoids. 1812 erschien die Abhandlung über die *hypergeometr. Reihe,* die die erste korrekte und systemat. Konvergenzuntersuchung enthält.

Seit 1820 wandte sich G. verstärkt der Geodäsie zu. Die bedeutendste theoret. Leistung ist 1827 die *Flächentheorie* mit dem „Theorema egregium“ . Auch prakt. Geodäsie betrieb G., z.B. führte er sehr umfangreiche Messungen in den Jahren 1821/25 aus. Trotz solcher aufwendigen Arbeiten erschienen 1825 und 1831 seine Schriften über *biquadrat. Reste.* Die zweite dieser Abhandlungen enthielt die Darstellung der komplexen Zahlen in der Ebene und eine neue Primzahltheorie.

In seinen letzten Jahren fand G. auch an physikal. Fragen Gefallen. Wichtigste Ergebnisse sind 1833/34 die mit W. Weber gemachte Erfindung des elektr. Telegraphen und 1839/40 die *Potentialtheorie,* die ein neuer Zweig der Mathematik wurde.

Viele wichtige Resultate von G. sind nur aus dem Tagebuch und den Briefen bekannt; z.B. war G. bereits 1816 im Besitz der *nichteuklid. Geometrie.* Der Grund für das Verhalten, wichtige Ergebnisse nicht zu veröffentlichen, ist in dem außerordentlichen strengen Maßstab, den G. auch an die Formen seiner Arbeiten legte, und im Versuch zu sehen, unnötige Auseinandersetzungen zu vermeiden.

gehen muß, können wir ihn auch durch ein Oberflächenintegral:

$$\phi = \int_F \vec{A} \cdot \vec{n}\, dF$$

darstellen. Die Kombination des Oberflächenintegrals mit dem Integral über das Volumen liefert den Gaußschen Satz:

$$\int_V \mathrm{div}\vec{A}\, dV = \int_F \vec{A} \cdot \vec{n}\, dF.$$

Anschaulich besagt diese Beziehung: Die Summe der Teilflüsse aus jedem bzw. in jedes Volumenelement dV ist gleich dem Fluß des Vektorfeldes $\vec{A}$ durch die Oberfläche.
Im Innern des Volumens heben sich die Flüsse von einem Volumenelement ins nächste gegenseitig weg und deshalb bleibt bei der Integration über die Volumenelemente nur der Fluß, der aus dem Gesamtvolumen heraus- oder hineinströmt.
Der Beweis des Gaußschen Satzes kann auch noch etwas formaler mittels der Definition für die Divergenz

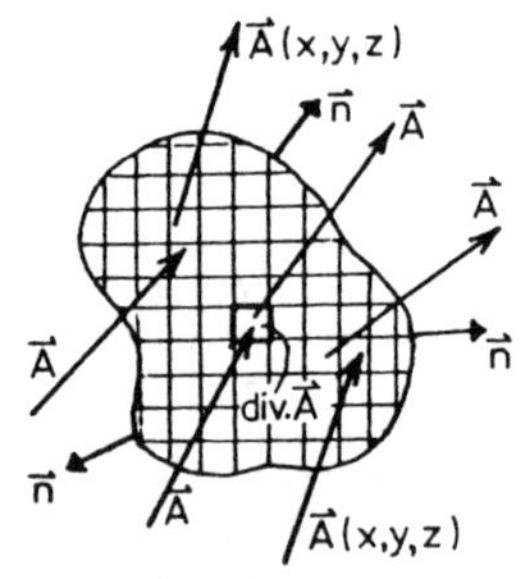

Die Divergenz des Vektorfeldes $\vec{A}$ gibt die Quellen bzw. Senken von $\vec{A}$ an.

$$\mathrm{div}\vec{A} = \lim_{\Delta V \to 0} \frac{\int_{\Delta F} \vec{A} \cdot \vec{n}\, dF}{\Delta V} = \lim_{\Delta V \to 0} \frac{\int_{\Delta F} \vec{A} \cdot d\vec{F}}{\Delta V}$$

geführt werden.

Es ist

$$\begin{aligned}
\int_V \mathrm{div}\vec{A}\, dV &= \lim \sum_i (\mathrm{div}\vec{A})_i \Delta V_i \\
&= \lim \sum_i \frac{1}{\Delta V_i} \int_{\Delta F_i} \vec{A} \cdot \vec{n}\, dF \Delta V_i \\
&= \lim \sum_i \int_{\Delta F_i} \vec{A} \cdot \vec{n}\, dF = \int_F \vec{A} \cdot \vec{n}\, dF.
\end{aligned}$$

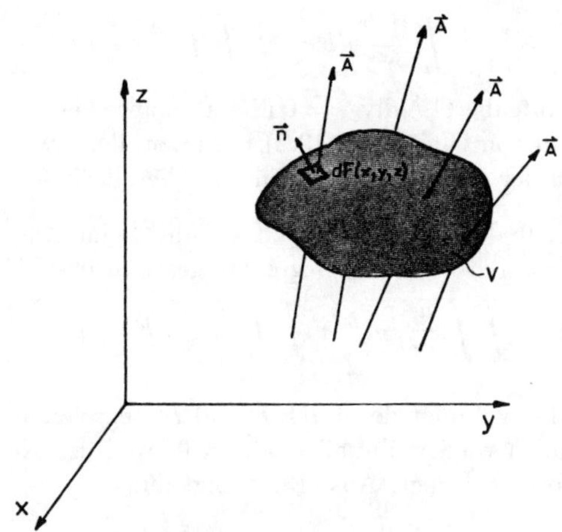

Veranschaulichung des Flusses des Vektorfeldes $\vec{A}$ durch ein Volumen V. Zum Gaußschen Satz: Der Fluß durch die Oberfläche ist gleich der Summe der Quell- und Senkenintensität im Innern des Volumens.

Einflüsse und Ausflüsse an benachbarten Zellen heben sich auf; nur auf der Oberfläche nicht.

Das Gaußsche Theorem: Zentralkraftfelder, wie das Gravitationsfeld eines Massenpunktes oder das elektrostatische Feld einer Punktladung, sind von der Form

$$\vec{K} = \kappa \frac{\vec{r}}{r^3}, \qquad (13.1)$$

wobei κ eine Kopplungskonstante ist. Für sie gilt das sogenannte *Gaußsche Theorem:*

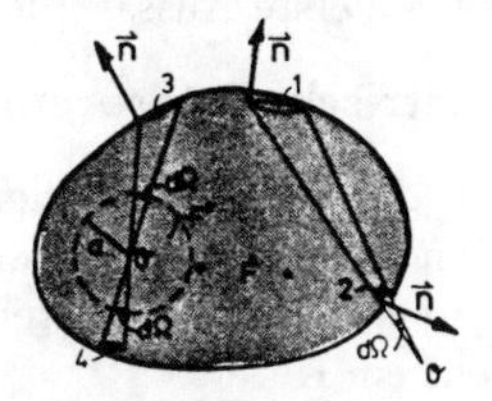

Fig. 1: Zum Gaußschen Theorem

Sei F eine geschlossene Fläche und $\vec{r}$ der Ortsvektor eines beliebigen Punktes (x, y, z) vom Ursprung O (Kraftzentrum) aus gemessen.

Dann gilt für den Kraftfluß durch die Fläche

$$\int\!\!\int_F \vec{K} \cdot \vec{n}\, dF = \kappa \int\!\!\int_F \frac{\vec{n} \cdot \vec{r}}{r^3} dF = \begin{cases} 4\pi\kappa & \text{wenn } O \text{ im Innern von F liegt} \\ 0 & \text{wenn } O \text{ außerhalb von F liegt} \end{cases} \qquad (13.2)$$

Der Kraftfluß einer solchen Zentralkraft durch eine geschlossene Oberfläche um das Kraftzentrum O ist demnach $4\pi\cdot$ Stärke κ des Kraftfeldes. Das sehen wir so ein. Nach dem *Gaußschen Satz* ist

$$\int\int_F \frac{\vec{n}\cdot\vec{r}}{r^3}dF = \int\int\int_V \vec{\nabla}\cdot\frac{\vec{r}}{r^3}dV\,. \tag{13.3}$$

Nun ist aber nach Aufgabe 11.5 $\mathrm{div}\frac{\vec{r}}{r^3} = 0$ überall, außer bei $r = 0$ (d.h. im Ursprung). Damit ist der 2. Fall von Gleichung (13.2) bewiesen, denn wenn O außerhalb von F liegt, gilt im Innern der geschlossenen Fläche F überall $\mathrm{div}\frac{\vec{r}}{r^3} = 0$.

Liegt aber O innerhalb der Fläche, schlagen wir um O eine Kugelfläche F' mit Radius a. Dann gilt für die durch F und F' begrenzte geschlossene Fläche

$$\int\int_{F+F'} \frac{\vec{n}\cdot\vec{r}}{r^3}dF = \int\int_F \frac{\vec{n}\cdot\vec{r}}{r^3}dF + \int\int_{F'} \frac{\vec{n}\cdot\vec{r}}{r^3}dF = \int\int\int_{V-V'} \vec{\nabla}\cdot\frac{\vec{r}}{r^3}dV = 0. \tag{13.4}$$

Hierbei ist $V - V'$ das Volumen der durch F und F' begrenzten geschlossenen Fläche. In $V - V'$ ist nämlich wieder überall $\mathrm{div}\frac{\vec{r}}{r^3} = 0$, weil der Koordinatenursprung O außerhalb dieses Volumens liegt. Aus (13.4) folgt nun

$$\int\int_F \frac{\vec{n}\cdot\vec{r}}{r^3}dF = -\int\int_{F'} \frac{\vec{n}\cdot\vec{r}}{r^3}dF. \tag{13.5}$$

Wir haben nun auf der Kugelfläche F' : $\vec{n} = -\vec{r}/a$, wobei $|\vec{r}\,| = a$, so daß

$$\frac{\vec{n}\cdot\vec{r}}{r^3} = -\frac{(\vec{r}/a)\cdot\vec{r}}{a^3} = -\frac{\vec{r}\cdot\vec{r}}{a^4} = -\frac{a^2}{a^4} = -\frac{1}{a^2}.$$

Daher gilt für die Gleichung (13.5)

$$\int\int_F \frac{\vec{n}\cdot\vec{r}}{r^3}dF = -\int\int_{F'} \frac{\vec{n}\cdot\vec{r}}{r^3}dF = -\int\int_{F'} \left(-\frac{1}{a^2}\right)dF = \frac{4\pi a^2}{a^2} = 4\pi \tag{13.6}$$

Das ist die erste Aussage der Gleichung (13.2).

Geometrische Interpretation des Gaußschen Theorems:

Es sei dF ein Oberflächenelement. Wird der Rand dieses Oberflächenelementes mit $\mathcal{O}$ verbunden (siehe nebenstehende Skizze), so entsteht ein Kegel.

Als $d\omega$ wird diejenige Fläche bezeichnet, welche aus einer Kugeloberfläche mit dem Mittelpunkt $\mathcal{O}$ und dem Radius r durch diesen Kegel herausgeschnitten wird. Der *Raumwinkel,* welcher durch die Fläche dF und dem Punkt $\mathcal{O}$ bestimmt ist, wird durch

$$d\Omega = \frac{d\omega}{r^2} \tag{13.7}$$

definiert und ist zahlenmäßig identisch mit dem durch den Kegel herausgeschnittenen Oberflächenteil auf einer Einheitskugel mit dem Radius 1 um den Mittelpunkt $\mathcal{O}$.

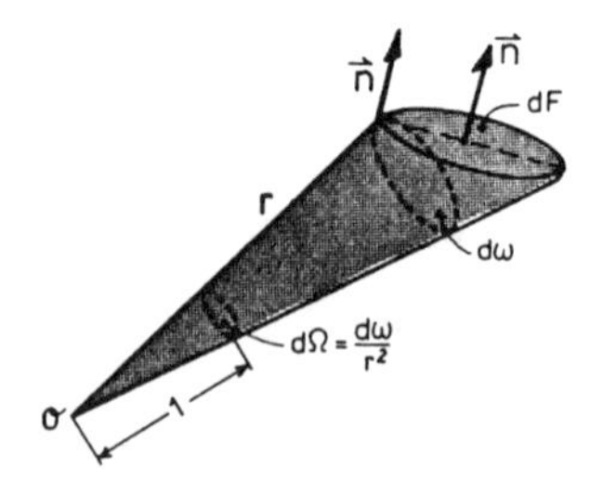

Fig. 2:
Die Schattenfläche bei Zentralprojektion der Fläche dF auf die Einheitskugel ist gleich dem Raumwinkel.

Der positive Normalenvektor zur Fläche dF wird mit $\vec{n}$ bezeichnet. Ist nun Θ der Winkel zwischen $\vec{n}$ und $\vec{r}$, so ergibt sich die Beziehung

$$\cos\Theta = \frac{\vec{n}\cdot\vec{r}}{r}. \tag{13.8}$$

Hieraus folgt der Ausdruck

$$d\omega = \pm dF\cos\Theta = \pm\frac{\vec{n}\cdot\vec{r}}{r}dF, \tag{13.9}$$

so daß man für $d\Omega$ schreiben kann:

$$d\Omega = \pm\frac{\vec{n}\cdot\vec{r}}{r^3}dF. \tag{13.10}$$

Je nachdem, ob die Vektoren $\vec{n}$ und $\vec{r}$ einen spitzen oder stumpfen Winkel miteinander einschließen, wird das positive oder negative Signum in den Gln. (13.9) und (13.10) gewählt.

Es sei nun F die Oberfläche der Fig. 1, welche dadurch gekennzeichnet ist, daß jede Gerade in höchstens zwei Punkten schneiden kann. Liegt $\mathcal{O}$ außerhalb von F, so ergibt sich entsprechend der Gl. (13.10) für das Flächenelement 1 der Ausdruck

$$\frac{\vec{n}\cdot\vec{r}}{r^3}\,dF = d\Omega. \tag{13.11}$$

Analog dazu gilt für das Flächenelement 2:

$$\frac{\vec{n}\cdot\vec{r}}{r^3}\,dF = -d\Omega. \tag{13.12}$$

Eine Integration über diese beiden Bereiche liefert den Wert Null, da sich ihre Raumwinkelbeiträge gegenseitig aufheben. Wird nun die Integration über die gesamte Oberfläche F ausgeführt, so sieht man sofort, daß das Integral

$$\int\!\!\int_F \frac{\vec{n}\cdot\vec{r}}{r^3}\,dF = 0 \tag{13.13}$$

sein muß, da zu jedem positiven Beitrag ein entsprechender negativer Beitrag existiert.

Liegt nun $\mathcal{O}$ innerhalb von F, so ergibt sich für jedes der Flächenelemente 3 und 4 die Beziehung:

$$\frac{\vec{n}\cdot\vec{r}}{r^3}\,dF = d\Omega. \tag{13.14}$$

Hieraus folgt nun aber, daß die Beiträge der beiden Stellen zum Oberflächenintegral sich addieren. Da der gesamte Raumwinkel mit der Oberfläche der Einheitskugel identisch ist, also den Wert 4π besitzt, folgt hieraus, daß

$$\int\!\!\int_F \frac{\vec{n}\cdot\vec{r}}{r^3}dF = 4\pi. \tag{13.15}$$

Ist nun die Oberfläche F dadurch gekennzeichnet, daß eine Gerade sie in mehr als zwei Punkten schneiden kann (siehe hierzu die Fig. 3), so kann man zeigen, daß die bei der Fig. 1 durchgeführten Überlegungen auch in diesem Fall zutreffen. Liegt nämlich $\mathcal{O}$ außerhalb von F, so schneidet der Kegel mit der Spitze in $\mathcal{O}$ die Oberfläche F in einer geraden Anzahl von Stellen. Die Beiträge dieser Flächenelemente zum Oberflächenintegral heben sich paarweise auf, so daß das Oberflächenintegral über die Fläche F Null ist. Liegt jedoch $\mathcal{O}$ innerhalb von F, so schneidet der Kegel die Oberfläche in einer ungeraden Anzahl von Stellen.

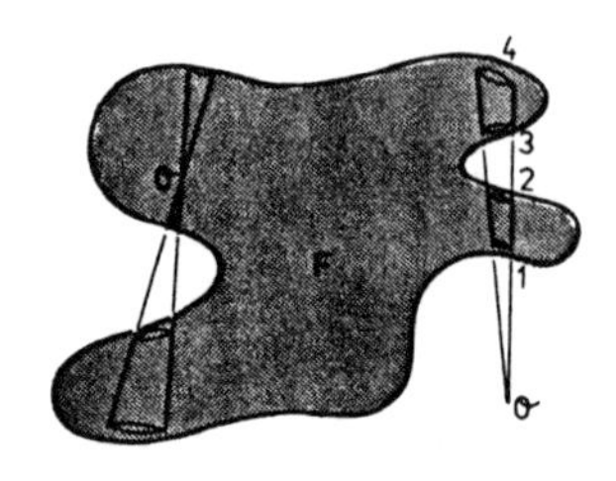

Fig. 3: Zum Gaußschen Theorem

Da sich die Beiträge zum Oberflächenintegral paarweise aufheben, ergibt analog zur Fig. 2 der Wert 4π für die über die Fläche F ausgeführte Oberflächenintegration.

Stokesscher Satz[9]**:**

Gegeben sei ein Vektorfeld $\vec{A}$. Wir berechnen das Linienintegral entlang eines geschlossenen Weges:

$$W = \oint_C \vec{A} \cdot d\vec{r}.$$

Fassen wir jetzt den geschlossenen Linienzug s als Rand einer beliebigen Fläche auf, so kann man sich W auch durch Summenwirkung beliebig kleiner Teilbeträge dW entstanden denken, weil sich diese bei der Integration über die Flächenelemente bis auf die des äußeren freien Randes, der den Verlauf der Randkurve darstellt, wegheben:

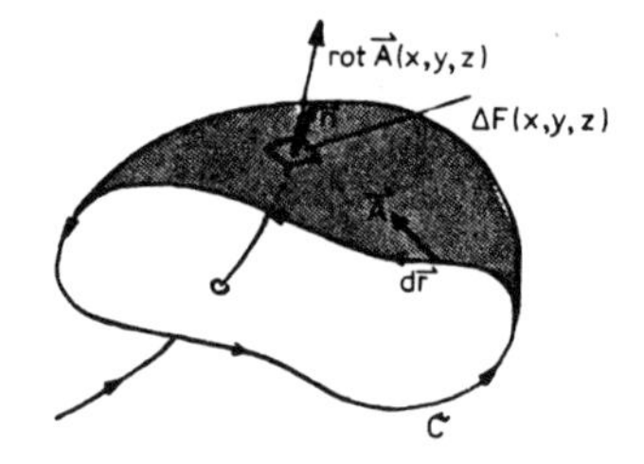

Fig. 4: Zum Stokesschen Satz

[9] *Stokes,* Sir George Gabriel, geb. 13.8.1819 Skreen (Irland), gest. 1.2.1903 Cambridge. – S. war seit 1849 Professor für Mathematik in Cambridge. Neben seinen Beiträgen zur Analysis z.B. der S.schen Integralformel, gab er wichtige Beiträge zur Physik z.B. über Fluoreszenz und über die Bewegung zäher Flüssigkeiten, und arbeitete über Geodäsie.

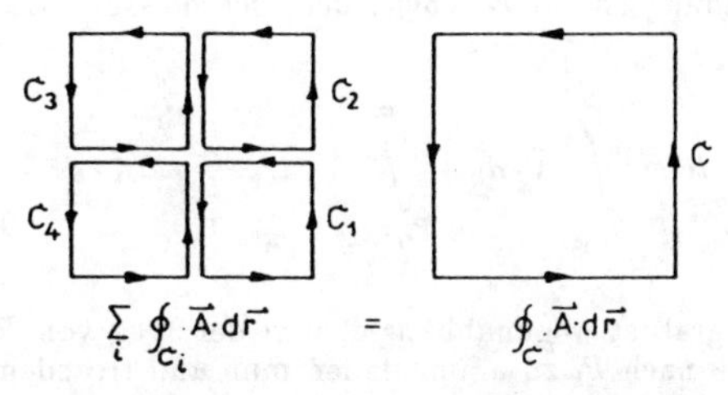

Fig. 5: Erläuterung des Stokesschen Satzes

Die infinitesimalen Beträge dW können wir als Fluß von rot $\vec{A}$ durch die Flächenelemente dF wie folgt darstellen:

$$\Delta W_i = (\vec{n} \cdot \operatorname{rot} \vec{A})_i \Delta F_i = \oint_{C_{F_i}} \frac{\vec{A} \cdot d\vec{r}}{\Delta F_i} \cdot \Delta F_i = \oint_{C_{F_i}} \vec{A} \cdot d\vec{r}\,, \tag{13.16}$$

wobei $\vec{n}$ der Vektor ist, der auf dem Flächenelement dF senkrecht steht. Wir integrieren und erhalten

$$W = \oint_C \vec{A} \cdot d\vec{r} = \sum_i \oint_{C_i} \vec{A} \cdot d\vec{r} = \sum_i (\vec{n} \cdot \operatorname{rot} \vec{A})_i \Delta F_i = \int_F \vec{n} \cdot \operatorname{rot} \vec{A}\, dF\,. \tag{13.17}$$

Setzen wir die obige Zeile in das Linienintegral ein, so erhalten wir den Stokeschen Satz:

$$\oint_C \vec{A} \cdot d\vec{r} = \int_F \vec{n} \cdot \operatorname{rot} \vec{A}\, dF. \tag{13.18}$$

Dies kann man etwas unpräziser auch so ausdrücken: Die Summe der Wirbel über eine Fläche ergibt den Wirbel um den Flächenrand.

13.1 Aufgabe: Wegunabhängigkeit eines Linienintegrals

Zeigen Sie mit Hilfe des Stokeschen Satzes, daß unter der Voraussetzung $\vec{A} = \vec{\nabla}\phi$ das Linienintegral vom Punkt P_1 bis zum Punkt P_2 wegunabhängig ist.

Lösung: Wir bilden zunächst die Rotation des Vektorfeldes $\vec{A}$; wegen $\vec{A} = \vec{\nabla}\phi$ erhalten wir:

$$\operatorname{rot} \vec{A} = \operatorname{rot} \vec{\nabla}\phi = \vec{\nabla} \times \vec{\nabla}\phi = 0. \qquad \underline{1}$$

Wir setzen dies in den Stokeschen Satz ein und erhalten

$$\int_F \operatorname{rot} \vec{A} \cdot \vec{n}\, dF = \oint \vec{A} \cdot d\vec{r} = 0. \qquad \underline{2}$$

Die obige Beziehung ist für *beliebige, aber geschlossene Kurven erfüllt.* Es gilt (vgl. Figur):

$$\oint_{c_1+c_2} \vec{A}\cdot d\vec{r} = \int_{P_{1_{C_1}}}^{P_2} \vec{A}\cdot d\vec{r} + \int_{P_{2_{C_2}}}^{P_1} \vec{A}\cdot d\vec{r} = \int_{P_{1_{C_1}}}^{P_2} \vec{A}\cdot d\vec{r} - \int_{P_{1_{C_2}}}^{P_2} \vec{A}\cdot d\vec{r} = 0 \qquad \underline{3}$$

Das Kurvenintegral ist wegunabhängig, weil der Weg von P_1 nach P_2 nicht mit dem Weg von P_2 nach P_1 zusammenfallen muß und trotzdem die Beziehung:

$$\int_{P_{1_{C_1}}}^{P_2} \vec{A}\cdot d\vec{r} - \int_{P_{1_{C_2}}}^{P_2} \vec{A}\cdot d\vec{r} = 0$$

erfüllt ist. Dies kann auch alternativ so bewiesen werden:

$$\int_1^2 \vec{\nabla}\phi \cdot d\vec{r} = \int_1^2 d\phi = \phi(2) - \phi(1). \qquad \underline{4}$$

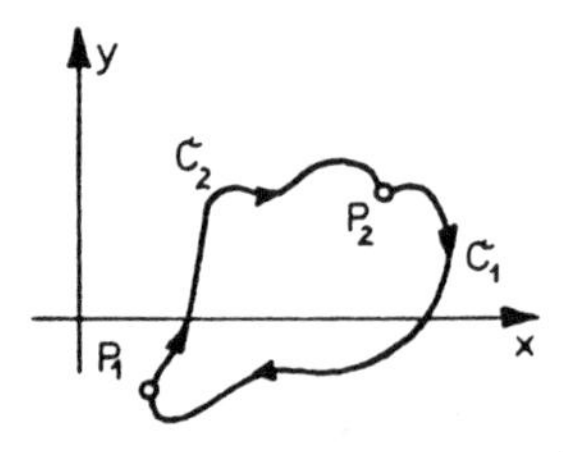

Für konservative Vektorfelder (rot $\vec{A}$ = 0) ist das Linienintegral von P_1 nach P_2 unabhängig vom Weg. Das Linienintegral über geschlossenen Weg ist Null.

Das Integral hängt also nur von den Funktionswerten ϕ an den Stellen 1 und 2 ab; nicht von dem speziellen Weg wie das Integral geführt wird. Diese Erkenntnis ist deshalb so wichtig, weil sie uns erlaubt zu erkennen, für welche Kraftfelder ein Potential existiert.

Zusätzliche Bemerkung: Wenn $\vec{A} = \operatorname{grad}\phi \;\Rightarrow\; \operatorname{rot}\vec{A} = 0$, weil $\operatorname{rot}\operatorname{grad}\phi = 0$ und daher nach Stokes $\oint \vec{A}\cdot d\vec{r} = 0$. Umgekehrt, wenn für beliebige geschlossene Wege $\oint \vec{A}\cdot d\vec{r} = 0$ gilt, folgt entsprechend aus der Definition der Rotation $\vec{n}\cdot\operatorname{rot}\vec{A} = \lim_{\Delta F\to 0}(\oint \vec{A}\cdot d\vec{r}/\Delta F)$, daß $\operatorname{rot}\vec{A} = 0$. Daraus wiederum folgt $\vec{A} = \vec{\nabla}\phi$, wobei $\phi = \int_{\vec{r}_1}^{\vec{r}} \vec{A}(\vec{r}\,')d\vec{r}\,'$. Das hier auftretende Integral kann entlang irgendeines Weges von $\vec{r}_1$ nach $\vec{r}$ (wegen der Wegunabhängigkeit des Integrals) geführt werden. Diese wichtige Aussage soll jetzt bewiesen werden:

Gegeben ist also

$$\vec{A}(\vec{r}) \qquad \text{mit} \qquad \operatorname{rot}\vec{A}(\vec{r}) = 0.$$

Dann ist das Wegintegral

$$\phi(\vec{r}) = \int_{\vec{r}_1}^{\vec{r}} \vec{A}(\vec{r}\,')\cdot d\vec{r}\,' \tag{13.19}$$

unabhängig vom speziell gewählten Weg und es gilt

$$\vec{A}(\vec{r}) = \vec{\nabla}\phi(\vec{r}). \tag{13.20}$$

Beweis: Da der Integrationsweg beliebig gewählt werden kann, wählen wir speziell

$$(x_1, y_1, z_1) \xrightarrow{x} (x, y_1, z_1) \xrightarrow{y} (x, y, z_1) \xrightarrow{z} (x, y, z) \text{ (siehe Figur)}.$$

$$\begin{aligned} \phi(x,y,z) &= \int_{\vec{r}_1}^{\vec{r}} \vec{A}(\vec{r}) \cdot d\vec{r} = \int_{\vec{r}_1}^{\vec{r}} [A_1(\vec{r})\,dx + A_2(\vec{r})\,dy + A_3(\vec{r})\,dz] \qquad (13.21) \\ &= \int_{x_1}^{x} A_1(x', y_1, z_1)dx' + \int_{y_1}^{y} A_2(x, y', z_1)dy' + \int_{z_1}^{z} A_3(x, y, z')dz'. \end{aligned}$$

Für diese so konstruierte Funktion ϕ gilt nun

$$\begin{aligned} \frac{\partial \phi}{\partial z} &= A_3(x,y,z) \\ \frac{\partial \phi}{\partial y} &= A_2(x,y,z_1) + \int_{z_1}^{z} \frac{\partial A_3(x,y,z')}{\partial y} dz' \\ &= A_2(x,y,z_1) + \int_{z_1}^{z} \frac{\partial A_2(x,y,z')}{\partial z'} dz' \end{aligned}$$

Hierbei wurde rot $\vec{A} = 0$ benutzt, was für die x-Komponente $\partial A_3/\partial y = \partial A_2/\partial z$ bedeutet.

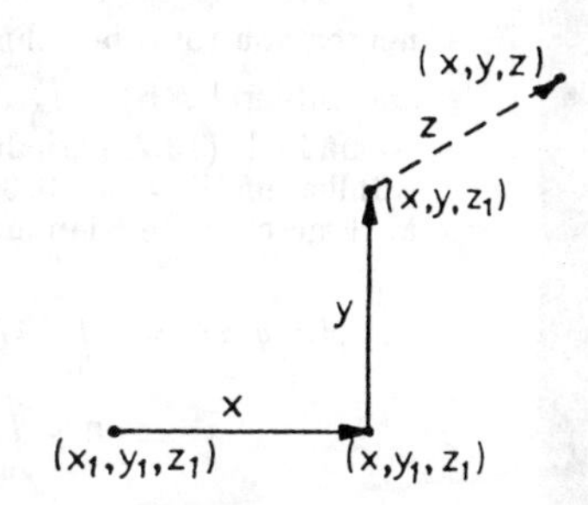

Ein spezieller Integrationsweg zur Berechnung von $\phi(x,y,z)$.

Im folgenden wird auch das Verschwinden der anderen Komponenten von rot $\vec{A} = 0$ verwendet.

$$\begin{aligned} \frac{\partial \phi}{\partial y} &= A_2(x,y,z_1) + A_2(x,y,z')\Big|_{z_1}^{z} = A_2(x,y,z) \\ \frac{\partial \phi}{\partial x} &= A_1(x,y_1,z_1) + \int_{y_1}^{y} \frac{\partial A_2(x,y',z_1)}{\partial x} dy' + \int_{z_1}^{z} \frac{\partial A_3(x,y,z')}{\partial x} dz' \\ &= A_1(x,y_1,z_1) + \int_{y_1}^{y} \frac{\partial A_1(x,y',z_1)}{\partial y'} dy' + \int_{z_1}^{z} \frac{\partial A_1(x,y,z')}{\partial z'} dz' \\ &\quad \text{(wegen rot } \vec{\text{A}} = 0) \\ &= A_1(x,y_1,z_1) + A_1(x,y,z_1) - A_1(x,y_1,z_1) + A_1(x,y,z) - A_1(x,y,z_1). \end{aligned}$$

Die durchkreuzten Glieder heben sich paarweise weg, so daß schließlich

$$\frac{\partial \phi}{\partial x} = A_1(x,y,z)$$

verbleibt. Insgesamt haben wir also gezeigt, daß die durch das Linienintegral $\phi(\vec{r}) = \int_{\vec{r}_1}^{\vec{r}} \vec{A} \cdot d\vec{r}$ bestimmte Funktion $\phi(\vec{r})$ der Gleichung $\vec{A} = \vec{\nabla}\phi$ genügt. Wir können demnach bei gegebenem Vektorfeld $\vec{A}$ mit rot $\vec{A} = 0$ immer die Potentialfunktion $\phi(\vec{r})$ durch ein Linienintegral berechnen. Die Funktion $-\phi(\vec{r})$ werden wir später *Potential des Kraftfeldes* $\vec{A}(\vec{r})$ nennen (vgl. Aufgabe 13.4 und Kapitel 17).

13.2 Aufgabe: Bestimmung der Potentialfunktion

Zeigen Sie für das Vektorfeld

$$\vec{A} = (2xy + z^3, x^2 + 2y, 3xz^2 - 2), \tag{1}$$

daß $\int \vec{A} \cdot d\vec{r}$ für einen Weg von $(1, -1, 1)$ nach $(2, 1, 2)$ unabhängig vom Weg ist und berechnen Sie den Wert des Integrals. Bestimmen Sie die Potentialfunktion $\phi(x, y, z)$.

Lösung: Es ist $\operatorname{rot} \vec{A} = 0$. Wir prüfen dies z. B. für die x-Komponente: $(\operatorname{rot} \vec{A})_x = \partial A_z/\partial y - \partial A_y/\partial z = 0 - 0 = 0$. Ähnlich werden die anderen Komponenten von $\operatorname{rot} \vec{A}$ berechnet.

Das Integral $\phi(\vec{r}) = \int_{\vec{r}_1}^{\vec{r}} \vec{A} \cdot d\vec{r}$ ist daher wegunabhängig und es ist $\vec{A} = \vec{\nabla}\phi = \vec{\nabla}\phi$. Gemäß Gl. (13.21) erhalten wir dann mit dem willkürlich und daher zweckmäßig wählbarem $\vec{r}_1 = \{0, 0, 0\}$ (wir verwenden zur Notation von Vektoren zeitweise auch geschweifte Klammern):

$$\begin{aligned}
\phi(x, y, z) &= \int_0^x A_1(x', y_1, z_1)\, dx' + \int_0^y A_2(x, y', z_1)\, dy' + \int_0^z A_3(x, y, z)\, dz \\
&= 0 + \int_0^y (x^2 + 2y')\, dy' + \int_0^z (3xz'^2 - 2)\, dz' \\
&= x^2y' + y'^2 \Big|_0^y + xz'^3 - 2z' \Big|_0^z \\
&= x^2y + y^2 + xz^3 + 2z.
\end{aligned}$$

In der Tat prüfen wir leicht

$$\vec{\nabla}\phi = (2xy + z^3)\vec{e}_1 + (x^2 + 2y)\vec{e}_2 + (3z^2x - 2)\vec{e}_3. \tag{2}$$

Wegen $\vec{A} = \vec{\nabla}\phi$ ist das Linienintegral wegunabhängig. Den Wert des Integrals bestimmen wir folgendermaßen:

$$\begin{aligned}
\int_{(1,-1,1)}^{(2,1,2)} \vec{A} \cdot d\vec{r} &= \int_{(1,-1,1)}^{(2,1,2)} \vec{\nabla}\phi \cdot d\vec{r} \\
&= \int_{(1,-1,1)}^{(2,1,2)} d\phi, \\
&= \phi(2, 1, 2) - \phi(1, -1, 1), \\
&= (4 + 1 + 16 + 4) - (-1 + 1 + 1 + 2) = 22.
\end{aligned}$$

Natürlich ließe sich das Linienintegral auch auf andere Weise, indem man z.B. längs irgendeines beliebigen Weges (einer beliebigen Kurve $\vec{r}(t)$ zwischen den Punkten $\{1, -1, 1\}$ und $\{2, 1, 2\}$ integriert, bestimmen.

13.3 Aufgabe: Wirbelfluß eines Kraftfeldes durch eine Halbkugel

Sei $\vec{A} = zx\vec{e}_x - (xy - 3z)\vec{e}_y + (4yz - x)\vec{e}_z$ ein gegebenes Kraftfeld. Berechnen Sie den Fluß von $\operatorname{rot}\vec{A}$ durch die Halbkugel oberhalb der x-y-Ebene. (Verwenden Sie zur Integration Polarkoordinaten.)

Es ist

$$\begin{aligned} \vec{A} &= xz\vec{e}_x - (xy - 3z)\vec{e}_y + (4yz - x)\vec{e}_z\,, \\ \operatorname{rot}\vec{A} &= (4z - 3)\vec{e}_x + (x + 1)\vec{e}_y - y\vec{e}_z\,. \end{aligned}$$

1. Lösung: Die obere Halbkugel wird parametrisiert durch

$$\vec{r} = a\begin{pmatrix} \cos\varphi\sin\vartheta \\ \sin\varphi\sin\vartheta \\ \cos\vartheta \end{pmatrix} \quad \text{mit} \quad 0 \le \varphi < 2\pi, \quad 0 \le \vartheta \le \frac{\pi}{2}.$$

Der nicht normierte Normalenvektor ist

$$\vec{n} = \frac{\partial\vec{r}}{\partial\vartheta} \times \frac{\partial\vec{r}}{\partial\varphi} = \cdots = a\sin\vartheta\,\vec{r}.$$

Das Flächenelement ist durch $d\vec{F} = \frac{\partial\vec{r}}{\partial\vartheta}d\vartheta \times \frac{\partial\vec{r}}{\partial\varphi}d\varphi = \vec{n}\,d\vartheta\,d\varphi$ gegeben.

$\operatorname{rot}\vec{A}$ lautet in den neuen Koordinaten:

$$\operatorname{rot}\vec{A} = \begin{pmatrix} 4a\cos\vartheta - 3 \\ a\cos\varphi\sin\vartheta + 1 \\ -a\sin\varphi\sin\vartheta \end{pmatrix}$$

Damit wird das Integral zu

$$\begin{aligned} I &= \int\!\!\int \operatorname{rot}\vec{A}\cdot d\vec{F} \\ &= \int_0^{\pi/2} d\vartheta \int_0^{2\pi} d\varphi\,\vec{n}\cdot\operatorname{rot}\vec{A} \\ &= \int_0^{\pi/2} d\vartheta \int_0^{2\pi} d\varphi\,a^2\sin\vartheta\Big\{4a\cos\varphi\sin\vartheta\cos\vartheta - 3\cos\varphi\sin\vartheta \\ &\quad +a\sin\varphi\cos\varphi\sin^2\vartheta + \sin\varphi\sin\vartheta - a\sin\varphi\sin\vartheta\cos\vartheta\Big\} \\ &= 0\,, \end{aligned}$$

wegen

$$\int_0^{2\pi}\sin\varphi\,d\varphi = \int_0^{2\pi}\cos\varphi\,d\varphi = \int_0^{2\pi}\sin\varphi\cos\varphi\,d\varphi = 0\,.$$

2. Lösung: Nach dem Stoke'schen Satz ist

$$I = \int\int \operatorname{rot} \vec{A} \cdot d\vec{F} = \int_C \vec{A} \cdot d\vec{r} \qquad \underline{1}$$

wobei C der Rand der Halbkugel ist

$$\begin{aligned} \vec{r} &= a \begin{pmatrix} \cos t \\ \sin t \\ 0 \end{pmatrix} \qquad \text{mit} \quad 0 \leq t < 2\pi \\ d\vec{r} &= a \begin{pmatrix} -\sin t \\ \cos t \\ 0 \end{pmatrix} dt \\ I &= -a^3 \int_0^{2\pi} dt \sin t \cos^2 t = 0. \end{aligned}$$

13.4 Aufgabe: Zum konservativen Kraftfeld

Was ist ein konservatives Kraftfeld? Ist das Kraftfeld $\vec{F} = (3xz - y)\vec{e}_x - x\vec{e}_y + \frac{3}{2}x^2\vec{e}_z$ konvervativ? Wenn ja, bestimmen Sie das Potential V und die Arbeit A, die geleistet werden muß, um ein Teilchen vom Punkt (1,1,1) nach (2,2,2) zu bewegen.

Lösung: Es ist $\vec{F} = (3xz - y)\vec{e}_x - x\vec{e}_y + \frac{3}{2}x^2\vec{e}_z$.

Ein Kraftfeld $\vec{F}$ ist dann konvervativ, wenn es durch $\vec{F} = -\vec{\nabla}V$ darstellbar ist. Dann gilt $\operatorname{rot} \vec{F} = 0$, da $\operatorname{rot}(\vec{\nabla} V) \equiv 0$.

Man prüft leicht nach, daß $\vec{\nabla} \times \vec{F} = \operatorname{rot} \vec{F} = 0$:

$$\operatorname{rot} \vec{F} = \begin{vmatrix} \vec{e}_x & \vec{e}_y & \vec{e}_z \\ \partial/\partial_x & \partial/\partial_y & \partial/\partial_z \\ 3xz - y - x & \frac{3}{2}x^2 & \end{vmatrix} = 0\,.$$

Dann gilt also:

$$\begin{aligned} \vec{F} &= -\vec{\nabla}V = -\frac{\partial V}{\partial x}\vec{e}_x - \frac{\partial V}{\partial y}\vec{e}_y - \frac{\partial V}{\partial z}\vec{e}_z \\ &= (3xz - y)\vec{e}_x - x\vec{e}_y + \frac{3}{2}x^2\vec{e}_z \end{aligned}$$

Koeffizientenvergleich:

$$1)\ \ \frac{\partial V}{\partial x} = -3xz + y, \qquad 2)\ \ \frac{\partial V}{\partial y} = x, \qquad 3)\ \ \frac{\partial V}{\partial z} = -\frac{3}{2}x^2$$

Integriert man:

$$\begin{aligned} 1) \quad V &= -\frac{3}{2}x^2 z + xy + f_1(y,z)\,, \\ 2) \quad V &= xy + f_2(x,z)\,, \\ 3) \quad V &= -\frac{3}{2}x^2 z + f_3(x,y)\,. \end{aligned}$$

Diese Gleichungen stimmen überein, wenn man

$$\begin{aligned} f_1(x,y) &= 0, \\ f_2(x,z) &= -\frac{3}{2}x^2 z, \\ f_3(x,y) &= xy \end{aligned}$$

wählt. Hieraus folgt

$$V = -\frac{3}{2}x^2 z + xy\,.$$

Da $\vec{F}$ konservativ ist, folgt für die Arbeit:

$$\begin{aligned} A &= \int \vec{F}\cdot d\vec{r} = -\int \vec{\nabla}V\,d\vec{r} = -\int dV \\ \Rightarrow \quad A &= -V(2,2,2) + V(1,1,1) \\ &= -\left[-\frac{3}{2}x^2 z + xy\right]_{(1,1,1)}^{(2,2,2)} = 7\frac{1}{2}\,. \end{aligned}$$

14 Berechnung von Oberflächenintegralen

Gegeben sei eine Fläche F und ein Vektorfeld $\vec{A}$. Gesucht ist der Fluß des Feldes durch die Fläche. Dazu teilen wir die Fläche in Oberflächenelemente ΔF_i auf und berechnen das Produkt $\vec{A}\cdot\vec{n}\cdot\Delta F_i$, das den Fluß des Feldes $\vec{A}$ durch das Flächenelement ΔF_i repräsentiert. Dabei ist $\vec{n}$ der Normalen-Vektor vom Betrage 1, der auf dem Flächenelement ΔF_i senkrecht steht. Wir summieren nun diese Produkte über alle i auf und erhalten damit, wenn wir zu infinitesimalen Flächenelementen übergehen, das Oberflächenintegral:

$$\int_F \vec{A}\cdot\vec{n}\,dF,$$

das den gesuchten Fluß angibt. Zur Berechnung dieses Integrals führen wir ΔF_i auf kartesische Koordinaten zurück. Die Flächenelemente dF sind immer positiv. Wir setzen deshalb Absolutstriche:

$$|\vec{n}\cdot\vec{e}_3\,|\,dF = dx\,dy$$

bzw.

$$dF = \frac{dx\,dy}{|\vec{n}\cdot\vec{e}_3\,|}.$$

Diesen Ausdruck setzen wir in das Oberflächenintegral ein und erhalten

$$\int\limits_F \vec{A}\cdot\vec{n}\,dF = \int\limits_F \frac{\vec{A}\cdot\vec{n}}{|\vec{n}\cdot\vec{e}_3\,|}\,dx\,dy\,.$$

Es ist damit auf ein Doppelintegral über die Schattenfläche in der x-y-Ebene zurückgeführt. Nun unterscheiden wir zwei Fälle:

1. In $\vec{n}$ parallel zu z, so ist $dF = dx\,dy$, da $\vec{n}\cdot\vec{e}_3 = 1$ ist, d.h. die Projektion entspricht genau dem Urbild.

2. Steht $\vec{n}$ schräg zu $\vec{e}_3$, so ist die Projektion kleiner als das Urbild, d.h. es ist $dF > dx\,dy$. In diesem Fall ist auch $\vec{n}\cdot\vec{e}_3 < 1$ und die Beziehung $|\vec{n}\cdot\vec{e}_3\,|\cdot dF = dx\,dy$ ist erfüllt.

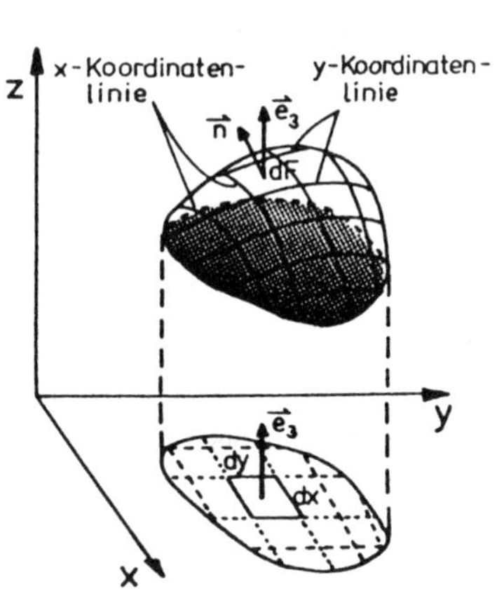

Beispiel einer Fläche und Schattenfläche bei Oberflächenintegralen.

Sollte die Projektion der Urfläche auf die xy-Ebene (oder irgendeine andere Ebene) nicht eindeutig sein, wie etwa bei „überhängenden“ Flächen, so kann nach geeigneter Aufteilung immer Eindeutigkeit erreicht werden. Das Flächenintegral wird in solchen Fällen in eine Summe von Flächenintegralen über Teilflächen übergeführt.

14.1 Beispiel: Zur Berechnung eines Oberflächenintegrals

Gegeben ist die Oberfläche $V \equiv 2x + 3y + 6z = 12$ (beschrieben durch Ortsvektor $\vec{r}(x,y) = \{x, y, (12-2x-3y)/6\}$) und ein Vektorfeld $\vec{A} = \{18z,\ -12,\ +3y\}$. Gesucht ist der Fluß des Feldes durch den Teil dieser Fläche, der von den 3 Koordinatenachsen im ersten Oktanten ausgeschnitten wird.

Zur Berechnung führen wir das Oberflächenintegral auf ein Integral in der x,y-Ebene zurück. Das Integral hat dann die Form:

Die y-Integration verläuft von y = 0 bis zur Schnittkurve der Fläche mit der x-y-Ebene; also bis $y = 4 - \frac{2}{3}x$.

$$\int_F \frac{\vec{A}\cdot\vec{n}}{|\vec{n}\cdot\vec{e}_3\,|}\,dx\,dy. \qquad \underline{1}$$

Wir rechnen die einzelnen Größen getrennt aus:

$$\vec{n} \;=\; \frac{\vec{\nabla}V(x,y,z)}{|\vec{\nabla}V|} \qquad \text{(vgl. (Gl. 11.6))}$$

$$= \frac{\{2,3,6\}}{7} = \overrightarrow{\text{const.}}$$

Für $\vec{n} \cdot \vec{e}_3$ ergibt sich demnach:

$$\vec{n} \cdot \vec{e}_3 = \frac{6}{7}. \qquad \underline{2}$$

Man kann, um $\vec{n}$ zu berechnen, auch vom Ortsvektor $\vec{r}(x, y)$ ausgehen:

$$\vec{n} = \frac{\vec{r}_x \times \vec{r}_y}{|\vec{r}_x \times \vec{r}_y|} = \frac{\{1, 0, -2/6\} \times \{0, 1, -3/6\}}{|\{1, 0, -3/6\} \times \{0, 1, -3/6\}|} = \frac{\{2/6, 1/2, 1\}}{\sqrt{49/36}} = \frac{\{2, 3, 6\}}{7}. \qquad \underline{3}$$

Für $\vec{A}\cdot\vec{n}$ erhält man: $\vec{A}\cdot\vec{n} = \frac{36}{7}z - \frac{36}{7} + \frac{18}{7}y$. Daraus ergibt sich für das Oberflächenintegral

$$\int \vec{A} \cdot \vec{n}\, dF = \int\int \left(\frac{36}{7}z - \frac{36}{7} + \frac{18}{7}y\right) \frac{7}{6}\, dx\, dy. \qquad \underline{4}$$

Wir ersetzen z durch $(12 - 2x - 3y)/6$ und multiplizieren aus; dann ergibt sich für das Integral folgender Ausdruck:

$$\begin{aligned} \int \vec{A} \cdot \vec{n}\, dF &= \int\int (12 - 2x - 3y + 3y - 6)\, dx\, dy \\ &= \int\int (6 - 2x)\, dx\, dy. \end{aligned}$$

Zur Bestimmung der Grenzen des Integrals betrachten wir die Geraden, in der die Fläche V die x, y-Ebene ($z = 0$) schneidet:

$$2x + 3y = 12, \qquad y = 4 - \frac{2}{3}x. \qquad \underline{5}$$

Daraus folgt nun, daß die y-Integration zwischen den Grenzen

$$y = 0 \quad \text{und} \quad y = 4 - \frac{2}{3}x \qquad \underline{6}$$

verläuft. Die x-Integration (Integration) aller Streifen parallel zur y-Achse (siehe Figur) erfolgt zwischen den Grenzen $x = 0$ und $x = 6$.

Wir setzen die berechneten Grenzen ein:

$$\begin{aligned} \int \vec{A} \cdot \vec{n}\, dF &= \int_{x=0}^{6} \int_{y=0}^{4-\frac{2}{3}x} (6 - 2x)\, dx\, dy \\ &= \int_{x=0}^{6} (6 - 2x)\, dx \int_{y=0}^{4-\frac{2}{3}x} dy \\ &= \int_{x=0}^{6} (6 - 2x)\left(4 - \frac{2}{3}x\right) dx \\ &= \int_{x=0}^{6} \left(24 - 12x + \frac{4}{3}x^2\right) dx \\ &= 24. \end{aligned}$$

14.2 Aufgabe: Fluß durch eine Oberfläche

Gegeben ist die Fläche $F \equiv x^2 + y^2 = 16$ und das Vektorfeld $\vec{A} = (z, x, -3y^2 z)$ zwischen $z = 0$ und $z = 5$. Gesucht ist der Fluß des Feldes durch den Teil der Fläche, der im ersten Oktanten liegt.

Lösung: Wir rechnen analog dem 1. Beispiel die Größe $\vec{n} \cdot \vec{e}_2$ und $\vec{A} \cdot \vec{n}$ aus; dazu bestimmen wir zunächst den Normalenvektor $\vec{n}$:

$$\vec{n} = \frac{\vec{\nabla} F}{|\vec{\nabla} F|} = \frac{(x, y, 0)}{4}$$

Für $\vec{A} \cdot \vec{n}$ ergibt sich:

$$\vec{A} \cdot \vec{n} = \frac{zx}{4} + \frac{xy}{4}.$$

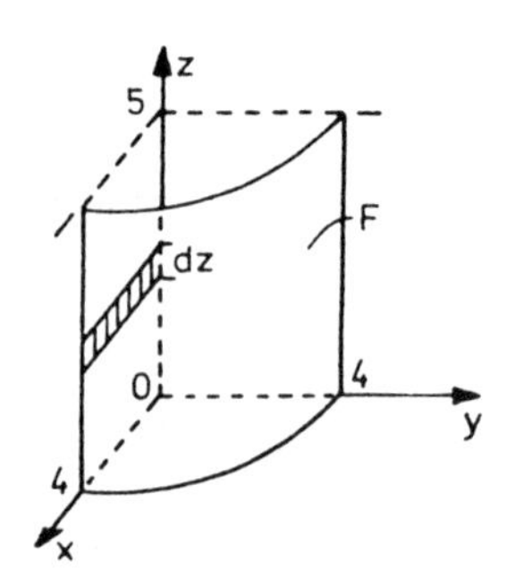

Veranschaulichung der Mantelfläche F.

Man erhält

$$\vec{n} \cdot \vec{e}_2 = \frac{y}{4}.$$

Wir setzen dies in das Oberflächenintegral ein und haben damit:

$$\int \vec{A} \cdot \vec{n} \, dF = \frac{1}{4} \int \int \frac{4(zx + xy)}{y} \, dx \, dz.$$

Wir ersetzen $y = \sqrt{16 - x^2}$ und integrieren in den Grenzen von $x = 0$ bis $x = 4$ bzw. von $z = 0$ bis $z = 5$ (die Schattenfläche in der x-y-Ebene):

$$\int \vec{A} \cdot \vec{n} \, dF = \int_{x=0}^{4} \int_{z=0}^{5} \left(\frac{zx}{\sqrt{16 - x^2}} + x \right) dx \, dz \, .$$

Die Integration über z liefert:

$$\begin{aligned} \int \vec{A} \cdot \vec{n} \, dF &= \int_{x=0}^{4} \left(\frac{z^2}{2} \frac{x}{\sqrt{16 - x^2}} + zx \right) \Bigg|_0^5 dx \\ &= \int_{x=0}^{4} \left(\frac{1}{2} \frac{25x}{\sqrt{16 - x^2}} + 5x \right) dx \\ &= -\frac{25}{2} \sqrt{16 - x^2} \Bigg|_0^4 + \frac{5x^2}{2} \Bigg|_0^4 = 90. \end{aligned}$$

Das Möbiussche Band: Die Flächen in den behandelten Beispielen waren orientierbare Flächen, d.h. der Normalvektor der Fläche bleibt bei beliebigem Wandern auf der Fläche immer auf einer Seite der Fläche. Es gibt jedoch nichtorientierbare Flächen; ein Beispiel hierfür ist das Möbiussche Band[10].

Im Falle des Möbiusschen Bandes gibt es keine Außen- und Innenseite, d.h. das Möbiussche Band hat nur eine Seite. Der Vektorfluß durch das Möbiussche Band verschwindet; dagegen i.A. nicht der Vektorfluß durch die oben dargestellte orientierbare Fläche.

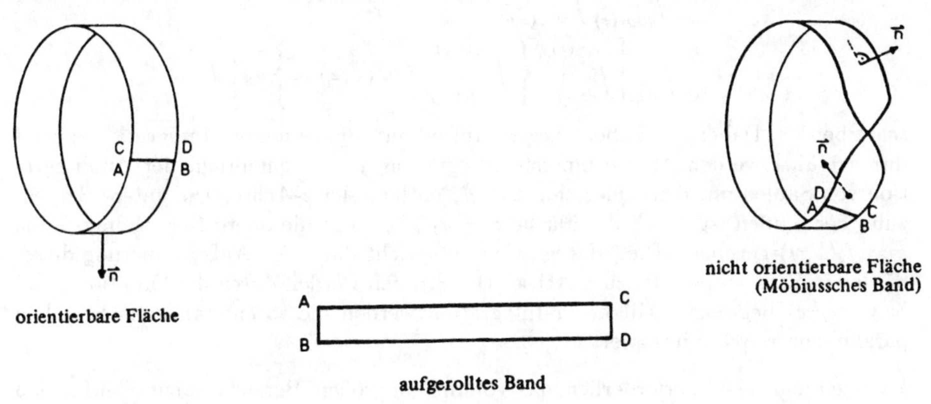

15 Volumen (Raum)-Integrale

Sei $\varrho(x,y,z) = \varrho(\vec{r})$ eine skalare Funktion des Ortes (z.B. die Massendichte), dann gibt das Volumenintegral

$$\int_V \varrho \, dV \equiv \int\int\int_V \varrho(x,y,z)\, dx\, dy\, dz = \lim \sum_k \varrho(\vec{r}_k)\Delta V_k \qquad (15.1)$$

die Gesamtmasse an. Dabei bedeutet ΔV_k kleine Volumenzellen, die im Limes in $dxdydz$ übergehen. Es können Volumenintegrale auch mit einem Vektorfeld $\vec{F}(\vec{r})$ (genauer gesagt: $\vec{F}(\vec{r})$ ist eine Vektordichte und $\vec{F}(\vec{r})dV$ dann ein Vektor) gebildet werden:

$$\int_V \vec{F}(\vec{r})\, dV = \int_V \vec{F}(x,y,z)\, dx\, dy\, dz = \lim \sum_k \vec{F}(\vec{r}_k)\Delta V_k\,. \qquad (15.2)$$

Dies entspricht der Summe aller Vektoren eines Vektorfeldes $\vec{F}$ in einem Volumen V; z.B. der Summe aller an einem starren Körper angreifenden Kräfte. $\vec{F}(\vec{r})$ ist dann eine Kraftdichte; $\vec{F}(\vec{r})\, dV$ die am Volumen dV angreifende Kraft.

[10] *Möbius,* August Ferdinand, geb. 17.11.1790 Schulpforta als Sohn eines Tanzlehrers, gest. 26.9.1868 Leipzig. – M. besuchte die Schule in Schulpforta und anschließend die Universität in Leipzig. Eine Stiftung ermöglichte ihm eine Studienreise, die ihn u.a. zu Gauß führte. Seit 1810 war M. in Leipzig als Direktor der Sternwarte und später auch als Professor an der Universität tätig. – M. förderte die Entwicklung der Geometrie durch seine Beiträge zur Erweiterung des traditionellen Koordiantenbegriffs und zur unbewußt gruppentheoretischen Klassifizierung der Geometrie.

Die mathematische Durchführung eines Volumenintegrals geschieht nach folgendem Schema: Konstruieren wir ein Gitter bestehend aus Ebenen parallel zu den xy, yz und xz-Ebenen, so wird das Volumen V in Teilvolumina, die Quader sind, aufgeteilt. In diesem Fall können wir das Dreifachintegral über V als ein iteratives Integral der Form

$$\int_{x=a}^{b} \int_{y=g_1(x)}^{g_2(x)} \int_{z=f_1(x,y)}^{f_2(x,y)} F(x,y,z)\, dx\, dy\, dz =$$

$$\int_{x=a}^{b} \left[\int_{y=g_1(x)}^{g_2(x)} \left\{ \int_{z=f_1(x,y)}^{f_2(x,y)} F(x,y,z)\, dz \right\} dy \right] dx$$

schreiben. Dabei muß bei dieser Aufteilung die innerste Integration zuerst durchgeführt werden. Diese innerste Integration über z entspricht der Aufintegration von Säulen mit dem Querschnitt $dx\, dy$ entlang der z-Achse. Die untere Begrenzung der Säulen ist durch die Fläche $z = f_1(x,y)$ und die obere Begrenzung durch $z = f_2(x,y)$ gegeben. Die y-Integration entspricht dann der Aufsummierung dieser Säulen in Streifen parallel zu y-Achse. Die Streifen werden durch die Funktion $g_1(x)$ bzw. $g_2(x)$ begrenzt. Mit der x-Integration werden die so entstandenen Scheiben parallel zur x-Achse integriert.

Im allgemeinen ist es erforderlich, das Volumen in größere Bereiche aufzuteilen, so daß das gesamte Dreifachintegral als Summe über Teilintegrale berechnet werden kann. Zu bemerken ist noch, daß die Integration natürlich in einer beliebigen Reihenfolge geführt werden kann. Wir erläutern dies nun mit folgenden Beispielen.

15.1 Beispiel: Berechnung eines Volumenintegrals

Sei $\varrho(\vec{r}) = 45x^2y$ und das Volumen V begrenzt durch die vier Ebenen $4x+2y+z = 8$; $x = 0$; $y = 0$; $z = 0$. Berechnen Sie $\int \varrho(\vec{r})dV$ (siehe Figur).
Wenn ϱ eine Massendichte bedeutet, so stellt das Integral die Gesamtmasse des Volumens V dar. Es ist

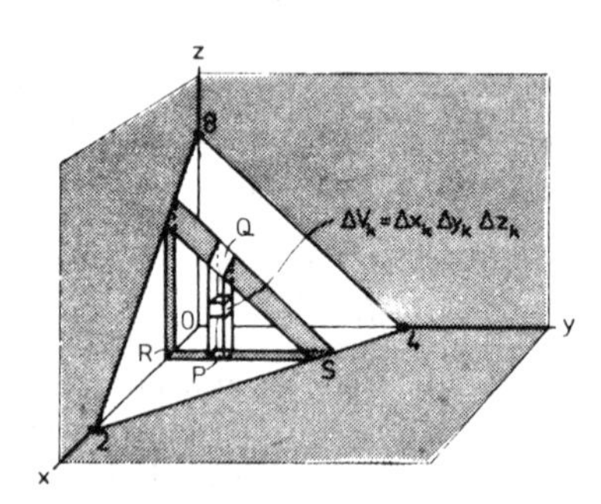

Veranschaulichung des Integrationsvolumen

$$\int\limits_V \varrho(\vec{r})\, dV = \int\limits_{x=0}^{2} \int\limits_{y=0}^{4-2x} \int\limits_{z=0}^{8-4x-2y} (45x^2y)\, dz\, dy\, dx.$$

Hier wird zuerst über z, dann über y und zuletzt über x integriert. Die Integrationsgrenzen bestimmen sich so (siehe Figur): z läuft bei festgehaltenem x und y von $z = 0$ bis zur Ebene $z = 8 - 4x - 2y$. y läuft von 0 bis zur Geraden $y = 4 - 2x$ in der x-y-Ebene (Schnitt der Ebene $4x + 2y + z = 8$ mit der x-y-Ebene) und x läuft von Null bis 2 (Schnittpunkt der Geraden $y = 4 - 2x$ mit der x-Achse). Die Rechnung ergibt nun

$$\int_{x=0}^{2} \int_{y=0}^{4-2x} \int_{z=0}^{8-4x-2y} (45x^2y)dz\,dy\,dx =$$

$$= 45 \int_{x=0}^{2} \int_{y=0}^{4-2x} x^2y \left(z \Big|_0^{8-4x-2y} \right) dy\,dx$$

$$= 45 \int_{x=0}^{2} \int_{y=0}^{4-2x} (x^2y)(8-4x-2y)\,dy\,dx$$

$$= 45 \int_{x=0}^{2} \left\{ x^2(8-4x) \left(\frac{y^2}{2} \Big|_0^{4-2x} \right) - 2x^2 \left(\frac{y^3}{3} \Big|_0^{4-2x} \right) \right\} dx$$

$$= 45 \int_{x=0}^{2} \frac{1}{3} x^2 (4-2x)^3\,dx = 128\,.$$

15.2 Aufgabe: Berechnung einer Gesamtkraft aus der Kraftdichte

Integrieren Sie die Kraftdichte $\vec{f} = (2xz, -x, y^2)\mathrm{N/cm}^3$ über das Volumen V begrenzt durch die fünf Flächen $x = 0$; $y = 0$; $y = 6$; $z = x^2$; $z = 4$ (siehe Figur).

Lösung: Offenbar bedeutet das Integral

$$\int\int\int_V \vec{f}(x,y,z)\,dV$$

die Gesamtkraft, die an dem Körper mit diesem Volumen angreift. Wir erhalten

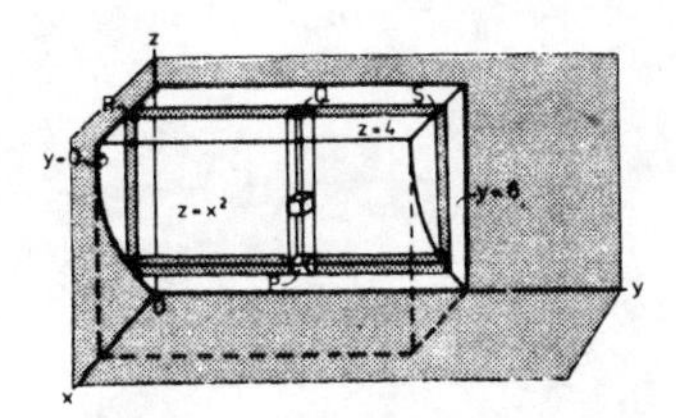

Veranschaulichung des Integrationsvolumen

$$\begin{aligned}
&\int_{x=0}^{2}\int_{y=0}^{6}\int_{z=x^2}^{4}(2xz\vec{e}_1 - x\vec{e}_2 + y^2\vec{e}_3)\,dz\,dy\,dx \\
&= \vec{e}_1\int_{0}^{2}\int_{0}^{6}\int_{z=x^2}^{4} 2xz\,dz\,dy\,dx + \vec{e}_2\int_{0}^{2}\int_{0}^{6}\int_{x^2}^{4}(-x)\,dz\,dy\,dx \\
&\quad + \vec{e}_3\int_{0}^{2}\int_{0}^{6}\int_{x^2}^{4} y^2\,dz\,dy\,dx \\
&= 128\,\vec{e}_1 - 24\,\vec{e}_2 + 384\,\vec{e}_3\ .
\end{aligned}$$

Kapitel II

Newtonsche Mechanik

16 Die Newtonschen Axiome

In der Newtonschen[1] oder klassischen Mechanik stehen drei Axiome an der Spitze, die nicht unabhängig voneinander sind:

1. das Trägheitsgesetz,
2. die dynamische Grundgleichung,
3. das Wechselwirkungsgesetz,

und als Zusatz die Unabhängigkeitssätze zur Überlagerung von Kräften und Bewegungen.

---

[1]Isaak *Newton*, geb. 4.1.1643 Woolsthorpge (Lincolnshire), gest. 31.3.1727 London. – N. studierte seit 1660 am Trinity-College in Cambridge, bes. bei dem bedeutenden Mathematiker und Theologen L. Barrow. Nach Erwerb verschiedener akadem. Grade und einer Reihe wesentl. Entdeckungen wurde N. 1669 Nachfolger seines Lehrers in Cambridge, war seit 1672 Mitglied der Royal Society und seit 1703 ihr Präsident. 1688/1705 war er auch Parlamentsmitglied, seit 1696 Aufseher und seit 1701 Münzmeister der köngl. Münze. – N.s Lebenswerk umfaßt neben theolog. alchemist. und chronologische-histor. Schriften vor allem Arbeiten zur Optik und zur reinen und angewandten Mathematik. In seinen opt. Untersuchungen stellt er das Licht als Strom von Korpuskeln dar und deutet damit das Spektrum und die Zusammensetzung des Lichtes sowie die N.schen Farbenringe, Beugungserscheinungen und die Doppelbrechung. Sein Hauptwerk *„Philosophiae naturalis principia mathematica“* (Druck 1687) ist grundlegend für die Entwicklung der exakten Wissenschaften. Es enthält z.B. die Definition der wichtigsten Grundbegriffe der Physik, die drei *Axiome der Mechanik* markoskop. Körper, z.B. das Prinzip der „actio et reactio“ , das *Gravitationsgesetz,* die Ableitung der Keplerschen Gesetze und die erste Veröffentlichung über Fluxionsrechnung. Auch Überlegungen zur *Potentialtheorie* und über die Gleichgewichtsfiguren rotierender Flüssigkeiten stellte N. an. Die Ideen für das große Werk stammten vorwiegend aus den Jahren 1665/66, als N. von der Pest aus Cambridge geflohen war:

In der Mathematik befaßte sich N. mit der Reihenlehre, z.B. 1669 mit der binom. Reihe, mit der Interpolationstheorie, mit Näherungsverfahren und mit der Klassifizierung kub. Kurven und der Kegelschnitte. Log. Schwierigkeiten konnte N. allerdings auch mit seiner 1704 ausführlich dargestellten Fluxionsrechnung nicht überwinden. – Sein Einfluß auf die Weiterentwicklung der mathemat. Wissenschaften ist schwer zu beurteilen, da N. außerordentlich ungern publizierte. Als N. z.B. seine Fluxionsrechnung allgemein bekannt machte, war seine Art der Behandlung von Problemen der Analysis gegenüber dem Kalkül von Leibniz bereits veraltet. Bis ins 20. Jh. zog sich der Streit hin, ob ihm oder Leibniz die Priorität für die Entwicklung der Infinitesimalrechnung gebührte. Detailuntersuchungen haben gezeigt, daß jeder auf diesem Gebiet unabhängig vom anderen zu seinen Ergebnissen kam.

Voraussetzungen der Newtonschen Mechanik sind:

1. Die absolute Zeit; das bedeutet, daß die Zeit in allen Koordinatensystemen gleich ist, d. h. invariant ist: $t = t'$. Man kann in allen Koordinatensystemen feststellen, ob ein Ergebnis gleichzeitig ist, weil man sich in der klassischen Physik vorstellen kann, daß Signale mit unendlich großer Geschwindigkeit ausgetauscht werden.

2. Der absolute Raum; das bedeutet, daß es ein absolut ruhendes Koordinatensystem gibt, das den ganzen Raum aufspannt. Dieser absolute Raum kann durch den Weltäther repräsentiert gedacht werden, welcher absolut ruhen soll und gewissermaßen den absoluten Raum verkörpert. Newton selbst hat an den Äther nicht geglaubt; er konnte sich den absoluten Raum auch leer vorstellen. In jüngster Zeit wurde die 2.7° Kelvin-Strahlung beobachtet. Sie stammt aus dem Urknall, in dem unser Universum wahrscheinlich entstanden ist. Ein Koordinatensystem, in dem diese Strahlung isotrop, d. h. in allen Richtungen gleich stark ist, könnte ebenfalls als ein solch absolutes Koordinatensystem dienen.

3. Die von der Geschwindigkeit unabhängige Masse.

4. Die Masse eines abgeschlossenen Systems von Körpern (oder Massenpunkten) ist von den sich in diesem System abspielenden Prozessen, gleich welcher Art diese sein mögen, unabhängig.

Die absolute Zeit und der absolute Raum, sowie auch die von der Geschwindigkeit unabhängige Masse gehen in der speziellen Relativitätstheorie verloren. Die 4. Voraussetzung schließlich ist in hochenergetischen Prozessen wie $p+p \rightarrow p+p+\pi^+ + \pi^-$ nicht mehr erfüllt. Hier werden neue Massen erzeugt.

Newton hat seine Axiome im wesentlichen wie folgt formuliert:

Lex prima: Jeder Körper beharrt in seinem Zustand der Ruhe oder gleichförmigen geradlinigen Bewegung, wenn er nicht durch einwirkende Kräfte gezwungen wird, seinen Zustand zu ändern.

Lex secunda: Die Änderung der Bewegung ist der Einwirkung der bewegenden Kraft proportional und geschieht nach der Richtung derjenigen geraden Linie, nach welcher jene Kraft wirkt.

Lex tertia: Die Wirkung ist stets der Gegenwirkung gleich, oder die Wirkungen zweier Körper aufeinander sind stets gleich und von entgegengesetzter Richtung.

Lex quarta: Zusatz zu den Bewegungsgesetzen: Regel vom Parallelogramm der Kräfte, d. h. Kräfte addieren sich wie Vektoren. Damit wird das Superpositionsprinzip der Kraftwirkungen festgelegt (das Prinzip der ungestörten Überlagerung).

Da im folgenden nur *Punktmechanik* betrieben werden soll, muß die Modellvorstellung des Massenpunktes eingeführt werden. Man sieht hierbei von Form, Größe und

Drehbewegungen eines Körpers ab und betrachtet nur seine fortschreitende Bewegung. Dann lauten die Newtonschen Axiome in moderner Form:

Axiom 1: Jeder Massenpunkt verharrt im Zustand der Ruhe oder der geradlinig, gleichförmigen Bewegung, bis dieser Zustand durch das Einwirken anderer Kräfte (d. h. durch Übertragung von Kräften) beendet wird. Es handelt sich also um einen Spezialfall des zweiten Axioms. Wenn nämlich

$$\vec{F} = 0, \qquad \text{so ist also} \qquad m \cdot \vec{v} = \overrightarrow{\text{const.}}$$

Wegen der vorausgesetzten Geschwindigkeitsunabhängigkeit der Masse gilt also:

$$\vec{v} = \overrightarrow{\text{const.}}$$

Bezeichnet man die „Bewegungsgröße" $m \cdot \vec{v}$ als den *linearen Impuls* des Massenpunktes, so ist das Trägheitsgesetz identisch mit dem Satz von der Erhaltung des linearen Impulses.

Axiom 2: Die erste zeitliche Ableitung des linearen Impuluses $\vec{p}$ eines Massenpunktes ist gleich der auf ihn einwirkenden Kraft $\vec{F}$:

$$\vec{F} = \frac{d(m \cdot \vec{v})}{dt} = \frac{d\vec{p}}{dt},$$

wobei

$$\vec{p} = m\vec{v}$$

der lineare Impuls ist.

Da die Masse im allgemeinen eine geschwindigkeitsabhängige Größe ist, also auch zeitabhängig ist, darf sie nicht ohne weiteres vor die Klammer gezogen werden. In der nichtrelativistischen, Newtonschen Mechanik ($v \ll c$; $c = 3 \cdot 10^8\,\text{m}\,\text{s}^{-1}$) wird m jedoch als unabhängig von der Zeit behandelt und man erhält so die dynamische Grundgleichung:

$$\vec{F} = m\frac{d\vec{v}}{dt} = m\frac{d^2\vec{r}}{dt^2} = m\vec{a}.$$

Das heißt, die Beschleunigung $\vec{a}$ eines Massenpunktes ist der auf ihn wirkenden Kraft direkt proportional und fällt mit der Richtung der Kraft zusammen.

Wirken gleichzeitig mehrere Kräfte auf einen Massenpunkt, so lautet die obige Beziehung gemäß dem Superpositionsprinzip der Kräfte

$$\frac{d\vec{p}}{dt} = \sum_{i=1}^{n} \vec{F}_i.$$

Axiom 3: Die von zwei Massenpunkten aufeinander ausgeübten Kräfte haben gleiche Beträge und entgegengesetzte Richtung; Kraft = – Gegenkraft:

$$\vec{F}_{ij} = -\vec{F}_{ji}, \quad \text{wobei } i \neq j.$$

$\vec{F}_{ij}$ ist hier die Kraft, die vom j-ten Punkt auf den i-ten Punkt ausgeübt wird. $\vec{F}_{ji}$ die, die vom i-ten auf den j-ten Punkt ausgeübt wird.

Bemerkung: Die Beziehung $\vec{F} = d(m\vec{v})/dt$ ist *zum einen Definition der Kraft, zum anderen Gesetz.* Das Gesetzliche daran ist, daß z. B. die erste zeitliche Ableitung des linearen Impulses vorkommt und nicht die dritte oder vierte oder dgl. Da die Kraft die Ableitung eines Vektors nach einem Skalar (der Zeit) ist, ist sie selbst ein Vektor. Es gilt also für die Addition von Kräften z. B. das Parallelogrammgesetz.

16.1 Aufgabe: Einfache Seilrolle

Ein Gewicht $W_1 = M_1 g$ hängt an einem Seilende. Am anderen Ende des Seils, welches über eine Rolle hängt, zieht sich ein Junge mit dem Gewicht $W_2 = M_2 g$ hoch. Seine Beschleunigung relativ zur festverankerten Rolle sei a. Mit welcher Beschleunigung bewegt sich das Gewicht W_1?

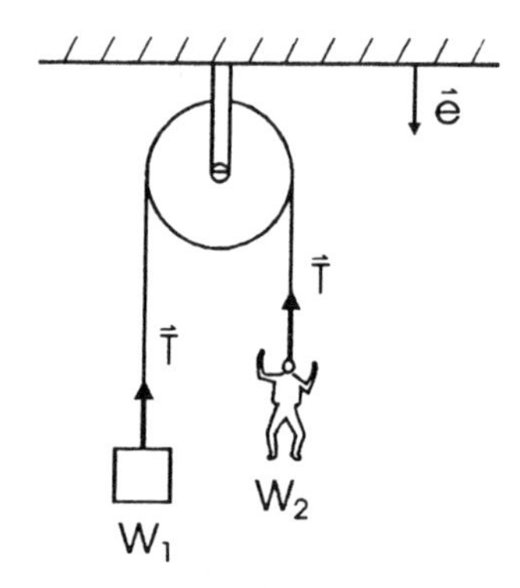

Lösung: Sei b die Beschleunigung von W_1 und T die Seilspannung, dann lauten die Newtonschen Bewegungsgleichungen

a) für die Masse M_2 (Mensch):

$$-M_2 \cdot a\vec{e} = M_2 g\,\vec{e} - T\,\vec{e}\,, \qquad \underline{1}$$

b) für die Masse M_1 (Gewicht W_1):

$$M_1 b\,\vec{e} = M_1 g\,\vec{e} - T\,\vec{e}\,. \qquad \underline{2}$$

Das sind zwei Gleichungen mit zwei Unbekannten (T, b). Ihre Lösung kann sofort angegeben werden:

$$\begin{aligned} T &= M_2(a+g)\,, && \underline{3} \\ b &= g - \frac{T}{M_1} = g - \frac{M_2}{M_1}(a+g) \\ &= g - \frac{W_2}{W_1}(a+g) \\ &= \frac{(W_1 - W_2)g - W_2 a}{W_1}\,. && \underline{4} \end{aligned}$$

Wenn $W_1 = W_2$ ist, folgt $b = -a$, wie es sein sollte. Andererseits, wenn $a = 0$, folgt $b = \frac{(W_1 - W_2)}{W_1} g$, und verschwindet erwartungsgemäß für den Fall $W_1 = W_2$.

16.2 Aufgabe: Doppelte Seilrolle

An einem Seil über einer Rolle A hängt an einem Ende die Masse M_1 (vgl. Figur). Am anderen Ende hängt eine zweite Rolle mit der Masse M_2, über der wiederum ein Seil mit den Massen m_1 bzw. m_2 an dessen beiden Enden hängt. Auf alle Massen wirkt die Schwerkraft. Berechnen Sie die Beschleunigung der Massen m_1 und m_2, sowie die Spannungen T_1 und T in den Seilen.

Lösung: Wie führen den Einheitsvektor $\vec{e} \perp$ nach oben ein (siehe Figur) und nennen die Fadenspannungen $\vec{T} = T\vec{e}$ bzw. $\vec{T_1} = T_1\vec{e}$ (siehe Figur). An den einzelnen Massen greifen also sowohl die Fadenspannung (das ist die Kraft im Seil) als auch die Schwerkraft an. Wir schreiben nun nach dem Newtonschen Grundgesetz die Bewegungsgleichungen für die einzelnen Massen der Reihe nach auf.

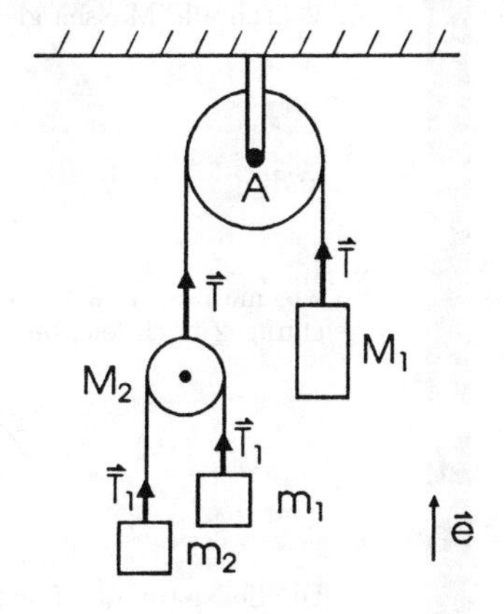

$$\begin{aligned} M_1 a_1 \vec{e} &= -M_1 g\vec{e} + T\vec{e}, \\ -M_2 a_1 \vec{e} &= -M_2 g\vec{e} + T\vec{e} - 2T_1\vec{e}, \\ m_1(a_2 - a_1)\vec{e} &= -m_1 g\vec{e} + T_1\vec{e}, \\ m_2(-a_2 - a_1)\vec{e} &= -m_2 g\vec{e} + T_1\vec{e}. \end{aligned} \qquad \underline{1}$$

Dabei haben wir die Beschleunigung der Masse M_1 mit $a_1\vec{e}$ bezeichnet, die der Masse M_2 ist dann (wegen konstanter Seillänge) $-a_1\vec{e}$; die Beschleunigung der Masse m_1 relativ zur Masse M_2 ist $a_2\vec{e}$, die der Masse m_2 ist $-a_2\vec{e}$. 1 stellt ein System von 4 Gleichungen mit den vier Unbekannten a_1, a_2, T, T_1 dar. Subtraktion der zweiten Gleichung von der ersten ergibt

$$(M_1 + M_2)a_1 = -(M_1 - M_2)g + 2T_1\,. \qquad \underline{2}$$

Die Addition der beiden letzten Gleichungen von 1 führt auf

$$-(m_1 + m_2)a_1 + (m_1 - m_2)a_2 = -(m_1 + m_2)g + 2T_1\,. \qquad \underline{3}$$

Die Subtraktion von 3 von 2 liefert dann eine Beziehung zwischen a_1 und a_2:

$$(M_1 + M_2 + m_1 + m_2)a_1 - (m_1 - m_2)a_2 = (-M_1 + M_2 + m_1 + m_2)g\,. \qquad \underline{4}$$

Eine zweite Beziehung dieser Art wird durch Subtraktion der beiden letzten Gleichungen 1 voneinander erhalten, nämlich

$$-(m_1 - m_2)a_1 + (m_1 + m_2)a_2 = -(m_1 - m_2)g\,. \qquad \underline{5}$$

Aus Gleichungen 4 und 5 findet man nun leicht die Beschleunigung a_1 und a_2:

$$a_1 = \frac{-M_1(m_1 + m_2) + M_2(m_1 + m_2) + 4m_1m_2}{(m_1 + m_2)(M_1 + M_2) + 4m_1m_2}g\,, \qquad \underline{6}$$

$$a_2 = \frac{-2M(m_1 - m_2)}{(m_1 + m_2)(M_1 + M_2) + 4m_1m_2}g, \qquad \underline{7}$$

so daß die Gesamtbeschleunigung der Masse m_1 sich zu

$$a_2 - a_1 = \frac{M_1(m_1 + m_2) - 3M_2 m_1 + M_2 m_2 - 4m_1 m_2}{(m_1 + m_2)(M_1 + M_2) + 4m_1 m_2} g \qquad \underline{8}$$

ergibt und die der Masse m_2:

$$(-a_2 - a_1) = \frac{-3M_2 m_2 + M_2 m_1 + M_1(m_1 + m_2) - 4m_1 m_2}{(m_1 + m_2)(M_1 + M_2) + 4m_1 m_2} g \,. \qquad \underline{9}$$

Wären alle Massen gleich ($M_1 = M_2 = m_1 = m_2$), so wären

$$a_2 - a_1 = -\frac{1}{2}g, \quad a_2 = 0$$

und

$$-a_2 - a_1 = -\frac{1}{2}g, \quad a_1 = \frac{1}{2}g, \qquad \underline{10}$$

wie man es erwarten würde. Die Fadenspannung T_1 erhalten wir mit $\underline{6}$ aus Gleichung $\underline{2}$ nach leichter Rechnung zu

$$\begin{aligned} T_1 &= \frac{1}{2}(M_1 + M_2)a_1 + \frac{1}{2}(M_1 - M_2)g \\ &= \frac{4m_1 m_2 M_1}{(m_1 + m_2)(M_1 + M_2) + 4m_1 m_2} g. \end{aligned} \qquad \underline{11}$$

Die Seilspannung T ergibt sich aus den ersten beiden Gleichungen $\underline{1}$ unter Benutzung von $\underline{6}$ und $\underline{11}$ zu

$$\begin{aligned} T &= \frac{(M_1 - M_2)a_1}{2} + \frac{(M_1 + M_2)g}{2} + T_1 \\ &= M_1 a_1 + M_1 g = M_1(a_1 + g) \\ &= \frac{2(m_1 + m_2)M_1 M_2 + 8m_1 m_2 M_1}{(m_1 + m_2)(M_1 + M_2) + 4m_1 m_2)} g. \end{aligned} \qquad \underline{12}$$

Gemäß $\underline{11}$ verschwindet T_1, wenn eine der Massen m_1, m_2, M_1 verschwindet. Das Seil rollt in diesem Fall ohne Spannung ab, wie wir es anschaulich erwarten. Die Seilspannung T verschwindet, wenn entweder $M_1 = 0$ ist, oder M_2 und eine der Massen m_1 oder m_2 (oder beide) verschwinden. Verschwinden $m_1 = m_2 = m = 0$ und ist $M_1 \neq 0$, $M_2 \neq 0$ so resultiert ein Limes $m \to 0$.

$$T = \frac{2M_1 M_2}{M_1 + M_2} g.$$

Das ist die Seilspannung im Fall der einfachen Rolle mit den beiden Massen M_1 und M_2 an beiden Seilenden.

17 Grundbegriffe der Mechanik

Inertialsysteme:

Wir suchen die Kräfte, die auf einen Massenpunkt P wirken, in zwei relativ zueinander bewegten Koordinatensystemen x, y, z, und x', y', z' für jeweils mitbewegte Beobachter 0 bzw. 0'. $\vec{r}$ und $\vec{r}\,'$ seien die Ortsvektoren von P in x, y, z bzw. in x', y', z'. Man erhält dann den Ortsvektor von 0 nach 0' als Differenz $\vec{r} - \vec{r}\,' = \vec{R}$.

Es gilt nach der Newtonschen Grundgleichung:

$$\vec{F} = m\frac{d^2\vec{r}}{dt^2} \quad \text{und} \quad \vec{F}\,' = m\frac{d^2\vec{r}\,'}{dt^2}. \tag{17.1}$$

Der Punkt P in bezug auf die beiden Koordinatensysteme x, y, z und x', y', z'.

Die Differenz der beobachteten Kräfte ist:

$$\vec{F} - \vec{F}\,' = m\frac{d^2}{dt^2}(\vec{r} - \vec{r}\,') = m\frac{d^2\vec{R}}{dt^2} \tag{17.2}$$

Wegen $m \neq 0$ ist diese Differenz dann und nur dann Null, wenn gilt:

$$\frac{d^2\vec{R}}{dt^2} = 0 \quad \text{bzw.} \quad \frac{d\vec{R}}{dt} = \overrightarrow{\text{const.}} = \vec{v}_R. \tag{17.3}$$

Das bedeutet, die Kräfte sind dann gleich, wenn die beiden Koordinatensysteme sich mit konstanter Geschwindigkeit $\vec{v}_R$ relativ zueinander bewegen. Solche Systeme nennt man *Inertialsysteme*. Die Tatsache, daß in solchen Inertialsystemen die Newtonschen Gleichungen (17.1) der Form nach gleich und auch die Kräfte gleich sind ($\vec{F} = \vec{F}\,'$) heißt *klassisches Relativitätsprinzip*.

Messung von Massen: Massen werden durch Vergleich mit einer willkürlich festgesetzten Einheitsmasse gemessen. Hat man drei verschiedene Massen m_1, m_2 und m_3, wobei m_1 die Einheitsmasse ist, so läßt sich z. B. m_3 ausgehend vom 2. und 3. Newtonschen Gesetz als der Quotient der Beschleunigungen experimentell bestimmen:

Wirkung zentraler Stoß

Wirkung der Kraft im nichtzentralen Stoß

$$\begin{aligned} m_1\frac{d\vec{v}_1}{dt} &= -m_3\frac{d\vec{v}_3}{dt}, \qquad m_1\,\vec{a}_1 = -m_3\,\vec{a}_3 \\ \text{Kraft} &= -\text{Gegenkraft} \end{aligned}$$

Daraus folgt:

$$m_3 = m_1 \frac{|\vec{a}_1|}{|\vec{a}_3|},$$

wobei m_1 die Einheitsmasse ist und $\vec{a}_1$ bzw. $\vec{a}_3$ bestimmt werden können. Man kann also m_3 in Einheiten von m_1 messen. Beim Meßprozeß (Stoß) werden die Grundgesetze (2. und 3. Newtonsche Gesetz) benutzt.

Entsprechend gilt dann auch

$$m_2 = m_1 \frac{|\vec{a}_1|}{|\vec{a}_2|}. \qquad (17.4)$$

Arbeit: Eine Kraft $\vec{F}$ ruft eine Verschiebung eines Massenpunktes M um ein infinitesimal kleines Wegelement $d\vec{r}$ hervor und leistet die Arbeit dW, die wie folgt definiert ist:

$$dW = \vec{F} \cdot d\vec{r} = |\vec{F}|\,|d\vec{r}\,|\cos(\vec{F}, d\vec{r}\,).$$

Die Einheit dieses Skalars ist also:

$$\frac{\text{g}\,\text{cm}^2}{\text{s}^2} = 1\,\text{erg} \quad \text{oder}$$

$$\frac{\text{kg}\,\text{m}^2}{\text{s}^2} = 1\,\text{Nm} \Rightarrow 1\,\text{erg} \mathrel{\widehat{=}} 10^{-7}\,\text{Nm}.$$

Hierbei ist 1 Newton (N) $= \frac{\text{kg}\,\text{m}}{\text{s}^2}$ die Einheit der Kraft.

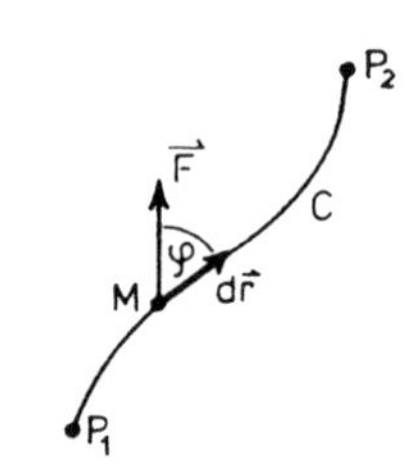

Zur Erklärung des Arbeitsintegrals

Die gesamte Arbeit W, die zur Bewegung von M längs einer Kurve C zwischen den Punkten P_1 und P_2 notwendig ist, ist durch folgendes Linienintegral gegeben:

$$W = \int_C \vec{F} \cdot d\vec{r} = \int_{P_1}^{P_2} \vec{F} \cdot d\vec{r}\,. \qquad (17.5)$$

Leistung ist verrichtete Arbeit pro Zeiteinheit:

$$\frac{dW}{dt} = \vec{F} \cdot \frac{d\vec{r}}{dt} = \vec{F} \cdot \vec{v}. \qquad (17.6)$$

Die Einheit der Leistung ist $\left[\text{g}\,\text{cm}^2/\text{s}^3 = \text{erg/s}\right]$ oder $\left[\text{kg}\,\text{m}^2/\text{s}^3 = \text{Nm/s}\right]$.

Kinetische Energie: Um einen Massenpunkt zu beschleunigen und ihn auf eine bestimmte Geschwindigkeit zu bringen, muß Arbeit verrichtet werden. Diese steckt dann in Form von *kinetischer Energie* im Massenpunkt. Wir gehen also von dem Integral der Arbeit aus:

$$W = \int_{t_1}^{t_2} \vec{F} \cdot d\vec{r} = \int_{t_1}^{t_2} \vec{F} \cdot \vec{v}\,dt$$

$$
\begin{aligned}
&= \int_{t_1}^{t_2} m\frac{d\vec{v}}{dt}\cdot\vec{v}\,dt = \frac{1}{2}m\int_{\vec{v}_1}^{\vec{v}_2} d(\vec{v}\cdot\vec{v}) \\
&= \frac{1}{2}m(v_2^2 - v_1^2) = T_2 - T_1\,, \\
T &= \frac{1}{2}m\,v^2 = \text{kin. Energie.}
\end{aligned}
\tag{17.7}
$$

Konservative Kräfte: Von einer konservativen Kraft spricht man dann, wenn das Kraftfeld $\vec{F}$ darstellbar ist als:

$$\vec{F} = -\text{grad}\,V(x,y,z) \qquad \text{(Definition)}.$$

Ist das der Fall, so sind die Arbeitsintegrale wegunabhängig:

$$
\begin{aligned}
\int_{P_1}^{P_2} \vec{F}\cdot d\vec{r} &= -\int_{P_1}^{P_2} \text{grad}\,V\cdot d\vec{r} \\
&= -\int_{P_1}^{P_2} dV \qquad \text{(siehe totales Differential, Abschnitt 11)} \\
&= V(P_1) - V(P_2) \equiv V_1 - V_2 \\
&= -(V_2 - V_1).
\end{aligned}
\tag{17.8}
$$

Es gilt also:

$W = V_1 - V_2$ wobei V ein Skalarfeld ist, das jedem Punkt des Raumes einen Zahlenwert zuordnet. W ist somit wegunabhängig. Das bedeutet aber weiterhin, daß bei Integration um eine geschlossene Kurve die Gesamtarbeit Null sein muß:

$$\oint_C \vec{F}\cdot d\vec{r} = 0 \tag{17.9}$$

bei konservativen Kräften. Eine äquivalente Forderung für konservative Kräfte ist:

$$\text{rot}\,\vec{F} = \vec{\nabla}\times\vec{F} = 0 \tag{17.10}$$

bei konservativen Kräften; denn

$$\text{rot}\,\text{grad}\,V(\vec{r}) = 0.$$

Potential: Gilt $\vec{F} = -\vec{\nabla}V$, dann wird die skalare Größe $V(x,y,z)$ potentielle Energie, skalares Potential oder kurz Potential genannt:

$$V(x,y,z) = -\int_{(x_0,y_0,z_0)}^{(x,y,z)} \vec{F}\cdot d\vec{r}\,. \tag{17.11}$$

17.1 Beispiel: Potentielle Energie

Berechnung der potentiellen Energie zwischen zwei Punkten:

$$W = \int_{P_1}^{P_2} \vec{F}\cdot d\vec{r}$$

$$= \int_{P_1}^{(x_0,y_0,z_0)} \vec{F}\cdot d\vec{r} + \int_{(x_0,y_0,z_0)}^{P_2} \vec{F}\cdot d\vec{r}.$$

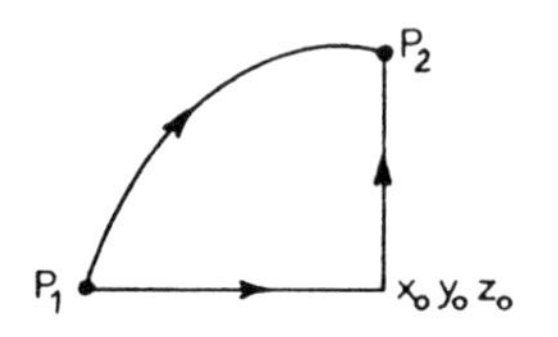

Zur Veranschaulichung der potientiellen Energie in Punkten P_1 und P_2.

Voraussetzung ist ein konservatives Kraftfeld und somit Wegunabhängigkeit des Arbeitsintegrals.

$$W = -\int_{(x_0,y_0,z_0)}^{P_1} \vec{F}\cdot d\vec{r} + \int_{(x_0,y_0,z_0)}^{P_2} \vec{F}\cdot d\vec{r} = V(x_1y_1z_1) - V(x_2y_2z_2).$$

Demnach handelt es sich bei der Arbeit um eine Potentialdifferenz, die von der Wahl des Bezugspunktes unabhängig ist. Das Potential selbst ist immer relativ zu einem Bezugspunkt (x_0, y_0, z_0) definiert und daher um eine additive Konstante unbestimmt. Der Nullpunkt des Potentials kann willkürlich festgelegt werden. Diese Willkür entspricht der (willkürlichen) additiven Konstanten im Potential.

Energiesatz: Bei der Herleitung der kinetischen Energie fanden wir folgende Beziehung für die Arbeit:

$$W = T_2 - T_1.$$

Für konservative Felder gilt auch noch die andere Beziehung zwischen denselben Punkten P_1 und P_2:

$$W = V_1 - V_2.$$

Daraus folgt

$$T_2 + V_2 = T_1 + V_1. \tag{17.12}$$

Das ist der Energieerhaltungssatz (kurz: Energiesatz), wobei $T + V = E$ die Gesamtenergie des Massenpunktes repräsentiert.

Ausführlich geschrieben lautet der *Erhaltungssatz der Energie:*

$$\frac{1}{2}m\vec{v}_2^{\,2} + \left(-\int_{P_0}^{P_2} \vec{F}\cdot d\vec{r}\right) = \frac{1}{2}m\,\vec{v}_1^{\,2} + \left(-\int_{P_0}^{P_1} \vec{F}\cdot d\vec{r}\right) \tag{17.13}$$

oder

$$\frac{1}{2}m\,\vec{v}_2^{\,2} + V_2 = \frac{1}{2}m\,\vec{v}_1^{\,2} + V_1\,.$$

oder

$$E_2 = E_1$$

Die Voraussetzungen für diesen Energieerhaltungssatz für die Bewegung eines Massenpunktes sind:

1. Die Grundannahmen und Grundgesetze der Newtonschen Mechanik (z. B. nichtrelativistische Behandlung der Masse).

2. Konservative Kraftfelder, d. h. die Kräfte lassen sich als der negative Gradient eines Potentials schreiben. Dann gilt in zeitlich konstanten Kraftfeldern: $E = T + V = \text{const}$.

Äquivalenz von Kraftstoß und Impulsänderung: Wirkt auf einen Massenpunkt während eines Zeitintervalls $t = t_1 - t_2$ eine Kraft, so nennt man das Zeitintegral über diese Kraft einen *Kraftstoß:*

$$\int_{t_1}^{t_2} \vec{F}(t)\, dt = \text{Kraftstoß}. \tag{17.14}$$

Der Kraftstoß ist der Impulsänderung bzw. der Impulsdifferenz äquivalent. Das sehen wir folgendermaßen:

Aus der Definition des linearen Impulses $\vec{p} = m\vec{v}$ und aus der 2. Newtonschen Grundgleichung folgt:

$$\int_{t_1}^{t_2} \vec{F}\, dt = \int_{t_1}^{t_2} \frac{d}{dt}(m\,\vec{v}\,)\, dt = \int_{t_1}^{t_2} d(m\,\vec{v}\,) = m\vec{v}_2 - m\vec{v}_1 = \vec{p}_2 - \vec{p}_1. \tag{17.15}$$

Eine wirkende Kraft hat also eine Impulsänderung zur Folge, und zwar nur des Betrages, wenn $\vec{F}$ in Richtung von $\vec{p}_1$ liegt, bzw. von Betrag und Richtung, wenn $\vec{F}$ in beliebigem Winkel zu $\vec{p}_1$ steht.

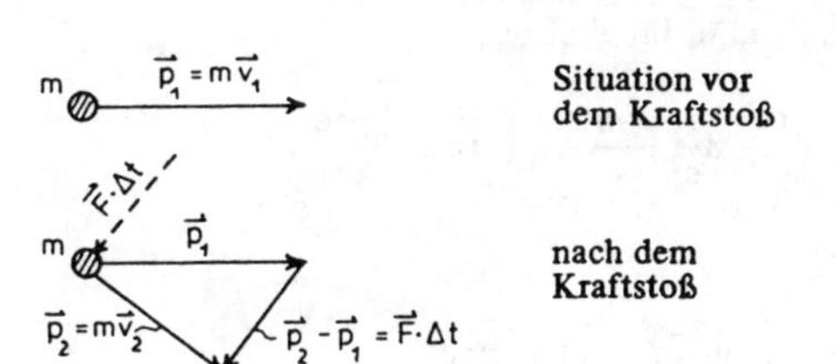

Situation vor dem Kraftstoß

nach dem Kraftstoß

Wirkt die Kraft $\vec{F}$ während der Zeit Δt, so ändert sich der Impuls um $\vec{F}\Delta t = \vec{p}_2 - \vec{p}_1$. Nach dem Stoß bewegt sich die Masse geradlinig mit $\vec{p}_2$ weiter.

17.2 Aufgabe: Impulsstoß durch zeitabhängiges Kraftfeld

Ein Teilchen mit der Masse $m = 2\,\mathrm{g}$ bewegt sich in dem zeitabhängigen homogenen Kraftfeld:

$$\vec{F} = (24\frac{t^2}{\mathrm{s}^2},\ 3\frac{t}{\mathrm{s}} - 16,\ -12\frac{t}{\mathrm{s}})\,\mathrm{dyn}.$$

Die Anfangsbedingungen sind:

$$\vec{r}_{(t=0)} = \vec{r}_0 = (3,\ -1,\ 4)\,\mathrm{cm}$$

und

$$\vec{v}_{(t=0)} = \vec{v}_0 = (6,\ 15,\ -8)\,\frac{\mathrm{cm}}{\mathrm{s}}$$

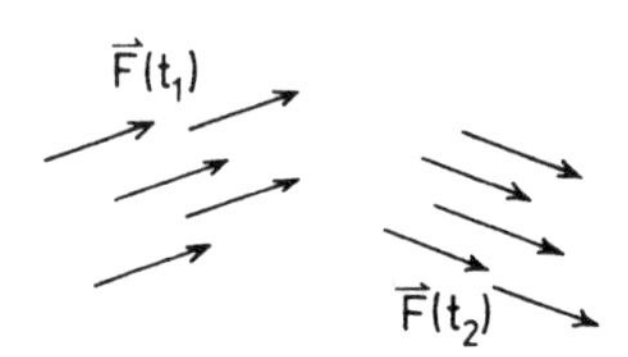

Kraftfeld zu verschiedenen Zeiten t_1, t_2: überall im Raum gleich (homogen), aber zeitlich veränderlich. Es gilt also für eine feste Zeit t:

$$\mathrm{rot}\,\vec{F}(t) = 0,$$

weil $\vec{F}(t)$ räumlich konstant ist. Es gibt daher ein zeitabhängiges Potential.

Man gebe folgende Größen an:

1. Die kinetische Energie zur Zeit $t = 1$ s und $t = 2$ s.
2. Die vom Feld geleistete Arbeit, um das Teilchen von $\vec{r}_1 = \vec{r}_{(t=1\,\mathrm{s})}$ nach $\vec{r}_2 = \vec{r}_{(t=2\,\mathrm{s})}$ zu bewegen.
3. Den linearen Impuls des Teilchens in $\vec{r}_1$ und $\vec{r}_2$.
4. Den Impuls, den das Feld dem Teilchen im Zeitintervall $t = 1$ s bis $t = 2$ s erteilt hat.

Lösung:

Zu 1: $\vec{v}$ ergibt sich aus $\vec{F} = m\vec{a}_2 = m\frac{d\vec{v}}{dt}$ zu:

$$\vec{v} = \int d\vec{v} = \int \frac{\vec{F}}{m}\,dt + \vec{v}_0.$$

Mit den Angaben der Aufgabe erhält man für $\vec{v}$ also:

$$\vec{v}(t) = (4\frac{t^3}{\mathrm{s}^3},\ \frac{3}{4}\frac{t^2}{\mathrm{s}^2} - 8\frac{t}{\mathrm{s}},\ -3\frac{t^2}{\mathrm{s}^2})\frac{\mathrm{cm}}{\mathrm{s}} + (6,\ 15,\ -8)\frac{\mathrm{cm}}{\mathrm{s}}$$

und

$$\begin{aligned}\vec{v}_{(t=1\,\mathrm{s})} &= \left(10,\ 7\tfrac{3}{4},\ -11\right)\frac{\mathrm{cm}}{\mathrm{s}},\\ \vec{v}_{(t=2\,\mathrm{s})} &= (38,\ 2,\ -20)\,\frac{\mathrm{cm}}{\mathrm{s}}.\end{aligned}$$

Daraus erhält man für die Energie:

$$\begin{aligned} T &= \frac{1}{2} m \vec{v}^2 = \frac{1}{2} m v^2; \\ T_1 &= 281\,\text{erg}, \qquad T_2 = 1848\,\text{erg}. \end{aligned}$$

Zu 2: Die vom Feld verrichtete Arbeit ist gleich der Differenz der kinetischen Energien:

$$W = T_2 - T_1 = 1567\,\text{erg}$$

Zu 3: Der Impuls des Teilchens ist $\vec{p} = m\vec{v}$:

$$\begin{aligned} \vec{p}_1 &= \left(20, 15\tfrac{1}{2}, -22\right) \text{g} \frac{\text{cm}}{\text{sec}}, \\ \vec{p}_2 &= (76, 4, -40)\, \text{g} \frac{\text{cm}}{\text{sec}}. \end{aligned}$$

Zu 4: Der vom Feld erhaltene Impuls ergibt sich aus der Differenz der Impulse $\vec{p}_2$ und $\vec{p}_1$:

$$\vec{p} = \vec{p}_2 - \vec{p}_1 = \left(56, -11\tfrac{1}{2}, -18\right) \text{g} \frac{\text{cm}}{\text{sec}}.$$

17.3 Aufgabe: Kraftstoß

Ein Eisenbahnwaggon der Masse $m = 18000$ kg startet auf einem Ablaufberg der Höhe 3 m. Wie ändert sich der Impuls des Waggons und welche mittlere Kraft wird auf ihn beim Aufprall auf einen Prellbock am Fuß des Ablaufberges ausgeübt, wenn er innerhalb von 0.2 s

a) zum Stillstand kommt,

b) zurückprallt auf eine Höhe von 0.5 m?

Diskutieren Sie die Impulserhaltung.

Lösung: Beim Aufprall hat der Waggon einen Impuls $\vec{p}_1$, der sich aus der potentiellen Energie beim Start vom Ablaufberg ergibt:

$$\frac{1}{2} m v_1^2 = mgh \quad \Rightarrow \quad \vec{p}_1 = m\,\vec{v}_1 = m(2gh)^{1/2} \vec{e}_1 .$$

Im Fall a) ist der Impuls $\vec{p}_2$ nach dem Aufprall gleich Null, also

$$\begin{aligned} \triangle \vec{p} &= \vec{p}_1 - \vec{p}_2 = m(2gh)^{1/2} \vec{e}_1 \\ &= 138\,096.5\,\text{m}\,\text{kg}\,\text{s}^{-1} \cdot \vec{e}_1 ; \end{aligned}$$

die innerhalb $\triangle t = 0.2$ s wirkende mittlere Kraft ist dann:

$$\vec{F} = \frac{\triangle p}{\triangle t} = 690\,482.4\,\text{N}.$$

Im Fall b) ist der Impuls p_2 gegeben durch

$$\vec{p}_2 = m\,\vec{v}_2 = -m(2gh')^{1/2} \vec{e}_1,$$

wobei h' die beim Zurückprallen gewonnene Höhe ist. Die Impulsänderung ist dann:

$$\begin{aligned}\Delta\vec{p} &= \vec{p}_1 - \vec{p}_2 = m\vec{e}_1\left[(2gh)^{1/2} + (2gh')^{1/2}\right] \\ &= 194\,474.1\,\mathrm{m\,kg\,s^{-1}}\,\vec{e}_1\end{aligned}$$

für die mittlere Kraft erhalten wir:

$$\vec{F} = \frac{\Delta p}{\Delta t} = 972\,370.7\,\mathrm{N}$$

Der Waggon alleine stellt kein abgeschlossenes System dar: Die vom fest verankerten Prellbock ausgeübte Reaktionskraft ist eine äußere Kraft, daher kann der Impuls nicht erhalten sein.

17.4 Aufgabe: Das ballistische Pendel

Die Geschwindigkeit einer Gewehrkugel kann mit Hilfe des ballistischen Pendels gemessen werden. Dieses besteht aus einem Faden, dessen Gewicht vernachlässigt werden kann, und einem daran befestigtem Gewicht der Masse m_G. Die Gewehrkugel (Masse m_K, Geschwindigkeit v_K) wird in den Klotz geschossen und bleibt stecken. Man mißt die vom Mittelpunkt der Masse m_G zurückgelegte Bogenlänge s.

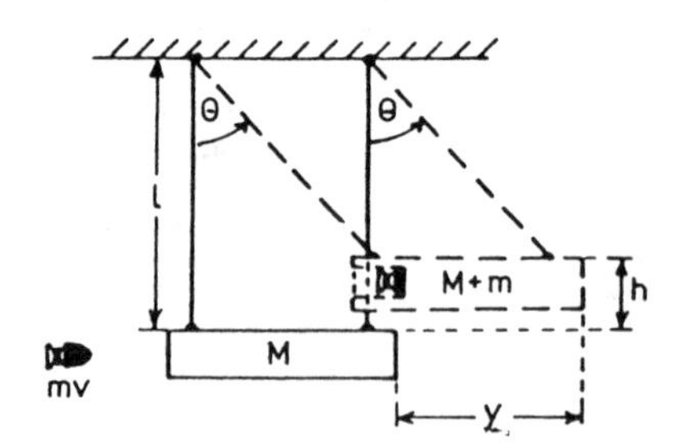

Ballistisches Pendel und Gewehrkugel.

a) Bestimmen Sie die Geschwindigkeit des Klotzes v_G nach dem Stoß, und

b) bestimmen Sie die Geschwindigkeit der Gewehrkugel v_K, wenn die folgenden Größen gegeben sind: $m_G = 4$ kg, $l = 1.62$ m, $m_K = 0.055$ kg, $s = 6.5$ cm.

Lösung:

a) Aus dem Impulserhaltungssatz folgt:

$$m_K v_K = (m_G + m_K)v_G \qquad \underline{1}$$

und daraus für die Geschwindigkeit v_G des Klotzes, direkt nach dem Stoß

$$v_G = \frac{m_K}{m_G + m_K} \cdot v_K \qquad \underline{2}$$

Für die kinetische Energie erhält man sofort

$$T = \frac{1}{2}(m_G + m_K) \cdot v_G^2 = \frac{m_K}{m_G + m_K}\left(\frac{1}{2}mv_K^2\right) \qquad \underline{3}$$

Diese Gleichung ist identisch der um den Faktor $m_K/(m_G + m_K)$ reduzierten kinetischen Energie der Gewehrkugel. Man mag sich wundern, warum die kinetische Energie des Klotzes nicht gleich der Kugel $\frac{1}{2}m_K v_K^2$ ist? Wo steckt die Verlustenergie

$$\triangle E = \frac{1}{2}mv_K^2 - \frac{m_K}{m_G + m_K}\left(\frac{1}{2}mv_K^2\right) = \frac{m_G}{m_G + m_K}\left(\frac{1}{2}mv_K^2\right)?$$

Sie muß offensichtlich der von dem steckenbleibenden Geschoß entwickelnden Wärme entsprechen. Für $m_G \gg m_K$ wandelt sich fast die gesamte Geschoßenergie in Wärme um.

Es ist noch ein zweiter Punkt beachtenswert: Zur Berechnung der Geschwindigkeit v_G des Klotzes gingen wir vom Impulssatz $\underline{1}$ aus und nicht etwa, wie zunächst denkbar, vom Energiesatz ($\frac{1}{2}mv_K^2 = \frac{1}{2}m_G v_G^2$). Welche dieser beiden Möglichkeiten ist nun richtig? Die Tatsache, daß es überhaupt zwei Möglichkeiten zu geben scheint, liegt in der unvollständigen Aufgabenstellung begründet. Im Grunde müßte der Prozentsatz der in Wärme umgewandelter Energie noch gegeben sein. Ohne Kenntnis dieses Bruchteils können wir jedoch auch so argumentieren: Aus Erfahrung wissen wir, daß beim Steckenbleiben der Kugel keine kleineren Teile des Klotzes (kleinste Stücke, Moleküle) wegfliegen, sondern der Klotz sich als Ganzes bewegt. Der Klotz selbst wird durch Reibung der Kugel auch wärmer. Es muß also auf alle Fälle der Impulssatz streng gelten, denn die Wärme als ungeordnete Molekülbewegung trägt im Mittel keinen Impuls weg; wohl aber Energie. Mit anderen Worten, nachdem der Impulssatz $\underline{1}$ streng erfüllt ist, können wir uns sehr wohl vorstellen, daß die Verlustenergie $\triangle E$ in Wärme umgewandelt wurde. Hätten wir streng den Energiesatz ohne Wärmeentwicklung $\frac{1}{2}m_K v_K^2 = \frac{1}{2}m_G v_G^2$ gefordert, so ergäbe sich ein Verlustimpuls, von dem wir nicht wüßten, was mit ihm geschehen würde.

b) Aus der Abbildung in der Aufgabenstellung ergibt sich für die Höhe des Blocks

$$h = l(1 - \cos\theta) = 2l\sin^2\frac{\theta}{2} \qquad \underline{4}$$

und im Grenzfall kleiner Auslenkungen θ

$$h = 2l\left(\frac{\theta}{2}\right)^2 = 2l\left(\frac{y}{2l}\right)^2 = \frac{y^2}{2l} \qquad \underline{5}$$

wobei $\sin\theta = y/l$ und $\sin\theta = \theta$.

Die Änderung der potentiellen Energie des Blocks nach dem Auftreffen der Kugel ist nach dem Energieerhaltungssatz

$$\triangle V = g(M + m)h = T = \frac{m}{(m + M)}\left(\frac{1}{2}mv^2\right). \qquad \underline{6}$$

Aus den Gleichungen $\underline{5}$ und $\underline{6}$ erhält man dann für

$$gh = \frac{m^2}{2(M + m)^2}v^2 = g\frac{y^2}{2l} \qquad \underline{7}$$

und in der Näherung $M + m \approx M$ folgt die Geschwindigkeit der Kugel v:

$$v = \frac{M}{m} y \sqrt{\frac{g}{l}} .$$

8

Einsetzen der in der Aufgabenstellung gegebenen Variablen ergibt

$$v = \frac{4}{0.055} \cdot 6.5 \cdot 10^{-2} \sqrt{\frac{9.81}{1.62}} = 11.8 \frac{m}{\mathrm{s}} .$$

Drehimpuls und Drehmoment sind immer in bezug auf einen festen Punkt, den Drehpunkt, definiert. Ist $\vec{r}$ der Vektor von diesem Punkt zum Massenpunkt, so ist der *Drehimpuls* gegeben durch

$$\vec{L} = \vec{r} \times \vec{p}. \tag{17.16}$$

Legen wir das Koordinatensystem in den Bezugspunkt, so ist $\vec{r}$ der Ortsvektor des Massenpunktes, $\vec{p}$ ist sein linearer Impuls.

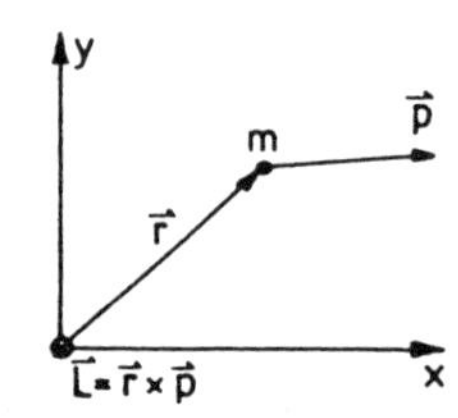

Zur Definition des Drehimpulses

$\vec{L}$ ist ein axialer Vektor. $\vec{L}$ definiert eine Achse durch den Drehpunkt, die Drehachse, die senkrecht auf der von $\vec{r}$ und $\vec{p}$ aufgespannten Ebene steht.

Entsprechendes gilt auch für das Moment der Kraft, das definiert ist als

$$\vec{D} = \vec{r} \times \vec{F} \tag{17.17}$$

und auch *Drehmoment* genannt wird.

Die zeitliche Änderung des Drehimpulses ist gleich dem Drehmoment:

$$\dot{\vec{L}} = \vec{D},$$

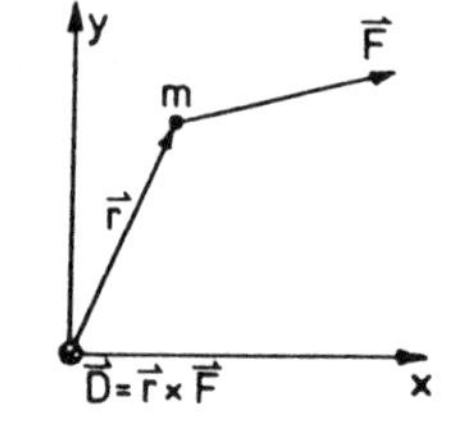

Zur Definition des Drehmoments

denn

$$\begin{aligned} \dot{\vec{L}} &= \frac{d\vec{L}}{dt} = \frac{d}{dt}(\vec{r} \times m\vec{v}) = \frac{d\vec{r}}{dt} \times m\vec{v} + \vec{r} \times \frac{d(m\vec{v})}{dt} \\ &= \vec{v} \times m\vec{v} + \vec{r} \times \frac{d\vec{p}}{dt} = \vec{r} \times \vec{F}, \end{aligned} \tag{17.18}$$

weil $\vec{v} \times m\vec{v} = 0$.

Das Moment der angreifenden Kraft $(\vec{r} \times \vec{F})$ ist gleich der zeitlichen Änderung des Drehimpulses.

Ist speziell $\vec{D} = \vec{r} \times \vec{F} = 0 = \dot{\vec{L}}$, so folgt daraus, daß $\vec{L} = \overrightarrow{\text{const.}}$ sein muß. Dies ist der *Drehimpulserhaltungssatz.* $\vec{r} \times \vec{F}$ ist aber nur dann Null (die Trivialfälle $\vec{r} = 0$, $\vec{F} = 0$ ausgeschlossen), wenn $\vec{r}$ und $\vec{F}$ in gleicher bzw. in entgegengesetzt gleicher Richtung liegen. Eine Kraft, die ausschließlich in Richtung bzw. in entgegengesetzt gleiche Richtung des Ortsvektors wirkt, nennt man *Zentralkraft.*

Daraus folgt:

Für Zentralkräfte gilt der Drehimpulserhaltungssatz:

$$\vec{L} = \overrightarrow{\text{const.}}, \qquad \text{weil} \quad \vec{D} = 0.$$

Satz von der Erhaltung des linearen Impulses: Solange keine Kräfte wirken, ist der lineare Impuls $\vec{p}$ eine konstante Größe. Allgemein gilt

$$\vec{F} = \frac{d(m\vec{v})}{dt} = m\frac{d\vec{v}}{dt};$$

und daher folgt für $\vec{F} = 0$.

$$m\frac{d\vec{v}}{dt} = 0.$$

Daraus wiederum ergibt sich:

$$m\vec{v} = \vec{p} = \overrightarrow{\text{const.}}$$

Der Impulserhaltungssatz ist identisch mit der Lex prima von Newton.

Zusammenfassung: Voraussetzung der Erhaltungssätze von Energie, Drehimpuls und linearem Impuls für einen Massenpunkt in der Newtonschen Mechanik (vgl. Einleitung) sind

a) **Energieerhaltung:** Wenn die Kräfte, die auf einen Massenpunkt wirken, *konservativ* sind (Gradientenfeld: $\vec{F} = -\vec{\nabla}V$), dann bleibt die Gesamtenergie $E = T + V$ des Massenpunktes erhalten.

b) **Drehimpulserhaltung:** Der Gesamtdrehimpuls $\vec{L}$ ist zeitlich unveränderlich, wenn das angewendete (äußere) Drehmoment Null ist, d. h. wenn es sich um Zentralkraftfelder handelt ($\vec{r} \times \vec{F} = 0$).

c) **Erhaltung des Impulses:** Ist die gesamte äußere Kraft Null, so bleibt der Gesamtimpuls erhalten (äquivalent mit der Lex prima von Newton).

17.5 Beispiel: Kräfte bei der Bewegung auf einer Ellipse

Wir berechnen die Kraft, die auf einen Massenpunkt mit konstanter Masse einwirken muß, damit sich dieser auf der Ellipse

$$\vec{r} = a\cos\omega t\ \vec{e}_1 + b\sin\omega t\ \vec{e}_2$$

bewegt.

Ausgehend vom 2. Newtonschen Axiom ergibt sich folgender Ansatz:

$$\begin{aligned}\vec{F} &= m\frac{d\vec{v}}{dt} = m\frac{d^2\vec{r}}{dt^2} = m\frac{d^2}{dt^2}(a\cos\omega t\,\vec{e}_1 + b\sin\omega t\,\vec{e}_2)\\ &= -m\omega^2[(a\cos\omega t)\vec{e}_1 + (b\sin\omega t)\vec{e}_2]\\ &= -m\omega^2\vec{r}.\end{aligned}$$

Die Kraft wirkt in die entgegengesetzte Richtung des Ortsvektors; es handelt sich um eine anziehende (attraktive) Zentralkraft. Das Kraftzentrum liegt im Mittelpunkt der Ellipse.

Solche linear mit dem Abstand ansteigenden Kräfte spielen bei der Feder (Hookesches Gesetz - siehe Abschnitt 18) und zwischen den Quarks, den Urbausteinen der Protonen, Neutronen und Mesonen, eine große Rolle.

Wir zeigen, daß dieses Kraftfeld konservativ ist. Notwendige und hinreichende Bedingung dafür ist das Verschwinden der Rotation der Kraft:

$$\operatorname{rot}\vec{F} = 0,$$

$\operatorname{rot}\vec{F} = -m\omega^2\operatorname{rot}\vec{r}$; es genügt also die Rotation von $\vec{r}$ zu berechnen:

$$\begin{aligned}\operatorname{rot}\vec{r} &= \begin{vmatrix}\vec{e}_1 & \vec{e}_2 & \vec{e}_3\\ \frac{\partial}{\partial x} & \frac{\partial}{\partial y} & \frac{\partial}{\partial z}\\ x & y & z\end{vmatrix}\\ &= \vec{e}_1\left(\frac{\partial z}{\partial y} - \frac{\partial y}{\partial z}\right) + \vec{e}_2\left(\frac{\partial x}{\partial z} - \frac{\partial z}{\partial x}\right) + \vec{e}_3\left(\frac{\partial y}{\partial x} - \frac{\partial x}{\partial y}\right) = 0,\end{aligned}$$

d.h. die Rotation des Ortsvektors verschwindet.

Berechnung des Potentials eines Punktes P (am Ort $\vec{r}$) bezüglich des Potentialnullpunktes A (am Ort $\vec{a}$): Wir nehmen einen festen Punkt A auf der Ellipse (siehe Skizze) und berechnen die Potentialdifferenz zwischen A und den durch $\vec{r}$ gegebenen Punkten der Bahnkurve.

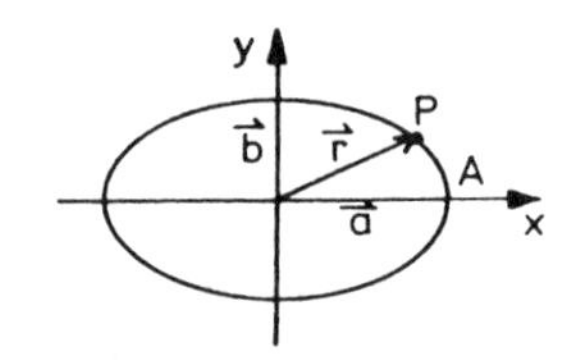

Veranschaulichung der elliptischen Bewegung

$$\begin{aligned}V(x,y,z) &= -\int_{\vec{a}}^{\vec{r}} \vec{F}\cdot d\vec{r} = m\omega^2\int_{\vec{a}}^{\vec{r}} \vec{r}\cdot d\vec{r}\\ &= \frac{1}{2}m\omega^2\int_{\vec{a}}^{\vec{r}} d(\vec{r}\cdot\vec{r})\\ &= \frac{1}{2}m\omega^2\vec{r}^{\,2}\Big|_{\vec{a}}^{\vec{r}} = \frac{1}{2}m\omega^2(\vec{r}^{\,2} - \vec{a}^{\,2}).\end{aligned}$$

Da $\vec{r}^2 = r^2$ ergibt sich

$$V(x, y, z) = \frac{1}{2} m\omega^2 (r^2 - a^2).$$

Für $\vec{r} = \vec{a}$ ist $V(\vec{a}) = 0$, wie es sein muß.

Berechnung der kinetischen Energie: Die Geschwindigkeit beträgt:

$$\begin{aligned}
\vec{v} &= \dot{\vec{r}} = (-\omega a \sin \omega t)\vec{e}_1 + (\omega b \cos \omega t)\vec{e}_2\,, \\
|\vec{v}| &= \sqrt{\omega^2 a^2 \sin^2 \omega t + \omega^2 b^2 \cos^2 \omega t} = v\,, \\
T &= \frac{1}{2} m v^2 = \frac{1}{2} m\omega^2 (a^2 \sin^2 \omega t + b^2 \cos^2 \omega t).
\end{aligned}$$

Die kinetische Energie ist immer positiv und $\neq 0$, wie es in diesem Fall sein muß, damit der Massenpunkt auf der Bahn gehalten wird.

Berechnung der Gesamtenergie: Die Gesamtenergie ist die Summe von $E = T + V$. Setzen wir die abgeleiteten Beziehungen für T und V ein, so folgt

$$\begin{aligned}
E &= \frac{1}{2} m\omega^2 [a^2(\sin^2 \omega t + \cos^2 \omega t) + b^2(\cos^2 \omega t + \sin^2 \omega t) - a^2] \\
&= \frac{1}{2} m\omega^2 (a^2 + b^2 - a^2) \\
&= \frac{1}{2} m\omega^2 b^2 = \text{const.},
\end{aligned}$$

d. h. die Gesamtenergie ist zeitunabhängig. Die Auszeichnung der Halbachse b kommt daher, daß wir die potentielle Energie auf den Punkt $(x = a, y = 0)$ bezogen haben. Für $\vec{r} = \pm\vec{a}$ ist die Gesamtenergie ausschließlich kinetische Energie; für $\vec{r} = \pm\vec{b}$ ist die kinetische Energie am größten, die potentielle Energie am kleinsten, nämlich

$$V(\vec{b}) = \frac{1}{2} m\omega^2 (b^2 - a^2).$$

17.6 Aufgabe: Berechnung von Drehimpuls und Drehmoment

Man gebe für einen Massenpunkt m mit der Bahn $\vec{r} = (a \cos \omega t, b \sin \omega t)$ das Drehmoment $\vec{D}$ und den Drehimpuls $\vec{L}$ in bezug auf den Ursprung an.

Lösung:

$$\begin{aligned}
\vec{r} &= (a \cos \omega t, b \sin \omega t) \qquad \text{wobei} \quad a, b = \text{const.} \\
\vec{L} &= \vec{r} \times \vec{p} = \vec{r} \times m\vec{v} = m(\vec{r} \times \vec{v}\,), \\
\vec{v} &= \dot{\vec{r}} = (-a\omega \sin \omega t, b\omega \cos \omega t), \\
\vec{L} &= \begin{vmatrix} \vec{e}_1 & \vec{e}_2 & \vec{e}_3 \\ a \cos \omega t & b \sin \omega t & 0 \\ -a\omega \sin \omega t & +b\omega \cos \omega t & 0 \end{vmatrix} \cdot m \\
&= m\vec{e}_3 (ab\,\omega \cos^2 \omega t + ab\,\omega \sin^2 \omega t) \\
&= ab\,\omega\, m\vec{e}_3,
\end{aligned}$$

d. h. $\vec{L}$ ist zeitunabhängig, denn $\vec{L} = \overrightarrow{\text{const.}}$ Daraus folgt

$$\vec{D} = \dot{\vec{L}} = 0.$$

Es muß sich also um eine Zentralkraft handeln. Der Massenpunkt bewegt sich auf einer Ellipse mit den Halbachsen a und b, denn es ist

$$x = a\cos\omega t, \quad y = b\sin\omega t$$

und daher

$$\frac{x^2}{a^2} + \frac{y^2}{b^2} = \cos^2\omega t + \sin^2\omega t = 1.$$

17.7 Aufgabe: Nachweis, daß ein gegebenes Kraftfeld konservativ ist

Man zeige, daß das folgende Kraftfeld konservativ ist:

$$\vec{F} = (y^2z^3 - 6\,xz^2)\vec{e}_1 + 2xyz^3\vec{e}_3 + (3\,xy^2z^2 - 6\,x^2z)\vec{e}_3\,.$$

Lösung: Zu zeigen ist $\operatorname{rot}\vec{F} = 0$:

$$\begin{aligned}
\operatorname{rot}\vec{F} &= \begin{vmatrix} \vec{e}_1 & \vec{e}_2 & \vec{e}_3 \\ \frac{\partial}{\partial x} & \frac{\partial}{\partial y} & \frac{\partial}{\partial z} \\ y^2z^3 - 6xz^2 & 2xyz^3 & 3xy^2z^2 - 6x^2z \end{vmatrix} \\
&= \vec{e}_1\left[\frac{\partial}{\partial y}(3xy^2z^2 - 6x^2z) - \frac{\partial}{\partial z}(2xyz^3)\right] \\
&\quad + \vec{e}_2\left[\frac{\partial}{\partial z}(y^2z^3 - 6xz^2) - \frac{\partial}{\partial x}(3xy^2z^2 - 6x^2z)\right] \\
&\quad + \vec{e}_3\left[\frac{\partial}{\partial x}(2xyz^3) - \frac{\partial}{\partial y}(y^2z^3 - 6xz^2)\right] \\
&= \vec{e}_1(6xyz^2 - 6xyz^2) \\
&\quad + \vec{e}_2\Big[(3y^2z^2 - 12xz) - (3y^2z^2 - 12xz)\Big] \\
&\quad + \vec{e}_3(2yz^3 - 2yz^3) \\
&= 0.
\end{aligned}$$

d. h. $\vec{F}$ ist ein konservatives Kraftfeld.

17.8 Aufgabe: Kraftfeld, Potential, Gesamtenergie

a) Man zeige, daß $\vec{F} = \eta r^3\vec{r}$ konservativ ist.

b) Man berechne das Potential eines Massenpunktes in diesem Feld.

c) Wie groß ist die Gesamtenergie des Massenpunktes?

Lösung:

a)

$$\begin{aligned}
\operatorname{rot}\vec{F} &= \vec{\nabla}\times\vec{F}\\
&= -\eta\Big[\vec{e}_1\Big[3zy(x^2+y^2+z^2)^{1/2} - 3zy(x^2+y^2+z^2)^{1/2}\Big]\\
&\quad +\vec{e}_2\Big[3xz(x^2+y^2+z^2)^{1/2} - 3xz(x^2+y^2+z^2)^{1/2}\Big]\\
&\quad +\vec{e}_3\Big[3xy(x^2+y^2+z^2)^{1/2} - 3xy(x^2+y^2+z^2)^{1/2}\Big]\Big]\\
&= 0,
\end{aligned}$$

wobei $|\vec{r}| = \sqrt{x^2+y^2+z^2}$ und $|\vec{r}|^3 = r^3 = (x^2+y^2+z^2)^{3/2}$ verwendet wurde.

b) Potential:

$$V = \int_{\vec{r}_0=0}^{\vec{r}} \vec{F}\cdot d\vec{r} = \eta \int_{r_0=0}^{r} r^3\vec{r}\cdot d\vec{r} = \eta \int_{r_0=0}^{r} r^4 dr = \eta\frac{r^5}{5},$$

mit $\vec{r}\cdot d\vec{r} = \frac{1}{2}d(\vec{r}\cdot\vec{r}) = \frac{1}{2}d(\vec{r}^{\,2}) = \frac{1}{2}d(r^2) = r\,dr$.

c) Da es sich um ein konservatives Kraftfeld handelt, gilt der Energiesatz $E = T + V = \text{const.}$:

$$T = \frac{1}{2}m\dot{\vec{r}}^{\,2}, \quad V(\vec{r}) = \frac{1}{5}\eta r^5.$$

Daraus folgt:

$$E = \frac{1}{2}m\dot{\vec{r}}^{\,2} + \frac{1}{5}\eta r^5.$$

17.9 Aufgabe: Impuls und Kraft auf einen Rammpfahl

Ein Lastkran hebt eine Masse vom Gewicht 1000 kg um 8.5 m in die Höhe. Anschließend fällt das Gewicht auf einen Rammpfahl.

a) Bestimmen Sie den übertragenen Impuls

b) Bestimmen Sie die wirksame Kraft auf den Pfahl, wenn die Zeit für den Impuls 1/100 s beträgt.

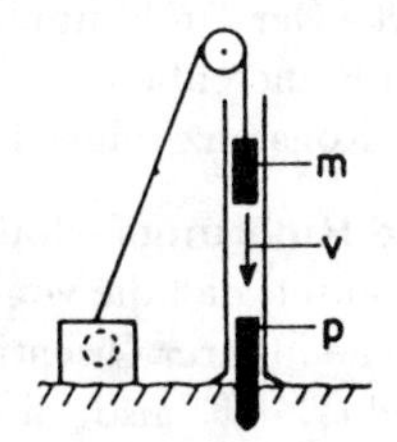

Lösung:

a) Während das Gewicht vom Lastkran losgelassen wird, fällt es unter Einwirkung der Gravitation mit der Geschwindigkeit

$$v = gt.$$

Aus den Betrachtungen zum freien Fall weiß man

$$s = \frac{1}{2}gt^2 \quad \text{und} \quad t = \sqrt{\frac{2s}{g}}$$

und erhält so für die Geschwindigkeit der fallenden Masse

$$v = \sqrt{2sg} = \sqrt{2 \cdot 8.5 \cdot 9.81 \, \frac{\mathrm{m}^2}{\mathrm{s}^2}} = 12.9 \frac{\mathrm{m}}{\mathrm{s}}$$

und für den Impuls

$$p_1 = mv_1 = 1.29 \cdot 10^4 \, \frac{\mathrm{kg\,m}}{\mathrm{s}}.$$

Nach dem Aufprall auf den Pfahl ist der Impuls praktisch Null, d. h.

$$p_2 \approx 0$$

und man erhält für die Impulsänderung

$$\triangle p = p_1 - p_2 \approx p_1$$

und damit für den auf den Pfahl übertragenen Impuls

$$P = \triangle p = 1.29 \cdot 10^4 \, \frac{\mathrm{kg\,m}}{\mathrm{s}}.$$

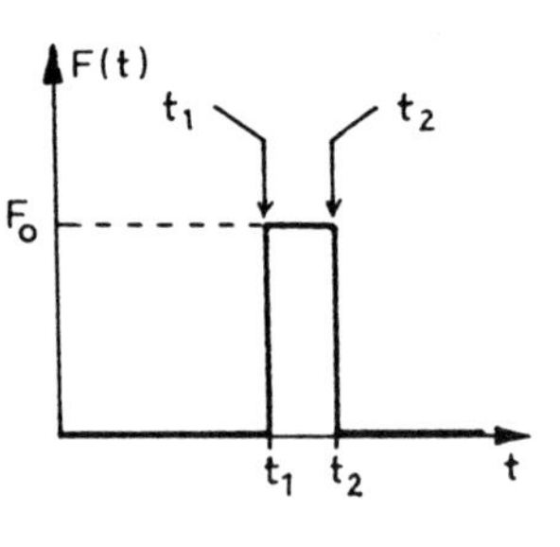

b) Unter der Annahme, daß der Impuls innerhalb einer 1/100 s übertragen wird und die Kraft in dieser Zeit konstant ist, erhält man für die wirksame Kraft (s. Abbildung)

$$F_0 = \frac{\triangle p}{\triangle t} = \frac{1.29 \cdot 10^4 \,\mathrm{kg\,m/s}}{10^{-2}\,\mathrm{s}} = 1.29 \cdot 10^6 \,\mathrm{N}.$$

Der Flächensatz: (siehe dazu auch den Abschnitt 26 über Planetenbewegungen, insbesondere die Keplerschen Gesetze) Die Voraussetzungen und Inhalte der drei Erhaltungssätze (Gesamtenergie, linearer Impuls, Drehimpuls) wurden bereits formuliert. Der Drehimpulserhaltungssatz gilt nur in Zentralkraftfeldern, wie sie z. B. bei den Planetenbewegungen auftreten. Die Erhaltung des Drehimpulses bedeutet sowohl die Konstanz seiner Richtung als auch die seines Betrages.

Die Richtungserhaltung von $\vec{L} = \vec{r} \times \vec{p}$ bedeutet, daß die von $\vec{r}$ und $\vec{p}$ aufgespannte Ebene in ihrer Orientierung im Raume festbleibt, daß also die Bewegung in einer Ebene erfolgt.

Die Erhaltung des Drehimpuls-*Betrages* wird oft als *Flächensatz* bezeichnet. Die vom „Fahrstrahl“ $\vec{r}$ in der Zeit dt überstrichene Fläche ist:

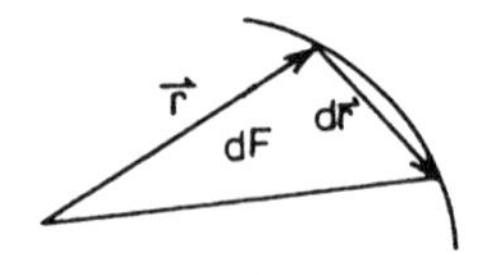

Die von $\vec{r}$ und $d\vec{r}$ aufgespannte Fläche $dF = \frac{1}{2}\,|\vec{r} \times d\vec{r}\,|$.

$$dF = \frac{1}{2}\,|\vec{r} \times d\vec{r}\,| = \frac{1}{2}\,|\vec{r} \times \vec{v}\,|\,dt\,.$$

Mit $\vec{L} = \vec{r} \times \vec{p} = \vec{r} \times m\vec{v} = m(\vec{r} \times \vec{v})$ gilt:

$$dF = \frac{1}{2m}\left|\vec{L}\right| dt \qquad \text{bzw.} \qquad \frac{dF}{dt} = \frac{1}{2m}\left|\vec{L}\right|$$

wobei dF/dt die Flächengeschwindigkeit des Fahrstrahls ist (überstrichene Fläche pro Zeiteinheit). Für die Bewegung der Planeten ist der Flächensatz identisch mit dem zweiten Keplerschen Gesetz:

Der Fahrstrahl eines Planeten überstreicht in gleichen Zeiten gleiche Flächen.
Der Flächensatz folgt direkt aus dem Drehimpulserhaltungssatz und gilt allgemein für beliebige Zentralkraftfelder, d. h. auch für die Gravitationskraft, die eine Zentralkraft mit der Sonne als Zentrum ist. Im Perihel (Sonnennähe) bewegt sich der Planet schneller als im Aphel (Sonnenferne).

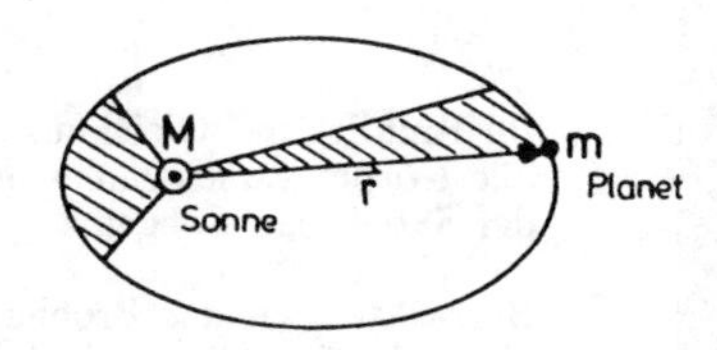

Veranschaulichung des Flächensatzes, γ = Gravitationskonstante

Ähnlich ist es im Beispiel der Aufgabe 17.5: Die Flächengeschwindigkeit ist konstant, und damit ist die Geschwindigkeit v bei $\vec{r} = \pm\vec{b}$ am größten, bei $\vec{r} = \pm\vec{a}$ am kleinsten.

17.10 Beispiel: Elementare Betrachtungen über Scheinkräfte

Ein bemannter Satellit wurde in eine Umlaufbahn um die Erde gebracht. Wir machen die Annahme, daß überall innerhalb der Satelliten Schwerelosigkeit herrscht. Wir diskutieren die Richtigkeit dieser Behauptung.
Es ist bekannt, daß als einzige Kraft die Erdanziehungskraft auf den Satelliten wirkt (siehe Figur). Die Beschleunigung

$$a_R = \frac{GM}{R^2} \qquad \underline{1}$$

ist zum Erdmittelpunkt gerichtet; deshalb bewegt sich der Satellit auf einer geschlossenen, elliptischen oder kreisförmigen Bahn.

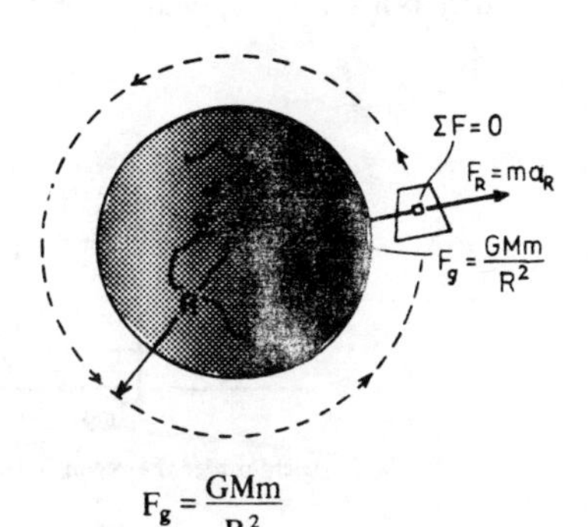

$$F_g = \frac{GMm}{R^2}$$

Ein bemannter Satellit auf einer Kreisbahn um die Erde. Der Satellit und alle Gegenstände in ihm erfahren dieselbe Beschleunigung aufgrund der Erdanziehungskraft. Im Satellitensystem betrachtet scheint keine Kraft auf diese Gegenstände zu wirken.

Betrachten wir die Erde als ruhend, so wirkt im System des Satelliten auf jede Masse m eine Scheinkraft

$$F_s = -ma_R,$$

die vom Erdmittelpunkt weg gerichtet ist. Im Satellitensystem wirken auf jeden Körper die Gravitation F_g und die Zentrifugal-Scheinkraft F_s

$$F = F_g + F_s = m\frac{GM}{R^2} - ma_R.$$

Im Hinblick auf Gleichung 1 ist sofort ersichtlich, daß die resultierende Kraft auf alle Körper verschwindet und daß sie sich scheinbar beschleunigunglos innerhalb der Satelliten bewegen.

Betrachten wir das Problem im erdfesten System, dann spüren sowohl Satelliten als auch seine Gegenstände dieselbe Beschleunigung und folgen deshalb derselben Bahn. Nichts ist mehr schwerelos, und die Gegenstände im Satelliten fallen mit der Beschleunigung a_R (vgl. Gleichung 1) auf die Erde zu. Aber auch der Satellit fällt mit derselben Beschleunigung a_R, so daß die relative Beschleunigung zwischen den Gegenständen und dem Satelliten selbst verschwindet. In diesem Beispiel hebt die Zentrifugalkraft gerade die Erdanziehungskraft auf. In anderen Fällen, z. B. wenn ein Flugzeug einen Looping fliegt, kann die Zentrifugalkraft die Anziehungskraft übersteigen.

Ein anderes typisches Beispiel für das Auftreten von Scheinkräften ist der Beschleunigungsmesser. Betrachten wir einen geschlossenen Eisenbahnwagen, in dem eine Masse m an einem Faden freischwingend an der Decke aufgehängt ist. Wenn der Wagen beschleunigt, kann ein innensitzender Beobachter feststellen, daß das Pendel um den Winkel θ gegen die Vertikale ausschlägt. Die Masse spürt die Scheinkraft $F_s = -ma$, wobei a die Beschleunigung des Wagens ist. Da die resultierende Kraft vom Aufhängepunkt wegweisen muß, schlägt das Pendel um den Winkel θ aus, denn

$$\tan\theta = \frac{F_s}{F_g} = \frac{a}{g}.$$

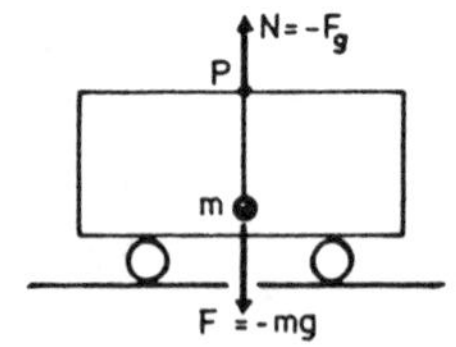

in gleichförmiger Bewegung oder Ruhe
(a)

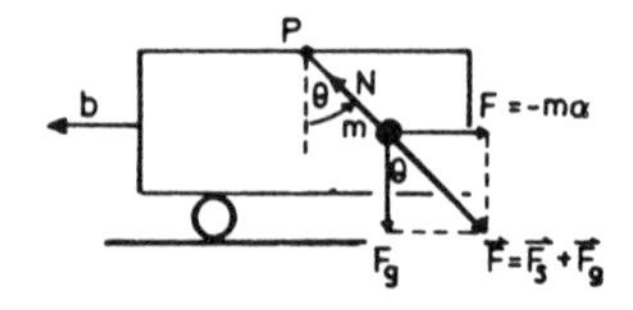

beschleunigt
(b)

Wenn der Wagen in Ruhe oder in gleichförmiger Bewegung ist, hängt der Faden des Pendels vertikal herab. (a) Beschleunigt der Wagen, so wirkt eine Scheinkraft in entgegengesetzter Richtung auf die Masse. Weil sowohl Scheinkraft als auch Gravitationskraft wirken, stellt sich der Winkel θ ein.

Eine amüsante Variante eines Beschleunigungsmessers ist ein Wagen, an dem unter einer Glasglocke ein Heliumballon aufgehängt ist (siehe untenstehende Figur). In welche Richtung wird sich der Ballon bewegen, wenn der Wagen vorwärts bewegt wird?

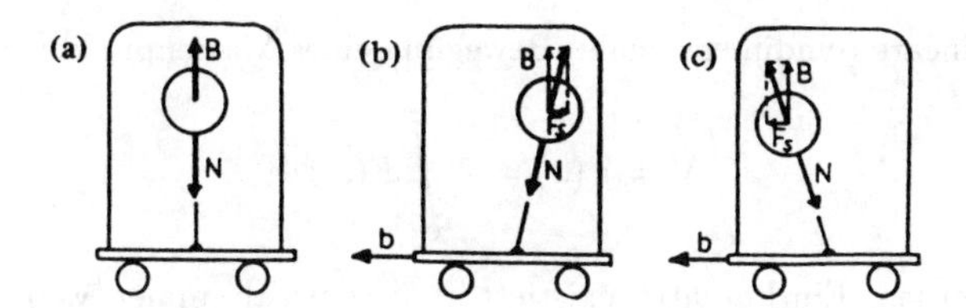

Ein Beschleunigungsmesser in Form eines Heliumballons, aufgehängt an einen Wagen unter einer Glasglocke. Ist der Wagen in Ruhe oder gleichmäßiger Bewegung, so steht der Ballon senkrecht (a). Wird der Wagen beschleunigt, schlägt der Ballon in die gleiche Richtung aus (c). Fall (b) ist falsch.

Man würde intuitiv vermuten, daß der Ballon sich nach hinten bewegt, weil die Summe aus Scheinkraft F_s und Auftriebkraft B nach hinten zeigt (siehe Figur – Fall b). Doch das ist falsch, der Ballon bewegt sich nach vorne (Fall c).

Wir können das folgendermaßen erklären. Warum fliegt der Ballon? Er fliegt, weil der „Druck" unter dem Ballon größer ist als über ihm. Dies ist wegen der Anziehungskraft auf die Luftmoleküle der Fall. Der Druckunterschied bewirkt eine Kraft, die die Anziehungskraft auf das Helium innerhalb des Ballons um den Wert B übersteigt. Wir nun der Wagen beschleunigt, so wirkt die Scheinkraft auf die Luftmoleküle; diese wandern auf die Hinterseite und erzeugen einen Überdruck, der den Ballon nach vorne drückt.

Erklärung des Ballonexperiments

Ein einfallsreicher theoretischer Trick kann für dieses Beispiel angewandt werden. Weil der Ballon entgegen der Schwerkraft nach oben gedrückt wird, betrachten wir den Ballon als einen Gegenstand negativer Masse, $-m$. Danach ist die Gravitationskraft:

$$F_g = (-m)(-g) = mg = B\,.$$

Die Scheinkraft zeigt in Beschleunigungsrichtung, denn es ist:

$$F_s = (-m)(-a) = +ma\,.$$

18 Die allgemeine lineare Bewegung

Es soll eine lineare (eindimensionale) Bewegung eines Massenpunktes im Potential

$$V = V(x) = -\int_0^x F(x')\,dx' \tag{18.1}$$

untersucht werden. Ein Potential existiert in diesem Fall immer, weil

$$\operatorname{rot}\vec{F}(x) = \begin{vmatrix} \vec{e}_1 & \vec{e}_2 & \vec{e}_3 \\ \frac{\partial}{\partial x} & \frac{\partial}{\partial y} & \frac{\partial}{\partial z} \\ F(x) & 0 & 0 \end{vmatrix} = 0. \tag{18.2}$$

In einem konservativen Kraftfeld gilt der Energiesatz:

$$E = T + V = \frac{1}{2}mv^2 + V(x) = \frac{1}{2}m\left(\frac{dx}{dt}\right)^2 + V(x). \tag{18.3}$$

Im eindimensionalen Problem gilt dieser also immer, vorausgesetzt die Kräfte sind lediglich ortsabhängig. Geschwindigkeitsabhängige Kräfte (z. B. Reibungskräfte) sind i. A. nicht durch ein Potential darstellbar, also nicht konservativ.

Bei dieser Gleichung handelt es sich um eine *Differentialgleichung erster Ordnung*, deren Lösung die Abhängigkeit des Ortes von der Zeit liefert.

Differentialgleichungen sind Gleichungen für unbekannte Funktionen (in unserem Fall $x(t)$), die auch die Abteilungen dieser Funktionen (in unserem Fall $\dot{x}(t)$) enthalten. Kommt als höchste Abteilung $d^n x/dt^n$ in der Gleichung vor, so heißt die Differentialgleichung „von n–ter Ordnung“ .

Die Gleichung (18.3) wird durch „Trennung der Variablen“ und anschließende bestimmte Integration gelöst:

$$\frac{1}{2}m\left(\frac{dx}{dt}\right)^2 = E - V(x). \tag{18.4}$$

Es wird so umgeformt, daß alle Terme, die x enthalten, auf der einen Seite und von t abhängige Terme auf der anderen Seite stehen:

$$\pm\frac{dx}{\sqrt{(2/m)(E - V(x))}} = dt. \tag{18.5}$$

Die Durchführung der Integration ist dann möglich und liefert:

$$\int_{x_1}^{x} \frac{dx}{\sqrt{(2/m)(E - V(x))}} = \pm\int_{t_1}^{t} dt,$$

$$t = t(x) = t_1 \pm \int\limits_{x_1}^{x} \frac{dx}{\sqrt{(2/m)(E - V(x))}}. \tag{18.6}$$

Wird von der Funktion $t = t(x)$ die Umkehrfunktion $x = x(t)$ gebildet, so ergibt sich die gesuchte Lösung.

Als Anwendung der allgemeinen linearen Bewegung soll eine Bewegung im *Oszillatorpotential* (Parabelpotential) untersucht werden:

$$V(x) = \frac{1}{2} k\, x^2$$
$$(k > 0); \quad \vec{r} = (x, 0, 0).$$

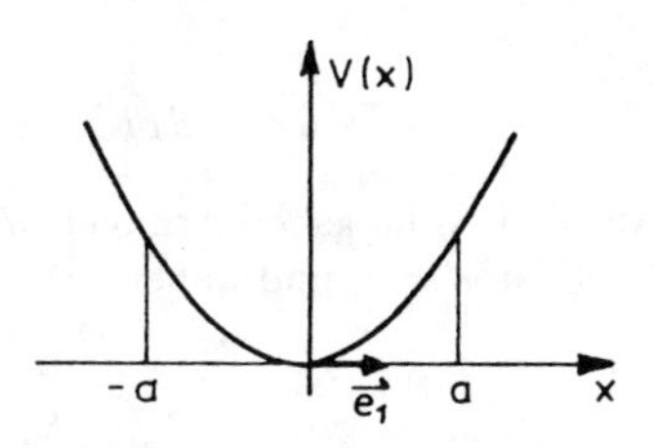

Das Potential des linearen harmonischen Oszillators.

Die Kraft $\vec{F}(x)$ ergibt sich aus dem Potential

$$\vec{F}(x) = -\vec{\nabla} V = -\vec{\nabla} V = -\frac{\partial V}{\partial x} \vec{e}_1,$$

d. h.

$$\vec{F}(x) = -kx\, \vec{e}_1. \tag{18.7}$$

Deshalb heißt k auch *Kraftkonstante.*

Im Punkt $x = 0$ wirkt keine Kraft; der Körper bewegt sich dort kräftefrei. Ist $x > 0$, so ist $\vec{F} \sim -\vec{e}_1$ negativ, ist $x < 0$, so ist $\vec{F} \sim \vec{e}_1$, d.h. es handelt sich um eine rücktreibende Kraft, die der Auslenkung entgegenzuwirken sucht. Man kann vermuten, daß es sich bei dieser Art von Bewegung um eine Schwingung handelt.

Es seien folgende *Anfangsbedingungen* vorgegeben: Zur Zeit $t = 0$ sei $x = a$ und $\dot{x} = v = 0$, d. h. der Massenpunkt befindet sich bei $x = a$ in Ruhe und wird zur Zeit $t = 0$ losgelassen. Die Gesamtenergie des Systems beträgt dann

$$E = \frac{1}{2} k\, a^2. \tag{18.8}$$

Es gilt also: $T + V = E$, oder ausführlich

$$\frac{1}{2} m \left(\frac{dx}{dt}\right)^2 = \frac{1}{2} k\, a^2 - \frac{1}{2} k\, x^2.$$

Daraus folgt

$$\frac{dx}{dt} = \pm \sqrt{\frac{k}{m}(a^2 - x^2)}, \qquad \frac{dx}{\sqrt{a^2 - x^2}} = \pm dt \sqrt{\frac{k}{m}}. \tag{18.9}$$

Im letzten Schritt haben wir die Variablen x und t getrennt: Links steht dx zusammen mit dem x-abhängigen Faktor $1/\sqrt{a^2 - x^2}$; rechts steht dt multipliziert mit $\sqrt{k/m}$. Aus dieser Gleichung ergibt sich durch unbestimmte Integration:

$$\frac{dx}{\sqrt{a^2 - x^2}} = \sqrt{\frac{k}{m}} dt \tag{18.10}$$

oder

$$\arcsin\left(\frac{x}{a}\right) = \sqrt{\frac{k}{m}}t + \text{const.}. \tag{18.11}$$

Wir haben das positive Vorzeichen in (18.9) gewählt. Man überzeugt sich leicht, daß mit dem negativen Vorzeichen dasselbe Resultat erhalten wird. Die Funktion $\arcsin x$ ist die Umkehrfunktion von $\sin x$. Das Integrationsergebnis wird deutlich durch die Differentiation: Wenn $y = \arcsin x$ ist, dann ist $x = \sin y$ und weiter:

$$\frac{dy}{dx} = \frac{1}{dx/dy} = \frac{1}{\cos y} = (1-\sin^2 y)^{-\frac{1}{2}} = (1-x^2)^{-\frac{1}{2}}. \tag{18.12}$$

Aus den Anfangsbedingungen wird nun die Integrationskonstante ermittelt. Zur Zeit $t = 0$ ist $x = a$, und daher

$$\text{const.} = \arcsin\left(\frac{a}{a}\right) = \frac{\pi}{2}.$$

Die somit gefundene Funktion lautet also:

$$\arcsin\left(\frac{x}{a}\right) = \sqrt{\frac{k}{m}}t + \frac{\pi}{2}. \tag{18.13}$$

Daraus ergibt sich die Umkehrfunktion $x = x(t)$ als:

$$\begin{aligned} \frac{x}{a} &= \sin\left(\sqrt{\frac{k}{m}}t + \frac{\pi}{2}\right) \quad \text{bzw.} \\ x &= a\sin\left(\sqrt{\frac{k}{m}}t + \frac{\pi}{2}\right). \end{aligned} \tag{18.14}$$

Wir führen die Abkürzung $\omega = \sqrt{k/m}$ ein; ω ist die Kreisfrequenz. $\omega = 2\pi\nu$; ν ist die Frequenz. Man erhält so die Funktion in der Form

$$x = a\sin\left(\omega t + \frac{\pi}{2}\right) = a\cos\omega t. \tag{18.15}$$

Ist $t = T = 2\pi/\omega = 1/\nu$, so ist das Teilchen wieder am Ausgangspunkt. T nennt man die Schwindungsdauer. Bei $t = T/2 = \pi/\omega$ ist $x = -a$ und $\dot{x} = 0$.

Es handelt sich hier um *harmonische Schwingungen.* Für $x = \pm a$ ist das Potential, für $x = 0$ die kinetische Energie gleich der Gesamtenergie des Systems. Ein Beispiel für eine Bewegung an einem Potential der Form $V(x) = \frac{1}{2}k\,x^2$ ist die Federschwingung für nicht zu große Auslenkungen a (siehe Figur).

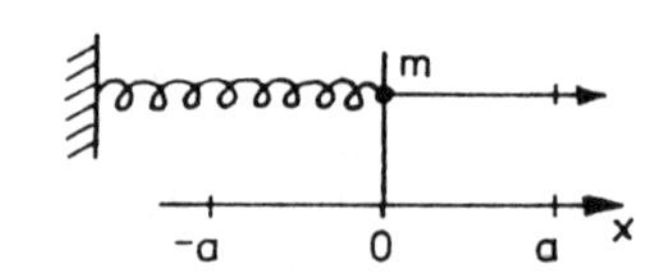

Veranschaulichung der schwingenden Feder

Für sie gilt das **Hooksche**[2] **Gesetz:**

Die Kraft ist der Auslenkung proportional. Es gilt also ein lineares Kraftgesetz:

$\vec{F}(x) = -kx\vec{e}_1$.

19 Der freie Fall

Wir betrachten die Bewegung eines Körpers unter dem Einfluß der Schwerkraft. Um das Problem hier behandeln zu können, machen wir eine Reihe von Vereinfachungen. Wir nehmen an, daß die Erdanziehung konstant ist, d. h. die durchfallende Strecke sei sehr klein im Vergleich zum Erdradius. Außer der Schwerkraft sollen keine weiteren Kräfte wirken. Das bedeutet nun: Wir vernachlässigen die Luftreibung und betrachten die Erde als Inertialsystem. Alle diese Vereinfachungen werden nach und nach aufgegeben, um eine vollständige Beschreibung des Problems zu erhalten.

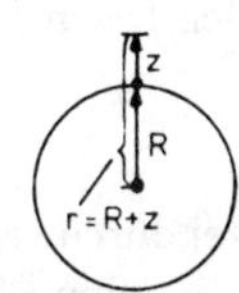

Die Erde mit dem Radius R. h ist die Höhe von der Erdoberfläche aus gemessen. Sie soll klein gegenüber dem Erdradius R sein.

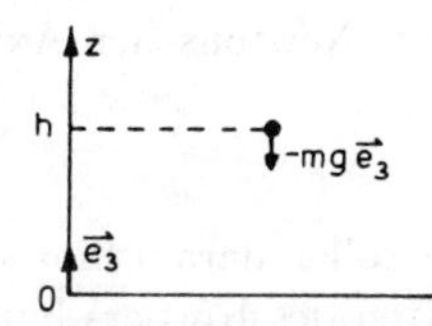

Es ist zweckmäßig für die Bewegung in der Nähe der Erdoberfläche ein Koordinatensystem einzuführen, dessen z-Achse ($\vec{e}_3$) vom Erdmittelpunkt aus gesehen radial nach außen zeigt.

Die Gravitationskraft einer punktförmigen Masse M_s auf eine andere punktförmige Masse m_s im Abstand $\vec{r}$ voneinander ist

$$\vec{F}_{m_s} = -\gamma \frac{M_s m_s}{r^2} \frac{\vec{r}}{r}.$$

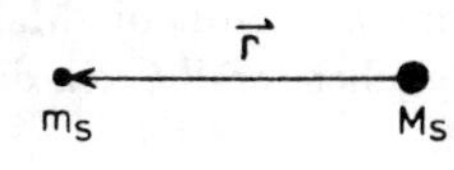

Dieses Kraftgesetz ist fundamental für die klassische (nicht allgemein-relativistische) Gravitationstheorie. Dabei ist γ die Gravitationskonstante und durch (vgl. Beispiel

[2]Robert *Hooke,* engl. Naturforscher, * Freshwater (Insel Wight) 18.7.1635, † London 3.3.1703, war zunächst Assistent bei R. Boyle, wurde 1662 Curator of Experiments der Royal Society, seit 1665 Professor der Geometrie am Gresham College in London und 1677 – 82 Sekretär der Royal Society. H. verbesserte bereits bekannte Verfahren und Geräte, z. B. die Luftpumpe und das zusammengesetzte Mikroskop (beschrieben in seiner „Micrographia" 1664). Er war vielfach in Prioritätsstreitigkeiten verwickelt, z. B. mit Ch. Huygens, J. Hevelius und insbesondere mit I. Newton, mit dem er verfeindet war. H. schlug u.a. den Eisschmelzpunkt als Nullpunkt der Thermometerskala vor (1664), erkannte die Konstanz des Schmelz- und Siedepunktes der Stoffe (1668) und beobachtete erstmals die schwarzen Flecke an Seifenblasen. Er sah eine begrifflich gute Definition der Elastizität und stellte 1679 das Hookesche Gesetz auf [BR].

26.1)

$$\gamma = 6.67 \cdot 10^{-11} \, \frac{\mathrm{N\,m^2}}{\mathrm{kg^2}}$$

gegeben. Die Erde ist zwar ausgedehnt; wir denken uns jedoch ihre Gesamtmasse M_s im Erdmittelpunkt vereinigt. In der Nähe der Erdoberfläche läßt sich die Kraft vereinfachen:

$$\begin{aligned}
\vec{F} &= -\gamma \frac{M_s m_s}{(R+z)^2} \vec{e}_r \\
&\approx -\gamma \frac{M_s m_s}{R^2} \left(1 - 2\frac{z}{R}\right) \vec{e}_r \\
&= -g\, m_s \left(1 - 2\frac{z}{R}\right) \vec{e}_r \,.
\end{aligned}$$

Hierbei ist g die Gravitationsbeschleunigung

$$g = \gamma \cdot \frac{M_s}{R^2} = 9.81 \, \frac{\mathrm{m}}{\mathrm{sec^2}}.$$

Nach dem 2. Newtonschen Axiom schreiben wir daher für den freien Fall:

$$m_t \ddot{z}\, \vec{e}_3 = \vec{F} = -m_s g\, \vec{e}_3. \tag{19.1}$$

Die Indizes sollen darauf hinweisen, daß wir mit „Masse" zwei durchweg verschiedene Eigenschaften des Körpers bezeichnen. Die träge Masse m_t ist eine Eigenschaft, die der Körper bei Änderungen seines Bewegungszustandes (Beschleunigung) zeigt, die schwere Masse m_s ist die Ursache der Schwerkraft. Die Gleichheit von schwerer und träger Masse ist also keineswegs trivial und erst in der allgemeinen Relativitätstheorie zeigt sich die Äquivalenz von Trägheits- und Gravitationskräften.

Wenn wir somit die Massen aus (19.1) herauskürzen und zur skalaren Schreibweise übergehen, ergibt sich die Differentialgleichung

$$\ddot{z} = -g,$$

die mit den Anfangsbedingungen $z(0) = h$, $\dot{z}(0) = 0$ gelöst werden muß. Wir erhalten

$$\frac{d\dot{z}}{dt} = -g,$$

woraus durch Integration folgt:

$$\dot{z}(t) = -gt + C = -gt.$$

Da für $t = 0$, $\dot{z}(0) = 0$ ist, muß $C = 0$ sein. Eine weitere Integration liefert

$$z(t) = h - \frac{1}{2} g\, t^2.$$

Senkrechter Wurf: Lösen wir die Differentialgleichungen (19.1) mit den Anfangsbedingungen $z(0) = 0$ und $\dot{z}(0) = v_0$, so beschreiben wir einen senkrechten Wurf nach oben. Als Lösung erhalten wir

$$\dot{z}(t) = v_0 - gt, \qquad (19.2)$$

$$z(t) = v_0 t - \frac{1}{2} g t^2. \qquad (19.3)$$

Die *Steigzeit* $t = T$ läßt sich wie folgt ermitteln: Im Umkehrpunkt ist $\dot{z}(T) = 0$ und durch Einsetzen in (19.2)

$$T = \frac{v_0}{g}.$$

Setzen wir nun T in die Gleichung von (19.3) ein, so erhalten wir die *maximale Steighöhe*:

$$z(T) = -\frac{g v_0^2}{2g^2} + \frac{v_0^2}{g} = h, \qquad h = \frac{v_0^2}{2g}. \qquad (19.4)$$

Mit (19.4) läßt sich die Geschwindigkeit v als Funktion der Steighöhe z angeben:

$$\begin{aligned} z &= v_0 t - \frac{g}{2} t^2, \\ v(t) = \dot{z} &= v_0 - gt; \end{aligned}$$

somit ist

$$t = \frac{v_0 - v}{g}.$$

Es folgt nun z als Funktion von v:

$$\begin{aligned} z(t) &= -\frac{g(v_0 - v)^2}{2g^2} - \frac{2(v_0 v - v_0^2)}{2g} = \frac{v_0^2 - v^2}{2g} \qquad (\text{wobei } h = \frac{v_0^2}{2g}), \\ z(t) &= h - \frac{v^2}{2g}, \end{aligned}$$

und wenn v bestimmt wird, ergibt sich die gesuchte Funktion

$$v(z) = \sqrt{2g(h - z)}.$$

$v(z)$ läßt sich auch über den Energieerhaltungssatz bestimmen, der gelten muß, weil $\operatorname{rot} \vec{F} = \operatorname{rot}(-m_s g \vec{e}_3) = 0$.

Das Potential ist

$$\begin{aligned} V(\vec{r}) &= -\int_0^z \vec{F} \cdot d\vec{r} \\ &= -\int_0^z (0,\, 0,\, -mg) \cdot (dx, dy, dz) \\ &= \int_0^z mg\, dz, \\ &= mgz. \end{aligned}$$

Somit lautet der Energiesatz:

$$E = \frac{m}{2}v^2 + mgz.$$

Für $z = 0$, $v = v_0$ und $t = 0$ ist die Gesamtenergie

$$E = \frac{m}{2}v_0^2 + 0.$$

Daraus folgt:

$$E = \frac{m}{2}v_0^2 = \frac{m}{2}v^2 + mgz\,,$$

und da $v_0^2 = 2gh$ folgt weiterhin, daß

$$mgh - mgz = \frac{m}{2}v^2$$

und damit

$$v(z) = \sqrt{2g(h-z)}$$

ist.

19.1 Aufgabe: Bewegung einer Masse im konstanten Kraftfeld

Ein Massenpunkt mit der Masse m bewegt sich geradlinig unter dem Einfluß der konstanten Kraft $\vec{F}$. Seine Anfangsgeschwindigkeit zum Zeitpunkt $t = 0$ ist v_0. Geben Sie $v(t)$ und $x(t)$ an.

Lösung: Es gilt die Bewegungsgleichung

$$F = mb = m\frac{dv}{dt}\,.$$

Es werden nun die Variablen getrennt und daraufhin integriert:

$$\begin{aligned} \frac{F}{m}dt &= dv \\ v(t) - v(0) &= \frac{F}{m}t \quad \text{oder} \\ v(t) &= v_0 + \frac{F}{m}t\,. \end{aligned}$$

Zur Anfangsgeschwindigkeit v_0 gehört der Weg $x = x_0$; somit erhält man nach weiterer Integration:

$$x(t) = x_0 + v_0 t + \frac{F}{2m}t^2\,.$$

Der schräge Wurf: Es sollen dieselben Vereinfachungen gelten wie beim freien Fall. Die Anfangsgeschwindigkeit hat hier zwei Komponenten (in $\vec{e}_2$ und $\vec{e}_3$ Richtung). Anfangsbedingungen: Zur Zeit $t = 0$ sei

$$\vec{r} = 0$$

und

$$\dot{\vec{r}} = \vec{v}_0 = v_0(\cos\alpha\,\vec{e}_2 + \sin\alpha\,\vec{e}_3)\ ,$$

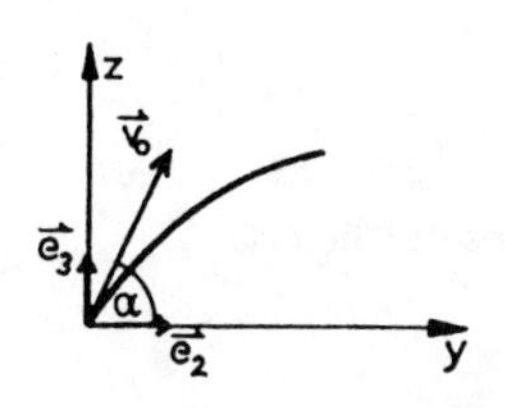

Anfangsbedingungen beim schrägen Wurf

α sei der Abwurfwinkel (siehe Figur).

Es gilt wieder nach Newton, daß

$$m\frac{d^2\vec{r}}{dt^2} = -mg\vec{e}_3$$

oder

$$\frac{d\vec{v}}{dt} = -g\vec{e}_3$$

ist. Nach der Separation der Variablen und Integration folgt

$$\vec{v}\,(t) = -gt\vec{e}_3 + \vec{c}_1.$$

Aus den Anfangsbedingungen ergibt sich für $\vec{c}_1$:

$$\vec{c}_1 = \vec{v}_0 = v_0(\cos\alpha\,\vec{e}_2 + \sin\alpha\,\vec{e}_3),$$

also ist

$$\vec{v}\,(t) = (v_0\sin\alpha - gt)\vec{e}_3 + v_0\cos\alpha\,\vec{e}_2. \tag{19.5}$$

Die Steigzeit T erhält man, wenn man die $\vec{e}_3$-Komponente $\vec{e}_3 \cdot \vec{v}\,(T) = 0$ setzt:

$$v_0\sin\alpha - gT = 0,$$

und man erhält

$$T = \frac{v_0\sin\alpha}{g}.$$

Der Weg als Funktion der Zeit ergibt sich durch Integration der Gleichung (19.5):

$$\vec{r}\,(t) = \left(v_0 t\sin\alpha - \frac{g}{2}t^2\right)\vec{e}_3 + v_0 t\cos\alpha\,\vec{e}_2. \tag{19.6}$$

Da $\vec{r}\,(t) = 0$ für $t = 0$ ist, muß auch die Integrationskonstante gleich Null sein. Die Form der Bewegungskurve ergibt sich, wenn (19.6) in Komponenten aufgespalten und die Zeit eliminiert wird. Es ist

$$y = tv_0\cos\alpha, \quad \text{also} \quad t = \frac{y}{v_0\cos\alpha}.$$

Daraus ergibt sich für die $\vec{e}_3$-Komponente z:

$$z = -\frac{g}{2}t^2 + v_0 t \sin\alpha,$$

t eingesetzt liefert:

$$z = -\frac{g}{2}\left(\frac{y}{v_0\cos\alpha}\right)^2 y\tan\alpha.$$

Diese Gleichung ist eine Parabelgleichung der Form $-Ay^2 + By = z$, also eine nach unten geöffnete Parabel in der y-z-Ebene.

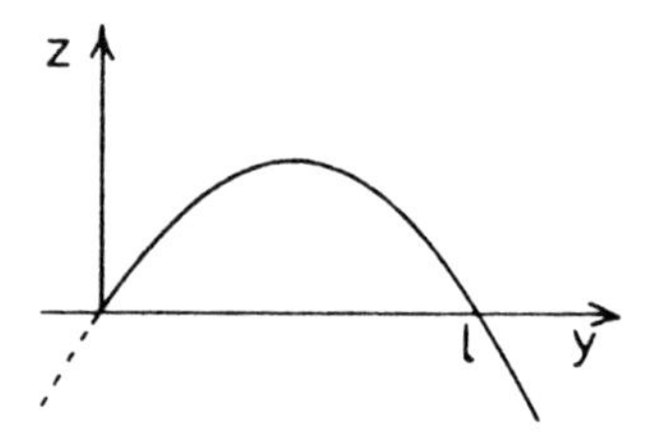

Die Wurfparabel

Die *Wurfzeit* t_0, die verstreicht, bis der Körper den Boden wieder erreicht, erhält man aus der Bedingung $z(t) = 0$ für $t \neq 0$. Es ist dann

$$v_0 t_0 \sin\alpha - \frac{g}{2}t_0^2 = 0$$

und somit

$$t_0 = \frac{2v_0\sin\alpha}{g} = 2T.$$

Die Wurfzeit ist die doppelte Steigzeit; somit ist die Kurve der Wurfbewegung *symmetrisch.*

Die Wurfweite l ergibt sich durch Einsetzen der Wurfzeit $2T$ in (19.6):

$$l = 2Tv_0\cos\alpha = \frac{2v_0^2\sin\alpha\cos\alpha}{g},$$

und umgeformt:

$$l = \frac{v_0^2\sin 2\alpha}{g}.$$

Hieraus ist sofort zu verstehen, daß sich eine *maximale Wurfweite* bei konstantem v_0 für den Wurfwinkel $\alpha = 45°$ ergibt, denn für $\sin 2\alpha = 1$ ist $\alpha = 45°$.

19.2 Aufgabe: Bewegung auf einer Schraubenlinie im Schwerefeld

Ein kleiner Körper mit der Masse m gleitet unter dem Einfluß seines Eigengewichts $\vec{G} = \{0,\, 0,\, -mg\}$ reibungslos auf der Schraubenlinie $\vec{r} = \{a\cos\varphi(t), a\sin\varphi(t), c\varphi(t)\}$ herab.

a) Berechnen Sie $\varphi(t)$ sowie die Bahngeschwindigkeit und den Führungsdruck als Funktion der Zeit.

b) Berechnen Sie $\varphi(t)$ zusätzlich mit Hilfe des Energiesatzes. Die Zahlenwerte sind: $m = 1\,\text{kg}$, $a = 2\,\text{m}$, $c = 0.5\,\text{m}$.

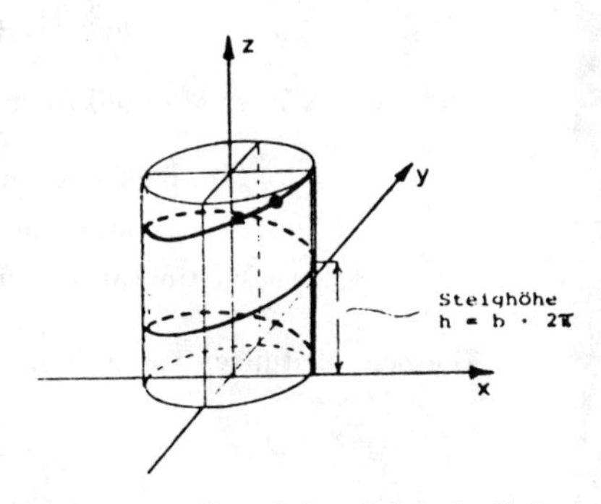

Ein Massenpunkt auf einer Schraubenlinie

Lösung: a) Die Bewegung der Masse m ist auf der gegebenen Schraubenlinie durch folgende Kräfte gekennzeichnet:

das Eigengewicht $\vec{G} = \{0,\, 0,\, -mg\}$,

den Führungsdruck $\vec{F} = F_N\vec{N} + F_B\vec{B}$ normal zur Bahn.

Wir benötigen also für weitere Betrachtungen Tangenten-, Normal- und Binormalenvektor.

Es sind:

$$\begin{aligned}
\vec{r} &= \vec{r}(\varphi) = \{a\cos\varphi, a\sin\varphi, c\varphi\}, \\
\vec{r}\,' &= \frac{d\vec{r}}{d\varphi} = \{-a\sin\varphi, a\cos\varphi, c\}, \\
\vec{r}\,'' &= \frac{d^2\vec{r}}{d\varphi^2} = \{-a\cos\varphi, -a\sin\varphi, 0\},
\end{aligned}$$

und somit folgt für die Vektoren des begleitenden Dreibeins

$$\begin{aligned}
\vec{T} &= \frac{\vec{r}\,'}{|\vec{r}\,|} = \frac{1}{\sqrt{a^2+c^2}}\{-a\sin\varphi, a\cos\varphi, c\}, \\
\vec{T}\,' &= \frac{1}{\sqrt{a^2+c^2}}\{-a\cos\varphi, -a\sin\varphi, 0\}, \\
\vec{N} &= \frac{\vec{T}\,'}{|\vec{T}\,'|} = \frac{(a^2+c^2)^{-1/2}(-a\cos\varphi, -a\sin\varphi, 0)}{a(a^2+c^2)^{-1/2}} = \{-\cos\varphi, -\sin\varphi, 0\},
\end{aligned}$$

$$\begin{aligned}
\vec{B} &= \vec{T}\times\vec{N} \\
&= \frac{1}{\sqrt{a^2+c^2}}\begin{vmatrix} \vec{e}_x & \vec{e}_y & \vec{e}_z \\ -a\sin\varphi & a\cos\varphi & c \\ -\cos\varphi & -\sin\varphi & 0 \end{vmatrix}
\end{aligned}$$

$$= \frac{1}{\sqrt{a^2+c^2}}\{c\sin\varphi, -c\cos\varphi, a\}.$$

Für die Bewegungsgleichung erhält man

$$m\ddot{\vec{r}} = \vec{G} + \vec{F} = \vec{G} + F_N\vec{N} + F_B\vec{B}$$

und nach skalarer Multiplikation mit $\vec{T}, \vec{N}$ und $\vec{B}$:

$$\begin{array}{rrcll} \text{Multiplikation mit}\,\vec{T}: & (m\ddot{\vec{r}} - \vec{G})\cdot\vec{T} & = & 0, & \underline{1} \\ \text{Multiplikation mit}\,\vec{N}: & (m\ddot{\vec{r}} - \vec{G})\cdot\vec{N} & = & F_N, & \underline{2} \\ \text{Multiplikation mit}\,\vec{B}: & (m\ddot{\vec{r}} - \vec{G})\cdot\vec{B} & = & F_B. & \underline{3} \end{array}$$

Die Zeitableitungen von $\vec{r}$ sind:

$$\begin{aligned} \dot{\vec{r}} &= \frac{d}{dt}\vec{r} = \frac{d\vec{r}}{d\varphi}\frac{d\varphi}{dt} = r'\dot{\varphi}, \\ \ddot{\vec{r}} &= \frac{d}{dt}(\dot{\vec{r}}) = \frac{d}{dt}(\vec{r}'\dot{\varphi}) = \vec{r}''\dot{\varphi}^2 + r'\ddot{\varphi}. \end{aligned}$$

Nach Einsetzen der Raumkurvengleichung folgt:

$$\ddot{\vec{r}} = \{-a\cos\varphi, -a\sin\varphi, 0\}\dot{\varphi}^2 + \{-a\sin\varphi, a\cos\varphi, c\}\ddot{\varphi}.$$

Damit wird der Term $(m\ddot{\vec{r}} - G)$ in den Gleichungen $\underline{1}$, $\underline{2}$, $\underline{3}$ zu

$$m\ddot{\vec{r}} - \vec{G} = m\{-a\dot{\varphi}^2\cos\varphi - a\ddot{\varphi}\sin\varphi, -a\dot{\varphi}^2\sin\varphi + a\ddot{\varphi}\cos\varphi, c\ddot{\varphi} + g\},$$

und nach Skalarmultiplikation mit den Vektoren des begleitenden Dreibeins folgt für Gleichung

$$\begin{array}{llcll} \underline{2}: & F_N & = & (m\ddot{\vec{r}} - \vec{G})\cdot\vec{N} = ma\dot{\varphi}^2, & \underline{4} \\ \underline{3}: & F_B & = & (m\ddot{\vec{r}} - \vec{G})\cdot\vec{B} = mga(a^2+c^2)^{-1/2}, & \underline{5} \\ \underline{1}: & 0 & = & (m\ddot{\vec{r}} - \vec{G})\cdot\vec{T} = \frac{m}{\sqrt{a^2+c^2}}[(a^2+c^2)\ddot{\varphi} + cg], & \underline{6} \end{array}$$

wobei

$$\ddot{\varphi} = -g\frac{c}{a^2+c^2}, \qquad \text{also} \qquad \varphi = C_2 + C_1 t - \frac{g}{2}t^2\frac{c}{a^2+c^2}.$$

Aus den Anfangsbedingungen $\varphi(t=0) = \varphi_0$ und $\dot{\varphi}(t=0) = 0$ ergibt sich für die beiden Integrationskonstanten $C_1 = 0$ und $C_2 = \varphi_0$, so daß man erhält

$$\begin{aligned} \varphi &= \varphi(t) = \varphi_0 - \frac{c}{a^2+c^2}\frac{g}{2}t^2, \\ \dot{\varphi}(t) &= cgt(a^2+c^2)^{-1}. \end{aligned}$$

Für F_N ergibt sich damit nach Gleichung $\underline{4}$:

$$F_N = \frac{mg^2ac^2t^2}{(a^2+c^2)^2},$$

und für den resultierenden Führungsdruck

$$F = \sqrt{F_N^2 + F_B^2} = mga(a^2+c^2)^{-1/2} \cdot \sqrt{1 + \frac{g^2c^4}{(a^2+c^2)^3}\, t^4} = F(t).$$

Die Bahngeschwindigkeit ist

$$\vec{v}(t) = \dot{\vec{r}} = \vec{r}\,'\dot{\varphi} = |\vec{r}\,'|\dot{\varphi}\vec{T} = \dot{\varphi}\sqrt{a^2+c^2}\cdot\vec{T}.$$

Der Betrag der Geschwindigkeit – in Tangentenrichtung – ist

$$v(t) = |\vec{v}(t)| = \dot{\varphi}\sqrt{a^2+c^2} = -gt\frac{c}{\sqrt{a^2+c^2}}.$$

Das negative Vorzeichen charakterisiert hier „Abwärtsbewegung“.

b) Zur Bestimmung von $\varphi(t)$ nach dem Energiesatz vergleicht man die Ausgangslage $z_0(v(z_0)=0)$ mit einer beliebigen Zwischenlage z. Man erhält:

$$mgz_0 = mgz + \frac{m}{2}v^2,$$

oder umgeformt

$$2g(z_0 - z) = v^2 = \dot{\vec{r}}^{\,2} = \vec{r}\,'^2\dot{\varphi}^2.$$

Mit $\vec{r}\,'^2 = a^2 + c^2$ und $z = c\varphi$ bei $z_0 = c\varphi_0$ erhält man die folgende Differentialgleichung für $\varphi(t)$:

$$\dot{\varphi}^2 + \frac{2gc}{a^2+c^2}(\varphi - \varphi_0) = 0,$$

bzw. mit der Substitution $\psi = \varphi - \varphi_0$:

$$\dot{\psi}^2 + \frac{2gc}{a^2+c^2}\psi = 0 \qquad \text{oder} \qquad \dot{\psi} = i\sqrt{\frac{2gc}{a^2+c^2}\cdot\psi} = \frac{d\psi}{dt}.$$

Separation der Variablen führt auf

$$i\sqrt{\frac{2gc}{a^2+c^2}}dt = \frac{d\psi}{\sqrt{\psi}}$$

und Integration ergibt

$$i\sqrt{\frac{2gc}{a^2+c^2}}\int dt = \int\frac{d\psi}{\sqrt{\psi}} \qquad \text{oder} \qquad i\sqrt{\frac{2gc}{a^2+c^2}}t = 2\sqrt{\psi}$$

und nach Quadratur:

$$\psi = -\frac{g}{2}t^2\frac{c}{a^2+c^2}.$$

Resubstitution liefert schließlich:

$$\varphi = \psi + \varphi_0 = \varphi(t) = \varphi_0 - \frac{c}{a^2+c^2}\frac{g}{2}t^2.$$

19.3 Aufgabe: Raumschiff umkreist Erde

Ein Raumschiff umkreist die Erde in der Höhe h über dem Erdboden. Berechnen Sie a) die Umlaufgeschwindigkeit und b) die Umlaufperiode so, daß im Raumschiff Schwerelosigkeit herrscht, c) Diskutieren Sie diese Ergebnisse für den Fall $h \ll R$.

Lösung:

a) Schwerelosigkeit $\Leftrightarrow$ Erdanziehung = Zentrifugalkraft

$$\frac{mv^2}{R+h} = \frac{\gamma M m}{(R+h)^2} = \frac{gR^2 m}{(R+h)^2}, \qquad \text{wegen} \quad \frac{\gamma M m}{R^2} = mg \qquad \text{für} \quad h = 0$$

$$\Rightarrow \quad v = \frac{R}{R+h}\sqrt{(R+h)g} \qquad \text{„Umlaufgeschwindigkeit"}$$

b)

$$v = \frac{\text{Bahnlänge}}{\text{Periode}} = \frac{2\pi(R+h)}{T} \qquad \Rightarrow \qquad T = 2\pi\left(\frac{R+h}{R}\right)\sqrt{\frac{R+h}{g}}$$

c) Für $h \ll R$ folgt: $v \approx \sqrt{Rg}$ und $T \approx 2\pi\sqrt{\frac{R}{g}}$.

Die Umlaufgeschwindigkeit für $R = 6371$ km und $g = 9.81 \mathrm{m/s^2}$ erhält man dann zu

$$v \approx 7.9 \, \frac{\text{km}}{\text{s}}$$

und die Umlaufperiode zu $T \approx 84$ min.

20 Die Reibung

Im allgemeinen unterliegt jeder bewegte Körper durch Wechselwirkung mit seiner ruhenden Umgebung einer Bremsung. Die hierbei auftretenden Reibungskräfte sind stets der Bewegungsrichtung entgegengerichtet; sie sind *nicht* konservativ (das Linienintegral auf einem geschlossenen Weg ist $\neq 0$).

Betrachtet man nur den mechanischen Vorgang, so gilt daher der Energiesatz nicht: Kinetische Energie wird in Wärme umgewandelt.

Reibungsphänomene im zähen Medium

Für die Reibung eines Körpers in Gasen und Flüssigkeiten gilt der allgemeine Ansatz

$$\vec{F}_R = -F(v)\frac{\vec{v}}{v}.$$

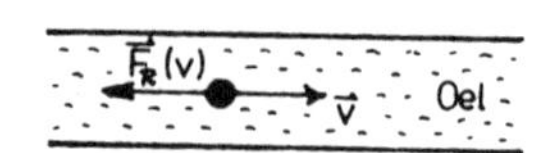

Veranschaulichung der Reibungskraft im zähen Medium

Sie ist immer der Geschwindigkeit $\vec{v}$ entgegengerichtet. Die Funktion $F(v)$ ist i.a. nicht einfach und muß empirisch bestimmt werden.

Als *Annäherung* bewähren sich zwei Ansätze.

Stokessche Reibung $\vec{F}_R = -\beta\vec{v}, \quad \beta = \text{const.} > 0$

(gültig z. B. für schnell bewegte Geschosse oder für die Bewegung in zähen Flüssigkeiten).

Newtonsche Reibung $\vec{F}_R = -\gamma v\vec{v}, \quad \gamma = \text{const} > 0$

(gültig z.B. für langsam bewegte Geschosse).

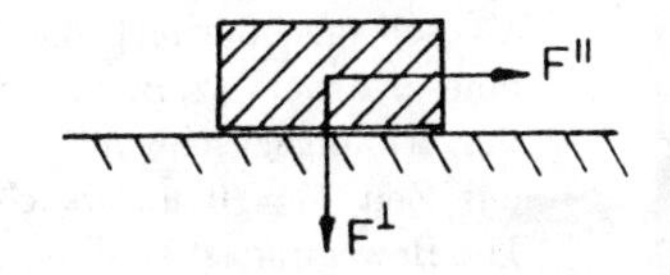

Zur Reibung eines festen Körpers auf einer Unterlage

Reibungsphänomene zwischen festen Körpern: Ein fester Körper drückt mit der Kraft $\vec{F}^{\perp}$ auf seine Unterlage. Es lassen sich zwei unterschiedliche Reibungsarten feststellen.

a) **Gleitreibung** ($v \neq 0$) Die wirksame Reibungskraft ist in weiten Grenzen von der Größe der Auflagefläche und Geschwindigkeit unabhängig und proportional zu der Kraft $F^{\perp}$, die den Körper auf die Fläche drückt (Auflagekraft). Wir können also den empirischen Ansatz machen:

$$\vec{F}_R = -\mu_g F^{\perp} \frac{\vec{v}}{v} \quad \textbf{(Coulomb)},$$

μ_g heißt Gleitreibungskoeffizient.

b) **Haftreibung** ($v = 0$) Wenn sich der Körper in Ruhe befindet, werden angreifende Zugkräfte $\vec{F}$ parallel zur Auflagefläche gerade durch die Haftreibung kompensiert. Dies gilt solange die angreifende Kraft kleiner als ein der Auflagekraft proportionaler Maximalwert ist. Erst wenn $F^{\|}$ größer als ein bestimmter Wert $\mu_N F^{\perp}$ wird, setzt sich der Körper in Bewegung. Daß diese „Grenzkraft“ proportional zur Auflagekraft $F^{\perp}$ ist, ist anschaulich klar.

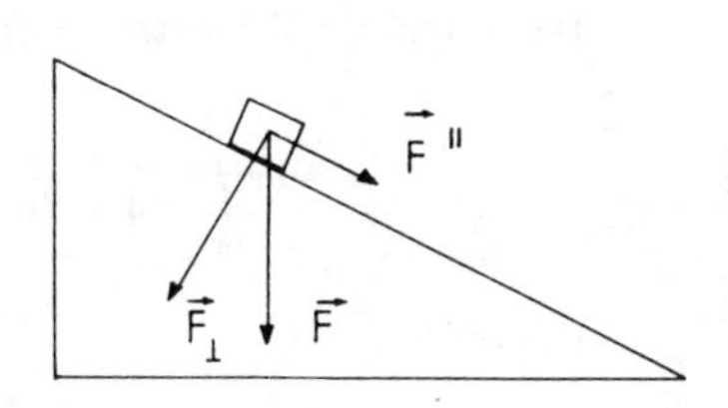

Also, der Körper bleibt in Ruhe, solange

$$F^{\|} < \mu_h F^{\perp},$$

μ_h ist der Haftreibungskoeffizient.

Für die Haftreibung gilt also ein ähnliches Gesetz wie bei der Gleitreibung, jedoch mit einem anderen Koeffizienten.

Empirisch findet man für die Koeffizienten die Beziehung

$$0 < \mu_g < \mu_h.$$

Ihre Größe ist stark von der Oberflächenbeschaffenheit abhängig.

20.1 Beispiel: Freier Fall mit Reibung nach Stokes

Es soll als Beispiel die Bewegung eines Körpers (z. B. Fallschirm) mit der Anfangsgeschwindigkeit $v = v_0$ zur Zeit $t = 0$ untersucht werden. Die Bewegung ist eindimensional, für die Bewegungsgleichung ergibt sich

$$m\ddot{z} = -mg - \beta\dot{z},$$

oder

$$m\frac{dv}{dt} = (-mg - \beta v). \qquad \underline{1}$$

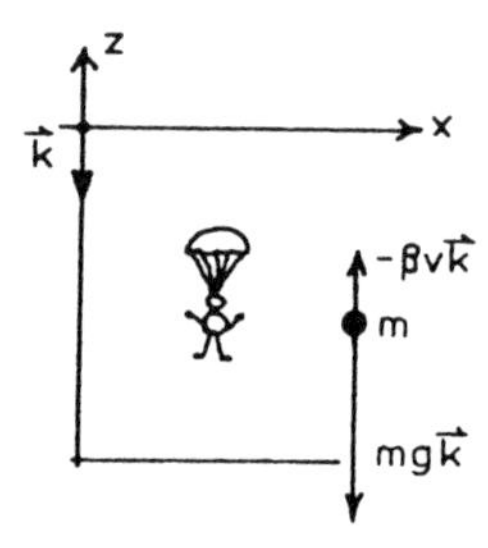

$\vec{k}$ ist ein Einheitsvektor in der negativen z-Richtung, d.h. $\vec{k} = -\vec{e}_3$.

Die Schwerkraft wirkt in $-z$ Richtung, die Reibungskraft ist der Geschwindigkeit entgegengesetzt.

Somit gilt für die Beträge nach Separation der Variablen:

$$\frac{m\,dv}{mg + \beta v} = -dt,$$

$$m\int\limits_{v_0}^{v} \frac{dv}{mg + \beta v} = -\int\limits_{0}^{t} dt = -t.$$

Das Integral links löst man durch Substitution $mg + \beta v = u$ und $dv = du/\beta$.

$$m\int\limits_{v_0}^{v} \frac{dv}{mg + \beta v} = +\frac{m}{\beta}\int\limits_{mg+\beta v_0}^{mg+\beta v} \frac{du}{u} = \frac{m}{\beta}\ln\frac{mg + \beta v}{mg + \beta v_0}.$$

Daher ist

$$t = \frac{m}{\beta}\ln\left(\frac{mg + v_0\beta}{mg + \beta v}\right).$$

Werden nun beide Seiten der Gleichung exponiert, folgt

$$e^{\frac{\beta}{m}t} = \frac{mg + \beta v_0}{mg + \beta v};$$

und umgestellt lautet dies

$$mg + \beta v_0 = (mg + \beta v)e^{\frac{\beta}{m}t}.$$

Nach v aufgelöst ergibt das:

$$v(t) = -\frac{mg}{\beta} + \left(\frac{mg}{\beta} + v_0\right)e^{-\frac{\beta}{m}t}. \qquad \underline{2}$$

Aus dieser Geschwindigkeits-Zeit-Funktion läßt sich leicht ersehen, daß bei immer größer werdenden t, $v(t)$ eine Grenzgeschwindigkeit erreicht, d. h. für große Zeiten wird $v(t)$ konstant. Den Grenzwert der Geschwindigkeit für große Zeiten wollen wir v_∞ nennen. Nach $\underline{2}$ ergibt sich

$$v_\infty = \lim_{t\to\infty} v(t) = -\frac{mg}{\beta}. \qquad \underline{3}$$

Das kann auch schon aus der dynamischen Gleichung $\underline{1}$ für den Fall verschwindender Beschleunigung $\ddot{z} = 0$ geschlossen werden. In $\underline{2}$ wollen wir nun die Exponentialfunktion durch die ersten zwei Glieder der entsprechenden Taylorentwicklung für kleine Reibungskräfte $(\beta/m)t \ll 1$ annähern:

$$v(t) = -\frac{mg}{\beta} + \left(v_0 + \frac{mg}{\beta}\right)\left(1 - \frac{\beta t}{m} + \cdots\right).$$

Wenn wir den Grenzwert für $\beta \to 0$ untersuchen, erhalten wir:

$$\lim_{\beta\to 0} v(t) = v_0 - gt,$$

also das zu erwartende Ergebnis für den Fall ohne Reibung.

Nun wollen wir noch $z(t)$ und dessen Grenzwert für $t \to \infty$ bestimmen: Aus $\underline{2}$ folgt durch Integration $(dz/dt = v(t))$:

$$z(t) = -\frac{mgt}{\beta} - \frac{m}{\beta}\left(v_0 + \frac{mg}{\beta}\right)e^{-\frac{\beta}{m}t} + c_2,$$

wobei wegen $z = 0$ für $t = 0$ die Integrationskonstante

$$c_2 = \frac{m}{\beta}\left(v_0 + \frac{mg}{\beta}\right)$$

ist und daher $z(t)$ schließlich lautet:

$$\begin{aligned} z(t) &= -\frac{mgt}{\beta} + \frac{m}{\beta}\left(v_0 + \frac{mg}{\beta}\right)\left(1 - e^{-\frac{\beta}{m}t}\right), \\ \lim_{t\to\infty} z(t) &= v_\infty t + \frac{m}{\beta}(v_0 - v_\infty), \end{aligned}$$

d. h. für große Zeiten wächst z linear mit der Zeit. Aus $z(t)$ errechnet sich die Beschleunigung $a(t)$ zu

$$\ddot{z}(t) = a(t) = \frac{-\beta}{m}\left(v_0 + \frac{mg}{\beta}\right)e^{-\frac{\beta}{m}t}.$$

Sie verschwindet für große Zeiten. Dann halten sich nämlich Gravitationskraft und Reibungskraft die Waage.

20.2 Beispiel: Der schräge Wurf mit Reibung nach Stokes

Gewählte Anfangsbedingungen:

Zur Zeit $t = 0$ sei

$$\begin{aligned}\vec{r}(0) &= 0\\ \vec{v}(0) &= \vec{v}_0\\ &= v_0\cos\alpha\,\vec{e}_2 + v_0\sin\alpha\,\vec{e}_3.\end{aligned}$$

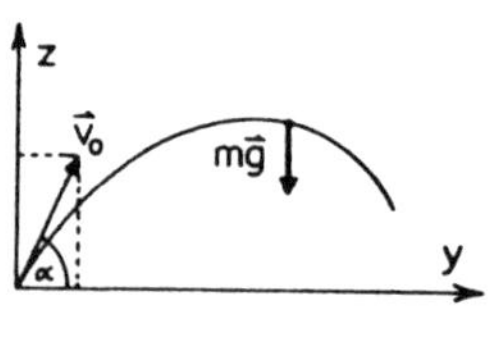

Zum schrägen Wurf.

Bewegungsgleichung :

$$m\ddot{\vec{r}} = -\beta\dot{\vec{r}} - mg\vec{e}_3 \quad \text{oder} \quad \dot{\vec{v}} + \frac{\beta}{m}\vec{v} = -g\vec{e}_3.$$

Zur Integration dieser vektoriellen Differentialgleichung wird mit $e^{\frac{\beta}{m}t}$ multipliziert:

$$\dot{\vec{v}}e^{\frac{\beta}{m}t} + \left(\frac{\beta}{m}\right)\vec{v}\,e^{\frac{\beta}{m}t} = -g\vec{e}_3 e^{\frac{\beta}{m}t}.$$

Die linke Seite dieser Gleichung ist gerade die zeitliche Ableitung von $\vec{v}\,e^{\frac{\beta}{m}t}$ nach der Produktregel, so daß sofort integriert werden kann

$$\vec{v}\,e^{\frac{\beta}{m}t} = -\int g\,e^{\frac{\beta}{m}t}\vec{e}_3\,dt = -g\frac{m}{\beta}e^{\frac{\beta}{m}t}\vec{e}_3 + \vec{c}_1.$$

Wegen $\vec{v}(0) = \vec{v}_0$ wird $\vec{c}_1 = \vec{v}_0 + g\frac{m}{\beta}\vec{e}_3$. Nach Komponenten geordnet erhalten wir für die Geschwindigkeit

$$\vec{v} = v_0\cos\alpha\,e^{-\frac{\beta}{m}t}\,\vec{e}_2 + \left[-\frac{mg}{\beta} + \left(v_0\sin\alpha + \frac{mg}{\beta}\right)e^{-\frac{\beta}{m}t}\right]\vec{e}_3$$

oder

$$\vec{v} = -g\frac{m}{\beta}\left(1 - e^{-\frac{\beta}{m}t}\right)\vec{e}_3 + \vec{v}_0 e^{-\frac{\beta}{m}t}.$$

Die Position $\vec{r}(t)$ des Geschosses läßt sich durch Integration der Geschwindigkeit bestimmen.

$$\vec{r} = -\frac{m}{\beta}v_0\cos\alpha\,e^{-\frac{\beta}{m}t}\vec{e}_2 + \left[\frac{-mg}{\beta}t - \frac{m}{\beta}\left(v_0\sin\alpha + \frac{mg}{\beta}\right)e^{-\frac{\beta}{m}t}\right]\vec{e}_3 + \vec{c}_2$$

oder

$$\vec{r} = -g\frac{m}{\beta}\left(t + \frac{m}{\beta}e^{-\frac{\beta}{m}t}\right)\vec{e}_3 - \vec{v}_0\frac{m}{\beta}e^{-\frac{\beta}{m}t} + \vec{c}_2\,.$$

Wegen $\vec{r}(0) = 0$ wird

$$\vec{c}_2 = \frac{m}{\beta}v_0\cos\alpha\,\vec{e}_2 + \frac{m}{\beta}\left(v_0\sin\alpha + \frac{mg}{\beta}\right)\vec{e}_3.$$

Setzt man diese Integrationskonstante ein, so ergibt sich für den Ort:

$$\vec{r} = \frac{m}{\beta} v_0 \cos\alpha \left(1 - e^{-\frac{\beta}{m}t}\right)\vec{e}_2 + \left[-\frac{mg}{\beta}t + \frac{m}{\beta}\left(v_0 \sin\alpha + \frac{mg}{\beta}\right)\left(1 - e^{-\frac{\beta}{m}t}\right)\right]\vec{e}_3.$$

Bemerkung : Zu den gleichen Ergebnissen für $\vec{r}(t)$ und $\vec{v}(t)$ hätte man auch durch getrennte Betrachtungen der beiden Differentialgleichungen

$$\begin{aligned} m\ddot{y} + \beta\dot{y} &= 0, \\ m\ddot{z} + \beta\dot{z} &= -mg \end{aligned}$$

gelangen können. Schon beim Ansatz Newtonscher Reibung ist die Bewegungsgleichung des Problems nicht mehr separabel, denn $m\ddot{\vec{r}} = -\beta|\dot{\vec{r}}|\dot{\vec{r}} - mg\vec{e}_3$ zerfällt in

$$\begin{aligned} m\ddot{y} + \beta\sqrt{\dot{y}^2 + \dot{z}^2}\,\dot{y} &= 0 \\ m\ddot{z} + \beta\sqrt{\dot{y}^2 + \dot{z}^2}\,\dot{z} &= -mg, \end{aligned}$$

also in ein System von gekoppelten nichtlinearen Differentialgleichungen. Solche sind meistens nicht analytisch lösbar. Mit der Linearität und Nichtlinearität von Differentialgleichungen beschäftigen wir uns in den Abschnitten 23 und 25.

Diskussion der Bewegung: Für große Zeiten ($t \gg m/\beta$) geht der Exponentialfaktor $\exp(-\frac{\beta}{m}t)$ gegen Null. Das bedeutet

a) $\lim_{t\to\infty} \vec{v}(t) = -(mg/\beta)\vec{e}_3$. Die Bewegung geht in den senkrechten Fall mit konstanter Grenzgeschwindigkeit über. Die horizontale Geschwindigkeitskomponente verschwindet für große Zeiten, d.h. die Bewegung in y-Richtung kommt zum Stillstand.

b) $\lim_{t\to\infty} y(t) = (m/\beta)v_0 \cos\alpha \equiv y_0$. In horizontaler Richtung strebt die Bewegung mit wachsender Zeit asymptotisch gegen die maximale Entfernung y_0.

Die Bahngleichung kann man explizit erhalten, wenn aus den Gleichungen für $\vec{r}\cdot\vec{e}_2$ und $\vec{r}\cdot\vec{e}_3$ der Parameter Zeit eliminiert wird. Es ergibt sich

$$z(y) = \frac{m^2}{\beta^2} g \ln\left(1 - \frac{\beta y}{m v_0 \cos\alpha}\right) + \left(v_0 \sin\alpha + \frac{mg}{\beta}\right)\frac{y}{v_0 \cos\alpha}.$$

Um zu untersuchen, wie sich die Bahnkurve verändert, wenn die Reibung sehr klein wird, kann man die Taylor-Entwicklung des Logarithmus verwenden:

$$\ln(1 + x) = x - \frac{x^2}{2} + \frac{x^3}{3} - + \cdots.$$

Damit wird

$$\begin{aligned} z(y) &= -\frac{m^2}{\beta^2} g \left[\frac{\beta y}{m v_0 \cos\alpha} + \frac{1}{2}\left(\frac{\beta y}{m v_0 \cos\alpha}\right)^2\right] \\ &\quad + \left(v_0 \sin\alpha + \frac{mg}{\beta}\right)\frac{y}{v_0 \cos\alpha} + \cdots \\ &= -\frac{g}{2 v_0^2 \cos^2\alpha} y^2 + \tan\alpha\, y + R. \end{aligned}$$

Hierbei ist

$$R = -\frac{1}{3}\frac{\beta}{m} g \left(\frac{y}{v_0 \cos\alpha}\right)^3 - \cdots$$

ein Restglied.

Aus dieser Beziehung läßt sich entnehmen:

a) Bei verschwindender Reibung ergibt sich als Grenzfall gerade die Wurfparabel.

b) Wenn Reibung wirkt, dann verläuft die Bahnkurve unterhalt der Wurfparabel; im Bereich kleiner y schmiegt sie sich an diese an (Berührung zweiter Ordnung).

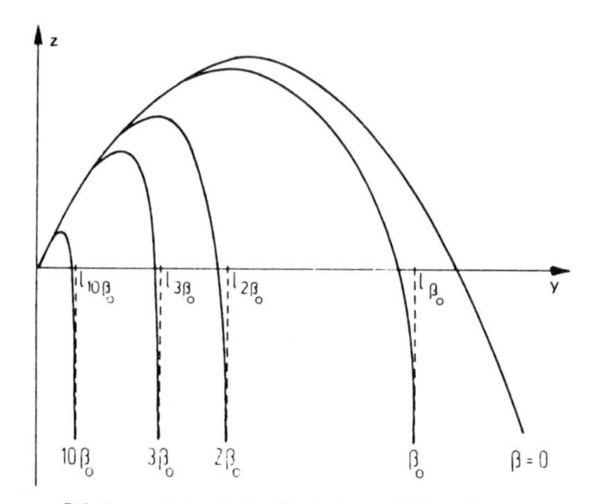

Bahnkurven beim schrägen Wurf mit verschiedener Reibung.

Bewegung im zähen Medium mit Newtonscher Reibung: Es wird die Bewegung eines Körpers untersucht, auf den *allein* eine geschwindigkeitsabhängige Reibungskraft einwirkt. Der Fall der Stokesschen Reibung wurde schon im vorhergehenden Abschnitt behandelt. Deshalb betrachten wir hier die Newtonsche Reibung.

Die (notwendig geradlinige) Bewegung verlaufe in x-Richtung, der Einheitsvektor $\vec{e}_1$ wird gleich weggelassen. Die Anfangsbedingungen seien $v(t = 0) = v_0$, $x(t = 0) = 0$.

Die Bewegungsgleichung lautet

$$m\ddot{x} = -\gamma\dot{x}^2,$$

und die Variablentrennung liefert

$$m\frac{dv}{v^2} = -\gamma dt.$$

Die einfache Integration ergibt

$$-m\frac{1}{v} = -\gamma t + c_1.$$

Aus den Anfangsbedingungen folgt

$$c_1 = -\frac{m}{v_0}.$$

Setzt man die Integrationskonstante ein und löst nach v auf, so folgt die Geschwindigkeit

$$v(t) = \frac{m}{\gamma v_0 t + m} v_0.$$

Den Weg erhält man durch erneute Integration. Um das Integral zu lösen, wird $z = \gamma v_0 t + m$, $dz = \gamma v_0 dt$ substituiert.

$$x = m v_0 \int \frac{dt}{\gamma v_0 t + m} = \frac{m}{\gamma} \int \frac{dz}{z} = \frac{m}{\gamma} \ln(\gamma v_0 t + m) + c_2.$$

Die Integrationskonstante ist $c_2 = -\frac{m}{\gamma} \ln m$. Damit ergibt sich der Weg:

$$x(t) = \frac{m}{\gamma} \ln\left(\frac{\gamma}{m} v_0 t + 1\right).$$

Diskussion: Mit wachsender Zeit $t \to \infty$ ergeben sich die beiden Grenzwerte

$$\lim_{t\to\infty} v(t) = 0\,, \qquad \lim_{t\to\infty} x(t) = \infty\,.$$

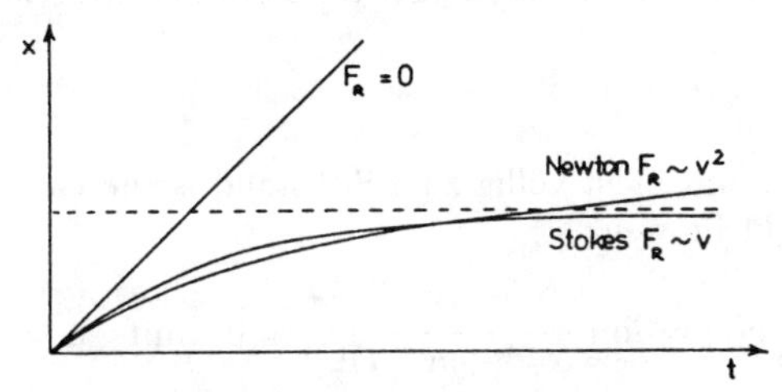

Veranschaulichung des zurückgelegten Weges x(t) bei verschiedenen Reibungskräften.

Obwohl die Geschwindigkeit immer kleiner wird, bewegt sich der Körper also bei Newtonscher Reibung beliebig weit.

Verallgemeinerter Reibungsansatz: Im folgenden wird ein etwas allgemeinerer Ansatz für die geschwindigkeitsabhängige Reibungskraft gemacht, der besonders für kleine Geschwindigkeiten interessant ist, nämlich

$$\vec{F}_R = -\varrho v^n \frac{\vec{v}}{v}.$$

Hierbei ist $n \geq 0$, weil die Reibung abnehmen soll, wenn v abnimmt. Dann heißt die *Bewegungsgleichung*

$$m\ddot{x} = -\varrho \dot{x}^n$$

oder

$$\frac{dv}{v^n} = -\frac{\varrho}{m} dt \qquad \text{für} \quad n \neq 1$$

($n = 1$ entspricht der Stokesschen Reibung). Integration ergibt

$$\frac{v^{-n+1}}{-n+1} = -\frac{\varrho}{m}t + C_1, \qquad C_1 = \frac{v_0^{1-n}}{1-n},$$

wenn $v(t = 0) = v_0$. Daraus folgt für die Geschwindigkeit:

$$v(t) = \left(v_0^{1-n} - (1-n)\frac{\varrho}{m}t\right)^{1/(1-n)}.$$

Hier lassen sich zwei Fälle unterscheiden:

- $0 \leq n < 1$:

  Der Ausdruck in der Klammer kann verschwinden. Daher kommt der Körper nach einer endlichen Zeit t_0 zur Ruhe;

  $$t_0 = \frac{m}{\varrho}\frac{v_0^{1-n}}{1-n}.$$

  Sobald $t \geq t_0$ ist, verliert die hergeleitete Formel ihre Gültigkeit; der Körper bleibt in Ruhe.

- $n > 1$:

  Der Körper kommt nicht völlig zum Stillstand, seine Geschwindigkeit wird jedoch beliebig klein, weil

  $$\lim_{t\to\infty} v(t) = \lim_{t\to\infty} \frac{1}{(v_0^{-\alpha} + \alpha\,\frac{\varrho}{m}\,t)^{1/\alpha}} = 0 \quad \text{mit} \quad \alpha = n - 1 > 0.$$

Die erforderliche zweite Integration wird einfacher, wenn man $v(x(t))$ betrachtet. Dann gilt nach der Kettenregel

$$\frac{dv}{dt} = \frac{dv}{dx} \cdot \frac{dx}{dt} = \frac{dv}{dx}v.$$

Dies eingesetzt in die Bewegungsgleichung ergibt

$$dv \cdot v^{1-n} = -\frac{\varrho}{m}dx.$$

Integriert wird daraus

$$\frac{1}{2-n}v^{2-n} = -\frac{\varrho}{m}x + C_2.$$

Mit

$$v(x = 0) = v(t = 0) = v_0$$

wird

$$C_2 = \frac{1}{2-n}v_0^{2-n}.$$

Also

$$x(v) = \frac{m}{\varrho}\frac{1}{n-2}(v^{2-n} - v_0^{2-n}).$$

Oder, wenn $v(t)$ eingesetzt wird, ergibt sich der Weg als Funktion der Zeit als

$$x(t) = \frac{m}{\varrho}\frac{1}{n-2}\left[\left(v_0^{1-n} - (1-n)\frac{\varrho}{m}t\right)^{\frac{n-2}{n-1}} - v_0^{2-n}\right].$$

Auch hier gibt es zwei unterschiedliche Fälle, die man am einfachsten der Funktion $x(v)$ entnimmt, und zwar

$$\begin{aligned} 0 \le n < 2: \quad \lim_{v\to 0} x(v) &= \frac{m}{\varrho}\frac{1}{2-n}v_0^{2-n} = l. \\ n > 2: \quad \lim_{v\to 0} x(v) &= \frac{m}{\varrho\beta}\lim_{v\to 0}\left(\frac{1}{v^\beta} - \frac{1}{v_0^\beta}\right) = \infty \end{aligned}$$

(mit $\beta = n-2 > 0$, (für $n = 2$ siehe Newtonsche Reibung)).

Insgesamt kann man also drei Bewegungstypen unterscheiden, nämlich

a) $0 \le n < 1$

Die Bewegung kommt zur Zeit t_0 in der Entfernung l zum *Stillstand.*

b) $1 \le n < 2$:

Die Geschwindigkeit strebt gegen Null, während sich der Körper einem endlichen *Grenzpunkt* in der Entfernung l annähert.

c) $n \ge 2$:

Die Geschwindigkeit strebt asymptotisch gegen Null, während die Entfernung *über alle Grenzen wächst.*

Die schon behandelten Fälle gehören als Grenzfälle zu den Bewegungstypen b) (Stokes, $n = 1$), bzw. c) (Newton, $n = 2$). Die Abbildung veranschaulicht das unterschiedliche Verhalten. Bei sehr kleinen Geschwindigkeiten geht die Reibungskraft – unabhängig vom Koeffizienten – um so schneller gegen Null, je größer der Exponent n ist. Andererseits nimmt die Bremsung bei kleinem n so langsam ab (die Bremskraft ist für kleine n also so stark), daß die Bewegung sogar zum Stillstand kommt.

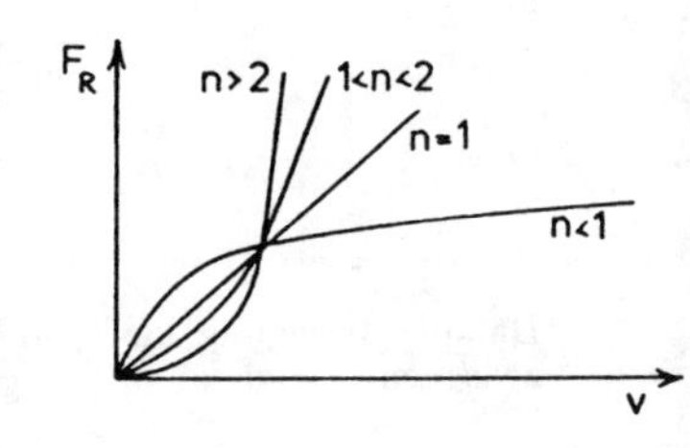

20.3 Aufgabe: Freier Fall mit Newtonscher Reibung

Ein Körper beginnt zur Zeit $t = 0$ im Punkt $z = 0$ mit der Anfangsgeschwindigkeit v_0 zu fallen. Was ergibt sich für die Fallgeschwindigkeit $v(t)$ und den Fallweg $z(t)$, wenn Newtonsche Reibung wirksam ist? Welche Näherungen gelten für kleine Zeiten, wenn $v_0 = 0$ ist?

Lösung: Die Bewegungsgleichung lautet:

$$m\ddot{z} = -mg - \gamma\dot{z}\,|\dot{z}| \quad \text{oder} \quad \dot{v} = -g\left(1 + \frac{\gamma}{mg}v|v|\right) = -g\left(1 + \frac{v|v|}{v_\infty^2}\right).$$

Mit der Abkürzung

$$v_\infty = \sqrt{\frac{mg}{\gamma}} \qquad \text{folgt} \qquad v_\infty^2 \int\limits_{v_0}^{v} \frac{dv}{v_\infty^2 + v|v|} = -g\int\limits_0^t dt.$$

Die Integration der Bewegungsgleichung liefert

$$-gt = \begin{cases} \left[v_\infty \arctan \frac{v}{v_\infty}\right]_{v_0}^{v} & \text{für} \quad v \geq 0, \\ \left[v_\infty \operatorname{Artanh} \frac{v}{v_\infty}\right]_{v_0}^{v} & \text{für} \quad -v_\infty < v < 0, \\ \left[v_\infty \operatorname{Arcoth} \frac{v}{v_\infty}\right]_{v_0}^{v} & \text{für} \quad v < -v_\infty. \end{cases}$$

Abhängig von der Größe der Anfangsgeschwindigkeit muß man also drei Fälle unterscheiden.

1. $v_0 \geq 0$. Anfangsgeschwindigkeit und Schwerkraft sind entgegengesetzt. Nach Integration folgt

$$-gt = v_\infty \arctan \frac{v}{v_\infty} - v_\infty \arctan \frac{v_0}{v_\infty}.$$

Die Bedeutung des konstanten Gliedes zeigt sich, wenn $v = 0$ wird:

$$gt_0 = gt(v = 0) = v_\infty \arctan \frac{v_0}{v_\infty}$$

und damit

$$-g(t - t_0) = v_\infty \arctan \frac{v}{v_\infty}$$

oder

$$v = -v_\infty \tan \frac{g}{v_\infty}(t - t_0).$$

Da die Bewegung auch für $t = t_0$ stetig erfolgen muß, ergibt die Integration zwischen t_0 und t:

$$-g(t - t_0) = v_\infty \operatorname{Artanh} \frac{v}{v_\infty} - 0,$$

also

$$v = -v_\infty \tanh \frac{g}{v_\infty}(t - t_0); \qquad t \geq t_0.$$

Der Körper bewegt sich aufwärts gegen die Schwerkraft, kommt für t_0 zum Stillstand und fällt nach unten.

2. $-v_\infty < v_0 \leq 0$. Integration ergibt

$$-gt = v_\infty \text{Artanh} \frac{v}{v_\infty} - v_\infty \text{Artanh} \frac{v_0}{v_\infty}.$$

Denkt man sich die Geschwindigkeitsfunktion für negative Zeiten $t < 0$ fortgesetzt, so erhält das konstante Glied wieder eine anschauliche Bedeutung:

$$t_0 = t(v = 0) = \frac{v_\infty}{g} \text{Artanh} \frac{v_0}{v_\infty}.$$

Die Geschwindigkeitsfunktion läßt sich dann ausdrücken durch

$$v = -v_\infty \tanh \frac{g}{v_\infty}(t - t_0).$$

3. $v_0 < -v_\infty$.

$$-gt = v_\infty \text{Arcoth} \frac{v}{v_\infty} - v_\infty \text{Arcoth} \frac{v_0}{v_\infty}.$$

Ähnlich wie in den anderen Fällen kürzen wir ab

$$t(v = -\infty) = t_- = \frac{v_\infty}{g} \text{Arcoth} \frac{v_0}{v_\infty}$$

und damit

$$v = -v_\infty \coth \frac{g}{v_\infty}(t - t_-).$$

In allen drei Fällen nähert sich die Geschwindigkeit asymptotisch der Grenzgeschwindigkeit

$$-v_\infty = -\sqrt{\frac{mg}{\gamma}}.$$

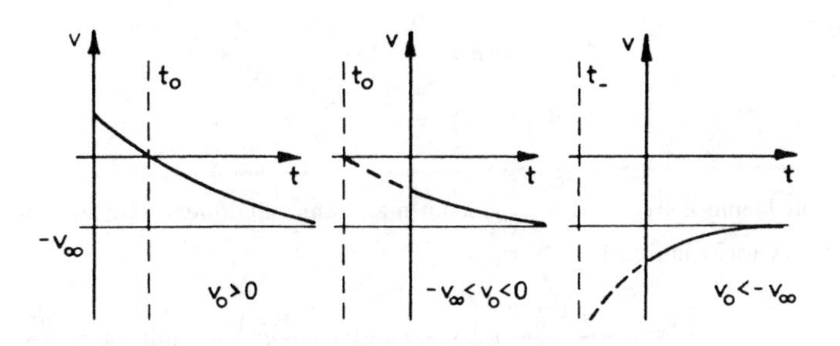

Die Funktion $z(t)$ läßt sich ohne weiteres aus $v(t)$ berechnen.

1.

$$\begin{aligned} z &= v_\infty \int \tan \frac{g}{v_\infty}(t_0 - t)\, dt = +\frac{m}{\gamma} \ln \cos \frac{g}{v_\infty}(t_0 - t) + K_1, \qquad t \le t_0; \\ z &= -v_\infty \int \tanh \frac{g}{v_\infty}(t - t_0)\, dt = -\frac{m}{\gamma} \ln \cosh \frac{g}{v_\infty}(t - t_0) + K_1, \qquad t \ge t_0; \end{aligned}$$

wobei

$$K_1 = -\frac{m}{\gamma} \ln \cos \frac{g}{v_\infty} t_0 .$$

2.

$$\begin{aligned} z &= -\frac{m}{\gamma} \ln \cosh \frac{g}{v_\infty}(t - t_0) + K_2 , \\ K_2 &= \frac{m}{\gamma} \ln \cosh \left(-\frac{g}{v_\infty} t_0 \right). \end{aligned}$$

3.

$$\begin{aligned} z &= -v_\infty \int \coth \frac{g}{v_\infty}(t - t_-)\, dt = -\frac{m}{\gamma} \ln \sinh \frac{g}{v_\infty}(t - t_-) + K_3 , \\ K_3 &= \frac{m}{\gamma} \ln \sinh \left(-\frac{g t_-}{v_\infty} \right). \end{aligned}$$

Speziell für $v_0 = 0$ ergibt sich $t_0 = 0$ und daher

$$\begin{aligned} v &= -v_\infty \tanh \frac{gt}{v_\infty}, \\ z &= -\frac{v_\infty^2}{g} \ln \cosh \left(-\frac{gt}{v_\infty} \right). \end{aligned}$$

Es gelten die Reihenentwicklungen:

$$\begin{aligned} \sinh u &= u + \frac{u^3}{3!} + \cdots , \\ \cosh u &= 1 + \frac{u^2}{2!} + \frac{u^4}{4!} + \cdots , \\ \ln(1+u) &= u - \frac{u^2}{2} + - \cdots . \end{aligned}$$

Für kleine Zeiten ($t \ll v_\infty / g$) kann man dann näherungsweise schreiben:

1. Geschwindigkeit:

$$\begin{aligned} v &\approx -\frac{u + \frac{1}{6}u^3}{1 + \frac{1}{2}u^2} v_\infty \approx -v_\infty u \left(1 - \frac{1}{3} u^2 \right) \qquad \text{mit} \quad u = \frac{gt}{v_\infty}, \\ &\approx -gt \left(1 - \frac{1}{3} \left(\frac{gt}{v_\infty} \right)^2 \right) \end{aligned}$$

2. Weg:

$$
\begin{aligned}
z &\approx -\frac{v_\infty^2}{g}\ln\left(1+\frac{u^2}{2}+\frac{u^4}{24}\right) \\
&\approx -\frac{v_\infty^2}{g}\left[\frac{u^2}{2}+\frac{u^4}{24}-\frac{1}{2}\left(\frac{u^4}{4}+\cdots\right)\right], \\
&\approx -\frac{1}{2}gt^2\left(1-\frac{1}{6}\left(\frac{gt}{v_\infty}\right)^2\right).
\end{aligned}
$$

20.4 Aufgabe: Bewegung einer Lokomotive mit Reibung

Eine Lokomotive der Masse m bewegt sich antriebslos unter dem Einfluß der Reibungskraft $f(v) = \alpha + \beta v^2$ auf einer waagerechten Schiene. Die Anfangsgeschwindigkeit sei v_0.

a) Nach welcher Zeit kommt die Lokomotive zum Stillstand? Wie lange dauert es im Höchstfall ($v_0 \to \infty$)?

b) Welchen Weg hat sie dann zurückgelegt?

Lösung: Die Bewegungsgleichung lautet

$$m\ddot{x} = -f(v) = -\alpha - \beta\dot{x}^2$$

und wird nach der Variablentrennung integriert:

a)

$$
\begin{aligned}
&m\frac{dv}{dt} = -(\alpha+\beta v^2), \\
&\frac{m}{\beta}\int\limits_{v=v_0}^{0}\frac{dv}{\alpha/\beta+v^2} = -\int\limits_{t=0}^{t_0}dt, \\
&\frac{m}{\beta}\sqrt{\frac{\beta}{\alpha}}\left(\arctan 0 - \arctan\sqrt{\frac{\beta}{\alpha}}v_0\right) = -t_0\,, \\
&t_0 = \frac{m}{\sqrt{\alpha\beta}}\arctan\sqrt{\frac{\beta}{\alpha}}v_0, \qquad \lim_{v_0\to\infty} t_0 = \frac{m}{\sqrt{\alpha\beta}}\frac{\pi}{2}.
\end{aligned}
$$

b) Mit x und v als Variablen lautet die Bewegungsgleichung

$$m\frac{dv}{dx}\frac{dx}{dt} = -(\alpha+\beta v^2).$$

Dies wird umgeformt und integriert:

$$
\begin{aligned}
&\frac{m}{2\beta}\int\limits_{v=v_0}^{0}\frac{2\beta v}{\alpha+\beta v^2}dv = -\int\limits_{x=0}^{x_0}dx, \\
&\frac{m}{2\beta}[\ln\alpha - \ln(\alpha+\beta v_0^2)] = -x_0.
\end{aligned}
$$

Der zurückgelegte Gesamtweg ist also

$$x_0 = \frac{m}{2\beta} \ln \left(1 + \frac{\beta}{\alpha} v_0^2 \right).$$

Bei unendlicher Anfangsgeschwindigkeit v_0 läuft die Lokomotive unendlich weit, obwohl sie in der endlichen Zeit $\frac{m}{\sqrt{\alpha\beta}} \frac{\pi}{2}$ auf die Geschwindigkeit 0 abgebremst wird.

20.5 Beispiel: Die schiefe Ebene

Bisher wurde die Bewegung eines freien Massenkörpers unter dem Einfluß äußerer Kräfte untersucht. Sind seine Bewegungsmöglichkeiten hingegen durch gewisse Nebenbedingungen auf eine bestimmte Fläche oder Linie beschränkt, so spricht man von einer *gebundenen Bewegung.* Es muß dann eine *Zwangskraft* auf den Körper einwirken, die ihn auf der vorgeschriebenen Bahn hält.

Im Fall der Bewegung auf einer festen Fläche oder Schiene erfährt der Körper von der Unterlage eine Reaktionskraft, die genau die Normalkomponente der auf ihn einwirkenden Kraft ausgleicht. Berücksichtigt man diese Zwangskraft, so läßt sich die Bewegungsgleichung nach dem 2. Newtonschen Axiom aufstellen.
Das einfachste Beispiel ist die Bewegung auf der schiefen Ebene. a) Ohne Reibung: Wir führen folgende Bezeichnungen ein (vgl. Figur):

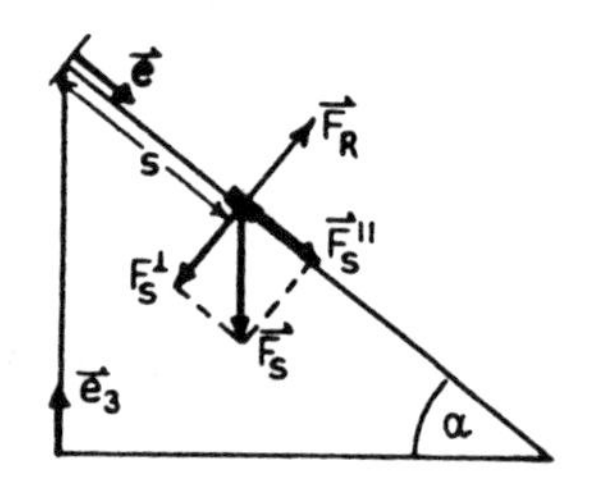

$\vec{F}_s$: Gewicht,

$\vec{F}_s^{||}$, $\vec{F}_s^{\perp}$: Parallel- und Normalkomponente der Gewichtskraft,

$\vec{F}_R$: Reaktionskraft,

s: zurückgelegter Weg.

Es gelten folgende Beziehungen zwischen den Kräften:

$$\begin{aligned} \vec{F}_s^{\perp} &= -\vec{F}_R , && \text{(nach dem 3. Newtonschen Axiom)} \\ \vec{F}_s &= \vec{F}_s^{\perp} + \vec{F}_s^{||} = -mg\vec{e}_3, \\ \vec{F}_s^{||} &= mg \sin\alpha\, \vec{e}. && \text{(siehe Abbildung)} \end{aligned}$$

Dann ist die Bewegungsgleichung

$$m\ddot{s}\vec{e} = \sum_i \vec{F}_i = \vec{F}_s + \vec{F}_R = \vec{F}_s^{||} = mg \sin\alpha\, \vec{e}.$$

Es wirkt nur die Parallelkomponente der Gewichtskraft beschleunigend (Hangabtrieb):

$$\ddot{s} = g \sin\alpha \equiv g'.$$

Dies ist genau die Differentialgleichung des freien Falls mit einer um den Faktor $\sin\alpha$ verminderten Erdbeschleunigung. Zweimalige Integration führt wieder auf die Lösungen

$$\begin{aligned} v(t) &= g\sin\alpha t + v_0, \\ s(t) &= \frac{1}{2}g\sin\alpha t^2 + v_0 t + s_0. \end{aligned}$$

b) Mit Reibung: Neben der bisherigen Zwangskraft $\vec{F}_R$ in Richtung der Flächennormalen wirkt nun auf den Körper auch eine parallele Komponente $\vec{f}$ ein, die als Reibungskraft der Bewegung stets entgegengerichtet ist. Nach der Abbildung ist die Auflagekraft

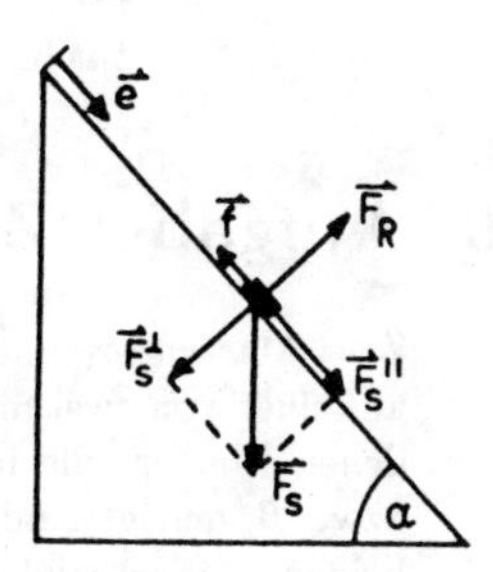

$$\vec{F}_s^\perp = \cos\alpha\, mg$$

und daher die Gleitreibungskraft

$$\vec{f} = \mp\mu_g \cos\alpha mg\vec{e} \qquad \text{wenn} \quad v \gtrless 0.$$

Damit gilt die Bewegungsgleichung

$$m\ddot{s}\,\vec{e} = \vec{F}_s + \vec{F}_R + \vec{f} = \vec{F}_s'' + \vec{f} = mg(\sin\alpha \pm \mu_g\cos\alpha)\vec{e}\,,$$

falls $v \gtrless 0$.
Dies ergibt wieder die Differentialgleichung

$$\ddot{s} = g(\sin\alpha \pm \mu_g \cos\alpha) \equiv g'',$$

mit den Lösungen

$$\begin{aligned} v(t) &= g(\sin\alpha \mp \mu_g\cos\alpha)t + v_0, \qquad \text{für } v \gtrless 0. \\ s(t) &= \frac{1}{2}g(\sin\alpha \mp \mu_g\cos\alpha)t^2 + v_0 t + s_0\,. \end{aligned}$$

Wenn die Bewegung abwärts gerichtet ist ($v > 0$), lassen sich drei verschiedene Fälle unterscheiden:

a) $g'' > 0$
d. h. $\tan\alpha > \mu_g$ oder $\alpha > \alpha_g = \arctan\mu_g$. Der Körper wird positiv beschleunigt.

b) $g'' = 0$
$\tan\alpha = \mu_g$, $\alpha = \alpha_g$ Der Körper bewegt sich gleichförmig, Schwerkraftkomponente und Reibung heben sich gegenseitig auf.

c) $g'' < 0$
$\tan\alpha < \mu_g$ Der Körper wird abgebremst und kommt nach der Zeit

$$t = \frac{v_0}{g(\mu_g\cos\alpha - \sin\alpha)}$$

zur Ruhe.

Ist $v < 0$, die Bewegung also aufwärts gerichtet, so wird $g'' = g(\sin\alpha + \mu_g \cos\alpha) > 0$; der Körper kommt auf jeden Fall zum Stillstand. Von der Größe des Koeffizienten μ_g der nun wirksamen Haftreibung hängt es ab, ob er sich aus dem Stillstand in Bewegung setzt.

Die schiefe Ebene gestaltet es, die beiden Reibungskoeffizienten durch Variieren des Neigungswinkels α zu bestimmen:

$$\begin{aligned} \mu_g &= \tan\alpha\,, && \text{wenn sich der Körper gleichförmig bewegt } (v > 0) \\ \mu_n &= \tan\alpha\,, && \text{wenn der Körper gerade ins Gleiten gerät.} \end{aligned}$$

20.6 Aufgabe: Zwei Massen auf schiefen Ebenen

Zwei Massen m_1 und m_2 liegen jeweils auf einer von zwei miteinander verbundenen Ebenen, die mit den Winkeln α bzw. β geneigt sind (vgl. Figur). Die beiden Massen sind durch ein denkbar massenloses und unausdehnbares Seil über einer Rolle im Punkte A miteinander verbunden.
Bestimmen Sie unter Berücksichtigung der Reibung die Beschleunigung der Massen m_1 und m_2.

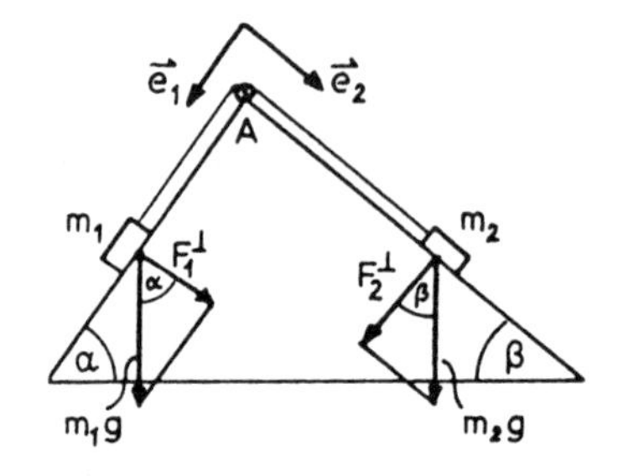

Lösung: Bei der in der Aufgabe erwähnten Reibung handelt es sich um eine Gleitreibung $\left(\vec{F}_R = -\mu_g F^\perp \vec{v}/v\right)$. Da die Geschwindigkeit $\vec{v}$ in Richtung von $\vec{e}_1$ bzw. $\vec{e}_2$ wirkt, ist $\vec{v}/v$ nichts weiter als $\vec{e}_1$ bzw. $\vec{e}_2$!

Es gilt somit:

$$m_1 a\vec{e}_1 = m_1 g \sin\alpha\, \vec{e}_1 - T\vec{e}_1 - \mu_g F_1^\perp \vec{e}_1 \qquad \underline{1}$$

und

$$-\, m_2 a\vec{e}_2 = m_2 g \sin\beta\, \vec{e}_2 - T\vec{e}_2 + \mu_g F_2^\perp \vec{e}_2. \qquad \underline{2}$$

T ist die Fadenspannung. Nun gilt es noch, $F_1^\perp$ und $F_2^\perp$ zu berechnen. Aus der Zeichnung erkennen wir:

$$F_1^\perp = m_1 g \cos\alpha \quad \text{und} \quad F_2^\perp = m_2 g \cos\beta\,.$$

$F_1^\perp$ und $F_2^\perp$ eingesetzt in $\underline{1}$ und $\underline{2}$ ergibt:

$$\begin{aligned} m_1 a\vec{e}_1 &= m_1 g \sin\alpha\, \vec{e}_1 - T\vec{e}_1 - \mu_g m_1 g \cos\alpha\, \vec{e}_1\,, && \underline{3} \\ -m_2 a\vec{e}_2 &= m_2 g \sin\beta\, \vec{e}_2 - T\vec{e}_2 + \mu_g m_2 g \cos\beta\, \vec{e}_2\,. && \underline{4} \end{aligned}$$

Aus $\underline{3}$ folgt $T = m_1 g \sin\alpha - m_1 a - \mu_g m_1 g \cos\alpha$. T wird nun in $\underline{4}$ eingesetzt:

$$\begin{aligned} -a(m_1 + m_2) &= m_2 g \sin\beta - m_1 g \sin\alpha + \mu_g m_1 g \cos\alpha + \mu_g m_2 g \cos\beta \\ \Leftrightarrow \quad a &= \frac{m_1 \sin\alpha - m_2 \sin\beta - \mu_g m_1 \cos\alpha - \mu_g m_2 \cos\beta}{m_1 + m_2} g. \end{aligned}$$

Damit ist die Beschleunigung bestimmt. Zum Schluß noch einige Spezialfälle:

1) $\mu_g = 0$; es liegt also keine Reibung vor, daher ist

$$a = \frac{m_1 \sin\alpha - m_2 \sin\beta}{m_1 + m_2} g$$

2) $\alpha = \beta = 90°$; dann wird die Beschleunigung

$$a = \frac{m_1 - m_2}{m_1 + m_2} g.$$

20.7 Aufgabe: Eine Kette rutscht vom Tisch

Eine gleichförmige Kette mit der Gesamtlänge a hängt ein Stück b $(0 \leq b \leq a)$ über der Ecke eines ebenen Tisches. Berechnen Sie die Zeit, in der die Kette unter dem Einfluß der Schwerkraft, aber ohne Reibung vom Tisch rutscht. Die Anfangsgeschwindigkeit sei 0. – Siehe Figur. Untersuchen Sie zusätzlich dasselbe Problem im Falle einer Gleitreibung μ_g.

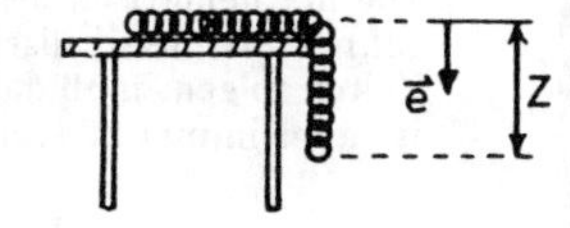

Lösung: a) Ohne Reibung:

Wir nennen die Länge des $\perp$ herunterhängenden Kettenteils z; die Masse pro Längeneinheit ϱ. Dann lautet die Bewegungsgleichung

$$\varrho a \ddot{z} = \varrho z g \qquad \Leftrightarrow \qquad \frac{d^2 z}{dt^2} = \frac{g}{a} z. \qquad \underline{1}$$

Diese Differentialgleichung sagt aus, daß $z(t)$ zweimal nacht t differenziert sich selbst bis auf den Faktor g/a reproduziert. Diese Bedingung wird nur durch die beiden Exponentialfunktionen

$$e^{\sqrt{g/a}\,t} \qquad \text{und} \qquad e^{-\sqrt{g/a}\,t}$$

erfüllt, so daß die allgemeine Lösung

$$z(t) = Ae^{\sqrt{g/a}\,t} + Be^{-\sqrt{g/a}\,t} \qquad \underline{2}$$

lautet. A und B sind Integrationskonstanten, die wir aus den Anfangsbedingungen

$$\begin{aligned} z(0) &= b = A + B, \\ \dot{z}(0) &= 0 = A\sqrt{\frac{g}{a}} - B\sqrt{\frac{g}{a}} \quad \Rightarrow \quad A - B = 0 \end{aligned} \qquad \underline{3}$$

bestimmen. Das ergibt $A = b/2$, $B = b/2$ und daher für $\underline{2}$

$$z(t) = \frac{b}{2}\left(e^{\sqrt{g/a}\,t} + e^{-\sqrt{g/a}\,t}\right) = b \cosh\sqrt{\frac{g}{a}}\,t. \qquad \underline{4}$$

Die Rutschzeit T ergibt sich aus der Bedingung

$$z(T) = a = \frac{b}{2}\left(e^{\sqrt{g/a}T} + e^{-\sqrt{g/a}T}\right). \qquad \underline{5}$$

Daraus folgt mit $x = e^{\sqrt{g/a}T}$

$$\frac{2a}{b} = x + \frac{1}{x} \quad \Leftrightarrow \quad x^2 - \frac{2a}{b}x = -1$$

$$\Rightarrow \quad x_{1,2} = \frac{a}{b} \pm \sqrt{-1 + \frac{a^2}{b^2}} = \frac{a}{b} \pm \frac{1}{b}\sqrt{a^2 - b^2} = \frac{1}{b}(a \pm \sqrt{a^2 - b^2}). \qquad \underline{6}$$

Es folgt

$$T = \sqrt{\frac{a}{g}} \ln\left(\frac{a + \sqrt{a^2 - b^2}}{b}\right). \qquad \underline{7}$$

Die mathematisch negative Wurzel in $\underline{6}$ scheidet aus, weil sie auf negative Zeiten führt, was physikalisch unsinnig ist. Das sehen wir so ein: Damit aus $\underline{6}$ positive Zeiten folgen, muß das Argument des Logarithmus ≥ 1 sein. Die negative Wurzel ist aber immer ≤ 1, denn

$$\frac{a}{b} - \sqrt{\frac{a^2}{b^2} - 1} \leq 1 \quad \Leftrightarrow \quad \frac{a}{b} \leq 1 + \sqrt{\frac{a^2}{b^2} - 1}$$

$$\Leftrightarrow \quad \frac{a^2}{b^2} \leq 1 + 2\sqrt{\frac{a^2}{b^2} - 1} + \frac{a^2}{b^2} - 1 \quad \Leftrightarrow \quad 0 \leq \sqrt{\frac{a^2}{b^2} - 1}.$$

Diese letzte Ungleichung ist wegen $a/b \geq 1$ immer erfüllt und damit offensichtlich auch die erste. Man prüft leicht nach, daß für $b \to 0, T \to \infty$ geht, wie es sein sollte.

b) Mit Reibung:

In diesem Fall lautet die Bewegungsgleichung $\underline{1}$:

$$\varrho a\ddot{z} = \varrho zg - \mu_g F_\perp = \varrho zg - \mu_g \varrho(a - z)g \qquad \underline{8}$$

$$\Rightarrow \quad \ddot{z} = \frac{g}{a}z - \frac{\mu_g g}{a}(a - z) = \frac{g}{a}(1 + \mu_g)z - \mu_g g. \qquad \underline{9}$$

Das ist eine inhomogene Differentialgleichung 2. Ordnung. Ihre allgemeine Lösung ist gegeben durch *eine* spezielle Lösung der inhomogenen Differentialgleichung plus der allgemeinen Lösung der homogenen Differentialgleichung. Die homogene Differentialgleichung lautet

$$\ddot{z}_1 = \frac{g}{a}(1 + \mu_g)z_1$$

und wegen $\underline{1}$ und $\underline{2}$ die allgemeine Lösung

$$z_1(t) = z_{\text{hom}}(t) = Ae^{\sqrt{\frac{g}{a}(1+\mu_g)}\,t} + Be^{-\sqrt{\frac{g}{a}(1+\mu_g)}\,t}. \qquad \underline{10}$$

Eine spezielle Lösung von $\underline{9}$ lautet $(\ddot{z} = 0)$

$$z_2(t) = z_{\text{spez.}} = +\frac{\mu_g a}{1 + \mu_g} = \text{const.} \qquad \underline{11}$$

Man überzeugt sich sofort, daß die Summe $z(t) = z_1(t) + z_2(t)$ die inhomogene Differentialgleichung 9 erfüllt, denn die allgemeine Gesamtlösung von 9 lautet daher

$$\begin{aligned} z_1(t) + z_2(t) &= z(t) \\ &= Ae^{\sqrt{\frac{g}{a}(1+\mu_g)}\,t} + Be^{-\sqrt{\frac{g}{a}(1+\mu_g)}\,t} + \frac{\mu_g a}{1+\mu_g}. \end{aligned} \qquad \underline{12}$$

Die Anfangsbedingungen führen wie oben auf die beiden Gleichungen

$$\begin{aligned} z(0) &= A + B + \frac{\mu_g a}{1+\mu_g} \stackrel{!}{=} b \\ \dot{z}(0) &= 0 = A\sqrt{\frac{g}{a}(1+\mu_g)} - B\sqrt{\frac{g}{a}(1+\mu_g)} = A - B \end{aligned}$$

mit der Lösung

$$A = \frac{b}{2} - \frac{\mu_g a}{2(1+\mu_g)}, \qquad B = +\frac{b}{2} - \frac{1}{2}\frac{\mu_g a}{(1+\mu_g)}.$$

Damit lautet die vollständige Lösung

$$z(t) = \left(\frac{b}{2} - \frac{\mu_g a}{2(1+\mu_g)}\right)\left[e^{\sqrt{\frac{g}{a}(1+\mu_g)}\,t} + e^{-\sqrt{\frac{g}{a}(1+\mu_g)}\,t}\right] + \frac{\mu_g a}{1+\mu_g}. \qquad \underline{13}$$

Die Rutschzeit T bestimmt sich aus der Gleichung

$$\begin{aligned} z(T) = a &= \left(\frac{b}{2} - \frac{\mu_g a}{2(1+\mu_g)}\right)\left[e^{\sqrt{\frac{g}{a}(1+\mu_g)}\,T} + e^{-\sqrt{\frac{g}{a}(1+\mu_g)}\,T}\right] + \frac{\mu_g a}{1+\mu_g} \\ \Rightarrow \quad a\left(\frac{1}{1+\mu_g}\right) &= \frac{\left(b - \frac{\mu_g}{1+\mu_g}a\right)}{2}\left(x + \frac{1}{x}\right), \end{aligned} \qquad \underline{14}$$

wobei

$$x = e^{\sqrt{\frac{g}{a}(1+\mu_g)}T}. \qquad \underline{15}$$

Die quadratische Gleichung 14 hat die Lösung

$$\begin{aligned} x_{1,2} &= \frac{a\left(\frac{1}{1+\mu_g}\right)}{b\left(1 - \frac{\mu_g}{1+\mu_g}\frac{a}{b}\right)} \\ &\quad \pm \frac{1}{b\left(1 - \frac{\mu_g}{1+\mu_g}\frac{a}{b}\right)}\sqrt{a^2\left(\frac{1}{1+\mu_g}\right)^2 - b^2\left(1 - \frac{\mu_g}{1+\mu_g}\frac{a}{b}\right)^2}. \end{aligned}$$

Die x_2-Lösung scheidet ähnlich wie oben aus und daher errechnet sich die Rutschzeit T zu

$$\begin{aligned} T &= \sqrt{\frac{a}{g(1+\mu_g)}} \\ &\quad \times \ln\left[\frac{a\left(\frac{1}{1+\mu_g}\right)}{b\left(1 - \frac{\mu_g}{1+\mu_g}\frac{a}{b}\right)} + \frac{\sqrt{a^2\left(\frac{1}{1+\mu_g}\right)^2 - b^2\left(1 - \frac{\mu_g}{1+\mu_g}\frac{a}{b}\right)^2}}{b\left(1 - \frac{\mu_g}{1+\mu_g}\frac{a}{b}\right)}\right]. \end{aligned} \qquad \underline{16}$$

Wir bemerken, daß aus Gleichung 9 ersichtlich ist, daß die Kette erst dann zu rutschen beginnt, falls $\ddot{z} > 0$, d. h.

$$b > \frac{\mu_g}{1+\mu_g} a$$

ist. Die Rutschzeit T nimmt bei Reibung zu. Das ist der Formel 16 zunächst nicht anzusehen und bedarf einer Entwicklung nach μ_g, die wir uns hier ersparen wollen.

20.8 Aufgabe: Eine Scheibe auf Eis – der Reibungskoeffizient

Eine Scheibe schlittert auf dem Eis entlang. An einem bestimmten Punkt der Bahngeraden hat sie die Geschwindigkeit v_0. Sie kommt in der Entfernung x_0 nach diesem Punkt zur Ruhe. Bestimmen Sie den Reibungskoeffizienten (z. B. für v_0 = 40 km/h; x_0 = 30 m).

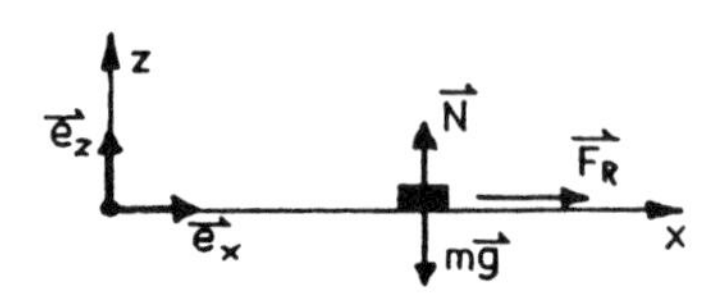

Lösung: Die Anfangsbedingungen sind:

$$\begin{aligned} t = 0, \quad x &= 0, \quad v = v_0; \\ t = t_0, \quad x &= x_0, \quad v = 0. \end{aligned}$$

Wir bezeichnen die einzelnen Kräfte mit:

$$\begin{aligned} \vec{W} &= -mg\vec{e}_z && \text{(Gewicht)}, \\ \vec{N} &= -\vec{W} && \text{(Normalkraft)}, \\ \vec{F}_R &= -\mu_g|\vec{N}|\ \vec{e}_x \Rightarrow && \\ \vec{F}_R &= -\mu_g mg\vec{e}_x && \text{(Reibungskraft)}. \end{aligned}$$

Für die Bewegungsgleichung erhalten wir dann

$$m\frac{d\vec{v}}{dt}\vec{e}_x = -\mu_g mg\vec{e}_x \qquad \Rightarrow \qquad \frac{dv}{dt} = -\mu_g g.$$

Separation der Variablen und Integration ergibt

$$\int\limits_{v_0}^{v} dv' = -\mu_g g \int\limits_0^t dt' \qquad \Rightarrow \qquad v = v_0 - \mu_g g t$$

und

$$\int\limits_0^x dx' = \int\limits_0^t (v_0 - \mu_g g t)\, dt \qquad \Rightarrow \qquad x = v_0 t - \frac{1}{2}\mu_g g t^2.$$

Die Scheibe kommt zur Ruhe, wenn $v = 0$, d. h. zur Zeit $t_0 = \frac{v_0}{\mu_g g}$ $\Rightarrow$ in x eingesetzt:

$x_0 = \frac{1}{2}\frac{v_0^2}{\mu_g g}$ oder nach dem Reibungskoeffizienten aufgelöst: $\mu_g = \frac{1}{2}\frac{v_0^2}{x_0 g} \approx 0.21$.

20.9 Aufgabe: Ein Autounfall

Auf einer geraden, ebenen Dorfstraße geschieht ein Unfall (erlaubte Geschwindigkeit 50 km/h). Man stellt fest: Das Auto rutscht nach Betätigung der Bremsen 39 m bis zum Stillstand (Reibungskoeffizient: $\mu = 0.5$).
Stellen Sie fest, ob ein Verschulden des Fahrers vorliegt.

Lösung: Da sich Gewicht $m\vec{g}$ und Reaktionskraft gegenseitig aufheben, wirkt nur die Reibungskraft $\vec{F}_R$ auf das Auto. Damit folgt für die Bewegungsgleichung:

$$m\frac{d^2x}{dt^2} = -\mu mg \qquad \Rightarrow \qquad \frac{d^2x}{dt^2} = -\mu g.$$

Es gilt nun

$$\begin{aligned} \frac{d^2x}{dt^2} &= \frac{d}{dt}\left(\frac{dx}{dt}\right) = \frac{d\dot{x}}{dx}\frac{dx}{dt} = v\frac{dv}{dx} \\ \Rightarrow \quad v\frac{dv}{dx} &= -\mu g \\ \Rightarrow \quad \int_{v_0}^{0} v\,dv &= -\mu g \int_{x_0}^{x_0+s} dx, \end{aligned}$$

wobei x_0 der Ort ist, an dem die Vollbremsung beginnt, und s der Bremsweg. Damit erhält man

$$\frac{1}{2}v_0^2 = \mu g s \quad \Rightarrow \quad v_0 = \sqrt{2\mu g s}.$$

Mit den Zahlenwerten folgt:

$$\begin{aligned} v_0^2 &= 2 \cdot 0.5 \cdot 9.81 \cdot 39\,\frac{\mathrm{m}^2}{\mathrm{s}^2} \\ \Rightarrow \quad v_0 &= 19.56\,\frac{\mathrm{m}}{\mathrm{s}} \qquad \text{oder} \quad v_0 = 70.42\,\frac{\mathrm{km}}{\mathrm{h}}. \end{aligned}$$

Der Fahrer ist also um ca. 20 km/h zu schnell gefahren.

20.10 Aufgabe: Ein Teilchen auf einer Kugel

Ein Teilchen der Masse m liege auf
dem „Nordpol“ einer reibungslos glatten Kugel mit dem Radius b. Nach kleiner Auslenkung gleite es an der Kugel ab. Wann löst es sich von der Kugel und wie groß ist in diesem Zeitpunkt seine Geschwindigkeit?

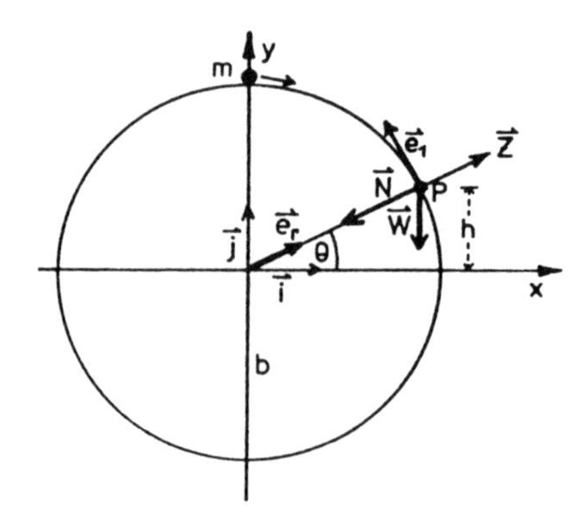

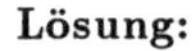
Lösung:
Befindet sich das Teilchen in P, so wird es durch die Normalkraft $\vec{N} = -mg\sin\theta\,\vec{e}_r$ auf die Kugel gepreßt, während es die Zentrifugalkraft $\vec{Z} = (mv^2)/b\,\vec{e}_r$ von der Kugel fortzuziehen trachtet. In dem Augenblick, wo

$$\vec{N} + \vec{Z} = 0$$

ist, löst sich das Teilchen von der Kugel ab!

a) Lösung über Energiesatz: Es gilt: $\frac{1}{2}mv^2 + mgh = T + V = E = mgb$, wobei E zeitlich konstant bleibt. Dann aber haben wir:

$$v^2 = 2g(b - h) = 2gb(1 - \sin\theta)$$

und somit

$$\vec{N} + \vec{Z} = -mg\sin\theta\,\vec{e}_r + \frac{mv^2}{b}\vec{e}_r = [2mg(1 - \sin\theta) - mg\sin\theta]\,\vec{e}_r .$$

Damit $\vec{N} + \vec{Z} = 0$ ist, muß

$$2mg(1 - \sin\theta) - mg\sin\theta = 0$$

sein, oder

$$3\sin\theta = 2, \qquad \text{d.h.} \quad \sin\theta = \frac{2}{3}, \quad \theta = 41.9^\circ .$$

Damit erhalten wir sofort, daß im Augenblick des Ablösens

$$h = \frac{2}{3}b \qquad \text{und} \qquad v = \sqrt{\frac{2}{3}gb}$$

ist.

b) Lösung über Bewegungsgleichung: Betrachtet man die Kugel als schiefe Ebene (punktuell), so wirkt in P der Hangabtrieb

$$\vec{H} = -mg\cos\theta\,\vec{e}_t .$$

Also lautet die Bewegungsgleichung

$$m\frac{d^2s}{dt^2}\vec{e}_t - \vec{H} = m\frac{d^2s}{dt^2}\vec{e}_t + mg\cos\theta\vec{e}_t = 0$$

oder

$$\frac{d^2s}{dt^2} + g\cos\theta = b\ddot{\theta} + g\cos\theta = 0.$$

Multiplikation mit $\dot{\theta}$ ergibt:

$$b\ddot{\theta} + g\cos\theta\,\dot{\theta} = 0.$$

Integration dieser Differentialgleichung führt auf

$$\frac{1}{2}b\dot{\theta}^2 + g\sin\theta = c.$$

Für $t = 0$ war ja $\dot{\theta} = 0$ und $\theta = 90°$, also $c = g$

$$\Rightarrow \quad \dot{\theta}^2 = -2\frac{g}{b}(\sin\theta - 1).$$

Nun finden wir für den Ablösezeitpunkt:

$$\vec{N} + \vec{Z} = m\left(\frac{v^2}{b} - g\sin\theta\right)\vec{e}_r = 0$$

oder mit $v = b\dot{\theta}$:

$$\dot{\theta}^2 b - g\sin\theta = -2g(\sin\theta - 1) - g\sin\theta = 0$$

$$\Rightarrow \qquad 3\sin\theta = 2 \qquad \text{oder} \qquad \sin\theta = \frac{2}{3}; \qquad \theta \approx 41°\,50'.$$

Für die Geschwindigkeit finden wir:

$$v = \dot{\theta}b = \sqrt{2g(1 - \sin\theta)b} = \sqrt{\frac{2}{3}gb}.$$

20.11 Aufgabe: Eine Leiter lehnt an einer Wand

Eine Leiter der Länge l und der Masse m lehnt unter dem Winkel θ an einer senkrechten Wand. Die Schwerkraft greift dabei im Mittelpunkt der Leiter an (siehe Figur). Der Reibungskoeffizient zwischen Boden und Leiter ist μ_s, während die Reibung zwischen Wand und Leiter vernachlässigt wird.
Bestimmen Sie den Maximalwinkel θ, unter dem die Leiter an der Wand lehnen kann, ohne zu rutschen.

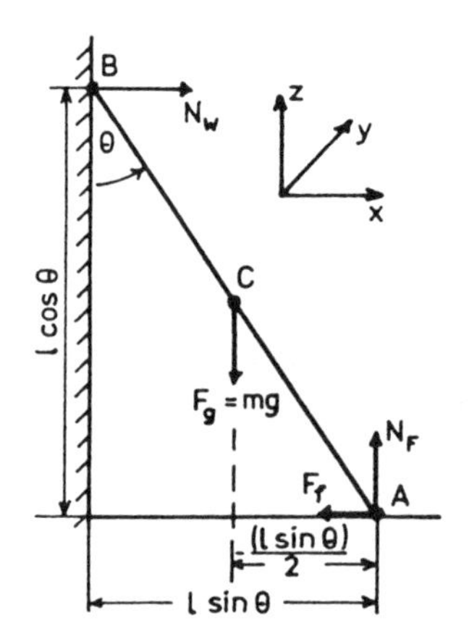

Lösung: Die an der Leiter wirksamen Kräfte sind die Reaktionskraft $N_F\vec{e}_z$ im Punkt A und die Reaktionskraft $N_W\vec{e}_x$ im Punkt B.

Zusätzlich wirkt in A noch die Reibungskraft $-\vec{F}_f\vec{e}_x$ in negative x-Richtung. Die Gravitationskraft $-F_g\vec{e}_z = -mg\vec{e}_z$ wirkt auf die Mitte der Leiter.

Die Bedingungen dafür, daß das System im Gleichgewicht ist, sind:

a) Die Summe aller Kräfte muß Null sein.

b) Die Summe aller Drehmomente bzgl. eines Punktes muß Null sein.

In Komponentendarstellung ergibt sich aus der Abbildung:

$$\sum_i \vec{F}_i^x = 0: \qquad N_w - F_f = 0, \tag{1}$$

$$\sum_i \vec{F}_i^z = 0: \qquad -mg + N_F = 0. \tag{2}$$

Die bzgl. des Punktes A wirksamen Drehmomente werden durch die Kräfte $-F_g\vec{e}_z = -mg\vec{e}_z$ und $N_w\vec{e}_x$ verursacht.

Man erhält:

$$\vec{M}_A = \sum_i \vec{r}_i \times \vec{F}_i = \left(-mg\left(\frac{l}{2}\sin\theta\right) + N_w(l\cos\theta)\right)\vec{e}_y = 0, \tag{3}$$

bzw. aufgelöst nach N_w:

$$N_w = \frac{mg}{2}\tan\theta, \tag{4}$$

womit man für die Reibungskraft F_f aus Gleichung 1 erhält

$$F_f = \frac{mg}{2}\tan\theta. \tag{5}$$

Da die Reibungskraft nicht größer werden kann als das Produkt aus Reaktionskraft N_F und Reibungskoeffizient μ_s (siehe Abbildung)

$$F_f(\max) = N_F \mu_s = mg\mu_s, \tag{6}$$

erhält man für die Gleichgewichtsbedingung

$$N_w = \frac{mg}{2} \tan\theta = F_f < F_f(\max) = mg\mu_s\,, \tag{7}$$

bzw.

$$\frac{mg}{2} \tan\theta < mg\mu_s$$

und für den Winkel θ:

$$\tan\theta < 2\mu_s. \tag{8}$$

Der Maximalwinkel θ ist dabei unabhängig von der Masse der Leiter oder deren Länge. Er ist allein eine Funktion des Reibungskoeffizienten μ_s.

20.12 Aufgabe: Eine Masse rutscht unter Haft- und Gleitreibung

An einem über eine Rolle laufenden dehnungslosen Seil sind zwei Massen $m_1 = 6$ kg und $m_2 = 10$ kg befestigt (vgl. Figur). Der Haftreibungskoeffizient für m_1 und die Auflage hat den Wert $\mu_H = 0.625$. Der Gleitreibungskoeffizient beträgt $\mu_G = 0.33$.

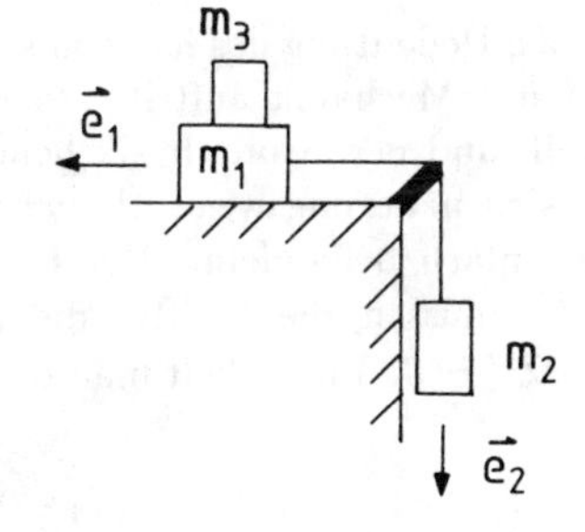

a) Wie groß muß die Masse m_3 mindestens gewählt werden, so daß sich m_1 nicht bewegt?

b) Mit welcher Beschleunigung bewegt sich das System ohne die Masse m_3?

Lösung:

a) Befindet sich das System in Ruhe, wirkt eine Haftreibungskraft $\vec{F}_H$ auf das Seil, verursacht durch die Massen m_1 und m_3 sowie die Auflagefläche:

$$\vec{F}_H = -\mu_H F_\perp \cdot \frac{\vec{v}_1}{v_1}.$$

$\vec{v}_1$ zeigt aber in Richtung $\vec{e}_1$, also $\vec{F}_H = -\mu_H(m_1 + m_3)g\vec{e}_1$. Die in Richtung $\vec{e}_1$ wirkenden Kräfte sind dann:

$$-(m_1 + m_3)a\vec{e}_1 = -T\vec{e}_1 + \mu_H(m_1 + m_3)g\vec{e}_1 \tag{1}$$

und die in Richtung $\vec{e}_2$ wirkenden Kräfte:

$$m_2 a\vec{e}_2 = -T\vec{e}_2 + m_2 g\vec{e}_2, \tag{2}$$

wobei T die Seilspannung ist. Einsetzen von T aus $\underline{2}$ in $\underline{1}$ ergibt:

$$a = \frac{m_2 g - \mu_H(m_1 + m_3)g}{m_1 + m_2 + m_3} . \qquad \underline{3}$$

Als Gleichgewichtsbedingung erhalten wir:

$$m_3 = \frac{m_2}{\mu_H} - m_1; \qquad m_3 = 10\,\text{kg}.$$

b) Bewegt sich das System, muß μ_H durch μ_G ersetzt werden ($m_3 = 0$):

$$a = g\frac{m_2 - \mu_G\, m_1}{m_1 + m_2}; \qquad a = 0.5\,\text{g}.$$

21 Der harmonische Oszillator

Die große Bedeutung des harmonischen Oszillators liegt darin begründet, daß er nicht nur in der Mechanik auftritt, sondern in seinen Analoga weite Teile der Elektrodynamik und der Atomphysik beherrscht. Viele komplizierte Schwingungsvorgänge lassen sich näherungsweise als harmonische Oszillationen beschreiben und auf diese Weise einfach behandeln. Der Grund hierfür ist folgender: Im Gleichgewicht (bei $x = 0$) müssen die Kräfte, die am Massenpunkt angreifen, verschwinden, d. h. $\vec{F} = -\vec{\nabla} V = 0$. Entwickelt man das Potential in eine Taylorreihe

$$V(x) = V_0 + a_1 x + \frac{a_2}{2} x^2 + \ldots,$$

so folgt aus der Gleichgewichtsbedingung, daß $a_1 = 0$ sein muß, eben wegen $\vec{F}(0) = 0$. Daher muß

$$V(x) = V_0 + \frac{a_2}{2} x^2 + \ldots$$

gelten. Für kleine Auslenkungen aus dem Gleichgewicht $|x| \ll 1$ ist das Potential also immer harmonisch. In der Mechanik haben wir es mit einem harmonischen Oszillator zu tun, wenn auf einen Körper eine Kraft wirkt, die seiner Auslenkung aus der Ruhelage proportional, aber entgegengesetzt gerichtet ist. Dieses lineare Kraftgesetz läßt sich mit einer Feder erzeugen, die dem *Hookeschen Gesetz* gehorcht. Zur Vereinfachung dieses Problems betrachten wir den harmonischen Oszillator nur in x-Richtung, d. h. für das Kraftgesetz gilt

$$\vec{F} = -kx\vec{e}_1.$$

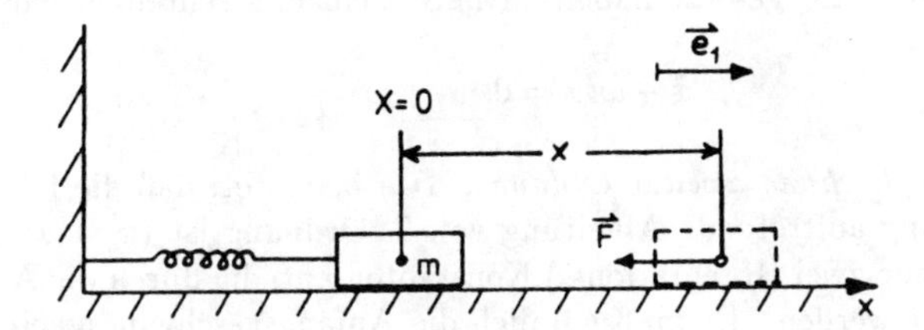

Offenbar ist beim linearen Kraftgesetz

$$\operatorname{rot}\vec{F} = -\vec{e}_2\frac{\partial}{\partial z}(kx) + \vec{e}_3\frac{\partial}{\partial y}(kx) = 0.$$

Daraus folgt: Die Kraft ist konservativ. Folglich gilt auch der Energiesatz

$$\frac{1}{2}mv^2 + V(x) = E = \text{const.}$$

Wir errechnen das Potential zu:

$$\begin{aligned} V(x) &= -\int_0^x \vec{F}\cdot d\vec{r} = -\int_0^x (-kx,\,0,\,0)\cdot(dx,\,dy,\,dz) \\ &= \int_0^x kx\,dx = \frac{1}{2}kx^2. \end{aligned}$$

Setzen wir $V(x)$ in die Energiegleichung ein, so erhalten wir

$$\frac{1}{2}mv^2 + \frac{1}{2}kx^2 = E.$$

Diese Gleichung haben wir bereits als Beispiel für die allgemeine Potentialbewegung gelöst (siehe Kapitel 18). Wir fanden

$$x(t) = a\cos(\omega t - \varphi), \tag{21.1}$$

wobei a die größte Auslenkung (Amplitude) und $\omega^2 = k/m$ waren.

Um jedoch mehr Übung im Lösen von Differentialgleichungen zu bekommen und andere Lösungsverfahren kennenzulernen, wollen wir noch einen zweiten Lösungsweg beschreiben. Dazu gehen wir direkt von den Newtonschen Grundgleichungen aus:

$$m\frac{d^2x}{dt^2}\vec{e}_1 = \vec{F} = -kx\vec{e}_1.$$

Wir gehen zur Skalargleichung über und dividieren durch die Masse m:

$$\frac{d^2x}{dt^2} - = -\frac{k}{m}x = -\omega^2 x,$$

wobei wir wieder $k/m = \omega^2$ gesetzt haben. Diese Gleichung schreiben wir in der einfacheren Form:

$$\ddot{x} + \omega^2 x = 0. \tag{21.2}$$

Es ist eine *Differentialgleichung zweiter Ordnung.* Das bedeutet, daß die höchste in der Differentialgleichung auftretende Ableitung von 2. Ordnung ist ($\ddot{x} = d^2x/dt^2$!). Bei ihrer Lösung tauchen zwei (Integrations-) Konstanten auf, die durch die Anfangsbedingungen bestimmt werden. Es muß nämlich die Anfangsgeschwindigkeit ($\dot{x}(0)$) und der Anfangsort ($x(0)$) beliebig wählbar sein. Die allgemeine Lösung muß daher zwei freie Konstanten enthalten. Die Differentialgleichung (21.2) ist außerdem homogen, denn rechts steht Null. Mit anderen Worten: es taucht kein x-unabhängiger Term etwa der Form

$$\ddot{x} + \omega^2 x = f(t)$$

auf. Wir verweisen zur weiteren Vertiefung der mathematischen Fragen auf Kapitel 25. Die Differentialgleichung ist auch linear. Haben wir zwei spezielle Lösungen der Differentialgleichung, etwa $x_1(t)$ und $x_2(t)$, so genügt jede Linearkombination

$$x(t) = A\,x_1(t) + B\,x_2(t) \tag{21.3}$$

ebenfalls dieser Differentialgleichung. Dabei sind A und B beliebige, frei wählbare Konstanten. Das ist das charakteristische für *lineare* Differentialgleichungen. Diese Linearkombination $x(t)$ enthält zwei freie Konstanten A und B, d. h. die Linearkombination $x(t)$ ist bereits die allgemeine Lösung der Gleichung (21.2) . Um zu überprüfen, daß unsere Annahme stimmt, denken wir uns zwei spezielle Lösungen $x_1(t)$ und $x_2(t)$ der Differentialgleichung (21.2), d. h. es soll gelten:

$$\begin{aligned} \ddot{x}_1 + \omega^2 x_1 &= 0, \\ \ddot{x}_2 + \omega^2 x_2 &= 0. \end{aligned} \tag{21.4}$$

Setzen wir $x(t) = Ax_1(t) + Bx_2(t)$ in die Differentialgleichung (21.2) ein, so erhalten wir:

$$\begin{aligned} \ddot{x} + \omega^2 x &= (A\ddot{x}_1 + B\ddot{x}_2) + \omega^2(Ax_1 + Bx_2) \\ &= (A\ddot{x}_1 + \omega^2 Ax_1) + (B\ddot{x}_2 + \omega^2 Bx_2) \\ &= A(\ddot{x}_1 + \omega^2 x_1) + B(\ddot{x}_2 + \omega^2 x_2) \\ &= 0. \end{aligned} \tag{21.5}$$

$x(t)$ löst also die Differentialgleichung. Dies ist der Beweis für die Gültigkeit des sogenannten *Superpositionsprinzips* für die Lösungen des harmonischen Oszillators: Aus zwei Lösungen können durch Linearkombination andere Lösungen erzeugt werden. Um die Differentialgleichung (21.2) zu lösen, benötigen wir zwei Lösungen (x_1 und x_2). Die Lösungen sind beispielsweise:

$$x_1(t) = \cos\omega t, \tag{21.6}$$

$$x_2(t) = \sin\omega t. \tag{21.7}$$

Bilden wir von den Lösungen (21.6, 21.7) die zweite Ableitung

$$\ddot{x}_1(t) = -\omega^2 \cos \omega t, \tag{21.8}$$

$$\ddot{x}_2(t) = -\omega^2 \sin \omega t, \tag{21.9}$$

und setzen wir (21.6) und (21.8) bzw. (21.7) und (21.9) in die Differentialgleichung (21.2) ein, so erhalten wir:

$$\ddot{x}_1 + \omega^2 x_1 = -\omega^2 \cos \omega t + \omega^2 \cos \omega t = 0,$$

$$\ddot{x}_2 + \omega^2 x_2 = -\omega^2 \sin \omega t + \omega^2 \sin \omega t = 0.$$

Beide Ansätze erfüllen unsere Differentialgleichung. Weiterhin sind Sinus und Cosinus linear unabhängige Funktionen, d. h. es gibt keine Konstante C, so daß $C \sin \omega t = \cos \omega t$ für alle Zeiten t gilt.

Die allgemeine Lösung der Differentialgleichung des harmonischen Oszillators lautet demnach

$$x(t) = A \cos \omega t + B \sin \omega t. \tag{21.10}$$

Die frühere Lösung der Gleichung (21.1) hat eine andere Form. Wir versuchen, unsere Lösung (21.10) auf diese Form zu bringen und schreiben

$$A \cos \omega t + B \sin \omega t = \sqrt{A^2 + B^2} \left(\frac{A}{\sqrt{A^2 + B^2}} \cos \omega t + \frac{B}{\sqrt{A^2 + B^2}} \sin \omega t \right).$$

Setzen wir nun $A(A^2 + B^2)^{-1/2} = \cos \varphi$, so wird

$$\sin \varphi = \sqrt{1 - \cos^2 \varphi} = \sqrt{1 - \frac{A^2}{A^2 + B^2}} = \frac{B}{\sqrt{A^2 + B^2}}.$$

Somit erhalten wir

$$x(t) = \sqrt{A^2 + B^2} \, (\cos \varphi \cos \omega t + \sin \varphi \sin \omega t).$$

Wir schreiben dieses Ergebnis als

$$x(t) = D \cos(\omega t - \varphi), \tag{21.11}$$

wobei $D = \sqrt{A^2 + B^2}$ und $\tan \varphi = B/A$ ist. Dabei sind:

$\nu = \frac{\omega}{2\pi}$: Frequenz

$T = \frac{1}{\nu} = \frac{2\pi}{\omega}$: Schwingungsdauer

ω : Kreisfrequenz

D : Amplitude

φ : Phasenwinkel.

Man erhält die Schwingungskurve, indem man die Sinus- und die Cosinuskomponente der Schwingung überlagert (Superpositionsverfahren), d. h. die Funktionswerte beider Komponenten für alle Zeiten addiert. Die unten stehende Figur verdeutlicht das, indem im oberen Teil die Komponenten $A \cdot \cos \omega t$ und $B \cdot \sin \omega t$ gezeichnet und im unteren Teil beide addiert sind. Diese Addition ergibt dann (21.11).

In der Schwingungsgleichung

$$x(t) = A \cos \omega t + B \sin \omega t$$

haben die freien Konstanten A und B noch keine physikalisch evidente Bedeutung. Sie werden aber durch die Anfangsbedingungen eindeutig bestimmt. Geben wir $x(0) = x_0$ und $v(0) = v_0$ vor, so können wir A und B berechnen:

$$\begin{aligned} x_0 &= x(t=0) = A \cos \omega 0 + B \sin \omega 0 = A, \\ v_0 &= v(t=0) = \dot{x}(t=0) = -A\omega \sin \omega 0 + B\omega \cos \omega 0 = B\omega, \end{aligned}$$

also:

$$x_0 = A \quad \text{und} \quad v_0 = B\omega.$$

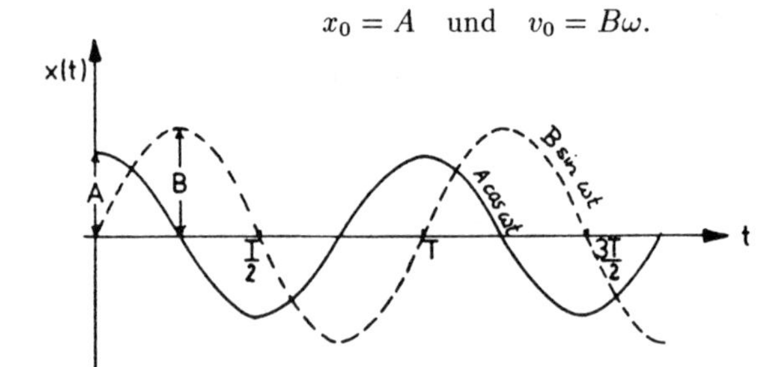

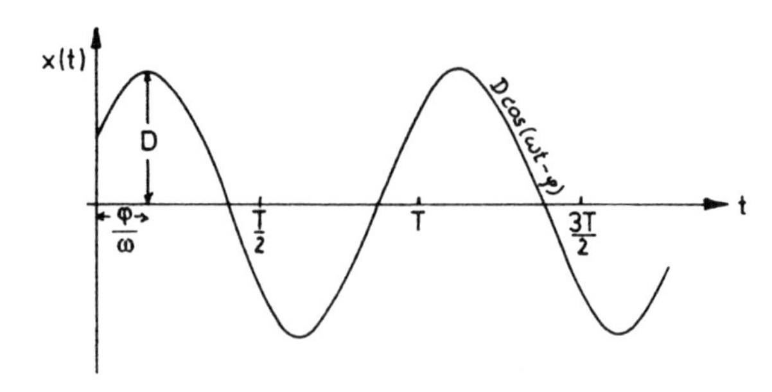

Damit können wir unsere Lösung in der Form

$$x(t) = x_0 \cos \omega t + \frac{v_0}{\omega} \sin \omega t \tag{21.12}$$

schreiben. Durch Umformung erhalten wir

$$x(t) = \sqrt{x_0^2 + \frac{v_0^2}{\omega^2}} \cos(\omega t - \varphi) \tag{21.13}$$

wobei $\tan\varphi = \frac{v_0}{\omega x_0}$ ist. Aus dieser Form können wir auch sofort die Amplitude der Schwingung ablesen:

$$D = \sqrt{x_0^2 + \frac{v_0^2}{\omega^2}}.$$

Schließlich wollen wir uns noch überlegen, wie die Schwingungsgleichung in einigen wichtigen speziellen Fällen aussieht.

1. Wir lenken den Oszillator anfangs um x_0 aus, lassen ihn dann los und betrachten seine Schwingung. Die Anfangsbedingungen lauten offenbar:

$$x_0 = x(0); \quad v_0 = v(0) = 0.$$

Setzen wir sie in die allgemeine Gleichung (21.12) ein, so finden wir:

$$x(t) = x_0 \cos\omega t.$$

Die Anfangselongation ist gleichzeitig die Amplitude der Schwingung.

2. Wir stoßen den Körper in seiner Ruhelage an und verleihen ihm momentan die Geschwindigkeit v_0. Dieser Fall tritt (in höherer Näherung) z.B. beim elastischen Stoß auf (ballistische Meßgeräte). Die Anfangsbedingungen lauten dann

$$x_0 = x(0) = 0; \quad v(0) = v_0.$$

Wir erhalten aus (21.12):

$$x(t) = \frac{v_0}{\omega}\sin\omega t = \frac{v_0}{\omega}\cos\left(\omega t - \frac{\pi}{2}\right).$$

Die Amplitude der Schwingung ist $D = v_0/\omega$. Dies können wir auch aus dem Energiesatz herleiten. Es ist

$$\frac{1}{2}mv^2 + \frac{1}{2}kx^2 = E = \frac{1}{2}mv_0^2.$$

Hat der Körper den Maximalausschlag D erreicht, so ist $v = 0$. Also folgt

$$\frac{1}{2}kD^2 = \frac{1}{2}mv_0^2,$$

und somit gilt

$$D^2 = \frac{m}{k}v_0^2 = \omega^{-2}v_0^2 \quad \text{oder} \quad D = \frac{v_0}{\omega}.$$

Wie bereits am Anfang dieses Kapitels angedeutet, gehorchen sehr viele (Schwingungs) Vorgänge in der Physik den Gesetzen des harmonischen Oszillators.

Sollten jedoch die betreffenden Potentiale in der Nähe einer Gleichgewichtskonfiguration eine etwas andere Form haben, so lassen sie sich meist in wichtigen Bereichen für kleine Aus- schläge durch eine harmonische Näherung beschreiben.

Hier nun einige Beispiele für anharmonische Potentiale aus der Mechanik und der Atomphysik mit der zugehörigen harmonischen Näherung[3]

1. Das Pendel: Beim mathematischen Pendel hat das Potential die Form

$$V(x) = mgh = mgl(1 - \cos x) = (1 - \cos x),$$

wobei $c = mgl$ ist. Es kann durch das harmonische Potential an der Stelle $x = 0$ durch

$$V(x) = \frac{c}{2}x^2$$

angenähert werden. Nach der Figur ist $V(x) = mgl - mgl \cos x = mgl(1 - \cos x)$, d. h. $c = mgl$. Der Nullpunkt des Potentials wurde dabei bei $x = 0$, d. h. für das vertikal nach unten hängende Pendel gewählt.

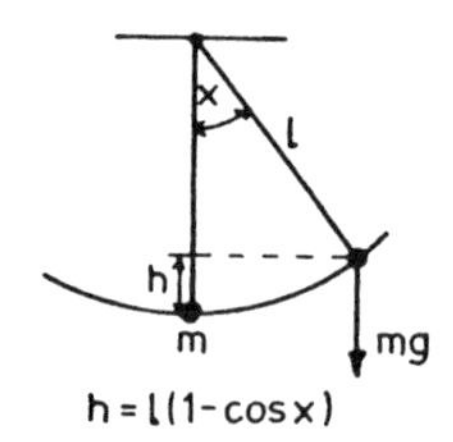

Zur Berechnung des Potential des Pendels

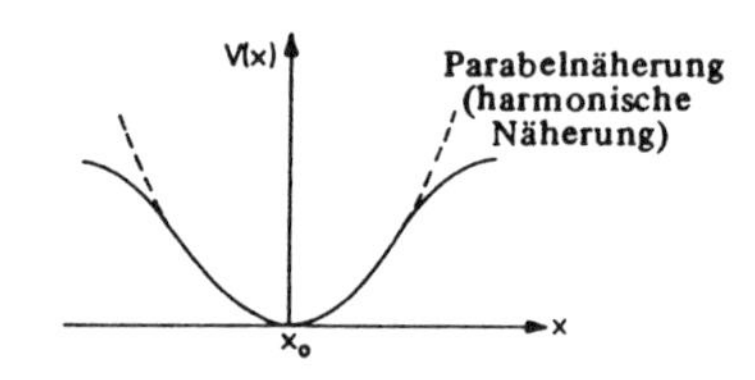

Das Potential des Pendels

2. Hantelmoleküle: In einem zweiatomigen Molekül können die einzelnen Atome in Richtung der Moleküllängsachse schwingen. Die Bindung der Atome aneinander erfolgt durch sogenannte „molekulare Elektronen“ , d.h. solche Elektronen, die um beide Kerne gemeinsam kreisen. Atomare Elektronen sind jene, die nur entweder den einen oder den anderen Atomkern umkreisen (vgl. schematische Figuren).

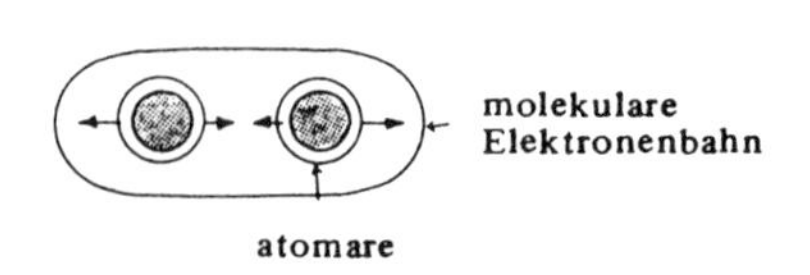

Schematisches Bild eines Hantelmoleküls

[3] Die Theorie der Rotation und Vibration der Atomkerne wie auch der Kernmoleküle ist ausführlich beschrieben in J.M. Eisenberg und W. Greiner, Nuclear Theory, Vol 1: Nuclear Models, North Holland Publ. Company, 3rd edition, Amsterdam und New York 1987.

3. Atomkerne: Manche Atomkerne (z. B. die seltenen Erden Sm, Gd, Er, Yb, Os) haben die Form einer dicken Zigarre. Sie können sich längs ihrer Achse deformieren und so Schwingungen ausführen.
Die Verkürzungen und Verlängerungen der „Zigarre" heißen β–Schwingungen. Die Verkürzungen und Verdickungen des Bauches heißen γ–Schwingungen.
Der zigarrenförmig deformierte Kern führt auch Rotationen aus. So entstehen die sogenannten Rotationsschwingungsspektren, die durch das sogenannte Rotations-Vibrationsmodell beschrieben werden.

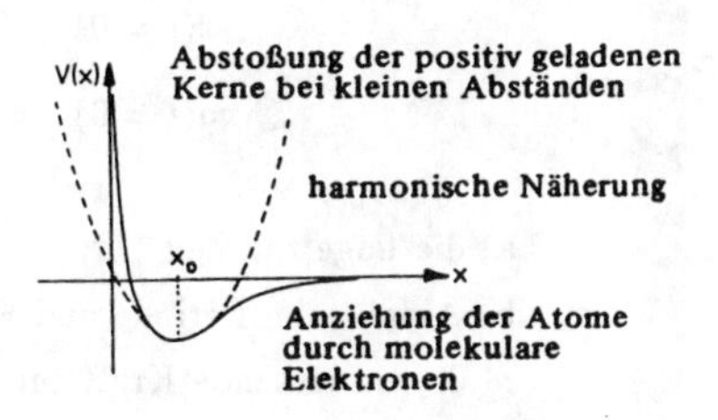

Qualitative Form eines molekularen Potentials

4. Kernmoleküle: Wenn sich bestimmte Atomkerne (z. B. C^{12}, O^{16}) gegenseitig durchdringen, können sie kurzlebige, aber stabile molekülähnliche Zustände bilden. Das Potential der zwei Kerne als Funktion ihres Abstandes hat den untenstehenden Verlauf.

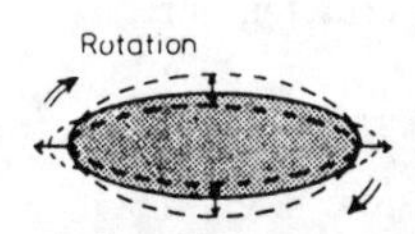

Die Verkürzungen und Verlängerungen der „Zigarre" heißen β-Schwingungen

Die Verkürzungen und Verdichtungen des Bauches heißen γ-Schwingungen

Veranschaulichung der Schwingungen und Rotationen eines deformierten Atomkerns

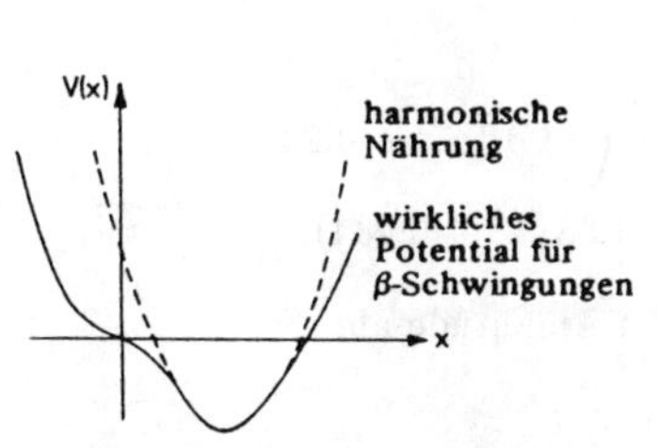

Qualitativer Verlauf des Potentials der β-Schwingungen eines Atomkerns.

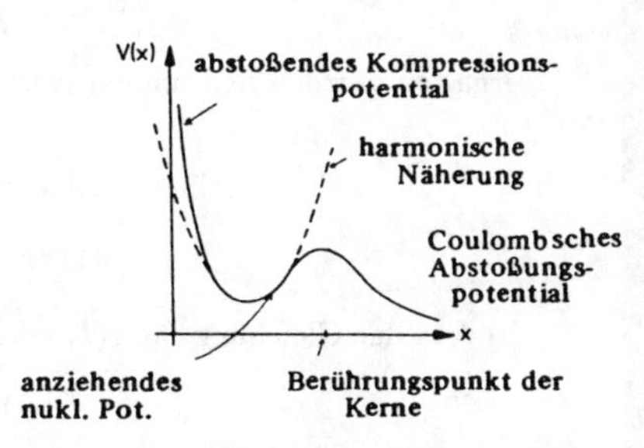

Durch die kurzreichweitigen Kernkräfte entsteht ein anziehender Potentialbereich, der zu Kernmolekülen führt.

21.1 Aufgabe: Amplitude, Frequenz und Periode einer harmonischen Schwingung

Ein Gegenstand der Masse $2 \cdot 10^4$ g vollführt harmonische Schwingungen entlang der x-Achse. Finden Sie zur Anfangsbedingung

$$\begin{aligned} x(t=0) &= 400\,\text{cm}, \qquad v(t=0) = -150\,\frac{\text{cm}}{\text{s}}, \\ a(t=0) &= -1000\,\frac{\text{cm}}{\text{s}^2}. \end{aligned}$$

a) die Lage zur Zeit t,

b) Amplitude, Periode und Frequenz der Schwingung,

c) die einwirkende Kraft zur Zeit $t = \pi/10$ s.

Lösung:

a) Wir haben die folgenden Gleichungen:

$$F = ma; \quad k = -\frac{F}{x}; \quad \omega^2 = \frac{k}{m}.$$

Daraus erhalten wir:

$$\omega^2 = -\frac{a}{x} = -\frac{a(t=0)}{x(t=0)} = 2.5\,\text{s}^{-2},$$

oder:

$$\omega = \frac{1}{2}\sqrt{10}\,\text{s}^{-1}.$$

Durch Einsetzen in

$$x(t) = \sqrt{x_0^2 + \frac{v_0^2}{\omega^2}}\cos(\omega t - \varphi)$$

erhalten wir den Schwingungsverlauf

$$\begin{aligned} x(t) &= 130\sqrt{10}\,\text{cm} \cdot \cos\left(\frac{\text{t}}{2}\sqrt{10}\,\text{s}^{-1} + 0.234\right) \\ &= 411\,\text{cm} \cdot \cos(\text{t} \cdot 1.58\,\text{s}^{-1} + 0.234). \end{aligned}$$

b) Aus der Gleichung für $x(t)$ lesen wir die Amplitude ab:

$$D = 411\,\text{cm}.$$

Periode und Frequenz erhalten wir wie folgt:

$$T = \frac{2\pi}{\omega} = 3.98\,\text{s}; \quad \nu = \frac{1}{T} = 0.252\,\text{Hz}.$$

c) Es ist $F = m\,\ddot{x} = -2{,}05 \cdot 10^7\,\text{dyn} \cdot \cos(\text{t} \cdot 1.58\,\text{s}^{-1} + 0.234)$

Für unseren speziellen Zeitwert erhalten wir:

$$F\left(t = \frac{\pi}{10}\,\text{s}\right) = m\,\ddot{x}\left(t = \frac{\pi}{10}\,\text{s}\right) = -1.53 \cdot 10^7\,\text{dyn}.$$

21.2 Aufgabe: Masse hängt an Feder

Eine Masse von 20 g hängt an einer masselosen Feder und dehnt sie dadurch um 6 cm aus.

a) Geben Sie ihre Lage zu beliebiger Zeit an, wenn sie zur Zeit $t = 0$ um 2 cm herabgezogen und losgelassen wurde.

b) Geben Sie Amplitude, Periode und Frequenz der Schwingung an.

Lösung:

a) Wir haben wieder: $k = -F/x$ und $\omega^2 = k/m$.

Da in unserem Fall $F = -mg$ ist, findet man:

$$\omega^2 = \frac{g}{x} = 981\,\text{cm} \cdot \text{s}^{-2}\,\frac{1}{6\,\text{cm}} = 163.5\,\text{s}^{-2}$$

und damit $\omega = 12.8\,\text{s}^{-1}$. Mit $v_0 = 0$ erhalten wir aus

$$x(t) = x_0 \cos\omega t + \frac{v_0}{\omega}\sin\omega t$$

die Schwingungsgleichung

$$x(t) = x_0 \cos\omega t = -2\,\text{cm} \cdot \cos(\text{t} \cdot 12.8\,\text{s}^{-1}).$$

b) Amplitude, Periode und Frequenz erhält man wieder wie in der letzten Aufgabe:

$$D = 2\,\text{cm}; \quad T = \frac{2\pi}{\omega} = 0.492\,\text{s}; \qquad \nu = \frac{1}{T} = 2.035\,\text{Hz}.$$

21.3 Aufgabe: Schwingung einer Masse an einer ausgelenkten Feder

Lösen Sie die letzte Aufgabe unter der Annahme, daß das Gewicht zur Zeit $t = 0$ um 3 cm herabgezogen war und mit einer Geschwindigkeit von 2cms abwärts geschleudert wurde.

Lösung:

(a) Wir benutzen Gleichung (21.13): Es ist $x(t = 0) = -3$ cm und $v(t = 0) = -2\,\text{cm/s}$ und daher:

$$x(t) = -3.004\,\text{cm} \cdot \cos(\text{t} \cdot 12.8\,\text{s}^{-1} - 0.052)$$

b) Geändert hat sich nur die Amplitude. Wir lesen jetzt ab:

$$D = 3.004\,\text{cm}.$$

21.4 Aufgabe: Schwingung eines schwimmenden Zylinders

Ein Zylinder schwimmt mit vertikaler Achse in einer Flüssigkeit der Dichte σ und hat das Gewicht W und die Querschnittsfläche A. Wie groß ist die Schwingungsperiode, wenn man ihn leicht niederdrückt und dann freigibt?

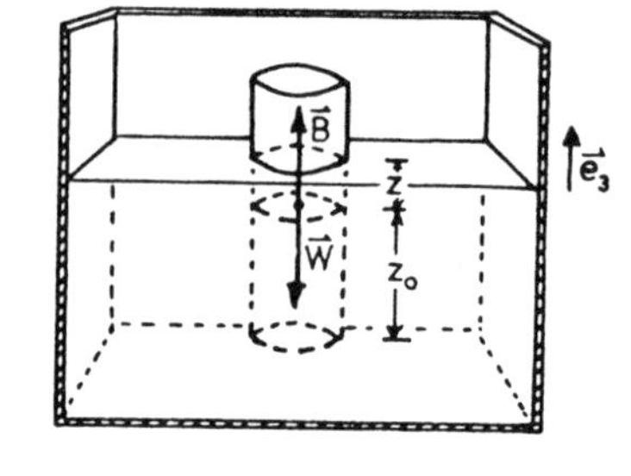

Lösung: Der Körper wird um die Strecke $-z$ niedergedrückt. Dann wirken auf den Zylinder zwei Kräfte: das Gewicht

$$\vec{W} = -mg\vec{e}_3$$

und der Auftrieb

$$\vec{B} = -\sigma A g(z_0 + z)\vec{e}_3,$$

wobei z_0 die Eintauchtiefe im Gleichgewicht ist. Im Gleichgewichtszustand aber ist

$$\vec{W} = -\vec{B}(z_0), \quad \text{d. h.} \quad mg = -\sigma A g z_0.$$

Damit erhalten wir in beliebiger Stellung:

$$\vec{B} = -(-mg + \sigma A g z)\vec{e}_3.$$

Also lautet die Bewegungsgleichung:

$$m\ddot{z} = W + B = -mg - (-mg + \sigma A g z) = -\sigma A g z \quad \text{oder} \quad \ddot{z} + \frac{\sigma A g}{m} z = 0.$$

Wir finden also $\omega^2 = \frac{\sigma A g}{m} = \frac{\sigma A}{W} g^2$ und weiter $T = \frac{2\pi}{\omega} = \frac{2\pi}{g}\sqrt{\frac{W}{\sigma A}}$ als Periode der Schwingung.

21.5 Aufgabe: Masse hängt an zwei Federn und schwingt

Eine Masse von 50 g werde an identisch gleichen, masselosen Federn mit Elastizitätskonstanten von 500 dyn/cm aufgehängt (siehe Zeichnung). In Ruhestellung bilden sie einen Winkel von $\alpha_0 = 30°$ mit der Horizontalen und sind $l_0 = 2$m lang; außerhalb der Ruhestellung sei der Winkel $\alpha = \alpha_0 + \Delta\alpha$. Geben Sie die Periode der Schwingung an, die entsteht, wenn man die Masse um Δx herabzieht und dann freiläßt.

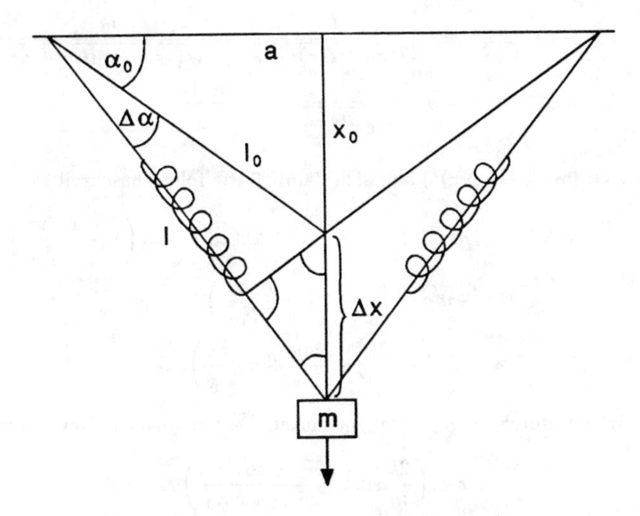

Lösung: Auf die Masse wirkt in x–Richtung die Summe aus Gewichtskraft und der vertikalen Projektion der Rückstellkraft der Federn. Also lautet die Bewegungsgleichung

$$m\ddot{x} = mg - 2k(l - \bar{l})\sin\alpha, \tag{1}$$

wobei $\bar{l}$ die Ruhelänge der Federn (ohne Einwirkung äußerer Kräfte) bezeichnet. Die Gleichgewichtslage ist definiert durch das Verschwinden der Kraft

$$mg = 2k(l_0 - \bar{l})\sin\alpha_0. \tag{2}$$

Um die Differentialgleichung 1 lösen zu können, müssen sowohl l wie auch α durch die Auslenkung x ausgedrückt werden. Es gilt

$$l = \sqrt{x^2 + a^2}, \tag{3}$$

$$\sin\alpha = \frac{x}{l} = \frac{x}{\sqrt{x^2 + a^2}}. \tag{4}$$

Mit

$$\bar{l} = l_0 - \frac{mg}{2k\sin\alpha_0} \tag{5}$$

aus Gl. 2 läßt sich die Bewegungsgleichung umformen in

$$\begin{aligned} m\ddot{x} &= mg - 2kx + 2kl_0\sin\alpha - mg\frac{\sin\alpha}{\sin\alpha_0} \\ &= mg - 2kx + 2kx\frac{l_0}{\sqrt{x^2 + a^2}} - mg\frac{x}{x_0}\frac{l_0}{\sqrt{x^2 + a^2}}. \end{aligned} \tag{6}$$

Dies ist eine sehr komplizierte, nichtlineare Differentialgleichung die keine einfache analytische Lösung besitzt. Wir interessieren uns jedoch für Schwingungen mit kleiner Amplitude.

$$x = x_0 + \Delta x, \qquad \Delta x << x_0. \tag{7}$$

Unter dieser Bedingung läßt sich 6 durch Entwicklung der rechten Seite nach einer Taylorreihe um den Punkt x_0 linearisieren. Wir benutzen die Formel

$$\begin{aligned} \frac{l_0}{\sqrt{x^2+a^2}} &= \frac{l_0}{\sqrt{(x_0+\Delta x)^2+a^2}} \approx \frac{l_0}{\sqrt{(x_0^2+2x_0\Delta x+a^2}} \\ &= \frac{1}{\sqrt{1+\frac{2x_0\Delta x}{l_0^2}}} \approx 1-\frac{x_0\Delta x}{l_0^2} \end{aligned} \qquad \underline{8}$$

Bis zur Ordnung $O((\Delta x)^2)$ läßt sich damit 6 wie folgt ausschreiben

$$\begin{aligned} m\Delta\ddot{x} &\approx mg - 2k(x_0+\Delta x) + 2k(x_0+\Delta x)\left(1-\frac{x_0\Delta x}{l_0^2}\right) \\ &\quad -mg\frac{x_0+\Delta x}{x_0}\left(1-\frac{x_0\Delta x}{l_0^2}\right) \\ &\approx \Delta x\left(-2k\frac{x_0^2}{l_0^2}-\frac{mg}{x_0}+mg\frac{x_0}{l_0^2}\right) \end{aligned} \qquad \underline{9}$$

Ausgedrückt durch $\sin\alpha_0 = x_0/l_0$ lautet die linearisierte Bewegungsgleichung schließlich

$$\Delta\ddot{x} + \left(\frac{2k}{m}\sin^2\alpha_0 + \frac{g}{l_0}\frac{\cos^2\alpha_0}{\sin\alpha_0}\right)\Delta x = 0. \qquad \underline{10}$$

Der Klammerausdruck ist das Quadrat der Kreisfrequenz ω. Die Schwingungsperiode lautet also

$$T = \frac{2\pi}{\omega} = \frac{2\pi}{\sqrt{\frac{2k}{m}\sin^2\alpha_0 + \frac{g}{l_0}\frac{\cos^2\alpha_0}{\sin\alpha_0}}}. \qquad \underline{11}$$

Für die angegebenen Werte von k, m, α_0, l_0 führt dies auf den Zahlenwert $T = 1.79\text{s}$. Im Grenzfall $\alpha_0 \to 90^o$ schwingt die Masse gemäß 11 so, als hinge sie an einer Feder mit doppelter Federkonstanten;

$$T = 2\pi\sqrt{\frac{2k}{m}}. \qquad \underline{12}$$

Der Grenzfall $\alpha_0 \to 0^o$, bei festgehaltenem l_0, ist nicht sinnvoll, denn gemäß 5 würde dies zu einem physikalisch nicht sinnvollen negativen Wert von $\bar{l}$ führen.

21.6 Aufgabe: Zusammengesetzte Federn

a) Hintereinanderschaltung.
Die Abbildung veranschaulicht den Fall zweier Federn der Federkonstanten k_1 und k_2. Die Kraft $\vec{F}$ tritt in jeder Feder auf und ruft die Längenänderungen $y_1 = F/k_1$ und $y_2 = F/k_2$ hervor. Aus $y_1 + y_2 = F/k$ ergibt sich für die *„resultierende Federkonstante"* k:

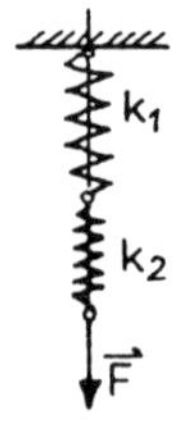

Hintereinandergeschaltete Federn

$$\frac{1}{k} = \frac{1}{k_1} + \frac{1}{k_2}, \qquad k = \frac{k_1 k_2}{k_1+k_2},$$

so daß $k < k_1$ und $k < k_2$ ist. Die Verallgemeinerung auf n Federn ist trivial:

$$\frac{1}{k} = \frac{1}{k_1} + \frac{1}{k_2} + \cdots + \frac{1}{k_n}$$

b) Parallelschaltung (siehe Figur).

Da jetzt beide Federn dieselbe Längenänderung erleiden, also $y_1 = y_2 = y$ ist, berechnet sich die resultierende Federkonstante k aus

$$F = k_1 y_1 + k_2 y_2 = ky$$

zu

$$k = k_1 + k_2\,,$$

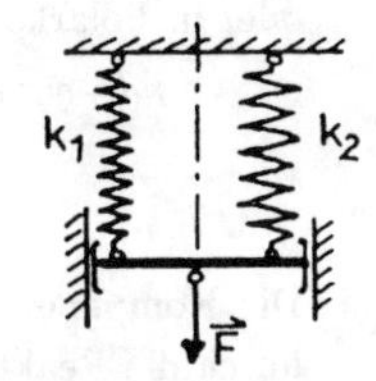

Parallelgeschaltete Federn

woraus verallgemeinernd bei n parallelgeschalteten Federn

$$k = k_1 + k_2 + \cdots + k_n$$

folgt. Die Eigenfrequenz ist dann

$$\omega = \sqrt{\frac{k}{m}}.$$

21.7 Aufgabe: Schwingung eines drehbar gelagerten Stabes

Am oberen Ende eines masselos anzunehmenden, im Punkt A drehbar gelagerten und im Punkt B auf eine Feder (Konstante k) abgestützten Stabes $\overline{AC}$ ist ein Gewicht mg befestigt (vgl. Skizze).

a) Ermitteln Sie die Eigenfrequenz des Systems näherungsweise für Schwingungen mit kleinen Ausschlägen φ.

b) Wie groß darf $G = mg$ höchstens werden, damit eine kleine Auslenkung noch eine harmonische Bewegung zur Folge hat?

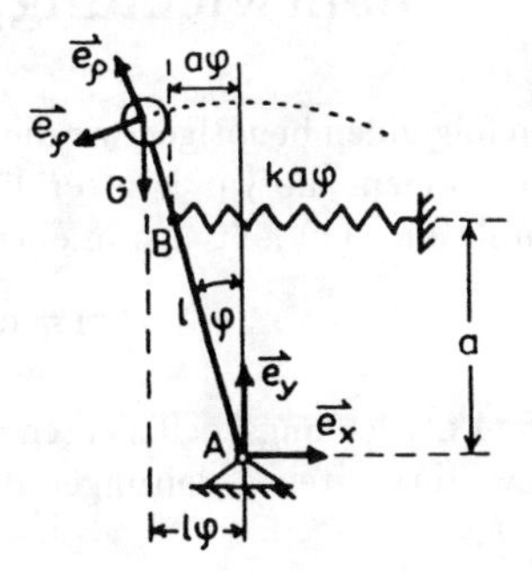

Lösung:

a) Die am System angreifenden Kräfte sind im Grenzfall $\sin\varphi \approx \varphi$, $\cos\varphi \approx 1$:

$$\vec{G} = -mg\vec{e}_y \qquad \text{Gewichtskraft}$$

und

$$\vec{F} = ka\varphi\vec{e}_x \qquad \text{Federkraft}$$

und die Reaktionskraft $\vec{F}_R$ in Richtung des Verbindungsstabes.
Es gilt also:

$$m\ddot{\vec{r}} = -mg\vec{e}_y + ka\varphi\vec{e}_x\frac{a}{l} + \vec{F}_R, \qquad \vec{F}_R = R\vec{e}_\varrho\,,$$

oder in Polarkoordinaten

$$\begin{aligned} m(-\varrho\dot{\varphi}^2\vec{e}_\varrho + \varrho\ddot{\varphi}\vec{e}_\varphi) &= -mg(\cos\varphi\vec{e}_\varrho - \sin\varphi\vec{e}_\varphi) \\ &\quad +ka\varphi\left(\frac{a}{l}\right)(-\sin\varphi\,\vec{e}_\varrho - \cos\varphi\,\vec{e}_\varphi) + R\vec{e}_\varrho. \end{aligned}$$

Die Komponenten der Gewichtskraft und der Federkraft in $\vec{e}_\varrho$-Richtung werden durch die Reaktionskraft $\vec{F}_R$ neutralisiert, so daß man erhält:

$$m\varrho\ddot{\varphi} = mg\sin\varphi - k\frac{a^2}{l}\varphi\cos\varphi$$

und aufgelöst nach $\ddot{\varphi}$

$$\ddot{\varphi} = \frac{1}{\varrho}g\varphi - \frac{k}{m\varrho}\frac{a^2}{l}\varphi \qquad \text{bzw.} \qquad \ddot{\varphi} + \frac{ka^2 - mgl}{ml^2}\cdot\varphi = 0.$$

Diese Schwingungsgleichung läßt sich auch schreiben als

$$\ddot{\varphi} + \omega_1^2\varphi = 0$$

mit der Eigenfrequenz $\omega_1 = \sqrt{(ka^2 - mgl)/ml^2}$.

b) Die Schwingungssteuerung ist so lange harmonisch, wie

$$\omega_1^2 > 0 \qquad \text{bzw.} \qquad mg < \frac{ka^2}{l}.$$

22 Mathematische Zwischenbetrachtung (Reihenentwicklung, Eulersche Formeln)

Im folgenden benötigen wir die Reihenentwicklung von Funktionen und die Eulerschen Relationen, die wir jetzt erklären wollen: Eine stetige, beliebig oft differenzierbare Funktion $f(x)$ läßt sich in eine Potenzreihe entwickeln

$$f(x) = a_0 + a_1x + a_2x^2 + \cdots = \sum_n a_nx^n. \tag{22.1}$$

Die Entwicklungskoeffizienten a_n lassen sich bestimmen, indem wir in Gleichung (22.1) bzw. ihre n-ten Ableitungen für $x = 0$ einsetzen; z. B.

$$\begin{aligned} f(0) &= a_0\,, \\ f'(0) &= a_1\,, \\ f''(0) &= 1\cdot 2a_2\,, \\ &\vdots \\ f^{(n)}(0) &= n!\,a_n \end{aligned}$$

oder allgemein, $a_n = \frac{f^{(n)}(0)}{n!}$. f' bedeutet die erste, $f^{(n)}$ die n-te Ableitung der Funktion $f(x)$ nach x. Daher kann die Reihenentwicklung (22.1) auch so geschrieben werden:

$$f(x) = \sum_{n=0}^{\infty} \frac{f^{(n)}(0)}{n!} x^n. \tag{22.2}$$

Das ist die bekannte *Taylorentwicklung.* Wir geben nun einige Beispiele:

1. Beispiel $f(x) = e^x$.

$$f'(x) = f''(x) = \cdots = f^{(n)}(x) = e^x.$$

So erhalten wir mit Gleichung (22.2) gleich die Reihenentwicklung der Exponentialfunktion, nämlich

$$e^x = \sum_{n=0}^{\infty} \frac{1}{n!} x^n = 1 + \frac{x}{1!} + \frac{x^2}{2!} + \frac{x^3}{3!} + \cdots . \tag{22.3}$$

Setzen wir $x = i\varphi$ und berücksichtigen $i^2 = -1$, $i^3 = -i$, $i^4 = 1$ usw., so erhalten wir auch sofort

$$\begin{aligned} e^{i\varphi} &= \sum_{n=0}^{\infty} \frac{1}{n!} i^n \varphi^n \\ &= 1 - \frac{\varphi^2}{2!} + \frac{\varphi^4}{4!} - \frac{\varphi^6}{6!} + \frac{\varphi^8}{8!} - \cdots + i\left(\frac{\varphi}{1!} - \frac{\varphi^3}{3!} + \frac{\varphi^5}{5!} - \frac{\varphi^7}{7!} + - \cdots\right). \end{aligned} \tag{22.4}$$

2. Beispiel $f(x) = \sin x$

$$f(0) = 0;\ f'(0) = \cos 0 = 1,\ f''(0) = -\sin 0 = 0,\ f'''(0) = -\cos 0 = -1 \text{ usw.}$$

Das ergibt nach Gleichung (22.2) offensichtlich

$$\sin x = x - \frac{x^3}{3!} + \frac{x^5}{5!} - \frac{x^7}{7!} \pm \cdots . \tag{22.5}$$

3. Beispiel $f(x) = \cos x$.

$$f(0) = 1;\ f'(0) = -\sin 0 = 0,\ f''(0) = -\cos 0 = -1,\ f'''(0) = \sin 0 = 0, \text{ usw.}$$

Daher ergibt sich gemäß Gleichung (22.2)

$$\cos x = 1 - \frac{x^2}{2!} + \frac{x^4}{4!} - \frac{x^6}{6!} \pm \cdots . \tag{22.6}$$

Weil $\sin(-x) = -\sin(x)$ und $\cos(-x) = \cos(x)$ dürfen in (22.5) nur ungerade und in (22.6) nur gerade Potenzen x^n auftreten.

4. Beispiel Vergleichen wir die Ergebnisse (22.4), (22.5) und (22.6), so erhalten wir die *Eulerschen Formeln*[4]*:*

$$\begin{aligned} e^{i\varphi} &= \cos\varphi + i\sin\varphi, \qquad e^{-i\varphi} = \cos\varphi - i\sin\varphi, \\ \cos\varphi &= \frac{e^{i\varphi} + e^{-i\varphi}}{2}, \quad \sin\varphi = \frac{e^{i\varphi} - e^{-i\varphi}}{2i}. \end{aligned} \tag{22.7}$$

22.1 Aufgabe: Zur Taylorreihe

Taylorreihe: Ist eine Funktion in einem Intervall I (mit $0 \in I$) beliebig oft differenzierbar, so läßt sie sich in vielen Fällen dadurch darstellen, daß man sie um den Punkt 0 in eine Potenzreihe der Form

$$f(x) = \sum_{n=0}^{\infty} \frac{f^{(n)}(0)}{n!} x^n$$

entwickelt. Dabei sei $f^{(n)}(0) = n$-te Ableitung an der Stelle $x = 0$, $f^{(0)}(0) = f(0)$ und $n!$ (n-Fakultät) $= 1 \cdot 2 \cdot 3 \cdot \cdots n$ $(0! = 1)$.

Entwickeln Sie die folgenden Funktionen nach dieser Vorschrift:

$$\text{a)}\ a^x \qquad \text{b)}\ \frac{1}{1-x} \qquad \text{c)}\ \ln(1+x)$$

[4] *Euler,* Leonhard, geb. 15.4.1707 in Basel als Sohn eines mathematisch sehr interessierten Pfarrers, gest. 18.9.1783 Petersburg (Leningrad). – E. studierte seit 1720 in Basel Philosophie und seit 1723 Theologie. Nebenbei hörte er Privatvorlesungen von Johann Bernoulli. 1727 ging E. nach Petersburg, wurde dort 1730 Professor für Physik und 1733 der Mathematik an der Akademie. 1741 erhielt er einen Ruf nach Berlin als Professor der Mathematik und Direktor der mathematischen Klasse der Akademie. Da sich in Berlin später das Verhältnis zwischen ihm und Friedrich II. recht unfreundlich gestaltete, kehrte er 1766 nach Petersburg zurück. Auch seine vollständige Erblindung im gleichen Jahr konnte seine mathematische Schaffenskraft nicht brechen, und bereits in seinen letzten Lebensjahren galt er als legendäre Erscheinung.

Das Gesamtwerk von E. umfaßt 886 Titel, darunter viele umfangreiche Lehrbücher. In vielen Fachgebieten ist seine Darstellungsart endgültig gewesen und alle bedeutenden Mathematiker der nachfolgenden Zeit haben sie übernommen. Das trifft zu auf die *„Introductio in analysin infinitorum"* (1748), in der z.B. Reihenlehre, Trigonometrie, analytische Geometrie, Eliminationstheorie und die Zetafunktion behandelt werden, ebenso wie auf die *„Institutiones calculi differentialis"* (1755) und die *„Institutiones calculi integralis"* (1768 – 1774), die durchaus nicht nur elementare Zusammenhänge behandeln. 1736 erschien sein Lehrbuch der Mechanik, in dem die erste analytische Entwicklung der Newtonschen Dynamik enthalten ist, und 1744 die erste Darstellung der *Variationsrechnung.* Wichtige Einzelleistungen sind der E.sche Polyedersatz, die E.sche Gerade, die E.sche Konstante, das quadrat. Reziprozitätsgesetz und die Lösung des Königsberger Brückenproblems sowie die Festlegung, daß der Logarithmus unendlich vieldeutig ist (1749). Wesentliche Beiträge lieferte E. auch zur Astronomie, zur Mondtheorie und Himmelsmechanik, zum Schiffsbau, zur Kartographie, Optik, Hydraulik, Philosophie und Musiktheorie. Die Art, wie E. mathematische Fragen anging, war gekennzeichnet durch intuitives Erfassen des Wesentlichen und eine unerhörte formale Meisterschaft. Die Begründung seiner Schlüsse konnte E., wie übrigens alle Mathematiker bis zu Gauss, oft nicht völlig einwandfrei geben.

Lösung:

a) Aus der Vorlesung (Gl.(22.3)) wissen wir, daß

$$e^x = 1 + x + \frac{1}{2!}x^2 + \frac{1}{6!}x^3 + \cdots = \sum_n \frac{x^n}{n!}$$

und daher

$$a^x = e^{x \ln a} = 1 + x \ln a + \frac{1}{2!}x^2 \ln^2 a + \frac{1}{3!}x^3 \ln^3 a + \cdots = \sum_n \frac{(x \ln a)^n}{n!} .$$

b)

$$\frac{1}{1-x} = 1 + x + x^2 + x^3 + x^4 + \cdots = \sum_n x^n ,$$

da

$$f'(x) = \frac{1}{(1-x)^2}, \quad f''(x) = \frac{2}{(1-x)^3}, \quad f'''(x) = \frac{6}{(1-x)^4}, \quad \ldots .$$

Das ist natürlich nichts weiter als die unendliche geometrische Reihe.

c)

$$\ln(1+x) = 0 + x - \frac{1}{2}x^2 + \frac{1}{3}x^3 - \frac{1}{4}x^4 + \cdots = \sum_n \frac{(-1)^{n+1}}{n} x^n ,$$

da

$$\begin{aligned} f'(x) &= \frac{1}{1+x}, \quad f''(x) = \frac{-1}{(1+x)^2} \\ f'''(x) &= \frac{2}{(1+x)^3}, \quad f''''(x) = \frac{-6}{(1+x)^4}, \ldots . \end{aligned}$$

23 Der gedämpfte harmonische Oszillator

Als Beispiel für einen gedämpften, harmonischen Oszillator sei wieder eine Masse m mit einer Feder verbunden. Die Masse gleite reibungsfrei auf der Unterlage, aber durch die Reibung am sie umgebenden Medium komme eine geschwindigkeitsabhängige Reibungskraft (z. B. Luftwiderstand) hinzu. Für diese setzen wir den Stokesschen Ansatz an:

$$\vec{F}_R = -\beta \vec{v}.$$

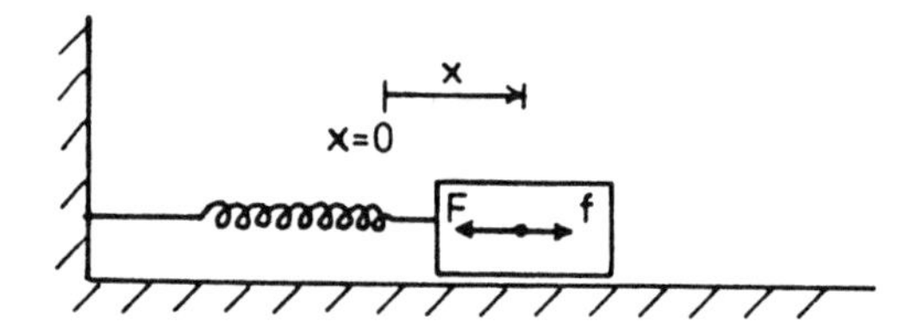

Damit kommen wir zur Bewegungsgleichung

$$m\frac{dv}{dt} = -kx - \beta v. \tag{23.1}$$

Bringen wir alle Größen auf die linke Seite und schreiben für die Geschwindigkeit $\dot{x}$ statt v, so lautet die Gleichung

$$m\ddot{x} + \beta\dot{x} + kx = 0. \tag{23.2}$$

Dividieren wir noch durch m und setzen $2\gamma = \frac{\beta}{m}$, $\omega^2 = \frac{k}{m}$, so haben wir die Gleichung in der Form

$$\ddot{x} + 2\gamma\dot{x} + \omega^2 x = 0. \tag{23.3}$$

Es ist eine lineare Differentialgleichung, was man leicht ähnlich nachprüft wie im Fall des ungedämpften harmonischen Oszillators (siehe Gleichungen (21.3), (21.4) ff.). Sie ist außerdem homogen und von 2. Ordnung. Um diese Differentialgleichung zu lösen, müssen wir zuerst zwei Lösungen $x_1(t)$ und $x_2(t)$ suchen und erhalten dann durch beliebige Wahl der Koeffizienten A und B die allgemeinste Lösung der Differentialgleichung. Da die Gleichung bis auf konstante Koeffizienten nur Ableitungen von $x(t)$ enthält, und die Exponentialfunktion beim Differenzieren auch bis auf konstante Koeffizienten erhalten bleiben, versuchen wir es mit dem Ansatz

$$x(t) = e^{\lambda t}$$

und erhalten

$$\lambda^2 e^{\lambda t} + 2\gamma\lambda e^{\lambda t} + \omega^2 e^{\lambda t} = 0. \tag{23.4}$$

Wir dividieren durch $e^{\lambda t}$, weil für alle Zeiten $e^{\lambda t} \neq 0$ ist und erhalten folgende Bedingungsgleichungen für λ:

$$\lambda^2 + 2\gamma\lambda + \omega^2 = 0.$$

Das ist die sogenannte *charakteristische Gleichung.* Sie wird durch die beiden Werte

$$\lambda_{1,2} = -\gamma \pm \sqrt{\gamma^2 - \omega^2} \tag{23.5}$$

erfüllt. Somit haben wir zwei spezielle Lösungen gefunden:

$$\begin{aligned} x_1(t) &= e^{\lambda_1 t} = e^{-\gamma t} e^{\sqrt{\gamma^2-\omega^2}\,t}, \\ x_2(t) &= e^{\lambda_2 t} = e^{-\gamma t} e^{-\sqrt{\gamma^2-\omega^2}\,t}. \end{aligned} \tag{23.6}$$

Die allgemeine Lösung unserer Gleichung ist folglich

$$x(t) = A\,e^{\lambda_1 t} + B\,e^{\lambda_2 t}. \tag{23.7}$$

Je nach dem Wert des Ausdrucks $\sqrt{\gamma^2 - \omega^2}$ ergeben sich nun drei verschiedene Fälle der Schwingungsgleichung:

a) $\gamma^2 < \omega^2$: Die Wurzel ist imaginär.

b) $\gamma^2 = \omega^2$: Die Wurzel verschwindet; wir erhalten durch den Ansatz nur eine Lösung.

c) $\gamma^2 > \omega^2$: Die Wurzel ist reell.

a) Schwache Dämpfung: In diesem Fall, $(\gamma^2 < \omega^2)$, heißt die allgemeine Lösung:

$$x(t) = e^{-\gamma t}\left(Ae^{i\sqrt{\omega^2-\gamma^2}\,t} + Be^{-i\sqrt{\omega^2-\gamma^2}\,t}\right). \tag{23.8}$$

Es sieht so aus, als wäre diese allgemeine Lösung komplex. Bei geeigneter Wahl von A und B ist das jedoch nicht der Fall. Um eine reelle Form zu erhalten, erinnern wir uns an die Eulerschen Formeln

$$e^{i\varphi} = \cos\varphi + i\sin\varphi, \qquad e^{-i\varphi} = \cos\varphi - i\sin\varphi. \tag{23.9}$$

Durch Addition dieser beiden Gleichungen erhalten wir

$$e^{i\varphi} + e^{-i\varphi} = 2\cos\varphi \tag{23.10}$$

und durch Subtraktion der zweiten Gleichung von der ersten:

$$e^{i\varphi} - e^{-i\varphi} = 2i\sin\varphi. \tag{23.11}$$

Damit formen wir jetzt die Lösungen der Differentialgleichung folgendermaßen um: Zuerst setzen wir $\Omega^2 = \omega^2 - \gamma^2$; dann erhalten wir aus unseren beiden speziellen Lösungen

$$x_1(t) = e^{-\gamma t}\cdot e^{i\Omega t}, \qquad x_2(t) = e^{-\gamma t}\cdot e^{-i\Omega t} \tag{23.12}$$

als Linearkombination zwei andere Lösungen:

$$x_1'(t) = \frac{1}{2}e^{-\gamma t}(e^{i\Omega t} + e^{-i\Omega t}), \quad x_2'(t) = -\frac{i}{2}e^{-\gamma t}(e^{i\Omega t} - e^{-i\Omega t}). \tag{23.13}$$

Die einen (23.12) sind so gut wie die anderen Lösungen (23.13). Mit Hilfe der Formeln ((23.9) – (23.11)), die wir oben erhalten haben, können wir diese Lösungen auch in der Form

$$x_1'(t) = e^{-\gamma t} \cos \Omega t, \qquad x_2'(t) = e^{-\gamma t} \sin \Omega t$$

schreiben. Daraus ergibt sich sofort die allgemeinste Form der Schwingungsgleichung:

$$x(t) = e^{-\gamma t}(\overline{A} \cos \Omega t + \overline{B} \sin \Omega t)$$

wobei $\Omega^2 = \omega^2 - \gamma^2$ ist. In dieser Gleichung sind auch – im Gegensatz zu der Form, von der wir ausgingen – die Koeffizienten $\overline{A}$ und $\overline{B}$ reell.

Dieselbe Gleichung können wir in Analogie zu Gleichung (21.11) auch in der Form

$$x(t) = De^{-\gamma t} \cos(\Omega t - \varphi)$$

schreiben, wobei wieder $D^2 = \overline{A}^2 + \overline{B}^2$ und $\tan \varphi = \frac{\overline{B}}{\overline{A}}$ ist (siehe Gln. (21.10), (21.11)).

Geben wir eine graphische Darstellung der Lösung, so erhalten wir die Kurve einer gedämpften harmonischen Schwingung, die zwischen zwei Exponentialkurven eingeschlossen ist:

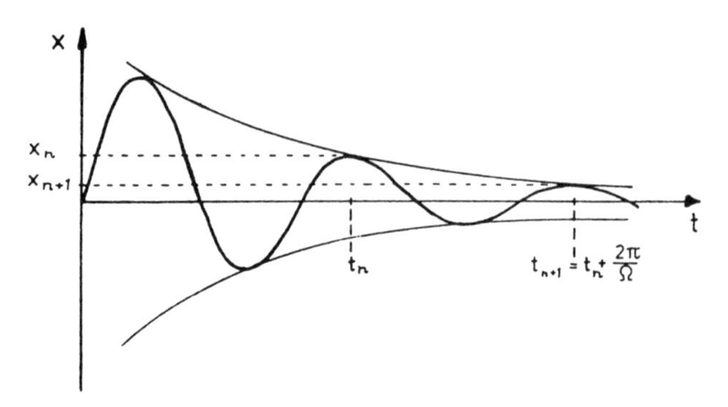

Graphische Darstellung der Amplituden eines schwach gedämpften Oszillators mit den Anfangsbedingungen $x(0) = 0$, $\dot{x}(0) > 0$.

Aufeinanderfolgende Maximalausschläge seien x_n und x_{n+1}, die zu den Zeiten t_n bzw. $t_n + T = t_n + \frac{2\pi}{\Omega}$ angenommen werden. Man erhält $\frac{x_n}{x_{n+1}} = e^{\gamma T} = e^{\gamma 2\pi/\Omega}$ und daher

$$\ln \frac{x_n}{x_{n+1}} = \gamma T = \gamma \frac{2\pi}{\Omega}.$$

Dies ist das sogenannte *logarithmische Dekrement,* das zur experimentellen Bestimmung der Abklingkonstanten γ und der Dämpfungskonstanten β über die Messung von x_n und x_{n+1} benutzt werden kann.

b) Aperiodischer Grenzfall: Nimmt im Fall der gedämpften Schwingung (s.o.) die Reibung immer mehr zu, so wird schon der zweite Ausschlag relativ klein. Schließlich geht die Masse gar nicht mehr durch die Ruhelage hindurch, sondern kommt gewissermaßen in dem Augenblick, wo sie die Ruhelage erreicht, zum Stillstand. Dieser Sonderfall tritt für $\gamma^2 = \omega^2$ auf.

Wir müssen jedoch feststellen, daß in diesem Fall die beiden Lösungen, die wir oben gewonnen haben, zusammenfallen. Somit steht zunächst nur eine Lösung, nämlich

$$x_1(t) = e^{-\gamma t}$$

zur Verfügung. Um eine zweite Lösung zu finden, betrachten wir nicht unseren Grenzfall, sondern eine etwas stärker gedämpfte Schwingung:

$$\gamma^2 = \omega^2 + \varepsilon^2.$$

Dann gibt es gemäß (23.7) zwei Lösungen, die wir in eine Taylorreihe entwickeln können:

$$\begin{aligned} e^{\lambda_1 t} &= e^{-\gamma t} \cdot e^{\varepsilon t} = e^{-\gamma t}\left(1 + \varepsilon t + \frac{\varepsilon^2}{2!}t^2 + \frac{\varepsilon^3}{3!}t^3 + \cdots\right), \\ e^{\lambda_2 t} &= e^{-\gamma t} \cdot e^{-\varepsilon t} = e^{-\gamma t}\left(1 - \varepsilon t + \frac{\varepsilon^2}{2!}t^2 - \frac{\varepsilon^3}{3!}t^3 + \cdots\right). \end{aligned}$$

Wir subtrahieren die zweite Lösung von der ersten und dividieren durch ε. Dann lassen wir ε gegen 0 streben.

$$\begin{aligned} \lim_{\varepsilon\to 0} \frac{x_1 - x_2}{\varepsilon} &= \lim_{\varepsilon\to 0} \frac{e^{-\gamma t}}{\varepsilon}\left(2\varepsilon\, t + 2\frac{\varepsilon^3}{3!}t^3 + 2\frac{\varepsilon^5}{5!}t^5 + \cdots\right) \\ &= \lim_{\varepsilon\to 0} e^{-\gamma t}\left(2t + 2\frac{\varepsilon^2}{3!}t^3 + 2\frac{\varepsilon^4}{5!}t^5 + \cdots\right) \\ &= 2te^{-\gamma t}. \end{aligned} \tag{23.14}$$

Weil die Diffenrentialgleichung (23.3) linear ist, muß auch diese Linearkombination (23.14) eine Lösung von (23.3) sein. Wir vergewissern uns und setzen $x = te^{-\gamma t}$ in die zu lösende Differentialgleichung ein. Dann wird tatsächlich:

$$\begin{aligned} \ddot{x} + 2\gamma\dot{x} + \omega^2 x &= (\gamma^2 te^{-\gamma t} - 2\gamma e^{-\gamma t}) + 2\gamma(e^{-\gamma t} - \gamma te^{-\gamma t}) + \omega^2 te^{-\gamma t} \\ &= (\omega^2 - \gamma^2)te^{-\gamma t} = 0, (19) \end{aligned}$$

weil in unserem Grenzfall $\gamma^2 = \omega^2$ ist, d. h. $x = te^{-\gamma t}$ ist in diesem Fall eine Lösung der Differentialgleichung.

Nun haben wir wieder zwei spezielle Lösungen und können mit

$$\begin{aligned} x_1(t) &= e^{-\gamma t}, \\ x_2(t) &= te^{-\gamma t} \end{aligned}$$

sofort die allgemeine Lösung hinschreiben:

$$x(t) = (A + Bt)e^{-\gamma t}. \tag{23.15}$$

c) Überdämpftes System: Ist die Dämpfung noch stärker als im eben diskutierten Fall, d. h. ist $\gamma^2 > \omega^2$, so kehrt die Masse viel langsamer zur Ruhelage zurück.

Die allgemeine Lösung ist dann:

$$x(t) = e^{-\gamma t}(Ae^{\sqrt{\gamma^2-\omega^2}\,t} + Be^{-\sqrt{\gamma^2-\omega^2}\,t}).$$

In diesem Fall kriecht die Masse nach dem ersten Ausschlag nur allmählich in die Ruhestellung zurück, d. h. der Oszillator vollführt eine Kriechbewegung.

Betrachten wir nun die graphische Darstellung der letzten beiden Fälle; nämlich

b) aperiodischer Grenzfall,

c) Kriechbewegung.

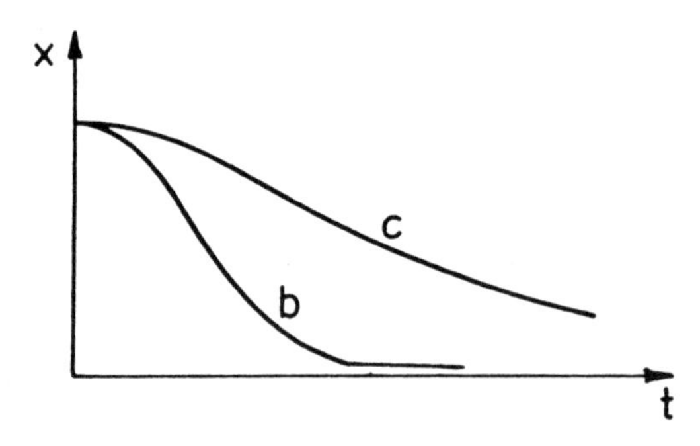

Veranschaulichung der Bewegung für den aperiodischen Grenzfall (b) und die Kriechbewegung (c).

Offenbar kehrt im aperiodischen Grenzfall der Oszillator am schnellsten wieder in die Ruhelage zurück; deshalb ist er bei der Dämpfung von Meßgeräten von großer Bedeutung (z. B. Spiegelgalvanometer): Im aperiodischen Grenzfall stellt sich der Meßwert am schnellsten ein, weil das Meßinstrument (der gedämpfte Oszillator) eine Schwingung vollführt, aber aufgrund der Dämpfung nach der ersten Viertelperiode „stecken" bleibt.

Schließlich wollen wir noch den Energieinhalt des schwingenden Systems bei Dämpfung untersuchen. Dazu gehen wir direkt von der Differentialgleichung aus:

$$\ddot{x} + \omega^2 x = -2\gamma\dot{x}.$$

Wir multiplizieren die ganze Gleichung mit $\dot{x}$:

$$\ddot{x}\dot{x} + \omega^2\dot{x}x = -2\gamma\dot{x}^2.$$

Auf der linken Seite steht nun ein vollständiges Differential, und zwar

$$\frac{d}{dt}\left(\frac{1}{2}\dot{x}^2 + \frac{\omega^2}{2}x^2\right) = -2\gamma\dot{x}^2.$$

Die linke Seite ist aber, wenn man die Gleichung noch mit m multipliziert, nichts anderes als die zeitliche Ableitung der Gesamtenergie des schwingenden Systems:

$$\frac{d}{dt}\left(\frac{m}{2}\dot{x}^2 + \frac{k}{2}x^2\right) = \frac{d}{dt}(T+V) = \frac{d}{dt}E = -\beta\dot{x}^2 \leq 0. \tag{23.16}$$

Demnach ist die zeitliche Ableitung der Gesamtenergie der Feder nach der Zeit negativ; d. h. die Gesamtenergie des Systems nimmt bei Dämpfung ständig ab, weil durch die Reibung dauernd Energie in Wärme umgewandelt und nach außen abgeführt wird.

Gedämpfte Schwingung mit periodischer äußerer Kraft: Eine Masse m sei an einer elastischen Feder mit der Federkonstanten k aufgehängt und starr mit einem in einer Flüssigkeit eingetauchten Dämpfungskolben verbunden.
Wird die Feder durch eine von außen angreifende periodische Kraft $F = F_0 \cdot \cos\alpha t$ ausgelenkt, so beschreibt das System eine Wegänderung in Abhängigkeit von der Zeit, die dem Kurvenbild einer gedämpften Schwingung entspricht. Bei einer Abwärtsbewegung der Masse tritt eine nach oben gerichtete Federkraft auf, die proportional der Auslenkung ist

$$F_f = -kx,$$

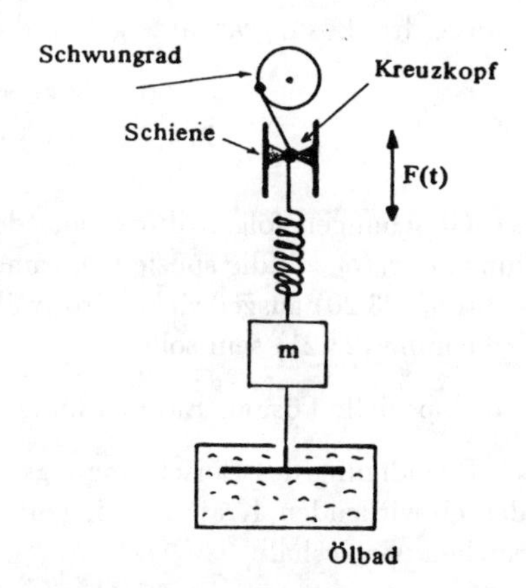

Veranschaulichung eines gedämpften Systems mit periodischer äußerer Kraft.

und außerdem eine geschwindigkeitsproportionale Reibungs- bzw. Dämpfungskraft, die proportional zu $\vec{v}$ ist:

$$F_r = -\beta\dot{x}.$$

Zusammen mit der periodischen äußeren Kraft $F(t) = F_0\cos\alpha t$ ergibt sich damit folgende Differentialgleichung für dieses System:

$$m\frac{d^2x}{dt^2} = -kx - \beta\dot{x} + F_0\cos\alpha t, \tag{23.17}$$

oder etwas umgeschrieben

$$\ddot{x} + 2\gamma\dot{x} + \omega^2 x = f_0\cos\alpha t \tag{23.18}$$

mit den Abkürzungen:

$$2\gamma = \frac{\beta}{m}; \quad \omega^2 = \frac{k}{m}; \quad f_0 = \frac{F_0}{m}.$$

Diese Differentialgleichung ist inhomogen (es taucht ein von x unabhängiger Term, nämlich $f_0 \cos \alpha t$, in der Differentialgleichung auf) und beschreibt eine gedämpfte, *erzwungene Schwingung*. Die allgemeine Lösung einer inhomogenen Differentialgleichung setzt sich aus der allgemeinen Lösung der homogenen Differentialgleichung und der speziellen Lösung der inhomogenen Differentialgleichung zusammen, so daß die allgemeine Lösung die Form

$$x(t) = x_0(t) + Ax_1(t) + Bx_2(t) \tag{23.19}$$

hat. Damit enthält die allgemeine Lösung wieder zwei freie Konstanten A und B, die zur Erfüllung der Anfangsbedingungen (Anfangslage und Anfangsgeschwindigkeit) notwendig sind.

Für diese drei Lösungsansätze gelten die Differentialgleichungen

$$\ddot{x}_0 + 2\gamma\dot{x}_0 + \omega^2 x_0 = f_0 \cos \alpha t, \tag{23.20}$$

$$\ddot{x}_{1,2} + 2\gamma\dot{x}_{1,2} + \omega^2 x_{1,2} = 0. \tag{23.21}$$

Diese Gleichungen folgen direkt aus der Bedeutung (Definition) der verschiedenen Lösungen: $x_0(t)$ soll die spezielle Lösung der inhomogenen Differentialgleichung sein, was durch (23.20) ausgedrückt wird, während $x_{1,2}(t)$ Lösung der homogenen Differentialgleichung (23.21) sein sollen.

Um die spezielle Lösung $x_0(t)$ zu finden, überlegen wir folgendes:

Nach Beendigung des Einschwingungsvorganges wird die Masse m mit der Frequenz α der einwirkenden Kraft schwingen. Als Lösungsansatz für die spezielle Lösung versuchen wir deshalb

$$x_0(t) = C_1 \cos \alpha t + C_2 \sin \alpha t.$$

Setzen wir diesen Ansatz in Gleichung (23.20) ein, so folgt

$$\begin{aligned} f_0 \cos \alpha t = & \\ & -\alpha^2(C_2 \sin \alpha t + C_1 \cos \alpha t) + 2\gamma(C_2\alpha \cos \alpha t - C_1\alpha \sin \alpha t) \\ & +\omega^2(C_2 \sin \alpha t + C_1 \cos \alpha t) \end{aligned}$$

Durch Zusammenfassen und Umordnen ergibt sich:

$$\sin \alpha t\,(-\alpha^2 C_2 - 2\gamma\alpha C_1 + \omega^2 C_2) + \cos \alpha t\,(-C_1\alpha^2 + 2\gamma\alpha C_2 + C_1\omega^2) = f_0 \cos \alpha t.$$

Ein Koeffizientenvergleich ergibt, da sin und cos linear unabhängig sind:

$$\begin{aligned} C_1(2\gamma\alpha) + C_2(\alpha^2 - \omega^2) &= 0, \\ C_1(-1)(\alpha^2 - \omega^2) + C_2(2\gamma\alpha) &= f_0. \end{aligned}$$

Daraus folgt für C_1 und C_2

$$\begin{aligned} C_1 &= \frac{-(\alpha^2-\omega^2)f_0}{4\gamma^2\alpha^2+(\alpha^2-\omega^2)^2}, \\ C_2 &= \frac{f_0 2\gamma\alpha}{4\gamma^2\alpha^2+(\alpha^2-\omega^2)^2}. \end{aligned}$$

Setzen wir die gefundenen Werte für C_1 und C_2 in den Lösungsansatz ein, so ergibt sich als spezielle Lösung:

$$x_0(t) = f_0\Bigg[\underbrace{-\frac{\alpha^2-\omega^2}{(\alpha^2-\omega^2)^2+4\gamma^2\alpha^2}}_{\overline{A}}\cos\alpha t + \underbrace{\frac{2\gamma\alpha}{(\alpha^2-\omega^2)^2+4\gamma^2\alpha^2}}_{\overline{B}}\sin\alpha t\Bigg],$$

oder, umgeschrieben, erhält man mit

$$\begin{aligned} \overline{A}\cos\alpha t+\overline{B}\sin\alpha t &= \sqrt{\overline{A}^2+\overline{B}^2}\cos(\alpha t-\varphi), \\ \tan\varphi &= \frac{\overline{B}}{\overline{A}}. \\ x_0(t) &= f_0\sqrt{\frac{4\gamma^2\alpha^2+(\alpha^2-\omega^2)^2}{((\alpha^2-\omega^2)^2+4\gamma^2\alpha^2)^2}}\cos(\alpha t-\varphi), \\ x_0(t) &= \frac{f_0}{\sqrt{(\alpha^2-\omega^2)^2+4\gamma^2\alpha^2}}\cos(\alpha t-\varphi), \qquad \tan\varphi = \frac{-2\gamma\alpha}{\alpha^2-\omega^2}. \end{aligned}$$

Da die Lösungen der homogenen Differentialgleichung (23.21) im Fall schwacher Dämpfung $x_1(t) = e^{-\gamma t}\sin\Omega t$ und $x_2(t) = e^{-\gamma t}\cos\Omega t$ sind, ergibt sich als vollständige Lösung der Differentialgleichung:

$$\begin{aligned} x(t) &= \frac{f_0}{\sqrt{(\alpha^2-\omega^2)^2+4\gamma^2\alpha^2}}\cos(\alpha t-\varphi)+e^{-\gamma t}(A\sin\Omega t+B\cos\Omega t) \\ &= \frac{f_0}{\sqrt{(\alpha^2-\omega^2)^2+4\gamma^2\alpha^2}}\cos(\alpha t-\varphi)+De^{-\gamma t}\cos(\Omega t-\vartheta) \qquad (23.22) \end{aligned}$$

mit $D^2 = A^2 + B^2$, $\Omega^2 = \omega^2 - \gamma^2$ und $\vartheta = \arctan \frac{B}{A}$.

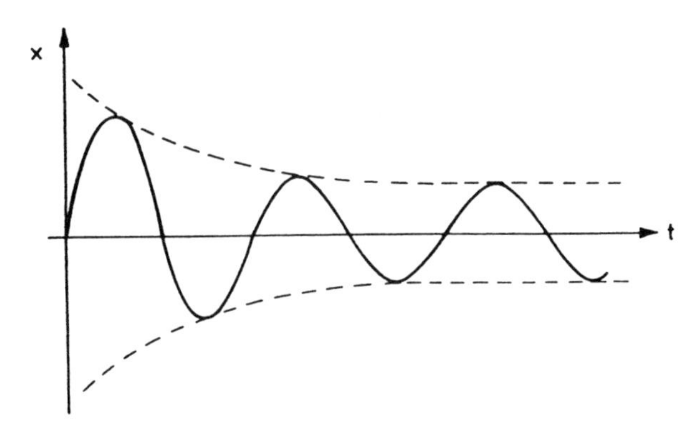

Die graphische Darstellung der Bewegung (4) des schwachgedämpften Oszillators mit periodischer äußerer Kraft.

Wie auch immer die Anfangsbedingungen lauten, bleibt bei von Null verschiedener Dämpfung ($\gamma > 0$) nach hinreichend langer Zeit nur noch der erste Term, die spezielle Lösung der Differentialgleichung $x_0(t)$ übrig. Der zweite Term in (23.22), der proportional $e^{-\gamma t}$ abklingt, hängt von den Konstanten A, B ab, die durch die Anfangsbedingungen festgelegt werden. Dieser zweite Term beschreibt daher offenbar den *Einschwingvorgang,* der nach einiger Zeit „vergessen" ist.

Für die spezielle Anregungsfrequenz

$$\alpha = \sqrt{\omega^2 - 2\gamma^2} \qquad (\gamma \ \text{Halbwertsresonanzbreite})$$

wird eine maximale Auslenkung erreicht.

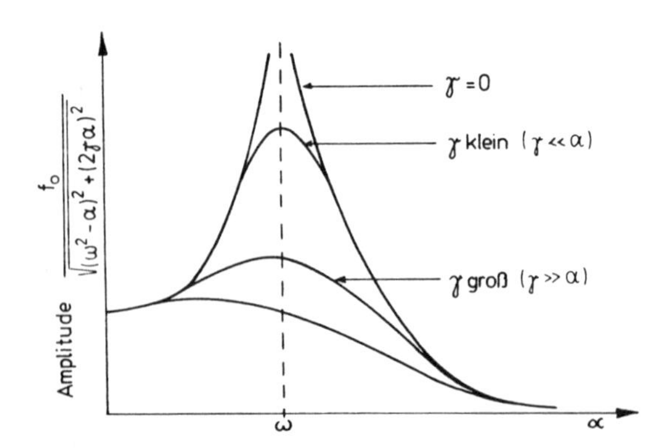

Die Amplitude der erzwungenen gedämpften Schwingung als Funktion der Erregerfrequenz α.

Die Amplitude der erzwungenen gedämpften Schwingung (23.22) ist in Abhängigkeit von der erzwungenen Frequenz α bei verschiedener Dämpfung in der obigen Figur dargestellt. Bei der Eigenfrequenz ω des Oszillators resoniert das System (man sagt, es liegt eine Resonanz vor). Im Fall ohne Dämpfung ($\gamma = 0$) wird im Resonanzfall die Amplitude unendlich groß (die Feder springt auseinander *(Resonanzkatastrophe))*. Im Fall sehr starker Dämpfung ist die Resonanz kaum zu bemerken.

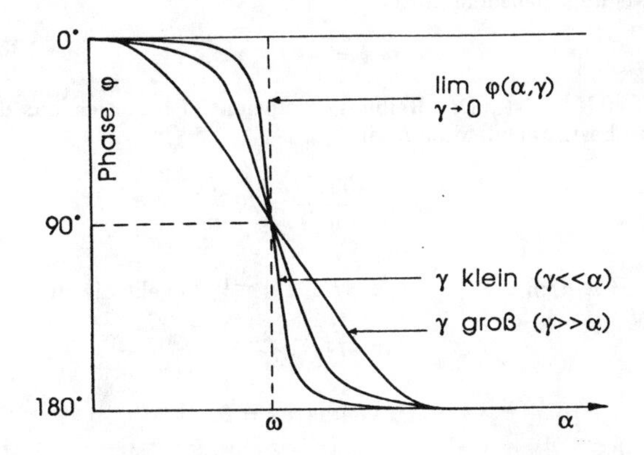

Die Phasenverschiebung des Oszillators gegenüber der erregenden Schwingung in Abhängigkeit von der Erregungsfrequenz α, also Darstellung von $\varphi = -\arctan\frac{2\gamma\alpha}{\alpha^2-\omega^2}$.

Die dazugehörige Phase der Schwingung ist ebenfalls für verschiedene Dämpfungen in der unteren Figur gezeigt. Bei sehr niedriger Frequenz α ($\alpha \ll \omega$) der erzwingenden Kraft ist die Phasenverschiebung φ zwischen Kraft und Massenbewegung Null. Bei sehr hoher Frequenz ($\alpha \gg \omega$) ist die entsprechende Phasenverschiebung 180°. Beides ist plausibel.

23.1 Aufgabe: Gedämpfte Schwingung eines Teilchens

Ein Teilchen der Masse 5 kg bewegt sich in x-Richtung unter dem Einfluß zweier Kräfte:

1. einer Kraft zum Ursprung hin mit dem Wert $-40x$ in Newton (N) (x in m) und
2. einer geschwindigkeitsproportionalen Reibungskraft von z. B. 200 N für $v = 10\,\mathrm{m/s}$. Es ist $x(t=0) = 20$ m, $\dot{x}(t=0) = 0$.

Geben Sie

a) die Differentialgleichung der Bewegung,

b) $x(t)$ analytisch und graphisch,

c) Amplitude, Periode und Frequenz der Schwingung und

d) das Verhältnis zweier aufeinander folgender Amplituden (logarithmisches Dekrement) an.

Lösung:

a) Die Bewegungsgleichung lautet:

$$m\,\ddot{x} = -kx - \beta\dot{x}, \qquad \underline{1}$$

wobei $k = 40\,\mathrm{N/m}$ ist. Der Reibungskoeffizient β läßt sich aus der Bedingung $F_{\mathrm{reib}} = -\beta v$ bestimmen. Man erhält:

$$\beta = \frac{200\,\mathrm{N}}{10\ \mathrm{m/s}} = 20\,\frac{\mathrm{N\,s}}{\mathrm{m}}\,. \qquad \underline{2}$$

Setzt man $\omega^2 = k/m = 8\,\mathrm{s}^{-2}$, $2\gamma = \beta/m = 4\,\mathrm{s}^{-1}$, so geht die Bewegungsgleichung über in

$$\ddot{x} + 2\gamma\dot{x} + \omega^2 x = 0 \qquad \underline{3}$$

oder

$$\ddot{x} + 4\dot{x} + 8x = 0. \qquad \underline{4}$$

b) Aus $\omega^2 = 8\,\mathrm{s}^{-2}$ und $\gamma^2 = 4\,\mathrm{s}^{-2}$ folgt $\omega^2 > \gamma^2$, d. h. es liegt eine schwache Dämpfung vor. Die allgemeine Lösung der Differentialgleichung einer gedämpften harmonischen Bewegung ist [5]

$$x(t) = \exp\left(-\gamma t\right)\Big[(A\cos(\Omega t) + B\sin(\Omega t)\Big], \qquad \underline{5}$$

wobei $\Omega = \sqrt{\omega^2 - \gamma^2} = 2\,\mathrm{s}^{-1}$ ist. Die Konstanten A und B lassen sich aus den Anfangsbedingungen bestimmen:

$$\begin{aligned}
x_0 &= x(t=0) = A = 20\,\mathrm{m}, \\
\dot{x} &= -\gamma e^{-\gamma t}\Big(A\cos(\Omega t) + B\sin(\Omega t)\Big) + e^{-\gamma t}\Big(- A\Omega\sin(\Omega t) + B\Omega\cos(\Omega t)\Big), \\
\dot{x}(t &= 0) = 0 = -\gamma x_0 + B\Omega, \qquad B = x_0\frac{\gamma}{\Omega} = x_0 = 20\,\mathrm{m}.
\end{aligned}$$

Somit ist

$$x(t) = 20\left(\cos\Omega t + \sin\Omega t\right)e^{-\gamma t}\,\mathrm{m}. \qquad \underline{6}$$

Da

$$A\cos\Omega t + B\sin\Omega t = \sqrt{A^2 + B^2}\cos(\Omega t - \varphi) \qquad \underline{7}$$

mit

$$\tan\varphi = \frac{B}{A} \qquad \underline{8}$$

gilt, ergibt sich für $x(t)$:

$$x(t) = 20\sqrt{2}\cos\left(\Omega t - \frac{\pi}{4}\right)e^{-\gamma t} \qquad \underline{9}$$

[5] Wir benutzen hier eine häufig im Druck eingeführte Bezeichnung für die Exponentialfunktion: $\exp(x) \equiv e^x$.

oder

$$x(t) = 20\sqrt{2}e^{-\gamma t}\cos\left(\Omega t - \frac{\pi}{4}\right). \qquad \underline{10}$$

Setzt man $\dot{x}(t) = 0$, so erhält man als notwendige Bedingung für Extrema: $t = k\pi/2\,\mathrm{s}$, wobei k eine ganze Zahl ist. Die Nullstellen folgen aus $\cos(\Omega t - \frac{\pi}{4}) = 0$. Damit erhält man folgende Tabelle:

t	0	$\frac{3\pi}{8} = 1.18$	$\frac{\pi}{2} = 1.57$	$\frac{7\pi}{8} = 2.75$	$\pi = 3.14$	$\frac{11\pi}{8} = 4.33$
$x(t)$	20	0	−0.90	0	0.04	0

Es ist ersichtlich, daß diese Schwingung sehr schnell ausdämpft. In der Tat befinden wir uns mit $\gamma = 2/\mathrm{s}$ und $\omega = \sqrt{8}/\mathrm{s}$ nahe vor dem aperiodischen Grenzfall.

c) I. Die Amplituden sind demnach

$$a(t) = 20\sqrt{2}e^{-\gamma t}\,\mathrm{m}. \qquad \underline{11}$$

II. Die Frequenz ist

$$\Omega = \sqrt{\omega^2 - \gamma^2} = 2\,\mathrm{s}^{-1}. \qquad \underline{12}$$

III. Für die Periode ergibt sich:

$$T = 2\pi\frac{1}{\Omega} = \pi\,\mathrm{s}. \qquad \underline{13}$$

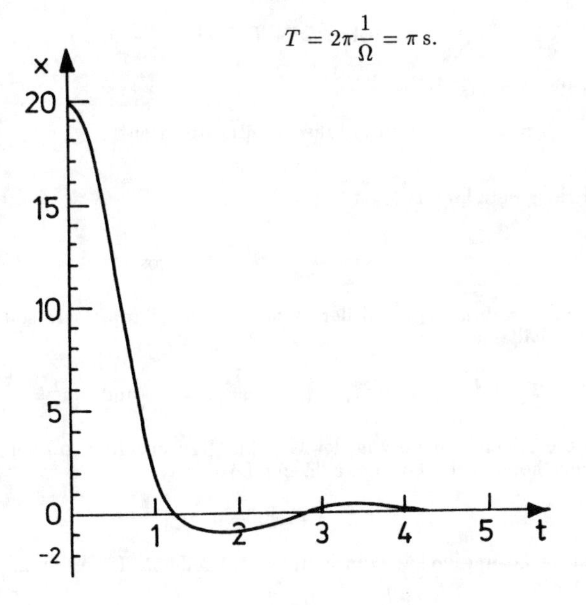

Bild der Lösungsfunktion.

d) Für zwei aufeinanderfolgende, maximale Ausschläge erhält man

$$x_n = 20\sqrt{2}e^{-\gamma t}\,\mathrm{cm}, \qquad x_{n+1} = 20\sqrt{2}e^{-\gamma(t+\pi)}\,\mathrm{cm}, \qquad \underline{14}$$

woraus

$$\frac{x_n}{x_{n+1}} = e^{\gamma\pi} \qquad \underline{15}$$

folgt.

Somit ist

$$\ln\left(\frac{x_n}{x_{n+1}}\right) = \gamma\pi \qquad \underline{16}$$

das sogenannte *logarithmische Dekrement*. Seine Bedeutung liegt darin, daß durch die Messung des Verhältnisses aufeinanderfolgender Maximalausschläge direkt die Dämpfungskonstante γ bestimmt werden kann, entsprechend Gleichung 16.

23.2 Aufgabe: Harmonische Oszillator wird von außen erregt

a) Ein Oszillator mit der Eigenfrequenz ω besitze keine Dämpfung und werde mit einer harmonischen, äußeren Kraft derselben Frequenz ω (z. B. durch ein Schwungrad) erregt. Die Amplitude des Oszillators wächst dann als Funktion der Zeit nach der Gleichung

$$x = A\cos\omega t + B\sin\omega t + \frac{f_0 t}{2\omega}\sin\omega t .$$

Prüfen Sie das!

b) Geben Sie dazu eine physikalische Interpretation!

Lösung:

a) Das Kraftgesetz lautet

$$m\frac{d^2x}{dt^2} = -kx - \beta\frac{dx}{dt} + F_0\cos\alpha t$$

und es muß $\beta = 0$ gelten, weil der Oszillator ungedämpft sein soll. Durch Umschreiben erhält man

$$\ddot{x} + \omega^2 x = f_0\cos\alpha t, \qquad \text{wobei} \quad \alpha = \omega \quad \text{und} \quad \omega^2 = \frac{k}{m} \qquad \underline{1}$$

ist. Um die allgemeine Lösung der Gleichung zu erhalten, addieren wir zu der allgemeinen homogenen Lösung, d. h. zur Lösung von

$$\ddot{x} + \omega^2 x = 0 \qquad \underline{2}$$

eine spezielle Lösung von 1. Nun lautet die allgemeine Lösung von 2

$$x = A\cos\omega t + B\sin\omega t . \qquad \underline{3}$$

Es ist günstig, die spezielle Lösung wie folgt anzusetzen:

$$x = t(C_1\cos\omega t + C_2\sin\omega t). \qquad \underline{4}$$

C_1 und C_2 sind dabei noch unbekannte Koeffizienten. Durch Differenzieren erhalten wir

$$\dot{x} = t(-\omega C_1\sin\omega t + \omega C_2\cos\omega t) + (C_1\cos\omega t + C_2\sin\omega t) \qquad \underline{5}$$

und

$$\ddot{x} = t(-\omega^2 C_1 \cos\omega t - \omega^2 C_2 \sin\omega t) + 2(-\omega C_1 \sin\omega t + \omega C_2 \cos\omega t). \qquad \underline{6}$$

Gleichungen $\underline{4}, \underline{5}$ und $\underline{6}$ setzen wir in $\underline{1}$ ein, und bekommen nach Vereinfachung:

$$-2\omega C_1 \sin\omega t + 2\omega C_2 \cos\omega t = f_0 \cos\omega t. \qquad \underline{7}$$

Daraus ergibt sich $C_1 = 0$ und $C_2 = f_0/2\omega$. So folgt für die spezielle Lösung $\underline{4}$:

$$x = \frac{f_0}{2\omega} t \sin\omega t. \qquad \underline{8}$$

Die allgemeine Lösung lautet dann:

$$x = A\cos\omega t + B\sin\omega t + \frac{f_0}{2\omega} t \sin\omega t. \qquad \underline{9}$$

b) Die Konstanten A und B werden aus den Anfangsbedingungen bestimmt. Da keine Dämpfung vorliegt, werden die Terme proportional zu A und B bei großer Zeit nicht klein. Für große Zeiten ($t \to \infty$) wächst aber der Term proportional zu t über alle Grenzen, so daß die Feder schließlich brechen wird. Eine Zeichnung des letzten Terms zeigt, wie sich die Schwingungsamplituden vergrößern: Dies ist der typische Fall des „Aufschaukelns“ einer Schwingung, wie er uns aus dem täglichen Leben vielfach bekannt ist, z. B. beim Schaukeln, beim periodischen Ziehen an einem angesägten Baum, um ihn zum Brechen zu veranlassen, usw.

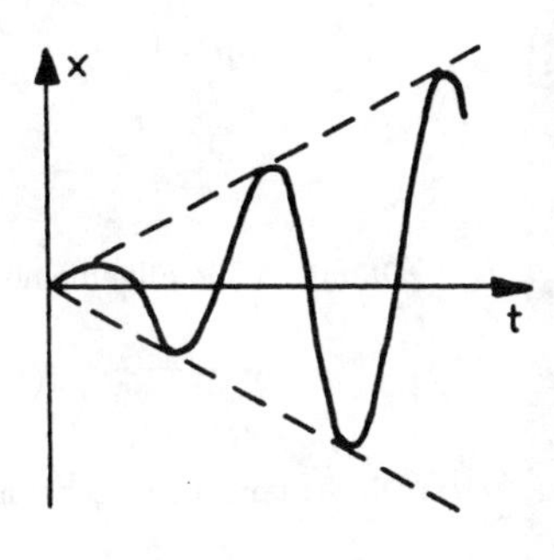

23.3 Aufgabe: Massenpunkt in der x-y-Ebene

Ein Massenpunkt m bewegt sich in der x-y-Ebene. In x-Richtung wirkt die harmonische Kraft $F_x = -m\omega^2 x$ und die Zusatzkraft $K_x = \alpha m\omega^2 y$ ($\alpha > 0$), in y-Richtung nur die harmonische Kraft $F_y = -m\omega^2 y$.

a) Man löse die Bewegungsgleichungen mit den Anfangsbedingungen

$$x(0) = y(0) = 0, \qquad \dot{x}(0) = 0, \qquad \dot{y}(0) = A\omega.$$

b) Man zeichne ein qualitatives Bild der Bahn des Massenpunktes.

Lösung: a) Die Bewegungsgleichungen lauten

$$\begin{aligned} m\ddot{x} &= -\omega^2 mx + \alpha m\omega^2 y, \\ \ddot{x} &= -\omega^2(x - \alpha y) \end{aligned} \qquad \underline{1}$$

und

$$\ddot{y} = -\omega^2 y. \qquad \underline{2}$$

Gleichung $\underline{2}$ wird durch den allgemeinen Ansatz

$$y(t) = a \sin \omega t + b \cos \omega t$$

gelöst. Die Anfangsbedingungen ergeben

$$y(0) = b = 0, \qquad \dot{y}(0) = a\omega = A\omega.$$

Damit lautet die Lösung für $y(t)$:

$$y(t) = A \sin \omega t. \qquad \underline{3}$$

Für $\underline{3}$ ergibt sich dann

$$\ddot{x} = -\omega^2 (x - \alpha A \sin \omega t). \qquad \underline{4}$$

Wir erraten eine spezielle Lösung der inhomogenen Gleichung

$$\begin{aligned} x_s(t) &= ct \cos \omega t \\ \ddot{x}_s(t) &= -2c\omega \sin \omega t - c\omega^2 t \cos \omega t \\ &\overset{!}{=} -\omega^2 ct \cos \omega t + \alpha A \omega^2 \sin \omega t \\ \Rightarrow \quad -2c &= \alpha A \omega, \qquad c = -\frac{\alpha A \omega}{2} \end{aligned}$$

Damit ist die allgemeine Lösung von $\underline{4}$

$$x(t) = d \cos \omega t + e \sin \omega t - \frac{\alpha A \omega}{2} t \cos \omega t. \qquad \underline{5}$$

Die Anfangsbedingungen ergeben:

$$\begin{aligned} x(0) &= d = 0, \qquad \dot{x}(0) = e\omega - \frac{\alpha A \omega}{2} = 0 \\ &\Rightarrow \quad e = \frac{\alpha A}{2}. \end{aligned}$$

Somit lautet die Lösung der Bewegungsgleichungen:

$$\begin{aligned} x(t) &= \frac{\alpha A}{2} \left[\sin \omega t - \omega t \cos \omega t \right], \\ y(t) &= A \sin \omega t. \end{aligned}$$

b) In y-Richtung liegt offensichtlich eine harmonische Schwingung mit Amplitude A vor:

$$y(t_n^A) = \pm A \qquad \text{für} \quad t_n^A = \frac{(2n+1)\pi}{2\omega}, \quad n = 0, 1, 2, \ldots \qquad \underline{6}$$

Die zugehörige x-Koordinate lautet:

$$x(t_n^A) = \pm \frac{\alpha A}{2}. \qquad \underline{7}$$

Die Nulldurchgänge ergeben sich aus

$$y(t_n^0) = 0 \quad \text{für} \quad t_n^0 = \frac{n\pi}{\omega}, \quad n = 0, 1, 2, \ldots \tag{8}$$

$$\Rightarrow \quad x(t_n^0) = -\frac{\alpha A}{2} n\pi(-1)^n. \tag{9}$$

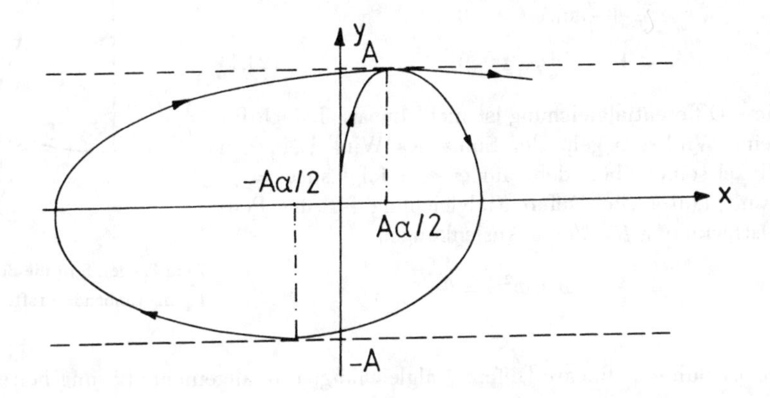

Wie aus der Figur hervorgeht, streckt sich die Bahn des Teilchens mehr und mehr zigarrenförmig in x-Richtung, wogegen deren Breite maximal den Wert $2A$ erreicht.

24 Das Pendel

Schwingt in einer Ebene, an einem Faden der Länge l, eine Masse m (die Masse des Fadens soll vernachlässigbar klein sein), so spricht man von einem *mathematischen Pendel.* Es soll die Schwingungsdauer des Pendels berechnet werden.

a) Ohne Dämpfung: Die rücktreibende Kraft F_R nach der Auslenkung um den Winkel φ ist die Komponente der Erdanziehung in der Bewegungsrichtung des Pendels

$$F_R = -mg \sin\varphi.$$

Damit ergibt sich die Differentialgleichung für das Pendel ohne Dämpfung:

$$
\begin{aligned}
m\ddot{s} &= -mg\sin\varphi, \\
\ddot{s} + g\sin\varphi &= 0, \\
s &= l\varphi, \\
\ddot{s} &= l\ddot{\varphi}, \\
l\ddot{\varphi} + g\sin\varphi &= 0, \\
\ddot{\varphi} + \frac{g}{l}\sin\varphi &= 0, \\
\ddot{\varphi} + \omega^2\sin\varphi &= 0. \qquad (24.1)
\end{aligned}
$$

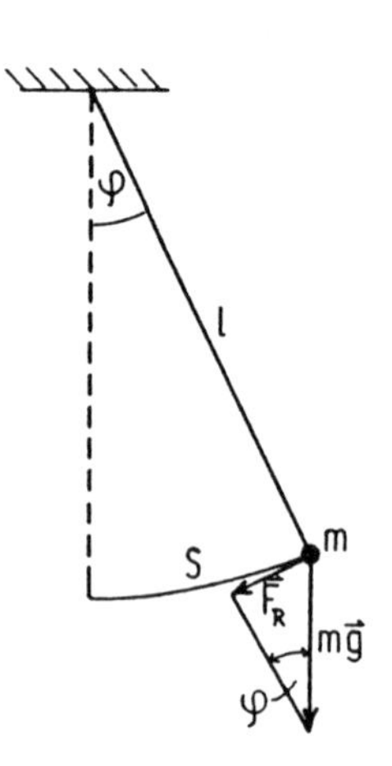

Zum Pendel: S ist die Bogenlänge, $\vec{F}_R$ die treibende Kraft.

Diese Differentialgleichung ist nicht linear. Jedoch für kleine Winkel φ geht der Sinus des Winkels in den Winkel selber über, d. h. für $\varphi \ll 1$ folgt $\sin\varphi = \varphi$. Damit lautet die Differentialgleichung für die Pendelschwingung *für kleine* Auslenkungen

$$\ddot{\varphi} + \omega^2\varphi = 0.$$

Das ist nun eine lineare Differentialgleichung. Ihre allgemeine Lösung lautet

$$\varphi = A\cos\omega t + B\sin\omega t, \qquad \omega = \sqrt{\frac{g}{l}},$$

woraus die Schwingungsdauer

$$T = \frac{2\pi}{\omega} = 2\pi\sqrt{\frac{l}{g}} \tag{24.2}$$

resultiert.

b) Schwingung des Pendels mit Reibung, aber für kleine Ausschläge: Die Differentialgleichung lautet

$$m\ddot{s} = -mg\sin\varphi - \beta\dot{s}.$$

Das letzte Glied $-\beta\dot{s}$ ist die Reibungskraft. Man erhält nach Division mit $m \cdot l$ und mit $2\gamma = \beta/m$

$$\ddot{\varphi} + \omega^2\sin\varphi + 2\gamma\dot{\varphi} = 0. \tag{24.3}$$

Für kleine Schwingungsamplituden wird daraus

$$\ddot{\varphi} + \omega^2\varphi + 2\gamma\dot{\varphi} = 0.$$

Die allgemeine Lösung ist nun (vgl. Kapitel 23)

$$\begin{aligned}
\varphi &= (A\cos\omega t + B\sin\omega t)e^{-\gamma t} && \text{(schwach gedämpfte Schwingung)}\\
\text{oder } \varphi &= \left(Ae^{-\sqrt{\gamma^2-\omega^2}\,t} + Be^{\sqrt{\gamma^2-\omega^2}\,t}\right)e^{-\gamma t} && \text{(starke Dämpfung)}\\
\text{oder } \varphi &= (At+B)e^{-\gamma t}. && \text{(aperiodischer Grenzfall)}
\end{aligned}$$

In all diesen Fällen kommt das Pendel irgendwann ($t \to \infty$) zur Ruhe.

c) Lösung der Pendelgleichung ohne Reibung, aber für große Ausschläge: Wir beginnen mit der nichtlinearen Differentialgleichung (24.1)

$$\frac{d^2\varphi}{dt^2} + \omega^2 \sin\varphi = 0$$

und substituieren die *Winkelgeschwindigkeit* $u = d\varphi/dt$:

$$\frac{du}{d\varphi}\cdot\frac{d\varphi}{dt} + \omega^2\sin\varphi = 0, \qquad \text{also} \qquad u\frac{du}{d\varphi} + \omega^2\sin\varphi = 0.$$

Jetzt folgt durch Trennung der Variablen und Integration

$$\int u\,du = -\int \omega^2 \sin\varphi\,d\varphi + C \qquad \text{oder} \qquad \frac{u^2}{2} = \omega^2\cos\varphi + C.$$

Mit der Randbedingung, daß für $\varphi = \varphi_0$, $u = 0$ sei, erhält man

$$0 = \omega^2\cos\varphi_0 + C, \quad C = -\omega^2\cos\varphi_0$$

oder

$$\begin{aligned}
\frac{u^2}{2} &= \omega^2(\cos\varphi - \cos\varphi_0),\\
\frac{d\varphi}{dt} &= u = \sqrt{2}\omega\sqrt{\cos\varphi - \cos\varphi_0}.
\end{aligned}$$

Eine erneute Trennung der Variablen und Integration ergibt

$$\int\limits_{\varphi_1}^{\varphi} \frac{d\varphi}{\sqrt{\cos\varphi - \cos\varphi_0}} = \int \sqrt{2}\omega\,dt + C' = \sqrt{2}\omega t + C'.$$

φ_1 ist ein beliebiger Anfangswinkel. Es ist

$$C' = \int\limits_{\varphi_1}^{0} \frac{d\varphi}{\sqrt{\cos\varphi - \cos\varphi_0}}$$

weil für $t = 0$ ebenso $\varphi = 0$ sein soll. Das ergibt

$$t = +\sqrt{\frac{l}{2g}} \int\limits_0^{\varphi} \frac{d\varphi}{\sqrt{\cos\varphi - \cos\varphi_0}} \tag{24.4}$$

und speziell

$$\frac{T}{4} = +\sqrt{\frac{l}{2g}} \int\limits_0^{\varphi_0} \frac{d\varphi}{\sqrt{\cos\varphi - \cos\varphi_0}}$$

oder

$$T = 4\sqrt{\frac{l}{2g}} \int\limits_0^{\varphi_0} \frac{d\varphi}{\sqrt{\cos\varphi - \cos\varphi_0}}. \tag{24.5}$$

Um die Integrale (24.4,24.5) zu lösen, substituieren wir $\cos\varphi = 1 - 2\sin^2\varphi/2$, was

$$T = \frac{4}{2}\sqrt{\frac{l}{g}} \int\limits_0^{\varphi_0} \frac{d\varphi}{\sqrt{-\sin^2\varphi/2 + \sin^2\varphi_0/2}}$$

ergibt.

Die weitere Substitution von $\sin\frac{\varphi}{2} = \sin\frac{\varphi_0}{2}\sin\phi$ bedeutet eine Streckung der Variablen φ, die zwischen $0 \leq \varphi \leq \varphi_0$ variiert, auf dem Bereich $0 \leq \phi \leq \pi/2$. Es ist dann

$$\cos\phi = \sqrt{1 - \frac{1}{\sin^2\varphi_0/2}\sin^2\varphi/2} \tag{24.6}$$

oder

$$\frac{1}{2}\cos\frac{\varphi}{2}d\varphi = \sin\frac{\varphi_0}{2}\cos\,\phi\,d\phi$$

und daher

$$d\varphi = \frac{2\sin\frac{\varphi_0}{2}\cos\phi\;d\phi}{\sqrt{1 - \sin^2\frac{\varphi_0}{2}\sin^2\phi}}.$$

Mit der Abkürzung $k^2 = \sin^2\varphi_0/2$ wird dann

$$T = 2\sqrt{\frac{l}{g}} \cdot \int\limits_0^{\pi/2} \frac{2\sin\frac{\varphi_0}{2}\cos\phi\,d\phi}{\sqrt{1 - k^2\sin^2\phi} \cdot \sqrt{\sin^2\frac{\varphi_0}{2}\left(1 - \frac{1}{\sin^2\frac{\varphi_0}{2}}\sin^2\frac{\varphi}{2}\right)}}$$

oder nach (24.6)

$$T = 4\sqrt{\frac{l}{g}} \int\limits_0^{\pi/2} \frac{\cos\phi\,d\phi}{(\sqrt{1 - k^2\sin^2\phi})\cos\phi} = 4\sqrt{\frac{l}{g}} \int\limits_0^{\pi/2} \frac{d\phi}{\sqrt{1 - k^2\sin^2\phi}}.$$

Für

$$\varphi_0 \ll \frac{\pi}{2} \quad \Rightarrow \quad T = 4\sqrt{\frac{l}{g}}\int\limits_0^{\pi/2} d\phi = 2\pi\sqrt{\frac{l}{g}},$$

d. h. für kleine Pendelausschläge wird das aus Gleichung (24.2) bekannte Ergebnis reproduziert. Für größere Elongationen ϕ lautet die Gleichung für die Schwingungsdauer T mit $x(\phi) = -k^2 \sin^2 \phi$:

$$T = 4\sqrt{\frac{l}{g}}\int\limits_0^{\pi/2} \frac{d\phi}{\sqrt{1 + x(\phi)}}. \tag{24.7}$$

Das ist ein *elliptisches Integral.* Solche Integraltypen treten z. B. bei der Berechnung der Bogenlänge einer Ellipse auf; daher auch der Name. Man kann es näherungsweise durch Entwicklung lösen. Mit dem *allgemeinen binomischen Satz*

$$(1+x)^p = 1 + \binom{p}{1}x + \binom{p}{2}x^2 + \binom{p}{3}x^3 + \cdots,$$

d.h.

$$(1+x)^p = 1 + px + \frac{p(p-1)x^2}{1\cdot 2} + \frac{p(p-1)(p-2)x^3}{1\cdot 2\cdot 3} + \cdots,$$

der auch mit Hilfe der Taylorentwicklung (Kapitel 22) bewiesen werden kann, folgt für $\frac{1}{\sqrt{1+x}}$, das auch $(1+x)^{-1/2}$ geschrieben werden kann:

$$\begin{aligned}
(1+x)^{-1/2} &= 1 + \left(-\frac{1}{2}x\right) + \frac{-1/2(-3/2)}{2}x^2 + \cdots, \\
(1+x)^{-1/2} &= 1 - \frac{1}{2}x + \frac{3}{8}x^2 - \cdots, \\
(1-k^2\sin^2\phi)^{-1/2} &= 1 + \frac{1}{2}k^2\sin^2\phi + \frac{3}{8}k^4\sin^4\phi + \cdots, \\
T &= 4\sqrt{\frac{l}{g}}\int\limits_0^{\pi/2}\left(1 + \frac{1}{2}k^2\sin^2\phi + \frac{3}{8}k^4\sin^4\phi + \cdots\right)d\phi.
\end{aligned}$$

Unter Benutzung der Rekursionsformel

$$\int \sin^m x\,dx = -\frac{1}{m}\sin^{m-1}x\cdot\cos x + \frac{m-1}{m}\int\sin^{m-2}x\,dx \quad \text{für} \quad m \neq 0,$$

die man durch partielle Integration erhält, findet man

$$\int\limits_0^{\pi/2} \sin^{2n}\varphi\,d\varphi = \frac{1\cdot 3\cdot 5\cdot\ldots(2n-1)}{2\cdot 4\cdot 6\ldots(2n)}\cdot\frac{\pi}{2}.$$

Damit erhalten wir für die Schwingungsdauer

$$T = 4\sqrt{\frac{l}{g}}\left[\phi\Big|_0^{\pi/2} + \frac{1}{2}k^2\frac{\pi}{4} + \frac{3}{8}k^4\frac{3}{8}\frac{\pi}{2} + \cdots\right]$$

oder

$$T = 2\pi\sqrt{\frac{l}{g}}\left[1 + \frac{1}{4}k^2 + \frac{9}{64}k^4 + \cdots\right].$$

Mit $k^2 = \sin^2\varphi_0/2$ wird daraus schließlich

$$\begin{aligned} T &\approx 2\pi\sqrt{\frac{l}{g}}\left[1 + \frac{1}{4}\sin^2\frac{\varphi_0}{2}\right] \\ &= T_0\left(1 + \frac{1}{4}\sin^2\frac{\varphi_0}{2}\right), \quad \text{wobei } T_0 = 2\pi\sqrt{\frac{l}{g}}. \end{aligned}$$

Wenn $\varphi_0 \ll 1$ ist, ergibt sich offensichtlich die alte Formel (2). Falls φ_0 größer wird, nimmt die Schwingungsdauer gegenüber T_0 zu. Das ist recht plausibel, weil die rücktreibenden Kräfte $\sim \sin\varphi$ sind. Harmonische Näherung bedeutet $\sin\varphi \approx \varphi$. Für größere φ werden daher die rücktreibenden Kräfte kleiner als $\sim \varphi$ und deshalb muß $T > T_0$ sein.

24.1 Aufgabe: Die Zykloide

Ein Kreis mit dem Radius a rollt auf einer Geraden ab. Ein gegebener Punkt auf diesem Kreis beschreibt dann eine Zykloide. Bestimmen Sie die Parameterdarstellung dieser Zykloide.

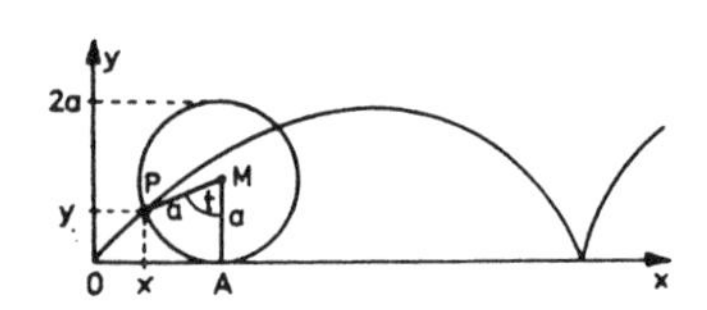

Lösung: Es ist (vgl. Figur):

$$\overline{OA} = a\cdot t, \qquad \overline{OA} = x + a\sin t, \qquad a = y + a\cos t,$$

und daher

$$\begin{aligned} x &= at - a\sin t, \quad y = a - a\cos t, \\ x &= a(t - \sin t), \quad y = a(1 - \cos t). \end{aligned}$$

Dies ist bereits die gesuchte Parameterdarstellung der Zykloide. Eliminiert man t, so ergibt sich die Bahnkurve in x-y-Darstellung.

$$x(y) = -\sqrt{2ay - y^2} + a\arccos\left(\frac{a-y}{a}\right).$$

24.2 Aufgabe: Das Zykloidenpendel

Bei der Schwingung eines Pendels der Masse m wickele sich der Faden an den zwei Ästen OA und OC einer Zykloide auf und ab (Zykloidenpendel). Die Länge des Fadens sei halb so groß wie der Zykloidenbogen. Zeigen Sie, daß die Kurve ABC wieder eine Zykloide ist.

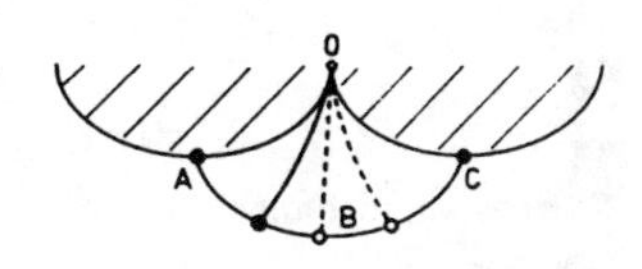

Der Pendelfaden wickelt sich entlang der beiden schraffierten Zykloidenbacken. Dabei bewegt sich die Masse m wieder auf einer Zykloide.

Lösung: Die Gleichung der Zykloidenäste lautet

$$x = a(\phi - \sin\phi), \qquad y = a(1 - \cos\phi).$$

Die Gleichung der vom Pendel erzeugten Kurve ist

$$\begin{aligned} x &= x_1 + \triangle x, \qquad & x_1 = a(\phi_1 - \sin\phi_1), \\ y &= y_1 + \triangle y, \qquad & y_1 = a(1 - \cos\phi_1). \end{aligned} \qquad \underline{1}$$

(Gleichung der Zykloide. ϕ_1 ist der Kurvenparameter des Zykloidenpunktes, an dem der Faden abhebt).

Außerdem gilt

$$(\triangle y)^2 + (\triangle x)^2 = l_1^2 \quad \text{und} \quad l_1 = l - s_1. \qquad \underline{2}$$

Die Berechnung von s_1 verläuft entsprechend den folgenden Schritten:

$$\begin{aligned} \left(\frac{ds}{d\phi}\right)^2 &= \left(\frac{dx}{d\phi}\right)^2 + \left(\frac{dy}{d\phi}\right)^2 \\ &= a^2[(1 - \cos\phi)^2 + \sin^2\phi] \\ &= a^2[1 - 2\cos\phi + \cos^2\phi + \sin^2\phi] \\ &= 2a^2(1 - \cos\phi) \\ \int_0^{s_1} ds &= \int_0^{\phi_1} a\sqrt{2}\sqrt{(1 - \cos\phi)}\, d\phi \end{aligned}$$

Ferner setzen wir $1 - \cos\phi = 2\sin^2\frac{\phi}{2}$, $\frac{\phi}{2} = z$, also $\frac{dz}{d\phi} = \frac{1}{2}$ und $d\phi = 2\,dz$. Es ergibt sich dann

$$s_1 = -4a\cos\frac{\phi_1}{2}\bigg|_0^{\phi_1} = 4a\left(1 - \cos\frac{\phi_1}{2}\right).$$

Hieraus folgt die Gesamtlänge für den Zykloidenbogen $8a$ und daher die Fadenlänge $l = 4a$ und $l_1 = l - s_1$ (Gleichung 2), d. h.

$$l_1 = 4a\cos\frac{\phi_1}{2}. \qquad \underline{3}$$

Für die Bestimmung der Bahngleichung der pendelnden Masse benötigen wir nun gemäß Gleichung 2 die Größe $\triangle x$. Es ist (siehe Figur)

$$\tan\alpha = \frac{dy_1}{dx_1} = \frac{\sin\phi_1}{1-\cos\phi_1} = \frac{\sin\phi_1}{2\sin^2\phi_1/2}$$

und daher

$$\triangle x = l_1\cos\alpha = 4a\cos\frac{\phi_1}{2}\cdot\frac{1}{\sqrt{1+\tan^2\alpha}} = 4a\cos\frac{\phi_1}{2}\sin\frac{\phi_1}{2}.$$

Ähnlich berechnet sich $\triangle y$; nämlich

$$\triangle y = l_1\sin\alpha = 4a\cos\frac{\phi_1}{2}\frac{\tan\alpha}{\sqrt{1+\tan^2\alpha}} = 4a\cos\frac{\phi_1}{2}\cos\frac{\phi_1}{2} = 4a\cos^2\frac{\phi_1}{2}.$$

Damit ergeben sich die x- und y-Koordinaten der Bahn nach Gleichung 1 als

$$x = x_1 + \triangle x = a\left[(\phi_1 - \sin\phi_1) + 4\sin\frac{\phi_1}{2}\cos\frac{\phi_1}{2}\right]$$

und weil

$$\frac{1}{2}\sin\phi_1 = \cos\frac{\phi_1}{2}\sin\frac{\phi_1}{2},$$

$$\begin{aligned} x &= a[\phi_1 + \sin\phi_1], \\ x &= a[\phi_1 - \sin(\phi_1+\pi)], \end{aligned}$$

$$\begin{aligned} y = y_1 + \triangle y &= a\left[(1-\cos\phi_1) + 4\cos^2\frac{\phi_1}{2}\right] \\ &= a[(1-\cos\phi_1) - 2(1-\cos\phi_1) + 4], \end{aligned}$$

$$\begin{aligned} y &= a[3+\cos\phi_1] = a[1-\cos(\phi_1+\pi)+2], \\ y &= a[1-\cos(\phi_1+\pi)] + 2a. \end{aligned}$$

Die Bahnkurve der pendelnden Masse ist wieder eine Zykloide, nämlich

$$\begin{aligned} x &= a[(\phi_1+\pi) - \sin(\phi_1+\pi)] - \pi a, \\ y &= a[1-\cos(\phi_1+\pi)] + 2a. \end{aligned}$$

Sie hat die gleiche Form wie die Äste der erzeugenden Zykloide. Die Pendelkurve ist jedoch in Bezug auf die erzeugenden Zykloidenäste verschoben, und zwar um $2a$ in y–Richtung und um $-a\pi$ in x–Richtung. Man kann also durch diese einfache Konstruktion erreichen, daß eine an einem Faden hängende Masse auf einer Zykloide schwingt. Man nennt ein solches Pendel Zykloidenpendel.

24.3 Aufgabe: Eine Perle gleitet auf einer Zykloide

Eine Perle der Masse m wird gezwungen, an einem reibungslosen Draht hinabzugleiten, der die Form einer Zykloide hat. Die Perle starte aus der Ruhelage $x = y = 0$. Der Draht hänge im Gravitationsfeld nahe der Erdoberfläche (vgl. Figur).

a) Berechnen Sie die Geschwindigkeit der Perle im Punkt $y = 2a$;

b) Zeigen Sie, daß die Schwingungsperiode dieser Bewegung gleich der eines Pendels der Länge $4a$ ist.

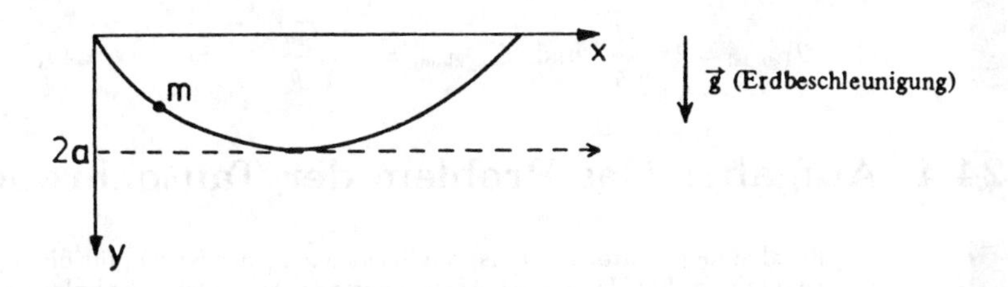

Lösung:

a) Nach dem Energiesatz gilt für einen beliebigen Punkt P auf dem Draht die folgende Bilanz:

$$E_{\text{pot}}(P) + E_{\text{kin}}(P) = E_{\text{pot}}(0,0) + E_{\text{kin}}(0,0),$$

d.h.

$$mg(2a - y) + \frac{1}{2}m\left(\frac{ds}{dt}\right)^2 = mg(2a) + 0$$

oder

$$2mga - mgy + \frac{1}{2}mv^2 = 2mga$$

oder

$$v^2 = 2gy$$

und schließlich

$$v = \sqrt{2gy}.$$

Gesucht ist die Geschwindigkeit v an der Stelle $y = 2a$:

$$v(2a) = \sqrt{2g \cdot 2a} = \sqrt{4ga} = 2\sqrt{ga}.$$

Dieses Ergebnis ist soweit unabhängig von der speziellen Kurve des Drahtes.

b) Aus dem 1. Teil der Aufgabe $\Rightarrow$ $(ds/dt)^2 = 2gy$.

Die Geschwindigkeit zum Quadrat lautet entlang der Zykloide:

$$\begin{aligned}\left(\frac{ds}{dt}\right)^2 &= \left(\frac{dx}{dt}\right)^2 + \left(\frac{dy}{dt}\right)^2 \\ &= a^2(1-\cos\beta)^2\dot{\beta}^2 + a^2\sin^2\beta \cdot \dot{\beta}^2 = 2a^2(1-\cos\beta)\dot{\beta}^2,\end{aligned}$$

weil die Zykloide durch $x = a(\beta - \sin\beta)$, $y = a(1 - \cos\beta)$ gegeben ist. Daher ist

$$2a^2(1-\cos\beta)\dot\beta^2 = 2ga(1-\cos\beta),$$

d.h.

$$\dot\beta^2 = \frac{g}{a} \quad\Rightarrow\quad \dot\beta = \frac{d\beta}{dt} = \sqrt{\frac{g}{a}} \quad\Rightarrow\quad \beta = t\sqrt{\frac{g}{a}} + C_1.$$

Der letzte Schritt erfolgt durch Integration nach Variablentrennung. Die Anfangsbedingungen sind:

$\beta = 0$ für $t = 0$, $\beta = 2\pi$ für $t = T/2$, T Periode der Schwingung. Daher ist $T = 4\pi\sqrt{a/g} = 2\pi\sqrt{4a/g}$.

Vergleichen Sie dies mit der Formel für das einfache Pendel, so finden Sie

$$T_{\text{Pendel}} = 2\pi\sqrt{\frac{l}{g}} \quad \text{und} \quad T_{\text{Zykloide}} = 2\pi\sqrt{\frac{4a}{g}} \quad\Leftrightarrow\quad l = 4a, \quad \text{q.e.d.}$$

24.4 Aufgabe: Das Problem der Tautochrone

Das Problem der Tautochrone[6] ist die Suche nach jener Kurve, für die die Schwingungsdauer unabhängig von der Auslenkung ist: Auf welcher Bahnkurve muß sich ein Massenpunkt m bewegen, damit die Schwingungsdauer T einer durch eine Anfangsauslenkung h eingeleiteten reibungslosen Schwingungsbewegung unabhängig von der Anfangsauslenkung h ist?

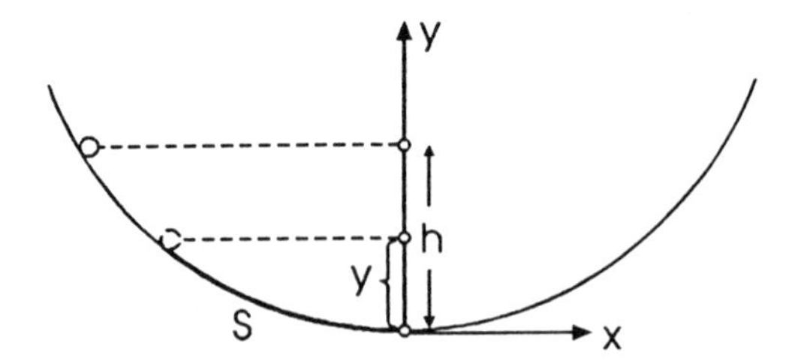

Lösung: (siehe Figur). s sei die Bogenlänge auf der gesuchten Tautochrone Mit $v = ds/dt$ liefert der Energiesatz für die Ausgangslage und eine beliebige Zwischenlage

$$\frac{m}{2}\left(\frac{ds}{dt}\right)^2 = mg(h-y),$$

woraus mit

$$ds = \frac{ds}{dy}dy = s'(y)\,dy$$

nach Trennung der Variablen

$$dt = \frac{1}{\sqrt{2g}}\frac{s'(y)\,dy}{\sqrt{h-y}}$$

[6] Griechisch: Tautos Chronos = Gleiche Zeit

bzw. nach Integration längs einer Viertelschwingung

$$\frac{1}{4}T = \frac{1}{4}T(h) = \frac{1}{\sqrt{2g}} \int\limits_{y=0}^{h} \frac{s'(y)\, dy}{\sqrt{h-y}}$$

und mit der Transformation $y/h = u$

$$T(h) = \sqrt{\frac{8}{g}} \int\limits_{0}^{1} \frac{s'(hu)\sqrt{h}\, du}{\sqrt{1-u}} \qquad \underline{1}$$

folgt. Hier ist offenbar T noch eine Funktion des unter dem Integral auftretenden Parameters h, und wir müssen nun im Sinne der Aufgabenstellung ($T = \text{const.}$)

$$\frac{dT}{dh} = 0 = \sqrt{\frac{8}{g}} \int\limits_{0}^{1} \frac{d}{dh}\left[\frac{s'(hu)\sqrt{h}}{\sqrt{1-u}}\right] du = \sqrt{\frac{8}{g}} \int\limits_{0}^{1} \frac{\sqrt{h}\cdot us''(hu) + \frac{1}{2\sqrt{h}}\, s'(hu)}{\sqrt{1-u}} du$$

fordern. Dieses ist sicherlich der Fall, wenn der Zähler des Integranden verschwindet, d. h. wenn die Differentialgleichung

$$2hus''(hu) + s'(hu) = 0 = 2ys''(y) + s'(y)$$

oder

$$\frac{s''(y)}{s'(y)} = -\frac{1}{2y} \qquad \underline{2}$$

erfüllt ist. Nun ist

$$\frac{s''(y)}{s'(y)} = \frac{d}{dy}[\ln s'(y)] \quad \text{und} \quad -\frac{1}{2y} = \frac{d}{dy} \ln \sqrt{\frac{C_1}{y}},$$

damit folgt aus $\underline{2}$:

$$\frac{d}{dy}\left[\ln s'(y) - \ln \sqrt{\frac{1}{y}} - \ln \sqrt{C_1}\right] = 0$$

bzw. nach Integration:

$$\ln s'(y) = \ln \sqrt{\frac{C_1}{y}} \quad \text{oder} \quad s'(y) = \sqrt{\frac{C_1}{y}}.$$

Aus $\underline{2}$ folgt mit $ds = \sqrt{1+(dx/dy)^2}\, dy = (ds/dy)dy = s'(y)\, dy$, also $\sqrt{C_1/y} = \sqrt{1+(dx/dy)^2}$, woraus sich nach Trennung der Variablen

$$dx = \sqrt{\frac{C_1}{y} - 1}\, dy = \sqrt{C_1 y - y^2}\, \frac{dy}{y}$$

und nach Integration mit der neuen Integrationskonstanten C_2 schließlich

$$\begin{aligned} x &= \int \sqrt{C_1 y - y^2}\, \frac{dy}{y} \\ &= \sqrt{C_1 y - y^2} - \frac{C_1}{2} \arccos \frac{2y - C_1}{C_1} + C_2 \end{aligned} \qquad \underline{3}$$

ergibt. Wir überzeugen uns davon: Mit

$$f = \sqrt{C_1 y - y^2}$$

folgt

$$f'(y) = \frac{C_1 - 2y}{2\sqrt{C_1 y - y^2}}$$

und mit

$$g(y) = \arccos\left(\frac{2y - C_1}{C_1}\right)$$

folgt

$$g'(y) = -\frac{2}{C_1\sqrt{1 - \left(\frac{2y-C_1}{C_1}\right)^2}} = -\frac{2}{\sqrt{-4y^2 + 4yC_1}} = -\frac{1}{\sqrt{C_1 y - y^2}}$$

so daß

$$\begin{aligned}\left(f(y) - \frac{C_1}{2}g(y)\right)' &= \frac{C_1 - 2y}{2\sqrt{C_1 y - y^2}} + \frac{C_1}{2\sqrt{C_1 y - y^2}} \\ &= \frac{C_1 - y}{\sqrt{(C_1 - y)y}} = \frac{\sqrt{C_1 y - y^2}}{y}.\end{aligned}$$

Es handelt sich bei der Kurve $\underline{3}$ also um eine Zykloide (vgl. Aufgabe 24.1), und wir bestimmen die Integrationskonstanten C_1 und C_2 aus den Randbedingungen $y(x = 0) = 0 \quad y(x = \pi a) = 2a$ zu $C_1 = 2a$ und $C_2 = a\pi$, so daß für $\underline{3}$ schließlich

$$\begin{aligned}x &= \sqrt{2ay - y^2} - a \arccos\frac{y-a}{a} + a\pi \\ &= \sqrt{2ay - y^2} + a\left(\pi - \arccos\frac{y-a}{a}\right)\end{aligned}$$

folgt. Überprüfen wir zur Kontrolle noch mit $\underline{1}$ die Schwingungsdauer, so erhalten wir mit $s'(y) = \sqrt{C_1/y} = \sqrt{2a/y}$ nach $\underline{3}$:

$$\begin{aligned}T &= \sqrt{\frac{8}{g}}\int_0^h \frac{s'(y)\,dy}{\sqrt{h-y}} = \sqrt{\frac{8}{g}}\int_0^h \frac{\sqrt{2a}\,dy}{\sqrt{y(h-y)}} = 2\sqrt{\frac{4a}{g}}\int_0^h \frac{dy}{\sqrt{y(h-y)}}, \\ &= -2\sqrt{\frac{4a}{g}}\cdot \arcsin\left(1 - \frac{2y}{h}\right)\bigg|_0^h = 2\pi\sqrt{\frac{4a}{g}} = 2\pi\sqrt{\frac{l_r}{g}}, \quad (l_r = 4a),\end{aligned}$$

also in der Tat einen von der Anfangsauslenkung h unabhängigen Wert. Die Eindeutigkeit der hier gefundenen Lösung werden wir im Bd. 2 der Vorlesungen nachweisen, nachdem wir uns mit den Fourierreihen vertraut gemacht haben.

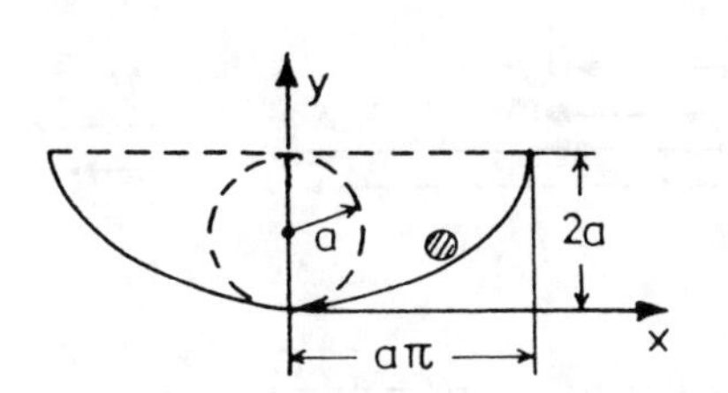

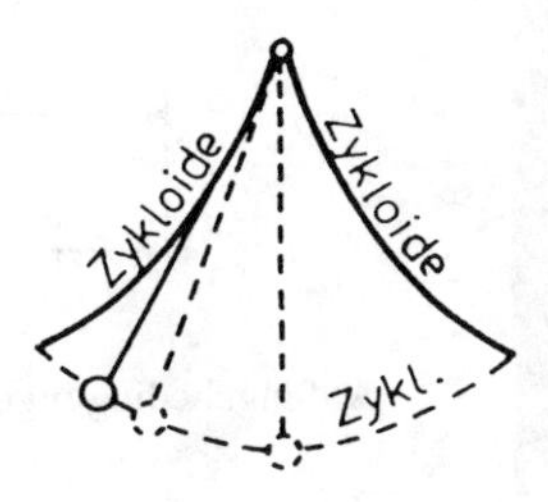

Historische Bemerkung: Die Behandlung dieses Problems geht auf Huygens[7] zurück, der ein Pendel konstruieren wollte, dessen Schwingungsdauer unabhängig von der Amplitude ist, und da die Evolvente einer Zykloide wiederum eine Zykloide darstellt, ist ein Zykloidenfadenpendel dadurch konstruierbar, daß man die normale Pendelbewegung der Masse m durch geeignete Anordnung zweier Zykloidenbacken (vgl. Figur und Aufgabe 24.2) in eine Zykloidenbahn zwingt. Eine solche Konstruktion wurde 1839 von dem österreichischen Ingenieur Stampfer für die Uhr des Rathausturmes in Lemberg ausgeführt. Diese Uhr zeichnete sich bis zu ihrer Zerstörung durch Blitzschlag durch eine sehr große Genauigkeit aus.

24.5 Aufgabe: Bewegung einer Peitschenschnur

Eine Peitschenschnur der Länge l und der Masse M wird an einem Ende mit einem Gewichtsstück der Masse m versehen. Sie wird in horizontaler Richtung dadurch bewegt (s. Abb.), daß man sie im Punkte A mittels einer Kraft $F(t)$ mit

[7] *Huygens,* Christiaan, Physiker und Mathematiker, *Den Haag 14.4.1629, †ebd. 8.7.1695, wandte sich nach anfänglichem Studium der Rechtswissenschaft mathematischen Forschungen zu und veröffentliche u. a. 1657 eine Abhandlung über Wahrscheinlichkeitsrechnung. Zur selben Zeit erfand er die Pendeluhr. Im März 1655 entdeckte er den ersten Saturnmond. 1656 den Orionmond und die Gestalt des Saturnringes. Auch mit den Gesetzen des Stoßes und mit denen der Zentralbewegung war er bereits damals vertraut, machte sie – ohne Beweise – aber erst 1669 bekannt. 1663 wurde H. zum Mitglied der Royal Society gewählt, 1665 siedelte er als Mitglied der neugegründeten Französischen Akademie der Wissenschaften nach Paris über, von wo er 1681 nach Holland zurückkehrte. Nachdem er bereits 1657 sein „Systema Saturnium, sive de causis mirandorum Saturni phaenomenon" veröffentlicht hatte, erschien 1673 sein Hauptwerk: „Horologium oscillatorium" (Die Pendeluhr), das neben der Beschreibung einer verbesserten Uhrenkonstruktion eine Theorie des physikalischen Pendels enthält. Ferner finden sich darin Abhandlungen über die Zykloide als Isochrone und wichtige Sätze über die Zentralbewegung und Zentrifugalkraft. Aus dem Jahre 1675 datiert H.'Erfindung der Federuhr mit Unruh, aus dem Jahre 1690 stammt der „Tractatus de lumine" , die Abhandlung über das Licht, worin eine erste Art Wellentheorie der Doppelbrechung des isländischen Kalkspates entwickelt wird; darin wird die kugelförmige Ausbreitung der Wirkung rings um die Lichtquelle mittels des Huygensschen Prinzips erklärt. Der französischen Ausgabe des „Traité de la lumiére" (Leiden 1690) ist auch ein „Discours de la cause de la pesanteur" angehängt.

konstanter Geschwindigkeit v vorwärts zieht.

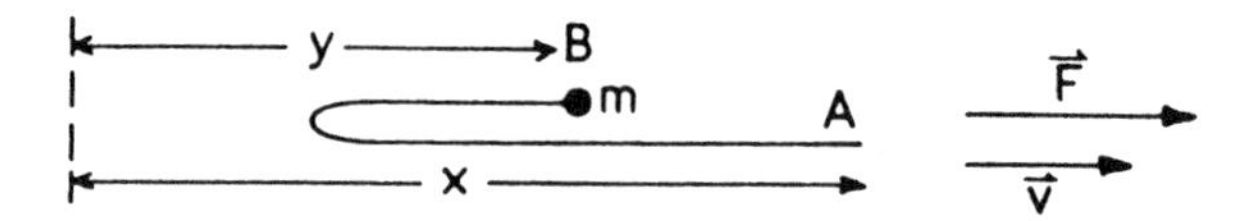

Anfangsbedingungen:

$$x(t=0) = x_0, \qquad \dot{x}(t=0) = v,$$
$$y(t=0) = y_0 = x_0 + l, \qquad \dot{y}(t=0) = 0.$$

Wie groß ist die größte Geschwindigkeit des Punktes B und welche Zugkraft ist hierfür maximal nötig?

Zahlenbeispiel: $l = 2.475\,\mathrm{m}$, $M = 495\,\mathrm{g}$, $m = 5\,\mathrm{g}$, $v = 3\,\mathrm{m/s}$.

Lösung:

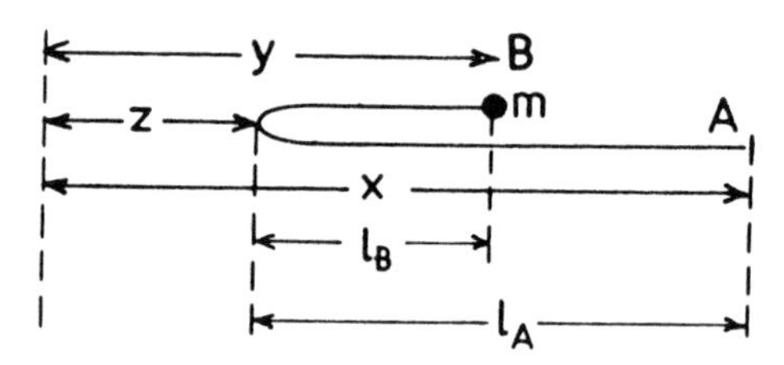

Wie wir der Zeichnung entnehmen, gelten die folgenden Relationen:

$$\begin{aligned} l &= l_A + l_B, \\ l_A &= x - z = \frac{1}{2}(l + x - y), \\ l_B &= y - z = \frac{1}{2}(l - x + y), \\ z &= \frac{1}{2}(x + y - l). \end{aligned} \tag{1}$$

Außerdem führen wir die „Massendichte“

$$\mu = \frac{M}{l} \tag{2}$$

ein. Impuls und kinetische Energie der Peitsche sind dann

$$p = \mu\, l_A \dot{x} + (\mu\, l_B + m)\dot{y}, \qquad T = \frac{1}{2}\mu\, l_A \dot{x}^2 + \frac{1}{2}(\mu\, l_B + m)\dot{y}^2, \tag{3}$$

oder

$$p = \frac{1}{2}\mu(l + x - y)\dot{x} + \frac{1}{2}\mu(l - x + y)\dot{y} + m\dot{y}, \tag{4}$$
$$T = \frac{1}{4}\mu(l + x - y)\dot{x}^2 + \frac{1}{4}\mu(l - x + y)\dot{y}^2 + \frac{1}{2}m\dot{y}^2. \tag{5}$$

Dies wird jetzt in die Newtonsche Gleichung

$$\dot{p} = F \qquad \underline{6}$$

und die Gleichung für die Energieänderung

$$\dot{T} = F\dot{x} \qquad \underline{7}$$

eingesetzt, wobei wir noch $\dot{x} = v = \text{const}$ und $x = x_0 + vt$ verwenden können. Das führt auf

$$\begin{aligned} F &= \frac{1}{2}\mu\Big[(v-\dot{y})v - (v-\dot{y})\dot{y} + (l - x_0 - vt + y)\ddot{y}\Big] + m\ddot{y}, && \underline{8} \\ Fv &= \frac{1}{4}\mu\Big[(v-\dot{y})v^2 - (v-\dot{y})\dot{y}^2 + 2(l - x_0 - vt + y)\dot{y}\ddot{y}\Big] + m\dot{y}\ddot{y}. && \underline{9} \end{aligned}$$

Wir multiplizieren die erste Gleichung mit v und subtrahieren.

$$\begin{aligned} \frac{1}{4}\mu\Big[& 2(v-\dot{y})v^2 - 2(v-\dot{y})v\dot{y} - (v-\dot{y})v^2 + (v-\dot{y})\dot{y}^2 \\ & +2(l - x_0 - vt + y)(v-\dot{y})\ddot{y}\Big] + m(v-\dot{y})\ddot{y} = 0. \end{aligned}$$

Wir kürzen mit $(v - \dot{y})$ und erhalten

$$\left[m + \frac{\mu}{2}(l - x_0 - vt + y)\right]\ddot{y} + \frac{\mu}{4}(v-\dot{y})^2 = 0. \qquad \underline{10}$$

Diese Differentialgleichung kann mit der Substitution

$$\eta = m + \frac{\mu}{2}(l - x_0 - vt + y)$$

gelöst werden. Wir erhalten

$$\begin{aligned} \dot{\eta} &= -\frac{\mu}{2}(v-\dot{y}), \\ \ddot{\eta} &= \frac{\mu}{2}\ddot{y}. \end{aligned}$$

Damit wird schließlich aus 10

$$\eta\ddot{\eta} + \frac{1}{2}\dot{\eta}^2 = 0. \qquad \underline{11}$$

Wir multiplizieren dies mit $\dot{\eta}$

$$\eta\dot{\eta}\ddot{\eta} + \frac{1}{2}\dot{\eta}^3 = \frac{d}{dt}\left(\frac{\eta\dot{\eta}^2}{2}\right) = 0, \qquad \text{also} \qquad \eta\dot{\eta}^2 = \text{const}, \qquad \underline{12}$$

oder

$$\left[m + \frac{\mu}{2}(l - x_0 - vt + y)\right] - (v-\dot{y})^2 = c.$$

Die Integrationskonstante wird aus den Anfangsbedingungen bestimmt zu

$$c = (m + M)v^2.$$

Für die Geschwindigkeit des Punktes B erhalten wir also

$$\dot{y} = -v\left(\sqrt{\frac{m+M}{m+\mu\, l_B}} - 1\right).$$

Die Maximalgeschwindigkeit wird also gerade am Umkehrpunkt ($l_B = 0$) erreicht. Dort ist

$$\dot{y}_{\max} = -v\left(\sqrt{\frac{m+M}{m}} - 1\right),$$

oder mit unserem Zahlenbeispiel

$$\dot{y}_{\max} = 27\,\mathrm{m/sec}.$$

Hier wird die Bedeutung der Masse m klar: Für $m = 0$ würde die Maximalgeschwindigkeit divergieren. Um schließlich noch die maximale Zugkraft $F_{\max}$ auszurechnen, setzen wir 10 in 8 ein:

$$F = \frac{\mu}{4}(v - \dot{y})^2,$$

so daß sich für $F_{\max}$ ergibt

$$F_{\max} = \frac{\mu}{4} v^2 \frac{m+M}{m},$$

oder bei unserem Zahlenbeispiel

$$F_{\max} = 45\,\mathrm{N},$$

während das Gewicht der Peitsche nur ungefähr 5 N beträgt.

25 Mathematische Vertiefung: Differentialgleichungen

Bei der Behandlung mechanischer Aufgaben haben wir Differentialgleichungen kennengelernt. Eine (gewöhnliche) Differentialgleichung ist eine Beziehung zwischen einer unabhängigen Veränderlichen (t), einer Funktion $x(t)$ und einer oder mehrerer ihrer Ableitungen ($\dot{x}, \ddot{x}, \ldots$), aus der die gesuchte Funktion $x(t)$ berechnet werden soll. Die Differentialgleichung heißt von erster Ordnung, wenn von den Ableitungen nur die erste auftritt. Eine solche Differentialgleichung können wir schreiben

$$F(t, x, \dot{x}) = 0 \tag{25.1}$$

oder, wenn wir nach $\dot{x}$ auflösen,

$$\dot{x}(t) = f(t, x). \tag{25.2}$$

Eine Differentialgleichung ist von zweiter Ordnung, wenn keine höhere als die zweite Ableitung auftritt. Eine Differentialgleichung zweiter Ordnung hat daher die Form

$$F(t, x, \dot{x}, \ddot{x}) = 0$$

oder, nach $\ddot{x}$ aufgelöst,

$$\ddot{x} = f(t, x, \dot{x}). \tag{25.3}$$

Die Bedeutung einer Differentialgleichung erster Ordnung (25.2) verstehen wir folgendermaßen: $\dot{x}$ bestimmt die Richtung der Kurve $x(t)$ in der t, x-Ebene. Die Differentialgleichung (25.2) ordnet also jedem Punkt t, x eine Richtung zu; sie bestimmt ein *„Richtungsfeld"*. Wir können es etwa dadurch veranschaulichen, daß wir in einem hinreichend dichten Gitter von Punkten t, x in jedem Gitterpunkt die Richtung durch einen kurzen Strich einzeichnen (siehe Figur). Die Differentialgleichung wird gelöst, indem in dieses Richtungsfeld Kurven gezeichnet werden, deren Richtung in jedem Punkt dem Richtungsfeld entspricht. Wenn $f(t, x)$ eine *„vernünftige"* Funktion ist, kann man im Richtungsfeld zwischen den eingezeichneten Richtungen interpolieren. So erhält man eine ganze Schar von Kurven. Mit anderen Worten: Die Differentialgleichung (25.2) läßt eine Schar von Lösungsfunktionen $x(t)$ zu. Eine einzelne Kurve der Schar wird dadurch festgelegt, daß man den zu einem festen Wert von t gehörigen Wert von x (in der Figur den Wert x_0 zu $t = 0$) vorgibt. Eine solche Kurvenschar, in der die einzelne Kurve durch eine einzige Zahl (einen Parameter) bestimmt ist, nennen wir *einparametrige Kurvenschar.* Wir können also feststellen:

Eine Differentialgleichung erster Ordnung (25.2) – mit vernünftiger Funktion $f(t, x)$ – bestimmt eine einparametrige Kurvenschar. Die allgemeine Lösung enthält eine willkürliche Integrationskonstante ($x(0) = x_0$).

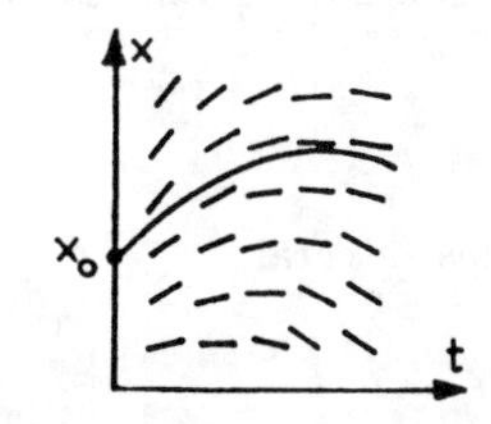

Richtungsfeld einer Differentialgleichung erster Ordnung

Dies gilt auch umgekehrt: Jeder (vernünftigen) einparametrigen Schar einander nicht schneidender Kurven in der t, x-Ebene entspricht eine Differentialgleichung erster Ordnung. Die Kurven der Schar können nämlich durch die Gleichung

$$\varphi(t, x) = c \tag{25.4}$$

beschrieben werden, wobei c für jede Kurve einen anderen Wert hat. Die Funktion φ ist durch die Kurvenschar nicht eindeutig bestimmt, denn jede mögliche Funktion φ kann durch eine Funktion von φ d. h. durch $F(\varphi) = F(c) = C$ ersetzt werden und beschreibt dennoch dieselbe Kurvenschar. Für die Richtung der Kurven folgt

$$\frac{\partial \varphi}{\partial t} dt + \frac{\partial \varphi}{\partial x} dx = 0, \tag{25.5}$$

bzw.

$$\frac{\partial F}{\partial \varphi} \left(\frac{\partial \varphi}{dt} dt + \frac{\partial \varphi}{\partial x} dx \right) = 0 \quad \Rightarrow \quad \frac{\partial \varphi}{\partial t} dt + \frac{\partial \varphi}{\partial x} dx = 0, \tag{25.6}$$

also immer die Beziehung (25.5). Aus dieser folgt dann

$$\dot{x} = -\frac{\varphi_t(t,x)}{\varphi_x(t,x)} \equiv f(t,x), \tag{25.7}$$

wobei φ_t und φ_x die partiellen Ableitungen nach t und x bedeuten. Ersetzen wir φ durch eine Funktion von φ, so erhalten wir gemäß (25.6) dieselbe Gleichung (25.7). Eine einparametrige Kurvenschar entspricht also im wesentlichen einer einzigen Differentialgleichung erster Ordnung. Wir können daher sagen: *Eine einparametrige Kurvenschar* (25.4) *ist einer Differentialgleichung erster Ordnung äquivalent.* Besonders einfache Differentialgleichungen erster Ordnung sind vom Typ

$$\dot{x} = f(t) \tag{25.8}$$

und

$$\dot{x} = f(x). \tag{25.9}$$

In diesen Fällen ist das Richtungsfeld nur von einer der Variablen t bzw. x abhängig. Die Lösung von (25.8) erhalten wir sofort:

$$x(t) = \int_0^t f(t')\,dt' + x_0. \tag{25.10}$$

Offensichtlich gehen alle Lösungen aus einer einzigen durch Addition einer willkürlichen Konstanten zu $x(t)$ (durch Verschieben der Lösungskurve in der x-Richtung) hervor. Die Lösung von (25.9) ergibt sich über die Umformung

$$dt = \frac{dx}{f(x)} \tag{25.11}$$

durch das Integral

$$t(x) = \int_0^x \frac{dx'}{f(x')} + t_0. \tag{25.12}$$

In diesem Fall gehen alle Lösungen aus einer einzigen (festen) durch Addition einer willkürlichen Konstanten zu t (durch Verschieben der Lösungskurve in der t-Richtung) hervor. Eine Differentialgleichung erster Ordnung ist auch dann einfach lösbar, wenn sie in die Form

$$g(x)\,dx = h(t)\,dt \tag{25.13}$$

gebracht werden kann, d. h. wenn die Variablen getrennt werden können. Es ergibt sich dann

$$\int_{x_0}^x g(x')\,dx' = \int_0^t h(t')\,dt'. \tag{25.14}$$

Wir wenden uns jetzt der Diskussion einer Differentialgleichung zweiter Ordnung zu. Die Funktion $f(t,\, x,\, \dot{x})$ in (25.3) ordnet jedem Punkte t, x und jeder vorgegebenen

Richtung ($\dot{x}$) durch diesen Punkt eine bestimmte Richtungsänderung zu. Bei vernünftiger Funktion $f(t, x, \dot{x})$ kann man folgendermaßen graphische Lösungen finden: Man fängt in irgendeinem Punkte der t, x-Ebene mit irgendeiner Kurvenrichtung an und rechnet nach (25.3) den zugehörigen Wert von $\ddot{x}$ aus. Man setzt dann die Kurve als Parabel in der angenommenen Richtung ($\dot{x}$) mit dem errechneten Wert von $\ddot{x}$ fort (eine Parabel mit senkrechter Achse hat überall den gleichen Wert von $\ddot{x}$). Nach einem gewissen Stück der Fortsetzung hat man einem neuen Punkt t, x und eine neue Richtung $\dot{x}$. Dort rechnet man nach (25.3) wieder $\ddot{x}$ aus und setzt die Kurve mit der entsprechenden neuen Parabel fort, usw. Die so erhaltene Lösungskurve hängt davon ab, an welcher Stelle und mit welcher Richtung man begonnen hat. Man erhält im ganzen eine Lösungsschar. Die einzelne Lösungskurve ist also durch zwei Zahlenangaben bestimmt, etwa die Werte von x und $\dot{x}$ an einem bestimmten Zeitwert (t-Wert). Eine solche Kurvenschar, in der die einzelne Kurve durch zwei Zahlenangaben bestimmt ist, heißt *zweiparametrige Kurvenschar* (siehe Figur). Wir können also sagen:

Eine Differentialgleichung zweiter Ordnung (25.3) mit vernünftiger Funktion $f(t, x, \dot{x})$ bestimmt eine zweiparametrige Kurvenschar.

Die allgemeine Lösung enthält zwei willkürliche Integrationskonstanten.

Besonders einfache Differentialgleichungen zweiter Ordnung (die uns auch schon begegnet sind) sind

$$\ddot{x} = f(t), \tag{25.15}$$

$$\ddot{x} = f(\dot{x}), \tag{25.16}$$

$$\ddot{x} = f(x). \tag{25.17}$$

Im ersten Fall, (25.15), ist die Beschleunigung als Funktion der Zeit; im zweiten Fall, (25.16), ist die Beschleunigung eine Funktion der Geschwindigkeit, und im dritten Fall, (25.17), des Ortes. (25.15) ist durch zweimalige Integration zu lösen. (25.16) ist in $\dot{x}$ von erster Ordnung, kann also mit $v = \dot{x}$ in $\dot{v} = f(v)$ umgeschrieben werden und ist wie (25.9) zu lösen. (25.17) führt man in

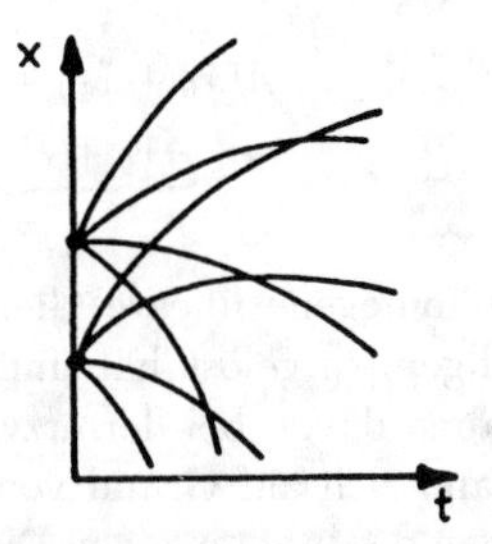

Lösungsscharen einer Differentialgleichung zweiter Ordnung

$$\begin{aligned} \dot{x}\ddot{x} &= f(x)\dot{x}, \\ \dot{x}\, d\dot{x} &= f(x)\, dx, \\ \frac{1}{2}\dot{x}^2 &= \int_{x_0}^{x} f(x')\, dx' + c \end{aligned} \tag{25.18}$$

über und erhält so eine Differentialgleichung

$$\dot{x} = \varphi(x),$$

die wie (25.9) gelöst werden kann. In der Physik sind die *linearen Differentialgleichungen* besonders bedeutsam, weil für die durch sie beschriebenen Phänomene das *Superpositionsprinzip* gilt (vgl. Gleichungen (21.4) und (21.5) ff.). Wir besprechen diesen Gesichtspunkt für die eine Differentialgleichung zweiter Ordnung; der Leser mag das auf andere Ordnungen übertragen. Linear ist die Differentialgleichung, wenn $x, \dot{x}, \ddot{x}$ linear vorkommen, wenn also die Gleichung folgende Gestalt hat:

$$A\ddot{x} + B\dot{x} + Cx + D = 0, \tag{25.19}$$

wobei A, B, C, D Funktionen von t sein können. Wenn das Glied D fehlt, nennen wir die Gleichung *homogen.* Wenn $x_1(t)$ eine homogene lineare Differentialgleichung löst, so ist auch cx_1, wobei c eine Konstante ist, eine Lösung. Wenn $x_1(t)$ und $x_2(t)$ Lösungen sind, so ist auch $c_1x_1 + c_2x_2$ mit beliebigen Konstanten c_1 und c_2 eine Lösung (vgl. Gleichungen (21.4) und (21.5) ff.). Da die allgemeine Lösung einer Differentialgleichung zweiter Ordnung zwei und nur zwei willkürliche Konstanten enthält, hat man eine homogen lineare Differentialgleichung zweiter Ordnung allgemein gelöst, wenn man zwei verschiedene (linear unabhängige) Lösungen kennt. Wenn man eine Lösung $x_1(t)$ einer inhomogenen linearen Differentialgleichung (25.19) hat, also

$$A\ddot{x}_1(t) + B\dot{x}_1(t) + Cx_1(t) + D = 0 \tag{25.20}$$

gilt, und $x_0(t)$ eine Lösung der durch Weglassen von D entstehenden homogenen Gleichung, also

$$A\ddot{x}_0(t) + B\dot{x}_0(t) + Cx_0(t) = 0 \tag{25.21}$$

ist, so erhält man mit $(x_0 + x_1)$ wieder eine Lösung der Gleichung (25.19). Es ist nämlich

$$\begin{aligned} &A(\ddot{x}_0 + \ddot{x}_1) + B(\dot{x}_0 + \dot{x}_1) + C(x_0 + x_1) + D = \\ &\underbrace{A\ddot{x}_0 + B\dot{x}_0 + Cx_0}_{=0} + \underbrace{A\ddot{x}_1 + B\dot{x}_1 + Cx_1 + D}_{=0} = 0. \end{aligned}$$

Eine inhomogene lineare Gleichung ist also allgemein gelöst, wenn man die homogene allgemein gelöst hat und eine spezielle Lösung der inhomogenen dazu addiert. Wir haben davon bei der erzwungenen Schwingung Gebrauch gemacht (Kapitel 23). Man kann sich auf Grund von (25.20) auch überzeugen, daß zwei etwa verschiedene Lösungen der inhomogenen Differentialgleichung, $x_1(t)$ und $x_2(t)$, einander gleich sein müssen bis auf eine Lösung der homogenen Gleichung (25.21). Es folgt nämlich aus $A\ddot{x}_1 + B\dot{x}_1 + Cx_1 = -D = A\ddot{x}_2 + B\dot{x}_2 + Cx_2$:

$$A\ddot{x}_1 + B\dot{x}_1 + Cx_1 = A\ddot{x}_2 + B\dot{x}_2 + Cx_2,$$

also

$$A(x_1 - x_2)^{\cdot\cdot} + B(x_1 - x_2)^{\cdot} + C(x_1 - x_2) = 0,$$

d. h. die Differenz $x_1 - x_2$ der beiden speziellen Lösungen muß Lösung der homogenen Gleichung sein. Homogene lineare Gleichungen mit konstanten Koeffizienten (A, B, C) löst man mit dem Ansatz

$$x(t) = e^{\lambda t}.$$

Aus der Differentialgleichung

$$A\ddot{x} + B\dot{x} + Cx = 0$$

erhält man damit die algebraische Gleichung (sie wird *charakteristische Gleichung* genannt)

$$A\lambda^2 + B\lambda + C = 0$$

für λ. Ihre zwei Lösungen geben, wenn sie nicht gerade zusammenfallen, zwei Lösungen der Differentialgleichung und damit die allgemeine Lösung

$$x = c_1 e^{\lambda_1 t} + c_2 e^{\lambda_2 t}.$$

Wenn die quadratische Gleichung in λ nur eine Lösung hat, so ist, wie man leicht nachrechnet (direkt oder durch Grenzübergang),

$$x = c_1 e^{\lambda t} + c_2 t e^{\lambda t}$$

die allgemeine Lösung der Differentialgleichung.

26 Planetenbewegungen

In diesem Kapitel wollen wir die Bewegung in einem Zentralkraftfeld untersuchen. Wir betrachten dabei speziell die Planetenbewegung und gehen von den drei Keplerschen Gesetzen aus, die Johannes Kepler[8] aus den Beobachtungen der Planeten durch Tycho Brahe[9]

[8] *Kepler,* Johannes, geb. 27.12.1571 Weil der Stadt, gest. 15.11.1630 Regensburg. – K. war Sohn eines Handelsmannes, der oft auch in Kriegsdienste trat, besuchte erst die Schule in Leonberg und später die Klosterschulen in Adelberg und Maulbronn. Seit 1589 studierte K. in Tübingen, um Theologe zu werden, nahm aber 1599 die ihm angebotene Stellung eines Mathematikprofessors in Graz an. 1600 mußte K. im Zuge der Gegenreformation Graz verlassen und ging nach Prag. Nach dem Tode von Tycho Brahe am 24.10.1601 wurde K. als sein Nachfolger kaiserlicher Mathematiker. Nachdem K's Gönner, Kaiser Rudolf II. gestorben war, verließ K. Prag und wandte sich 1613 nach Linz als Landvermesser. Seit 1628 lebte K. in den Diensten des mächtigen Wallenstein vorwiegend in Sagan. Bei einem Besuch des Kurfürstentages in Regensburg verstarb K. völlig unerwartet. – K's Hauptarbeitsgebiete waren Astronomie und Optik. Er fand nach außerordentlich langwierigen Berechnungen die *Grundgesetze der Planetenbewegung:* das 1. und 2. K.sche Gesetz veröffentlichte er 1609 in „Astronomia Nova“ , das 3. K.sche Gesetz 1619 in „Harmonica Mundi“ . 1611 erfand er das astronom. Fernrohr. Seine *Rudolphinischen Tafeln* (1627) sind bis in die Neuzeit eines der wichtigsten Hilfsmittel der Astronomie gewesen. Auf mathematischem Gebiet entwickelte er heuristische infinitesimale Betrachtungen. Seine bekannteste mathematische Schrift ist die „Sterometria Doliorum“ (1615), in der sich z.B. die K.sche Faßregel befindet.

[9] *Brahe,* Tycho, dän. Astronom, * Knudstrup auf Schonen 14.12.1546, †Prag 24.10.1601 (a.St.) studierte zunächst Jurisprudenz, beschäftigte sich heimlich mit Astronomie, bis er ein bedeutendes

1. Alle Planeten bewegen sich auf Ellipsen, in deren einem Brennpunkt die Sonne steht.

2. In gleichen Zeiten überstreicht der Fahrstrahl Sonne–Planet gleiche Flächen (Flächensatz).

3. Die Quadrate der Umlaufzeiten verhalten sich wie die Kuben der großen Halbachsen der Bahnen zweier Planeten.

Bezeichnen wir mit a_ν die große Halbachse, mit T_ν die Umlaufzeit des $\nu-$ten Planeten so gilt demnach

$$\frac{T_1^2}{a_1^3} = \frac{T_2^2}{a_2^3}.$$

Für einen Planeten bedeutet das: $T^2 \sim a^3$.

Wir schlagen zwei Wege ein: Zunächst versuchen wir, aus den Keplerschen Gesetzen die Eigenschaften des Kraftfeldes zu finden. Später gehen wir vom Kraftfeld aus, das wir dann als gegeben annehmen und deduzieren die Bahneigenschaften. Um die Bewegung und das Kraftgesetz zu formulieren, ist es günstig, die Bewegungsgleichungen in Polarkoordinaten zu formulieren. Nach dem 1. Kepler-Gesetz muß es sich um eine *ebene Bewegung* handeln.

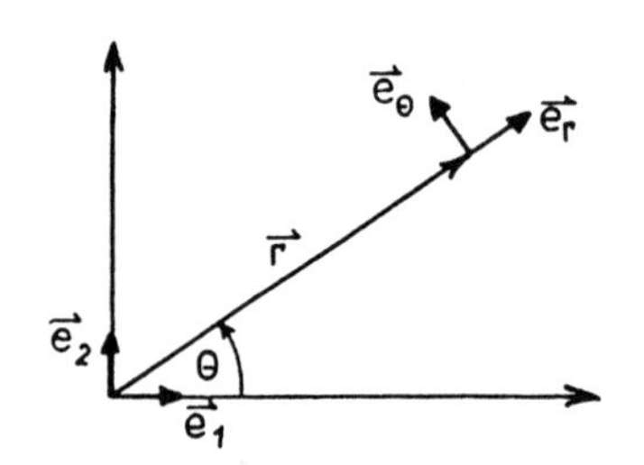

Einheitsvektoren der kartesischen und Polarkoordinaten.

Vermögen erbte, und setzte dann sein Studium in Deutschland fort. 1572 machte er sich durch die Entdeckung eines Neuen Sterns, der Nova Cassiopeiae, einen Namen. Er hielt in Kopenhagen Vorlesungen und wurde nach einer Empfehlung Wilhelms IV., des sternkundigen Landgrafen von Hessen-Kassel, von dem dän. König Friedrich II. unterstützt, der ihn 1576 mit der Insel Ven im Sund, in der Nähe von Kopenhagen, belehnte. Auf der dort errichteten Sternwarte „Uranienborg“ widmete B. sich der Forschung und der Ausbildung und Anleitung seiner zahlreichen Schüler und Gehilfen. Die Schwierigkeiten, die ihm nach dem Tode Friedrichs II. (1588) gemacht wurden, trieben ihn 1597 außer Landes. Nach zweijährigem Aufenthalt beim Grafen Rantzau in Wandsbek bei Hamburg trat er als Kaiserlicher Astronom in die Dienste Rudolfs II. In Prag versammelte er wiederum eine Reihe von Mitarbeitern um sich, unter ihnen Christian Ljöngberg (Longomontanus) und vor allem Johannes Kepler.

B. war der bedeutendste beobachtende Astronom vor der Erfindung des Fernrohrs. Er hat die bei Beobachtungen mit dem bloßen Auge mögliche Genauigkeit auch praktisch erreicht. Seine und seiner Mitarbeiter Beobachtungen schufen die Voraussetzung für Keplers Arbeiten über die Bahnen der Planeten. Das Kopernikanische Weltsystem suchte er durch ein eigenes zu ersetzen. Danach kreisen Sonne und Mond um die im Mittelpunkt der Welt ruhende Erde, während die übrigen Planeten die Sonne umkreisen. Das *Tychonische System* fand im 17. Jahrh. Anklang, weil die Annahme der unvorstellbar großen Entfernungen der Fixsterne, die Kopernikus voraussetzen mußte, in B.s System nicht gebraucht wurde. Wichtig war B.s Nachweis, daß die Kometen nicht Erscheinungen in der Erdatmosphäre sein können, wie z. B. Aristoteles angenommen hatte [BR].

In jedem Punkt werden daher die lokalen Einheitsvektoren $\vec{e}_r$ und $\vec{e}_\theta$ eingeführt. Sie sind durch die Gleichungen

$$\begin{aligned} \vec{e}_r &= \cos\theta\,\vec{e}_1 + \sin\theta\,\vec{e}_2, \\ \vec{e}_\theta &= -\sin\theta\,\vec{e}_1 + \cos\theta\,\vec{e}_2 \end{aligned}$$

definiert. Wir kennen sie schon aus dem Kapitel 10, wollen aber noch einmal kurz das Wesentliche in Erinnerung rufen. Die Richtung dieser Einheitsvektoren ist zeitabhängig. Daher gilt

$$\begin{aligned} \dot{\vec{e}}_r &= (-\sin\theta\,\vec{e}_1 + \cos\theta\,\vec{e}_2)\dot{\theta} = \dot{\theta}\vec{e}_\theta, \\ \dot{\vec{e}}_\theta &= (-\cos\theta\,\vec{e}_1 - \sin\theta\,\vec{e}_2)\dot{\theta} = -\dot{\theta}\vec{e}_r. \end{aligned}$$

Nun sollen die Geschwindigkeit und Beschleunigung in diesen Koordinaten ausgedrückt werden. Durch zweimalige Differentiation ergibt sich

$$\begin{aligned} \vec{r} &= r\vec{e}_r\,, \\ \dot{\vec{r}} &= \dot{r}\vec{e}_r + r\dot{\vec{e}}_r = \dot{r}\vec{e}_r + r\dot{\theta}\vec{e}_\theta \equiv \vec{v}, \\ \dot{\vec{v}} &= \ddot{r}\vec{e}_r + \dot{r}\dot{\vec{e}}_r + \dot{r}\dot{\theta}\vec{e}_\theta + r\ddot{\theta}\vec{e}_\theta + r\dot{\theta}\dot{\vec{e}}_\theta \\ &= (\ddot{r} - r\dot{\theta}^2)\vec{e}_r + (r\ddot{\theta} + 2\dot{r}\dot{\theta})\vec{e}_\theta. \end{aligned} \tag{26.1}$$

Der Flächensatz lautet nun einfach

$$r^2\dot{\theta} = h \qquad (h = \text{const.}). \tag{26.2}$$

Dies sieht man so: Das Kraftzentrum liege im Koordinatenursprung; dann ist

$$\begin{aligned} |d\vec{A}\,| &= \frac{1}{2}|\vec{r} \times d\vec{r}\,|, \\ \frac{dA}{dt} &= \frac{1}{2}\left|\vec{r} \times \frac{d\vec{r}}{dt}\right| = \frac{1}{2}|\vec{r} \times \vec{v}\,| = \frac{1}{2}h = \text{const.}, \end{aligned} \tag{26.3}$$

wobei

$$\frac{1}{2}|\vec{r} \times \vec{v}\,|$$

die *„Flächengeschwindigkeit"* des Fahrstrahls ist. Also:

$$|\vec{r} \times \vec{v}\,| = r^2\dot{\theta} = h.$$

Aus dem empirisch durch Kepler gefundenen Flächensatz folgt nun aber

$$\frac{d(r^2\dot{\theta})}{dt} = r(2\dot{r}\dot{\theta} + r\ddot{\theta}) = 0.$$

Wenn wir mit (26.1) vergleichen, ergibt sich für das gesuchte Kraftfeld

$$\ddot{\vec{r}} \cdot \vec{e}_\theta = 0,$$

d. h. es wirkt keine Beschleunigung und daher auch keine Kraft in $\vec{e}_0$ -Richtung. Aus dem Flächensatz folgt also, daß es sich um ein Zentralkraftfeld handelt. Das wissen wir schon von früher (Kap. 17). Umgekehrt fordert ein Zentralkraftfeld die Gültigkeit des Flächensatzes: Für Zentralkräfte ist ja das Drehmoment $\vec{D} = \vec{r} \times \vec{F} = 0$. Daher gilt ganz allgemein für Zentralkräfte die Erhaltung des Drehimpulses

$$\dot{\vec{L}} = \vec{r} \times \vec{F} = 0, \qquad \vec{L} = \overrightarrow{\text{const.}},$$

also

$$\vec{L} = \vec{r} \times \vec{p} = (\vec{r} \times \vec{v})m = \overrightarrow{\text{const.}}$$

Hieraus läßt sich sofort

$$|\vec{L}\,| = r^2\dot{\theta}m = hm \tag{26.4}$$

ableiten.

Mathematische Zwischenbetrachtung über Kegelschnitte in Polarkoordinaten:

Die Gleichung in Polarkoordinaten

$$r = \frac{k}{1 + \varepsilon \cos\theta} \tag{26.5}$$

beschreibt

Kreise	(für $\varepsilon = 0$),
Ellipsen	(für $\varepsilon < 1$),
Parabeln	(für $\varepsilon = 1$),
Hyperbeln	(für $\varepsilon > 1$).

Gleichung (26.5) ist also die *allgemeine Gleichung für Kegelschnitte* in Polarkoordinaten. Wir machen uns das jetzt im einzelnen klar:

a) Ellipse: Sie ist die Menge aller Punkte, deren Entfernung von zwei festen *Brennpunkten F und F'* eine konstante Summe 2c haben, die größer ist als $\overline{FF'}$. Also (vgl. Figur), $r + r' = 2a$, $c^2 + b^2 = a^2$, wobei a die große und b die kleine Halbachse der Ellipse ist. Es gilt auch

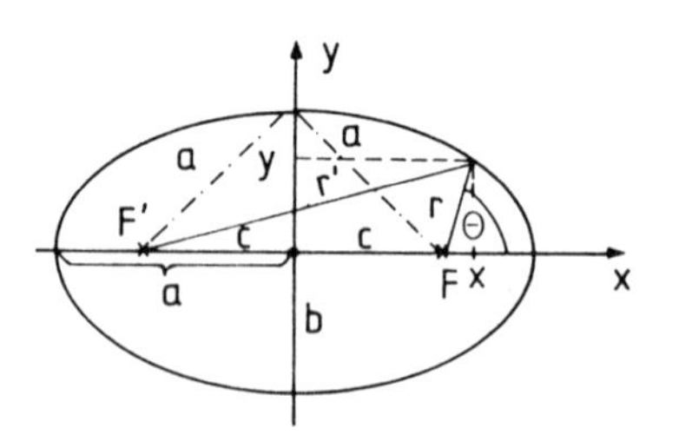

Zur Definition der Ellipse.

$$c = \sqrt{a^2 - b^2} = \varepsilon \cdot a, \qquad \varepsilon < 1.$$

ε heißt *Exzentrizität.* Für den Kreis ist $\varepsilon = 0$ (beide Brennpunkte fallen zusammen, d. h. $c = 0$). Offenbar gilt (vgl. Figur)

$$r + \sqrt{(2c)^2 + r^2 + 2(2c)r\cos\theta} = 2a$$

oder

$$4\varepsilon^2 a^2 + r^2 + 4\varepsilon ar\cos\theta = (2a - r)^2,$$

$$r = \frac{a(1-\varepsilon^2)}{1+\varepsilon\cos\theta} \equiv \frac{k}{1+\varepsilon\cos\theta},$$

wobei $k = a(1-\varepsilon^2)$ ist.

Die Ellipsengleichung in kartesischen Koordinaten soll auch noch angegeben werden. Aus der Figur liest man unmittelbar

$$r = \sqrt{(x-c)^2 + y^2}, \qquad r' = \sqrt{(x+c)^2 + y^2}$$

ab, so daß die Bestimmungsgleichung für die Ellipse

$$r + r' = \sqrt{(x-c)^2 + y^2} + \sqrt{(x+c)^2 + y^2} = 2a$$

lautet. Zweimaliges Quadrieren und $b^2 = a^2 - c^2$ führt dann auf

$$\frac{x^2}{a^2} + \frac{y^2}{b^2} = 1.$$

b) Kreise ordnen sich zwangslos als Sonderfälle der Ellipsen ($\varepsilon = 0$) ein.

c) Die **Parabel** ist der geometrische Ort aller Punkte P einer Ebene, die von der festen *Leitlinie* L und dem festen Brennpunkt F gleichen Abstand haben. Es ist also

$$r = d = 2c - r\cos\theta$$

oder

$$r = \frac{2c}{1+\cos\theta} \equiv \frac{k}{1+\varepsilon\cos\theta},$$

wobei $\varepsilon = 1$. Auch die Parabel wollen wir noch in kartesischen Koordinaten notieren. Aus der Figur ist

$$r = \sqrt{(c+x)^2 + y^2}$$

abzulesen, so daß aus

$$r = c - x$$

nach Quadrieren

$$y^2 = -4cx$$

folgt.

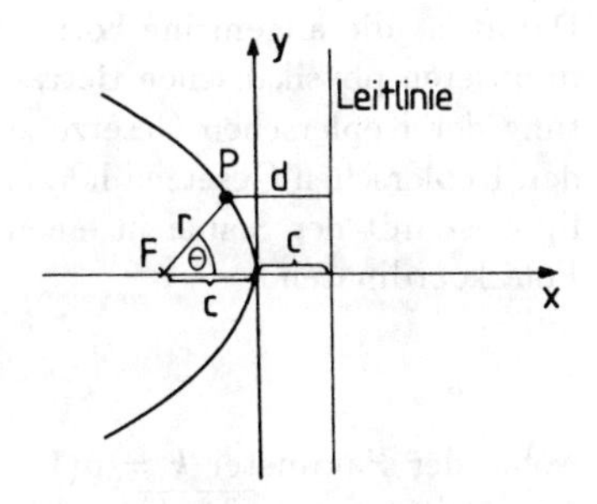

Zur Definition der Parabel.

d) Hyperbel: Sie ist der geometrische Ort aller Punkte einer Ebene, deren Entfernungen von zwei festen Punkten auf der Ebene (den Brennpunkten) F und F' eine konstante Differenz ergeben; also

$$r - r' = 2a < \overline{FF'}$$

oder

$$r - \sqrt{r^2 + 4c^2 + 4rc\cos\theta} = 2a.$$

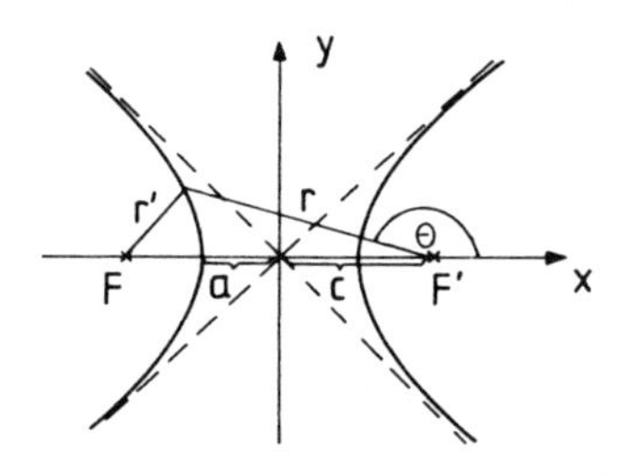

Zur Definition der Hyperbel.

Mit $c = \varepsilon a$ ($\varepsilon > 1$, siehe Figur) folgt

$$r = \frac{a(1-\varepsilon^2)}{1+\varepsilon\cos\theta} \equiv \frac{k}{1+\varepsilon\cos\theta}, \qquad k = a(1-\varepsilon^2).$$

In kartesischen Koordinaten folgt die Hyperbelgleichung aus der Definitonsgleichung

$$r - r' = 2a$$

oder

$$\sqrt{(c+x)^2 + y^2} - \sqrt{(c-x)^2 + y^2} = 2a$$

nach zweimaligem Quadrieren und mit $b^2 = c^2 - a^2$ als

$$\frac{x^2}{a^2} - \frac{y^2}{b^2} = 1.$$

Damit ist die allgemeine Form (26.5) für Kegelschnitte begründet. Wir fahren nun in unseren physikalischen Betrachtungen fort. Wir kehren nun zur weiteren Betrachtung der Keplerschen Gesetze zurück. Um die spezielle Form des Kraftgesetzes aus den Keplerschen Gesetzen herzuleiten, beachten wir jetzt, daß die Bahnform eine Ellipse ist mit der Sonne in einem Brennpunkt. Die Gleichung der Ellipse lautet in Polarkoordinaten

$$r = \frac{k}{1+\varepsilon\cos\theta}, \tag{26.6}$$

wobei der Parameter $k = a(1-\varepsilon^2) = a^2(1-\varepsilon^2)/a = (a^2 - c^2)/a = b^2/a$ und die Exzentrität $\varepsilon = \sqrt{a^2 - b^2}/a < 1$ ist. Somit findet man für die Zentralbeschleunigung unter Beachtung von (26.2)

$$\begin{aligned} \dot{r} &= \frac{dr}{d\theta}\dot{\theta} = \frac{\varepsilon}{k}\sin\theta\, r^2\dot{\theta} = \frac{\varepsilon}{k}h\sin\theta, \\ \ddot{r} &= \frac{\varepsilon}{k}h\cos\theta\,\dot{\theta} = \frac{\varepsilon h^2}{kr^2}\cos\theta, \end{aligned}$$

und daher schließlich unter Benutzung von (26.5)

$$\ddot{r} - r\dot{\theta}^2 = \frac{h^2}{r^2}\left(\frac{\varepsilon}{k}\cos\theta - \frac{1}{r}\right) = -\frac{h^2}{kr^2}. \tag{26.7}$$

Die Zentralkraft des gesuchten Feldes ist also für einen Planeten der Masse m gegeben durch

$$\vec{F}(r) = m(\ddot{r} - r\dot{\theta}^2)\vec{e}_r = \frac{-h^2}{kr^2} m \frac{\vec{r}}{r}.$$

Zunächst erscheint h^2/k als eine für jeden Planeten spezifische Konstante. Beachtet man jedoch das dritte Keplersche Gesetz, so findet man, daß h^2/k für alle Planeten gleich ist. Das sehen wir so: Da $h/2$ die Flächengeschwindigkeit des Fahrstrahls für einen bestimmten Planeten ist, die Fläche der Ellipse gleich πab ist und $b^2 = ak$ gilt, folgt für die Umlaufzeit T:

$$\begin{aligned} \frac{h}{2}T &= \pi ab, \\ h \cdot T &= 2\pi ab = 2\pi\sqrt{a^3 k} \end{aligned}$$

und

$$\begin{aligned} \frac{T^2}{a^3} &= \frac{4\pi^2 k}{h^2} \\ \Rightarrow \quad \frac{h^2}{k} &= \frac{4\pi^2 a^3}{T^2}; \end{aligned}$$

Weil

$$\frac{a^3}{T^2} = \text{const.} \quad \Rightarrow \quad \frac{h^2}{k} = \text{const.} \tag{26.8}$$

Da nach dem 3. Keplerschen Gesetz a^3/T^2 für alle Planeten gleich ist, gilt das gleiche offensichtlich auch für h^2/k. Die Größe h^2/k ist für alle Planeten dieselbe. Demnach gilt für alle Planeten das Kraftgesetz

$$\vec{F}(r) = -\,\text{const.}\,\frac{m}{r^2}\frac{\vec{r}}{r}.$$

Wenn man nach dem Prinzip von actio und reactio noch die Masse des Zentralgestirns aus der Konstanten herauszieht (schließlich muß die Kraft verschwinden, wenn die Sonnenmasse M verschwindet), nimmt das Gravitationsgesetz somit die Form

$$\vec{F} = -\gamma \frac{Mm}{r^2} \cdot \frac{\vec{r}}{r} \tag{26.9}$$

an. Es ist bemerkenswert, wie dieses fundamentale Kraftgesetz aus den Keplerschen Gesetzen deduziert werden kann. Wie wir gesehen haben, ist es darin vollständig enthalten. Schon Newton erkannte, daß die Beschleunigung, die ein Planet durch Anziehung von der Sonne erhält, wesensgleich ist mit der Beschleunigung, die ein Körper beim freien Fall von der Erde her erhält. Der Faktor const. $= \gamma M$ im Gesetz (26.9) ist natürlich nur dann der gleiche, wenn der anziehende Körper beidesmal der gleiche ist, also etwa beidesmal die Erde. Newton verglich darum die Fallbeschleunigung an der Erdoberfläche, rund $10\,\text{m/s}^2$, mit der Zentralbeschleunigung des Mondes in seiner Bahn um die Erde. Diese ist

$$\omega^2 a = \frac{4\pi^2 a}{T^2} = \frac{40 \cdot 6370 \cdot 10^5 \cdot 60}{27^2 \cdot 24^2 \cdot 60^2 \cdot 60^2}\,\frac{\text{cm}}{\text{s}^2},$$

wobei der Mondabstand a gleich dem 60 fachen Erdradius (6370 km), die Umlaufzeit des Mondes zu 27 Tagen gesetzt ist. Da

$$\frac{40 \cdot 6370 \cdot 10^2}{27^2 \cdot 24^2 \cdot 60} \approx 1$$

ist, folgt

$$\omega^2 a \approx \frac{10^3}{60^2} \frac{\text{cm}}{\text{s}^2},$$

und

$$\omega^2 a \,/\, g \approx 1 \,/\, 60^2;$$

d.h. die Beschleunigung des Mondes beim Umlauf um die Erde verhält sich zur Fallbeschleunigung an der Erdoberfläche in der Tat umgekehrt wie die Quadrate der Abstände vom Erdmittelpunkt.

26.1 Beispiel: Das Cavendish–Experiment

Prinzipiell läßt sich die Gravitationskonstante γ aus einer Messung der anziehenden Kraft zwischen zwei Körpern bekannter Masse bestimmen. Praktisch ist die Gravitationskraft jedoch so schwach, daß es sich äußerst schwierig gestaltet, sie experimentell im Labor nachzuweisen. Beim sogenannten Cavendish[10] Experiment (Cavendish, 1798) wird die Kraft zwischen zwei Massen aus der Torsion eines elastischen Aufhängefadens bestimmt (Figur 1).

An den Enden eines leichten Waagebalkens der Länge $2l$, der an einem sehr dünnen Quarzfaden aufgehängt ist, befindet sich jeweils eine Masse m_1 und m_1'. Der Faden kann dabei schon durch eine sehr kleine Kraft zu Drehungen um seine Achse gezwungen werden (Torsion), womit der Drehwinkel als Maß für sehr schwache Kräfte herangezogen werden kann. Zur Wahrnehmung der kleinen Verdrehung des Fadens ist ein Spiegel an diesem angebracht, der von einem Lichtstrahl getroffen wird. Durch Beobachtung des reflektierenden Strahls läßt sich jede Drehung des Fadens, und somit des Spiegels, messen.

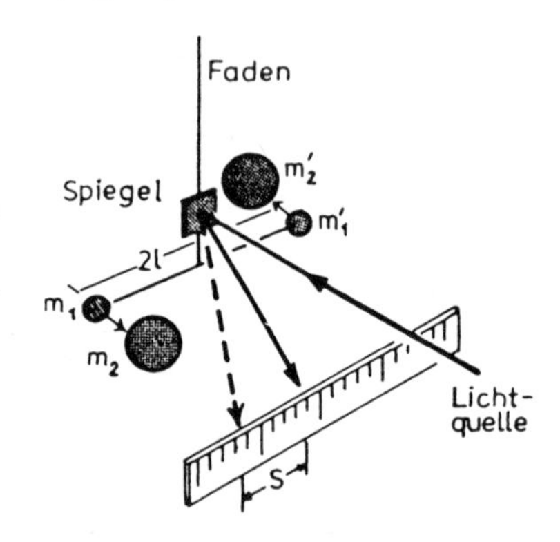

Fig. 1: Drehwaage zur Bestimmung der Gravitationskonstanten

Bei der Bestimmung der Gravitationskonstante γ geht man so vor, daß man zwei große Massen m_2 und m_2' derart in der Nähe der Massen m_1 und m_1' bringt, wie es

[10] *Cavendish* Henry, Chemiker, geb. in Nizza am 10.10.1731, gest. in London am 28.2.1810; untersuchte ausführlich die Gase, isolierte Kohlendioxyd und Wasserstoff als besondere Gasarten (1766); erkannte die Zusammensetzung der Luft, entdeckte die explosionsartige Vereinigung von Wasserstoff und Sauerstoff (Knallgas) und damit die Zusammensetzung des Wassers. Bei Arbeiten mit Stickstoff entdeckte er die Salpetersäure. Seine Bestimmung der Gravitationskonstanten mit der Drehwaage hatte besonders große Bedeutung.

in Figur 2 dargestellt ist. Aufgrund der Gravitationsanziehung bewegen sich die kleinen Massen m_1, m'_1 und verdrehen dabei den Faden um den Winkel θ. Nachdem sich diese Konfiguration innerhalb mehrerer Stunden stabilisert hat, werden die Massen m_2, m'_2 in eine neue Position gebracht, wie in Figur 3 dargestellt.

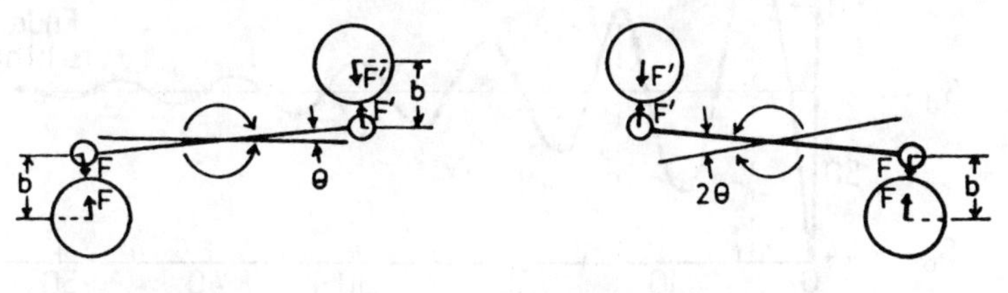

Fig. 2: **Fig. 3:**

Die beiden Positionen der Massen m_2 und m_2' bei der Bestimmung der Gravitationskonstanten

Der Faden wird jetzt durch die Gravitationskraft erneut verdreht, und zwar in entgegengesetzter Richtung um den Winkel 2θ. Das System erreicht danach nicht sofort den Gleichgewichtsendzustand, sondern oszilliert mit abnehmender Amplitude in die Endlage (schwacher gedämpfter Oszillator – Fig. 4). Die Periode der Oszillation beträgt ca. 8 min, und nach ca. 30 min erreicht das System den Gleichgewichtsendzustand. Aus diesen Daten läßt sich die Kraft zwischen den Kugeln bestimmen und, bei bekannter Masse und bekanntem Abstand zwischen den Kugelzentren, die Gravitationskonstante γ aus dem Newtonschen Gravitationsgesetz berechnen.

$$\gamma = 6.67 \cdot 10^{-11} \frac{\mathrm{m}^3}{\mathrm{kg\,s}^2} .$$

Aus der Definitionsgleichung für die Graviationsbeschleunigung auf der Erde

$$g = \gamma \cdot \frac{m_E}{R_E^2} \qquad (m_E : \text{Erdmasse}, \quad R_E : \text{Erdradius})$$

läßt sich nun, bei bekannter Konstante γ, die Masse der Erde berechnen. Man erhält:

$$m_E = \frac{g \cdot R_E^2}{\gamma} = 5.9 \cdot 10^{24}\,\mathrm{kg},$$

wobei $R_E = 6.37 \cdot 10^6\,\mathrm{m}$, $g = 9.81\mathrm{m/s}^2$ angenommen wurde. Die mittlere Dichte der Erde bestimmt sich damit sofort zu

$$\varrho = \frac{m}{V} = \frac{m_E}{\frac{4}{3}\pi R_E^3} \approx 5.5 \cdot 10^3 \frac{\mathrm{kg}}{\mathrm{m}^3}$$

bzw.

$$\varrho \approx 5.5\,g/\mathrm{cm}^3 \qquad (\varrho(\text{Eisen}) = 7.86\,\mathrm{g/cm}^3).$$

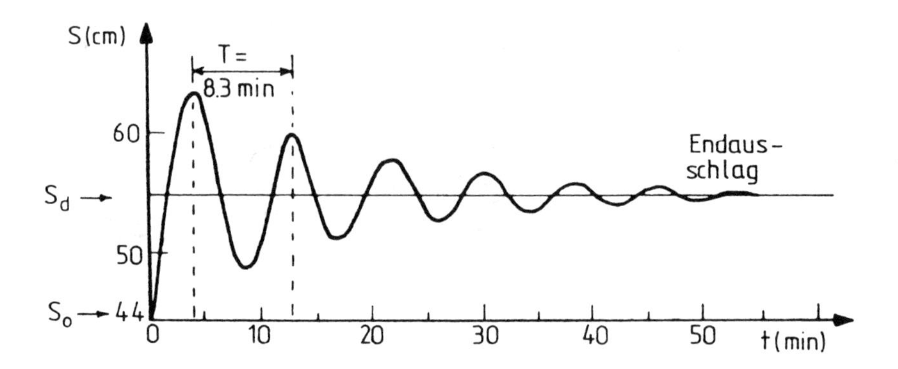

Fig. 4: Die Schwingungen mit schwacher Dämpfung um die Endlage.

Herleitung der Keplerschen Gesetze aus dem Kraftgesetz

Bisher wurde aus den Keplerschen Gesetzen das Gravitationsgesetz hergeleitet. Es sollen nun allgemein Zentralkraftfelder untersucht werden. Man kann jetzt davon ausgehen, daß man das Kraftfeld kennt. Das Zentralkraftfeld hat nun folgende Eigenschaften:

1. Zentralkraftfelder $\vec{F} = f(r)\frac{\vec{r}}{r}$ mit beliebiger radialer Abhängigkeit $f(r)$ sind konservativ, d. h. es gilt der Energieerhaltungssatz, denn:

$$\operatorname{rot} \vec{F} = \begin{vmatrix} \vec{e}_1 & \vec{e}_2 & \vec{e}_3 \\ \frac{\partial}{\partial x} & \frac{\partial}{\partial y} & \frac{\partial}{\partial z} \\ f(r)\frac{x}{r} & f(r)\frac{y}{r} & f(r)\frac{z}{r} \end{vmatrix} = 0.$$

Mit $r = \sqrt{x^2 + y^2 + z^2} = \sqrt{x_1^2 + x_2^2 + x_3^2}$ und $\partial r / \partial x_i = x_i / \sqrt{x_1^2 + x_2^2 + x_3^2} = x_i / r$ gilt beispielsweise für die $\vec{e}_1$-Komponente

$$\begin{aligned} \frac{\partial}{\partial y}\left[f(r)\frac{z}{r}\right] - \frac{\partial}{\partial z}\left[f(r)\frac{y}{r}\right] &= z\frac{\partial}{\partial r}\left(\frac{f(r)}{r}\right)\frac{\partial r}{\partial y} - y\frac{\partial}{\partial r}\left(\frac{f(r)}{r}\right)\frac{\partial r}{\partial z} \\ &= \frac{\partial}{\partial r}\left(\frac{f(r)}{r}\right)\left(\frac{zy}{r} - \frac{yz}{r}\right) = 0. \end{aligned}$$

Das ist auch anschaulich klar, denn ein Zentralkraftfeld, das nur vom Zentrum weg oder auf das Zentrum hin gerichtet ist, kann keine Wirbel besitzen.

2. Bewegt sich ein Körper auf einer Bahn im Zentralkraftfeld, so bleibt der Bahndrehimpuls erhalten. Das heißt, es gilt der Flächensatz. Für Zentralkraftfelder ist ja:

$$\vec{D} = \vec{r} \times \vec{F} = \vec{r} \times \frac{f(r)}{r}\vec{r} = 0 = \dot{\vec{L}},$$

also

$$\vec{L} = \vec{r} \times \vec{p} = m(\vec{r} \times \vec{v}\,) = \overrightarrow{\text{const.}} = m\vec{h}$$

oder

$$\frac{1}{2}|\vec{r} \times \vec{v}\,| = \frac{dA}{dt} = \frac{1}{2}h = \text{const.}$$

3. Ein Körper bewegt sich im Zentralkraftfeld immer in einer Ebene, weil aus

$$\vec{r} \times \vec{v} = \vec{h} = \overrightarrow{\text{const.}}$$

folgt

$$\vec{r} \cdot \vec{h} = \vec{r} \cdot (\vec{r} \times \vec{v}\,) = \frac{1}{m}\vec{r} \cdot \vec{L} = 0.$$

Somit steht $\vec{r}$ senkrecht auf $\vec{L}$; da $\vec{L}$ konstant ist, liegt $\vec{r}$ stets in einer Ebene. Mit anderen Worten: Der Körper bewegt sich nur in der zum Drehimpuls senkrechten Ebene. Aus der Erhaltung von Energie E und Drehimpuls $\vec{L}$ wollen wir versuchen, etwas über die Bahnbewegung auszusagen. Drehimpuls- und Energiesatz lauten nach (26.4):

$$mr^2\dot{\theta} = L, \tag{26.10}$$

$$\frac{1}{2}mv^2 + V(r) = E \tag{26.11}$$

mit dem Gravitationspotential

$$\begin{aligned} V(r) &= -\int \vec{F}(r) \cdot d\vec{r} \\ &= \gamma M m \int_\infty^r \frac{\vec{r} \cdot d\vec{r}}{r^3} = \gamma M m \int_\infty^r \frac{dr}{r^2} = \frac{-\gamma M m}{r}. \end{aligned}$$

Das Gravitationspotential wurde hierbei so gewählt, daß es im Unendlichen (d. h. für $r \to \infty$) verschwindet. Das ist ja immer möglich, weil wir wissen, daß das Potential nur bis auf eine additive Konstante bestimmt ist. Den Energieerhaltungssatz (26.11) schreiben wir mit

$$v^2 = \dot{r}^2 + r^2\dot{\theta}^2$$

um in

$$\frac{m}{2}(\dot{r}^2 + r^2\dot{\theta}^2) + V(r) = E.$$

Mit dem Drehimpuls (26.10) folgt

$$\frac{m}{2}\dot{r}^2 + \frac{L^2}{2mr^2} + V(r) = E. \tag{26.12}$$

Die Gesamtenergie setzt sich also aus *radialer kinetischer Energie* ($\frac{m}{2}\,\dot{r}^2$), *Rotationsenergie* ($L^2/2mr^2$) und *potentieller Energie* ($V(r)$) zusammen. Aus Gleichung (26.12) läßt sich nun leicht $r(t)$ bestimmen, denn es folgt

$$\dot{r} = \sqrt{\frac{2}{m}(E - V(r) - L^2/2mr^2)}\,, \tag{26.13}$$

$$dt = \frac{dr}{\sqrt{\frac{2}{m}(E - V(r) - L^2/2mr^2)}} \quad \text{(Trennung der Variablen)}, \tag{26.14}$$

$$t - t_o = \int\limits_{r_0}^{r} \frac{dr}{\sqrt{\frac{2}{m}(E - V(r) - L^2/2mr^2)}}\,. \tag{26.15}$$

Wie schon erwähnt, setzt sich die Gesamtenergie (26.12) aus drei Summanden zusammen; dabei bezeichnet man $\frac{1}{2}m\dot{r}^2$ als kinetische Radialenergie und $L^2/2mr^2$ als Rotationsenergie. Diese Rotationsenergie kann zum Potential geschlagen werden, weil L^2 konstant ist und daher $L^2/2mr^2$ wie ein Potentialglied in (26.12) wirkt. Der Term $L^2/2mr^2$ heißt deshalb auch Rotationspotential oder *Zentrifugalpotential*. Das führt zum *effektiven Potential*

$$V_{\text{eff}} = V(r) + \frac{L^2}{2mr^2},$$

bestehend aus Gravitationspotential $V(r)$ und Zentrifugalpotential $L^2/2mr^2$. Aus (26.10) läßt sich die Bahn mit dem Ausdruck (26.13) für $\dot{r}$ berechnen. Es ergibt sich

$$\begin{aligned} d\theta &= \frac{L\,dt}{mr^2} = \frac{L\,dr}{r^2\sqrt{2m(E - V - L^2/2mr^2)}} \\ &= \frac{dr}{r^2\sqrt{2mE/L^2 - 2mV(r)/L^2 - 1/r^2}} \end{aligned}$$

oder

$$\theta - \theta_0 = \int\limits_{r_0}^{r} \frac{dr}{r^2\sqrt{(2m/L^2)(E - V) - 1/r^2}}\,. \tag{26.16}$$

Die Integrale (26.15) und (26.16) liefern $t = t(r)$ bzw. $\theta = \theta(r)$. Mit Hilfe der Umkehrfunktionen können wir die Bewegung $r(t)$ und $r(\theta)$ ermitteln. Es gehen jeweils vier Integrationskonstanten ein: E, L, r_0 und t_0 bzw. θ_0. Energie und Drehimpuls können natürlich auch durch die Anfangsgeschwindigkeiten $\dot{r}_0$ und $\dot{\theta}_0$ ausgedrückt werden. Im Prinzip kann aus (26.16) die Funktion $\theta(r)$ bzw. $r(\theta)$ bestimmt werden. Es ist, wie wir im folgenden sehen werden, jedoch einfacher $u(\theta) \equiv 1/r(\theta)$ direkt aus dem dynamischen Grundgesetz (Kraftgesetz) zu berechnen. Diesen zweiten Weg wollen wir jetzt verfolgen.

Die Bahngleichung im Gravitationsfeld: Es soll nun die Bahn eines Körpers im Newtonschen Kraftfeld

$$\vec{F}(r) = -\gamma \frac{m_1 m_2}{r^2} \cdot \frac{\vec{r}}{r}$$

bestimmt werden. Wir gehen dabei nicht von den Integralen (26.15) und (26.16) aus, sondern wollen eine Differentialgleichung für $r(\theta)$ herleiten und die im Gravitationspotential möglichen Lösungen suchen. Der Energiesatz war (siehe Gleichung (26.12))

$$\frac{1}{2}m(\dot{r}^2 + r^2\dot{\theta}^2) + V(r) = E$$

und der Drehimpulssatz lautet

$$r^2\dot{\theta} = h.$$

Es wird damit

$$\dot{r} = \frac{dr}{d\theta}\dot{\theta} = \frac{dr}{d\theta}\frac{h}{r^2},$$

also gilt:

$$\frac{1}{2}m\frac{h^2}{r^4}\left(\left(\frac{dr}{d\theta}\right)^2 + r^2\right) + V(r) = E. \tag{26.17}$$

Wir erwarten die Kegelschnitte, Gl. (26.5), als Lösungen. Deshalb liegt es nahe, die Variable $u(\theta) = 1/r(\theta) = (1 + \varepsilon\cos\theta)/k$ zu betrachten. Für $u(\theta)$ kann man eine einfache Differentialgleichung erwarten. Substituieren wir daher $u = 1/r$, dann wird mit $dr/du = -1/u^2$

$$\begin{aligned}
\frac{dr}{d\theta} &= \frac{dr}{du}\frac{du}{d\theta} = -\frac{1}{u^2}\cdot\frac{du}{d\theta}, \\
\dot{r} &= -\frac{1}{u^2}\frac{du}{d\theta}hu^2 = -h\frac{du}{d\theta}
\end{aligned} \tag{26.18}$$

und man erhält für (26.17)

$$\frac{1}{2}mh^2u^4\left(\frac{1}{u^4}\left(\frac{du}{d\theta}\right)^2 + \frac{1}{u^2}\right) + V\left(\frac{1}{u}\right) = E,$$

oder

$$\frac{1}{2}mh^2\left(\left(\frac{du}{d\theta}\right)^2 + u^2\right) = E - V\left(\frac{1}{u}\right). \tag{26.19}$$

Diese Beziehungen sind für später nützlich. Gesucht ist nun die Funktion $u = u(\theta)$. Dazu ist es einfacher, von der Newtonschen Gleichung für die Zentralkraft:

$$F(r) = m(\ddot{r} - r\dot{\theta}^2)$$

auszugehen. Ersetzen wir wieder r durch u, dann gilt unter Benutzung von (26.18)

$$\begin{aligned}
\ddot{r} &= -h\left(\frac{du}{d\theta}\right)^{\cdot} = -h\frac{d^2u}{d\theta^2}\dot{\theta} \\
&= -h^2\frac{1}{r^2}\frac{d^2u}{d\theta^2} = -h^2u^2\frac{d^2u}{d\theta^2},
\end{aligned}$$

und mit $r^2\dot{\theta} = h$ ergibt sich dann

$$\frac{d^2u}{d\theta^2} + u = -\frac{1}{mu^2h^2}F\left(\frac{1}{u}\right). \tag{26.20}$$

$F(1/u)$ läßt sich jetzt aus dem Gravitationsgesetz (26.9) bestimmen. Es ist

$$\vec{F} = F(r)\vec{e}_r = -\gamma\frac{Mm}{r^2}\vec{e}_r = -Hu^2\vec{e}_r\,, \tag{26.21}$$

wobei

$$H = \gamma Mm. \tag{26.22}$$

Also wird aus (26.20)

$$\frac{d^2u}{d\theta^2} + u = \frac{H}{mh^2}. \tag{26.23}$$

Diese inhomogene Differentialgleichung ist zu lösen. Die Lösung der entsprechenden homogenen Differentialgleichung:

$$\frac{d^2u}{d\theta^2} + u = 0$$

ist aber

$$u(\theta) = A\cos\theta + B\sin\theta. \tag{26.24}$$

Eine spezielle Lösung der inhomogenen Differentialgleichung findet sich leicht, nämlich

$$u = \text{const.} = \frac{H}{mh^2}. \tag{26.25}$$

Die allgemeine Lösung von Gleichung (26.23) lautet demnach

$$u = \frac{H}{mh^2} + A\cos\theta + B\sin\theta, \tag{26.26}$$

oder in der anderen Form der Oszillatorgleichung geschrieben:

$$u = \frac{H}{mh^2} + C(\cos(\theta - \phi)), \tag{26.27}$$

wobei ϕ ein konstanter Winkel ist, dessen Größe von der Wahl des Koordinatensystems abhängt. Da noch keine Voraussetzungen über das Koordinatensystem gemacht wurden, kann man es jetzt so wählen, daß $\phi = 0$ ist. Dann erhält man für $u(\theta)$:

$$u(\theta) = \frac{H}{mh^2} + C\cos\theta = \frac{1}{r(\theta)}. \tag{26.28}$$

Die Auflösung nach $r(\theta)$ ergibt

$$r(\theta) = \frac{mh^2/H}{1 + (Cmh^2/H)\cos\theta}. \tag{26.29}$$

Führen wir mit einem Blick auf die Kegelschnittgleichung (26.5) die Konstanten $k = mh^2/H$ und $\varepsilon = Cmh^2/H$ ein, so erhalten wir für die Bahngleichung

$$r(\theta) = \frac{k}{1+\varepsilon\cos\theta}, \qquad k = \frac{mh^2}{H}, \qquad \varepsilon = \frac{Cmh^2}{H}. \tag{26.30}$$

Dies ist gerade die Gleichung eines Kegelschnittes. Die spezielle Form der Bahnkurve wird bestimmt durch die Exzentrizität ε:

$$\begin{aligned} \varepsilon = 0:&\quad r(\theta)\text{ beschreibt einen Kreis,}\\ 0<\varepsilon<1:&\quad \text{eine Ellipse,}\\ \varepsilon = 1:&\quad \text{eine Parabel,}\\ \varepsilon > 1:&\quad \text{eine Hyperbel.}\end{aligned}$$

Es soll nun untersucht werden, von welchen physikalischen Größen z.B. (Energie, Drehimpuls) die Exzentrizität abhängt. Dazu soll zunächst mit dem Energiesatz die Konstante C bestimmt werden.

$$u(\theta) = \frac{H}{mh^2} + C\cos\theta \tag{26.31}$$

wird differenziert und in die Energiegleichung (26.19) eingesetzt, also

$$\frac{1}{2}mh^2\left(\left(\frac{du}{d\theta}\right)^2 + u^2\right) = E - V\left(\frac{1}{u}\right), \tag{26.32}$$

$$\frac{1}{2}mh^2\left(C^2\sin^2\theta + \left(\frac{H}{mh^2} + C\cos\theta\right)^2\right) = E - V\left(\frac{1}{u}\right), \tag{26.33}$$

wobei $V = V(r)$ das Potential ist. Es lautet

$$V(r) = -\int \vec{F}\cdot d\vec{r} = \int_\infty^r \frac{\gamma Mm}{r^2}dr = -\gamma\frac{Mm}{r} = -Hu = V\left(\frac{1}{u}\right).$$

Nun wird $V(1/u) = -Hu$ in die Energiegleichung eingesetzt, was uns auf

$$\frac{1}{2}mh^2\left(C^2\sin^2\theta + \left(\frac{H}{mh^2} + C\cos\theta\right)^2\right) = E + H\left(\frac{H}{mh^2} + C\cos\theta\right)$$

führt. Mit der Zwischenrechnung

$$\begin{aligned}\frac{1}{2}mh^2\left[C^2(\sin^2\theta + \cos^2\theta) + \left(\frac{H}{mh^2}\right)^2 + 2C\frac{H}{mh^2}\cos\theta\right]&\\ = E + H\left(\frac{H}{mh^2} + C\cos\theta\right)&\end{aligned}$$

können wir nach C auflösen und erhalten

$$C = \sqrt{\frac{H^2}{m^2h^4} + \frac{2E}{mh^2}}. \tag{26.34}$$

Damit berechnet sich ε gemäß (26.30) zu

$$\varepsilon = \sqrt{1 + \frac{2Emh^2}{H^2}}. \tag{26.35}$$

Die Bahnform hängt demnach von der Gesamtenergie des bewegten Körpers ab und es gilt:

Für eine Parabel :	$\varepsilon = 1$,	also	$E = 0$,
Für eine Ellipse :	$0 < \varepsilon < 1$,	also	$E < 0$, $-\gamma^2\frac{M^2m}{2h^2} < E < 0$,
Für einen Kreis :	$\varepsilon = 0$,	also	$E = -\frac{H^2}{2mh^2} = -\frac{\gamma^2 mM^2}{2h^2}$,
Für eine Hyperbel :	$\varepsilon > 1$	also	$E > 0$.

Das effektive Potential – Übersicht über Bahntypen: Schreiben wir die Gesamtenergie in der Form (26.12)

$$\frac{m}{2}\dot{r}^2 + V(r) + \frac{L^2}{2mr^2} = E$$

und führen das effektive Potential

$$V_{\text{eff}}(r) = V(r) + \frac{L^2}{2mr^2}$$

ein, also

$$\frac{m}{2}\dot{r}^2 + V_{\text{eff}}(r) = E, \tag{26.36}$$

so entspricht diese Gleichung genau einer eindimensionalen Bewegung mit einer nur von r abhängigen Kraft; die potentielle Energie dieser eindimensionalen Bewegung ist gerade die effektive Potentialenergie $V_{\text{eff}}(r)$. Wir wollen deren Verlauf überlegen. Sei L fest vorgegeben. Dann besteht V_{eff} aus dem anziehenden Gravitationspotential $\sim -1/r$, das für große Abstände dominiert, und der abstoßenden Drehimpulsbarriere $\sim L^2/r^2$, die für kleine Abstände bestimmend ist. Aus Überlagerung beider ergibt sich ein Potential, wie es in der Skizze gezeigt ist.

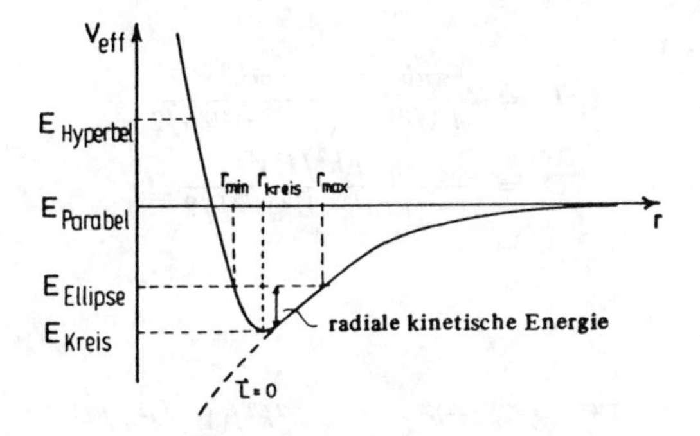

Klassifikation der Bahntypen mit Hilfe des effektiven Potentials.

Betrachten wir nun verschiedene Energiewerte E. Für Umkehrpunkte der Bahnbewegung gilt $\dot{r} = 0$, d. h. es ist nach (33) $V_{\text{eff}} = E$. An diesen Stellen liegen die Punkte mit dem größten und kleinsten Abstand vom Zentralgestirn. Für Parabel und Kreis gibt es bei gegebenem V_{eff} jeweils nur eine Lösung, dagegen gibt es unendlich viele Möglichkeiten für Hyperbel- und Ellipsenbahnen. Bei Parabel und Hyperbel liegen keine gebundenen Lösungen vor (die kinetische Energie ist groß). Die Körper kommen aus dem Unendlichen, werden am effektiven Potential reflektiert und verschwinden wieder im Unendlichen. Solche Prozesse spielen auch in der Atom- und Kernphysik eine große Rolle: z. B. bewegen sich Atomkerne, die an anderen Atomkernen streuen, auf Hyperbelbahnen, so auch Elektronen, die an Atomen oder Kernen streuen. Letztere können auch gebunden werden (Bohrsches Atommodell). Wir können diese Überlegungen, die für das Gravitationsgesetz hergeleitet werden, deshalb auf das Coulombsche Kraftgesetz zwischen zwei Ladungen übertragen, weil beide Krafttypen dieselbe radiale Abhängigkeit besitzen und in beiden Fällen Zentralkräfte vorliegen.

Die Bahnparameter, das 3. Keplersche Gesetz und das Streuproblem: Die Halbachsen a und b der Bahnellipse lassen sich aus der Bahngleichung (26.30) bestimmen. Es ist

$$\begin{aligned} a &= \frac{1}{2}\left[r(\theta=0)+r(\theta=\pi)\right] = \frac{1}{2}\left[\frac{k}{1+\varepsilon}+\frac{k}{1-\varepsilon}\right] = \frac{k}{1-\varepsilon^2} \\ &= \frac{mh^2/H}{-2Emh^2/H^2} = -\frac{H}{2E} = \frac{-\gamma Mm}{2E}, \end{aligned} \tag{26.37}$$

$$\begin{aligned} b &= \sqrt{a^2-c^2} = \sqrt{a^2-\varepsilon^2 a^2} = a\sqrt{1-\varepsilon^2} = \frac{k}{\sqrt{1-\varepsilon^2}} \\ &= \frac{mh^2/H}{\sqrt{-2Emh^2/H^2}} = \frac{mh}{\sqrt{-2Em}} = \sqrt{\frac{-m}{2E}}h. \end{aligned} \tag{26.38}$$

Damit errechnet sich auf Grund der konstanten Flächengeschwindigkeit $dA/dt = h/2$

(siehe Gleichung (26.3)) und Gleichung (26.35) die Umlaufzeit T zu

$$\begin{aligned} T &= \frac{\pi ab}{dA/dt} = \frac{\pi k^2}{(1-\varepsilon^2)^{3/2}h/2} \\ &= \frac{\pi(mh^2/H)^2}{(-2Emh^2/H^2)^{3/2}h/2}, \end{aligned}$$

so daß

$$\begin{aligned} \frac{T^2}{a^3} &= \frac{\pi^2 b^2}{a\cdot(h/2)^2} = \frac{\pi^2 k^2/(1-\varepsilon^2)}{k/(1-\varepsilon^2)\cdot(h/2)^2} \\ &= \frac{4\pi^2 k}{h^2} = \frac{4\pi^2 mh^2}{h^2\cdot H} \\ &= \frac{4\pi^2 mh^2}{h^2\gamma Mm} = \frac{4\pi^2}{\gamma M}. \end{aligned}$$

Danach hängt T^2/a^3 nur von der universellen Gravitationskonstante γ und der Masse M des Zentralsternes ab. Deshalb ist

$$\frac{T^2}{a^3} = \text{const.} = \frac{4\pi^2}{\gamma M} \tag{26.39}$$

für alle Planeten. Das ist das 3. Keplersche Gesetz. Wir bemerken jedoch, daß bei der ganzen Ableitung der Kepler-Gesetze Rückstoßeffekte vernachlässigt wurden. Dadurch ergeben sich geringfügige Abweichungen von der Ordnung m/M. Zum Beispiel für die Erdbahn solche Korrekturen von der Ordnung $m/M \sim 1/3\cdot 10^{-5}$. Die Konstanten der Ellipsenbahnen k, a, ε hängen gemäß (26.30) und (26.35) von den Konstanten E (Energie) und $h = L/m$ (Drehimpulskonstante) ab. Insbesondere hängt nach (26.37 die große Halbachse eines Planeten der Masse m nur von der Energie E ab; die Größe $k = mh^2/H = h^2/\gamma M$ nur von der Drehimpulskonstanten. Das erste ist auch aus der Diskussion der Planetenbahnen mit Hilfe des effektiven Potentials sofort evident, denn bei gegebenem V_{eff} (d. h. gegebenem Drehimpuls) hängen r_{max} und r_{min} nur von E ab. Leitet man also beispielsweise eine Ellipsenbewegung dadurch ein, daß man die Masse m von einer festen Stelle aus mit fester Anfangsgeschwindigkeit abstößt, so ist die Richtung der Anfangsgeschwindigkeit ohne jeden Einfluß auf die Größe der großen Halbachse. Die erste untenstehende Figur zeigt Ellipsenbahnen gleicher Energie; die zweite Figur zeigt Ellipsen-, Parabel-, Hyperbelbahnen gleicher Flächenkonstante (gleicher Drehimpulsbetrag) h. Unter den Bahnen gleicher Energie hat die Kreisbahn die größte Drehimpulskonstante; unter den Bahnen gleicher

Flächenkonstante hat die Kreisbahn die kleinste Energie.

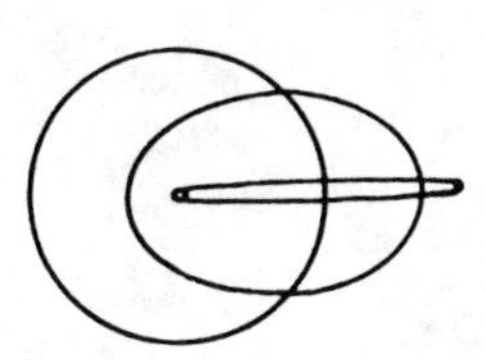

Bahnen gleicher Energie haben die gleiche große Halbachse a.

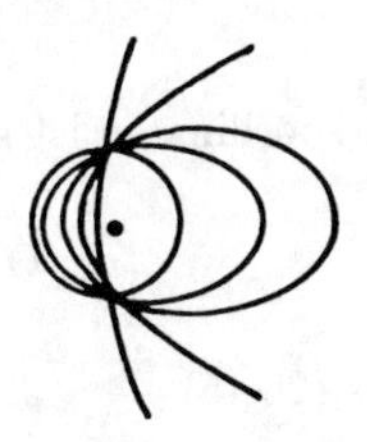

Bahnen gleicher Flächenkonstante (Drehimpulskonstante). Der Schnittpunkt aller Bahnkurven gleicher Flächenkonstanten h liegt bei $r(\Theta = \pi/2) = k = h^2/(\gamma m)$.

Wir haben schon gesehen, daß bei Kometen auch $E > 0$ vorkommen kann. Da es auch andere Zentralkraftfelder vom Typ

$$\vec{F} \sim \frac{1}{r^2}\frac{\vec{r}}{r} \tag{26.40}$$

gibt, wie z. B. die elektrischen Kräfte zwischen zwei Ladungen q_1 und q_2

$$\vec{F}_{\text{el.}} = \frac{q_1 q_2}{r^2}\frac{\vec{r}}{r}, \tag{26.41}$$

hat dieser Fall $E > 0$ allgemeine Bedeutung. Wir fragen nach der Ablenkung (δ), die ein aus dem Unendlichen mit der Geschwindigkeit v_∞ kommender, am Kraftzentrum (Masse M) im Abstand b vorbeiziehender Massepunkt (Masse m) durch die Anziehungskraft erfährt (siehe Figur). Für den Ablenkungswinkel δ gilt

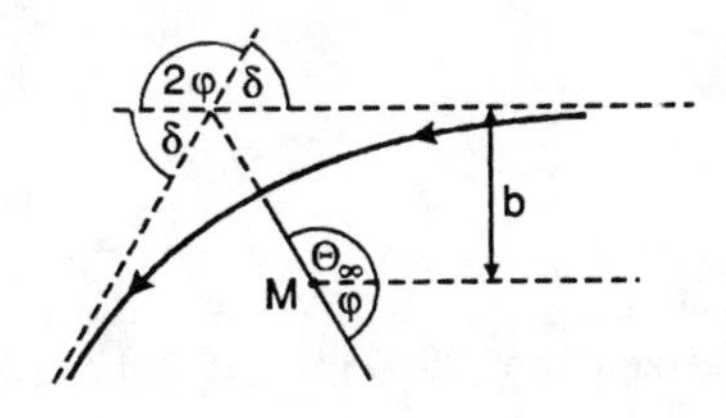

$$\begin{aligned} 2\varphi + \delta &= \pi \\ \Rightarrow \quad \frac{\delta}{2} &= \frac{\pi}{2} - \varphi. \end{aligned} \tag{26.42}$$

Weiter besteht die Beziehung zwischen φ und Θ_∞

$$\varphi = \pi - \Theta_\infty\,. \tag{26.43}$$

Einsetzen in (26.42) liefert

$$\frac{\delta}{2} = \Theta_\infty - \frac{\pi}{2}$$

$$\Rightarrow \quad \sin\frac{\delta}{2} \quad = \quad \sin\left(\Theta_\infty - \frac{\pi}{2}\right) = -\cos\Theta_\infty. \tag{26.44}$$

Der Radius in Polarkoordinaten ist gegeben durch

$$r(\Theta) = \frac{k}{1 + \varepsilon\cos\Theta}. \tag{26.45}$$

Für $r = \infty$ folgt aus (26.45)

$$1 + \varepsilon\cos\Theta_\infty = 0 \quad \Rightarrow \quad 1 - \varepsilon\sin\frac{\delta}{2} = 0 \quad \Rightarrow \quad \sin\frac{\delta}{2} = \frac{1}{\varepsilon}.$$

Nun gilt:

$$\begin{aligned} \tan\left(\frac{\delta}{2}\right) &= \frac{\sin\delta/2}{\cos\delta/2} = \frac{\sin\delta/2}{\sqrt{1-\sin^2\delta/2}} \\ &= \frac{1/\varepsilon}{\sqrt{1-1/\varepsilon^2}} = \frac{1}{\sqrt{\varepsilon^2-1}}. \end{aligned} \tag{26.46}$$

ε ist aber durch

$$\varepsilon = \sqrt{1 + \frac{2Emh^2}{(\gamma Mm)^2}} \tag{26.47}$$

gegeben mit der Konstante E (Energie) und h (Drehimpuls):

$$\begin{aligned} E &= \frac{1}{2}mv_\infty^2, \\ h &= \frac{|\vec{L}\,|}{m} = \frac{mbv_\infty}{m} = bv_\infty. \end{aligned} \tag{26.48}$$

Einsetzen von (26.47) u. (26.48) in (26.46) liefert dann:

$$\tan\left(\frac{\delta}{2}\right) = \frac{1}{\sqrt{(2Emh^2)/(\gamma^2m^2M^2)}} = \frac{\gamma M\sqrt{m}}{\sqrt{2\,\frac{1}{2}mv_\infty^2 b^2 v_\infty^2}} = \frac{\gamma M}{b\,v_\infty^2}. \tag{26.49}$$

Für den Ablenkungswinkel δ erhalten wir also:

$$\delta = 2\arctan\left(\frac{\gamma M}{b\,v_\infty^2}\right). \tag{26.50}$$

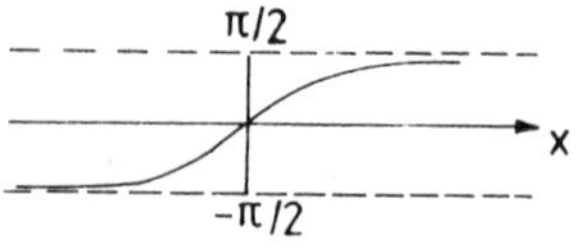

π/2

x

-π/2

Wenn v_∞ von 0 bis ∞ wächst, nimmt $\delta/2$ von $\pi/2$ nach 0 ab, bzw. δ von π nach 0.

Wir betrachten noch kurz den Fall einer abstoßenden Kraft der Form (26.40). Dann läßt sich die Rechnung genau so führen, lediglich die Kopplungskonstante γ ändert ihr Vorzeichen und der Ablenkwinkel ist durch dieselbe Gleichung (26.49), jedoch mit $\gamma = -|\gamma|$, gegeben.

Diese Streuprobleme spielen in der Teilchenphysik eine gewisse Rolle. Auch in der modernen Schwerionenphysik können schwere Kerne als klassische Partikel, die in dem Zentralkraftfeld eines anderen Kerns streuen, aufgefaßt werden. Diese sogenannte Coulomb Streuung spielt daher sowohl bei Coulombanregungen von Kernen eine Rolle (die Kerne streuen aneinander, berühren sich aber nicht - dennoch kommt es durch die elektrischen (Coulombschen) Kräfte zur Anregung der Kerne) als auch bei peripheren Kern–Kern–Stößen (die Kernkräfte spielen bei leichter Berührung kaum eine Rolle). (s. z.B. J.M. Eisenberg and W. Greiner, Nuclear Theory, Vol. 1–3, North Holland, Amsterdam (1985)).

26.2 Aufgabe: Kraftgesetz einer Kreisbahn

Unter dem Einfluß einer auf den Ursprung gerichteten Kraft beschreibt ein Teilchen eine Kreisbahn durch den Ursprung. Geben Sie das Kraftgesetz an:

$$\vec{F} = +f(r)\vec{e}_r. \qquad \underline{1}$$

1. Lösung (unter Benutzung des Energiesatzes): Die Bahngleichung lautet in ebenen Polarkoordinaten:

$$r = 2a\cos\theta.$$

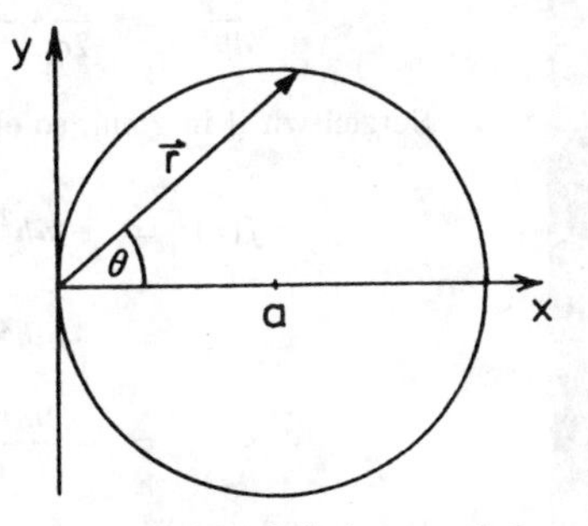

Veranschaulichung der Bahnkurve und der gewählten Koordinaten.

Für Zentralkräfte gilt die Energiegleichung (26.17):

$$E = \frac{mh^2}{2r^4}\left(\left(\frac{dr}{d\theta}\right)^2 + r^2\right) + V(r) = \text{const.}, \qquad h = \frac{L}{m}.$$

Differenzieren wir die Gesamtenergie nach r, so ergibt sich:

$$-2\frac{mh^2}{r^5}\left(\left(\frac{dr}{d\theta}\right)^2 + r^2\right) + \frac{mh^2}{2r^4}\left(\frac{d}{dr}\left(\frac{dr}{d\theta}\right)^2 + 2r\right) + \frac{dV}{dr} = 0.$$

Es gilt

$$\begin{aligned}\frac{dr}{d\theta} &= -2a\sin\theta, \\ \frac{d}{dr}\left(\frac{dr}{d\theta}\right)^2 &= \frac{d}{dr}(4a^2 - r^2) = -2r.\end{aligned}$$

Aus $\vec{F} = -\text{grad}\, V$ folgt $dV/dr = -f(r)$. Damit ergibt sich

$$f(r) = -\frac{mh^2}{2r^4}\left(\frac{16a^2}{r}\sin^2\theta + 4r\right) = -\frac{mh^2}{2r^4}\left(\frac{4(4a^2 - r^2)}{r} + 4r\right),$$

d. h. das Kraftgesetz lautet

$$\vec{F} = -\frac{8a^2mh^2}{r^5}\,\vec{e}_r.$$

2. Lösung (unter Benutzung der Gleichung (26.20)): Wir können die Kraft $\vec{F}$ auch unter Berücksichtigung der Gleichung (26.20) erhalten, denn wir wissen, daß

$$f(r) = f\left(\frac{1}{u}\right) = -mu^2h^2\left(\frac{d^2u}{d\theta^2} + u\right), \qquad \text{wobei} \qquad u = \frac{1}{2a\cos\theta} \tag{2}$$

ist. Um $f(r)$ zu erhalten, müssen wir erst $d^2u/d\theta^2$ bilden.

$$\frac{du}{d\theta} = \frac{1}{2a}\cdot\frac{\sin\theta}{\cos^2\theta} \tag{3}$$

$$\frac{d^2u}{d\theta^2} = \frac{1}{2a}\cdot\frac{\cos^3\theta + 2\sin^2\theta\cos\theta}{\cos^4\theta} = \frac{1}{2a}\left(\frac{1}{\cos\theta} + \frac{2\sin^2\theta}{\cos^3\theta}\right). \tag{4}$$

Setzen wir 4 in 2 ein, so erhalten wir:

$$\begin{aligned} f(r) &= -mh^2\frac{1}{4a^2\cos^2\theta}\left(\frac{2}{2a\cos\theta} + \frac{2\sin^2\theta}{2a\cos^3\theta}\right) \\ &= -mh^2\cdot\frac{2}{8a^3\cos^3\theta}\left(1 + \frac{1-\cos^2\theta}{\cos^2\theta}\right) \\ &= -\frac{2mh^24a^2}{r^3}\cdot\frac{1}{4a^2\cos^2\theta} = \frac{-2mh^24a^2}{r^5} = \frac{-8mh^2a^2}{r^5}. \end{aligned}$$

Daraus folgt

$$\vec{F} = \frac{-8a^2mh^2}{r^5}\vec{e}_r.$$

26.3 Aufgabe: Kraftgesetz einer Spiralbahn

Ein Teilchen bewege sich in einem Zentralkraftfeld, dessen Zentrum der Ursprung des Koordinatensystems sei, auf einer Spiralbahn der Form $r = e^{-\theta}$.

Lösung: Für Zentralkräfte gilt die Gleichung (26.20) mit $\vec{F}(r) = f(r)\vec{e}_r$:

$$f\left(\frac{1}{u}\right) = -mh^2u^2\left(\frac{d^2u}{d\theta^2} + u\right)$$

mit $u = 1/r$. Hier ist nun $u = e^\theta$, $u = u''$. Eingesetzt ergibt sich $f(1/u) = -2mh^2u^3$, also

$$f(r) = \frac{-2mh^2}{r^3}.$$

26.4 Aufgabe: Die Lemniskatenbahn

Geben Sie das Kraftfeld an, das ein Teilchen auf die Lemniskatenbahn $r^2 = a^2\cos(2\theta)$ zwingt.

Lösung: Für Zentralkräfte gilt wieder die Gleichung:

$$f\left(\frac{1}{u}\right) = -mh^2u^2\left(\frac{d^2u}{d\theta^2} + u\right).$$

Aus der Bahngleichung folgt dann:

$$r = a\sqrt{\cos 2\theta}, \qquad u = \frac{1}{a\sqrt{\cos 2\theta}}, \qquad \frac{du}{d\theta} = \frac{\sin 2\theta}{a(\cos 2\theta)^{3/2}},$$

$$\frac{d^2u}{d\theta^2} = \frac{1}{a}\left(\frac{3\sin^2 2\theta}{(\cos 2\theta)^{5/2}} + \frac{2}{\sqrt{\cos 2\theta}}\right) = \frac{1}{a}\left(\frac{3}{(\cos 2\theta)^{5/2}} - \frac{1}{\sqrt{\cos 2\theta}}\right).$$

Das in die obige Gleichung eingesetzt, ergibt:

$$f\left(\frac{1}{u}\right) = -3mh^2a^4u^7 \quad \Rightarrow \quad f(r) = -\frac{3mh^2a^4}{r^7}.$$

Diese Lemniskatenbahn hat die in der Figur gezeigte Gestalt.

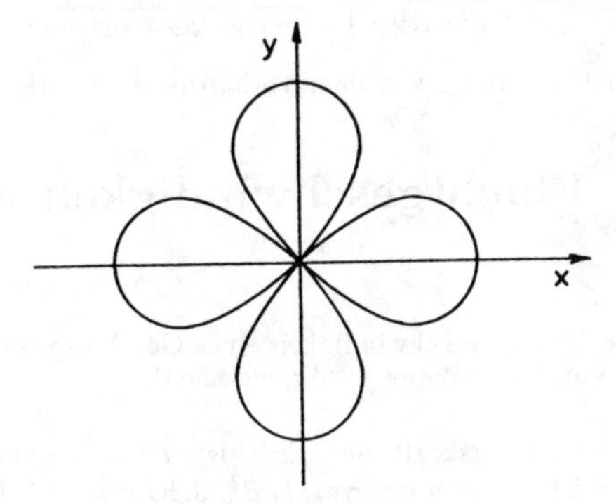

Die Lemniskate $r^2 = a^2\cos 2\theta$

Der Vollständigkeit halber erinnern wir noch an die Definition einer Lemniskate: Die Lemniskate ist eine spezielle *Cassinische*[11] *Kurve,* die als Menge aller Punkte P einer Ebene definiert ist, für die das Produkt der Abstände $r_1 = |PF_1|$ und $r_2 = |PF_2|$ von zwei festen Punkten F_1 und F_2 den konstanten Wert a^2 besitzt, also (siehe Figur)

$$r_1 \cdot r_2 = a^2.$$

[11] *Cassini,* Giovanni Domenico, geb. 8.6.1625 Parinaldo, gest. 14.(?).9.1712 Paris. – C. war Professor der Astronomie in Bologna, gleichzeitig Festungsbaumeister und mit Arbeiten zur Flußregulierung betraut. Seit 1667 war er Direktor der Sternwarte in Paris. Er verfaßte meist astronomische Schriften; die *C.schen Kurven* sollten die Keplerschen Ellipsenbahnen ersetzen. Sie wurden jedoch erst 1740 von seinem Sohn J.C. (1677–1756) in dessen Buch „Elements d'astronomie" veröffentlicht.

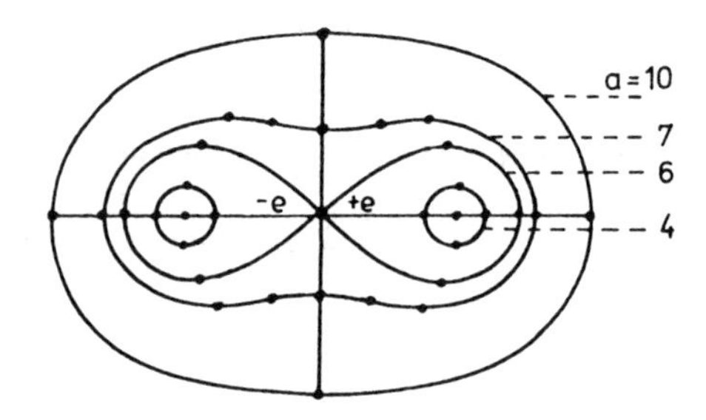

Der Abstand der beiden Fixpunkte ist $|F_1F_2| = 2e$. Falls $a = e$ ist, wird die Cassinische Kurve eine Lemniskate. Haben F_1 und F_2 in einem kartes. Koordinatensystem die Koordinaten $(+e, 0)$ bzw. $(-e, 0)$, so gilt $r_1^2 = (x-e)^2 + y^2$ und $r_2^2 = (x+e)^2 + y^2$, und aus $r_1 \cdot r_2 = a^2$ erhält man durch Quadrieren die Gleichung 1 der C.K. Sie ist eine Kurve 4. Ordnung

$$(x^2 + y^2) - 2e^2(x^2 - y^2) = a^4 - e^4. \qquad \underline{1}$$

Geht man durch $x = r\cos\varphi$ und $y = r\sin\varphi$ zu Polarkoordinaten über, so erhält man Gleichung 2.

$$r^2 + e^2\cos 2\varphi \pm \sqrt{e^4\cos^2 2\varphi + (a^4 - e^4)}. \qquad \underline{2}$$

Die Gestalt einer C.K. hängt von dem Verhältnis a zu e ab.

26.5 Aufgabe: Fluchtgeschwindigkeit auf der Erde

Wie groß muß die Anfangsgeschwindigkeit eines Geschosses sein, damit es die Erde verlassen kann? Von Luftreibung wird abgesehen!

Lösung: Die Anziehungskraft der Erde ist $F = -\gamma mM/r^2$. An der Erdoberfläche $r = R$ ist $-F = mg = \gamma mM/R^2$, d. h. $g = \gamma M/R^2$.

Die Bewegungsgleichung lautet:

$$m\ddot{r} = -\gamma\frac{mM}{r^2}.$$

Mit $\ddot{r} = \frac{dv}{dt} = \frac{dv}{dr}\frac{dr}{dt} = v\frac{dv}{dr}$ folgt

$$\int_{v_0}^{v} v \cdot dv = -\int_{R}^{r} \frac{\gamma M}{r^2}dr,$$

also

$$\frac{1}{2}(v^2 - v_0^2) = +\gamma M\left(\frac{1}{r} - \frac{1}{R}\right).$$

Dies ist nichts anderes als der Energiesatz, den wir auch sofort hätten aufschreiben können:

$$\frac{1}{2}mv^2 - \gamma mM/r = \frac{1}{2}mv_0^2 - \frac{\gamma mM}{R}.$$

Wenn das Geschoß die Erde verlassen soll, bedeutet das, daß $r \to \infty$ geht. Die geringste Anfangsgeschwindigkeit ergibt sich, wenn die Geschwindigkeit, mit der das Geschoß bei $r = \infty$ ankommt, gerade Null geworden ist, d. h. $v(r \to \infty) = 0$, und daher

$$v_0^2 = \frac{2\gamma M}{R} = 2gR, \qquad v_0 \approx 11\frac{\text{km}}{\text{s}}.$$

Das ist die sogenannte *Fluchtgeschwindigkeit,* die ein Körper (unabhängig von seiner Masse) haben muß, um das Schwerefeld der Erde zu verlassen.

26.6 Aufgabe: Das Raketenproblem

Eine Rakete der Anfangsmasse m_0 stößt pro Zeiteinheit die Gasmenge $\alpha = \frac{\Delta m}{\Delta t} > 0$ mit der konstanten Geschwindigkeit v_0 aus. Gesucht ist die Bewegungsgleichung. Die Gravitationskraft soll konstant angenommen werden. Das bedeutet, daß das Raketenproblem nur in der näheren Umgebung der Erdoberfläche betrachtet werden soll.

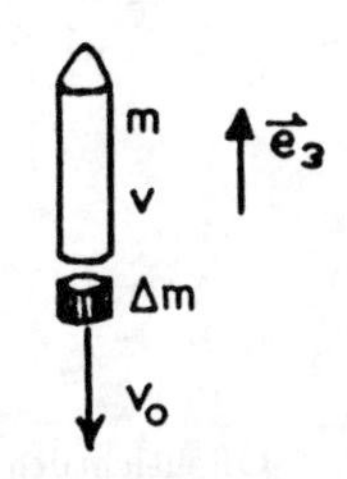

Zum Raketenproblem.

Lösung: Die Rakete der Masse $m(t)$ bewegt sich mit der Geschwindigkeit $v(t)$ nach oben. Dabei wird die Masse Δm mit der konstanten Geschwindigkeit v_0 (relativ zur Rakete) nach unten ausgestoßen.

Für die Rakete muß das Newtonsche Kraftgesetz in seiner ursprünglichen Form

$$\frac{d\vec{p}}{dt} = \vec{F}$$

zu Grunde gelegt werden, weil die Raketenmasse veränderlich ist. Daher gilt

$$\frac{d\vec{p}}{dt} = m\frac{d\vec{v}}{dt} + \vec{v}\frac{dm}{dt},$$

wobei

$$\vec{v} = v\vec{e}_3$$

die vertikale Geschwindigkeit bedeutet. Die ausgestoßenen Gase tragen innerhalb des Zeitintervalls Δt den Impuls

$$\Delta\vec{p}\,' = \Delta m(v - v_0)\vec{e}_3 = \alpha(v - v_0)\Delta t\,\vec{e}_3$$

weg. Dies führt zu einer Kraft auf die Rakete (Rückstoßkraft) von der Größe

$$\vec{F}\,' = -\frac{\Delta\vec{p}\,'}{\Delta t} = -\alpha(v - v_0)\vec{e}_3.$$

Außerdem wirkt die Schwerkraft $-mg\vec{e}_3$. Somit lautet das Newtonsche Kraftgesetz:

$$m\frac{dv}{dt} + v\frac{dm}{dt} = -\alpha(v - v_0) - mg = -mg - \frac{dm}{dt}(v_0 - v).$$

Diese Bilanz gilt im fest auf der Erde verankertem Inertialsystem. Mit $m = m_0 - \alpha t$ und $dm/dt = -\alpha$ folgt

$$m\frac{dv}{dt}\vec{e}_3 = +\alpha v_0\vec{e}_3 - mg\vec{e}_3.$$

Das Glied αv_0 auf der rechten Seite stellt die vom Rückstoß herrührende Kraft dar. Wir folgern weiter

$$\begin{aligned}
\int_0^v dv &= \int_0^t \left(\frac{\alpha v_0}{m_0 - \alpha t} - g\right)dt, \\
v(t) &= -gt + v_0 \cdot \int_0^t \frac{\alpha/m_0\, dt}{1 - (\alpha/m_0)\,t} \\
&= -gt - v_0\left[\ln\left(1 - \frac{\alpha}{m_0}t\right)\right]_0^t \\
&= -gt - v_0 \ln\left(1 - \frac{\alpha}{m_0}t\right).
\end{aligned}$$

Offensichtlich hängt die Raketengeschwindigkeit linear von der Austrittsgeschwindigkeit v_0 der Rückstoßgase ab. Durch eine weitere Integration ergibt sich die Höhe der Rakete $h(t)$.

$$h = \int_0^h v\,dt = -\frac{1}{2}gt^2 - v_0\int_0^t \ln\left(1 - \frac{\alpha}{m_0}t\right)dt.$$

Mit der Substitution $u = 1 - (\alpha/m_0)\,t$, $du = -(\alpha/m_0)\,dt$ folgt

$$\begin{aligned}
\frac{v_0 m_0}{\alpha}\int_{t=0}^t \ln u\,du &= \frac{v_0 m_0}{\alpha}\Big[u \ln u - u\Big]_{t=0}^t \\
&= \frac{v_0}{\alpha}m_0\left[\left(1 - \frac{\alpha}{m_0}t\right)\ln\left(1 - \frac{\alpha}{m_0}t\right) - \left(1 - \frac{\alpha}{m_0}t\right)\right]_{t=0}^t \\
&= \frac{v_0 m_0}{\alpha}\left[\left(1 - \frac{\alpha}{m_0}t\right)\ln\left(1 - \frac{\alpha}{m_0}t\right) + \frac{\alpha}{m_0}t\right].
\end{aligned}$$

Damit folgt für die Höhe der Rakete nach der Zeit t:

$$h = -\frac{1}{2}gt^2 + \frac{v_0 m_0}{\alpha}\left(1 - \frac{\alpha}{m_0}t\right)\ln\left(1 - \frac{\alpha}{m_0}t\right) + v_0 t.$$

Um den Zeitpunkt des Brennschlusses T zu bestimmen, führen wir als m_1 die Masse des Gehäuses ein. Es gilt dann: $m_0 = m_1 + \alpha T$, wobei αT die Brennstoffmasse ist.

$$T = \frac{m_0 - m_1}{\alpha}.$$

Zur Zeit des Brennschlusses hat die Rakete die Geschwindigkeit

$$v_1 = v(T) = -g\frac{m_0 - m_1}{\alpha} - v_0 \ln \frac{m_1}{m_0} = -g\frac{m_0 - m_1}{\alpha} + v_0 \ln \frac{m_0}{m_1}$$

am Ort

$$h_1 = h(T) = -\frac{1}{2}g\left(\frac{m_0 - m_1}{\alpha}\right)^2 + v_0\left[\frac{m_0 - m_1}{\alpha} + \frac{m_1}{\alpha}\ln\frac{m_1}{m_0}\right].$$

Die Endgeschwindigkeit der Rakete hängt linear von der Austrittsgeschwindigkeit v_0 der Rückstoßgase ab und ist proportional dem Logarithmus des Verhältnisses aus Anfangs- und Endmasse. Für die weitere Bewegung der Rakete folgt nach dem Energiesatz

$$\frac{1}{2}m \cdot v_1^2 = m \cdot g \cdot h_2 .$$

Daraus läßt sich die Höhe h_2, die die Rakete nach Brennschluß fliegt, berechnen:

$$h_2 = \frac{v_1^2}{2g}.$$

Die Gesamtsteighöhe der Rakete ist dann:

$$\begin{aligned} h &= h_1 + h_2 = h_1 + \frac{v_1^2}{2g}, \\ h &= \frac{1}{2}g\left(\frac{m_0 - m_1}{\alpha}\right)^2 - \frac{1}{2}g\left(\frac{m_0 - m_1}{\alpha}\right)^2 + v_0\left(\frac{m_0 - m_1}{\alpha}\right)\ln\frac{m_1}{m_0} \\ &\quad + \frac{v_0^2}{2g}\ln^2\frac{m_1}{m_0} + v_0\frac{m_0 - m_1}{\alpha} + v_0\frac{m_1}{\alpha}\ln\frac{m_1}{m_0}, \\ &= \left(\ln\frac{m_1}{m_0} + 1\right)v_0\frac{m_0 - m_1}{\alpha} + v_0 \ln\frac{m_1}{m_0}\left(\frac{v_0}{2g}\ln\frac{m_1}{m_0} + \frac{m_1}{\alpha}\right). \end{aligned}$$

26.7 Aufgabe: Bewegungsgleichungen einer Zweistufenrakete

Stellen Sie die Bewegungsgleichung einer Zweistufenrakete im homogenen Schwerefeld der Erde auf.

Lösung: Sei T der Brennschluß der ersten Stufe. Für $t \leq T$ gelten dann $s(t)$ und $v(t)$ wie in Aufgabe 26.6. Dabei ist die Masse beim Start

$$m_0 = m_1 + \alpha T + \alpha T' + m_2.$$

m_1 :	Gehäuse der ersten Stufe,	αT	Brennstoff der ersten Stufe,
m_2 :	Gehäuse der zweiten Stufe,	$\alpha T'$	Brennstoff der zweiten Stufe.

Für $t = T$ ist die Masse dann $m_0' = m_2 + \alpha T'$ und es gilt, wenn $h'(t)$ und $v'(t)$ die analoge Bedeutung wie in 26.6 haben, für $t > T$

$$\begin{aligned} h(t) &= h'(t - T) + h(T) + v(T)(t - T) \\ v(t) &= v'(t - T) + v(T). \end{aligned}$$

26.8 Aufgabe: Kondensation eines Wassertropfens

Ein Staubkorn vernachlässigbarer Masse beginnt zur Zeit $t = 0$ unter Gravitationseinwirkung durch gesättigten Wasserdampf zu fallen. Dabei kondensiert der Dampf an dem Staubteilchen mit konstanter Rate von λ [Gramm pro Zentimeter] und bildet einen Wassertropfen sich stetig vergrößernder Masse.

a) Berechnen Sie die Beschleunigung des Tropfens als Funktion seiner Geschwindigkeit und des zurückgelegten Wegs.

b) Bestimmen Sie die Bewegungsgleichung des Tropfens durch Integration des Ausdrucks für die Beschleunigung. Vernachlässigen Sie Reibung, Stöße, etc.

Lösung:

a) Da die einzige wirksame äußere Kraft auf den Tropfen die Gravitationskraft

$$F_g = mg$$

ist, erhält man nach dem Newtonschen Gesetz

$$mg = \frac{dm}{dt}v + m\frac{dv}{dt} \qquad \text{und} \qquad \frac{dm}{dt} = \frac{dm}{dx}\frac{dx}{dt} = \lambda v, \tag{1}$$

weil der Massenanstieg $dm/dx = \lambda$ eine Konstante sein soll. Für die Beschleunigung berechnet man sich nach Gleichung 1

$$b = \frac{dv}{dt} = \frac{mg - \lambda v^2}{m} \tag{2}$$

und, da die Masse des Staubteilchens zur Zeit $t = 0$ und bei $x = 0$ vernachlässigbar angenommen wurde, es gilt $m = \lambda x$ und für Gleichung 2 folgt als Beschleunigung

$$b = g - \frac{v^2}{x}. \tag{3}$$

b) Durch Integration von Gleichung 3 soll nun die Bewegungsgleichung für das Staubteilchen bestimmt werden. Aus Gleichung 3 erhält man für $x \neq 0$

$$x \cdot \frac{d^2x}{dt^2} + \left(\frac{dx}{dt}\right)^2 - gx = 0. \tag{4}$$

Zur Lösung dieser nichtlinearen Differentialgleichung macht man versuchsweise den Ansatz

$$x = At^n$$

und substituiert in Gleichung 4. Man erhält

$$\begin{aligned} (At^n)n(n-1)At^{n-2} \quad &+(Ant^{n-1})^2 - gAt^n = 0, \\ A^2n(n-1)t^{2n-2} \quad &+A^2n^2t^{2n-2} - gAt^n = 0. \end{aligned} \tag{5}$$

Gleichung 5 ist erfüllt für $n = 2$, d.h. wenn die Potenzen von t gleich sind. Eingesetzt folgt aus Gleichung 5

$$A(2n^2 - n) = g \qquad \text{bzw.} \qquad A = g/6$$

und damit als Lösung für x

$$x = \frac{g}{6}t^2. \qquad \underline{6}$$

Durch Einsetzen dieser Lösung in Gleichung $\underline{4}$ läßt sich der vorgeschlagene Ansatz verifizieren. Durch Differentiation von Gleichung $\underline{6}$ erhält man

$$v = (g/3)t \quad \text{und} \quad b = g/3\,,$$

d.h. die Beschleunigung des Tropfens ist konstant und unabhängig von x gleich $g/3$.

26.9 Aufgabe: Bewegung eines Lastwagens mit variabler Ladung

Ein leerer Lastwagen der Masse M_0 bewegt sich reibungslos mit der Geschwindigkeit V_0 auf einem Schienenstrang. An der Stelle $x = 0$ zur Zeit $t = 0$ wird der Wagen mit der Füllrate λ kg/s mit Sand beladen (siehe Abbildung). Bestimmen Sie die Position des Wagens als Funktion der Zeit.

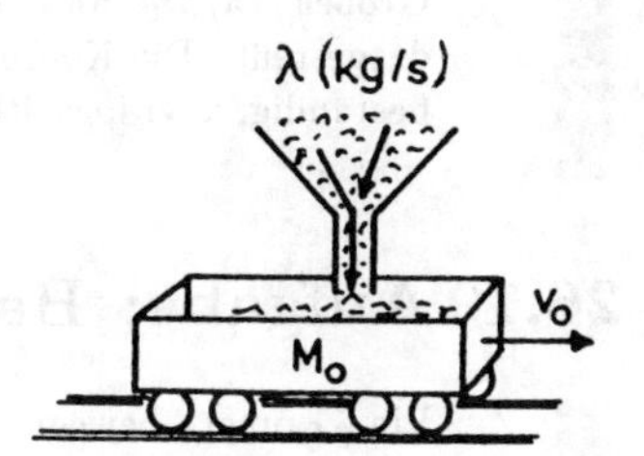

Lösung: Da keine äußeren Kräfte auf den Lastwagen einwirken, ist die Impulsänderung

$$\frac{d}{dt}(mv) = 0 \quad \text{bzw.} \quad mv = \text{konstant}, \qquad \underline{1}$$

obwohl andererseits m und v Funktionen der Zeit sind. Aus den Anfangsbedingungen zur Zeit $t = 0$ ($m = M_0$ und $v = V_0$) wird Gleichung $\underline{1}$ zu

$$mv = M_0 V_0. \qquad \underline{2}$$

Da der Wagen mit konstanter Rate beladen wird, ist die Massenänderung $dm/dt = \lambda$ eine Konstante und es gilt

$$m = M_0 + \lambda t.$$

Eingesetzt in Gleichung $\underline{2}$ erhält man für die Geschwindigkeit

$$v = \frac{M_0 V_0}{M_0 + \lambda t} \qquad \underline{3}$$

und mit der Substitution $v = dx/dt$ folgt aus Gleichung $\underline{3}$ nach Separation der Variablen

$$\begin{aligned} dx &= M_0 V_0 \frac{dt}{M_0 + \lambda t} \\ &= \frac{M_0 V_0}{\lambda} \frac{d(M_0 + \lambda t)}{M_0 + \lambda t} = \frac{M_0 V_0}{\lambda}\left(\frac{dk}{k}\right), \end{aligned} \qquad \underline{4}$$

wobei $k = M_0 + \lambda t$ und $dt = dm/\lambda = d(M_0 + \lambda t)/\lambda$. Integration von Gleichung 4 führt auf

$$\begin{aligned} x &= \frac{M_0 V_0}{\lambda} \ln k + c \\ &= \frac{M_0 V_0}{\lambda} \ln(M_0 + \lambda t) + c. \end{aligned} \qquad 5$$

Aus den Anfangsbedingungen $x = 0$ zur Zeit $t = 0$ ermittelt sich die Konstante c zu

$$c = -\frac{M_0 V_0}{\lambda} \ln(M_0) \qquad 6$$

und damit wird Gleichung 5 zu

$$x = \frac{M_0 V_0}{\lambda} \ln\left(\frac{M_0 + \lambda t}{M_0}\right). \qquad 7$$

Gleichung 6 ist in der nebenstehenden Abbildung als Funktion der dimensionslosen Größen $t\lambda/M_0$ und $x\lambda/M_0V_0$ graphisch dargestellt. Die Koordinate x wächst also beständig, aber logarithmisch mit der Zeit.

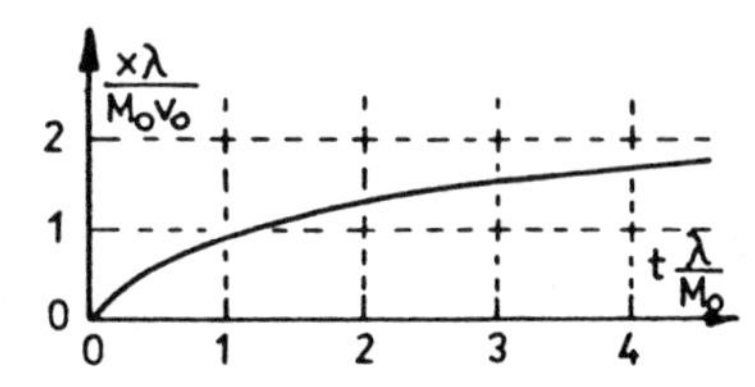

26.10 Aufgabe: Bahn eines Kometen

Ein Komet bewegt sich auf einer parabolischen Bahn im Gravitationsfeld der ruhenden Sonne. Seine Bahnebene fällt mit der Bahnebene (kreisförmig idealisiert) der Erde zusammen. Der Perihelabstand beträgt ein Drittel des Erdbahnradius ($R_E = 1{,}49 \cdot 10^{11}$ m). Wie lange bewegt sich der Komet innerhalb der Erdbahn (eine Störung der Kometenbahn durch die Planeten soll vernachlässigt werden)?

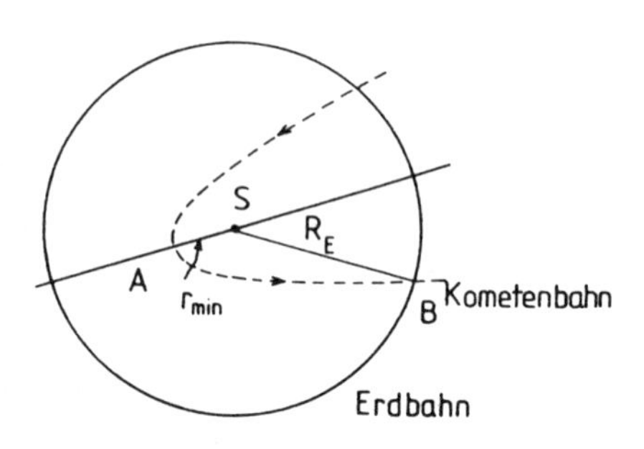

Lösung: Der Komet bewegt sich auf einer Parabel, d. h. $E = 0$, $\varepsilon = 1$ mit der Bahngleichung:

$$r = \frac{k}{1 + \cos\theta}, \qquad k = \frac{L^2}{\gamma M m \mu}.$$

Dabei sind

L : Drehimpuls der reduzierten Masse $\mu = \dfrac{Mm}{M+m}$,

M : Sonnenmasse,

m : Kometenmasse,

γ : Gravitationskonstante.

Gemäß Gl. (26.12) aus der Vorlesung lautet der Energiesatz

$$\frac{\mu}{2}\dot{r}^2 + \frac{L^2}{2\mu r^2} + V(r) = E = 0.$$

Wir werten diese Beziehung im Punkt A aus; dort ist der Term $\frac{\mu}{2}\dot{r}^2$ gleich Null, da keine radiale kinetische Energie vorhanden ist (Bahn ist symmetrisch bezüglich A):

$$\begin{aligned}
\frac{L^2}{2\mu(r_{\min})^2} &= -V(r_{\min}) = \gamma\frac{Mm}{r_{\min}} \\
\Rightarrow \left(\frac{L}{\mu}\right) &= \Big(2\gamma(M+m)r_{\min}\Big)^{1/2} = \left(\frac{2}{3}\gamma(M+m)R_E\right)^{1/2}. \qquad \underline{1}
\end{aligned}$$

Zur Zeit t_0 sei der Planet am Perihel A, dann errechnet sich die Flugzeit bis zum Verlassen des Erdbahnradius R_E am Punkt B aus:

$$\begin{aligned}
t - t_0 &= \int\limits_{r_{\min}}^{R_E} \frac{dr}{\sqrt{\frac{2}{\mu}(-V(r) - L^2/2\mu r^2)}} \qquad (E=0) \\
&= \int\limits_{R_{E/3}}^{R_E} \frac{dr\cdot r}{\sqrt{\frac{2}{\mu}(\gamma Mmr - L^2/2\mu)}} \\
&= \sqrt{\frac{\mu}{2\gamma M\cdot m}} \int\limits_{R_{E/3}}^{R_E} \frac{dr\cdot r}{\sqrt{r - L^2/2\mu\gamma Mm}}. \qquad \underline{2}
\end{aligned}$$

Nach $\underline{1}$ ist aber

$$\begin{aligned}
\frac{L^2}{2\mu\gamma Mm} &= \left(\frac{2}{3}\gamma(M+m)R_E\right)\frac{1}{2}\mu\frac{1}{\gamma Mm} \\
&= \frac{1}{3}R_E = r_{\min}
\end{aligned}$$

und daher

$$t - t_0 = \sqrt{\frac{\mu}{2\gamma M\cdot m}} \int\limits_{R_{E/3}}^{R_E} \frac{dr\cdot r}{\sqrt{r - R_E/3}}; \qquad \underline{3}$$

mit der Substitution: $x := \sqrt{r - R_E/3}$, $dx = (1/2x)\,dr$ läßt sich $\underline{2}$ lösen:

$$\begin{aligned}
t - t_0 &= \sqrt{\frac{\mu}{2\gamma M\cdot m}} \int\limits_0^{(\frac{2}{3}R_E)^{1/2}} \frac{2x(x^2 + R_E/3)\,dx}{x} \\
&= \sqrt{\frac{\mu}{2\gamma M\cdot m}} \left[\frac{2}{3}x^3 + \frac{2}{3}R_E x\right]_0^{(\frac{2}{3}R_E)^{1/2}} \\
&= \frac{10}{9}\sqrt{\frac{2}{3}}R_E^{3/2}\sqrt{\frac{\mu}{2\gamma M\cdot m}} \\
&= \frac{10}{9}R_E^{3/2}\Big(3\gamma(M+m)\Big)^{-1/2}.
\end{aligned}$$

Für die Gesamtverweildauer des Kometen innerhalb der Erdbahn ($T_{\text{ges}} = 2(t-t_0)$) bekommen wir dann

$$T_{\text{ges}} = \frac{20}{9} R_E^{3/2} \Big(3\gamma(M+m) \Big)^{-1/2} . \qquad \underline{4}$$

Für einen „gewöhnlichen“ Kometen kann die Masse m gegenüber der Sonnenmasse M ($M \approx 330\,000$ Erdmassen) vernachlässigt werden. Einsetzen der Werte $R_E = 1,49 \cdot 10^{11}$ m , $\gamma M = 1,32 \cdot 10^{20}\,\text{m}^3\text{s}^{-2}$ ergibt

$$T_{\text{ges}} = 74.32\,\text{Tage.}$$

26.11 Aufgabe: Bewegung im Zentralfeld

Eine Masse m bewegt sich im Zentralkraftfeld mit dem Potential

$$U(r) = \frac{-\alpha}{r}, \qquad (\alpha > 0).$$

a) Zeigen Sie, daß jede Bahn finiter Bewegung (also nicht im Unendlichen) geschlossen ist. Was geschieht, wenn zu $U(r)$ ein Zusatzterm der Form β/r^3 addiert wird?

b) Zeigen Sie, daß der Vektor (Lenzscher Vektor)

$$\vec{V} = \frac{1}{m\alpha}\left[\vec{L} \times \vec{p}\right] + \frac{\vec{r}}{r}$$

eine Erhaltungsgröße ist. Wie kann er gedeutet werden?

Lösung:

a) Da es sich um ein Zentralkraftfeld handelt, können wir den Ausdruck (26.16) aus der Vorlesung für die Winkeländerung in Abhängigkeit vom Radius benutzen:

$$\theta = \int \frac{L\,dr}{r^2\sqrt{2m(E-U(r)) - L^2/r^2}}.$$

Hierbei ist L der Drehimpuls. Ein Umlauf der Masse ist dadurch charakterisiert, daß sich der Radius von z. B. r_{max} über r_{min} wieder zu r_{max} entwickelt. Die zugehörige Winkeländerung ist dann

$$\triangle\theta = 2 \int\limits_{r_{\text{min}}}^{r_{\text{max}}} \frac{L\,dr}{r^2\sqrt{2m(E-U(dr)) - L^2/r^2}}. \qquad \underline{1}$$

Wir setzen jetzt $U(r) = -\alpha/r$ ein und erhalten

$$\begin{aligned}
\triangle\theta &= 2 \int\limits_{r_{\text{min}}}^{r_{\text{max}}} \frac{L\,dr}{r^2\sqrt{2mE + 2m\alpha/r - L^2/r^2}} \\
&= 2 \int\limits_{r_{\text{min}}}^{r_{\text{max}}} \frac{L\,dr}{r^2\sqrt{-(L/r - m\alpha/L)^2 + m^2\alpha^2/L^2 + 2mE}} \\
&= 2 \int\limits_{r_{\text{min}}}^{r_{\text{max}}} \frac{L\,dr}{Cr^2\sqrt{1-(L/r - m\alpha/L)^2/C^2}},
\end{aligned}$$

wobei $(m^2\alpha^2)/L^2 + 2mE = C^2$ gesetzt wurde. Dies läßt sich sofort integrieren $((\arccos x)' = -1/\sqrt{1-x^2}\,)$:

$$\triangle\theta = 2\arccos \frac{(L/r - m\alpha/L)}{C}\bigg|_{r_{\min}}^{r_{\max}} . \qquad \underline{2}$$

Da die Bewegung finit sein soll, bewegt sich die Masse auf einer Keplerellipse

$$r = \frac{k}{1+\varepsilon\cos\theta} \qquad \text{mit} \quad k = \frac{L^2}{m\alpha} .$$

$r_{\min}$ und $r_{\max}$ sind dann eindeutig festgelegt (bei gegebener Gesamtenergie):

$$r_{\min} = \frac{k}{1+\varepsilon}, \qquad r_{\max} = \frac{k}{1-\varepsilon}, \qquad 0 \le \varepsilon < 1 \qquad \varepsilon = \sqrt{1 + \frac{2EL^2}{m\alpha^2}} .$$

Einsetzen ergibt:

$$\triangle\theta = 2\arccos\left(-\frac{m\alpha\varepsilon}{L\cdot C}\right) - 2\arccos\left(\frac{m\alpha\varepsilon}{L\cdot C}\right);$$

wegen

$$C = \sqrt{2mE + \frac{m^2\alpha^2}{L^2}} = \frac{m\alpha}{L}\sqrt{1+\frac{2EL^2}{m\alpha^2}} = \frac{m\alpha}{L}\varepsilon$$

bekommt man

$$\triangle\theta = 2\big([\pi + n\cdot 2\pi] - n\cdot 2\pi\big) = 2\pi .$$

Dies bedeutet aber gerade, daß die Bahn geschlossen ist.

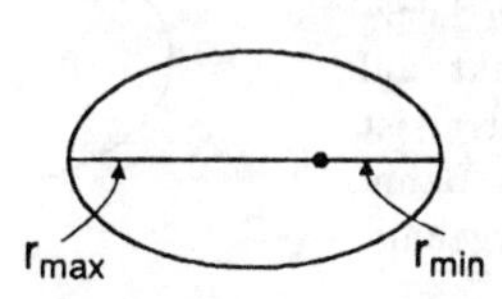

Keplerellipse

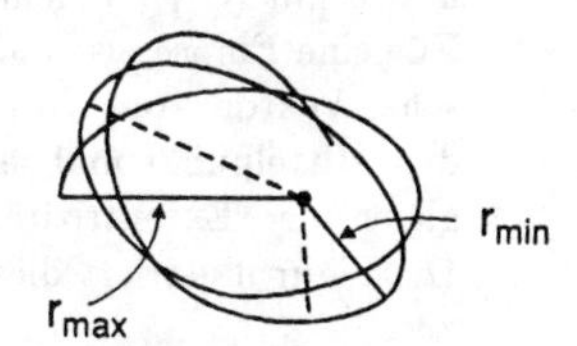

Rosettenbahn

Wird zu dem Potential $U(r)$ ein Zusatzterm in Form einer kleinen Störung β/r^3 addiert, wird $\triangle\theta \neq 2\pi$ bzw. $\triangle\theta = 2\pi + \delta\theta$; es entstehen dann Rosettenbahnen (Periheldrehung).

b) Wir zeigen, daß $\dot{\vec{V}} = 0$ gilt. Es ist

$$\vec{V} = \frac{1}{m\alpha}\left[\vec{L}\times\vec{p}\right] + \frac{\vec{r}}{r}$$

und daher

$$\dot{\vec{V}} = \frac{1}{m\alpha}\underbrace{\dot{\vec{L}}}_{=0\text{ , da L= const.}}\times\vec{p} + \frac{1}{m\alpha}\vec{L}\times\dot{\vec{p}} + \frac{1}{r}\dot{\vec{r}} - \frac{\dot{r}}{r^2}\vec{r}.$$

Unter Verwendung von $\vec{L} = m(\vec{r} \times \dot{\vec{r}})$ und $\dot{\vec{p}} = m\dot{\vec{v}} = -\alpha\vec{r}/r^3$ ergibt sich

$$\begin{aligned}
\dot{\vec{V}} &= \frac{1}{\alpha}(\vec{r} \times \dot{\vec{r}}) \times \left(-\frac{\alpha}{r^3}\vec{r}\right) + \frac{1}{r}\dot{\vec{r}} - \frac{\dot{r}}{r^2}\vec{r} \\
&= \frac{1}{r^3}\left[r^2\dot{\vec{r}} - (\dot{\vec{r}} \cdot \vec{r})\,\vec{r} - (\vec{r} \times \dot{\vec{r}}) \times \vec{r} \right] \\
&= \frac{1}{r^3}\left[r^2\dot{\vec{r}} - (\dot{\vec{r}} \cdot \vec{r}) + (\vec{r} \cdot \dot{\vec{r}})\vec{r} - (\vec{r}\,\vec{r})\,\dot{\vec{r}} \right] = 0
\end{aligned}$$

Nun gilt aber $(\vec{a} \times [\vec{b} \times \vec{c}]) = (\vec{a} \cdot \vec{c})\vec{b} - (\vec{a} \cdot \vec{b}\,)\vec{c}$. Es folgt also

$$\vec{V} = \text{const.} \tag{3}$$

Sowohl $[\vec{L} \times \vec{p}\,]$ als auch $\vec{r}$ liegen in der Bahnebene; wir berechnen jetzt den Winkel ϑ, den der Lenzsche Vektor mit dem Radiusvektor bildet:

$$\begin{aligned}
\vec{V} \cdot \vec{r} &= V \cdot r\cos\vartheta = \frac{1}{m\alpha}[\vec{L} \times \vec{p}\,]\,\vec{r} + \frac{\vec{r} \cdot \vec{r}}{r} \\
&= -\frac{1}{m\alpha}\vec{L} \cdot [\vec{r} \times \vec{p}\,] + r = r - \frac{1}{m\alpha}L^2 \\
\Rightarrow \quad r &= \frac{L^2/m\alpha}{1 - V\cos\vartheta}.
\end{aligned} \tag{4}$$

Dies stellt aber genau die Bahnkurve eines Kegelschnitts dar, wenn $V = |\vec{V}\,|$ mit der Exzentrizität ε und ϑ mit $(\varphi + \pi)$ identifiziert wird: Für eine Ellipse zeigt also der Lenzsche Vektor vom Brennpunkt auf den Mittelpunkt und sein Betrag ist gleich der Exzentrizität der Bahn. Die Figur illustriert dieses Ergebnis.

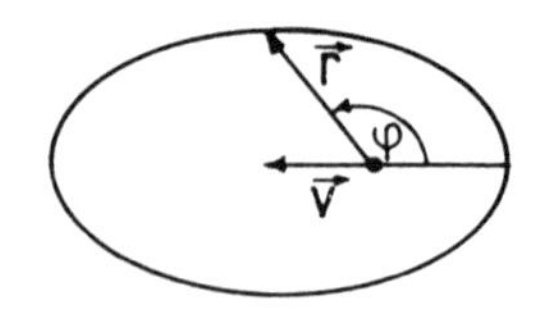

26.12 Aufgabe: Meerwasser als Raketenantrieb

(Zur vorweihnachtlichen Unterhaltung):
Die Sonne wird in Kürze so abkühlen, daß kein Leben auf der Erde mehr möglich sein wird. Ein verzweifelter Physiker schlägt vor, ein Loch bis in das heiße Erdinnere zu bohren ($T = 4000$ K) und das Meerwasser hineinlaufen zu lassen. Mit dem entstehenden Dampfstrahl als Raketenantrieb soll die Erde näher zur Sonne oder – falls nötig – zu einem anderen Fixstern bugsiert werden. Was halten Sie von diesem Vorschlag?

Lösung: Die Moleküle des Wasserdampfes von $T = 4000$ K haben die kinetische Energie $\frac{1}{2}mw^2 = \frac{3}{2}kT \Rightarrow$ Geschwindigkeit von $w \approx 2.4$ km/s (mit der Boltzmann-Konstanten $k = 1.38 \cdot 10^{-23}\,\mathrm{kg\,m^2/K\,s^2}$, $m = 2.99 \cdot 10^{-26}$ kg). Die Kugeloberfläche ist $A = 4\pi R^2$. Das Wasservolumen ist $V = A \cdot h$, wobei h die Dicke der Wasserschicht (Ozeanschicht) ist ($h = 4$ km). Da nur 75 % der Erde von Wasser bedeckt sind, folgt: $V = 0.75 \cdot 4\pi R^2 \cdot h \approx 1.4 \cdot 10^9\,\mathrm{km}^3 \mathrel{\hat{=}} 1,4 \cdot 10^{21}\,\mathrm{kg} = \mathrm{m}_\omega$; die Erdmasse ist $M = 5.6 \cdot 10^{24}$ kg, d.h. $m_w/M \approx 1/4000$. Die Geschwindigkeit v, die die Erde durch das Ausstoßen des Wasserdampfes erhält, ist durch Impulserhaltung gegeben zu

$$vM = wm_w \quad \rightarrow \quad v = \frac{m_w}{M} \cdot w \approx \frac{1}{4000} w \approx 0.6 \frac{\mathrm{m}}{\mathrm{s}}.$$

Im Vergleich zur Bahngeschwindigkeit der Erde von 30 km/s sind 0.6 m/s vernachlässigbar. Der Versuch würde somit nichts bewirken – außer eine Entvölkerung der Erde durch eine dadurch bewirkte Superkatastrophe (ohne Wasser kein Leben). Dieser Versuch ist aber sowieso zum Scheitern verurteilt, da die Wasserdampfmoleküle die Erde gar nicht verlassen können, weil $w \approx 2.4$ km/s erheblich kleiner ist als die Fluchtgeschwindigkeit $v_\infty \approx 11$ km/s. Der Wasserdampf kann also gar nicht von der Erde ausgestoßen werden. Der vorgeschlagene Raketenantrieb funktioniert nicht, weil Erde und Wasserdampf ein abgeschlossenes System bilden.

26.13 Beispiel: Geschichtliche Bemerkung zur Vertiefung.

Man mag sich fragen, woran es lag, daß Kepler die Entdeckung des Kraftgesetzes (Gravitationsgesetzes – siehe Gleichung (26.9)) versagt blieb. Es folgt doch scheinbar „so leicht“ aus seinen eigenen Gesetzen. Natürlich können und wollen wir Kepler keinen Mangel an Genialität und Phantasie vorwerfen. Er war ja ein Meister im empirischen Forschen und zeigt Phantasie in weitschweifenden, manchmal in Imaginationen übergehende Spekulationen: so z. B. in seinen Gedanken über die mögliche Anzahl der Planeten: Wie die Pythagoreer, so war auch er überzeugt, daß Gott die Welt in Anzahl und Größe nach einem bestimmten Zahlengesetz geschaffen hat. Die Erklärung liegt im folgenden: Kepler war ein Zeitgenosse Galileis, der ihn um zwölf Jahre überlebte, so daß ihm die Galileische Mechanik, insbesondere der zentralen Begriff der Beschleunigung, das Trägheits- und Wurfgesetz zwar durch Korrespondenz und Hörensagen bekannt waren, doch wahrscheinlich in ihrer Bedeutung nicht voll von ihm erkannt wurden. Kepler starb 1630, also acht Jahre vor dem Erscheinen von Galileis „Discorsi“, in dem seine Mechanik im Jahre 1638 festgelegt wurde. Noch entscheidender ist aber die Tatsache, daß Kepler nicht über die Theorie der krummlinigen Bewegung verfügte. Sie wurde von Huygens für den Kreis begonnen und von Newton für allgemeine

Bahnen vollendet. Ohne den Beschleunigungsbegriff für krummlinige Bewegungen ist es unmöglich, aus den Keplerschen Gesetzen durch einfache mathematische Operationen zur Form (26.7) der Radialbeschleunigung zu gelangen.

Die aus (26.7, 26.9) und dem Gegenwirkungsprinzip hervorgegangene Newtonsche Gravitationsmechanik kann als eine Weiterentwicklung der von Galilei entdeckten Wurfbewegung angesehen werden. Newton selbst schreibt dazu: „Daß durch die Zentralkräfte die Planeten in ihren Bahnen gehalten werden können, ersieht man aus der Bewegung der Wurfgeschosse. Ein (horizontal) geworfener Stein wird, da auf ihn die Schwere wirkt, vom geraden Wege abgelenkt und fällt, indem er eine krumme Linie beschreibt, zuletzt zur Erde. Wird er mit größerer Geschwindigkeit geworfen, so fliegt er weiter fort, und so könnte es geschehen, daß er zuletzt über die Grenzen der Erde hinausflöge und nicht mehr zurückfiele. So würden die von einer Bergspitze mit steigender Geschwindigkeit fortgeworfenen Steine immer weiter Parabelbögen beschreiben und zum Schluß – bei einer bestimmten Geschwindigkeit – zur Berspitze zurückkehren und auf diese Weise sich um die Erde bewegen.“ Eine durch Anschauung und logische Schlüsse überzeugende Begründung! Die „bestimmte Geschwindigkeit“ nennen wir heute Fluchtgeschwindigkeit (siehe z. B. Aufgabe 26.5). Ihr Betrag wird von Newton aus $mv^2/R = mg$ beim horizontalen Abwurf richtig zu $v = \sqrt{gR} = 7900\,\mathrm{m\,sec^{-1}}$ angegeben, für den senkrechten Abschuß in den Weltraum ergibt sich die notwendige Geschwindigkeit aus dem Energiesatz (vgl. Aufgabe 26.5) zu $v = \sqrt{2gR} = 11\,200\,\mathrm{m\,sec^{-1}}$. Beide Resultate gelten ohne die Berücksichtigung der Reibungsverluste in der Luft. Auch der englische Physiker Hooke (1635 – 1703), den wir schon als Begründer des nach ihm benannten Hookeschen Gesetzes in der Elastizitätstheorie kennengelernt haben, war dem Gravitationsgesetz nahe. Dies geht aus folgenden Ausführungen von ihm hervor: „Ich werde ein Weltsystem entwickeln, das in jeder Beziehung mit den bekannten Regeln der Mechanik übereinstimmt. Dieses System beruht auf drei Annahmen: 1. Alle Himmelskörper besitzen eine gegen ihren Mittelpunkt gerichtete Anziehung (Schwerkraft); 2. alle Körper, die in eine geradlinige und gleichförmige Bewegung versetzt werden, bewegen sich so lange in gerader Linie, bis sie durch irgendeine Kraft abgelenkt und in eine krummlinige Bahn gezwungen werden; 3. die anziehenden Kräfte sind um so stärker, je näher ihnen der Körper ist, auf den sie wirken. Welches die verschiedenen Grade der Anziehung sind, habe ich durch Versuche noch nicht feststellen können. Aber es ist ein Gedanke, der die Astronomen instand setzen muß, alle Bewegungen der Himmelskörper nach einem Gesetz zu bestimmen.“

Aus diesen Bemerkungen ist zu ersehen, daß *Newton* nicht etwa aus dem Nichts sein monumentales Werk „Prinzipa“ schuf: Es bedurfte vielmehr seiner gewaltigen geistigen Größe und kühner Gedanken, um all das, was *Galilei, Kepler, Huygens* und *Hooke* auf physikalischem, astronomischem und mathematischem Gebiet geschaffen hatten, einheitlich zusammenzufassen und insbesondere zu erkennen, daß die Kraft, die die Planeten in ihren Bahnen um die Sonne kreisen läßt, identisch ist mit der, die die Körper auf der Erde auf den Boden fallen läßt.

Zu dieser Erkenntnis benötigte die Menschheit anderthalb Jahrtausende, wenn man in Betracht zieht, daß in der „Moralia“ („De facie quae in orbe lunae apparet“) von *Plutarch* (46 – 120) festgestellt wird, daß der Mond durch den Schwung seiner Drehung genau so daran gehindert wird, auf die Erde zu fallen, wie ein Körper, der in einer Schleuder „herumgewirbelt“ wird. Es war der geniale *Newton,* der erkannte, was die „Schleuder“ bei den Planeten ist!

Noch einige Bemerkungen über die Vielseitigkeit und Genialität *Hookes:* Im Jahre 1665 schreibt er die prophetischen Worte: „Ich habe oft daran gedacht, daß es möglich sein müßte, eine künstliche, leimartige Masse zu finden, die jener Ausscheidung gleich oder gar überlegen ist, aus der die Seidenraupen ihren Kokon fertigen und die sich durch Düsen zu Fäden verspinnen läßt.“ Das ist der Grundgedanke der Chemiefaser, die – allerdings zweiundeinhalb Jahrhunderte später – die Textilindustrie so umwälzend beeinflußt haben! Im selben Jahre äußerte er

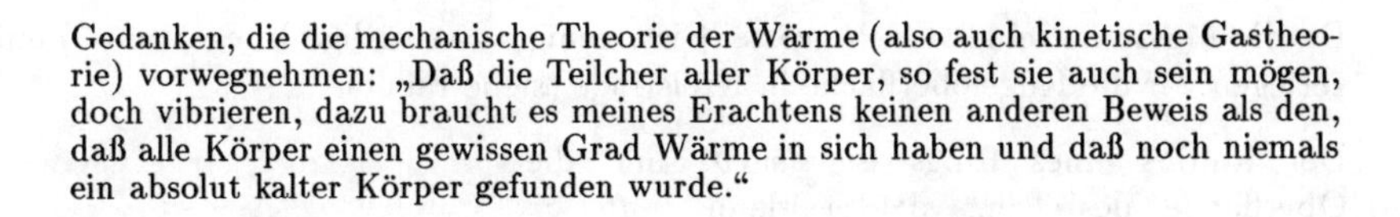

Gedanken, die die mechanische Theorie der Wärme (also auch kinetische Gastheorie) vorwegnehmen: „Daß die Teilcher aller Körper, so fest sie auch sein mögen, doch vibrieren, dazu braucht es meines Erachtens keinen anderen Beweis als den, daß alle Körper einen gewissen Grad Wärme in sich haben und daß noch niemals ein absolut kalter Körper gefunden wurde."

27 Spezielle Probleme in Zentralfeldern

Das Gravitationsfeld ausgedehnter Körper: Bisher wurden nur die Wechselwirkungen zwischen punktförmigen Massen betrachtet. Nun sollen auch ausgedehnte Körper auf ihre Gravitationswirkung untersucht werden. Wegen seiner Linearität läßt sich das Gravitationsfeld eines ausgedehnten Körpers durch Superposition der Felder einzelner (in ihrer Wirkung punktartig gedachter) Teilkörper zusammensetzen. Führt man einen Grenzübergang durch, bei dem die Volumina $\triangle V'$ der einzelnen Teilkörper gegen Null gehen, so wird das Problem auf eine Integration zurückgeführt. Die Kraft auf einen Massenpunkt M ist

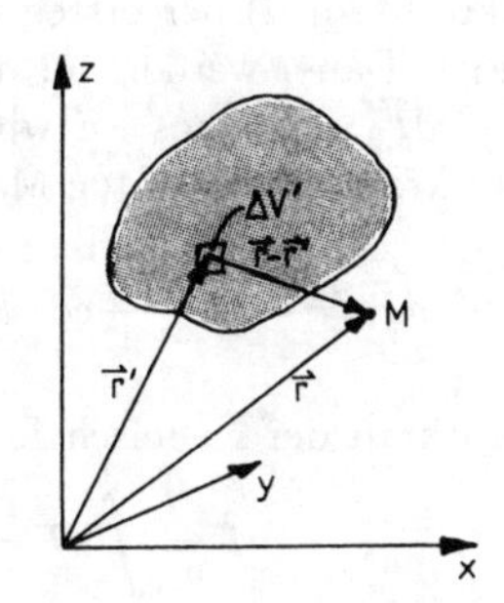

Zur Berechnung der Kräfte einer ausgedehnten Massenverteilung mit einer Punktmasse M.

$$\vec{F} = \lim_{\Delta m_i \to 0} \sum_i \left(- \frac{\gamma M \Delta m_i}{|\vec{r} - \vec{r}_i'|^3} (\vec{r} - \vec{r}_i') \right) = -\gamma M \int_V \frac{\vec{r} - \vec{r}'}{|\vec{r} - \vec{r}'|^3} \, dm'.$$

Nach der Art der Massenverteilung wird das Differential dm ersetzt durch Volumen-, Flächen- oder Liniendichten (Belegungen) multipliziert mit dem entsprechenden Raumelement dV, dF oder ds. Im dreidimensionalen Fall ergibt sich für die Kraft

$$\vec{F} = -\gamma M \int \varrho(\vec{r}\,') \frac{(\vec{r} - \vec{r}\,')}{|\vec{r} - \vec{r}\,'|^3} \, dV'$$

und entsprechend für die potentielle Energie

$$V = \lim_{\Delta m_i \to 0} \sum_i \left(- \frac{\gamma M \Delta m_i}{|\vec{r} - \vec{r}'_i|} \right) = -\gamma M \int_V \varrho(\vec{r}\,') \frac{1}{|\vec{r} - \vec{r}\,'|} \, dV'.$$

Hierin ist $\varrho(\vec{r}\,) = dm/dV$ die Massendichte.

Die Anziehungskraft einer massenbelegten Kugelschale: Eine Kugelschale von vernachlässigbarer Dicke mit dem Radius a sei homogen mit Masse belegt (konstante Flächendichte $\sigma = dm/df$). Welche Kraft wirkt auf einen Punkt der Masse M im Abstand R von ihrem Zentrum?

Da die Masse auf einer Fläche verteilt ist, genügt zweimalige Integration. Zunächst zerlegen wir die Kugeloberfläche in Kreisringe (siehe Figur).

Der Radius eines Rings ist $a\sin\vartheta$, und die Oberfläche des Rings lautet dann: $df = 2\pi a \sin\vartheta\, a\, d\vartheta$. Das Resultat der ersten Integration um den Umfang können wir unter Benutzung der axialen Symmetrie der Massenverteilung sofort angeben. Zu jedem Abschnitt des Kreisrings gibt es einen zweiten, dessen Kraftkomponente $d\vec{F}_\perp$ (senkrecht zu $\vec{n}$) der ersten entgegengerichtet gleich ist. Daher werden nur die Parallelkomponenten $-d\vec{F}_\parallel = dF\cos\psi\,\vec{n}$ wirksam, und die Anziehungskraft des gesamten Massenrings ist

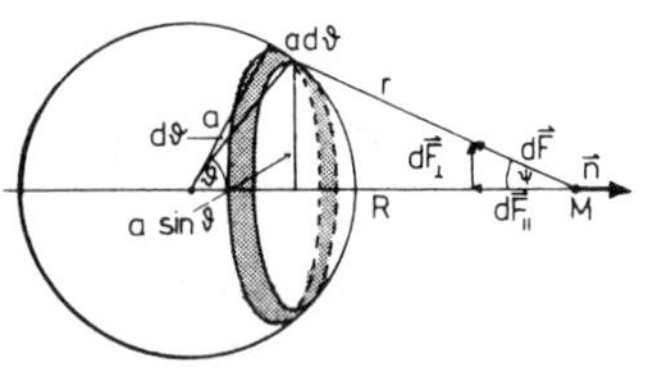

Zur Berechnung der Gravitationskraft zwischen Kugelschale und Punktmasse M.

$$d\vec{F} = -\frac{\gamma M \sigma\, df}{r^2}\cos\psi\,\vec{n}.$$

Die Gesamtkraft der Kugelschale folgt dann durch Integration über alle Kreisringe

$$F = \int dF = -\gamma M\sigma 2\pi a^2 \int \frac{\cos\psi \sin\vartheta}{r^2} d\vartheta.$$

Wir ersetzen die Winkel durch den Abstand r mit den folgenden geometrischen Beziehungen:

(a)

$$r^2 = a^2 + R^2 - 2aR\cos\vartheta \qquad \text{(Kosinussatz)},$$

und abgeleitet

$$2r\,dr = 2aR\sin\vartheta\, d\vartheta \qquad \text{oder} \qquad \sin\vartheta\; d\vartheta = \frac{r\,dr}{aR},$$

und

$$\cos\vartheta = \frac{a^2 + R^2 - r^2}{2aR}.$$

(b)

$$\cos\psi = \frac{R - a\cos\vartheta}{r}.$$

Mit $\cos\vartheta$ aus (a) folgt

$$\cos\psi = \frac{R^2 + r^2 - a^2}{2Rr}.$$

Durch Einsetzen ergibt sich damit für die Kraft

$$\begin{aligned} F &= -\gamma M\sigma 2\pi a^2 \int \frac{R^2 + r^2 - a^2}{2Rr^3}\frac{r\,dr}{aR} \\ &= -\frac{\gamma M\sigma\pi a}{R^2}\int\left(1 + \frac{R^2 - a^2}{r^2}\right)dr. \end{aligned}$$

Zuerst betrachten wir den Fall, daß der Massenpunkt M außerhalb der Kugel liegt ($R \geq a$). Die gesuchte Gesamtanziehungskraft auf M erhält man durch Integration zwischen den Grenzen $R - a$ und $R + a$.

$$\begin{aligned} F &= -\frac{\gamma M \sigma \pi a}{R^2} \int\limits_{R-a}^{R+a} \left(1 + \frac{R^2 - a^2}{r^2}\right) dr \\ &= -\frac{\gamma M \sigma \pi a}{R^2} \left(r \Big|_{R-a}^{R+a} - \frac{R^2 - a^2}{r} \Big|_{R-a}^{R+a} \right) = -\frac{\gamma M m}{R^2}, \end{aligned}$$

wobei mit $m = 4\pi a^2 \sigma$ die Masse der Kugelschale eingeführt wurde. Es gilt also: Eine Hohlkugel (geringer Dicke) mit homogen verteilter Masse wirkt nach außen in bezug auf ihre Massenanziehung so, *als sei ihre gesamte Masse im Mittelpunkt vereinigt.* Diese Aussage gilt auch für homogene Vollkugeln (siehe Aufgabe 27.3) und ist Grundlage aller Berechnungen der Himmelsmechanik.

Jetzt liegt der Massenpunkt M innerhalb der Kugel ($R \leq a$). Die Integration erfolgt jetzt zwischen den Grenzen $a - R$ und $a + R$:

$$F = -\frac{\gamma M \sigma \pi a}{R^2} \left(r \Big|_{a-R}^{a+R} - \frac{R^2 - a^2}{r} \Big|_{a-R}^{a+R} \right) = 0.$$

Im Innern einer Hohlkugel, die homogen mit Masse belegt ist, wirkt an keiner Stelle eine Gravitationskraft. Da die elektrische Kraft zwischen zwei Ladungen q_1 und q_2 von ähnlicher Struktur ist wie die Gravitationskraft, nämlich

$$\vec{F}_e = \frac{q_1 q_2}{|\vec{r}_1 - \vec{r}_2|^2} \frac{\vec{r}_1 - \vec{r}_2}{|\vec{r}_1 - \vec{r}_2|},$$

können alle hier erhaltenen Resultate ohne weiteres auf die entsprechenden elektrischen Ladungsverteilungen übertragen werden. Insbesondere sehen wir, daß eine gleichförmig geladene Kugelschale im Innern keine Felder (Kräfte) zuläßt.

Das Gravitationspotential einer massebelegten Kugelschale: Da das Potential ein Skalar ist, folgt einfach für das Potential eines Kreisrings:

$$dV = -\frac{\gamma M \sigma \, df}{r},$$

und für das Potential der Kugelschale:

$$V = \int dV = -\gamma M \sigma 2\pi a^2 \int \frac{\sin\vartheta \, d\vartheta}{r} = -\frac{\gamma M \sigma 2\pi a}{R} \int dr.$$

Wir unterscheiden wieder die zwei Fälle, nämlich:

1. Punkt außerhalb der Kugel ($R \geq a$):

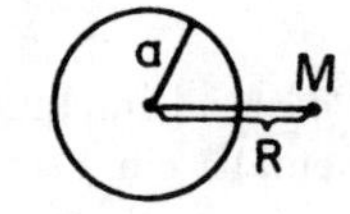

Dann sind die Integrationsgrenzen:
$(R - a) \ldots (a + R)$.

$$V = -2\pi\frac{\gamma\sigma a}{R}M((R+a)-(R-a)) = -\frac{\gamma M}{R}4\pi a^2\sigma = -\frac{\gamma Mm}{R}.$$

2. Punkt innerhalb der Kugel ($R \leq a$):
Dann sind die Integrationsgrenzen:
$(a-R)\ldots(a+R)$.

$$V = -2\pi\frac{\gamma\sigma aM}{R}((a+R)-(a-R)) = -4\pi\gamma\sigma Ma = \frac{-\gamma Mm}{a}.$$

Das gleiche Ergebnis läßt sich natürlich auch aus $\vec{F}(r)$ ableiten:

$R \geq a$:

$$\begin{aligned} V(R) &= -\int_\infty^R \vec{F}\cdot d\vec{r} = \gamma Mm\int_\infty^R \frac{1}{r^2}\frac{\vec{r}}{r}d\vec{r} \\ &= \gamma Mm\int_\infty^R \frac{1}{r^2}dr = -\frac{\gamma Mm}{R}. \end{aligned}$$

$R \leq a$: Der Beitrag $\vec{F}\cdot d\vec{r}$ ist überall Null, daher muß das Potential überall im Inneren der Kugelschale konstant sein. Fordern wir Stetigkeit für $R = a$ (sonst werden die Kräfte unendlich), so folgt

$$V(R) = -\frac{\gamma Mm}{a} \qquad \text{für} \qquad R \leq a.$$

Umgekehrt sind die Kräfte im Zentralpotential radial gerichtet. Sie sind konservativ und deshalb in Polarkoordinaten von der Form

$$\vec{F}(r) = -\vec{\nabla}V(r) = -\frac{\partial}{\partial r}V(r)\,\vec{e}_r.$$

Das Potential im Innenraum einer Kugelschale ist konstant. Da in der Elektrostatik ebenfalls ein $1/r^2$-Kraftgesetz gilt, zeigt sich dort die gleiche Erscheinung: Im Innern eines geladenen Hohlkörpers treten keine Potentialdifferenzen (Spannungen) und daher keine Kräfte auf (Faradaykäfig).

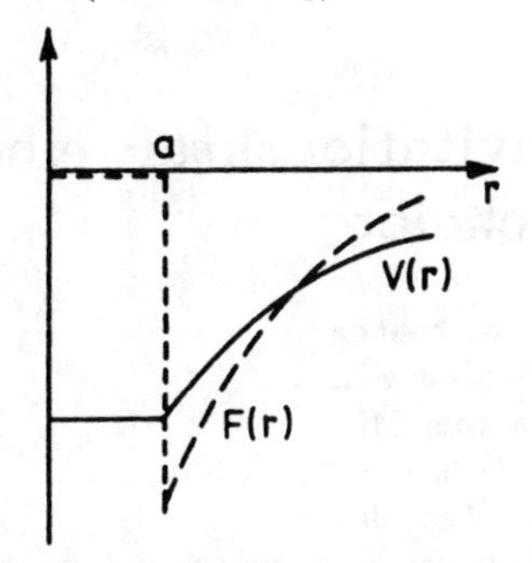

Veranschaulichung des Potentials und der Kraft zwischen Massenpunkt und Hohlkugel.

27.1 Aufgabe: Gravitationskraft eines homogenen Stabes

Finden Sie die Gravitationskraft eines homogenen Stabes der Länge 2a und der Masse M auf ein Teilchen der Masse m, das sich im Abstand b vom Stab in einer Ebene senkrecht zum Stab durch den Stabmittelpunkt befindet.

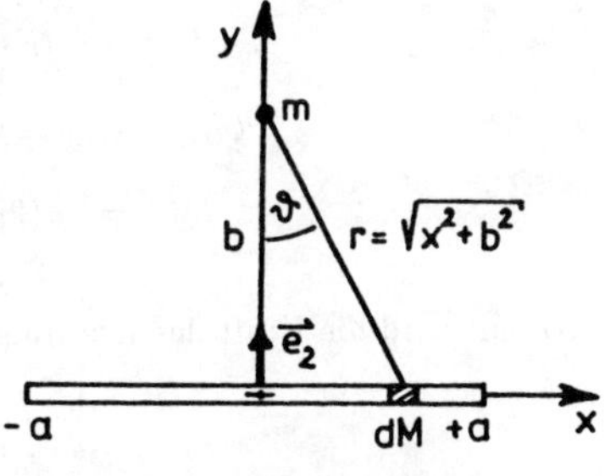

Zur Berechnung der Wechselwirkung zwischen Massenpunkt und Stab.

Lösung: Es ist

$$dF = -\frac{\gamma m\, dM}{r^2}$$

und

$$\cos\vartheta = \frac{b}{\sqrt{x^2+b^2}}\,.$$

dF kann man zerlegen in Kraftkomponenten parallel und senkrecht zum Stab. Die Komponenten parallel zum Stab heben sich gegenseitig auf. Wirksam werden nur die Kraftkomponenten senkrecht zum Stab, $dF_\perp = dF\cos\vartheta$.

$$\begin{aligned}
dF_\perp &= \frac{-\gamma m\, dM\cos\vartheta}{r^2} = \frac{-\gamma m\sigma\, dx\cos\vartheta}{x^2+b^2} = \frac{-\gamma m\sigma\, dx\, b}{(x^2+b^2)^{3/2}}\,,\\
F &= \int\limits_{x=-a}^{a} dF_\perp = -2b\gamma m\sigma\int\limits_{0}^{a}\frac{dx}{(x^2+b^2)^{3/2}} = -\frac{2\gamma m\sigma a}{b\sqrt{a^2+b^2}}\,,\\
\vec{F} &= -\frac{\gamma M m}{b\sqrt{a^2+b^2}}\vec{e}_2 \qquad \text{wegen} \qquad M = 2a\sigma.
\end{aligned}$$

Für $b \gg a$ ist erwartungsgemäß $F \sim \frac{1}{b^2}$.

27.2 Aufgabe: Gravitationskraft einer homogenen Scheibe

Ein Teilchen der Masse m befinde sich auf der Achse einer Scheibe vom Radius a im Abstand b vom Mittelpunkt der Scheibe. Geben Sie die Anziehungskraft zwischen den Körpern an. Die Scheibe sei homogen mit Masse belegt.

Lösung: Die Kreisscheibe wird in konzentrische Ringe zerlegt. Nur die Kraftkomponenten senkrecht zur Scheibe sind wirksam, die parallel gerichteten heben sich auf.

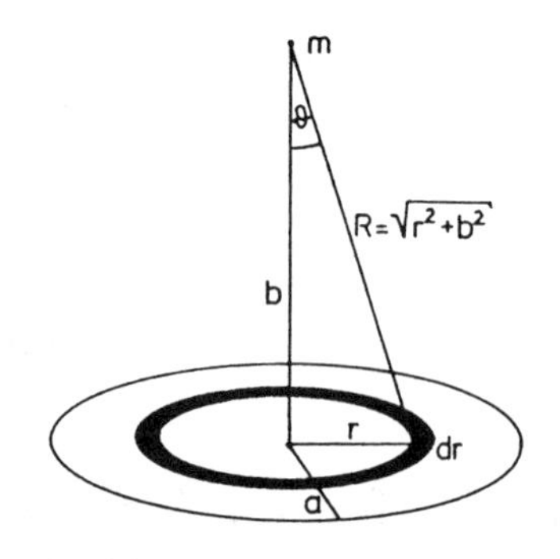

Zur Berechnung der Kraft zwischen Massenpunkt m und Kreisscheibe.

$$\begin{aligned} dF_\perp &= dF\cos\vartheta = -\frac{\gamma m\, dM \cos\vartheta}{R^2}, \\ \cos\vartheta &= \frac{b}{\sqrt{r^2+b^2}}, \qquad R = \sqrt{r^2+b^2}, \\ dM &= \sigma(2\pi r dr). \end{aligned}$$

Damit wird die Kraft des Kreisrings

$$dF_\perp = -\frac{\gamma m\sigma 2\pi r\, dr\, b}{(r^2+b^2)^{3/2}}$$

und die gesamte Anziehungskraft

$$F = -2\pi\gamma m\sigma b \int\limits_0^a \frac{r\, dr}{(r^2+b^2)^{3/2}}.$$

Das Integral wird gelöst durch die Substitution $u^2 = r^2 + b^2$, $r\, dr = u\, du$,

$$F = -2\pi\gamma m\sigma b \int\limits_b^{\sqrt{a^2+b^2}} \frac{u\, du}{u^3} = -2\pi\gamma\sigma m\left(1 - \frac{b}{\sqrt{a^2+b^2}}\right).$$

Für $b \gg a$ folgt $F = -\gamma mM/b^2$ mit $M = \pi a^2\sigma$, wie es sein muß.

27.3 Aufgabe: Gravitationspotential einer Hohlkugel

Zeigen Sie, daß das Gravitationspotential einer homogenen Hohlkugel mit dem äußeren Radius b und dem inneren Radius a die Form hat

$$V(R) = -2\pi\gamma M\varrho \cdot \begin{cases} \frac{2}{3}(b^3 - a^3)R^{-1} \\ b^2 - a^2 \\ b^2 - \frac{2}{3}\frac{a^3}{R} - \frac{1}{3}R^2 \end{cases} \quad \text{für} \quad \begin{cases} R \geq b \\ a \geq R \\ b \geq R \geq a. \end{cases}$$

Lösung: ϑ : Polarwinkel, φ : Azimut (bei Drehung um die Gerade OM). Nach dem Kosinussatz ist

$$r^2 = r'^2 + R^2 - 2r'R\cos\vartheta, \qquad 2r\,dr = 2r'R\sin\vartheta\,d\vartheta$$

oder

$$\sin\vartheta\,d\vartheta = \frac{r\,dr}{r'R}. \qquad \underline{1}$$

Die potentielle Energie dV, die vom Massenelement dm herrührt, ist $dV = -\gamma M\,dv\,\varrho/r$, wobei das Volumenelement $dv = dr' \cdot r'd\vartheta \cdot r' \sin\vartheta\,d\varphi$ ist. Um die Gesamtenergie zu erhalten, ist dreimal zu integrieren, über φ, ϑ und r'.

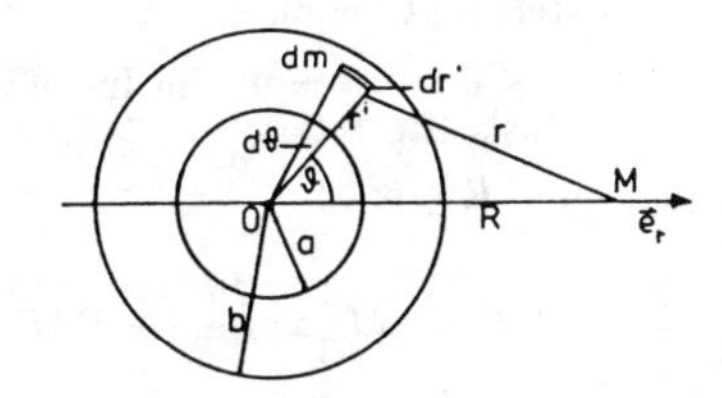

Zur Berechnung des Potentials zwischen Massenpunkt und Hohlkugel.

$$\begin{aligned} V(R) &= -\gamma M\varrho \int_a^b \int_0^\pi \int_0^{2\pi} \frac{r'^2 \sin\vartheta\,d\varphi\,d\vartheta\,dr'}{r} \\ &= -\gamma M\varrho 2\pi \int_a^b \int_0^\pi \frac{r'^2 \sin\vartheta\,d\vartheta\,dr'}{r} \qquad \text{mit } \underline{1} \\ &= \frac{A}{R} \int_a^b \int_{r_{\min}}^{r_{\max}} r'\,dr\,dr' \qquad \text{mit} \quad A = -2\pi\gamma M\varrho. \end{aligned}$$

Wir unterscheiden nun die drei Fälle:

1. $R \geq b$: Dann ist $r_{\min} = R - r'$, $r_{\max} = R + r'$, und wir bekommen

$$V(R) = \frac{A}{R}2\int_a^b r'^2 dr' = A\frac{2}{3}\frac{b^3 - a^3}{R}\left(= -\frac{\gamma M m}{R}\right).$$

2. $R \leq a:$ $r_{\min} = r' - R$, $r_{\max} = r' + R$. Damit erhalten wir

$$V(R) = \frac{A}{R} 2R \int_a^b r' dr' = A(b^2 - a^2).$$

3. $a \leq R \leq b$: Der Punkt liegt am Außenrand einer Kugelschale mit den Radien a und R und gleichzeitig am Innenrand einer Kugelschale zwischen R und b. Dann läßt sich die Energie aus den Beiträgen nach 1. und 2. zusammensetzen:

$$V(R) = A\left(\frac{2}{3}\frac{R^3 - a^3}{R} + b^2 - R^2\right) = A\left(b^2 - \frac{2}{3}\frac{a^3}{R} - \frac{1}{3}R^2\right).$$

Die Kräfte errechnen sich nach $\vec{F} = -\frac{\partial V}{\partial r}\vec{e}_r$.

1. $R \geq b$:

$$\vec{F} = -\frac{4}{3}\pi\gamma\varrho M \frac{b^3 - a^3}{R^2}\vec{e}_r = -\gamma\frac{mM}{R^2}\vec{e}_r.$$

In diesem Fall ist die Kraft so als wäre die Gesamtmasse der Kugelschale im Mittelpunkt vereinigt.

2. $R \leq a:$ $\vec{F} = 0$ Im Innenraum der Kugelschale herrschen also keine Gravitationskräfte.

3. $a \leq R \leq b$:

$$\vec{F} = \gamma M \frac{4}{3}\pi\varrho\left(\frac{a^3}{R^2} - R\right)\vec{e}_r = \frac{-\gamma M \varrho \frac{4}{3}\pi(R^3 - a^3)}{R^2}\vec{e}_r = \frac{-\gamma M m(R)}{R^2}\vec{e}_r\,,$$

wobei $m(R)$ die in der Kugelschale mit innerem Radius a und äußerem Radius R liegende Masse bedeutet. Die außerhalb R liegende Massenschale liefert keinen Beitrag zur Kraft.

27.4 Aufgabe: Tunnel durch die Erde

Zur Postbeförderung wird ein Tunnel von Frankfurt nach Sidney (Australien) gebohrt. Wie lange braucht die frei fallende Rohrpostkapsel für diese Strecke, wenn die Erde als ruhend und mit homogener Massenverteilung angenommen wird. Luftreibung sei vernachlässigbar.

Lösung: Die Gravitationskraft im Innern einer homogenen Kugel ist zum Mittelpunkt M gerichtet und hat den Betrag kr (vgl. Aufgabe 27.3). An der Kugeloberfläche ist $mg = kR$, also $k = mg/R$. Aus der Abbildung entnehmen wir $r = x/\sin\vartheta$. Die Komponente der Gravitationskraft in Tunnelrichtung ist also $-kr\sin\vartheta = -(mg/R)\,x$.

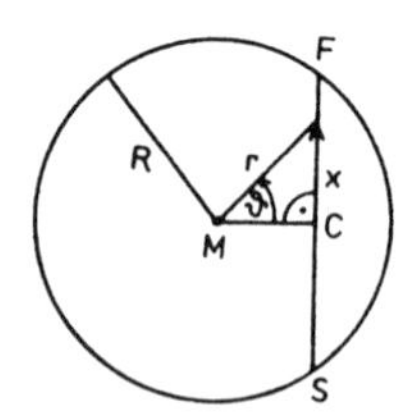

Veranschaulichung der Erde mit Frankfurt (F) und Sidney (S) als Endpunkte des gedachten Tunnels.

Die Bewegungsgleichung ist also $\ddot{x} + (g/R)x = 0$, d. h. die Rohrpost führt eine harmonische Schwingung zwischen F und S mit der Periode $T = 2\pi\sqrt{R/g}$ aus.

Die Zeit, die sie von F nach S braucht, ist $\tau = T/2 = \pi\sqrt{R/g}$. Mit $R = 6370\,\text{km}$ und $g = 9.81\,\text{m/s}^2$ folgt $\tau = 42\,\text{min}$. Man beachte, daß diese kurze Zeit nicht vom Abstand zwischen F und S abhängt.

Stabilität von Kreisbahnen: In jedem anziehenden Zentralkraftfeld können Anziehungskraft und Zentrifugalkraft ins Gleichgewicht gebracht werden, so daß Kreisbahnen immer möglich sind. In der Praxis (z. B. Nachrichtensatelliten auf geostationärer Bahn, Teilchen in Beschleunigern) ist es jedoch zusätzlich wichtig, daß die Kreisbewegung durch kleine Auslenkungen nicht zerstört wird. Wir untersuchen daher, wie ein Zentralkraftfeld beschaffen sein muß, in dem stabile Kreisbahnen möglich sind. Betrachten wir zunächst das Feld mit dem speziellen Kraftgesetz

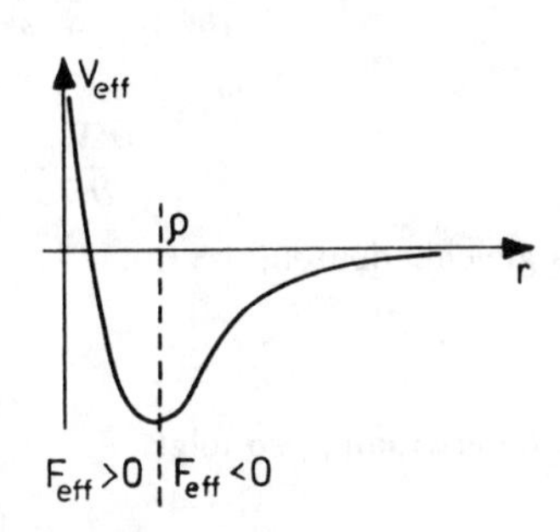

Das effektive Potential in der Umgebung einer stabilen Bahn.

$$F(r) = -\frac{K}{r^n}$$

und suchen nach Potenzen n für die es stabile Bahnen gibt. Durch Addition der Zentrifugalkraft erhalten wir die Effektivkraft

$$\begin{aligned} F_{\text{eff}}(r) &= -\frac{K}{r^n} + m\dot{\theta}^2 r \qquad \text{mit} \quad \dot{\theta} = \frac{L}{mr^2} \\ &= -\frac{K}{r^n} + \frac{L^2}{mr^3} \end{aligned}$$

und damit das Effektivpotential

$$V_{\text{eff}}(r) = -\int_{\infty}^{r} F_{\text{eff}}\,dr = -\frac{K}{(n-1)r^{n-1}} + \frac{L^2}{2mr^2}; \qquad n \neq 1.$$

Damit eine Kreisbahn mit dem Radius $r = \varrho$ stabil ist, muß das effektive Potential $V_{\text{eff}}(r)$ an dieser Stelle ein Minimum besitzen.

$$\Rightarrow \quad F_{\text{flieh}} = F_{\text{attr}}.$$

Es sollen also folgende Bedingungen erfüllt sein:

$$\left.\frac{\partial V_{\text{eff}}}{\partial r}\right|_{r=\varrho} = 0 \qquad \text{und} \qquad \left.\frac{\partial^2 V_{\text{eff}}}{\partial r^2}\right|_{r=\varrho} > 0.$$

Die zweite Bedingung ist wesentlich für die Stabilität. Sie sorgt dafür, daß bei kleinen Auslenkungen der Bahn eine rücktreibende Kraft zum stabilen Radius ϱ hin auftritt, nämlich $F_{\text{eff}} > 0$ für $r < \varrho$ und $F_{\text{eff}} < 0$ für $r > \varrho$.

Die beiden Bedingungen führen uns auf

a)

$$\left.\frac{\partial V_{\text{eff}}}{\partial r}\right|_{r=\varrho} = \frac{K}{\varrho^n} - \frac{L^2}{m\varrho^3} = 0, \qquad \varrho^{n-3} = \frac{mK}{L^2},$$

b)

$$\left.\frac{\partial^2 V_{\text{eff}}}{\partial r^2}\right|_{r=\varrho} = -\frac{nK}{\varrho^{n+1}} + \frac{3L^2}{m\varrho^4} > 0,$$

was gleichbedeutend ist mit

$$-\frac{nK}{\varrho^{n-3}} + \frac{3L^2}{m} > 0.$$

Eliminiert man ϱ, so folgt

$$(-n+3)\frac{L^2}{m} > 0.$$

Die Bedingung für stabile Kreisbahnen in einem Zentralkraftfeld der Form $F = -K/r^n$ ist: $n < 3$.

Wir geben jetzt die Beschränkung auf das Potenzgesetz auf und untersuchen beliebige Zentralkraftfelder.

Für alle Zentralbewegungen gilt mit dem Drehimpuls $L = mr^2\dot{\theta}$

$$F(r) = m(\ddot{r} - r\dot{\theta}^2) = m\ddot{r} - \frac{L^2}{mr^3} = m\left(\ddot{r} - \frac{L^2}{m^2r^3}\right).$$

Wir kürzen ab:

$$g(r) = -\frac{F(r)}{m}, \qquad \text{damit wird} \qquad -g(r) = \ddot{r} - \frac{L^2}{m^2r^3}.$$

Das Teilchen läuft auf der *Sollbahn* mit dem Radius ϱ um. Durch eine *kleine Störung* soll es nicht wesentlich von seiner Bahn abgelenkt werden. Nach einer *kleinen Auslenkung* x ergibt sich für die neue Bahn

$$r = \varrho + x,$$

wobei

$$x \ll \varrho, \qquad \frac{x}{\varrho} \ll 1.$$

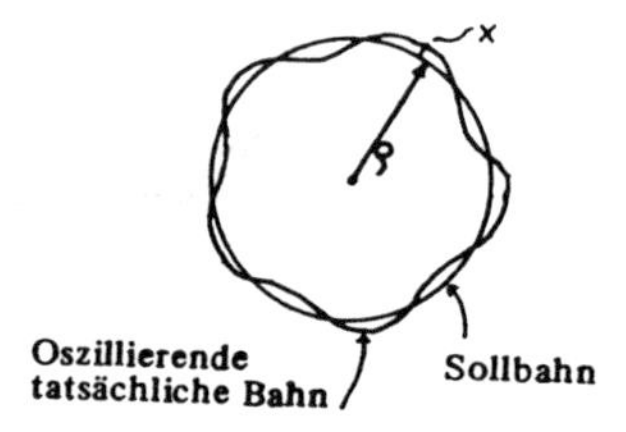

Sollbahn und (oszillierende) tatsächliche Bahn.

Da $\varrho =$ const. (Kreisbahn) ist $\ddot{r} = \ddot{x}$.

$$-g(r) = \ddot{x} - \frac{L^2}{m^2(\varrho + x)^3} = \ddot{x} - \frac{L^2}{m^2\varrho^3(1 + x/\varrho)^3}.$$

Wegen $x/\varrho \ll 1$ läßt sich der letzte Term in eine Taylorreihe entwickeln. Wir nehmen nun an, daß auch $g(r)$ um $r = \varrho$ durch eine Taylorreihe darstellbar ist:

$$g(\varrho + x) = g(\varrho) + xg'(\varrho) + \cdots$$

Vernachlässigt man alle Glieder mit höheren Potenzen als x, so ergibt sich

$$-(g(\varrho) + xg'(\varrho)) = \ddot{x} - \frac{L^2}{m^2\varrho^3}\left(1 - 3\frac{x}{\varrho}\right).$$

Durch Betrachtung der Sollbahn $r = \varrho$, $x = 0$, $\ddot{x} = 0$ erhält man

$$g(\varrho) = \frac{L^2}{m^2\varrho^3}$$

und kann dadurch den Drehimpuls eliminieren. Das ergibt

$$\ddot{x} + \left(\frac{3g(\varrho)}{\varrho} + g'(\varrho)\right)x = 0.$$

Dies ist gerade die Gleichung $\ddot{x} + \omega^2 x = 0$ des ungedämpften harmonischen Oszillators mit der Kreisfrequenz

$$\omega = \sqrt{\frac{3g(\varrho)}{\varrho} + g'(\varrho)}.$$

Die Lösung $x = Ae^{i\omega t} + Be^{-i\omega t}$ ergibt für $\omega^2 > 0$ harmonische Schwingungen. Für $\omega^2 < 0$ wächst x mit $Be^{|\omega|t}$ gegen Unendlich. Im ersten Fall „pendelt" das Teilchen auf seiner wirklichen Bahn um die Sollbahn. Im zweiten Fall läuft das Teilchen im allgemeinen von der Sollbahn weg.

Die Bedingung für stabile Kreisbahnen lautet also $\omega^2 > 0$. Es ist für $\omega^2 > 0$:

$$x(t) = Ae^{i\omega t} + Be^{-i\omega t} \quad \Rightarrow \quad x(t) = D\sin(\omega t + \varphi) \quad \text{(stabil)},$$

für $\omega^2 < 0$ $(\omega = i|\omega|)$:

$$x(t) = Ae^{-|\omega|t} + Be^{+|\omega|t} \qquad \text{(instabil)}.$$

Im ersten Fall pendelt das Teilchen mit der kleinen Amplitude x um seine Sollbahn, wenn

$$\frac{3g(\varrho)}{\varrho} + g'(\varrho) > 0,$$

oder

$$\frac{3}{\varrho} + \frac{g'(\varrho)}{g(\varrho)} > 0.$$

Wegen $mg(\varrho) = -F(\varrho)$ bedeutet das für die Kraft die

$$\textit{Stabilitätsbedingung} \qquad \frac{3}{\varrho} + \frac{F'(\varrho)}{F(\varrho)} > 0.$$

Auf das spezielle Zentralkraftfeld $F(r) = -K/r^n$ angewandt, ergibt die Stabilitätsbedingung

$$F'(\varrho) = n\frac{K}{\varrho^{n+1}} \qquad \text{also} \qquad \frac{3}{\varrho} - n\frac{\varrho^n}{\varrho^{n+1}} > 0.$$

In Übereinstimmung mit unserer früheren Rechnung erhalten wir die Bedingung $n < 3$. Das muß auch so sein, denn durch Einsetzen von V_{eff} sieht man leicht, daß die neue Stabilitätsbedingung äquivalent ist zu $\partial^2 V_{\text{eff}}/\partial r^2 > 0$.

Die Untersuchung der Bahnstabilität läßt sich u.a. im atomaren Bereich auf das elektrische Feld der Kerne beziehen. Das einfache Coulombsche Potential $V(r) = -K/r$ ermöglicht, wie schon gezeigt wurde, stabile Kreisbahnen. Berücksichtigt man den Einfluß einer entgegengesetzt geladenen Elektronenhülle, so wird dieses Potential abgeschwächt: Ein außen befindliches Elektron „sieht" nur noch einen kleinen Teil der Kernladung. Durch Multiplikation mit einem Korrekturfaktor < 1 kann man dieser Erscheinung Rechnung tragen. Eine Annäherung für das „abgeschirmte Coulomb-Potential" ist:

$$V(r) = -\frac{K}{r}e^{-r/a}.$$

a charakterisiert das exponentielle Abklingen des $1/r$-Terms. Auch hier sind stabile Kreisbahnen möglich. Es ist interessant, daß bei diesem Potential schon für positive Energien geschlossene Bahnen möglich sind. Die Abbildungen illustrieren den Verlauf von Potential und effektivem Potential. Die geschlossenen Bahnen positiver Energie sind in der klassischen Mechanik, die wir hier treiben, vollständig stabil. In der Quantenmechanik werden wir sehen, daß sie zerfallen, weil die Teilchen auf solchen

Bahnen durch die Potentialbarriere „tunneln" können (Tunneleffekt).

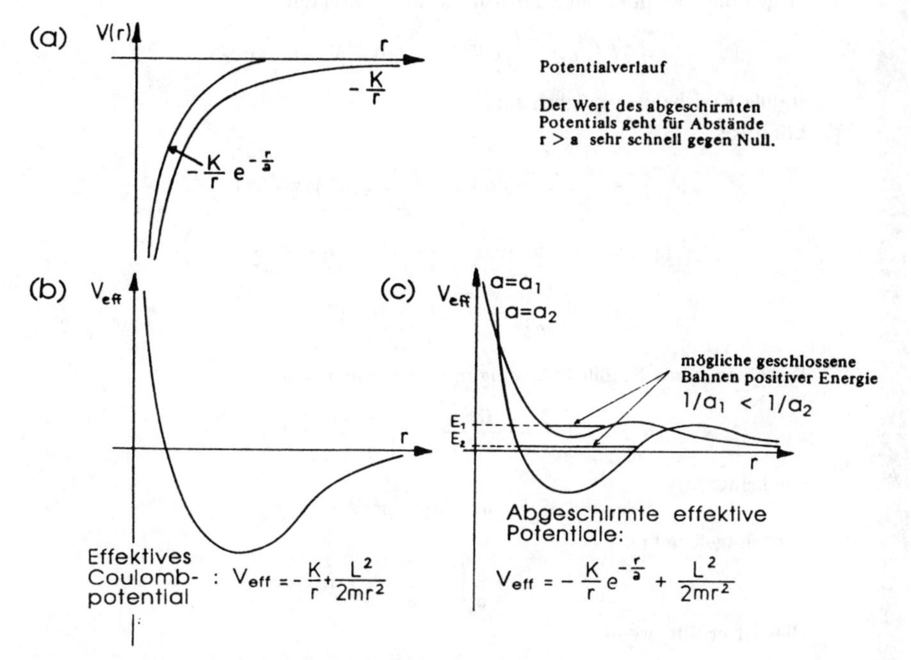

Potentialverlauf: Das abgeschirmte Coulombpotential geht für Abstände r > a sehr schnell gegen Null (a). Effektives Coulombpotential (b) und effektives abgeschirmtes Coulombpotential (c).

27.5 Aufgabe: Stabilität einer Kreisbahn

Zeigen Sie, daß für $\varrho^2 K > K'$ die Kreisbahn mit $r = \varrho$ im Kraftfeld $F(r) = -K/r^2 - K'/r^4$ stabil ist.

Lösung: Die Stabilitätsbedingung lautet

$$\frac{3}{\varrho} + \frac{F'(\varrho)}{F(\varrho)} > 0,$$

also

$$\frac{3}{\varrho} + \frac{2K/\varrho^3 + 4K'/\varrho^5}{-K/\varrho^2 - K'/\varrho^4} > 0, \qquad 3\varrho^2 K + 3K' > 2\varrho^2 K + 4K', \qquad \varrho^2 K > K'.$$

27.6 Aufgabe: Stabilität einer Kreisbahn

Zeigen Sie, daß in einem Kraftfeld mit dem Potential

$$U(r) = -\frac{K}{r}e^{-r/a} \qquad \text{mit} \quad K > 0, \quad a > 0$$

stabile Kreisbahnen möglich sind.

Lösung:

$$\begin{aligned} F(r) &= -\frac{\partial}{\partial r}U(r) = -K\left(\frac{1}{ar} + \frac{1}{r^2}\right)e^{-r/a}, \\ F'(r) &= -K\left(-\frac{1}{ar^2} - \frac{2}{r^3}\right)e^{-r/a} + \frac{K}{a}\left(\frac{1}{ar} + \frac{1}{r^2}\right)e^{-r/a} \\ &= K\left(\frac{1}{a^2 r} + \frac{2}{ar^2} + \frac{2}{r^3}\right)e^{-r/a}. \end{aligned}$$

Einsetzen in die Stabilitätsbedingung ergibt für $r = \varrho$

$$\frac{3}{\varrho} - \frac{1/a^2 + 2/\varrho a + 2/\varrho^2}{1/a + 1/\varrho} > 0,$$

das heißt

$$a^2 + a\varrho - \varrho^2 > 0$$

oder umgeformt

$$\left(\frac{\varrho}{a}\right)^2 - \frac{\varrho}{a} - 1 < 0.$$

Dies ist erfüllt, wenn

$$\frac{\varrho}{a} < \frac{1+\sqrt{5}}{2} \approx 1,62.$$

28 Die Erde und unser Sonnensystem

Allgemeine Begriffe der Astronomie

Sterne: Sterne sind Himmelskörper (Sonnen) meist großer Massenkonzentration, die auf Grund von Kernreaktionen Licht aussenden. In der Kernzone unserer Sonne wird z. B. Wasserstoff (H) zu Helium (He^4) verbrannt. In anderen, älteren Sternen spielen sich höhere Verbrennungsprozesse ab, z.B. $3He^4 \to {}^{12}C$, ${}^{12}C + {}^4He \to {}^{16}O$ usw. Sie sind im einzelnen recht subtil. Eine übersichtliche Darstellung dieser Vorgänge ist zu finden in J.M. Eisenberg and W. Greiner: Nuclear Theory 1: Nuclear Models, 3. Auflage, North Holland, Amsterdam (1987).

Planeten: Planeten sind Körper, die im Zentralkraftfeld eines Sternes umlaufen. Sie können Licht reflektieren (das Verhältnis zwischen reflektiertem und eingestrahltem Lichstrom heißt Albedo), leuchten aber selbst nicht. Die weiteste Entfernung eines Planeten von seinem Zentralkörper heißt Aphel, die kürzeste Perihel.

Meteore: Sammelname für die Leuchterscheinungen, die durch das Eindringen fester Partikel (Meteorite) in die Erdatmosphäre verursacht werden. Die Meteorite, die eine Größe von 10^{-3} g bis zu 10^6 Kg besitzen können, fallen mit Geschwindigkeiten zwischen 10 und 200 km/sec. ein und verglühen gewöhnlich vollständig.

Kometen: Kometen sind Himmelskörper geringer Massenkonzentration, die sich (sehr wahrscheinlich alle) im Zentralkraftfeld eines Sternes bewegen. Ein Komet besitzt einen Kern aus Staub und Eiskörnern. Bei ausreichender Sonnenbestrahlung bildet er eine Gashülle (Koma) und einen Schweif aus. Die gesamte Länge kann bis zu 300 Millionen km erreichen.

Satelliten: Satelliten sind Körper, die Planeten umkreisen. Man kann unterscheiden zwischen natürlichen Satelliten, den Monden, und künstlichen (der erste war Sputnik I (14.10.1957)). Bei Erdsatelliten bezeichnet man die weiteste und kürzeste Entfernung von der Erde als Apogäum bzw. Perigäum.

Asteroiden und Planetoiden: Es handelt sich um Felsbrocken, deren Größe klein ist gegen die der gewöhnlichen Planeten. Sie umkreisen die Sonne zwischen Mars und Jupiter und besitzen meist ähnliche Bahndaten, so daß vermutet wurde, es handele sich um die Reste eines zerfallenen Planeten (Bahnen der Planetoiden kreuzen sich). Es gibt auch Kommensurabilitätslücken innerhalb des Planetoidengürtels, vermutlich durch den Jupiter verursacht.

Periode: Als Periode bezeichnet man bei jeder periodischen Bewegung die Zeit für einen vollen Ablauf. In der Astronomie ist meist die siderische Umlaufzeit gemeint; das ist die Zeit, die eine Masse für den vollständigen Umlauf um ihren Zentralkörper benötigt.

Sonnensystem: Die Sonne bildet zusammen mit den zu ihr gehörenden Planeten und deren Monden, sowie den Planetoiden, Kometen und Meteorschwärmen das Sonnensystem.

Ekliptik: Die Ebene, in der die Erde die Sonne umkreist, nennt man Ekliptik.

Bestimmung astronomischer Größen

Es soll jetzt kurz angedeutet werden, wie man praktisch astronomische Größen bestimmt.

Die Entfernung der Planeten zur Erde

a) Die Entfernungen lassen sich durch Triangulation bestimmen. Aus der Messung der Beobachtungswinkel des Planeten von zwei Punkten und deren gegenseitigem Abstand läßt sich der Abstand zum Planeten berechnen.

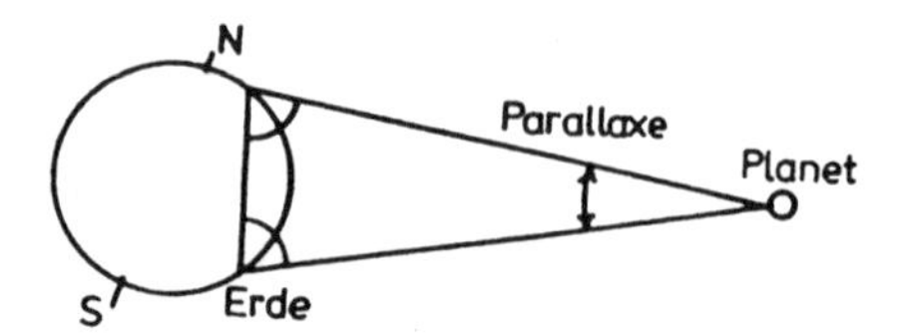

Prinzip der Entfernungsmessung durch Triangulation.

b) Die Entfernungen lassen sich durch Radar bestimmen. Da man die Ausbreitungsgeschwindigkeit der elektromagnetischen Wellen kennt, kann man aus der Laufzeit des Radarsignals auf die Entfernung schließen. Diese Methode funktioniert nur für die unmittelbaren Nachbarn der Erde.

c) Im Sinne von a) läßt sich auch die Erdbahn als Basis für die Triangulation verwenden, um die Entfernung der näheren Fixsterne zu messen.

d) Die Sonne (und die Planeten) bewegt sich etwa 610 Mill. km/Jahr (oder 4.09 Astron. Einh./Jahr) gleichförmig in Richtung des Sonnenapex im Sternbild Herkules (vgl. später: Ein Modell der Sonnenumgebung). Das kann auch zur Parallaxenbestimmung und damit zur Entfernungsmessung von Fixsternen bis mehr als 100 Lichtjahre Distanz benutzt werden.

Die Bahngeschwindigkeit der Planeten

a) Für kreisförmige Bahnen läßt sich die Geschwindigkeit aus den meßbaren Größen Bahnradius und Umlaufdauer (Periode) bestimmen.

b) Für elliptische Bahnen läßt sich die Geschwindigkeit aus den meßbaren Halbachsen und der Periode bestimmen.

Die Masse der Planeten

a) Aus dem Gravitationsgesetz und der Gleichung für die Zentripetalkraft ergibt sich die Beziehung $\gamma M = 4\pi^2 a^3 T^{-2}$, siehe Gleichung (26.39). Das ist das 3. Keplersche Gesetz. M ist hierbei die Masse des Zentralkörpers, die im Verhältnis zur Masse des umlaufenden Körpers groß ist. Aus dieser Gleichung läßt sich die Sonnenmasse und die jedes Planeten, der Monde besitzt, errechnen.

b) Haben Planeten keine Monde, so bestimmt man ihre Masse aus den Bahnstörungen der Nachbarplaneten.

Die Rotationsgeschwindigkeit eines Planeten oder Sterns:

Die Rotationsgeschwindigkeit eines Planeten läßt sich aus der Beobachtung markanter Punkte an dessen Oberfläche bestimmen. Bei Sternen, die nur als punktförmige Lichtquellen sichtbar sind, versagt diese Methode. Bei ihnen kann man aus dem Spektrum und der aufgrund des Dopplereffektes auftretenden Verzerrung einer Spektrallinie auf die Rotationsgeschwindigkeit schließen (verschiedene Verschiebung – rot, blau – an entgegengesetzten Seiten des rotierenden Sterns). Der Ostrand der Sonne zeigt z. B. eine Rot-, der Westrand eine Blauverschiebung, aus welcher eine Rotationsgeschwindigkeit von 2 km/s folgt.

Nachweis von Gasen im All:

In Sternen vorhandene Elemente lassen sich aus dem Spektrum des Sternlichtes bestimmen. Bei Planeten muß jedoch beachtet werden, daß sie Licht nur reflektieren bzw. absorbieren. Man kann hierbei die Gase der Atmosphäre aus dem Absorptionsspektrum ermitteln (Frauenhofersche Linien).

Die Gezeiten:

Zwei Massen befinden sich im Gravitationsfeld einer dritten Masse M (siehe Figur).

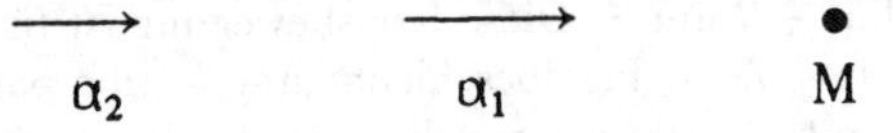

Die erste Masse erfährt eine Beschleunigung $a_1 = \gamma M/r_1^2$, die zweite Masse wird mit $a_2 = \gamma M/r_2^2$ beschleunigt. Ein Beobachter auf einer der Massen stellt deshalb fest, daß sich die anderen Masse mit der Beschleunigung $a_1 - a_2 = \gamma M(1/r_1^2 - 1/r_2^2)$ von ihm wegbewegt. Aufgrund der unterschiedlichen Stärke der Gravitationskraft wirkt also eine Kraft zwischen den beiden Massen, die dadurch auseinander gezogen werden. Eine solche Kraft, die immer auftritt, wenn das Gravitationsfeld inhomogen ist, nennt man *Gezeitenkraft,* weil durch denselben Effekt die Gezeiten auf der Erde entstehen.

Ebbe und Flut werden durch die Bewegung der Erde im Gravitationsfeld des Mondes bewirkt. Im Punkt A bzw. B (siehe Figur) erfährt ein Körper aufgrund der Anziehungskraft des Mondes die Beschleunigung $a_M = \gamma M_C/(r \pm R)^2$, wobei r der Abstand

Abstand zwischen Erd- und Mondmittelpunkt und R der Erdradius ist.

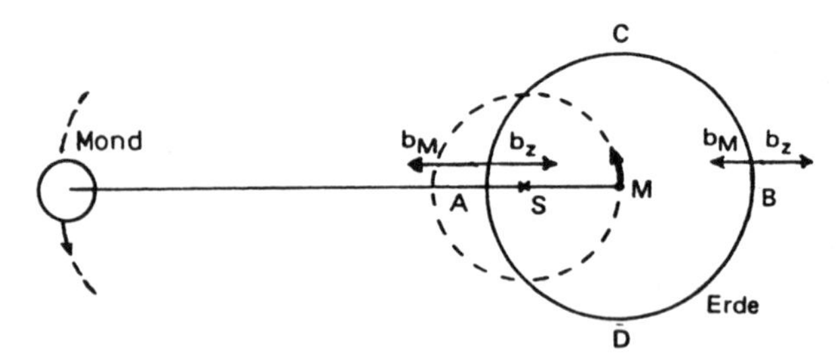

Zur Erklärung der Gezeiten: Erde und Mond kreisen um den gemeinsamen Schwerpunkt S.

Die Taylor-Entwicklung liefert $b_M \approx (\gamma M_C/r^2)(1 \mp 2R/r)$. Die Beschleunigung im Erdmittelpunkt beträgt $b_z = \gamma M_C/r^2$, so daß die Differenz $b_M - b_z = b_M - \gamma M_C/r^2 = \mp 2\gamma M_C R/r^3$ beträgt. Diese Differenz zeigt immer von der Erdoberfläche weg und beträgt $8 \cdot 10^{-5}$ cm/s^2. Die Erdbeschleunigung wird also in den Punkten A und B um diesen Betrag verringert.

Der gemeinsame Schwerpunkt S von Erde und Mond ist etwa $\frac{3}{4}\,R$ vom Erdmittelpunkt entfernt. Da der Schwerpunkt erhalten ist, bewegen sich Erde und Mond mit gleicher Winkelgeschwindigkeit um diesen Punkt S. Der Erdmittelpunkt bewegt sich also auf einem Kreis mit Radius $\frac{3}{4}\,R$ um S. Diese Kreisbewegung ist für alle Punkte der Erde gleich und führt zu einer Zentrifugalbeschleunigung b_z, die parallel zur Achse Erde-Mond und vom Kreismittelpunkt weggerichtet ist. Im Erdmittelpunkt heben sich die Zentrifugalbeschleunigung und die Gravitationsbeschleunigung $\gamma M_C/r^2$ gerade auf.

Die Verringerung der Erdbeschleunigung in den Punkten A und B führt dazu, daß sich dort Flutberge bilden. Da das Problem symmetrisch zur Achse Mond – Erde ist, haben wir in einem zu dieser Achse senkrechten Ring durch C und D Ebbe. Mit dem Mondumlauf und der Rotation der Erde um ihre Achse wandern die Punkte A und B über die Erdoberfläche, so daß innerhalb von $24\frac{3}{4}\,h$ zweimal höchste Flut an einem

Ort auftritt.

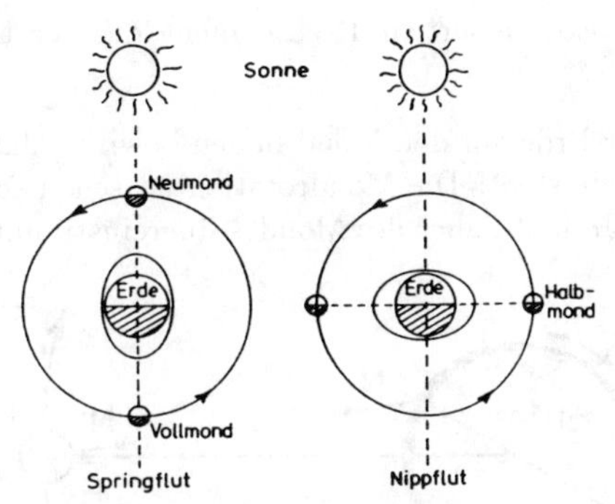

Zur Erklärung von Spring- und Nippflut.

Wäre die Erde nur von Ozeanen bedeckt, so würde die Höhe des Flutberges etwa 90 cm betragen. Durch die unterschiedlichen Formen der Küstenlinien können sich die Zeiten der höchsten Flut verschieben und Flutberge von mehreren Metern Höhe ausbilden.

Das Gravitationsfeld der Sonne bewirkt ebenfalls Gezeitenkräfte auf der Erde, die fast die Hälfte der Gezeitenkräfte des Mondes betragen. Wenn Sonne, Mond und Erde auf einer Geraden liegen (also bei Vollmond und bei Neumond, etwa alle $13\frac{1}{2}$ Tage), addieren sich die Gezeitenkräfte und es entsteht eine besonders hohe Flut (Springflut); bei Halbmond gibt es eine Nippflut (siehe Figur).

Die Reibung zwischen den Wassermassen und der Erde führt zu einer Bremsung der Erdrotation, so daß der Tag in den letzten 1000 Jahren um 0.0165 s länger geworden ist. Da der Gesamtdrehimpuls des Erde-Mond-System erhalten ist, muß die Abnahme des Drehimpulses der Erde von einer Zunahme des Drehimpulses des Mondes begleitet sein. Der Drehimpuls des Mondes bezogen auf den Erdmittelpunkt ist

$$L_{\text{Mond}} = M_M v r.$$

Die Gravitationskraft ist gerade gleich der Zentrifugalkraft:

$$\frac{\gamma M_E M_M}{r^2} = \frac{M_M v^2}{r} \quad \Rightarrow \quad v = \sqrt{\frac{\gamma M_E}{r}}.$$

Also gilt: $L_{\text{Mond}} = M_M\sqrt{\gamma M_E r}$. Wenn L_{Mond} zunimmt, nimmt also auch der Abstand Erde – Mond zu. Diese Zunahme beträgt etwa 3 cm pro Jahr.

Die Übertragung vom Drehimpuls von der Erde auf den Mond wird im folgenden in einem etwas vereinfachten Modell erklärt. Die Reibung zwischen den Wassermassen der Ozeane und der Erdkruste bewirkt, daß die beiden Flutberge hinter der Achse Erde – Mond hinterherlaufen (siehe Figur). Die Unterschiede in den Gravitationskräften $\vec{N}$ und $\vec{F}$ ergeben ein Drehmoment, das den Drehimpuls der Erde verringert. Die Summe der am Mond angreifenden Gegenkräfte hat eine Komponente in Richtung der Mondbewegung. Also existiert ein Drehmoment, das den Drehimpuls des Mondes vergrößert.

Die Gezeitenkräfte der Erde auf den Mond haben bewirkt, daß der Mond immer mit derselben Seite zur Erde steht: Die Mondrotation ist schon so weit abgebremst, daß ihre Periode mit der Umlaufsdauer des Mondes übereinstimmt[12].

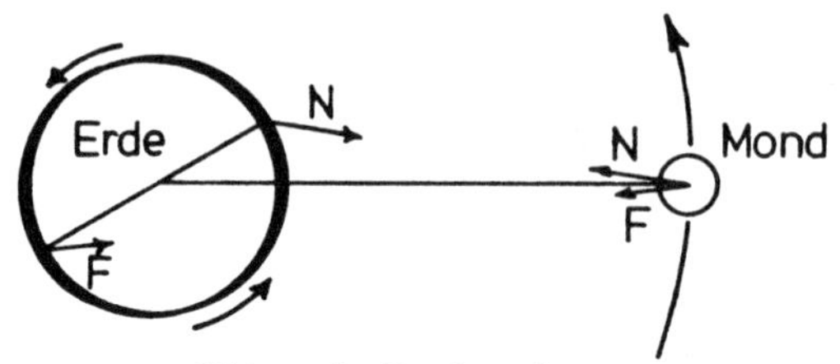

Wirkung der Gezeitenreibung.

Die Flutberge werden von der Erdrotation teilweise mitgerissen.

Erdpräzession und Erdnutation:

Bei den weiteren Betrachtungen wird stets berücksichtigt, daß die Himmelskörper (z. B. Erde) ausgedehnt sind.

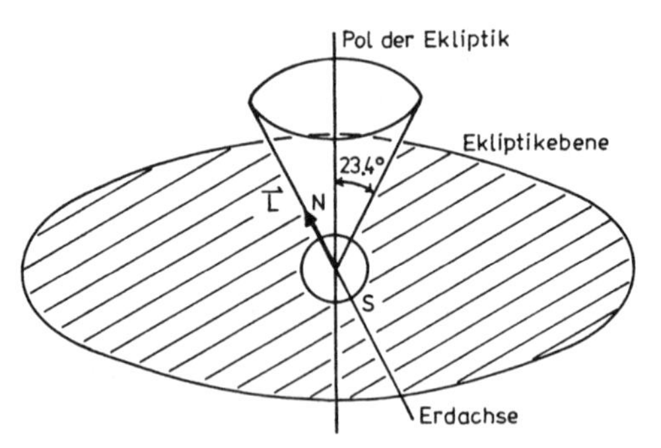

Die Geometrie bei der Erdpräzession.

Da die Erde keine exakte Kugelform besitzt, sondern ein abgeplattetes Rotationsellipsoid ist, und da die Rotationsachse der Erde gegen die Ekliptik geneigt ist, wird von der Sonne auf die Erde ein Drehmoment $\vec{D}$ ausgeübt, das der Erde die Drehimpulsänderung $d\vec{L}$ erteilt: $\dot{\vec{L}} = \vec{D}$ oder $d\vec{L} = \vec{D}\,dt$.

[12] Wir empfehlen zur Lektüre: Peter Brosche: Die Abbremsung der Erdrotation, Physik in unserer Zeit, Vol. 20 (1989) Heft 3, Seite 70.

Wir betrachten das Problem unter der Annahme, die Erde werde von der Sonne umkreist und die Sonnenmasse sei homogen auf der angenommenen Bahn verteilt. (Dies wird bald noch gerechtfertigt.) Dann befindet sich für unsere Betrachtung ein Massenring im Abstand Erde – Sonne um die Erde. Dieser Massenring erzeugt für den Kreisel „Erde“ eine Drehimpulsänderung, die bewirkt, daß sich die Drehimpulsachse um den Pol der Ekliptik dreht. Der Pol der Ekliptik steht in der Zeichnung senkrecht auf der gedachten (schraffierten) Sonnenbahnebene, der Ekliptik.

Die Drehimpulsachse beschreibt einen *Präzessionskegel* um den Pol der Ekliptik. Die Umlaufdauer der Erdpräzession beträgt 25 730 Jahre. Dies rechtfertigt nun unsere Annahme des homogenen Massenringes „Sonne“, da in der Zeit des Präzessionsumlaufes die Sonne 25 730 mal die Erde umkreist hätte.

Auf die Erde wirken außer der Sonnenanziehung noch andere Anziehungskräfte von Planeten und Mond, die ebenfalls eine Drehimpulsänderung hervorrufen.

Die größten Störungen verursacht der Mond, sie führen zu Präzessionen mit einer Periode von 9.3 Jahren.

Aufgrund der Abplattung der Erde fallen die Erdachse und die Drehimpulsachse nicht genau zusammen, so daß sich die Erdachse um die Drehimpulsachse bewegt. Diese Schwankungen der Erdachse heißen *Nutationen.* Die gemessene Periode der Nutationsbewegung der Erde beträgt 433 Tage.

Eine ausführliche quantitative Diskussion dieser Phänomene finden Sie im Kapitel über Kreiseltheorie der Mechanik II der Vorlesungen.

Je gründlicher die Astronomen des Sonnensystem erforschen, desto schwieriger wird es für sie, bei den kleineren Himmelskörpern die klassische Einteilung in die verschiedenen Kategorien aufrechtzuerhalten. Von den Monden, die die Planeten umkreisen haben sich einige eindeutig als eingefangene Kleinplaneten (Asteroiden) entpuppt. Die meisten der Asteroiden, die vermutlich aus dem Material eines „verhinderten“ Planeten bestehen, bewegen sich zwischen den Bahnen von Mars und Jupiter um die Sonne. Einige kommen auf ihrem Flug aber auch nahe an die Erde heran.

Durch verfeinerte Beobachtungstechniken ist es möglich geworden, in unserer Nachbarschaft sogar Kleinplaneten mit einem Durchmesser von wenigen Metern nachzuweisen. Damit sind sie von der Größe her mit den Meteroiden vergleichbar.

Zu bestimmten Zeiten im Jahr häufen sich am Himmel Sternschnuppen, und zwar immer dann, wenn die Erde die Bahn eines Kometen kreuzt. Daraus haben die Astronomen geschlossen, daß viele Meteroite Bruchstücke von Kometen sind. Andere weisen eine Zusammensetzung auf, die eine Kleinplaneten-Herkunft nahelegt. Man weiß auch, daß Kometen sich aufspalten und in Trümmer zerfallen können. Anfangs intakte Kometen sind bei einer späteren Wiederkehr als Zwillingskometen aufgetaucht.

Einen solchen Zerfall gibt es offenbar auch bei Kleinplaneten. Mit einem englisch-australischen Beobachtungsprogramm ist im Jahr 1991 ein Asteroid entdeckt worden, der die Bezeichnung 1991 RC erhielt[13]. Er befindet sich praktisch in derselben Bahn wie der Kleinplanet Ikarus, der sich der Erde im Jahr 1968 bis auf sechs Millionen Kilometer genähert hatte.

Im Oktober 1990 fanden die Astronomen einen Kleinplaneten, der einen Durchmesser von nur 60 bis 120 Metern hat. Einen Monat vorher war auf dem Kit Peak in Arizona ein Teleskop zur systematischen Suche nach erdnahen Kleinplaneten in Betrieb genommen worden, das ernsthafte Schwierigkeiten bei der Zuordnung kleiner kosmischer Objekte schafft. Mit dem Gerät wurde ein „Kleinplanet"(1991 BA) mit nur fünf bis zehn Meter Durchmesser entdeckt, der zwölf Stunden später in 170 000 Kilometer Abstand an der Erde vorbeiflog. Er ist so klein, daß es sich auch um einen Meteroiden handeln könnte.

Weil die systematische Suche nach kosmischen Brocken auf dem Kit Peak erstmals mit elektronischen Detektoren (CCDs) betrieben wird, ist mit solchen Entdeckungen künftig häufiger zu rechnen. Im Oktober und November 1991 wurden allein vier weitere Objekte gefunden, deren Durchmesser jeweils weniger als dreißig Meter beträgt. Ob es sich um Kleinplaneten oder um Meteoroiden handelt, läßt sich in keinem Fall feststellen. Von einem Meteor, der 1972 vom Westen der Vereinigten Staaten aus zu sehen war, schätzt man, daß sein glühender Körper einen Durchmesser von vier Metern hatte — also nicht viel weniger als das Objekt 1991 BA.

Mit dem Teleskop auf dem Kit Peak haben die Astronomen in nur zehn Monaten fünfzehn vorher unbekannte „Kleinplaneten" auf dem Weg zur Erde nachgewiesen, außerdem monatlich 2000 weitere Asteroiden. Wie oft solche Objekte auf der Erde einschlagen, wird man wohl bald mit zusätzlichen Daten neu berechnen müssen. Auf einer 1991 in St. Petersburg veranstalteten Konferenz („The Asteroid Hazard ") haben die Teilnehmer noch geschätzt, daß man etwa einmal pro Jahrhundert mit dem Einschlag eines Brockens mit 50 Meter Durchmesser rechnen muß. Das klingt nach einer größeren Gefährdung. Tatsächlich allerdings haben Meteroiten bislang nur selten nennenswerte Schäden verursacht, weil nur ein sehr kleiner Teil der Erdoberfläche bewohnt ist.

Wäre das Objekt 1991 BA mit der Erde kollidiert, hätte die Einschlagsenergie - eine Dichte wie bei typischen Meteoritenmaterieal vorausgesetzt - etwa 40 Kilotonnen TNT betragen. Das ist die Dreifache Energie der Bombe von Hiroshima. Die amerikanische Raumfahrtbehörde NASA schmiedet seit einiger Zeit Pläne, kleine, auf die Erde zukommende Objekte systematisch zu orten und gegebenenfalls vor einer Kollision zu vernichten. Ob ein solches Vorhaben sinnvoll und mit den heutigen Mitteln überhaupt möglich ist, bleibt abzuwarten.

[13] Nature, Bd. 354, S.265.

Eigenschaften, Lage und Entstehung des Sonnensystems

Allgemeines über das Sonnensystem: Unser Sonnensystem gehört dem Spiralnebel „Milchstraße“ an. Die Skizze auf der folgenden Seite zeigt die Milchstraße von der Seite her gesehen; die zweite Figur dasselbe in Draufsicht. Die Linien bezeichnen Zonen gleicher Materiedichte, wobei die Dichte von innen nach außen abnimmt. Unser Sonnensystem ist ungefähr 10 kpc vom Zentrum der Galaxie entfernt (die Längeneinheit *parsec* besitzt die Größe $1\,\text{pc} = 3.086 \cdot 10^{13}$ km = 3.26 Lichtjahre oder 1 pc ist die Entfernung, in welcher man den großen Erdbahnradius unter $1''$ sieht). Daten über das Sonnensystem sind in den folgenden Figuren festgehalten:

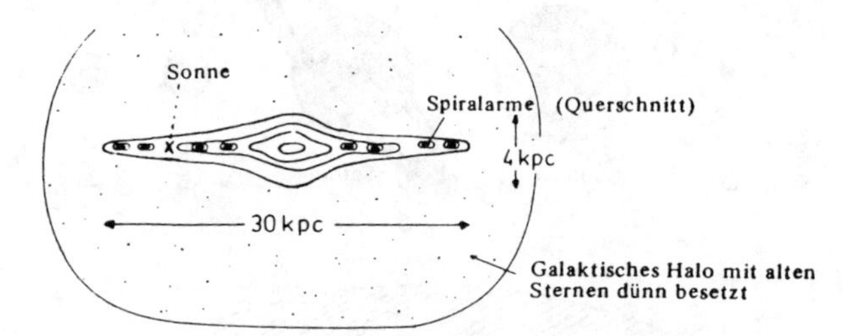

Schematischer Querschnitt durch die Galaxie Milchstraße.

Draufsicht

Seitenansicht

So sähen wir unser Milchstraßensystem, wenn wir es von oben her betrachten könnten. Aufgrund von Daten, die innerhalb des Systems gemessen wurden, zeichnete ein Computer diese „synthetische Photographie“.

Merkur	n = −2
Venus	−1
Erde	0
Mars	1
Planetoiden	2
Jupiter	3
Saturn	4
Uranus	5
Neptun	6
Pluto	7

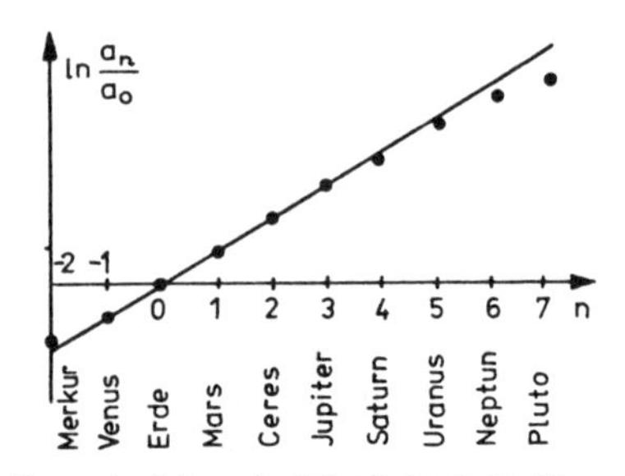

Veranschaulichung der Titius-Bodesche Beziehung.

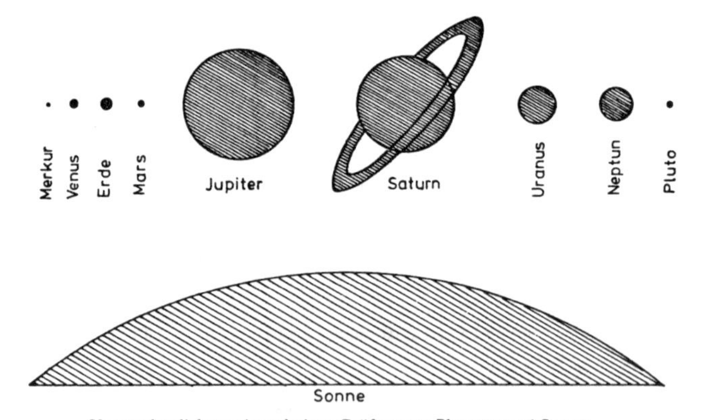

Veranschaulichung der relativen Größen von Planeten und Sonne.

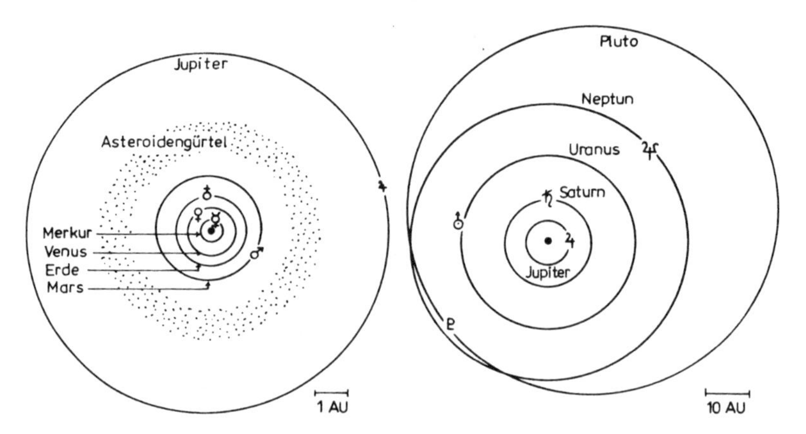

Karte des Sonnensystems mit zwei verschiedenen Maßstäben. 1 AU (astronomical unit) ist der Radius der Erdbahn. Das Symbol für jeden Planet ist am Perihel seiner Umlaufbahn eingezeichnet.

Unser Sonnensystem in Zahlen

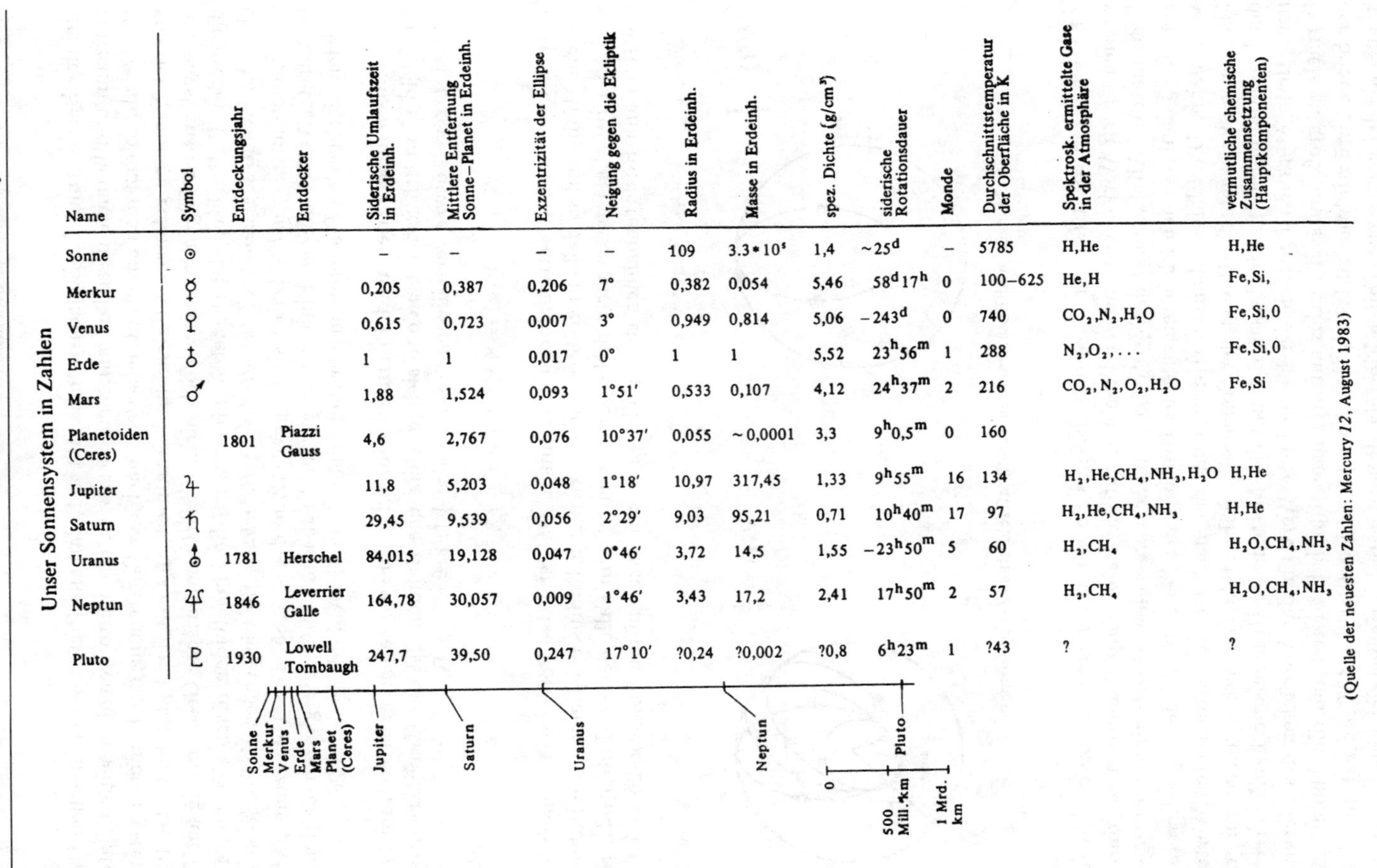

Name	Symbol	Entdeckungsjahr	Entdecker	Siderische Umlaufszeit in Erdeinh.	Mittlere Entfernung Sonne–Planet in Erdeinh.	Exzentrizität der Ellipse	Neigung gegen die Ekliptik	Radius in Erdeinh.	Masse in Erdeinh.	spez. Dichte (g/cm³)	siderische Rotationsdauer	Monde	Durchschnittstemperatur der Oberfläche in K	Spektrosk. ermittelte Gase in der Atmosphäre	vermutliche chemische Zusammensetzung (Hauptkomponenten)
Sonne	☉			–	–	–	–	109	$3.3 * 10^5$	1,4	$\sim 25^d$	–	5785	H,He	H,He
Merkur	☿			0,205	0,387	0,206	7°	0,382	0,054	5,46	$58^d 17^h$	0	100–625	He,H	Fe,Si,
Venus	♀			0,615	0,723	0,007	3°	0,949	0,814	5,06	-243^d	0	740	CO_2, N_2, H_2O	Fe,Si,0
Erde	♁			1	1	0,017	0°	1	1	5,52	$23^h 56^m$	1	288	$N_2, O_2, \ldots$	Fe,Si,0
Mars	♂			1,88	1,524	0,093	1°51′	0,533	0,107	4,12	$24^h 37^m$	2	216	CO_2, N_2, O_2, H_2O	Fe,Si
Planetoiden (Ceres)		1801	Piazzi Gauss	4,6	2,767	0,076	10°37′	0,055	~0,0001	3,3	$9^h 0{,}5^m$	0	160		
Jupiter	♃			11,8	5,203	0,048	1°18′	10,97	317,45	1,33	$9^h 55^m$	16	134	$H_2, He, CH_4, NH_3, H_2O$	H,He
Saturn	♄			29,45	9,539	0,056	2°29′	9,03	95,21	0,71	$10^h 40^m$	17	97	H_2, He, CH_4, NH_3	H,He
Uranus	♅	1781	Herschel	84,015	19,128	0,047	0°46′	3,72	14,5	1,55	$-23^h 50^m$	5	60	H_2, CH_4	H_2O, CH_4, NH_3
Neptun	♆	1846	Leverrier Galle	164,78	30,057	0,009	1°46′	3,43	17,2	2,41	$17^h 50^m$	2	57	H_2, CH_4	H_2O, CH_4, NH_3
Pluto	♇	1930	Lowell Tombaugh	247,7	39,50	0,247	17°10′	?0,24	?0,002	?0,8	$6^h 23^m$	1	?43	?	?

(Quelle der neuesten Zahlen: Mercury *12*, August 1983)

Bei der Betrachtung des Sonnensystems fällt auf, daß alle Planeten den gleichen Umlaufssinn und beinahe dieselbe Bahnebene besitzen, nur Pluto weicht in seinen Daten stärker ab, so daß man annimmt, er sei erst nach der Entstehung des Planetensystems von der Sonne eingefangen worden. Im Zusammenhang mit der Entstehung des Planetensystems ist folgende, bisher noch nicht erklärte empirische Gesetzmäßigkeit für die großen Halbachsen der Planeten interessant (die Planetoiden fügen sich hier gut ein). Es ist die sogenannte *Tituts-Bodesche Beziehung* für die großen Halbachsen a_n der Planeten: $a_n = a_0 k^n$. Dabei sind $a_0 = 1\,\mathrm{AE}$ und $k \approx 1,85$. Die Abkürzung „AE" bedeutet „Astronomische Einheit" = großer Erdbahnradius. Die ganzen Zahlen n werden hierbei den Planeten zugeordnet (siehe dazu die Abbildung auf S.26).

Geschlossene Bahnen und Periheldrehung: Wie wir sahen, existieren im $1/r$-Kraftfeld räumlich feststehende in sich geschlossene Bahnen. Ist das Gravitationspotential dagegen etwas verschieden von r^{-1}, also $V(r) \neq r^{-1}$, z. B.

$$V(r) = Ar^{-1} + Br^{-2} + Cr^{-3} + \cdots,$$

so kann es zu einer Rosettenbewegung kommen. Das effektive Potential hat nach wie vor ein Minimum, so daß ein größter und ein kleinster Radius existieren. Die Bahnen sind aber im allgemeinen nicht mehr geschlossen wie im Falle des $1/r$-Potentials. Sie müssen dann Rosettenbahnen sein. (Wir verweisen dazu auf die Aufgabe 26.11.)

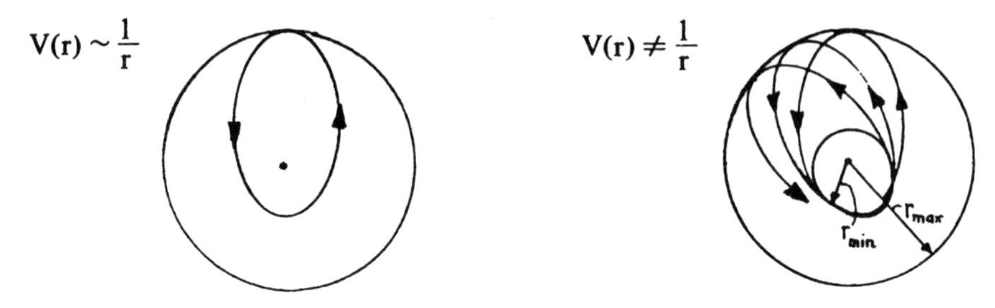

Geschlossene und Rosettenbahnen im Kraftfeld eines Zentralkörpers.

Abweichungen von $V(r) \sim r^{-1}$, so daß also das Potential verschieden von cr^{-1} wird, werden durch Wirkungen anderer Planeten auf die Bahn eines Planeten oder durch Deformation (Abplattung) des Zentralgestirns hervorgerufen. Durch diese Störungen kommt es dann bei den Planeten zu einer Drehung des Perihels und der typischen Rosettenbahn. Die Planetenbahnen stimmen mit den nach Newton errechneten Werten überein, außer wenn der Planet der Sonne sehr nahe steht. Die normalen Störungen der Planeten untereinander lassen sich mit den Mitteln der Himmelsmechanik berechnen. Beim Merkur ist jedoch der beobachtete Wert für das Vorrücken des Merkur-Perihels zu groß, um sich restlos auf Störungen durch Planeten und die Abplattung der Sonne zurückführen zu lassen. Der berechnete Wert ist um 43″ pro Jahrhundert kleiner als der gemessene. Durch Einsteins Relativitätstheorie ließ sich eine Erklärung für diesen Effekt finden.

Für die mathematische Behandlung der Periheldrehung verweisen wir auf die Aufgaben 26.11, 2.4 und 34.3.

Die Entstehung des Sonnensystems: Eine Sonne entsteht, wenn sich eine dichte Wolke aus interstellarem Gas und Staub aufgrund der Gravitationskraft zusammenzieht. Unsere Sonne ist aber von vielen anderen Körpern umgeben, die das Planetensystem bilden. Die Entstehung dieses Planetensystems ist heute noch nicht vollständig verstanden, so daß es konkurrierende Theorien gibt, die jeweils nur einige der Eigenschaften des Planetensystems erklären können.

Die Vielzahl der Theorien kann man in drei Hauptklassen einteilen, die sich durch den Mechanismus der Planetenentstehung unterscheiden.

1.) Theorien, bei denen die Planetenentstehung nichts mit der Entstehung der Sonne zu tun hat, sondern die Planeten erst entstanden sind, als die Sonne schon ein normaler Stern war. Zu dieser Klasse gehören z. B. die Gezeitentheorien.

2.) Theorien, bei denen die Planeten nach der Entstehung der Sonne aus der interstellaren Materie entstehen. Dies sind die sogenannten Akkretionstheorien (Akkretion = Zuwachs). Hier ist der Zuwachs von Masse in einer Ebene (der Ekliptik) gemeint.

3.) Theorien, bei denen die Planeten aus demselben Nebel und durch einen ähnlichen Vorgang entstanden sind wie die Sonne (Nebulartheorien).

Im folgenden werden einige der Hauptmechanismen dieser Theorien dargestellt.

1.) Gezeitentheorien (Bickerton 1878, Chamberlain 1901, Moulton 1905, Jeans 1916, Jeffreys 1918).

Zwei Sonnen fliegen aneinander vorbei, ohne sich jedoch gegenseitig einzufangen. Aufgrund der Gezeitenkräfte wird Materie aus den Sonnen herausgerissen, die zu Planeten kondensieren soll. Abgesehen von der geringen Wahrscheinlichkeit einer solchen Begegnung hat diese Theorie einige weitere Nachteile. Die chemische Zusammensetzung der Planeten läßt sich damit überhaupt nicht erklären, und die Planetenbahnen müßten nach dieser Theorie stark elliptisch sein. Außerdem zeigen neuere Rechnungen (Spitzer 1939), daß Materie, die aus einem Stern herausgeschleudert wird, aufgrund ihrer hohen Temperatur gar nicht zu Planeten kondensieren kann. Deshalb wurden die Gezeitentheorien inzwischen wieder fallengelassen.

2.) Akkretionstheorien (Hoyle und Littleton 1939).

Wenn die Sonne sich durch eine Wolke interstellarer Materie bewegt, kann sie Partikel durch die Gravitationskraft an sich binden. Durch die Anziehungskraft zwischen den Teilchen und durch Kollisionen können sich größere Massen bilden, die bis zur Größe der heutigen Planeten anwachsen sollen. Dabei sind auch die Auswirkungen elektromagnetischer Effekte zu berücksichtigen (Alfven 1942). Wie in Beispiel 2.2 gezeigt wird, bewirkt das Magnetfeld der Sonne, daß ein Teilchen mit der Ladung q

und der Masse m nicht näher an die Sonne kommen kann als bis zu einem kritischen Radius r_c, der zu $(q/m)^{2/3}$ proportional ist. Damit häufen sich die schwereren Partikel in Sonnennähe an. Mit geeigneten Annahmen über das Magnetfeld der Sonne läßt sich damit die chemische Zusammensetzung der Planeten ungefähr erklären.

3.) Nebulartheorien (Descartes 1644, Kant[14] 1755, Laplace 1796)

Der Gasnebel, aus dem die Sonne entstanden ist, war durch seine Rotation abgeplattet. Aufgrund von Turbulenzen spalten sich Teile des Nebels ab, die sich dann kontrahieren. Dabei rotieren sie immer schneller, da der Drehimpuls erhalten ist. Der zentrale Teil des Nebels bildet die Sonne, während sich in den peripheren Teilen viele Protoplaneten bilden. Im Inneren dieser Protoplaneten bildet sich ein Kern aus den festen Bestandteilen des Nebels. Durch Kollision kann sich die Anzahl der Protoplaneten verringern.

In neuerer Zeit wird der folgende Mechanismus untersucht: Die festen Bestandteile des Nebels reichern sich durch die Gravitationskraft in der Mittelebene des scheibenförmigen Gasnebels an (siehe Figur). Diese Staubscheibe wird bei zunehmender Konzentration instabil und zerfällt in Bereiche von einigen Kilometern Durchmesser. Diese Bereiche sind die Kerne für die weitere Massenanhäufung. Es entstehen durch Anziehung weiterer fester Partikel und durch Zusammenstöße immer größerer Gebilde, die bis zur Größe der Planeten anwachsen.

Wird erst einmal eine bestimmte Größe überschritten, so können auch die gasförmigen Reste des Nebels (H_2, He) gravitativ gebunden werden, so daß mit dieser Theorie auch die Entstehung von Jupiter und Saturn erklärt werden kann.

Bewegung der Staubteilchen in die Mittelebene des Nebels.

Innerhalb des Gasnebels herrscht ein Temperaturgradient, so daß die nichtflüchtigen Stoffe (Staubteilchen) in der heißen Zone im Inneren kondensieren, während die Gase (z. B. H_2O, NH_3 und CH_4) nur in den kälteren Zonen weiter entfernt von der jungen

[14] *Kant,* Immanuel, Philosoph, *Königsberg 22.4.1724, †ebd. 12.2.1804.
K. stammte aus einer Handwerkerfamilie, besuchte das pietistische Friedrichsgymnasium in seiner Heimatstadt und studierte dort bis 1746 Naturwissenschaften, Mathematik und Philosophie; 1747 bis 1754 war er Hauslehrer. 1755 habilitierte er sich in Königsberg als Magister der Philosophie; er war auch Unterbibliothekar der Schloßbibliothek. 1763 schlug er eine ihm angebotene Professur für Dichtkunst aus und wurde 1770 Professor für Logik und Metaphysik. 1786 und 1788 verwaltete er das Rektorat. 1796 stellt er aus Gesundheitsrücksichten seine Vorlesungen ein. Sein Leben verlief ohne größere äußere Ereignisse, er hat Ostpreußen nie, Königsberg kaum je verlassen. [BR]

Sonne kondensieren können. Dieser Mechanismus erklärt im Prinzip die chemische Zusammensetzung der Planeten.

Der Drehimpuls in unserem Sonnensystem findet sich hauptsächlich in den Planeten. Unsere Sonne besitzt zwar 99,87 % der Masse, aber nur 0,54 % des gesamten im Sonnensystem vorhandenen Drehimpulses. Würde der gesamte Drehimpuls auf die Sonne vereinigt, so ergäbe sich ein für junge Sterne typischer Wert. Daraus läßt sich schließen, daß die Sonne Drehimpulse an die Planeten abgegeben haben muß. Einen Mechanismus hierfür bietet die Magnetohydrodynamik (Hoyle 1960, Edgeworth 1962): Im Plasma (ionisierte Materie) des Gasnebels können sehr große Störungen auftreten und stabilisierte Magnetfelder mitgeführt werden. Ähnlich dem Prinzip der Wirbelstrombremse läßt sich dadurch die Übertragung des Drehimpulses vom Zentrum auf die Peripherie erklären.

Erst in neuester Zeit lassen sich mit Computern detailliertere Rechnungen zur Entwicklung eines Gasnebels durchführen, wobei noch weitere physikalische Effekte (z. B. Druck, Reibung, Sonnenwind, Gezeitenkräfte usw.) berücksichtigt werden müssen. Erst dann läßt sich beurteilen, ob diese Theorien wirklich die heute beobachteten Eigenschaften des Planetensystems erklären können.

Weltbilder

1. Geozentrisch – Das Ptolemäische Weltbild (um 140 n.Ch.): Das Ptolemäische[15] Weltbild, das Grundlage der Astronomie bis ins 17. Jahrhundert war, betrachtet die Erde als ruhenden Mittelpunkt der Welt. Mond, Sonne und die Planeten umkreisen die Erde. Daß das Weltbild über eine so lange Zeit unangefochten bestehen konnte, erklärt sich am besten an einer Skizze, die zeigt, daß man damit durchaus Vorhersagen über die Stellung der Planeten machen konnte. Es hatte also

[15] *Ptolemäus,* Claudius, geb. nach 83 u.Z. in Ptolemais (Mittelägypten), gest. nach 161 u.Z. – Von seinem Leben ist nur bekannt, daß er in Alexandria tätig war. Er gilt als der bedeutendste Astronom der Antike. Er ist der Hauptvertreter des geozentrischen Weltbildes. Sein „Großes astronomisches System“ ist in der arabischen Übersetzung Kitab al-magisti als *„Almagest“* bis Kopernikus grundlegend für die Astronomie gewesen. Zur Darstellung benutzt P. die Epizyklentheorie der Apollonios sowie eine Sehnentrigonometrie und die stereographische Projektion. – Von P. stammen noch eine „Optik“, das sehr einflußreiche astrologische Werk „Tetrabiblos“ sowie die sehr wertvolle „Einführung in die Geographie“, die ebenso wie die Astrologie die mittelalterliche Wissenschaft außerordentlich beeinflußt hat.

Vorhersagekraft („predictive power“).

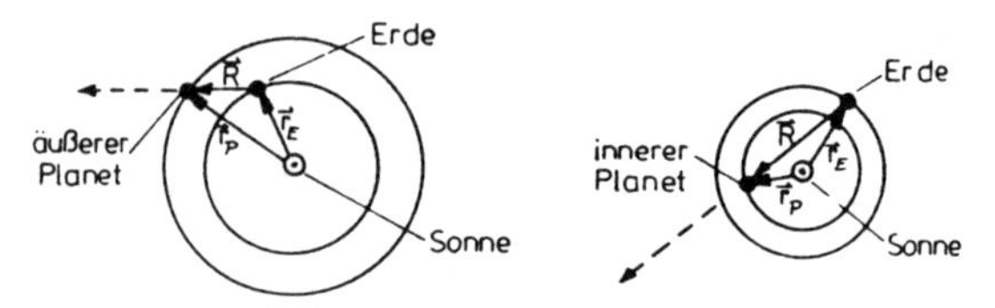

Zur Erklärung der Epizykel (vgl. auch die folgende Figur).

Betrachten wir die richtigen Verhältnisse (Sonne im Zentrum des Planetensystems), so ergeben sich die beiden Zeichnungen, für die $\vec{r}_p = \vec{R} + \vec{r}_E$ oder $\vec{R} = \vec{r}_p - \vec{r}_E$ gelten. Demnach läuft $\vec{r}_p$ in einem Planetenjahr und $\vec{r}_E$ in einem Erdjahr einmal um die Sonne.

Für das geozentrische Weltbild erhalten wir folgende Skizze:

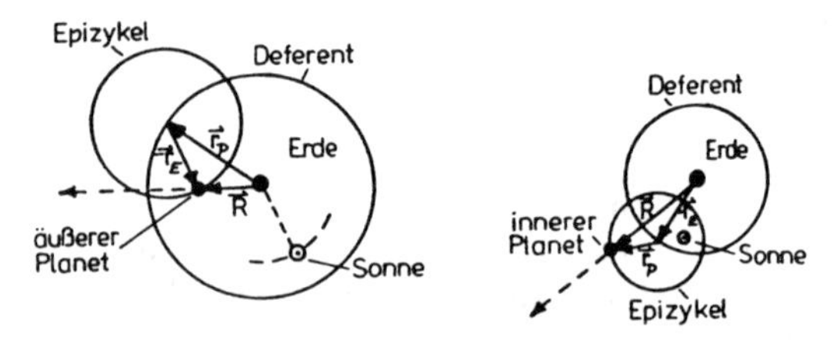

Zum Verständnis der Epizykeltheorie.

Auch im geozentrischen Weltbild hat die Gleichung $\vec{R} = \vec{r}_p - \vec{r}_E$ ihre Richtigkeit, nur wurde hier der *Ptolemäische Deferent* eingeführt. Es ist ein immaterieller Kreis, den $\vec{r}_p$ mit der siderischen Umlaufzeit des Planeten um die Erde beschreibt. Da man noch nicht die Entfernung eines Planeten bestimmen konnte, kam es nur auf die Richtung von $\vec{R}$ und nicht auf dessen Betrag an. Dies erklärt die völlig einwandfreie Darstellung der Planetenbewegung in der Epizykeltheorie.

2. Das Heliozentrische System – Das Kopernikanische Weltbild:

Im Kopernikanischen Weltbild[16]

[16] *Kopernicus, Copernicus,* deutsch *Koppernigk,* pol. *Kopernik,* Nikolaus, Astronom und Begründer des heliozentrischen, nach ihm kopernikanisch genannten Weltbildes, *Thorn 19.2.1473, †Frauenburg (Ostpreußen) 24.5.1543, trieb seit 1491 an der Universität Krakau humanistische, mathematische und astronomische Studien und studierte 1496 bis 1500 in Bologna weltliches und geistliches Recht. Auf Betreiben seines Onkels, des Bischofs Lukas Watzelrode, wurde er 1497 in das ermländ. Domkapitel zu Frauenburg aufgenommen. Seit Herbst 1501 studierte er in Padua und Ferrara, wurde dort am 31.5.1503 zum Doktor des Kirchenrechts promoviert und studierte anschließend Medizin. Nach seiner Heimkehr 1506 lebte er als Sekretär seines Onkels von 1506 bis zu dessen Tod 1512 in Heilsberg und nahm an der Verwaltung des Bistums Ermland teil. Als Kanzler des Domkapitels hielt sich K. von 1512 an meist in Frauenberg auf, residierte als Statthalter des Kapitels 1516 – 21 in Mehlsack und Allenstein und war 1523 Bistumsverweser von Ermland. Als Deputierter vertrat er das Domkapitel 1522 – 29 auf den preußischen Landtagen und setze sich dort besonders für eine

wurde erkannt, daß die Sonne Mittelpunkt (Zentralkörper) unseres Planetensystems ist. Es fand in den Keplerschen Gesetzen seine Krönung, da sich mit ihnen alle Vorgänge im Planetensystem leicht und exakt berechnen ließen.

Ein Modell der Sonnenumgebung[17]**:** Bereits die nächsten Sterne sind so weit von der Erde entfernt, daß es Schwierigkeiten bereitet, sich davon eine Vorstellung zu machen. Das folgende Modell soll dazu verhelfen: Das Planetensystem und die Sonnenumgebung werden im Maßstab 1:100 Milliarden verkleinert. Es entspricht dann 1 cm im Modell 1 Million km in der Natur. Das Sonnensystem wäre damit noch auf einem Schulhof oder auf einer großen Straßenkreuzung unterzubringen: Die Sonne selbst hätte einen Durchmesser von 1.4 cm. In 1.5 m Abstand stünde die 0.1 mm große Erde, in fast 8 m Sonnenentfernung der 1.4 mm große Jupiter und in 59 m Abstand der 0.05 mm große Pluto. Verlegt man das so verkleinerte Sonnensystem nach Frankfurt a. M., dann wäre Proxima Centauri 410 km, Sirius 820 km usw. von dort entfernt.

---

für eine Münzreform ein.

Die väterliche Familie von K. stammt aus dem Neißer Bistumsland in Schlesien, so daß seine deutsche Herkunft als erwiesen angesehen werden kann, zumal er sich schriftlich nur der deutschen oder lateinischen Sprache bediente. K. galt auch als bedeutender Arzt, worauf das Maiglöckchen in einem Holzschnitt von ihm hindeutet. Als Astronom vollendet K. das, was Regiomantan vorgeschwebt hatte, eine Revision der Lehre von der Planetenbewegung unter Anlehnung an eine Reihe kritisch gesichteter Beobachtungen. Erst auf solcher Grundlage konnte an eine Kalenderreform gedacht werden, deren Dringlichkeit zu Beginn des 16. Jahrh. allgemein erkannt wurde. Auch bei K. dürften solche Erwägungen eine Rolle gespielt haben. Im Laufe seiner Arbeit entschied er sich dann, angeregt durch vage antike Überlieferungen, zur Annahme eines heliozentrischen Weltsystems. Einen kurzen vorläufigen Bericht darüber bildet der wohl vor 1514 verfaßte „Commentariolus". Bereits hier werden die entscheidenden Annahmen ausgesprochen, daß die Sonne den Mittelpunkt der kreisförmigen Planetenbahnen bildet und daß auch die Erde um sie kreist, die sich täglich um ihre Achse dreht und ihrerseits vom Mond umkreist wird. Die Öffentlichkeit erhielt von der kopernikanischen Lehre erste Kunde durch die „Narratio prima" des G.J. Rheticus.

Das Hauptwerk des K., die „Sechs Bücher über die Umläufe der Himmelskörper" (De revolutionibus orbium coelestium libri VI, 1543, dt. 1879, Neudr. 1939), erschien erst im Todesjahr des Verfassers. Es war Papst Paul II. gewidmet, wurde aber statt durch das originale Vorwort des K. durch eine den Sinn des Ganzen verkehrende Vorrede des prot. Theologen A. Ostander eingeleitet. Die Lehren des K. blieben bis zum Erlaß des Indexkongregation 1616 von der Kirche unbeanstandet. Die Unvollkommenheiten, die die kopernikanische Planetentheorie noch aufwies, wurden durch J. Kepler beseitigt. Ebensowenig wie K. konnte aber auch Kepler einen Beweis im heutigen Sinn für die Richtigkeit des heliozentrischen Systems erbringen. Denn noch z.Z. von I. Newton waren die astronomischen Beobachtungen nicht genau genug, um die sehr geringen „K.-Effekte" nachzuweisen. Dies gelang erst J. Bradley 1728 mit der Entdeckung der Aberration der Fixsterne und F.W. Bessel 1839 mit der Messung der ersten Fixsternparallaxe. Die Bedenken der Gegner der Kopernikanischen Auffassung sind verständlich, denn für die meisten Fixsterne sind wegen ihrer großen Entfernungen von der Sonne die Parallaxen auch durch moderne Meßmethoden nicht nachweisbar. Seine Gegner veranlaßten z.B. den großen Beobachter T. Brahe, ein eigenes Modell für unser Planetensystem aufzustellen, das einen Kompromiß zwischen dem geozentrischen und dem heliozentrischen System bildet [BR].

[17] Wir folgen hier dem ausgezeichneten Büchlein von J. Hermann: dtv-Atlas zur Astronomie (Tafeln und Texte mit Sternatlas), Deutscher Taschenbuch Verlag München.

Die nächsten Sterne

Stern	Sternbild	Entfernung in Lj
αCentauri/Proxima Centauri	Centaur	4.3
Barnards Pfeilstern	Ophiuchus	5.9
Wolf 359	Löwe	7.7
Luyten 726-8	Walfisch	7.9
Lalande 21 185	Gr. Bär	8.2
Sirius	Gr. Hund	8.7
Ross 154	Schütze	9.3
Ross 248	Andromeda	10.3
ε Eridani	Eridanus	10.8
Ross 128	Jungfrau	10.9
61 Cygni	Schwan	11.1
Luyten 789-6	Wassermann	11.2

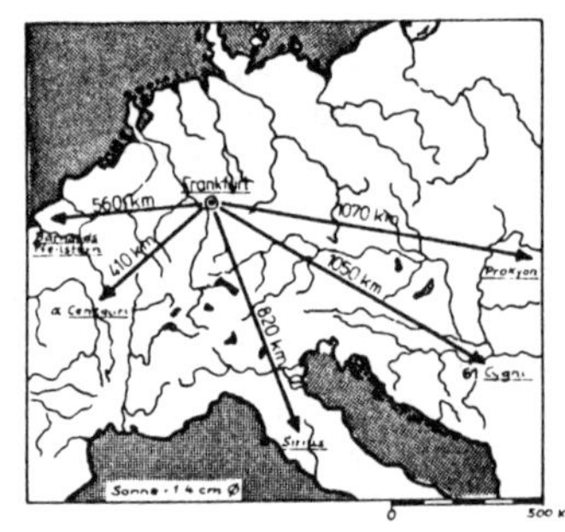

Die nähere Umgebung der Sonne im Modell: Unsere Sonne liege in Frankfurt, ihr Durchmesser ist in diesem Maßstab (1:10^{11}) nur 1.5 cm. Der nächste Stern ist α–Centauri und liegt dann 410 km von Frankfurt entfernt, also etwa in Paris.

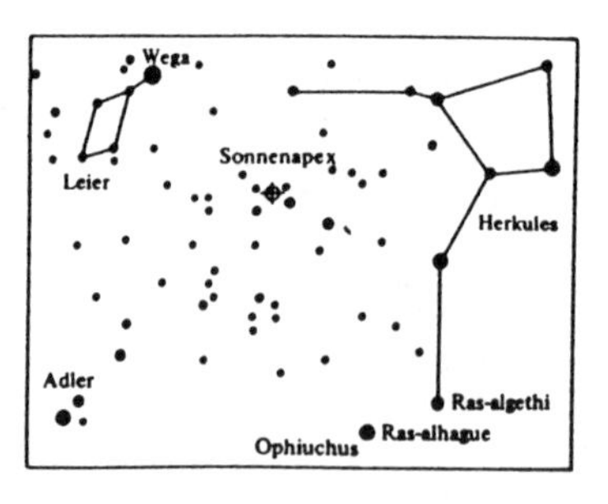

Die Lage des Sonnenapex im Sternbild Herkules. Unser Sonnensystem bewegt sich als ganzes – im Spiralarm Orion der Milchstraße sitzend – mit 19.4 km/s $\approx$ 610 Millionen km/Jahr dem Sonnenapex entgegen.

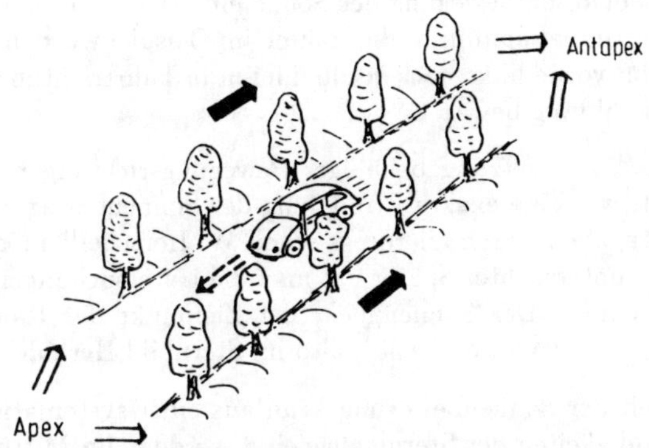

Bewegungseffekte, aus denen bei einer geradlinigen Fahrt auf einer mit Bäumen begrenzten Straße die Bewegungsrichtung und die Geschwindigkeit bestimmt werden können.

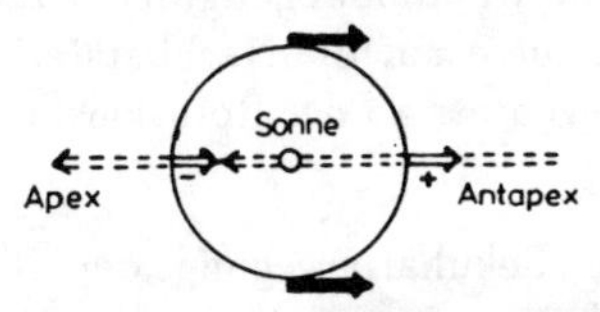

Die Radialgeschwindigkeiten zeigen in Richtung zum Apex statitisch den größten negativen, im Antapex den größten positiven Wert (durchgezogener Doppelpfeil). Rechtwinklig zur Sonnenbewegung haben die Sterne ein Maximum in der Tangentialgeschwindigkeit (durchgezogener dicker Pfeil) und die Radialgeschwindigkeiten ein Minimum.

Die Raumbewegung der Sonne: Aus der räumlichen Bewegung der Sterne kann geschlossen werden, daß sich auch unsere Sonne durch den Raum bewegt. Die Methode, diese Bewegung zu ermitteln, erläutert folgendes Beispiel:

Man fährt mit einem Auto geradlinig durch einen Wald. Könnte man nicht aus anderen Wahrnehmungen Richtung und Geschwindigkeit der Bewegung ableiten, wäre dies aus einer Bewegung der Bäume möglich. In Fahrtrichtung gesehen scheinen die Bäume auseinanderzustreben, rechtwinklig dazu laufen sie scheinbar rückwärts am Auto vorbei, und in Richtung, aus der es gekommen ist, streben die Bäume aufeinander zu (vgl. vorhergehende Figur). Genau dasselbe gilt auch für die Bewegung der Sonne durch das Weltall. Die systematischen Bewegungseffekte der Sterne müssen beobachtet werden. Eine Erschwerung gegenüber dem Beispiel mit der Autofahrt besteht allerdings darin, daß die Sterne nicht wie die Bäume feststehen, sondern sich ihrerseits bewegen. Man kann aber hoffen, daß sich bei einer statistischen Beobachtung sehr vieler Sterne die individuellen Bewegungen der anderen Sterne nicht mehr allzu stark bemerkbar machen, so daß sich der oben geschilderte Effekt deutlich zeigt.

Das wird allerdings nur dann funktionieren, wenn die beobachteten Sterne keine systematischen Bewegungen aufweisen, d.h. daß ihre individuellen Raumbewegungen tatsächlich ganz zufällig (statistisch) verteilt sind. Liegen irgendwelche Bevorzugungen bestimmter Bewegungsrichtungen vor, so treten unter Umständen Verfälschungen bei der Ableitung der Raumbewegung der Sonne ein. Das kann man sich leicht klarmachen, wenn man einmal annimmt, die Bäume im Beispiel würden sich alle in einer Richtung schräg von vorne links nach rechts hinten in Fahrtrichtung gesehen auf die Straße und über sie hinweg bewegen.

Tatsächlich ist die Voraussetzung beliebiger Bewegungsrichtungen bei den Sternen nicht streng erfüllt, was eine exakte Ermittlung der Sonnenbewegung sehr schwierig gestaltet. Grobe Angaben waren allerdings schon W. Herschel[18] möglich, der damals sogar nur 13 Sterne untersuchte. Später hat man die Untersuchungen auf viel größere Sternzahlen ausgedehnt. Der Sonnenapex, der Zielpunkt der Raumbewegung der Sonne, liegt bei $\alpha = 18\,h\,04\,m$, $\delta = +30°$, also im Sternbild Herkules.

Die Geschwindigkeit der Sonnenbewegung kann aus einer systematischen Verteilung der Radialgeschwindigkeiten der Sterne abgeleitet werden. Im Mittel zeigen nämlich die in der Richtung zum Apex gelegenen Sterne eine negative Radialgeschwindigkeit. Als Ergebnis zeigt sich für die Raumbewegung der Sonne eine Geschwindigkeit von 19,4 km/s. Man bezeichnet diese auf die Nachbarsterne bezogene Bewegung auch als Pekuliarbewegung (im Gegensatz zu der Rotationsbewegung um das Zentrum des Milchstraßensystems).

Im Jahre 1967 konnte die Pekuliarbewegung der Sonne auch erstmals radioastronomisch ermittelt werden, und zwar durch die Doppler-Verschiebung der 21-cm-Strahlung des interstellaren neutralen Wasserstoffs. Unter Berücksichtigung der möglichen Meßfehler stimmt dieses Resultat mit den optischen Beobachtungen überein.

Umgebung unserer Milchstraße: Unser Spiralnebel, die Milchstraße, ist eingebettet in die sogenannte *lokale Gruppe.* Das ist ein Cluster von etwa 9 – 10 Galaxien. Die Milchstraße und der Andromedanebel, wie auch die M33-Galaxie, sind Spiralnebel; alle anderen sind Kugelhaufen–ähnliche Galaxien. Daß Galaxien sich selbst in größeren Galaxien-Clustern zusammenscharen ist ein weit verbreitetes Phänomen in der Weite der Welt. Die erste Galaxien-Gruppe außerhalb der *lokalen Gruppe* liegt in der Richtung der Konstellation Virgo, besteht aus 2 500 Galaxien und ist etwa 60 Millionen Lichtjahre entfernt.

Man mache sich die Entfernungsverhältnisse klar: Unsere Milchstraße hat einen Durchmesser von 10^5 Lichtjahren; der mittlere Abstand zweier Sterne innerhalb der Milchstraße beträgt etwa 5 Lichtjahre. Der Andromeda-Nebel liegt $2 \cdot 10^6$ Licht-

[18] *Herschel, Sir* (seit 1816). Friedrich Wilhelm (Willam), * Hannover 15.11.1738 †Slough bei Windsor 25.8.1822, zunächst Musiker, ging 1765 als Organist nach Großbritannien. Die Musiktheorie führte ihn zur Mathematik und Optik, und er begann 1766 mit solchem Erfolg selber Spiegel zu schleifen, daß nicht weniger als 400 Spiegel seine Werkstatt verließen. Der größte hatte 1.22 m Durchmesser und 12 m Brennweite. Die Beobachtungen mit seinen Spiegeln machten ihn zum Astronomen. 1781 entdeckte er den Planeten Uranus, 1783 stellte er die Bewegung des Sonnensystems in Richtung auf das Sternbild Herkules fest, 1787 fand er die beiden äußeren Uranus-Monde und 1789 die beiden inneren Saturnmonde. Seine Beobachtungen von Doppelsternen, Nebelflecken und Sternhaufen erschlossen der Astronomie neue Gebiete, und seine Sterneichungen begründeten die Erforschung des Baues des Milchstraßensystems.

jahre von der Milchstraße entfernt. Um die Milchstraße „kreisen“ auch zwei kleine Satelliten-Galaxien: die kleine und große Magellansche Wolke. In der großen Magellanschen Wolke ereignete sich am 24. Februar 1987 die berühmte Supernova-Explosion, die einzige in unserer Zeit, deren Lichtkurve und Neutrino-Schauer experimentell registriert wurden. Satelliten-Galaxien findet man öfters. Auch Andromeda besitzt zwei „kleine“ Satelliten-Galaxien. In der nachfolgenden Figur ist unsere Galaxien-Nachbarschaft veranschaulicht.

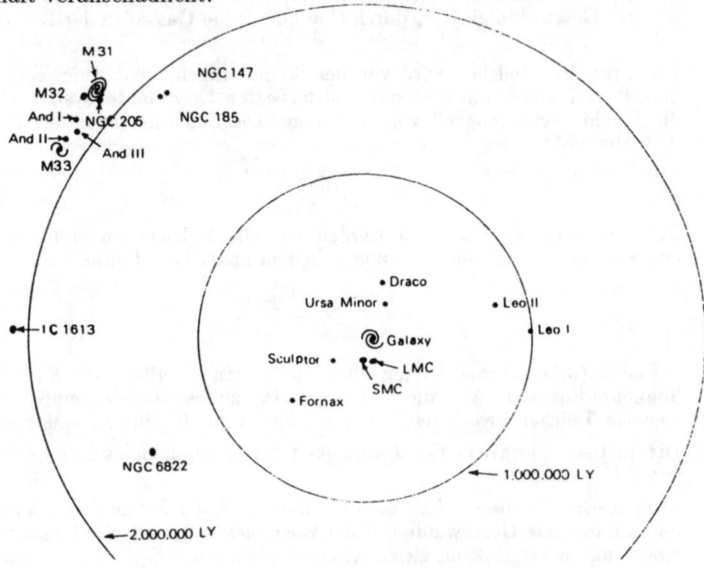

Die lokale Gruppe. Nur größere Galaxien sind gezeichnet.

Über die Entstehung des Weltalls: Spektroskopische Messungen haben ergeben, daß eine Beziehung der in allen Sternspektren beobachtbaren Rotverschiebung und der Entfernung der Sterne von uns besteht. Wenn man hierfür den Dopplereffekt verantwortlich macht, dann muß das Weltall nach allen Richtungen expandieren. Läßt man nun die einzelnen Bewegungen rückwärts ablaufen, so treffen sich alle Körper gleichzeitig in einem bestimmten Raumbereich. Hier muß vor ungefähr $13 \cdot 10^9$ Jahren der kosmische „Urknall“ stattgefunden haben. Die gesamte heute existierende Materie lag in der Form von freien Elementarteilchen ungeheurer Konzentration und Temperatur vor. Expansion und daraus resultierende Abkühlung ermöglichten den Zusammentritt von Nukleonen zu Kernen und schließlich die Bildung vollständiger Atome. Unter dem Einfluß der Gravitation kondensierte die kosmische Urwolke zu Galaxien und schließlich zu einzelnen Sternen.

Zur Zeit läßt sich noch nicht vorhersagen, ob sich der bisherige Ablauf umkehren und das Weltall wieder zusammenstürzen wird. Würde es immer weiter expandieren und in der unendlichen Leere verpuffen, so hätten wir es mit einer „offenen Welt“ zu tun.

Auch periodische Expansion und Kompression, d. h. ein „pulsierendes" Weltall, ist denkbar.

28.1 Aufgabe: Massenakkretion der Sonne

Wie groß ist näherungsweise die Akkretionsrate dM/dt der Sonne, wenn sie sich mit der Geschwindigkeit v_s durch eine homogene Gaswolke der Dichte ϱ bewegt?

Lösung: Ein Teilchen wird von der Sonne eingefangen, wenn seine Geschwindigkeit w in einem mit der Sonne mitbewegten Koordinatensystem kleiner ist als die Fluchtgeschwindigkeit von der Sonne. Die Fluchtgeschwindigkeit lautet nach Aufgabe 26.5:

$$v_0^2 = \frac{2\gamma M}{R}. \qquad \underline{1}$$

Bei gegebenem konstanten w werden also alle Teilchen eingefangen, die sich innerhalb einer Kugel um die Sonne mit dem kritischen Radius

$$R_0 = \frac{2\gamma M}{w^2} \qquad \underline{2}$$

befinden (diese Formel ist natürlich nur so lange gültig, wie R_0 größer als der Sonnenradius ist). Um die Akkretionsrate zu bestimmen, muß man angeben, wieviele Teilchen pro Zeiteinheit in die Kugel mit Radius R_0 einströmen.

Die mittlere thermische Geschwindigkeit der Gasmoleküle sei v_G. Wir unterscheiden 2 Grenzfälle:

a) $v_s \ll v_G$: In diesem Fall kann die Bewegung der Sonne vernachlässigt werden und die mittlere Geschwindigkeit der Gasmoleküle im mit der Sonne verbundenen Koordinatensystem kann gleich v_G gesetzt werden.

Der kritische Radius nach Gleichung $\underline{2}$ ist in diesem Fall also

$$R_0 = \frac{2\gamma M}{v_G^2}. \qquad \underline{3}$$

Wenn die Sonne nicht da wäre, würden in die Kugel genauso viele Teilchen einströmen wie ausströmen, wenn die Geschwindigkeitsvektoren $\vec{v}_G$ in allen Richtungen gleich verteilt sind. Durch die Sonne werden nicht nur die in die Kugel einströmenden Moleküle eingefangen, sondern auch die nach außen fliegenden Teilchen werden am Wegfliegen gehindert und ebenfalls eingefangen. Deshalb ist der mittlere Fluß (= Teilchen pro Einheitsfläche pro Zeiteinheit) eingefangener Teilchen ungefähr gleich ϱv_G. Die Akkretionsrate ist gleich dem Fluß, multipliziert mit der Kugeloberfläche:

$$\frac{dM}{dt} = 4\pi R_0^2 \varrho v_G = \frac{16\pi\gamma^2 M^2 \varrho}{v_G^3}. \qquad \underline{4}$$

b) $v_s \gg v_G$: In diesem Fall kann die thermische Bewegung der Gasmoleküle vernachlässigt werden. Die Teilchen bewegen sich dann im Koordinatensystem der Sonne alle mit der Geschwindigkeit $\vec{v}_s$. Der kritische Radius ist somit

$$R_0 = \frac{2\gamma M}{v_s^2}. \qquad \underline{5}$$

Da die Gasmoleküle alle aus derselben Richtung kommen, „sehen“ sie nur die Querschnittsfläche dieser Kugel. Die Akkretionsrate ist also gleich dem Fluß ϱv_s multipliziert mit der Fläche eines Kreises mit Radius R_0.

$$\frac{dM}{dt} = \pi R_0^2 \varrho v_s = \frac{4\pi\gamma^2 M^2 \varrho}{v_s^3} \,. \qquad \underline{6}$$

Zahlenbeispiel: Wir setzen $v_s = 0$ und erhalten damit eine obere Schranke für die Akkretionsrate. Für v_G nehmen wir einen Wert von $10^3\,\mathrm{ms}^{-1}$ (das entspricht für Wasserstoffmoleküle einer Temperatur von ungefähr 100 K). Ein typischer Wert für die Dichte einer interstellaren Wolke ist $\varrho = 10^{-18}\,\mathrm{kg\,m}^{-3}$. Die Sonnenmasse ist $M = 1.99 \cdot 10^{30}$ kg, und die Gravitationskonstante ist $\gamma = 6.67 \cdot 10^{-11}$ $\mathrm{m}^3\,\mathrm{kg}^{-1}\,s^{-2}$.

Damit ergibt sich nach Gleichung $\underline{4}$:

$$\begin{aligned} \frac{dM}{dt} &= 8.86 \cdot 10^{14}\,\mathrm{kg\,s}^{-1} \\ &= 2.79 \cdot 10^{22}\,\mathrm{kg/Jahr} \\ &= 4.67 \cdot 10^{-3} M_E/\mathrm{Jahr} \end{aligned}$$

mit der Erdmasse $M_E = 5.975 \cdot 10^{24}$ kg.

28.2 Beispiel: Bewegung eines geladenen Teilchens im Magnetfeld der Sonne

Wenn sich die Sonne durch eine Wolke interstellarer Materie bewegt, dann sind bei der Massenakkretion auch elektromagnetische Effekte zu berücksichtigen. Diese werden im folgenden in einem vereinfachten Modell abgeschätzt.

Die Wolke soll sowohl Gase in ionisierter Form als auch geladene feste Partikel enthalten. Wir betrachten die Bewegung eines geladenen Teilchens der Masse m und der Ladung q, das sich von weit entfernt auf die Sonne zubewegt, im Gravitationsfeld und Magnetfeld der Sonne.

Zur Vereinfachung wird angenommen, daß das Magnetfeld der Sonne durch einen Dipol mit dem magnetischen Dipolmoment $\vec{\mu}$ erzeugt werde (zur Definition des Dipolmoments siehe Kapitel III in Band III: Elektrodynamik). Außerdem beschränken wir uns auf Teilchen, die sich in der Ebene, die durch den Sonnenmittelpunkt geht und auf der $\vec{\mu}$ senkrecht steht, bewegen.

Die Lorentzkraft, die das Teilchen durch das Magnetfeld $\vec{B}$ erfährt, lautet in dieser Ebene (siehe Band 3, Elektrodynamik).

$$\vec{F}_{\mathrm{magn}} = \frac{q}{c}\dot{\vec{r}} \times \vec{B} = \frac{q}{c}\frac{\dot{\vec{r}} \times \vec{\mu}}{r^3}, \qquad \underline{1}$$

wobei c die Lichtgeschwindigkeit ist.

Die Gravitationskraft lautet nach Gleichung (26.9):

$$\vec{F}_{\mathrm{grav}} = -\gamma M m \frac{\vec{r}}{r^3} \qquad \underline{2}$$

mit der Sonnenmasse M.

Die Bewegungsgleichung für das Teilchen ergibt sich somit als

$$m\ddot{\vec{r}} = -\gamma M m \frac{\vec{r}}{r^3} + \frac{q}{c}\frac{1}{r^3}\dot{\vec{r}} \times \vec{\mu}.$$

In ebenen Polarkoordinaten (r, φ) lautet diese Gleichung unter Berücksichtigung von Gleichungen (10.11) und (10.12):

$$m((\ddot{r} - r\dot{\varphi}^2)\vec{e}_r + (r\ddot{\varphi} + 2\dot{r}\dot{\varphi})\vec{e}_\varphi) = -\gamma M m \frac{\vec{e}_r}{r^2} + \frac{q}{c}\frac{1}{r^3}(\dot{r}\vec{e}_r + r\dot{\varphi}\vec{e}_\varphi) \times \vec{\mu}. \qquad \underline{3}$$

Da $\vec{\mu}$ senkrecht ist zu $\vec{e}_r$ und $\vec{e}_\varphi$, können wir diese Gleichung nach den beiden Komponenten aufspalten:

$$m(r\ddot{\varphi} + 2\dot{r}\dot{\varphi}) = -\frac{q}{c}\frac{\mu\dot{r}}{r^3} \qquad \underline{4}$$

$$m\ddot{r} = -\frac{\gamma M m}{r^2} + \frac{q}{c}\frac{\mu\dot{\varphi}}{r^2} + m r\dot{\varphi}^2. \qquad \underline{5}$$

Wir betrachten zunächst die erste Gleichung. Die linke Seite kann umgeformt werden, so daß gilt:

$$\frac{m}{r}\frac{d}{dt}(r^2\dot{\varphi}) = -\frac{q}{c}\frac{\mu\dot{r}}{r^3}. \qquad \underline{6}$$

Die Integration dieser Gleichung ergibt:

$$mr^2\dot{\varphi} = -\frac{q\mu}{c}\int \frac{\dot{r}}{r^2}dt = -\frac{q\mu}{c}\int \frac{dr}{r^2} = \frac{q\mu}{cr} + \text{const.} \qquad \underline{7}$$

Die Integrationskonstante können wir gleich Null setzen, wenn wir die Randbedingung stellen, daß für große Abstände von der Sonne das Teilchen keinen Drehimpuls relativ zur Sonne haben soll (die linke Seite dieser Gleichung beschreibt gerade den Drehimpuls).

Setzen wir das Ergebnis 7 in Gleichung 5 ein, so erhalten wir:

$$m\ddot{r} = -\frac{\gamma M m}{r^2} + \frac{2q^2\mu^2}{mc^2r^5}. \qquad \underline{8}$$

Wegen

$$\ddot{r} = \frac{d\dot{r}}{dt} = \frac{d\dot{r}}{dr}\dot{r} \qquad \underline{9}$$

erhalten wir:

$$\dot{r}\frac{d\dot{r}}{dr} = -\frac{\gamma M}{r^2} + \frac{2q^2\mu^2}{m^2c^2r^5}. \qquad \underline{10}$$

Die Integration dieser Gleichung ergibt

$$\dot{r}^2 = \frac{2\gamma M}{r} - \frac{q^2\mu^2}{m^2c^2r^4} + \text{const.} \qquad \underline{11}$$

Mit der Randbedingung $\dot{r} = 0$ für $r \to \infty$ können wir die Integrationskonstante gleich Null setzen.

Daneben gibt es noch einen weiteren Punkt r_c, an dem die radiale Geschwindigkeit verschwindet. Die Lösung der Gleichung

$$\frac{2\gamma M}{r_c} - \frac{q^2\mu^2}{m^2c^2r_c^4} = 0 \qquad \underline{12}$$

liefert

$$r_c = \left(\frac{q^2\mu^2}{2\gamma M m^2c^2}\right)^{1/3}. \qquad \underline{13}$$

Ein Teilchen, das von außen kommt, kann also nie dichter an die Sonne kommen als bis zu diesem Radius r_c.

Die Formel für r_c enthält als einzigen Teilchen-Parameter das Verhältnis q/m. Die interstellare Materie enthält typischerweise zwei Sorten von Teilchen: Atome (vor allem Wasserstoff) und feste Partikel. Feste Partikel haben einen wesentlich kleineren Wert für q/m als ein ionisiertes Wasserstoff-Atom, so daß sie viel näher an die Sonne kommen können als die Wasserstoff-Atome.

Mit einer Abschätzung des Magnetfeldes der Sonne ergibt sich für Wasserstoff ein r_c von ungefähr 10^{10} km. Der tatsächliche Wert von r_c sollte etwas kleiner sein, da Wasserstoff-Atome erst bei Gechwindigkeiten von ungefähr $5 \cdot 10^4\,\mathrm{ms}^{-1}$ ionisiert werden, so daß die Randbedingung bei Gleichung 11 anders lauten muß. Auf jeden Fall liegt der minimale Abstand für Wasserstoff-Atome in den äußeren Bereichen des Planetensystems, in dem sich tatsächlich die großen Gas-Planeten befinden.

Für die festen Partikel kann man annehmen, daß nur deren Oberfläche ionisiert ist. Damit läßt sich abschätzen, daß deren q/m-Verhältnis proportional ist zum Verhältnis von Oberfläche zu Volumen, also umgekehrt proportional zu ihrem Radius. Der Radius z. B. eines interstellaren Staubkornes ist typischerweise etwa 500 mal so groß wie der eines Protons, so daß sich für $r_c \sim (q/m)^{2/3}$ ungefähr ein um den Faktor 100 kleinerer Wert ergeben dürfte. Das ist gerade der Radius der inneren Planetenbahnen.

28.3 Beispiel: Ausflug zu den äußeren Planeten

Durch die unbemannten Raumsonden wie z. B. Voyager I und II konnten wir schon viele neue Erkenntnisse über unser Sonnensystem sammeln. So ergaben sich aus dem Vorbeiflug von Voyager I am Saturn (12. Nov. 1980) und Voyager II (25. Aug. 1981) eine Reihe neuer Erkenntnisse über diesen Planeten:

Die Carsini-Spalte der Saturn-Ringe, die durch den größten Mond Titan verursacht wird, ist nicht leer, sondern wird auch durch eine Reihe schmaler Ringe durchsetzt. Die Saturnringe bestehen aus unzähligen Einzelringen, deren Breite etwa 2 km beträgt. Neben den klassischen 10 Saturn-Monden wurden weitere 7 mit Durchmessern von weniger als 100 km entdeckt.

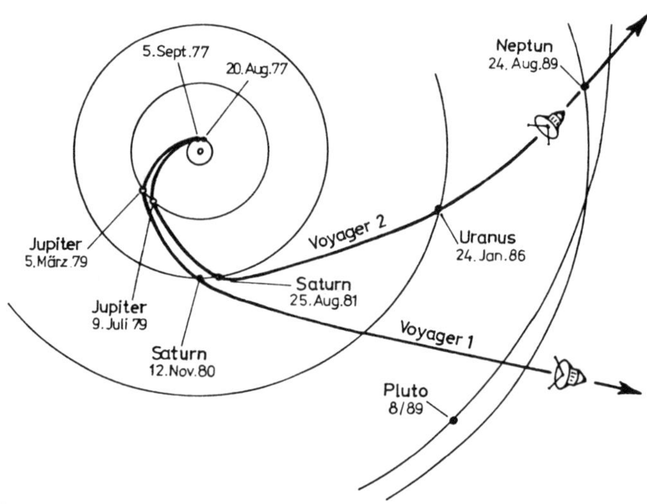

Fig. 1: Typische „Perlenschnur"-Konfiguration der äußeren Planeten mit eingezeichneten Flugbahnen der Satelliten. Zu beachten sind die „Swingby", d.h. die optimalen Vorbeiflüge der Satelliten an den Planeten eine Art „Planetenschaukel).

Der neuentdeckte äußere Ring, F-Ring genannt, ist im Gegensatz zu den anderen leicht exzentrisch. Außerdem konnte man „Speichen" in den Saturn-Ringen feststellen, deren Ursache noch nicht geklärt ist, die aber vermutlich auf einen Sonnenreflex des Sonnenlichtes an winzigen Eiskristallen zurückgehen. Voyager I erreicht nach etwa $4 \cdot 10^4$ Jahren die Nachbarschaft des Sterns AC + 793 888 im Sternbild kleiner Bär. Voyager II wird nach einer Begegnung mit Neptun am 24. August 1989 nach $3.58 \cdot 10^5$ Jahren den Sirius, den Hauptstern im Großen Hund und hellsten Fixstern des Himmels, in einer Entfernung von 0.8 Lichtjahren passieren. Eine Schwierigkeit, die bei der Erforschung der äußeren Planeten auftritt, sind die langen Flugzeiten. Diese können jedoch erheblich verkürzt werden, indem die Sonde das Gravitationsfeld eines Planeten auf seiner Route zu einer gezielten Richtungsänderung ausnutzt (Swingby). Dazu erweist sich eine seltene Konstellation der vier größten Planeten Jupiter, Saturn, Neptun und Uranus als besonders geeignet, wie sie in diesem Jahrzehnt (1980 – 1990) auftritt: Die Planeten stehen zwar nicht geradlinig hintereinander, aber immerhin längs einer flachen Kurve. Eine solche „Perlenschnurkonfiguration" tritt nur alle 175 Jahre auf und erlaubt den Vorbeiflug von Voyager II an unseren vier größten Planeten. Durch die Erhöhung der Bewegungsenergie durch verschiedene Vorbeiflüge der Planeten („Swingbys"), wie aus Figur 1 ersichtlich, kann die Aufgabe von Voyager II bereits nach 12 Jahren abgeschlossen werden, wogegen ein Direktflug bei aquivalentem Energieaufwand etwa 30 Jahre dauern würde.

Die wesentlichen Aspekte der mittels Gravitationsunterstützung errechneten Bahnkurven für eine solche Mission können wir bereits aus den Gleichungen zur Planetenbewegung im Kapitel 26 entwickeln.

Allgemein sollte bei der Erforschung der äußeren Planeten der Start in Richtung des Erdumlaufs um die Sonne erfolgen. Die Geschwindigkeit der Erde v_E, die sich auf einer nahezu kreisförmigen Umlaufbahn mit Radius r_E und Periode τ_E um die Sonne befindet, ist gegeben durch:

$$v_E = \omega_E r_E = \frac{2\pi}{\tau_E} r_E = \frac{2\pi \cdot 1.5 \cdot 10^8\,\text{km}}{365 \cdot 24 \cdot 3600\text{s}} = 30\frac{\text{km}}{\text{s}}. \qquad \underline{1}$$

Ein Raumschiff der Masse m, das einen anfänglichen Abstand r_E zur Sonne ($\odot$) hat, benötigt eine minimale Fluchtgeschwindigkeit $v_{\text{Fl}}^{\odot}$, um das Gravitationsfeld der Sonne zu verlassen (vgl. Aufgabe 26.5):

$$E = 0 = \frac{1}{2} m (v_{\text{Fl}}^{\odot})^2 - \frac{\gamma m M^{\odot}}{r_E}. \qquad \underline{2}$$

Andererseits gilt für die kreisförmige Umlaufbahn der Erde um die Sonne:

$$\frac{M_E v_E^2}{r_E} = \frac{\gamma M_E M^{\odot}}{r_E^2}. \qquad \underline{3}$$

Aus den Gleichungen $\underline{1}$ bis $\underline{3}$ erhalten wir

$$\frac{1}{2} m (v_{\text{Fl}}^{\odot})^2 = \frac{\gamma m M^{\odot}}{r_E} \quad \Leftrightarrow \quad v_{\text{Fl}}^{\odot} = \sqrt{\frac{2\gamma M^{\odot}}{r_E}} = \sqrt{2}\, v_E \cong 42\,\text{km/s}. \qquad \underline{4}$$

Gleichung $\underline{4}$ liefert eine allgemeingültige Relation für die Fluchtgeschwindigkeit aus dem Sonnensystem aus der Umlaufbahn eines Planeten. Hierbei bewegt sich der Planet auf einer kreisförmigen Bahn mit Radius r und Geschwindigkeit v_u um das Gravitationszentrum (Sonne).

$$v_{\text{Fl}}^{\odot}(r) = \sqrt{2}\, v_u(r). \qquad \underline{5}$$

Beim Start von der sich mit v_E bewegenden Erde reduziert sich die Fluchtgeschwindigkeit aus dem Gravitationsfeld der Sonne gemäß Gleichung $\underline{1}$ auf:

$$\widetilde{v}_{\text{Fl}}^{\odot} = \left(\sqrt{2} - 1\right) v_E = 12\,\text{km/s}. \qquad \underline{6}$$

Das Raumschiff benötigt eine zusätzliche Anfangsgeschwindigkeit ($\sim$ 11 km/s) um die Erdanziehung zu überwinden.

Für einen Direktflug zum Uranus mit minimaler Antriebsenergie sollte der Start daher in Richtung der Erdumlaufbahn um die Sonne erfolgen, indem das Raumschiff in eine Kepler-Ellipse um die Sonne einschwenkt, in deren Perihel die Erde und in deren Aphel Uranus liegt. Man beachte, daß die Form dieser in Figur 2 abgebildeten Ellipse durch zwei Bedingungen eindeutig festgelegt wird:

a) Die Distanz zwischen Erde und Uranus fixiert die große Halbachse und damit nach Gleichung (26.37)

$$a = \frac{-\gamma M m}{2E} = \frac{k}{1 - \varepsilon^2}$$

auch die Energie.

b) Die Bedingung, daß von der Erdumlaufbahn parallel ins Perihel der Kepler-Ellipse eingeschossen werden soll, legt die Drehimpulskonstante

$$k = \frac{L^2}{m^2 \gamma M} = \frac{L^2}{mH}$$

und damit die Exzentrizität eindeutig fest.

Ferner muß die Abschußzeit von der Erde so gewählt sein, daß die Ankunft des Uranus und die des Satelliten in dessen Aphel zeitlich koinzidieren. Zur Berechnung der Bahn in Figur 2 benötigen wir die Umlaufradien von Erde und Uranus um die Sonne. Dies sind:

$$\begin{aligned} r_E &= 1.5 \times 10^8\,\mathrm{km} \equiv 1\,\mathrm{AU}\ (\text{astronomischeEinheit}), \\ r_u &= 19.2\,\mathrm{AU}. \end{aligned}$$

Nach Gleichung (26.30) erhalten wir folgenden Ausdruck im Perihel und Aphel der Ellipse:

$$\begin{aligned} r(\theta = 0) &= r_E = \frac{k}{1+\varepsilon}, \qquad \underline{7} \\ r(\theta = \pi) &= r_u = \frac{k}{1-\varepsilon}, \\ \Leftrightarrow \quad \varepsilon &= \frac{r_u - r_E}{r_E + r_u} = 0.9 \quad (\text{Ellipse}), \\ k &= r_E(1+\varepsilon) = 1.9\,\mathrm{AU}. \end{aligned}$$

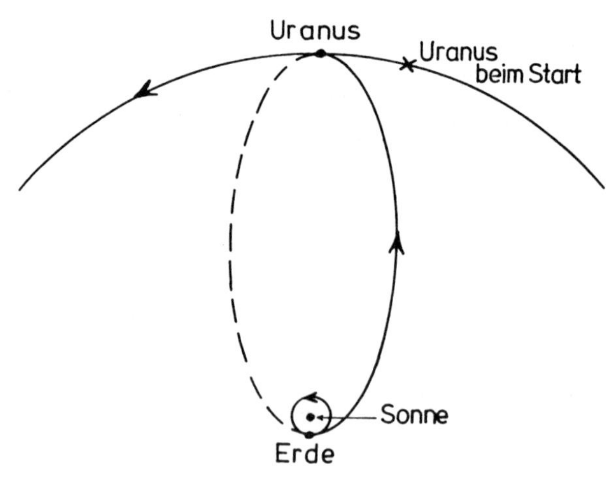

Fig. 2: Bahnellipse eines Satelliten für einen Direktflug Erde–Uranus.

Die resultierende Bahnkurve zum Uranus lautet:

$$r(\theta) = \frac{1.9\ \mathrm{AU}}{1 + 0.9\cos(\theta)}. \qquad \underline{8}$$

$$a = \frac{1}{2}(r_E + r_u) = 10.1\,\mathrm{AU} \qquad \underline{9}$$

ist die große Halbachse der Ellipse.

Um einen Ausdruck für die Geschwindigkeit an einem beliebigen Bahnpunkt zu erhalten, gehen wir von Gleichung (26.37) aus:

$$E = \frac{-\gamma m M^{\odot}}{2a} = \frac{1}{2}mv^2 - \frac{\gamma m M^{\odot}}{r}. \qquad \underline{10}$$

Daraus folgt

$$v = \sqrt{2\gamma M^{\odot}\left(\frac{1}{r} - \frac{1}{2a}\right)}$$

und mit Gleichung 4

$$v = v_{\mathrm{Fl}}^{\odot}\sqrt{\frac{r_E}{r} - \frac{r_E}{2a}}, \qquad \underline{11}$$

so daß die Einschußgeschwindigkeit ins Perihel der Ellipse zum Uranus gegeben ist durch

$$v_p = v_{\mathrm{Fl}}^{\odot}\sqrt{1 - \frac{r_E}{2a}} = v_{\mathrm{Fl}}^{\odot}\sqrt{\frac{192}{202}} \cong 41\,\mathrm{km/s}. \qquad \underline{12}$$

Abzüglich der Erdumlaufgeschwindigkeit ergibt sich die Einschußgeschwindigkeit $\widetilde{v}_p = 11$ km/s.

Zur Berechnung der Anflugdauer verwenden wir das 3. Keplersche Gesetz

$$\left(\frac{\tau_1}{\tau_2}\right)^2 = \left(\frac{a_1}{a_2}\right)^3. \qquad \underline{13}$$

Bezeichnen wir die Umlaufdauer der Erde mit τ_E und die große Halbachse mit $a_E \cong r_E$, so folgt:

$$\frac{\tau}{2} = \frac{\tau_E}{2}\left(\frac{a}{r_E}\right)^{3/2} = \frac{1}{2}(10.1)^{3/2}a \cong 16\,\mathrm{Jahre}.$$

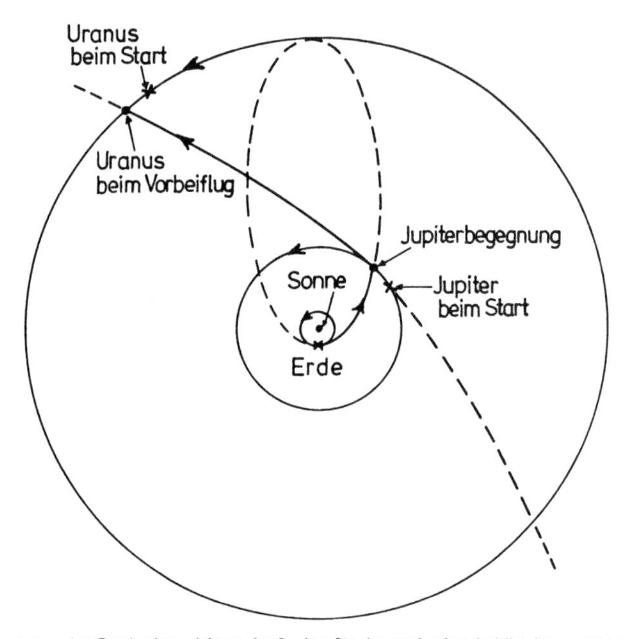

Fig. 3: Ausnutzung des Gravitationstrichters des Jupiter für eine optimalere (zeitlich kürzere) Reise des Satelliten zum Uranus.

Diese Flugdauer läßt sich bei äquivalentem Energieaufwand um 11 Jahre verkürzen, indem eine durch das Gravitationsfeld des Jupiters unterstützte Bahnkurve gewählt wird. Die Idee, die der nachfolgenden Rechnung zugrunde liegt, basiert auf der Annahme, daß im Gravitationstrichter des Planeten Jupiter ein elastischer Stoß stattfindet und ein infinitesimaler Teil der planetaren Bewegungsenergie auf den Satelliten übertragen wird (Figur 3 und 4). Wir gehen von der gleichen heliozentrischen Bahn (Sonne im Schwerpunkt) wie im vorherigen Fall aus, wählen die Startzeit jedoch so, daß eine Begegnung mit Jupiter in dessen Umlaufbahn stattfindet. Die Rückwirkung des Satelliten auf Jupiter und folglich auf dessen Umlaufgeschwindigkeit $\vec{V}_J$ sind vernachlässigt, da $M_J/m \gg 1$ und ferner die Wechselwirkungsdauer klein im Vergleich zur Umlaufzeit des Planeten ist.

Bezeichnen wir mit $\vec{p}_i$ und $\vec{p}_f$ den Impuls des Raumschiffes vor und nach der Jupiterbewegung im heliozentrischen System, so gilt:

$$\begin{aligned} \vec{p}_i &= \vec{p}_i' + m\vec{V}_J, \\ \vec{p}_f &= \vec{p}_f' + m\vec{V}_J, \end{aligned} \qquad \underline{14}$$

wenn $\vec{V}_J$ die Umlaufgeschwindigkeit des Jupiters ist und $\vec{p}_i$, $\vec{p}_f$ die Impulse des Raumschiffes am Schwerpunktsystem des Planeten. Die Galilei-Transformation 14, die nur für nichtrelativistische Geschwindigkeiten sinnvoll ist, liefert für den Impulsübertrag:

$$\triangle\vec{p} = \vec{p}_f - \vec{p}_i.$$

Dieser ist gleich in beiden Bezugssystemen:

$$\triangle\vec{p} = \triangle\vec{p}'. \qquad \underline{15}$$

Die Änderung der kinetischen Energie hängt jedoch vom Bezugssystem ab, in dem das Raumschiff beobachtet wird. Im heliozentrischen System finden wir:

$$\triangle T = \frac{p_f^2 - p_i^2}{2m} = \triangle T' + \vec{V}_J \cdot \triangle\vec{p}'. \qquad \underline{16}$$

Im Schwerpunktsystem des Jupiters hatten wir eine elastische Streuung gefordert, so daß $\triangle T' = 0$ und somit

$$\triangle T = \vec{V}_J \cdot \triangle\vec{p} = \vec{V}_J \cdot \triangle\vec{p}'. \qquad \underline{17}$$

Im Schwerpunktsystem der Sonne hingegen verursacht die Streuung einen Energiezuwachs des Satelliten, der durch den Planeten Jupiter aufgebracht wird.

Bis zum Erreichen der unmittelbaren Nachbarschaft des Jupiters bestimmt das starke Gravitationsfeld der Sonne nahezu ausschließlich die Bahnkurve des Satelliten. In der Umgebung des Planeten ist das Gravitationsfeld der Sonne jedoch relativ konstant, so daß die Bahnkurve des Satelliten im wesentlichen durch das Gravitationsfeld des Jupiters bestimmt wird (Figur 4).

Bezeichnen wir mit $\vec{u}_i$ und $\vec{u}_f$ die Geschwindigkeiten beim Eindringen und Verlassen des Anziehungsbereiches des Jupiters in dessen Schwerpunktsystem, so erhalten wir aus Energie- und Impulserhaltung:

$$E' = \frac{1}{2}mu_i^2 = \frac{1}{2}mu_f^2 + \frac{1}{2}m\triangle v^2 = \frac{1}{2}mu_f^2 + \frac{1}{2}M_J\left[\frac{m}{M_J}(\vec{u}_f - \vec{u}_i)\right]^2. \qquad \underline{18}$$

Da $m \ll M_J$ können wir die Rückstoßenergie auf Jupiter vernachlässigen, woraus folgt:

$$u_i \approx u_f \equiv u. \qquad \underline{19}$$

Da die Energie E' positiv ist, können wir nach Klassifizierung der Kegelschnitte auf S. 248 folgern, daß es sich um eine Hyperbelbahn handelt. Im heliozentrischen System finden wir für die Geschwindigkeit des Raumschiffes am Rande des Anziehungsbereiches von Jupiter (in Relation zum Gravitationsfeld der Sonne) unter Vernachlässigung der Änderung von $\vec{V}_J$ (siehe Figur 4):

$$\begin{aligned} d\vec{v}_i &= \vec{u}_i + \vec{V}_J, \\ \vec{v}_f &= \vec{u}_f + \vec{V}_J.ed \end{aligned} \qquad \underline{20}$$

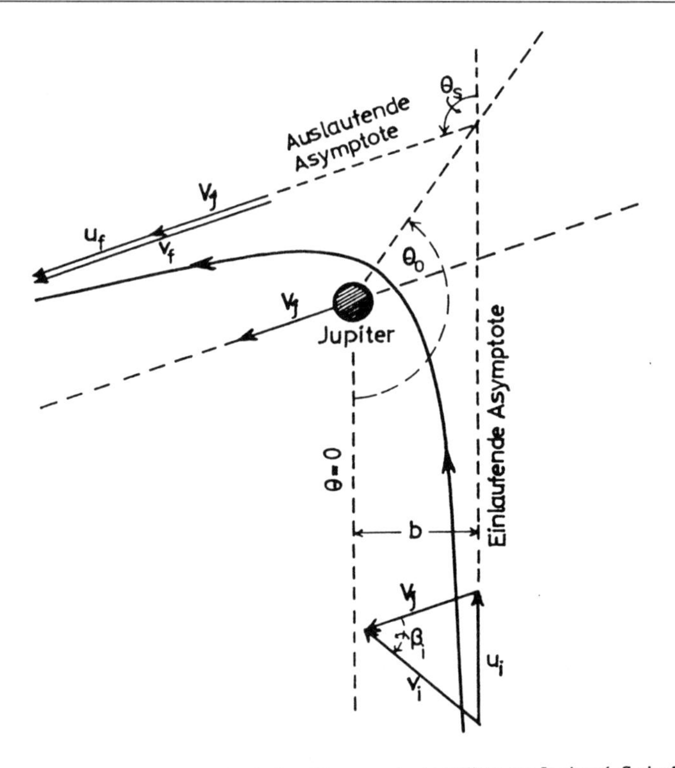

Fig. 4: Geometrie der elastischen Streuung des Satelliten am Jupiter („Swingby").

Und für die asymptotische Hyperbelgeschwindigkeit mit Gleichung 19

$$u = \sqrt{v_i^2 + V_J^2 - 2v_i V_J \cos\beta_i}\,. \qquad \underline{21}$$

Bei einer Umlaufzeit von 11.9 Jahren und Umlaufradius $r_J = 5.2\,\mathrm{AU}$ für Jupiter berechnet sich die Umlaufgeschwindigkeit V_J zu:

$$V_J = \frac{2\pi}{\tau_J} r_J = \frac{2\pi \cdot 5.2 \cdot 1.5 \cdot 10^8\,\mathrm{km}}{11.9 \cdot 365 \cdot 24 \cdot 3600\,\mathrm{s}} = 13\,\mathrm{km/s}. \qquad \underline{22}$$

Die Geschwindigkeit des Raumschiffes bei Annäherung an den Jupiter können wir abschätzen, indem wir Gleichung 11 benutzen für $r = r_J = 5.2\,\mathrm{AU}$.

$$v_i = 42\,\mathrm{km/s}\sqrt{\frac{1}{5.2} - \frac{1}{2 \cdot 10.1}} = 16\,\mathrm{km/s}. \qquad \underline{23}$$

Den Winkel β_i, den die Flugbahn mit der Umlaufbahn des Planeten einschließt, wollen wir im folgenden berechnen:

$$\cos\beta_i = \frac{\vec{v}_i \cdot \vec{V}_J}{v_i V_J} = \frac{(v_i)_\theta}{v_i}. \qquad \underline{24}$$

Die Projektion von $\vec{v}_i$ entlang $\vec{V}_J$, also $(v_i)_\theta$, können wir aus der Drehimpulserhaltung bei der Jupiterbegegnung und im Perihel der Bahn ableiten:

$$L = m(v_i)_\theta r_J = mv_p r_E \qquad \underline{25}$$

$$\Leftrightarrow \quad (v_i)_\theta = v_p\left(\frac{r_E}{r_J}\right) = 41\,\mathrm{km/s}\,\frac{1}{5.2} \cong 8\,\mathrm{km/s}. \qquad \underline{26}$$

Nach Gleichung 24 erhalten wir damit für den Winkel:

$$\cos\beta_i = \frac{1}{2} \qquad \underline{27}$$

und für die asymptotische Hyperbelgeschwindigkeit nach Gleichung 21 :

$$u = 14.7\,\mathrm{km/s}. \qquad \underline{28}$$

Die hyperbelförmige Bahn des Raumschiffes um den Planeten Jupiter wird festgelegt durch die Anfangswerte für Energie, $E' = \frac{1}{2}mu^2$, und Drehimpuls, $L' = mub$. Im Gegensatz zur Energie E', die durch die asymptotische Hyperbelgeschwindigkeit fixiert ist, hängt der Drehimpuls über den Stoßparameter b vom Abstand zwischen Jupiter und Satellit während der Begegnung ab und damit vom Starttermin. Die Begegnung soll nun so verlaufen, daß der Energieübertrag auf den Satelliten, d.h. dessen Endgeschwindigkeit v_f maximal wird. Aus den Gleichungen 16 und 20 können wir den Energieübertrag auf das Raumschiff berechnen:

$$\triangle E = m\vec{V}_J \cdot (\vec{u}_f - \vec{u}_i) = m\vec{V}_J \cdot (\vec{v}_f - \vec{v}_i). \qquad \underline{29}$$

Betrachtet man das Geschwindigkeitsdiagramm in Figur 5, so ist die Geschwindigkeit $\vec{v}_f$ maximal, wenn $\vec{v}_f$ parallel zu $\vec{V}_J$ ist.

$$\vec{v}_f = (V_J + u)\frac{\vec{V}_J}{|\vec{V}_J|}. \qquad \underline{30}$$

Aus den vorliegenden Daten erhalten wir:

$$v_f = 13\,\mathrm{km/s} + 14.7\,\mathrm{km/s} = 27.7\,\mathrm{km/s}, \qquad \underline{31}$$

im Vergleich zu $v_i = 16$ km/s!

Der Streuwinkel Θ_s zwischen $\vec{u}_i$ und $\vec{u}_f$ bestimmen wir ebenfalls aus Figur 5:

$$V_J = v_i\cos\beta_i + u_i\cos(\pi - \Theta_s) \qquad \underline{32}$$

$$\Leftrightarrow \quad \cos\Theta_s = \frac{v_i\cos\beta_i - V_J}{u} = -0.34.$$

Demgemäß wird die Sonde um $\Theta_s = 109°$ abgelenkt.

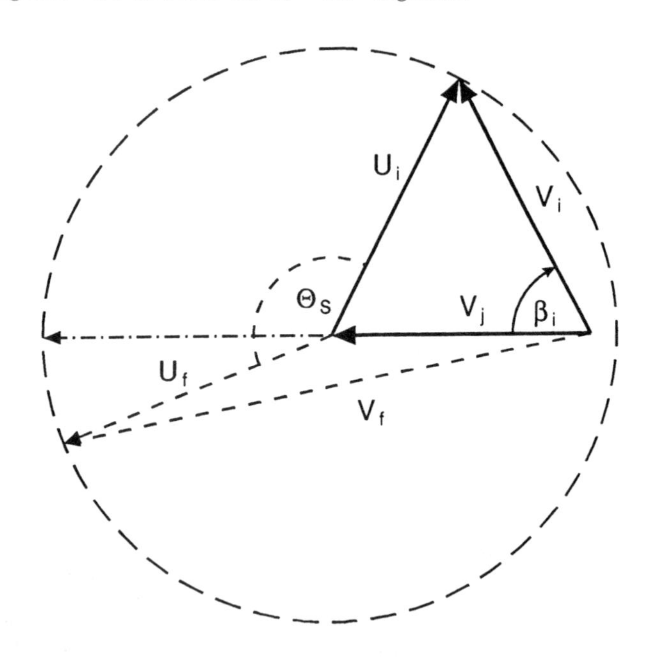

Fig. 5: Das Geschwindigkeitsdiagramm für den Vorbeiflug am Jupiter im allgemeinen Fall. Man beachte, daß für den in der Rechnung (Gleichung 32) benötigten Spezialfall $\vec{v}_f \parallel \vec{v}_j$ wird. (vergleiche auch mit Figur 4

Es soll nun untersucht werden, ob der Minimalabstand r_{min} der Hyperbelbahn um den Jupiter auch größer als dessen Radius R_J ist. Dazu schreiben wir die Hyperbelbahn in der gewohnten Form auf:

$$r(\Theta) = \frac{k'}{1 + \varepsilon' \cos(\Theta - \Theta_0)}, \qquad \underline{33}$$

wobei r der Abstand zum Jupiter ist und Θ_0 der Symmetriewinkel (Figur 4) der Sondenbahn bezüglich der Anfangs- und Endgeschwindigkeit $\vec{u}_i$ und $\vec{u}_f$. Zwecks Bestimmung der Exzentrizität ε' verwenden wir die Anfangsbedingung, daß für $\Theta = 0$ $r \to \infty$ geht. Hieraus folgt

$$\varepsilon' \cos(\Theta_0) = -1. \qquad \underline{34}$$

Aus der Geometrie in Figur 4 entnehmen wir ferner $2\Theta_0 - \Theta_s = \pi$ und damit

$$\varepsilon' = -\frac{1}{\cos(\pi/2 + \Theta_s/2)} = 1.23. \qquad \underline{35}$$

Zur Bestimmung der Drehimpulskonstanten k' ziehen wir Gleichung (26.35) heran:

$$\varepsilon' = \sqrt{1 + \frac{2E'|L|^2}{mH^2}}\,; \qquad \underline{36}$$

mit $k' = |L|^2/(mH)$ folgt aus 36

$$k' = \frac{H}{2E'}(\varepsilon'^2 - 1) \qquad \underline{37}$$

$$\Leftrightarrow \quad k' = \frac{\gamma M_J}{u^2}(\varepsilon'^2 - 1), \qquad \underline{38}$$

bzw. als Ausdruck der Fluchtgeschwindigkeit vom Planeten Jupiter

$$v_{\mathrm{Fl}}^J = \sqrt{\frac{2\gamma M_J}{R_J}} = 60\,\mathrm{km/s} \qquad \underline{39}$$

$$\Rightarrow \quad k' = \frac{1}{2}R_J\left(\frac{v_{\mathrm{Fl}}^J}{u}\right)^2(\varepsilon'^2 - 1) = R_J \cdot \frac{1}{2}\left(\frac{60}{14.7}\right)^2(1.23^2 - 1) = 4.27\,R_J, \qquad \underline{40}$$

so daß für die Bahn folgt:

$$r = \frac{4.27\,R_J}{1 + 1.23\cos(\Theta - 144°)}. \qquad \underline{41}$$

Am Punkte nächster Annäherung ist $\Theta = \Theta_0$, woraus $r = 1.9\,R_J$ folgt, womit ein sicherer Vorbeiflug gewährleistet ist.

Beim Verlassen der Einflußspähre des Jupiters schwenkt das Raumschiff mit einer Endgeschwindigkeit $\vec{v}_f$ parallel $\vec{V}_J$ in eine neue kegelschnittartige Bahn um die Sonne mit Perihel bei $r = r_J$ ein. Der Bahntyp dieser neuen heliozentrischen Bahn hängt vom Energieübertrag des Jupiters auf die Sonde ab. Die Fluchtgeschwindigkeit aus dem Sonnensystem ist nach Gleichung 5:

$$v_{\mathrm{Fl}}^{\odot} = \sqrt{2}\,V_J. \qquad \underline{42}$$

Je nach dem Betrag der Endgeschwindigkeiten v_f ergeben sich folgende Bahntypen:

$$\begin{aligned} v_f &< \sqrt{2}\,V_J \quad \text{Ellipse,} \\ v_f &= \sqrt{2}\,V_J \quad \text{Parabel,} \\ v_f &> \sqrt{2}\,V_J \quad \text{Hyperbel.} \end{aligned} \qquad \underline{43}$$

In unserem Beispiel ist $v_f/V_J = 1.5$ und somit ergibt sich eine Hyperbel, welche wir wieder in die übliche Form bringen können:

$$r = \frac{k''}{1 + \varepsilon''\cos\Theta}. \qquad \underline{44}$$

Der Abstand nächster Annäherung liegt bei $\Theta = 0$, $r = r_J$:

$$r_J = \frac{k''}{1 + \varepsilon''}. \qquad \underline{45}$$

Da die Sonde den Jupiter in Richtung dessen Umlaufbahn verläßt gilt: $L'' = m v_f r_J$ und mit $k'' = L''^2/(mH)$ folgt:

$$k'' = \frac{v_f^2 r_J^2}{\gamma M^\odot} \quad \Rightarrow \quad \varepsilon'' = \frac{v_f^2}{\gamma M^\odot / r_J} - 1 = \left(\frac{v_f}{V_J}\right)^2 - 1 \qquad \underline{46}$$

$$\Rightarrow \quad \varepsilon'' = 3.54, \quad k'' = 23.6\,\text{AU}. \qquad \underline{47}$$

Die Bahnkurve vom Jupiter zum Uranus ist damit vollständig gegeben durch:

$$r(\Theta) = \frac{23.6\,\text{AU}}{1 + 3.54\cos\Theta}. \qquad \underline{48}$$

Für die in der Figur 3 abgebildete Bahn muß das Startdatum so gewählt sein, daß sich die Planeten in einer Konstellation befinden, die das Gravitationsfeld – unterstützte Vorbeischwenken am Planeten Jupiter und den Vorbeiflug am Uranus ermöglichen. Die Voraussetzung für eine solche Jupiter-Mission wiederholt sich alle 14 Jahre.

Für die in Figur 3 abgebildeten Bahnabschnitte Erde-Jupiter (Gleichung 8) und Jupiter-Uranus (Gleichung 48) berechnen wir die Flugdauer aus der Drehimpulserhaltung $|\vec{L}| = r^2 \dot{\Theta} m$:

$$\Leftrightarrow \quad \Delta t = \int_{t_1}^{t_2} dt = \frac{m}{|\vec{L}|} \int_{\Theta_1}^{\Theta_2} r^2 \, d\Theta; \qquad \underline{49}$$

mit $r = k/(1 + \varepsilon\cos\Theta)$ und $k = L^2/Hm$ folgt

$$\begin{aligned} \Delta t &= \frac{k^2 m}{L} \int_{\Theta_1}^{\Theta_2} \frac{d\Theta}{(1+\varepsilon\cos\Theta)^2} \\ \Leftrightarrow \quad \Delta t &= \frac{k^{3/2}}{(\gamma M^\odot)^{1/2}} \int_{\Theta_1}^{\Theta_2} \frac{d\Theta}{(1+\varepsilon\cos\Theta)^2}. \qquad \underline{50} \end{aligned}$$

Um in bequemen Einheiten rechnen zu können, drücken wir dies durch die Umlaufgeschwindigkeit der Erde aus (vgl. Gleichung 4):

$$\begin{aligned} \sqrt{\gamma M^\odot} &= v_E \sqrt{r_E} = \frac{2\pi}{\tau_E} (r_E)^{3/2} \\ \Rightarrow \quad \Delta t &= \left(\frac{\tau_E}{2\pi}\right) \left(\frac{k}{r_E}\right)^{3/2} \int_{\Theta_1}^{\Theta_2} \frac{d\Theta}{(1+\varepsilon\cos\Theta)^2}. \qquad \underline{51} \end{aligned}$$

Aus den Integraltabellen (z. B. Bronstein, # 350 und # 347) findet man:

$$\int \frac{d\Theta}{(1+\varepsilon\cos\Theta)^2} = \frac{\varepsilon \sin\Theta}{(\varepsilon^2 - 1)(1 + \varepsilon\cos\Theta)}$$
$$- \frac{1}{\varepsilon^2 - 1} \begin{cases} \frac{1}{\sqrt{\varepsilon^2 - 1}} \ln \left| \frac{(\varepsilon - 1)\tan\frac{\Theta}{2} + \sqrt{\varepsilon^2 - 1}}{(\varepsilon - 1)\tan\frac{\Theta}{2} - \sqrt{\varepsilon^2 - 1}} \right| & \text{für}\,\varepsilon^2 > 1 \\ \frac{2}{\sqrt{1-\varepsilon^2}} \arctan\left(\frac{(1-\varepsilon)\tan\frac{\Theta}{2}}{\sqrt{1-\varepsilon^2}}\right) & \text{für}\,\varepsilon^2 < 1. \end{cases}$$

Für die elliptische Bahn zum Jupiter ist beim Start $\Theta_1 = 0$, Θ_2 bestimmt sich aus Gleichung 8

$$r = r_J = 5.2\,\mathrm{AU} = \frac{1.9\,\mathrm{AU}}{1 + 0.9\cos\Theta_2} \quad \Rightarrow \quad \Theta_2 \cong 135°$$

und mit Gleichung 52 und $\varepsilon^2 < 1$ erhalten wir

$$\Delta t \cong 1.21\,\text{Jahre}. \tag{52}$$

Für die hyperbelartige Bahn vom Jupiter zum Uranus bestimmen wir analog Θ_2 aus

$$r = r_u = \frac{23.6\,\mathrm{AU}}{1 + 3.54\cos\Theta_2} \quad \Rightarrow \quad \Theta_2 \cong 86.3°$$

und analog aus 52 mit $\varepsilon^2 > 1$:

$$\Delta t \cong 3.74\,\text{Jahre}. \tag{53}$$

Die gesamte Flugzeit für einen Ausflug von der Erde zum Uranus konnte durch einen Swingby am Jupiter von 16 auf 5 Jahre reduziert werden. Es handelt sich bei den angegebenen Daten natürlich um approximative Werke, da wir die Gravitationskräfte der Planeten und der Sonne auf das Raumschiff als unabhängig voneinander angesetzt haben. Mit numerischen Methoden kann man diese Näherung weglassen und z. B. die Daten in Figur 1 nachvollziehen. Allerdings ist hierzu eine Reihe von Verfeinerungen der Näherungen in unserer einfachen Rechnung nötig.

28.4 Aufgabe: Periheldrehung

Ein Planet der Masse m bewegt sich im Gravitationspotential der Sonne:

$$U(r) = -\frac{\kappa}{r} - \frac{B}{r^3},$$

wobei der Zusatzterm von einer Abplattung der Sonne an den Polen herrührt. Berechne die Periheldrehung $\delta\varphi$ der Planetenbahn per Umlauf.

Hinweis: B soll klein sein, so daß die Bahn als Überlagerung einer festen Ellipsenbahn und einer Störung angenommen werden kann:

$$u(\varphi) = u_0(\varphi) + \varepsilon v(\varphi) + O(\varepsilon^2).$$

Aus dem Potential $U(r) = -\kappa/r - B/r^3$ erhalten wir die Kraft $\vec{F}(r)$:

$$\vec{F}(r) = -\vec{\nabla}U(r) = -\left(\frac{\kappa}{r^2} + \frac{3B}{r^4}\right)\vec{e}_r \equiv F(r)\vec{e}_r,$$

oder ausgedrückt in $u(\Theta) = r^{-1}(\Theta)$ (siehe Gl. (26.18) ff.)

$$F\left(\frac{1}{u}\right) = -\kappa u^2 - 3Bu^4. \tag{1}$$

Es handelt sich um eine Zentralkraft. Die zu lösende Differentialgleichung ist daher (siehe Gl. (26.20) aus der Vorlesung):

$$F\left(\frac{1}{u}\right) = -m^2u^2\left(\frac{d^2u}{d\Theta^2} + u\right), \tag{2}$$

Es handelt sich um eine Zentralkraft. Die zu lösende Differentialgleichung ist daher (siehe Gl. (26.20) aus der Vorlesung):

$$F\left(\frac{1}{u}\right) = -m^2u^2\left(\frac{d^2u}{d\Theta^2} + u\right), \qquad \underline{2}$$

welche explizit

$$\begin{aligned} u''(\Theta) + u(\Theta) &= \frac{\kappa}{mh^2} + \frac{3B}{mh^2}u^2 \qquad \underline{3} \\ &= A + \frac{\varepsilon}{A}u^2 \qquad \underline{4} \end{aligned}$$

lautet. Dabei wurde

$$A = \frac{\kappa}{mh^2} \qquad \text{und} \qquad \varepsilon = \frac{3\kappa B}{m^2h^4}$$

gesetzt.

Man erkennt, daß die Differentialgleichung ohne den ε-Term wieder auf das Keplerproblem mit fester Ellipsenbahn führt.

Unter der Annahme, daß B und damit auch ε klein ist, liegt also folgender Ansatz („Störungsansatz") nahe:

$$u(\Theta) = u_0(\Theta) + \varepsilon v(\Theta) + O(\varepsilon^2). \qquad \underline{5}$$

Wir zeigen jetzt, daß u_0 die ursprüngliche Keplerellipse ergibt und v die Störung darstellt, die zur Periheldrehung führt. Einsetzen von 5 in 3 ergibt

$$\begin{aligned} &u_0''(\Theta) + \varepsilon v''(\Theta) + u_0(\Theta) + \varepsilon v(\Theta) \\ &\quad = A + \frac{\varepsilon}{A}u_0^2(\Theta) + \frac{\varepsilon^3}{A}v^2(\Theta) + \frac{2\varepsilon^2}{A}u_0(\Theta)v(\Theta) + O(\varepsilon^4) \\ \Rightarrow \quad &u_0''(\Theta) + u_0(\Theta) + \varepsilon\left\{v''(\Theta) + v(\Theta)\right\} \\ &\quad = A + \varepsilon\left\{\frac{1}{A}u_0^2(\Theta)\right\} + O(\varepsilon^2) + O(\varepsilon^3) + O(\varepsilon^4). \qquad \underline{6} \end{aligned}$$

Nur Terme ohne ε und Terme linear in ε werden betrachtet, also:

a) Terme ohne ε:

$$u_0''(\Theta) + u_0(\Theta) = A. \qquad \underline{7}$$

Das ist die schon aus der Vorlesung bekannte Differentialgleichung (26.23) der Keplerbewegung, die durch

$$u_0(\Theta) = A + C\sin\Theta + D\cos\Theta$$

oder

$$u_0(\Theta) = A + E\cos(\Theta - \varphi)$$

gelöst wird. Das Koordinatensystem kann o.B.d.A. so gewählt werden, daß $\varphi \equiv 0$ ist und man erhält die Bahnkurve

$$r(\Theta) = \frac{1}{A + E\cos\Theta} = \frac{A^{-1}}{1 + (E/A)\cos\Theta}. \qquad \underline{8}$$

b) Terme linear in ε:

$$\begin{aligned} v''(\Theta) + v(\Theta) &= \frac{1}{A} u_0^2(\Theta) \\ &= \frac{1}{A}(A^2 + 2AE\cos\Theta + E^2\cos^2\Theta) \\ &= \left(A + \frac{E^2}{2A}\right) + 2E\cos\Theta + \frac{E^2}{2A}\cos 2\Theta, \end{aligned}$$

wobei $2\cos^2\varphi = 1 + \cos 2\varphi$ benutzt wurde. Da die Differentialgleichung linear in v ist, können wir sie als Superposition dreier Einzellösungen schreiben:

$$v(\Theta) = v_1(\Theta) + v_2(\Theta) + v_3(\Theta)$$

mit

$$\begin{aligned} v_1'' &+ v_1 = A + \frac{E^2}{2A}, \\ v_2'' &+ v_2 = 2E\cos\Theta, \\ v_3'' &+ v_3 = \frac{E^2}{2A}\cos 2\Theta \end{aligned} \qquad \underline{9}$$

Die entsprechenden Lösungen lauten:

$$\begin{aligned} v_1(\Theta) &= A + \frac{E^2}{2A}, \\ v_2(\Theta) &= E\Theta\sin\Theta, \\ v_3(\Theta) &= -\frac{E^2}{6A}\cos 2\Theta. \end{aligned} \qquad \underline{10}$$

Damit ist dann die Lösung der Bahngleichung bis zur ersten Ordnung in ε gegeben:

$$\begin{aligned} u(\Theta) &= u_0(\Theta) + \varepsilon v(\Theta) \\ &= A + E\cos\Theta + \varepsilon\left(A + \frac{E^2}{2A}\right) + \varepsilon E\Theta\sin\Theta - \varepsilon\frac{E^2}{6A}\cos 2\Theta. \end{aligned} \qquad \underline{11}$$

Der $\cos 2\Theta$-Term ist periodisch in Θ, so daß er keine Periheldrehung bewirken kann, eine Periheldrehung muß daher vom $(\Theta\sin\Theta)$-Term herrühren, der ja oszillierend mit Θ anwächst.

Wir benutzen jetzt die Näherungen

$$\begin{aligned} \cos\alpha &\cong 1 \qquad \text{für} \qquad \alpha \ll 1 \\ \sin\alpha &\cong \alpha \qquad \text{für} \qquad \alpha \ll 1 \end{aligned}$$

und die Identität $\cos(\alpha - \beta) = \cos\alpha\cos\beta + \sin\alpha\sin\beta$:

$$\begin{aligned} \cos(\Theta - \varepsilon\Theta) &= \cos\Theta\cos(\varepsilon\Theta) + \sin\Theta\sin(\varepsilon\Theta) \\ &\cong \cos\Theta + \sin\Theta(\varepsilon\Theta) \qquad (\varepsilon\Theta \ll 1). \end{aligned}$$

Damit läßt sich $u(\Theta)$ schreiben als

$$u(\Theta) = A + E\cos(\Theta - \varepsilon\Theta) + \varepsilon\left\{A + \frac{E^2}{2A} - \frac{E^2}{6A}\cos 2\Theta\right\}. \qquad \underline{12}$$

Der letzte Term oszilliert mit der Periode π zwischen den Werten $\varepsilon(A + E^2/3A)$ und $\varepsilon(A+2E^2/3A)$, d. h. der Radius wird um einen bestimmten Betrag verkleinert und schwankt periodisch um diesen:

$$\begin{aligned} r(\Theta) &= \frac{1}{A + E\cos(\Theta - \varepsilon\Theta) + \varepsilon\,\triangle(2\Theta)}, \quad \triangle(2\Theta) = A + \frac{E^2}{2A} - \frac{E^2}{6A}\cos 2\Theta \\ &= \frac{1}{A + E\cos(\Theta - \varepsilon\Theta)} \cdot \left[\frac{1}{1 + \frac{\varepsilon\,\triangle(2\Theta)}{A+E\cos(\Theta-\varepsilon\Theta)}}\right], \end{aligned}$$

also

$$r(\Theta) \cong \frac{1}{A + E\cos(\Theta - \varepsilon\Theta)} \cdot \left[1 - \varepsilon\widetilde{\triangle}(\varepsilon, 2\Theta)\right], \qquad \widetilde{\triangle} = \frac{\triangle(2\Theta)}{A + E\cos(\Theta - \varepsilon\Theta)}$$

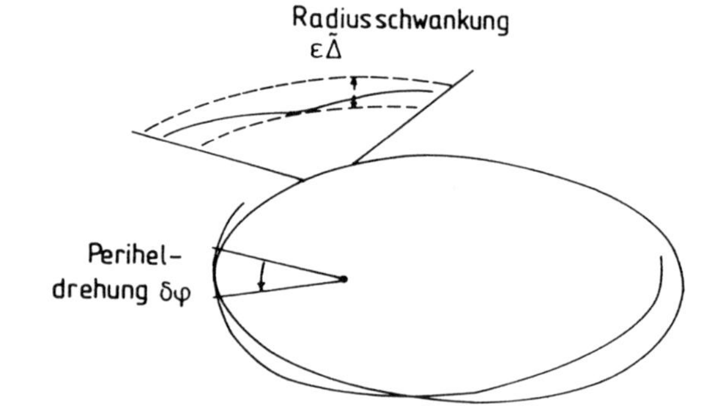

Der Perihel ist als Minimum von $r(\Theta)$ definiert:

$$\begin{aligned} \Rightarrow \quad \cos(\Theta - \varepsilon\Theta) &= 1 \\ \Rightarrow \quad \Theta - \varepsilon\Theta &= 2\pi n, \qquad n = 0, 1, 2, \ldots \end{aligned}$$

Das ergibt:

$$\Theta_{\min} = \frac{2\pi n}{1 - \varepsilon} = 2\pi n(1 + \varepsilon) + O(\varepsilon^2).$$

Der Perihel wandert demnach für jeden Umlauf um den Betrag

$$\delta\Theta = 2\pi\varepsilon = \frac{6\pi\kappa B}{m^2 h^4}.$$

Kapitel III

Relativitätstheorie

29 Relativitätsprinzip und Michelson-Versuch

Zur mathematischen Beschreibung eines Massenpunktes gibt man dessen Relativbewegung gegenüber einem Koordinatensystem an. Zweckmäßigerweise wählt man dazu ein unbeschleunigtes Bezugssystem (Inertialsystem).

Zu einem willkürlich gewählten Inertialsystem gibt es jedoch beliebig viele andere, die sich gegenüber dem ersten gleichförmig bewegen. Geht man nun von einem solchen Inertialsystem (K) in ein anderes (K') über, dann bleiben die Gesetze der Newtonschen Mechanik unverändert. Infolgedessen ist es nicht möglich, aus mechanischen Experimenten zu entscheiden, ob ein absolut ruhendes Inertialsystem existiert.

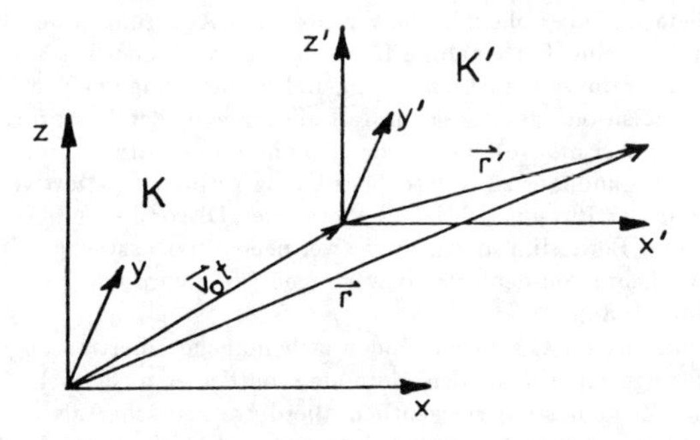

Zwei mit konstanter Geschwindigkeit $\vec{v}_0$ relativ zueinander bewegte Koordinatensysteme (Inertialsysteme).

Die Transformation, die den Übergang von einem Bezugssystem zu einem anderen, das sich mit konstanter Geschwindigkeit $\vec{v}_0$ bewegt, angibt, heißt *Galileitransformation*[1].

---

[1] Benannt nach *Galilei,* Galileo, italienischer Mathematiker und Philosoph, *Pisa, 15.2.1564, † Arcetri bei Florenz, 8.1.1642, studierte in Pisa, wurde an der Florentiner Accademia del Disegno mit den Schriften des Archimedes bekannt und erhielt auf Empfehlung seines Gönners Guidobaldo del Monte 1589 die Professur der Mathematik in Pisa. Ob er dort am Schiefen Turm Fallversuche anstellte, ist nicht einwandfrei erwiesen; falls es zutrifft, sollten sie zur Bestätigung einer von ihm aufgestellten falschen Theorie dienen. Nicht infolge von Mißhelligkeiten mit seinen Kollegen, sondern der besseren Bezahlung halber trat G. 1592 die Professur der Mathematik in Padua an. Er erfand einen Proportionalzirkel, richtete sich in seinem Haus eine feinmechanische Werkstatt ein, fand die Gesetze für das Fadenpendel und leitete hypothetisch die Fallgesetze 1604 aus falschen, 1609 aus

Die entsprechenden Transformationsgleichungen lauten (vgl. Figur):

$$\begin{aligned} x' &= x - v_{0x}t, \\ y' &= y - v_{0y}t, \\ z' &= z - v_{0z}t. \end{aligned}$$

In vektorieller Schreibweise zusammengefaßt wird das einfach

$$\vec{r}' = \vec{r} - \vec{v}_0 t, \qquad \vec{v}_0 = \overrightarrow{\text{const.}}, \tag{29.1}$$

---

richtigen Annahmen ab. G. baute das ein Jahr früher in Holland erfundene Fernrohr nach, benutzte es zu astronomischen Beobachtungen und veröffentlichte deren erste Ergebnisse 1610 in seinem „Nuncius Sidereus", der „Sternenbotschaft" . G. entdeckte die bergige Natur des Mondes, den Sternenreichtum der Milchstraße, die Phasen der Venus, die Jupitermonde (7.1.1610) und 1611 die Sonnenflecken, doch war ihm darin Johannes Fabricius zuvorgekommen.

Erst seit 1610 traf G., der als Hofmathematiker und Hofphilosoph des Großherzogs nach Florenz zurückgekehrt war, öffentlich für das kopernikanische System ein, führte durch seinen Übereifer in den folgenden Jahren aber 1614 das Verbot dieser Lehre durch den Papst herbei. Er wurde vermahnt, sie künftig nicht mehr in Wort oder Schrift zu vertreten. Im Rahmen eines Streites über das Wesen der Kometen von 1618, bei dem G. nicht in allen Punkten im Recht war, verfaßte er als eine seiner geistvollen Abhandlungen den „Saggiatore" (Prüfer mit der Goldwaage, 1623), eine Schrift, die Papst Urban VIII. gewidmet war. Da der einstige Kardinal Maffeo Barberini ihm wohlgeneigt gewesen war, glaubte G. ihn jetzt als Papst für die Anerkennung der kopernikanischen Lehre gewinnen zu können. Er verfaßte seine „Dialogo", das „Gespräch über die beiden Hauptweltsysteme, das ptolemäische und das kopernikanische" , legte die Handschrift in Rom zur Prüfung vor und ließ sie 1632 in Florenz erscheinen. Da er offenbar die verabredeten Änderungen des Textes nicht gründlich genug vorgenommen und seine Parteinahme für Kopernikus zu deutlich gezeigt hatte, kam es zu einem Prozeß gegen G., der mit seiner Abschwörung und Verurteilung am 22.6.1633 endete. G. befand sich im Gebäude der Inquisition wenige Tage in Haft. Legende ist der Ausspruch: „Und sie (die Erde) bewegt sich doch" (Eqqur si mouve). G. wurde zu unbefristeter Haft verurteilt, die er mit kurzer Unterbrechung in seinem Landhaus zu Arcetri bei Florenz verbrachte. Dort verfaßte er auch sein für die weitere Entwicklung der Physik wichtigstes Werk, die „Discorsi e Dimostrazioni matematiche", die „Unterhaltungen und Beweisführungen über zwei neue Wissenszweige, die Mechanik (d. h. die Festkeitslehre) und die Lehre von den örtl. Bewegungen (die Lehre von Fall und Wurf) betreffende Wissenszweige" (Leiden 1638).

In älteren Darstellungen von G.s Leben finden sich manche Übertreibungen und Irrtümer. G. ist weder der Schöpfer der experimentellen Methode, von der er nicht mehr Gebrauch machte, als mancher andere seiner Zeitgenossen, gelegentlich allerdings kritischer als der tüchtige Athanasius Kircher. G. war nicht im eigentlichen Sinne Astronom, aber ein guter Beobachter, und hat als glänzender Redner und Schriftsteller einer sich anbahnenden neuen Naturwissenschaft und ihren Methoden unter den Gebildeten seiner Zeit Freunde und Gönner geworben und zu weiteren Forschungen angeregt. Riccioli und Grimaldi in Bologna bestätigten durch direkte Fallversuche G.s Fallgesetz, seine Schüler Torricelli und Viviani entwickelten aus einem seiner Versuche zur Widerlegung des horror vacui 1643 den barometrischen Versuch, und Chr. Huygens entwickelte auf G. scher Grundlage seine Pendeluhr und gestaltete G. s Kinematik zu einer wirklichen Dynamik um.

G. war einer der ersten Italiener, die sich für die Darstellung naturwissenschaftlicher Probleme in ihren Werken auch der Muttersprache bedienten. Diesen Standpunkt hat er in seinem Briefwechsel verteidigt. Seine Prosa nimmt im Rahmen der italienischen Literatur eine Sonderstellung ein, da sie sich durch ihre meisterhafte Klarheit und Schlichtheit von dem herrschenden barocken Schwulst abhebt, den G. auch in seinen literaturkritischen Aufsätzen über Tasso u. a. getadelt hatte. In seinen Werken, „II. Dialogo sopra i due massimi sistemi" (Florenz 1632) und „I Dialoghi delle nouve scienze" (Leiden 1638) bediente er sich der von den italien. Humanisten überkommenen Form des Dialogs, um gemeinverständlich zu sein [BR].

oder *allgemeiner:*

$$\vec{r}' = \vec{r} - \vec{v}_0 t - \vec{R}_0 \qquad (\text{mit}\, \vec{v}_0 = \text{const.}),$$

falls die Koordinatenursprünge ($\vec{r} = \vec{r}' = 0$) zur Zeit $t = 0$ um $\vec{R}_0$ im x-System auseinanderliegen.

Nach zweimaliger Differentiation erhält man

$$\vec{F} = m\ddot{\vec{r}} = m\ddot{\vec{r}}' = \vec{F}'. \tag{29.2}$$

Aus dieser Gleichung (29.2) erkennt man sofort, daß das Newtonsche Gesetz, wenn es in einem Inertialsystem gilt, in allen anderen Inertialsystemen auch gilt, d.h. die Newtonsche Mechanik bleibt unverändert. Wir sagen, die Newtonsche Mechanik ist *Galilei-invariant.* Anders ausgedrückt: Die dynamische Grundgleichung der Mechanik ist Galilei-invariant.

Bei der Galileitransformation wird angenommen, daß in jedem Inertialsystem die gleiche Zeit t herrscht, d. h. bei einem Übergang von einem System in das andere bleibt die Zeit unverändert:

$$t = t'.$$

Die Zeit ist demnach eine Invariante; man spricht von einer *absoluten Zeit.* Bei dieser Voraussetzung wird implizit angenommen, daß es keine höchste Geschwindigkeit gibt, sondern daß es möglich ist, eine Nachricht (Uhrenvergleich) mit beliebig großer Geschwindigkeit zu übermitteln. Nur wenn das möglich ist, kann man von einer absoluten Zeit sprechen. Wir kommen auf das Problem der Zeitmessung in den folgenden Kapiteln (siehe z. B. Kap. 31) noch zurück.

Der Michelson-Versuch: In der klassischen Physik nahm man an, daß das Licht an ein materielles Medium, den sogenannten *„Äther“*, gebunden sei. So wie sich der Schall in der Luft als Dichteschwingung ausbreitet, sollte sich das Licht im *Weltäther* fortpflanzen.

Es lag nahe, den Äther als „absolut ruhend“ zu bezeichnen und nun aufgrund elektrodynamischer Experimente ein „absolut ruhendes“ Inertialsystem zu finden.

Nimmt man ein Raumschiff an, das sich im Äther bewegt und fliegt dieses Raumschiff den Lichtstrahlen entgegen, so ist die Lichtgeschwindigkeit im Raumschiff nach der Äthertheorie größer, im Fall der entgegengesetzten Bewegungsrichtung kleiner. Zur Überprüfung dieser Theorie nahm Michelson[2] als Raumschiff die Erde, die sich mit einer Geschwindigkeit von 30 km/s um die Sonne bewegt. Trifft die Äthertheorie zu,

[2] *Michelson,* Albert Abraham, amerikan. Physiker, *Strelno (Posen) 19.12.1852, † Pasadena (Calif.) 9.5.1931. Er war 1869 – 81 Marineangehöriger, lehrte an den Marinehochschulen in Annapolis, New York und Washington, war dann Professor in New York, Washington, Cleveland, Worchester und Chicago. M. stellte 1880/81 in Potsdam einen Versuch zum Nachweis der absoluten Bewegung der Erde an, der ebenso wie eine Wiederholung dieses Versuches gemeinsam mit dem amerikan. Chemiker E.W. Morley (*29.1.1838, †24.2.1923) ein negatives Ergebnis lieferte. M. legte ferner mit großer Genauigkeit den Wert für das Normalmeter interferometrisch fest, führte 1925 – 27 Präzisionsbestimmungen der Lichtgeschwindigkeit aus und gab 1923 ein Interferenzverfahren zur Bestimmung

dann muß das Licht sich in Bewegungsrichtung der Erde schneller ausbreiten als nach jeder anderen Seite.

Um diese Geschwindigkeitsunterschiede nachzuweisen, führte Michelson einen Versuch durch, der im folgenden skizziert ist.

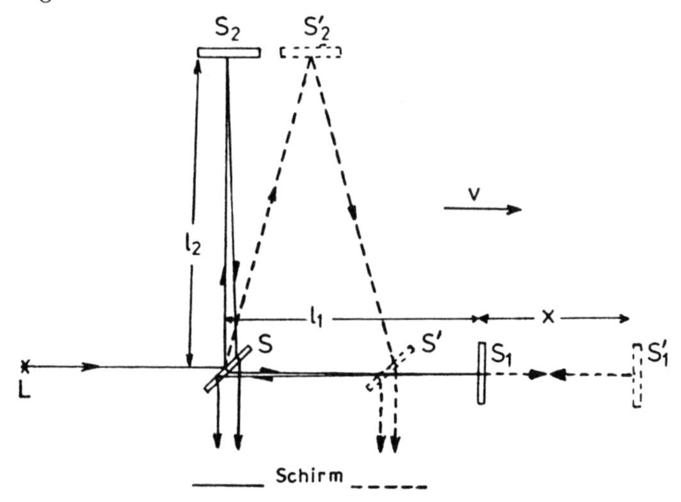

Schema des Michelson-Versuchs

Die monochromatische Lichtquelle L sendet einen Lichtstrahl aus, der an einem halbdurchlässigen Spiegel S in zwei Bündel aufgespalten wird. Nach der Strecke l_1 bzw. l_2 treffen diese auf die Spiegel S_1 bzw. S_2, wo sie in sich selbst reflektiert werden und schließlich wieder auf S treffen. Hier überlagern sich die beiden Bündel wieder. Richtet man es so ein, daß beide Lichtbündel Laufzeitunterschiede haben, so entstehen Interferenzstreifen auf dem Schirm.

Der Wegunterschied zwischen l_1 und l_2 beträgt im ruhenden System

$$\triangle S = 2(l_1 - l_2).$$

Im gegenüber dem Äther gleichförmig bewegten System ($v \,||\, l_1$) hat man nun folgendes: Der Lichtstrahl, der die Strecke l_1 zurücklegt, benötigt die Zeit

$$t_L = \frac{\text{Weg } = l_1}{\text{Geschwindigkeit } = c}.$$

Im ruhenden Äther beträgt die Lichtgeschwindigkeit immer c.

des absoluten Durchmessers von Fixsternen an. 1907 erhielt er den Nobelpreis der Physik für sein „Präzisionsinterferometer und die damit angestellten spektroskopischen und meteorologischen Untersuchungen" [BR].

Der Weg des Lichtstrahls ist $l_1 + x$. Dabei ist x die Strecke, die die Erde (bzw. der Spiegel) in der Zeit t_E zurücklegt.

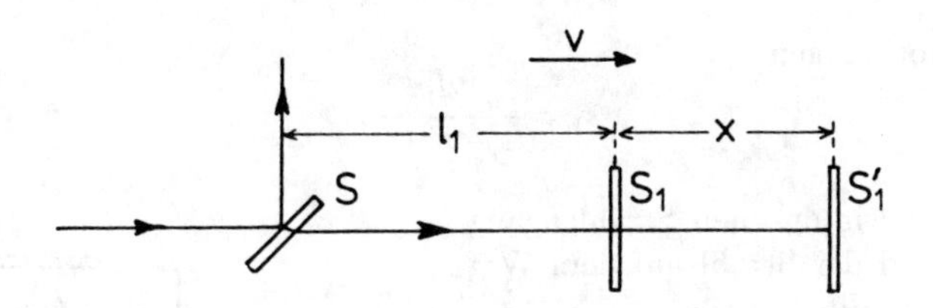

Der Weg des ↑↑ zur Flugrichtung laufenden Lichtes ist $l_1 + x$.

$$t_E = \frac{x}{v}; \qquad t_L = \frac{l_1 + x}{c}.$$

Da $t_E = t_L$ ist, folgt

$$\frac{x}{v} = \frac{l_1 + x}{c} \quad \Rightarrow \quad x = \frac{l_1 v/c}{1 - v/c} = \frac{l_1 v}{c - v}\,. \tag{29.3}$$

Betrachten wir nun den zurücklaufenden Lichtstrahl, so ist die Strecke, die der Lichtstrahl zurücklegen muß $l_1 - x'$. x' ist die Strecke, die die Erde in der Zeit $t'_E = x'/v$ dem Lichtstrahl entgegenkommt.

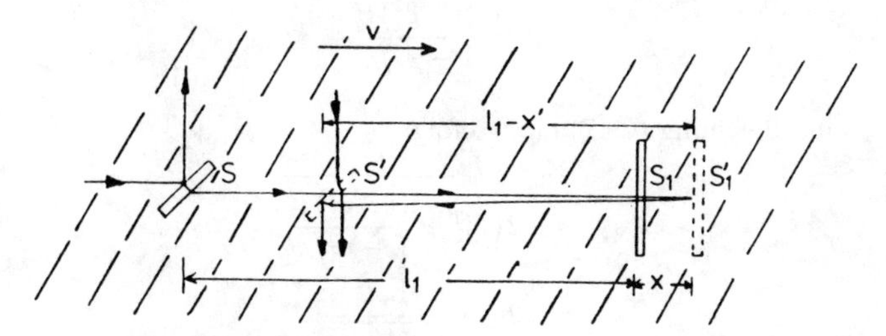

Der Weg des ↑↓ zur Flugrichtung laufenden Lichtes ist $l_1 - x'$. Der schraffierte Hintergrund soll den Äther andeuten, in welchem sich das Licht fortpflanzen soll.

Der zurücklaufende Lichtstrahl braucht die Zeit $t'_L = (l_1 - x')/c$. Da $t'_E = t'_L$ ist, folgt

$$\frac{x'}{v} = \frac{l_1 - x'}{c} \quad \Rightarrow \quad x' = \frac{l_1 v/c}{1 + v/c} = \frac{l_1 v}{c + v}\,. \tag{29.4}$$

Die gesamte Strecke, die der Lichtstrahl zurücklegt, ist

$$s_1 = l_1 + x + l_1 - x'. \tag{29.5}$$

x und x' (aus Gl. (29.3) und (29.4)) in Gleichung (29.5) eingesetzt, ergibt nun

$$s_1 = 2l_1 + \frac{l_1 v}{c-v} - \frac{l_1 v}{c+v}$$

und nach Umformungen

$$s_1 = \frac{2l_1}{1 - v^2/c^2}.$$

Jetzt überlegen wir uns den Strahlengang von l_2: Während der Strahl auf dem Weg zu S_2 ist, vergeht die Zeit

$$t = \frac{y}{v} = \frac{\sqrt{l_2^2 + y^2}}{c}. \qquad (29.6)$$

Beim Rückweg benötigt der Strahl dieselbe Zeit, d. h. er legt dieselbe Wegstrecke wie beim Hinweg zurück. Daraus folgt

$$s_2 = 2\sqrt{l_2^2 + y^2}. \qquad (29.7)$$

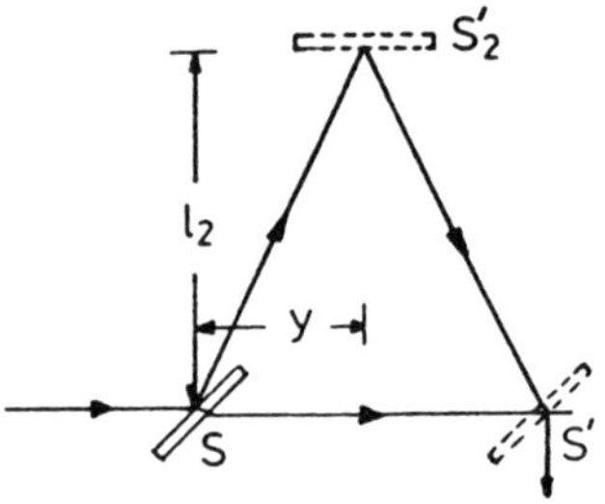

Der Weg des ⊥ zur Flugrichtung laufenden Lichtes.

Zuerst bestimmen wir y^2 aus (29.6)

$$\frac{y^2}{v^2} = \frac{l_2^2 + y^2}{c^2}.$$

Auflösen nach y^2 ergibt

$$y^2 = \frac{(v^2/c^2)\, l_2^2}{1 - v^2/c^2}.$$

Setzen wir y^2 in Gleichung (29.7) ein, so folgt

$$s_2 = 2\sqrt{l_2^2 + \frac{(v^2/c^2)\, l_2^2}{1 - v^2/c^2}},$$

$$s_2 = 2l_2 \frac{1}{\sqrt{1 - v^2/c^2}}.$$

Der Wegunterschied zwischen s_1 und s_2 im bewegten System wird

$$\triangle s = s_1 - s_2 = \frac{2l_1}{1 - (v/c)^2} - \frac{2l_2}{\sqrt{1 - (v/c)^2}}; \qquad (29.8)$$

der Unterschied in der Laufzeit entsprechend (im Äther ist die Ausbreitungsgeschwindigkeit des Lichtes immer c):

$$\triangle t = \frac{\triangle s}{c} = \frac{2}{c}\left(\frac{l_1}{1 - (v/c)^2} - \frac{l_2}{\sqrt{1 - (v/c)^2}}\right). \qquad (29.9)$$

Dreht man die Versuchsanordnung um $-90°$, so bewegt sich l_1 in Richtung l_2, und l_2 in Richtung von l_1, d. h. l_2 zeigt in Bewegungsrichtung der Erde. Der Lichtstrahl legt die Strecke l_2 schneller zurück als vor der 90° Drehung bzw. l_1 langsamer. Für $(v \,||\, l_2)$ ergibt sich ein analoger Ausdruck, nämlich

$$\triangle\tilde{s} = s_1 - s_2 = \frac{2l_1}{\sqrt{1-(v/c)^2}} - \frac{2l_2}{1-(v/c)^2}. \tag{29.10}$$

Das ergäbe eine Verschiebung der Interferenzstreifen, weil

$$\triangle s - \triangle\tilde{s} = (2l_1 + 2l_2) \cdot \left(\frac{1}{1-(v/c)^2} - \frac{1}{\sqrt{1-(v/c)^2}}\right) \approx (l_1 + l_2)\left(\frac{v}{c}\right)^2.$$

Ruht das System dagegen ($v = 0$), so ist $\triangle s'$ im gedrehten System gleich $\triangle s$ im ungedrehten System, d. h. es tritt keine Verschiebung der Interferenzstreifen auf. Michelson beobachtete aber auch für $v \neq 0$ bei Drehung der Apparatur keine Verschiebung der Interferenzstreifen.

Man könnte dies verstehen, wenn die Lichtgeschwindigkeit $c = \infty$ wäre, denn dann wäre auch Gl.*(29.8) $\triangle s = \triangle\tilde{s} = 2(l_1 - l_2)$ für die beiden Orientierungen der Michelson-Apparatur. Es gäbe dann keine Verschiebung der Interferenzstreifen. Nun wissen wir aber, daß $c = 300\,000$ km/s ist. Also scheidet diese Erklärungsmöglichkeit aus.

Da man bei dem Michelson-Versuch keine Verschiebung der Interferenzstreifen feststellen konnte und es unvernünftig wäre anzunehmen, daß der Äther der komplizierten Erdbewegung folgt, stellte Einstein[3], folgende Postulate auf, um den Michelson-Versuch zu erklären:

[3] *Einstein,* Albert, Physiker, * Ulm 14.3.1879, † Princeton (N.J.) 18.4.1955. In München aufgewachsen, siedelte E. mit 15 Jahren in die Schweiz über. Als „techn. Experte dritter Klasse" des Berner Patentamtes veröffentlichte er 1905 im Band 17 der „Annalen der Physik" drei hochbedeutende Abhandlungen.

In seiner „Theorie der Brownschen Bewegung" gab E. auf rein klassischer Grundlage einen direkten und abschließenden Beweis für die atomistische Struktur der Materie. In der Abhandlung „Zur Elektrodynamik bewegter Körper" begründete er mit einer tiefschürfenden Analyse der Begriffe Raum und Zeit die *Spezielle Relativitätstheorie.* Aus dieser zog er wenige Monate später den Schluß auf die allgemeine Äquivalenz von Masse und Energie, ausgedrückt durch die bekannte Formel $E = mc^2$. In der dritten Arbeit erweiterte E. den Quantensatz von M. Planck (1900) zur *Hypothese der Lichtquanten* und tat damit den entscheidenden zweiten Schritt in der Entwicklung der Quantentheorie, der unmittelbar zur Auffassung der Dualität Welle-Teilchen führt. Die Lichtquantenvorstellung wurde von den meisten Physikern als zu radikal angesehen und fand sehr skeptische Aufnahme. Der Meinungsumschwung kam erst nach der Aufstellung der Atomtheorie von N. Bohr (1913).

E., der 1909 als Professor an die Universität Zürich berufen worden war, ging 1911 nach Prag, 1912 wieder nach Zürich an die Eidgenössische TH. 1913 wurde er nach Berlin berufen als ordentl. hauptamtl. Mitglied der Preußischen Akademie der Wissenschaften und Direktor des Kaiser-Wilhelm-Institutes für Physik. 1914/15 begründete er, ausgehend von der strengen Proportionalität von schwerer und träger Masse, die *Allgemeine Relativitätstheorie.* Durch den Erfolg der zur Prüfung durchgeführten britischen Sonnenfinsternis-Expedition 1919 wurde er weit über Fachkreise hinaus der Öffentlichkeit bekannt. Seine politischen und wissenschaftlichen Gegner versuchten eine Kompagne

Die Lichtgeschwindigkeit im Vakuum ist für alle gleichförmig bewegten Bezugssysteme gleich groß.

In diesem Fall ist nämlich die Differenz der Lichtwege $s_1 - s_2 = 2l_1 - 2l_2$ unabhängig von der Orientierung der Michelson-Apparatur. Wenn nämlich die Lichtgeschwindigkeit dieselbe ist, egal ob sich der Beobachter der Lichtquelle entgegen oder von ihr fort bewegt, so ist stets $\triangle s = s_1 - s_2 = 2l_1 - 2l_2$ und ebenso $\triangle \tilde{s} = s_1 - s_2 = 2l_1 - 2l_2$, also $\triangle s - \triangle \tilde{s} = 0$. Dann gibt es also keine Verschiebung der Interferenzstreifen, sozusagen a priori. Darüber hinaus wurde von Einstein das *Relativitätsprinzip* postuliert:

In allen gleichförmig bewegten Systemen gelten die gleichen Naturgesetze (*Kovarianz* der Naturgesetze).

Henri Poincaré, der große französische Mathematiker, Staatsmann und Zeitgenosse Einsteins, drückte es so aus: Das Relativitätsgesetz besagt, daß die Gesetze physikalischer Phänomene sowohl für einen ruhenden als auch für einen in gleichförmige Bewegung versetzten Beobachter dieselben sein sollten, d. h. daß wir kein Urteil darüber haben und auch nicht haben können, ob wir uns in einer solchen Bewegung befinden oder nicht.

Diese Forderungen, die Einstein als erster aufstellte, sind nicht notwendigerweise eine Folgerung des Michelson-Versuches, vielmehr haben viele Physiker versucht, durch andere mögliche Erklärungen die Ätherhypothese aufrechtzuerhalten. Ein Beispiel dafür ist eine Hypothese, die, voneinander unabhängig, von Lorentz und Fitzgerald aufgestellt wurde und in der Literatur etwas pathetisch als „Todesschrei des Äthers" bezeichnet wird.

Die Grundidee ist, daß die Maxwell-Gleichungen im und nur im Ruhesystem des Äthers gelten. Unter dieser Voraussetzung entstehen dann natürlich Modifikationen der elektromagnetischen Wechselwirkung – zusätzliche elektrische und auch magnetische Felder – zwischen solchen geladenen Teilchen, die sich relativ zum Äther be-

---

gegen ihn und die Relativitätstheorie zu eröffnen, die aber ohne Bedeutung blieb. Das Nobelkomitee hielt es demnach für geraten, die Verleihung des Nobelpreises für Physik des Jahres 1921 an E. nicht für die Aufstellung der Relativitätstheorie zu vergeben, sondern für seine Beiträge zur Quantentheorie.

Von 1920 an hat E. versucht, eine „einheitliche Theorie der Materie" aufzustellen, die neben der Gravitation auch die Elektrodynamik umfassen sollte. Auch als durch H. Yukawa gezeigt wurde, daß neben Gravitation und Elektrodynamik noch andere Kräfte existieren, hat er seine Bemühungen fortgesetzt, die jedoch ohne endgültigen Erfolg blieben. – Obwohl er 1917 eine für die statistische Interpretation der Quantentheorie richtungsweisende Arbeit veröffentlichte, hatte er später gegen die „Kopenhagener Deutung" von N. Bohr und W. Heisenberg ernste, in seiner philosophischen Weltauffassung begründete Bedenken.

Angriffe auf Grund seiner jüdischen Abkunft veranlaßten E. 1933 zum Verzicht auf seine akademischen Ämter in Deutschland; er fand in den Vereinigten Staaten am Institute for Advanced Studies in Princeton eine neue Wirkungsstätte. E.s letzter Lebensabschnitt wurde dadurch überschattet, daß er – lebenslang überzeugter Pazifist – aus Furcht vor einer deutschen Agression durch einen Brief an Präsident Roosevelt vom 2.8.1939 zusammen mit anderen den Anstoß zum Bau der ersten amerikanische Atombombe gab. [BR].

wegen. Lorentz konnte unter dieser Annahme beweisen, daß ein System aus geladenen Teilchen, das sich solchermaßen gegen den „Ätherwind“ bewegt, auf Grund der veränderten elektromagnetischen Kräfte verkürzt wird[4].

Um diesen Gedanken auf das Michelson–Morley Experiment anzuwenden, muß man sich klarmachen, daß die uns umgebende Materie und insbesondere die Meßapperatur aus elektrischen Ladungen aufgebaut ist. Auf diese Weise konnte Lorentz zeigen, daß derjenige Arm, der in Richtung der Erdbewegung zeigt, gerade um einen solchen Betrag verkürzt wird, daß die eigentlich längere Licht-Laufzeit in dieser Richtung kompensiert wird. Infolgedessen können bei einer Drehung der Meßapperatur keine Veränderungen der Interferenzmuster festgestellt werden, gerade so wie es experimentell auch nachgewiesen wird.

Obwohl diese Idee nicht ohne weiteres widerlegt werden kann, scheint es sehr unwahrscheinlich, daß die Natur zu solch komplizierten Methoden greift, um uns unseren absoluten Bewegungszustand zu verschweigen.

Es kommt nun darauf an, mit dem Ergebnis des Michelson-Versuches konfrontiert eine Transformationsgleichung zu finden, die den Übergang zwischen zwei Inertialsystemen K und K' vermittelt. Diese Transformationsgleichungen heißen *Lorentz-Transformationen;* benannt nach dem holländischen theoretischen Physiker Hendrik Antoon Lorentz[5] , der die Lorentz-Transformation als erster aus dem Michelson-Versuch ableitete, aber nicht ihre Allgemeingültigkeit und damit das philosophisch Neue erkannte.

30 Die Lorentz-Transformation

Betrachten wir zwei, mit der Relativgeschwindigkeit $\vec{v}$ gleichförmig zueinander bewegte Systeme; das System (x, y, z, t) und das System (x', y', z', t'), und führen das folgende Gedankenexperiment durch.

Zur Zeit $t = t' = 0$ sollen die Ursprünge der beiden Koordinatensysteme zusammenfallen. Im selben Moment soll im Ursprung der Koordinatensysteme ein Licht

[4] H.A. Lorentz, De Relative Bewegung van de AARDE en dem Aether, Amsterdam (1892), Vers. 1, Seite 74.

[5] Hendrik Antoon *Lorentz,* niederländischer Physiker, *Arnheim 18.7.1853, † Haarlem 4.2.1928, war Professor in Leiden und seit 1912 Kurator des Naturwissenschaftlichen Kabinetts der Teylor-Stiftung in Haarlem. L. verschmolz die Maxwellsche Feldtheorie mit den von W. Weber vertretenen elektro-atomistischen Auffassungen zur klassischen Elektronentheorie, deren glänzendsten Erfolg die Erklärung der von P. Zeemann 1896 entdeckten Aufspaltung der Spektrallinien in einem magnetischen Feld darstellte.

L. behandelte auf elektronentheoretischer Grundlage eingehend den Zusammenhang zwischen elektrischen und optischen Erscheinungen in bewegten Körpern und fand eine erste Erklärung des Ergebnisses des Michelson-Versuches durch die Annahme einer Längskontraktion des bewegten Körpers in der Bewegungsrichtung (Lorentz-Kontraktion). Er war beteiligt am Ausbau der Relativitäts- und Quantentheorie und – nach seiner Emeritierung – leitend an der wissenschaftlichen Projektierung der Trockenlegung der Zuidersee. 1902 erhielt er mit P. Zeemann den Nobelpreis für Physik. [BR]

aufleuchten.

Aus dem Michelson-Versuch haben wir gelernt, daß die Lichtgeschwindigkeit in jedem Koordinatensystem den gleichen Betrag c hat, d. h. sowohl ein Beobachter im ungestrichenen System als auch ein Beobachter im gestrichenen System sieht eine sich ausbreitende *Kugelwelle* mit derselben Geschwindigkeit c. Daß es in beiden Systemen eine Kugelwelle ist, und nicht etwa im bewegten System eine ellipsoidal deformierte Welle (wie man zunächst meinen mag) liegt am *Relativitätsprinzip.* Es ist eine zusätzliche Forderung, die Einstein aufstellte, wonach in keinem Inertialsystem an irgendeiner Beobachtung (Gleichung) der Bewegungszustand (die Geschwindigkeit des Systems) abgelesen werden könnte. Eine ellipsoidal deformierte Welle im bewegten System oder eine andere Ausbreitungsgeschwindigkeit ließe den Bewegungszustand feststellen, verletzte also das Relativitätsprinzip. Demnach muß der Lichtblitz in beiden Systemen eine Kugelwelle sein. Die Wellenfront genügt also der Gleichung

$$S: \qquad x^2 + y^2 + z^2 = c^2t^2 \tag{30.1}$$

im ungestrichenen System und auch

$$S': \qquad x'^2 + y'^2 + z'^2 = c^2t'^2 \tag{30.2}$$

im gestrichenen System.

Weil S in K die Kugelwelle angibt, soll nach dem Relativitätsprinzip S' auch eine Kugelwelle in bezug auf K' angeben. Es muß also S' aus S folgen; es muß zwischen diesen Gleichungen ein entsprechender Funktionalzusammenhang bestehen, etwa

$$\begin{aligned} x'^2 + y'^2 + z'^2 - c^2t'^2 &= F(x^2 + y^2 + z^2 - c^2t^2, \vec{v}) \\ &= \widehat{F}(\vec{v})(x^2 + y^2 + z^2 - c^2t^2). \end{aligned}$$

Im letzten Schritt haben wir den Funktionalzusammenhang als Operatorgleichung geschrieben. Der Operator $\widehat{F}$ wirkt dabei auf die Kombination $(x^2 + y^2 + z^2 - c^2t^2)$. Die Funktion $F(x^2 + y^2 + z^2 - c^2t^2, \vec{v})$ könnte noch von den Raum–Zeitkoordinaten x, y, z, t explizit (nicht nur in der Kombination $x^2 + y^2 + z^2 - c^2t^2$) und von der Relativgeschwindigkeit $\vec{v}$ der Inertialsysteme abhängen, d. h. $F(x^2 + y^2 + z^2 - c^2t^2; x, y, z, t, \vec{v})$. In Operatorschreibweise lautet dies $\widehat{F}(x, y, z, ct, \vec{v})(x^2 + y^2 + z^2 - c^2t^2)$. Der Operator $\widehat{F}$ hängt in diesem Fall vom Raum-Zeit-Punkt (x, y, z, ct) und von der Geschwindigkeit $\vec{v}$ ab. Wir fordern aber *Homogenität* von Raum und Zeit. Mit anderen Worten: Jeder Raum-Zeit-Punkt (x, y, z, t) soll gleichberechtigt sein. Das physikalische Geschehen kann dann nicht von x, y, z und t abhängen. Das bedeutet, daß $\widehat{F}$ nicht noch explizit von dem Raum–Zeitpunkt x, y, z, t abhängen kann und wir erhalten $F(x^2 + y^2 + z^2 - c^2t^2, \vec{v})$. Außerdem sei der Raum *isotrop,* d. h. die Funktion F darf nicht von der Richtung von $\vec{v}$ abhängen. Insbesondere gilt dann

$$F(x^2 + y^2 + z^2 - c^2t^2, v) = F(x^2 + y^2 + z^2 - c^2t^2, -v)$$

oder in Operatorform

$$\widehat{F}(v)(x^2 + y^2 + z^2 - c^2t^2) = \widehat{F}(-v)(x^2 + y^2 + z^2 - c^2t^2).$$

Da aber K sich zu K' genau so verhält wie K' zu K, muß mit derselben Funktion F gelten:

$$
\begin{aligned}
x^2+y^2+z^2-c^2t^2 &= \widehat{F}(-v)(x'^2+y'^2+z'^2-c^2t'^2) \\
&= \widehat{F}(v)(x'^2+y'^2+z'^2-c^2t'^2) \\
&= \widehat{F}(v)\widehat{F}(v)(x^2+y^2+z^2-c^2t^2).
\end{aligned}
\tag{30.3}
$$

Dies ist nur möglich, wenn der Operator $\hat{F}$ Multiplikation mit ± 1 bedeutet. Das negative Vorzeichen ist ausgeschlossen, weil beim Übergang von $v \to 0$ alle gestrichenen Größen in die ungestrichenen stetig übergehen. Als einzige Möglichkeit bleibt

$$
x'^2+y'^2+z'^2-c^2t'^2 = x^2+y^2+z^2-c^2t^2. \tag{30.4}
$$

Diese Beziehung, die wir für Lichtwellen abgeleitet haben und für diese eigentlich trivial ist, verallgemeinern wir nun im folgenden Sinne:

Die Transformation zwischen den beiden Systemen K und K' zeigt Ähnlichkeiten mit einer Drehung des Koordinatensystems im dreidimensionalen Raum. Bei einer Drehung bleibt der Betrag des Ortsvektors $r^2 = x^2+y^2+z^2$ erhalten, bei der Lorentz-Transformation analog die Größe $s^2 \equiv x^2+y^2+z^2-c^2t^2$.

Vergleichen Sie hierzu die späteren Ausführungen in Zusammenhang mit Gl. (30.43)! Mit anderen Worten: Wir fassen die Beziehung (30.4) jetzt allgemeiner auf, nehmen also ihre Gültigkeit nicht nur für Lichtquellen an, sondern fordern, daß die Raum–Zeitlänge des Raum-Zeit-Vektors $\{x, y, z, ct\}$ bei Lorentztransformationen ungeändert bleibt.

Um weitere Aufschlüsse über den Zusammenhang der Lorentz-Transformation mit einer Drehung zu bekommen, betrachten wir zuerst die Drehung eines dreidimensionalen Koordinatensystems.

Drehung eines dreidimensionalen Koordinatensystems: Um eine Beziehung zwischen dem Vektor $\vec{r}\,'$ im gedrehten System S' und dem Vektor $\vec{r}$ im System S zu finden, nimmt man zur Vereinfachung orthogonale Koordinatensysteme, wobei natürlich $\vec{r}$ und $\vec{r}\,'$ immer die gleichen physikalischen Punkte beschreiben.

$$
\vec{r} \to \vec{r}\,'.
$$

Ein Einheitsvektor im gestrichenen System muß sich als Linearkombination der Einheitsvektoren im ungestrichenen System darstellen lassen. Man bekommt folgendes Gleichungssystem:

$$
\begin{aligned}
\vec{e}_1{}' &= R_{11}\vec{e}_1 + R_{12}\vec{e}_2 + R_{13}\vec{e}_3, \\
\vec{e}_2{}' &= R_{21}\vec{e}_1 + R_{22}\vec{e}_2 + R_{23}\vec{e}_3, \\
\vec{e}_3{}' &= R_{31}\vec{e}_1 + R_{32}\vec{e}_2 + R_{33}\vec{e}_3.
\end{aligned}
\tag{30.5}
$$

Die drei Gleichungen lauten in Matrixschreibweise:

$$\begin{pmatrix} \vec{e}_1^{\,\prime} \\ \vec{e}_2^{\,\prime} \\ \vec{e}_3^{\,\prime} \end{pmatrix} = \begin{pmatrix} R_{11} & R_{12} & R_{13} \\ R_{21} & R_{22} & R_{23} \\ R_{31} & R_{32} & R_{33} \end{pmatrix} \cdot \begin{pmatrix} \vec{e}_1 \\ \vec{e}_2 \\ \vec{e}_3 \end{pmatrix}. \tag{30.6}$$

Für eine der Gleichungen läßt sich auch schreiben:

$$\vec{e}_i^{\,\prime} = \sum_{k=1}^{3} R_{ik}\vec{e}_k, \qquad i = 1, 2, 3. \tag{30.7}$$

Ihre Umkehrung möge lauten:

$$\vec{e}_i = \sum_{k=1}^{3} U_{ik}\vec{e}_k^{\,\prime}, \qquad i = 1, 2, 3. \tag{30.8}$$

Um einen Eindruck davon zu bekommen, was eigentlich diese Koeffizienten R_{jk} sind, multipliziert man Gleichung (30.7) mit $\vec{e}_m$.

$$\vec{e}_i^{\,\prime} \cdot \vec{e}_m = \sum_{k=1}^{3} R_{ik}\vec{e}_k \cdot \vec{e}_m. \tag{30.9}$$

Da wir uns auf ein orthogonales System beschränkt haben, gilt:

$$\vec{e}_i \cdot \vec{e}_k = \delta_{ik}.$$

Das heißt:

$$\vec{e}_i^{\,\prime} \cdot \vec{e}_m = R_{im} = \cos(\vec{e}_i^{\,\prime}, \vec{e}_m\,).$$

Genauso folgt aus (30.8)

$$\vec{e}_i \cdot \vec{e}_k^{\,\prime} = U_{ik} = R_{ki}\,. \tag{30.10}$$

Die inverse Drehmatrix ist also die Transponierte (vertauschte Indizes) der ursprünglichen Matrix $\widehat{R}$, (vgl. Beispiel 6.6).

Die Koeffizienten stellen die Kosinusse der Winkel zwischen den jeweiligen gestrichenen und ungestrichenen Koordinatenachsen dar. Man nennt einen solchen Kosinus auch *Richtungskosinus.*

Aus $\vec{e}_i^{\,\prime} \cdot \vec{e}_j^{\,\prime} = \delta_{ij}$ folgt wegen (30.7)

$$\delta_{ij} = \sum_{k,k'=1}^{3} R_{ik}R_{jk'}\vec{e}_k \cdot \vec{e}_{k'} = \sum_{k=1}^{3} R_{ik}R_{jk}. \tag{30.11}$$

Das ist die *Zeilen-Orthogonalität* der Matrix R_{ij}. Die *Spaltenorthogonalität*

$$\sum_{k=1}^{3} R_{ki}R_{kj} = \delta_{ij} \tag{30.12}$$

folgt aus der Zeilenorthogonalität der U_{ik} unter Benutzung von Gl. (30.10), d. h. $U_{ik} = R_{ki}$.

Für einen Vektor $\vec{r}$ gilt

$$\vec{r} = \sum_{i=1}^{3} x_i\vec{e}_i.$$

Da wir gefordert haben, daß die Vektoren $\vec{r}$ und $\vec{r}\,'$ den gleichen physikalischen Punkt beschreiben sollen, gilt $\vec{r} = \vec{r}\,'$. Der Vektor bleibt also im Raum liegen; das Basissystem dreht sich. Es gilt also

$$\sum_{i=1}^{3} x_i'\vec{e}_i\,' = \sum_{i=1}^{3} x_i\vec{e}_i.$$

Multiplizieren wir diese Gleichung mit $\vec{e}_k\,'$, so ergibt sich

$$\sum_{i=1}^{3} x_i'\vec{e}_i\,' \cdot \vec{e}_k\,' = \sum_{i=1}^{3} x_i\vec{e}_i \cdot \vec{e}_k\,'.$$

Es ist $\vec{e}_i \cdot \vec{e}_k\,' = R_{ki}$ und $\vec{e}_i\,' \cdot \vec{e}_k\,' = \delta_{ik}$, woraus folgt:

$$x_k' = \sum_{i=1}^{3} R_{ki}x_i,$$

oder nach Umbenennung der Indizes

$$x_i' = \sum_{k=1}^{3} R_{ik}x_k, \tag{30.13}$$

und analog die Umkehrung

$$x_i = \sum_{k=1}^{3} U_{ik}x_k' = \sum_{k=1}^{3} R_{ki}x_k'. \tag{30.14}$$

Die Transformationsgleichung für die Komponenten ist somit vollkommen analog zu der Transformationsgleichung für die Einheitsvektoren (Gleichungen (30.7), (30.8)).

Die Norm von $\vec{r}$ in beiden Systemen ergibt sich unter Berücksichtigung von (30.13) und (30.14) zu

$$|\vec{r}\,|^2 = x^2 + y^2 + z^2 = x'^2 + y'^2 + z'^2,$$

oder

$$\sum_{i=1}^{3} x_i^2 = \sum_{i=1}^{3} x_i'^2. \tag{30.15}$$

Umgekehrt folgt aus der Invarianz des Betrages eines Vektors gemäß (30.15), daß die zugrundeliegende Transformation (30.13) und (30.14) eine Orthogonal-Transformation sein muß (d. h. Gleichung (30.11) und (30.12) müssen gelten). Wir weisen das im folgenden, ausgehend von Gleichung (30.16), gleich für vierdimensionale Vektoren nach.

Der Minkowski-Raum:[6] Um weitere Analogien zwischen einer Drehung im Dreidimensionalen und der Lorentz-Transformation aufzeigen zu können, müssen wir zu einem vierdimensionalen Raum übergehen. Dieser vierdimensionale Raum heißt Minkowski-Raum. Wir führen die vier Koordinaten

$$x_1 = x, \quad x_2 = y, \quad x_3 = z, \quad x_4 = ict$$

ein. Einen Vektor im Minkowski-Raum

bezeichnen wir als *Vierervektor*. Der Ortsvektor lautet

$$\hat{r} = x_1\vec{e}_1 + x_2\vec{e}_2 + x_3\vec{e}_3 + x_4\vec{e}_4.$$

Der Minkowski-Raum ist ein orthogonaler Raum; es gelten die Orthogonalitätsrelationen

$$\vec{e}_i \cdot \vec{e}_k = \delta_{ik}, \qquad i,k = 1,\, 2,\, 3,\, 4.$$

Durch die Einführung dieser Koordinaten läßt sich die Gleichung (30.1),

$$x^2 + y^2 + z^2 - c^2t^2 = 0,$$

einfacher schreiben, nämlich

$$\sum_{j=1}^{4} x_j^2 = 0.$$

Der Ausdruck

$$\sum_{i=1}^{4} x_i^2 \tag{30.16}$$

[6] *Minkowski,* Hermann, geb. 22.6.1864 Aleksotas (bei Kaunas), gest. 12.1.1909 Göttingen. – M. erwarb in Königsberg (Kaliningrad) mit 15 Jahren das Reifezeugnis. Noch während seiner Studienzeit in Königsberg und Berlin gewann er 1883 den Großen Preis der mathematischen Wissenschaften der Akademie zu Paris mit einer Arbeit über quadratische Formen. Im Jahre 1885 promovierte M. in Königsberg, habilitierte sich 1887 in Bonn und war seit 1892 als Professor in Bonn, Königsberg und Zürich, seit 1902 in Göttingen tätig. Als seine bedeutendste Leistung gilt die von ihm entwickelte *„Geometrie der Zahlen"*, die es ermöglicht, zahlentheoretische Ergebnisse mit geometrischen Verfahren zu ermitteln. Diese Untersuchungen führten ihn naturgemäß auch zu Forschungen über die *Grundlagen der Geometrie.* Wichtig sind auch seine Arbeiten zur theoretischen Physik, besonders zur Elektrodynamik. Sie haben die Entwicklungen der speziellen Relativitätstheorie tief beeinflußt.

ist das Betragsquadrat (das Quadrat der Norm) des Ortsvektors im Minkowski-Raum. Das Besondere ist, daß die Norm eines Vierervektors auch negativ sein kann. Wir haben mit Gleichung (30.4) gesehen, daß diese Norm bei der Lorentz- Transformation erhalten bleibt, d. h. es wird bei Lorentz-Transformationen

$$\sum_{i=1}^{4} x_i'^2 = \sum_{k=1}^{4} x_k^2 \tag{30.17}$$

gelten. Diese wichtige Beziehung ist *kein* zusätzliches, intuitiv erschlossenes Postulat. Sie kann aus der Kovarianz der Lichtblitze (30.1) und (30.2) geschlossen werden. Wir werden das bald sehen: Ausgangspunkt zur Bestimmung der Lorentz-Transformation sind die Gleichungen (30.1) und (30.2). Sie drücken die Kovarianz (Erscheinungsgleichheit) der Lichtkugelwelle in gleichförmig bewegten Koordinatensystemen aus. Wir suchen also eine Koordinatentransformation zwischen $x_i'(x', y', z', ict')$ und $x_k(x, y, z, ict)$, welche die Gleichung (30.1) in (30.2) überführt und umgekehrt. In Analogie zu den dreidimensionalen Drehungen versuchen wir es mit einer linearen Transformation

$$x_n' = \sum_{j=1}^{4} \alpha_{nj} x_j, \tag{30.18}$$

bzw. in ausgeschriebener Form

$$\begin{pmatrix} x_1' \\ x_2' \\ x_3' \\ x_4' \end{pmatrix} = \begin{pmatrix} \alpha_{11} & \alpha_{12} & \alpha_{13} & \alpha_{14} \\ \alpha_{21} & \alpha_{22} & \alpha_{23} & \alpha_{24} \\ \alpha_{31} & \alpha_{32} & \alpha_{33} & \alpha_{34} \\ \alpha_{41} & \alpha_{42} & \alpha_{43} & \alpha_{44} \end{pmatrix} \cdot \begin{pmatrix} x_1 \\ x_2 \\ x_3 \\ x_4 \end{pmatrix}, \tag{30.19}$$

wobei die α_{nj} die Transformationsmatrix bilden. Daß es sich um eine lineare Transformation handeln muß, kann man so verstehen: Lineare Transformationen sind die einzigen, welche eine Gerade in einem System wieder in eine Gerade in anderen Systemen abbilden. Bei allgemeineren Transformationen würde es geschehen, daß eine gleichförmige Bewegung in einem anderen Inertialsystem beschleunigt erschiene. Das widerspräche dem Relativitätsprinzip. Die Matrix einer Transformation, die den Betrag (30.16) des Ortsvektors erhält, ist eine Orthogonalmatrix, d.h. die Zeilenvektoren bzw. die Spaltenvektoren stehen orthogonal aufeinander. Die Matrix α_{ik} ist eine solche orthogonale Matrix.

Wir sehen dies dadurch, daß wir in den Relationen

$$\begin{aligned} \sum_{k=1}^{4} x_k^2 &= 0, \\ \sum_{i=1}^{4} x_i'^2 &= 0 \end{aligned}$$

die gestrichenen Koordinaten durch

$$x_i' = \sum_{k=1}^{4} \alpha_{ik} x_k, \qquad x_i' = \sum_{\nu=1}^{4} \alpha_{i\nu} x_\nu, \tag{30.20}$$

ersetzen. Führen wir

$$x_i'^2 = \sum_{\nu=1}^{4} \sum_{k=1}^{4} \alpha_{ik}\alpha_{i\nu} x_k x_\nu$$

in (30.2) ein, so erhalten wir aus der Forderung, daß (30.2) aus (30.1) und umgekehrt folgen muß, Bedingungen für die α_{ik}:

$$\begin{aligned} 0 &= \sum_{i=1}^{4} x_i'^2 = \sum_{i=1}^{4} \sum_{\nu=1}^{4} \sum_{k=1}^{4} \alpha_{ik}\alpha_{i\nu} x_k x_\nu \\ &= \sum_{\nu=1}^{4} \sum_{k=1}^{4} \left(\sum_{i=1}^{4} \alpha_{ik}\alpha_{i\nu} \right) x_k x_\nu \stackrel{!}{=} \sum_{k=1}^{4} x_k^2. \end{aligned}$$

D. h. es muß gelten

$$\begin{aligned} \sum_{i=1}^{4} \alpha_{ik}\alpha_{i\nu} &= 1 \qquad \text{für} \quad k = \nu, \\ \sum_{i=1}^{4} \alpha_{ik}\alpha_{i\nu} &= 0 \qquad \text{für} \quad k \neq \nu. \end{aligned}$$

Das schreiben wir kurz und bündig

$$\sum_{i=1}^{4} \alpha_{ik}\alpha_{i\nu} = \delta_{k\nu}. \tag{30.21}$$

Somit gilt die *Spalten-Orthonormalität* für die Matrix (α_{ik}). Die Zeilen-Orthonormalität folgt ebenfalls aus Gleichungen (30.1) und (30.2), indem wir von der zu (30.20) inversen Transformation

$$x_i = \sum_{k=1}^{4} b_{ik} x_k' \tag{30.22}$$

ausgehen. Dann folgt analog aus

$$0 = \sum_{i=1}^{4} x_i^2 = \sum_{i=1}^{4} \sum_{k,\nu=1}^{4} b_{ik} b_{i\nu} x_k' x_\nu' \stackrel{!}{=} \sum_{k=1}^{4} x_k'^2,$$

daß

$$\sum_{i=1}^{4} b_{ik} b_{i\nu} = \delta_{k\nu},$$

oder nach Umbenennung der Indizes

$$\sum_{k=1}^{4} b_{ki} b_{k\nu} = \delta_{i\nu} \tag{30.23}$$

sein muß. Die b_{ik}-Matrix besitzt also auch Spalten-Orthonormalität. Nun hängen aber die b_{ik} aus (30.22) mit den α_{ik} aus (30.20) zusammen, denn aus (30.20) und (30.22) folgt

$$x'_i = \sum_{k=1}^{4} \alpha_{ik} x_k = \sum_{k=1}^{4} \sum_{\nu=1}^{4} \alpha_{ik} b_{k\nu} x'_\nu$$

$$\Rightarrow \quad \sum_{k=1}^{4} \alpha_{ik} b_{k\nu} = \delta_{i\nu}. \tag{30.24}$$

Ein Vergleich von (30.23) und (30.24) ergibt nun

$$\alpha_{ik} = b_{ki}\,, \tag{30.25}$$

d. h. die Matrix b_{ki} ist die transponierte α_{ik}-Matrix. Das in (30.23) eingesetzt, liefert

$$\sum_{k=1}^{4} \alpha_{ik} \alpha_{\nu k} = \delta_{i\nu}$$

und erneute Umbennennung der Indizes ergibt

$$\sum_{i=1}^{4} \alpha_{ki} \alpha_{\nu i} = \delta_{k\nu}. \tag{30.26}$$

Das ist die *Zeilen-Orthonormalität* der Matrix (α_{ik}). Wir führten diese Überlegungen zwar für den 4-dimensionalen Raum durch, jedoch gilt jeder einzelne Schritt auch in N Dimension. Die Relationen (30.21) und (30.26) gelten also auch in N Dimensionen.

Mit der Spaltenorthogonalität (30.21) und der Zeilenorthogonalität (30.26) folgt nun allgemein, daß immer

$$\sum_i x_i'^2 = \sum_i x_i^2$$

gilt. Das ist die Invarianz des „Betrages" des Raum-Zeit-Abstandes unter Lorentztransformationen (30.15). Diese Beziehung (30.15) gilt also nicht nur für Nullvektoren (Lichtvektoren), d. h. solche für die $\sum x_i^2 = 0$, sondern für alle Vektoren im Minkowskiraum, also auch für solche mit $\sum_i x_i^2 \neq 0$. Wir sagen: sie gilt für alle Vierervektoren. Später wird diese Sprechweise, d. h. der Begriff *Vierervektor,* noch präzisiert.

Wir schreiten jetzt zur expliziten Bestimmung der Lorentz-Transformation. Bei der folgenden Überlegung bewegen sich die Systeme K und K' nur in x_1-Richtung gegeneinander. Die x_1'-Richtung wird parallel zur x_1-Richtung gewählt; ebenso die x_2- und x_2'- bzw. x_3- und x_3'-Richtungen (vgl. Figur). In diesem einfachen Fall muß $y' = y$, $z' = z$ sein. Auch dürfen wegen der Homogenität des Raumes die Werte von x_1' und x_4' nicht von x_2 und x_3 abhängen, denn die Wahl des Koordinatenursprungs in der x_2-x_3 Ebene hat keine physikalische Bedeutung. Die Lorentztransformation vereinfacht sich deshalb zu:

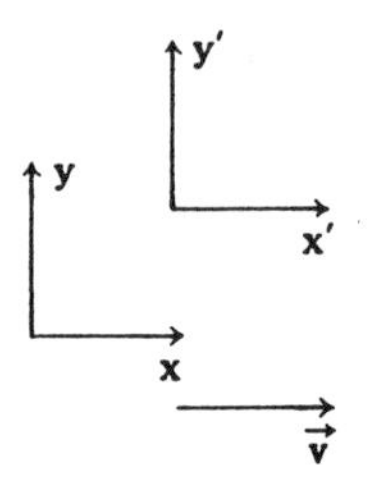

Zwei gleich orientierte Inertialsysteme bewegen sich mit der Relativgeschwindigkeit $\vec{v}$ entlang der x-Achse.

$$x_1' = \alpha_{11}x_1 + 0 + 0 + \alpha_{14}x_4 \qquad (30.27)$$
$$x_2' = 0 + x_2 + 0 + 0 \qquad (30.28)$$
$$x_3' = 0 + 0 + x_3 + 0 \qquad (30.29)$$
$$x_4' = \alpha_{41}x_1 + 0 + 0 + \alpha_{44}x_4 \qquad (30.30)$$

Die α_{jn} lassen sich nun durch die bereits bekannten Orthonormalitätsbedingungen (30.21) und (30.26) bestimmen. Es gilt

Zeilenorthonormalität

$$\alpha_{11}^2 + \alpha_{14}^2 = 1, \quad (30.31)$$
$$\alpha_{41}^2 + \alpha_{44}^2 = 1, \quad (30.32)$$
$$\alpha_{11}\alpha_{41} + \alpha_{14}\alpha_{44} = 0, \quad (30.33)$$

und Spaltenorthonormalität

$$\alpha_{11}^2 + \alpha_{41}^2 = 1, \quad (30.34)$$
$$\alpha_{14}^2 + \alpha_{44}^2 = 1, \quad (30.35)$$
$$\alpha_{11}\alpha_{14} + \alpha_{41}\alpha_{44} = 0. \quad (30.36)$$

Aus Gleichung (30.27) erhält man

$$x_1' = \alpha_{11}x_1 + \alpha_{14}x_4 = \alpha_{11}\left(x_1 + \frac{\alpha_{14}}{\alpha_{11}}x_4\right) = \alpha_{11}\left(x_1 + \frac{\alpha_{14}}{\alpha_{11}}ict\right).$$

Nun wird speziell der Koordinatenursprung von K' betrachtet. Dort ist $x_1' = 0$, also

$$0 = \alpha_{11}\left(x_1 + \frac{\alpha_{14}}{\alpha_{11}}ict\right) \quad \Rightarrow \quad x_1 = -\frac{\alpha_{14}}{\alpha_{11}}ict.$$

Für die Geschwindigkeit gilt:

$$v = \dot{x}_1 = -\frac{\alpha_{14}}{\alpha_{11}}ic \quad \Rightarrow \quad \frac{\alpha_{14}}{\alpha_{11}} = i\frac{v}{c} = i\,\beta \qquad \text{mit} \quad \beta = \frac{v}{c}. \qquad (30.37)$$

Nach (30.31) ist

$$\begin{aligned}
\alpha_{11}^2 + \alpha_{14}^2 &= 1, \\
\alpha_{11}^2\left(1 + \frac{\alpha_{14}^2}{\alpha_{11}^2}\right) &= 1, \\
\alpha_{11}^2\left(1 - \beta^2\right) &= 1, \\
\alpha_{11} &= \frac{1}{\pm\sqrt{1-\beta^2}}.
\end{aligned}$$

Für kleine Geschwindigkeiten muß die relativistische Mechanik in die Newtonsche übergehen. Dort ist aber $x_1' = x_1$, also $\alpha_{11} = 1$. Daher muß gelten

$$\beta \to 0: \quad \frac{1}{\pm\sqrt{1-\beta^2}} \to 1.$$

Hieraus ergibt sich aber, daß nur das positive Vorzeichen gilt. Daher schließen wir

$$\alpha_{11} = \frac{1}{\sqrt{1-\beta^2}} \quad \Rightarrow \quad \alpha_{14} = \frac{i\beta}{\sqrt{1-\beta^2}}.$$

Aus (30.32) und (30.35) erhält man

$$\begin{aligned}
\alpha_{14}^2 &= \alpha_{41}^2, \\
\alpha_{14} &= \pm\alpha_{41},
\end{aligned} \tag{30.38}$$

und aus (30.33) folgt

$$\alpha_{44} = -\frac{\alpha_{11}\alpha_{41}}{\alpha_{14}} = \mp\alpha_{11} = \mp\frac{1}{\sqrt{1-\beta^2}}. \tag{30.39}$$

Das Vorzeichen läßt sich aus einer ähnlichen Überlegung wie oben festlegen. Es ist nämlich

$$x_4' = \alpha_{41}x_1 + \alpha_{44}x_4$$

oder

$$ict' = \alpha_{41}x + \alpha_{44}ict.$$

Für

$$v \to 0 \quad \Rightarrow \quad t' \to t$$

und für

$$\beta \to 0 \quad \Rightarrow \quad \frac{1}{\sqrt{1-\beta^2}} \to 1.$$

Wieder gilt hier nur das positive Vorzeichen. Daher folgt

$$\alpha_{44} = \frac{1}{\sqrt{1-\beta^2}}.$$

Aus der Beziehung (30.39)

$$\alpha_{44} = +\alpha_{11}$$

und Gleichung (30.38) erhält man

$$\alpha_{14} = -\alpha_{41}\,,$$

also

$$\alpha_{41} = \frac{-i\beta}{\sqrt{1-\beta^2}}.$$

Die Vorzeichenbestimmung kann auch wieder direkt erfolgen, genau wie oben. Eine Zusammenstellung (Relativbewegung der beiden Systeme nur in x- Richtung) führt zur Transformationsmatrix, die somit lautet:

$$(\alpha_{ik}) = \begin{pmatrix} \frac{1}{\sqrt{1-\beta^2}} & 0 & 0 & \frac{i\beta}{\sqrt{1-\beta^2}} \\ 0 & 1 & 0 & 0 \\ 0 & 0 & 1 & 0 \\ \frac{-i\beta}{\sqrt{1-\beta^2}} & 0 & 0 & \frac{1}{\sqrt{1-\beta^2}} \end{pmatrix}. \tag{30.40}$$

Die Lorentz-Transformationsgleichungen (30.27) bis (30.30) lauten infolgedessen

$$\begin{aligned} x' &= \frac{x}{\sqrt{1-\beta^2}} - \frac{v}{\sqrt{1-\beta^2}}t, \\ y' &= y, \\ z' &= z, \\ t' &= \frac{t}{\sqrt{1-\beta^2}} - \frac{v/c^2}{\sqrt{1-\beta^2}}x. \end{aligned} \tag{30.41}$$

Ein kurzer Blick auf diese Gleichungen zeigt, daß für alle Fälle $v \ll c$, also $v \to 0$ und/oder $c \to \infty$, die Transformation (Lorentz-Transformation) (30.41) in die Galilei-Transformation (29.1) übergeht. In der Tat, für $v \to 0$ werden beide Koordinatensysteme identisch ($x' = x$, $y' = y$, $z' = z$, $t' = t$) und für $c \to \infty$ gehen die Lorentz-Transformationen (30.41) in die bekannten Galilei-Transformationen

$$\begin{aligned} x' &= x - vt, \qquad z' = z, \\ y' &= y, \qquad t' = t, \end{aligned} \tag{30.42}$$

über (vgl. Kapitel 17, Abschnitt über Inertialsysteme).

Definition des Vierervektors: Vier Zahlen $\{x_1, x_2, x_3, x_4 = ict\}$, die mit den Basisvektoren $\vec{e}_1$, $\vec{e}_2$, $\vec{e}_3$, $\vec{e}_4$ des Minkowski-Raumes gemäß

$$\hat{r} = x_1\vec{e}_1 + x_2\vec{e}_2 + x_3\vec{e}_3 + x_4\vec{e}_4$$

einen Vierervektor bilden, heißen Komponenten des Vierervektors. Sie transformieren sich unter Lorentz-Transformationen gemäß (30.40). Umgekehrt: Falls vier Zahlen x_ν ($\nu = 1, 2, 3, 4$) sich gemäß (30.40), d.h. unter Lorentz-Transformation beim Übergang von einem Inertialsystem K zu einem anderen K' transformieren, dann bilden diese Zahlen die Komponenten eines Vierervektors. Sie bilden – kurz gesagt – einen *Vierervektor.* Das ist ähnlich wie bei den Vektoren des 3-dimensionalen Raumes, deren Komponenten sich bei Raumdrehungen entsprechend der Rotationsmatrix transformieren müssen.

Wir merken noch an, daß bei Lorentz-Transformationen (30.41) der Betrag eines Vierervektors unverändert bleibt. Das ist aufgrund der früher aus Zeilen- und Spaltenorthonormalität erschlossenen Gleichungen (30.15) klar, kann aber auch explizit nachgerechnet werden. In der Tat folgt aus (30.41)

$$\begin{aligned}
&x_1'^2 + x_2'^2 + x_3'^2 + x_4'^2 \\
&= x'^2 + y'^2 + z'^2 - c^2t'^2 \\
&= \frac{1}{1-\beta^2}(x - vt)^2 + y^2 + z^2 - \frac{c^2}{1-\beta^2}\left(t - \frac{v}{c^2}x\right)^2 \\
&= \left[\frac{1}{1-\beta^2} - \frac{v^2/c^2}{1-\beta^2}\right]x^2 + y^2 + z^2 - c^2t^2\left[\frac{1}{1-\beta^2} - \frac{v^2/c^2}{1-\beta^2}\right] \\
&\quad -tx\left[\frac{2v}{1-\beta^2} - \frac{2v}{1-\beta^2}\right] \\
&= x^2 + y^2 + z^2 - c^2t^2 \\
&= x_1^2 + x_2^2 + x_3^2 + x_4^2.
\end{aligned} \tag{30.43}$$

Diese Invarianz des Betrages (30.16,30.17) eines Vierervektors gilt also ganz allgemein für beliebige Vektoren im Minkowskiraum. In Analogie zu den Drehungen des 3-dimensionalen Raumes, bei welchen auch der Betrag eines Vektors gemäß Gleichung (30.15) invariant bleibt, sprechen wir daher bei Lorentztransformationen auch von *Drehungen im Minkowskiraum.* Die Invarianz (30.43) war in Gleichung (30.4) der Ausgangspunkt unserer Ableitung der Lorentztransformation. Wir haben sie nun für die spezielle Transformation (30.40) nochmals bestätigt.

Wichtig ist dabei zu bemerken, daß wir die Lorentz-Transformationen aus der Kovarianz (und Invarianz) des Ausdruckes

$$x^2 + y^2 + z^2 - c^2t^2 = 0 = x'^2 + y'^2 + z'^2 - c^2t'^2$$

erschlossen haben. Vektoren dieser Art heißen *Lichtvektoren* oder besser *Nullvektoren.* Die Ausbreitung des Lichtes wird durch einen solchen Nullvektor beschrieben. Jetzt aber stellen wir fest, daß diese Lorentztransformationen auch beliebige (also nicht bloß nullartige) Vierervektoren dem Betrag nach unverändert lassen.

30.1 Aufgabe: Lorenz–Invarianz der Wellengleichung

Zeigen Sie, daß die Wellengleichung $\triangle\psi - (1/c^2)(\partial^2\psi/\partial t^2) = 0$ invariant unter Lorentz-Transformation, aber nicht invariant unter Galilei-Transformation ist.

Um die Aufgabe zu vereinfachen, soll nur die Zeit und eine Raumkomponente betrachtet werden, d. h. $\psi(x,y,z,t)$ wird eingeschränkt auf $\psi(x,t)$ bzw. $\psi(x',t')$.

Lösung: Die Gleichung lautet dann

$$\frac{\partial^2\psi}{\partial x^2} - \frac{1}{c^2}\frac{\partial^2\psi}{\partial t^2} = 0.$$

Die Lorentz-Transformation für die Orts- und Zeitkoordinate lautet

$$x' = \frac{x - vt}{\sqrt{1-\beta^2}}, \qquad t' = \frac{t - vx/c^2}{\sqrt{1-\beta^2}}.$$

Die partiellen Ableitungen nach den ungestrichenen Koordinaten müssen durch Ableitungen nach den gestrichenen Koordinaten ersetzt werden. Für $\partial/\partial x$ ergibt sich als vollständige partielle Ableitung $\partial/\partial x_i = \sum_j (\partial x'_j/\partial x_i)(\partial/\partial x'_j)$ und demnach:

$$\begin{aligned}
\frac{\partial}{\partial x} &= \frac{\partial x'}{\partial x}\frac{\partial}{\partial x'} + \frac{\partial t'}{\partial x}\frac{\partial}{\partial t'}, \\
\frac{\partial}{\partial x} &= \frac{1}{\sqrt{1-\beta^2}}\frac{\partial}{\partial x'} - \frac{v/c^2}{\sqrt{1-\beta^2}}\frac{\partial}{\partial t'}.
\end{aligned}$$

Verfahren wir nach dem gleichen Schema weiter, so erhalten wir die 2. Ableitung:

$$\frac{\partial^2}{\partial x^2} = \frac{1}{1-\beta^2}\frac{\partial^2}{\partial x'^2} - \frac{2v}{c^2}\frac{1}{1-\beta^2}\frac{\partial}{\partial x'}\frac{\partial}{\partial t'} + \frac{v^2}{c^4(1-\beta^2)}\frac{\partial^2}{\partial t'^2}.$$

$\partial/\partial t$ läßt sich schreiben als

$$\begin{aligned}
\frac{\partial}{\partial t} &= \frac{\partial t'}{\partial t}\frac{\partial}{\partial t'} + \frac{\partial x'}{\partial t}\frac{\partial}{\partial x'}, \\
\frac{\partial}{\partial t} &= \frac{1}{\sqrt{1-\beta^2}}\frac{\partial}{\partial t'} - \frac{v}{\sqrt{1-\beta^2}}\frac{\partial}{\partial x'}, \\
\frac{\partial^2}{\partial t^2} &= \frac{1}{1-\beta^2}\frac{\partial^2}{\partial t'^2} - \frac{2v}{1-\beta^2}\frac{\partial}{\partial x'}\frac{\partial}{\partial t'} + \frac{v^2}{1-\beta^2}\frac{\partial^2}{\partial x'^2}.
\end{aligned}$$

Durch Einsetzen in die Wellengleichung erhalten wir:

$$\begin{aligned}
\frac{\partial^2\psi}{\partial x^2} - \frac{1}{c^2}\frac{\partial^2\psi}{\partial t^2} &= \frac{1}{1-\beta^2}\left(\frac{\partial^2\psi}{\partial x'^2} - \frac{2v}{c^2}\frac{\partial^2\psi}{\partial x'\partial t'} + \frac{v^2\partial^2\psi}{c^4\partial t'^2}\right. \\
&\qquad \left. - \frac{1}{c^2}\frac{\partial^2\psi}{\partial t'^2} + \frac{2v}{c^2}\frac{\partial^2\psi}{\partial x'\partial t'} - \frac{v^2}{c^2}\frac{\partial^2\psi}{\partial x'^2}\right) \\
&= \frac{1}{1-\beta^2}\left[\frac{\partial^2\psi}{\partial x'^2} - \frac{1}{c^2}\frac{\partial^2\psi}{\partial t'^2}\right] - \frac{v^2/c^2}{1-\beta^2}\left[\frac{\partial^2\psi}{\partial x'^2} - \frac{1}{c^2}\frac{\partial^2\psi}{\partial t'^2}\right] \\
&= \frac{\partial^2\psi}{\partial x'^2} - \frac{1}{c^2}\frac{\partial^2\psi}{\partial t'^2} = 0.
\end{aligned}$$

Damit ist die Invarianz unter der Lorentz-Transformation gezeigt. Dieses Ergebnis können wir schneller erhalten mit der Bemerkung, daß der Vierergradient

$$\widehat{\nabla} = \frac{\partial}{\partial x_1}\vec{e}_1 + \frac{\partial}{\partial x_2}\vec{e}_2 + \frac{\partial}{\partial x_3}\vec{e}_3 + \frac{\partial}{\partial x_4}\vec{e}_4$$

ein Vierervektor und deshalb das Vierer-Skalarprodukt

$$\begin{aligned}\widehat{\nabla} \cdot \widehat{\nabla} &= \frac{\partial^2}{\partial x_1^2} + \frac{\partial^2}{\partial x_2^2} + \frac{\partial^2}{\partial x_3^2} + \frac{\partial^2}{\partial x_4^2} \\ &= \frac{\partial^2}{\partial x^2} + \frac{\partial^2}{\partial y^2} + \frac{\partial^2}{\partial z^2} - \frac{1}{c^2}\frac{\partial^2}{\partial t^2}.\end{aligned}$$

eine Lorentzinvariante sein muß.

Es soll nun noch die Wellengleichung bezüglich der Galilei-Transformation untersucht werden. Die Galilei-Transformation lautet

$$x' = x - vt, \qquad t' = t.$$

Zwischen den partiellen Ableitungen ergeben sich die Beziehungen

$$\begin{aligned}\frac{\partial}{\partial x} &= \frac{\partial x'}{\partial x}\frac{\partial}{\partial x'} + \frac{\partial t'}{\partial x}\frac{\partial}{\partial t'}, &\quad \frac{\partial}{\partial t} &= \frac{\partial t'}{\partial t}\frac{\partial}{\partial t'} + \frac{\partial x'}{\partial t}\frac{\partial}{\partial x'}; \\ \frac{\partial}{\partial x} &= \frac{\partial}{\partial x'}, &\quad \frac{\partial}{\partial t} &= \frac{\partial}{\partial t'} - v\frac{\partial}{\partial x'}, \\ \frac{\partial^2}{\partial x^2} &= \frac{\partial^2}{\partial x'^2}. &\quad \frac{\partial^2}{\partial t^2} &= \frac{\partial^2}{\partial t'^2} + v^2\frac{\partial^2}{\partial x'^2} - 2v\frac{\partial}{\partial t'}\frac{\partial}{\partial x'}.\end{aligned}$$

Durch Einsetzen in die Gleichung erhält man:

$$\begin{aligned}\frac{\partial^2\psi}{\partial x^2} - \frac{1}{c^2}\frac{\partial^2\psi}{\partial t^2} &= \frac{\partial^2\psi}{\partial x'^2} - \frac{1}{c^2}\frac{\partial^2\psi}{\partial t'^2} - \frac{v^2}{c^2}\frac{\partial^2\psi}{\partial x'^2} + \frac{2v}{c^2}\frac{\partial^2\psi}{\partial t'\partial x'} \\ &= 0 = \frac{\partial^2\psi}{\partial x'^2} - \frac{1}{c^2}\left(\frac{\partial}{\partial t'} - v\frac{\partial}{\partial x'}\right)^2\psi.\end{aligned}$$

Die Wellengleichung ist offensichtlich nicht invariant unter der Galilei-Transformation. Es ist bemerkenswert, und wir dürfen uns im Nachhinein darüber wunder, daß die Lorentz-Transformationen als jene Koordinatentransformationen, die die Wellengleichung invariant lassen, nicht schon lange vor Einstein erkannt wurden. Schließlich war die Wellengleichung seit Maxwell bekannt. Offensichtlich werden große Entdeckungen meistens nicht auf dem geradlinigen Weg gemacht.

Gruppeneigenschaft der Lorentz-Transformation: Eine nichtleere Menge G von Elementen $G = \{g_0, g_1, g_2, \ldots\}$ mit $g_i, g_k, g_j \in G$ und eine Verknüpfung $(\otimes)$ heißen Gruppe, wenn sie folgende Eigenschaften haben:

(1) Die Verknüpfung $(\otimes)$ ist eine innere Verknüpfung, die jedem Paar von Elementen $g_i, g_k \in G$ ein eindeutig bestimmtes Element $g_j = g_i \otimes g_k$ aus G zuordnet.

(2) Es gilt das Assoziativgesetz $(g_i \otimes g_j) \otimes g_k = g_i \otimes (g_j \otimes g_k)$.

(3) Es existiert ein Einselement g_0 in G mit der Eigenschaft

$$g_0 \otimes g_i = g_i \otimes g_0 = g_i \qquad \text{für alle} \quad g_i \in \text{G}.$$

(4) Zu jedem $g_i \in G$ existiert ein inverses Element g_i^{-1} mit $g_i \otimes g_i^{-1} = g_0$.

Die Menge G hat nun die Lorentz-Transformationen als Elemente (Menge von Operationen – als eine Operation ist hier die Physik in einem mit v bewegten Koordinatensystem zu betrachten), die Verknüpfung ist das Hintereinanderausführen der Lorentz-Transformationen. In Bezug auf Bedingung (1) bedeutet das, daß die Lorentz-Transformation von K nach K'' äquivalent mit der Hintereinanderausführung zweier Transformationen von K nach K' und von K' nach K'' ist. Wir betrachten hier der Einfachheit halber wieder nur spezielle Lorentz-Transformationen in x_1-Richtung mit parallelen Achsen von K, K' und K''.

Transformation von K nach K':

$$x'_\sigma = \sum_{\mu=1}^{4} \alpha_{\sigma\mu}(\beta_1) x_\mu$$

mit

$$\alpha_{\sigma\mu}(\beta_1) = \begin{pmatrix} \frac{1}{\sqrt{1-\beta_1^2}} & 0 & 0 & \frac{i\beta_1}{\sqrt{1-\beta_1^2}} \\ 0 & 1 & 0 & 0 \\ 0 & 0 & 1 & 0 \\ \frac{-i\beta_1}{\sqrt{1-\beta_1^2}} & 0 & 0 & \frac{1}{\sqrt{1-\beta_1^2}} \end{pmatrix}.$$

Transformationsmatrix von K' nach K'':

$$x''_\nu = \sum_{\sigma=1}^{4} \alpha_{\nu\sigma}(\beta_2) x'_\sigma \qquad \text{mit} \quad \alpha_{\nu\sigma}(\beta_2).$$

$\alpha_{\nu\sigma}(\beta_2)$ ist genauso aufgebaut wie $\alpha_{\sigma\mu}(\beta_1)$, nur mit dem Unterschied, daß an die Stelle von v_1 bzw. β_1, v_2 bzw. β_2 treten. Für die Transformation von K nach K'' ergibt sich nun:

$$\begin{aligned} x''_\nu &= \sum_\sigma \alpha_{\nu\sigma}(\beta_2) \sum_\mu \alpha_{\sigma\mu}(\beta_1) x_\mu \qquad (\nu, \sigma, \mu = 1,\ 2,\ 3,\ 4) \\ &= \sum_{\sigma,\mu} \alpha_{\nu\sigma}(\beta_2) \alpha_{\sigma\mu}(\beta_1) x_\mu \\ &= \sum_\mu \alpha_{\nu\mu}(\beta) x_\mu, \end{aligned}$$

wobei wir

$$\alpha_{\nu\mu}(\beta) = \sum_\sigma \alpha_{\nu\sigma}(\beta_2) \alpha_{\sigma\mu}(\beta_1)$$

gesetzt haben. Der Ausdruck $\sum_\sigma \alpha_{\nu\sigma}(\beta_2)\alpha_{\sigma\mu}(\beta_1)$ bedeutet einfach die Matrizenmultiplikation. Zur Berechnung von $\alpha_{\nu\mu}(\beta)$ wollen wir die einzelnen Koeffizienten dieser Matrix bestimmen. Es ist zum Beispiel

$$\alpha_{11}(\beta) \;=\; \alpha_{11}(\beta_2)\alpha_{11}(\beta_1) + \alpha_{12}(\beta_2)\alpha_{21}(\beta_1)$$

$$
\begin{aligned}
&+\alpha_{13}(\beta_2)\alpha_{31}(\beta_1) + \alpha_{14}(\beta_2)\alpha_{41}(\beta_1), \\
\alpha_{11}(\beta) &= \frac{1}{\sqrt{1-\beta_2^2}}\frac{1}{\sqrt{1-\beta_1^2}} + \frac{\beta_2\cdot\beta_1}{\sqrt{1-\beta_2^2}\sqrt{1-\beta_1^2}} \\
&= \frac{1}{\sqrt{(1-\beta_2^2-\beta_1^2+\beta_1^2\beta_2^2)/(1+\beta_1\beta_2)^2}} \\
&= \frac{1}{\sqrt{1-[(\beta_1+\beta_2)/(1+\beta_1\beta_2)]^2}} \\
&= \frac{1}{\sqrt{1-\beta^2}}
\end{aligned}
$$

mit

$$
\beta = \frac{\beta_1+\beta_2}{1+\beta_1\beta_2}. \tag{30.44}
$$

Wir erhalten hieraus schon eine Vorschrift für die Addition von Geschwindigkeiten, nämlich

$$
v = \frac{v_1+v_2}{1+v_1v_2/c^2}. \tag{30.45}
$$

Dieses „Additionstheorem“ der Geschwindigkeiten wird weiter unten noch auf andere Weise direkt hergeleitet. Auf gleichem Wege lassen sich die anderen Koeffizienten der Matrix $\alpha_{ik}(\beta)$ bestimmen, so daß man schließlich

$$
\alpha_{\nu\mu}(\beta) = \begin{pmatrix} \frac{1}{\sqrt{1-\beta^2}} & 0 & 0 & \frac{i\beta}{\sqrt{1-\beta^2}} \\ 0 & 1 & 0 & 0 \\ 0 & 0 & 1 & 0 \\ \frac{-i\beta}{\sqrt{1-\beta^2}} & 0 & 0 & \frac{1}{\sqrt{1-\beta^2}} \end{pmatrix}. \tag{30.46}
$$

erhält, wobei v und β gemäß (30.45) bestimmt sind.

Daraus folgt: Die Geschwindigkeit von K'' gegenüber K ist gleich der Addition der Geschwindigkeit von K' gegen K und der von K'' gegen K' gemäß dem Additionsgesetz (30.45) für relativistische Geschwindigkeiten. Gleichzeitig sehen wir: Zwei Lorentz-Transformationen hintereinander ausgeführt ergeben wieder eine Lorentz-Transformation. Das ist nichts anderes als die Abgeschlossenheit der Menge der Lorentz-Transformationen bezüglich der Hintereinanderausführung (Bedingung (1)).

Wegen der prinzipiellen Gleichberechtigung von Inertialsystemen K ist es gleichgültig, ob zuerst eine Transformation von K nach K' und anschließend von K' nach K'' oder umgekehrt vorgenommen wird, d. h. die Verknüpfung *„Lorentz-Transformation“ ist sogar kommutativ;* die Hintereinanderausführung von Lorentz- Transformation ist in der Reihenfolge beliebig. Aber Vorsicht!: Dies gilt nur für Lorentz-Transformationen mit derselben Richtung der Geschwindigkeit, also für Inertialsysteme, die sich in derselben Richtung bewegen.

Die 2. Gruppeneigenschaft, die Assoziativität der Lorentz-Transformation, ist auch erfüllt. Das folgt durch wiederholte Anwendung der Gleichung (30.45), denn für die

Lorentz-Transformation mit den Geschwindigkeiten $\beta_1, \beta_2, \beta_3$ erhält man

$$(L(\beta_1) \otimes L(\beta_2)) \otimes L(\beta_3) = L(\beta)$$

mit

$$\beta = \frac{(\beta_1 + \beta_2)/(1 + \beta_1\beta_2) + \beta_3}{1 + (\beta_1 + \beta_2)\beta_3/(1 + \beta_1\beta_2)} = \frac{\beta_1 + \beta_2 + \beta_3 + \beta_1\beta_2\beta_3}{1 + \beta_1\beta_2 + \beta_1\beta_3 + \beta_2\beta_3}$$

und

$$L(\beta_1) \otimes (L(\beta_2) \otimes L(\beta_3)) = L(\beta')$$

mit

$$\beta' = \frac{\beta_1 + (\beta_2 + \beta_3)/(1 + \beta_2\beta_3)}{1 + \beta_1(\beta_2 + \beta_3)/(1 + \beta_2\beta_3)} = \frac{\beta_1 + \beta_2 + \beta_3 + \beta_1\beta_2\beta_3}{1 + \beta_1\beta_2 + \beta_1\beta_3 + \beta_2\beta_3}.$$

Offensichtlich ist $\beta' = \beta$ und daher $L(\beta) = L(\beta')$.

Das bedeutet aber

$$(L(\beta_1) \otimes L(\beta_2)) \otimes L(\beta_3) = L(\beta_1) \otimes (L(\beta_2) \otimes L(\beta_3)), \qquad \text{q.e.d.}$$

Das Einselement hat die Form

$$g_0 = \begin{pmatrix} 1 & 0 & 0 & 0 \\ 0 & 1 & 0 & 0 \\ 0 & 0 & 1 & 0 \\ 0 & 0 & 0 & 1 \end{pmatrix}.$$

Es entspricht der Lorentz-Transformation vom ruhenden System in sich selbst, also keinerlei Änderung des Inertialsystems. Dabei ist, wie gefordert, die Verknüpfung mit der Einheitsmatrix kommutativ (Bedingung (3)).

Zu jeder Lorentz-Transformation existiert eine Inverse der Form:

$$v \to -v \qquad \text{oder} \qquad \beta \to -\beta$$

$$g_{ij}^{-1} = \alpha_{ij}(-\beta) = \begin{pmatrix} \frac{1}{\sqrt{1-\beta^2}} & 0 & 0 & \frac{-i\beta}{\sqrt{1-\beta^2}} \\ 0 & 1 & 0 & 0 \\ 0 & 0 & 1 & 0 \\ \frac{i\beta}{\sqrt{1-\beta^2}} & 0 & 0 & \frac{1}{\sqrt{1-\beta^2}} \end{pmatrix}.$$

Wegen der Orthogonalität der Lorentz-Transformation genügt es zur Auffindung des inversen Elementes, Spalten und Zeilen in der Transformationsmatrix zu vertauschen; das bedeutet einfach eine Spiegelung an der Hauptdiagonalen der Matrix. Man rechnet leicht nach, daß $\sum_j \alpha_{ij}(-\beta)\alpha_{jk}(+\beta) = \delta_{ik}$ gilt (Bedingung (4)). Damit sind die vier eingangs aufgestellten Bedingungen für die Gruppeneigenschaften einer Menge in Bezug auf die Menge der Lorentz- Transformation erfüllt, d. h. die Lorentz-Transformationen bilden eine unendliche Gruppe (die Anzahl der Elemente der Menge ist nicht beschränkt).

31 Eigenschaften der Lorentz-Transformation

Die Zeitdilatation: Wir bemerken zunächst, daß Uhren an verschiedenen Orten $x_1, x_2, \ldots$ in einem Inertialsystem immer untereinander synchronisiert, d.h. zum Gleichgang gebracht werden können. Dies kann z. B. durch Aussenden von Lichtsignalen in Sekunden-Intervallen von der Uhr 1 (Zeit t_1) zur Uhr 2 (Zeit t_2) geschehen. Bei ihrer Ankunft in x_2 ist die Zeit $(x_2 - x_1)/c$ vergangen, so daß

$$t_2 = t_1 + \frac{x_2 - x_1}{c}$$

ist. Nun betrachten wir folgendes Beispiel:

Ein Lichtstrahl wird von der Lichtquelle Q im System K ausgesandt und nach Reflexion auf dem Spiegel S in E empfangen. Das gemessene Zeitintervall beträgt $\Delta t = 2l/c$.

Im vorbeifliegenden System K' wird für den gleichen Vorgang ein längeres Zeitintervall gemessen, da für dieses das Licht einen längeren Weg zurücklegen muß, um zum Empfänger zu gelangen.

Umgekehrt würde auch ein Beobachter im System K ein derartiges Zeitintervall im System K' als gedehnt sehen, da jetzt der Weg ihm länger erscheint.

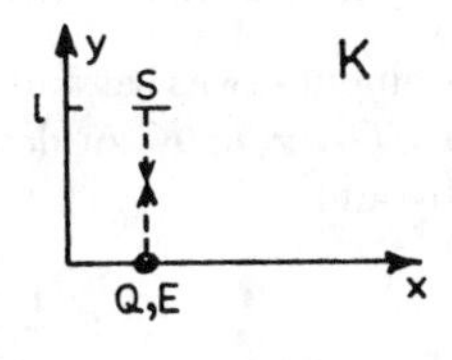

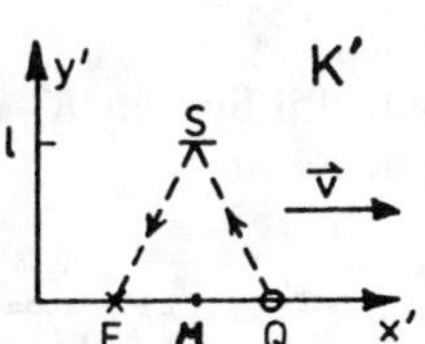

Der Weg eines Lichtstrahls vom Sender Q zum Empfänger E im ruhenden (K) und bewegten (K') Inertialsystem. Der in (K') ruhende Beobachter sieht den Lichtstrahl am Ort Q „aufsteigen“, bei M den Spiegel (der ja in (K) ruht) treffen und am Ort E wieder auf der x'-Achse eintreffen.

Im K-System gilt:

$$\Delta t = t_2 - t_1 = 2 \cdot \frac{l}{c}.$$

Nach der Lorentz-Transformation gilt nun im System K':

$$\Delta t' = t'_2 - t'_1,$$

wobei

$$t'_\nu = \frac{t_\nu - (v/c^2)\, x_\nu}{\sqrt{1-\beta^2}}$$

für $\nu = 1, 2$ gilt. Nun ist $x_1 = x_2$; weil der Impuls am gleichen Ort im K-System ausgesandt und empfangen wird. Somit gilt für das Intervall:

$$\Delta t' = \frac{\Delta t}{\sqrt{1-\beta^2}}.$$

Die Zeitspanne Δt im ruhenden System entspricht dem Zeitintervall $\Delta t'$ im bewegten

System. Für unser Beispiel erhalten wir

$$\Delta t' = 2\frac{l}{c}\frac{1}{\sqrt{1-\beta^2}}.$$

Die Verlängerung der Zeitintervalle durch die Lorentz-Transformation ist natürlich unabhängig von der hier getroffenen speziellen Definition des Zeitintervalles. Ist in einem System die Zeit T vergangen, so findet ein dazu bewegter Beobachter, daß seine Uhr die längere Zeit $T/\sqrt{1-\beta^2}$ anzeigt. Einem Beobachter werden Zeitintervalle in relativ zu ihm bewegten Systemen immer gedehnt erscheinen. Diese Tatsache führte zu dem Begriff der *Zeitdilatation.*

Auch bei einem etwas veränderten Versuch erhalten wir dasselbe Ergebnis: Werden *vom selben Ort x in K* zu den Zeiten t_1 und t_2 Signale ausgesandt, so werden sie in K' im Abstand

$$t_2' - t_1' = \frac{t_2 - (v/c^2)\,x}{\sqrt{1-\beta^2}} - \frac{t_1 - (v/c^2)\,x}{\sqrt{1-\beta^2}} = \frac{t_2 - t_1}{\sqrt{1-\beta^2}}$$

empfangen. Im System K' werden die Signale an verschiedenen Orten x_1' bzw. x_2' empfangen. Es ist

$$x_1' - x_2' = \frac{x - vt_1}{\sqrt{1-\beta^2}} - \frac{x - vt_2}{\sqrt{1-\beta^2}} = \frac{v(t_2 - t_1)}{\sqrt{1-\beta^2}} = v(t_2' - t_1').$$

Dies wird durch das folgende Beispiel 31.4 weiter verdeutlicht. Wichtig ist, daß die Uhr im ruhenden System (in unserm Fall das System K) immer am selben Ort tickt ($x_1 = x_2$), dagegen diese Signale im bewegten System (bei uns das System K') an verschiedenen Orten ($x_1' \neq x_2'$) ausgesandt werden. Dieser Meßvorgang ist die Ursache für die verschiedenen großen Beobachtungszeiten in beiden Systemen.

31.1 Aufgabe: Klassische Längenkontraktion

Ein Stab der Länge l_0 bewege sich mit konstanter Geschwindigkeit v längs der z-Achse eines Koordinatensystems. Zeigen Sie, daß ein Beobachter, der in diesem Koordinatensystem ruht, diesen Stab auch „ganz ohne Relativitätstheorie“ verkürzt sieht, wenn sich das Licht mit endlicher Geschwindigkeit ausbreitet (klassische Längenkontraktion). Hinweis: man überlege, wie der Beobachter die Länge des Stabes definieren wird.

Lösung: Der Beobachter wird von dem Licht, das vom Stabanfang und vom Stabende ausgeht und gleichzeitig bei ihm eintrifft, auf die Stablänge schließen. Nehmen wir der Einfachheit halber an, der Beobachter befinde sich zu einem Zeitpunkt an einem Stabende.

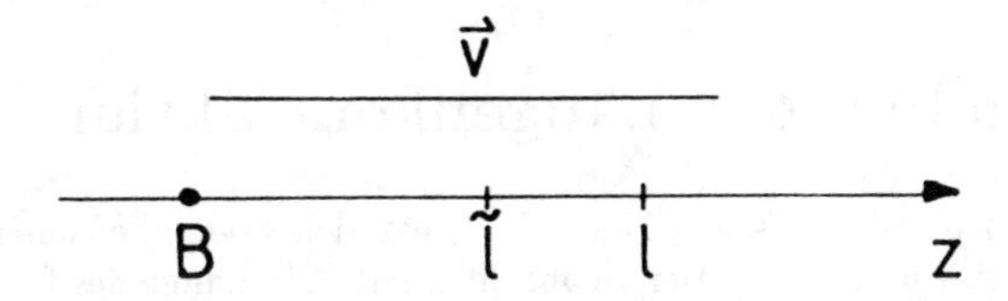

Wegen der endlichen Lichtgeschwindigkeit c sieht B aber das Stabende zu einem früheren Zeitpunkt $\tau = \widetilde{l}/c$ als der Stab noch um $v\tau$ nach links verschoben war. Er findet also die Stablänge

$$\begin{aligned} \widetilde{l} &= l - v\tau = l - v\frac{\widetilde{l}}{c} \\ \Rightarrow \quad \widetilde{l} &= \frac{l}{1 + v/c}. \end{aligned}$$

Das ist die klassische Längenkontraktion.

31.2 Aufgabe: Der Begriff der Gleichzeitigkeit

Zwei Inertialsysteme Σ und Σ' mögen sich längs ihrer z-Achse mit der konstanten Geschwindigkeit v gegeneinander bewegen. Eine im Ursprung von Σ' ruhende Lichtquelle sende zur Zeit $t = t' = 0$ einen isotropen Lichtblitz aus. Beobachter in Σ und Σ' notieren nun die Zeiten, an denen das Licht an den Orten mit den Koordinaten $\pm z_0'$ anlangt. Was werden sie über ihre Ereignisse sagen, wenn sich das Licht in allen Inertialsystemen mit der gleichen Geschwindigkeit ausbreitet?

Lösung:

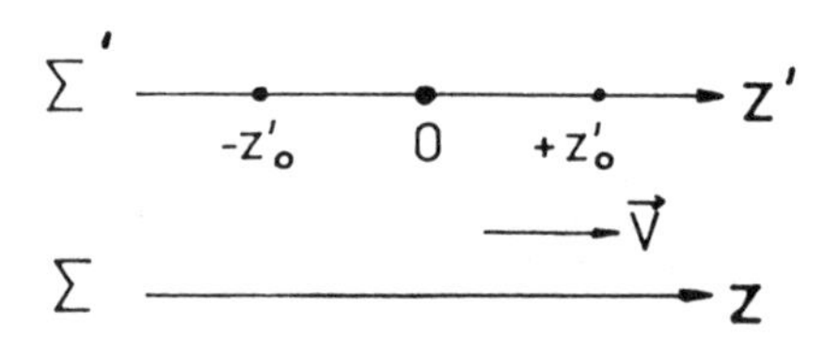

Für den in Σ' ruhenden Beobachter erreicht das Licht gleichzeitig die Punkte $\pm z_0'$. Wenn nun die Signalgeschwindigkeit in Σ' ebenfalls c ist, trifft diese Aussage für den in Σ ruhenden Beobachter nicht zu. Der Punkt $-z_0'$ bewegt sich (relativ zum System Σ) dem Signal entgegen und der Punkt z_0' von diesem fort. In Σ erreicht also das Signal $-z_0'$ früher als $+z_0'$. Der Begriff der Gleichzeitigkeit hat also nur noch Sinn in bezug auf ein bestimmtes Inertialsystem (hier Σ').

31.3 Aufgabe: Zur Längenkontraktion

Ein Maßstab der (Ruhe-) Länge l bewegt sich gegenüber einem Beobachter mit der Geschwindigkeit v. Der Beobachter mißt die Länge des Stabes zu $\frac{2}{3}l$.
Wie groß ist v?

Lösung: Zunächst leiten wir die Gleichung für die Lorentz-Kontraktion ab; entsprechend der Lorentz-Transformationen gilt

$$x' = \frac{x - vt}{\sqrt{1-\beta^2}}. \qquad \underline{1}$$

Die Stablänge, wie sie der Beobachter mißt, ist dann:

$$x_2' - x_1' = \frac{x_2 - x_1 - v(t_2 - t_1)}{\sqrt{1-\beta^2}}.$$

Gleichzeitigkeit des Ablesens für den Beobachter bedeutet $t_2' - t_1' = 0$, d. h.

$$\begin{aligned} t_2' - t_1' &= \frac{(t_2 - t_1) - (v/c^2)(x_2 - x_1)}{\sqrt{1-\beta^2}} = 0 \\ \Rightarrow \quad t_2 - t_1 &= \frac{v}{c^2}(x_2 - x_1). \end{aligned}$$

Mit $l' = x_2' - x_1'$ und $l = x_2 - x_1$ folgt nach Einsetzen in $\underline{1}$:

$$l' = l\sqrt{1-\beta^2}\,. \qquad \underline{2}$$

In der Aufgabe ist $l' = \frac{2}{3}\,l$. Aus Gl. $\underline{2}$ folgt dann

$$\sqrt{1 - \frac{v^2}{c^2}} = \frac{2}{3}.$$

Daraus folgt dann für die Geschwindigkeit:

$$\left(\frac{v}{c}\right)^2 = 1 - \frac{4}{9} = \frac{5}{9} \qquad \Rightarrow \qquad v = 0.745\,c.$$

31.4 Beispiel: Zerfall der μ-Mesonen

Die Zeitdilatation kann man anhand eines kosmischen Prozesses nachweisen: Unsere Erde ist von einer ca. 30 km dicken Atmosphäre umgeben, die uns gegen Weltraumeinflüsse abschirmt. Trifft ein Proton aus der kosmischen Strahlung auf die Atmosphähre, so entstehen daraus π-Mesonen, von denen einige weiter zu je einem μ-Meson und einem Neutrino zerfallen. Nun stellt man folgendes fest: Das μ-Meson hat in seinem Ruhesystem eine mittlere Lebensdauer von $\Delta t = 2 \cdot 10^{-6}$ s. Klassisch könnte es mit Lichtgeschwindigkeit nach $s = v \cdot \Delta t$ nur eine Strecke von 600 m zurücklegen, es wird aber auf der Erdoberfläche nachgewiesen.

Relativistisch hingegen löst sich dieser Widerspruch: Ruhende μ-Mesonen haben eine Masse $m_0 c^2 = 10^8$ eV. Die „kosmischen" μ-Mesonen werden in einer Höhe von ca. 10 km erzeugt, bei einer Gesamtenergie von $E = 5 \cdot 10^9$ eV.

Somit gilt nach

$$
\begin{aligned}
s' &= v\,\Delta t' = \frac{v\Delta t}{\sqrt{1-\beta^2}} = \Delta x' : \\
s' &= \frac{v m_0 c^2}{m_0\, c^2 \sqrt{1-\beta^2}}\Delta t = \frac{v}{m_0\, c^2} E \Delta t.
\end{aligned}
$$

Δt ist die Lebensdauer der μ-Mesonen in ihrem Ruhsystem. $\Delta x'$ ist der Weg des μ-Mesons während seiner Lebensdauer $\Delta t' = \Delta t/\sqrt{1-\beta^2}$. $\Delta t'$ wird durch Aussendung zweier Signale bestimmt: das erste ist die Erzeugung, das zweite der Zerfall des μ-Mesons im bewegten System K'.

Um eine obere Abschätzung zu erhalten, setzen wir für v die Lichtgeschwindigkeit ein; somit ergibt sich:

$$
s' \approx \frac{3 \cdot 10^{10}}{10^8} \cdot 5 \cdot 10^9 \cdot 2 \cdot 10^{-6}\,\mathrm{cm} \; = 30\,\mathrm{km}.
$$

Tatsächlich ergaben genauere Messungen einen Wert von 38 km.

Der hier verwendete Ausdruck für die relativistische Energie $E = m_0\, c^2/\sqrt{1-\beta^2}$ wird später in Kapitel 33 abgeleitet.

Man kann, wenn auch etwas gekünstelt, eine Messung der Zeitintervalle so konstruieren, daß für den bewegten Beobachter eine Verkürzung eintritt: Zu den Zeiten t_1 und t_2 finden im ruhenden System K zwei Ereignisse an allen Punkten einer Strecke statt, die parallel zur x-Achse liegt (Aufleuchten verschiedener Lampen in Koinzidenz – beachten Sie, daß dies keine Leuchtröhre sein kann). Mit einer bewegten Uhr wird der zeitliche Abstand $t_2' - t_1'$ der Ereignisse vom bewegten Koordinatensystem aus gemessen.

Dann ist

$$
t_2' - t_1' = \frac{t_2 - t_1 - (v/c^2)(x_2 - x_1)}{\sqrt{1-\beta^2}}.
$$

Im bewegten System erfolge die Messung immer an der gleichen Stelle, also ist

$$
x_2' - x_1' = 0 = \frac{x_2 - x_1 - v(t_2 - t_1)}{\sqrt{1-\beta^2}}
$$

und wir erhalten durch Elimination von $x_2 - x_1$

$$t'_2 - t'_1 = (t_2 - t_1)\sqrt{1-\beta^2}.$$

Es ist klar, daß diese Art der Messung von Zeitintervallen, z. B. für das zerfallene μ-Meson, nicht zutrifft.

31.5 Aufgabe: Zur Zeitdilatation

Wir betrachten ein Raumschiff, welches sich mit der Geschwindigkeit $v = 0.866\,c$ von der Erde weg bewegt. Im Abstand von $\triangle t' = 4$ s (Raumschiffzeit) emittiert es zwei Lichtsignale zur Erde.

a) Mit welchem Zeitunterschied $\triangle T$ (Erdzeit) treffen die beiden Signale auf der Erde ein?

b) Welchen Weg, von der Erde aus gemessen, hat das Raumschiff zwischen der Emission der beiden Signale zurückgelegt?

c) Ein im Raumschiff ruhender Körper hat die Masse $m_0 = 1$ kg. Wie groß ist dessen kinetische Energie, von der Erde aus gemessen?

Lösung:

a) Wir nennen die *Emission* des ersten und zweiten Lichtblitzes Ereignis A und B. Im Raumschiffsystem S' haben sie die Raum-Zeit-Koordinaten (x'_A, t'_A) und $(x'_B = x'_A,\ t'_B = t'_A + \triangle t')$, im erdfesten System S die Koordinaten (x_A, t_A) und $(x_B = x_A + \triangle x,\ t_B = t_A + \triangle t)$. Der Zusammenhang zwischen den beiden Koordinatensystemen ist gegeben durch

$$x = \gamma(x' + vt'), \qquad t = \gamma\left(t' + \frac{v}{c^2}x'\right)$$

mit $\gamma = (1 - (v/c)^2)^{-1/2} = 2$ für $x = x_A$ oder x_B usw. Es ist also

$$\begin{aligned} x_A &= \gamma(x'_A + vt'_A), \qquad t_A = \gamma\left(t'_A + \frac{v}{c^2}x'_A\right), \\ x_B &= \gamma(x'_B + vt'_B), \qquad t_B = \gamma\left(t'_B + \frac{v}{c^2}x'_B\right), \end{aligned}$$

also

$$\triangle x = \gamma v \triangle t', \qquad \triangle t = \gamma \triangle t'.$$

In S werden also die beiden Signale im Abstand $\triangle t = \gamma \triangle t'$ emittiert. In dieser Zeit hat sich aber das Raumschiff um die Strecke $\triangle x$ weiterbewegt. Die beiden Lichtsignale treffen in dem erdfesten Punkt x_0 zur Zeit T_A bzw. $T_B = T_A + \triangle T$ ein. T_A und T_B berechnen sich zu

$$T_A = t_A + \frac{x_A - x_0}{c}, \qquad T_B = t_B + \frac{x_B - x_0}{c},$$

wo $(x_A - x_0)/c$ bzw. $(x_B - x_0)/c$ die Laufzeit der Signale in S vom Punkt x_A bzw. x_B zum Punkt x_0 darstellt. Es ist also

$$\Delta T = t_B - t_A + \frac{1}{c}(x_B - x_A) = \Delta t + \frac{1}{c}\Delta x,$$

d.h. die gemessene Zeitdifferenz der Empfänge setzt sich zusammen aus der Zeitdifferenz Δt in S, (der Emissionen), und einer Laufzeitdifferenz. Mit den oben abgeleiteten Gleichungen haben wir

$$\Delta T = \gamma\left(1 + \frac{v}{c}\right)\Delta t' = \frac{(1 + v/c)\Delta t'}{\sqrt{(1 + v/c)(1 - v/c)}} = \sqrt{\frac{1 + v/c}{1 - v/c}}\Delta t'. \qquad \underline{1}$$

Mit unserem Zahlenbeispiel bekommen wir $\Delta T = 15$ s.

b) Der vom Raumschiff zurückgelegte Weg Δx zwischen den beiden Emissionen beträgt, von der Erde aus gesehen $\Delta x = \gamma v \Delta t' = 2.1 \cdot 10^9$ m.

c) Der Körper hat eine totale Masse von $m = m_0\gamma = 2$ kg und eine kinetische Energie von $E_{\text{kin}} = (m - m_0)c^2 = 9 \cdot 10^{16}$ J, das sind etwa 10 % der gesamten 1970 in Westdeutschland erzeugten elektrischen Energie. Den hier verwendeten Ausdruck für die kinetische Energie werden wir im Kapitel 33 genau begründen.

31.6 Aufgabe: Relativität der Gleichzeitigkeit

Wir beobachten, daß in einer entfernten Galaxie zwei Ereignisse A und B am gleichen Ort innerhalb der Galaxie stattfinden. Das Ereignis B findet in Galaxienzeit 4 s später als das Ereignis A statt. Es sei ferner bekannt, daß der Abstand zwischen Erde und Galaxie für unsere Fragestellung praktisch konstant bleiben möge, d.h. die Galaxie möge sich mit einer konstanten Geschwindigkeit $\vec{v}$, welche senkrecht zur Sichtlinie Erde-Galaxie steht, bewegen (s. Figur).

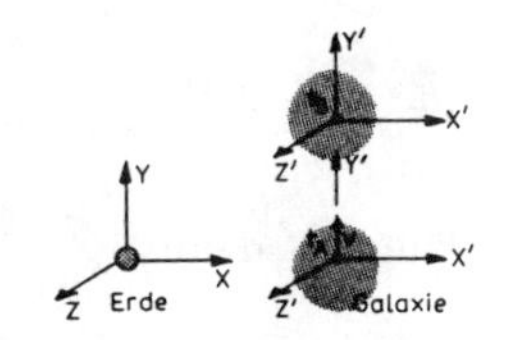

Eine Galaxie bewegt sich mit $\vec{v} \perp$ zum Abstand von der Erde.

Auf der Erde werde nun das Ereignis B 6 s später als Ereignis A registriert. Wie groß ist die Geschwindigkeit $|\vec{v}|$ der Galaxie gegenüber der Erde?

Lösung: Das Koordinatensystem in der Galaxie bezeichnen wir mit gestrichenen Größen (S'), das mit der Erde verbundene System mit ungestrichenen Größen (S). Das Ereignis A [B] findet also zur Galaxienzeit t'_A [t'_B] statt und das davon herrührende Signal wird auf der Erde zur Zeit t_A [t_B] empfangen. Nach Voraussetzung legen die von der Galaxie ermittelten Signale aus den Ereignissen A und B den gleichen Weg zur Erde zurück, so daß der Zeitunterschied zwischen $\Delta t' = t'_B - t'_A = 4$ s und $\Delta t = t_B - t_A = 6$ s allein durch die Zeitdilatation hervorgerufen wird. Es ist also:

$$t_B - t_A = \gamma(t'_B - t'_A)$$

oder

$$\gamma = \frac{t_B - t_A}{t'_B - t'_A} = \frac{6}{4} = 1.5\,.$$

Aus γ können wir dann sofort die Geschwindigkeit $v = |\vec{v}|$ der Galaxie gegenüber der Erde bestimmen:

$$\gamma = \frac{1}{\sqrt{1 - v^2/c^2}}, \qquad \gamma^2 = \frac{1}{1 - v^2/c^2}.$$

$1 - v^2/c^2 = 1/\gamma^2$ und v ergibt sich damit zu:

$$v = c\sqrt{\frac{\gamma^2 - 1}{\gamma^2}} = c\sqrt{\frac{1,5^2 - 1}{1,5^2}} = 0.75\, c.$$

Lorentz-Fitzgeraldsche-Längenkontraktion: Eine weitere Eigenschaft der Lorentz-Transformation ist die Längenkontraktion, die bei Relativbewegung von Beobachter und Objekt gemessen wird. Betrachten wir einen Stab der Länge l im ungestrichenen System K ruhend und einen Beobachter im bewegten System K'; das System K' bewegt sich mit einer Relativgeschwindigkeit v parallel zur Stabachse.

Die Längenmessung wird so durchgeführt, daß im System des Beobachters zur gleichen Zeit ($\triangle t' = 0$) die Koordinaten der Stabenden bestimmt werden und die Differenz gebildet wird, $l' = x_2' - x_1'$. K

Entsprechend der Lorentz-Transformation gilt

$$x' = \frac{x - vt}{\sqrt{1 - \beta^2}}.$$

Die Stablänge ist dann

$$x_2' - x_1' = \frac{x_2 - x_1 - v(t_2 - t_1)}{\sqrt{1 - \beta^2}}. \tag{31.1}$$

Gleichzeitigkeit des Ablesens für den Beobachter bedeutet $t_2' - t_1' = 0$, das heißt

$$t_2' - t_1' = \frac{(t_2 - t_1) - (v/c^2)(x_2 - x_1)}{\sqrt{1 - \beta^2}} = 0.$$

Daraus läßt sich das Zeitintervall $t_2 - t_1$ bestimmen. Setzen wir noch $x_2 - x_1 = l$ und gehen damit in Gleichung (31.1), so ergibt sich

$$l' = x_2' - x_1' = l\sqrt{1 - \beta^2}. \tag{31.2}$$

Dem bewegten Beobachter erscheint der in K ruhende Stab um den Faktor $\sqrt{1 - \beta^2}$ verkürzt.

Die Ursache der Längenkontraktion ist wiederum die Endlichkeit der Lichtgeschwindigkeit. Von den Lichstrahlen, die zur Messung von den beiden Stabenden beim

Beobachter gleichzeitig eintreffen, geht der erste zur Zeit t_1 vom Stab weg, es vergeht die Zeit $t_2 - t_1 = vl/c^2$, bis vom anderen Stabende der zweite Lichtstrahl abgeht. Da der Stab (bzw. das Beobachter-System) sich während dieser Zeit weiterbewegt, führt das zu einer Verkürzung des Stabes für den Beobachter. Weil hierbei nur die Relativgeschwindigkeit von Beobachter und Stab wichtig ist, erhalten wir immer eine Längenkontraktion unabhängig davon, ob das System des Beobachters oder das des Stabes als ruhend (bewegt) angesehen wird.

Das Volumen des Würfels in seinem Ruhesystem sei $V = \triangle x \, \triangle y \, \triangle z$; im bewegten System ist es

$$V' = \triangle x' \, \triangle y' \, \triangle z' = \triangle x \sqrt{1-\beta^2} \triangle y \, \triangle z = V\sqrt{1-\beta^2}. \tag{31.3}$$

Der bewegte Beobachter mißt also ein kleineres Volumen. Diese Messung geschieht so, daß vom bewegten Bezugssystem aus senkrecht zur Bewegungsrichtung die Strecken $\triangle y' = \triangle y$ und $\triangle z' = \triangle z$ und parallel dazu die Strecke $\triangle x' = \triangle x \sqrt{1-\beta^2}$ gemessen werden. Daß Zeitintervalle für den bewegten Beobachter verlängert, Raumstrecken dagegen verkürzt erscheinen, liegt an der Verschiedenheit des Meßvorganges in diesen Fällen (im Falle der Zeitmessung haben wir bereits zwei Möglichkeiten, die zu Dilatation bzw. Verkürzung führen, kennengelernt).

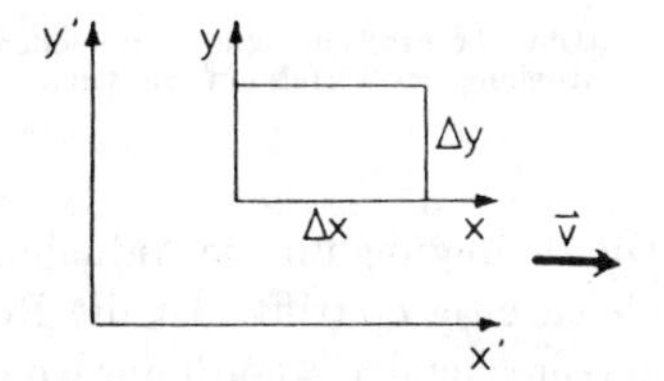

Zur Kontraktion eines Volumens.

Würde man die Längenmessung vornehmen, indem man an den Enden der Strecke Signale gibt, die im ruhenden System gleichzeitig sind, und man mit dem bewegten Maßstab den Ort dieser Signale feststellen, so wäre $t_1 = t_2$ und

$$x_2' - x_1' = \frac{x_2 - x_1}{\sqrt{1-\beta^2}}.$$

Bei dieser Messung würde der bewegte Beobachter nicht eine Kontraktion, sondern eine Dilatation der Strecke feststellen. Der Unterschied gegenüber der früheren Meßvorschrift liegt darin, daß die beiden Meßwerte diesmal gleichzeitig im ruhenden System festgestellt werden; früher dagegen gleichzeitig im bewegten System.

Aus dem Ergebnis der Längenkontraktion zog man lange Zeit den Schluß, daß ein Beobachter einen relativ zu ihm bewegten Kubus als Quader und eine Kugel als Ellipsoid sehen müsse. Erst 1959 wurde dieser Trugschluß durch James Terrell[7] aufgedeckt.

Erläuterung zur Unsichtbarkeit der Lorentz-Fitzgeraldschen Längenkontraktion. Es zeigt sich, daß die Längenkontraktion von Strecken in Bewegungsrichtung bei verschiedenen Beobachtungsmethoden verschiedene Konsequenzen hat. Zur

[7] J. *Terrell*, Phys. Rev. 112 (1959) 1041.

Erläuterung betrachten wir das optische Bild, das ein bewegter Kubus auf einer zu seiner Seitenfläche parallelen Fotoplatte hinterläßt.

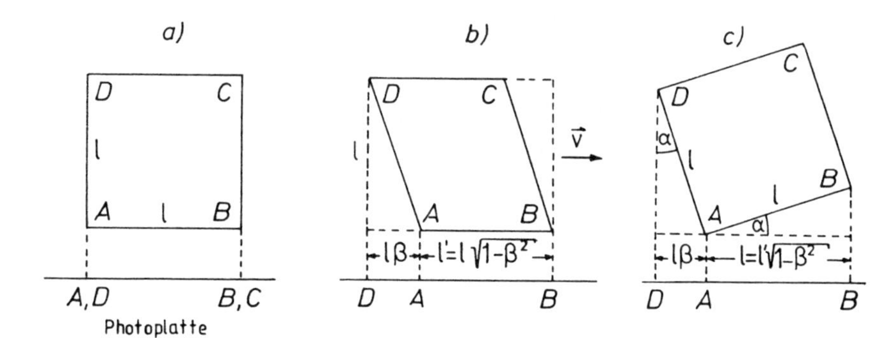

Optische Erscheinung eines ruhenden (a) und bewegten (b) Kubus. Figur c) verdeutlicht die scheinbare Drehung des Würfels um den Winkel α.

Die Bedingung für die Aufnahme ist wieder, daß alles Licht im System der Fotoplatte gleichzeitig eintrifft. Ist die Relativgeschwindigkeit v gleich Null, so sehen wir (bei entsprechender Anordnung) nur die Seite AB, die Seitenflächen AD und BC sind nicht sichtbar.

Bewegt sich der Kubus, so ist wegen der Endlichkeit der Lichtgeschwindigkeit das auf der Platte gleichzeitig eintreffende Licht zu verschiedenen Zeiten vom Kubus abgegangen. Obwohl die Aufnahme unter den sonst gleichen Bedingungen wie im ersten Fall durchgeführt wird, führt dies dazu, daß die Seitenfläche AD sichtbar wird.

Ein Lichtstrahl vom Punkt D ist um die Zeit $T = l/c$ länger unterwegs, d. h. er ist um diese Zeit früher abgegangen als ein Strahl vom Punkt A, der gleichzeitig mit ihm eintrifft. Entsprechendes gilt für die anderen Punkte der Seite AD. In der Zeit l/c ist der Kubus um die Strecke $s = v \cdot l/c = l \cdot \beta$ weitergelaufen, d. h. die Seite AD wird um den Faktor β verkürzt auf der Platte abgebildet. Die Seite AB wird entsprechend der Lorentz-Fitzgeraldschen-Kontraktion um den Faktor $\sqrt{1-\beta^2}$ verkürzt abgebildet. Auf der zweidimensionalen Photoplatte erhält man dann den Eindruck, daß der Kubus um den Winkel α ($\tan\alpha = \gamma\beta = \beta/\sqrt{1-\beta^2}$) gedreht ist, wobei der Körper seine Gestalt scheinbar behalten hat.

Zur Vertiefung: Die sichtbare Erscheinung schnellbewegter Körper[8]. Bis zur 1959 erschienenen Arbeit vom James Terrell glaubte man, daß sich ein bewegter Körper in der Bewegungsrichtung um einen Faktor $(1-(v/c)^2)^{1/2}$ zu verkleinern scheint. Der Passagier eines schnellen Raumschiffes würde also kugelförmig, ruhende Körper als verkleinerte Ellipsoide wahrnehmen, was jedoch nach Terrels Meinung unmöglich ist und für den besonderen Fall der Kugel auch von R. Penrose[9]

[8] Wir folgen einem Artikel von V.F. Weisskopf, Physics Today, Sept.1960.

[9] R. Penrose, Cambridge Phil. Soc. 55 (1959) 137.

nachgewiesen wurde. Den Grund hierfür ersieht man aus der folgenden Überlegung: Wenn wir einen Gegenstand sehen oder fotografieren, nehmen wir bestimmte, von dem Körper ausgestrahlte Lichtmengen auf, welche gleichzeitig auf der Netzhaut bzw. auf dem Film ankommen. Das schließt ein, daß diese Lichtmengen nicht gleichzeitig von allen Punkten des Körpers ausgesandt wurden. Das Auge bzw. der Fotoapparat nimmt demzufolge ein verzerrtes Bild des sich bewegenden Gegenstandes war. In der speziellen Relativitätstheorie hat diese Verzerrung die bemerkenswerte Wirkung die Lorentz-Kontraktion aufzuheben, so daß der Gegenstand nicht verzerrt, sondern nur gedreht erscheint. Dies gilt allerdings nur exakt für Körper, welche innerhalb eines kleinen Raumwinkels liegen – nur dann besteht das Bild hauptsächlich aus parallelen Lichtimpulsen.

Optische Erscheinung eines schnellbewegten Würfels. Um die Situation zu verdeutlichen, betrachten wir die Verzerrung des Bildes unter *nichtrelativistischen Bedingungen,* d. h. daß sich das Licht mit der Geschwindigkeit c in einem, in bezug auf den Betrachter ruhenden System fortbewegt und die Bewegung des Gegenstandes keine Lorentz-Kontraktion verursacht. In dem sich mit der Geschwindigkeit v bewegenden System des Gegenstandes, würde die Lichtgeschwindigkeit in Bewegungsrichtung $c - v$ und in entgegengesetzter Richtung $c + v$ betragen.

Zunächst betrachten wir den Fall eines Würfels der Seitenlänge l, welcher sich parallel zu einer Kante bewegt und aus einer senkrecht zur Bewegung stehenden Richtung beobachtet wird (er wird aus einer großen Entfernung beobachtet, um den vom Würfel beanspruchten Raumwinkel möglichst klein zu halten (Fig. 1)). Das Quadrat $ABCD$, welches dem Beobachter gegenüber liegt, wird nicht verzerrt wahrgenommen, da sämtliche Punkte der Fläche dieselbe Entfernung zum Beobachter besitzen. Anders verhält es sich mit dem Quadrat $ABEF$, welches senkrecht zur Bewegungsrichtung liegt. Bewegt sich nämlich der Würfel, so wird die Fläche $ABEF$ sichtbar; durch die um (l/c) Sekunden früher ausgesandten Lichtsignale der Punkte E und F gegenüber denen der Punkte A und B, werden die Punkte E und F um die Strecke $(l/c)v$ versetzt bei E' und F' beobachtet.

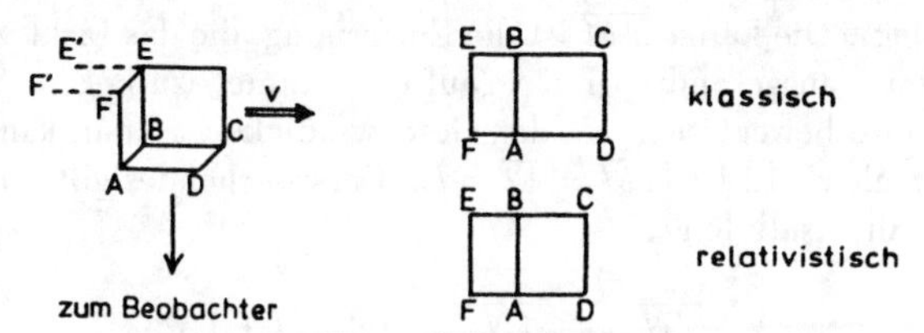

Fig. 1: Die optische Erscheinung eines Würfels (klassisch und relativistisch).

Die Fläche $ABEF$ wird also als ein Rechteck mit einer Höhe l und einer Breite $(v/c)\,l$ gesehen. Hieraus folgt, daß das Bild des Würfels verzerrt ist, In einem unverzerrten Bild eines gedrehten Würfels würden beide Flächen verkürzt erscheinen; wenn die Fläche $ABEF$ um den Faktor (v/c) verkürzt wäre, müßte die Fläche $ABCD$ um den Faktor $(1-(v/c)^2)^{1/2}$ verkürzt werden, während doch hier $ABCD$ als Quadrat erscheint. Deswegen erscheint klassisch das Bild des Würfels in Bewegungsrichtung ausgedehnt. Eine ähnliche Betrachtung für eine sich bewegende Kugel zeigt, daß sie als Ellipsoid erscheinen würde, welches um den Faktor $(1+(v/c)^2)^{1/2}$ in Bewegungsrichtung verlängert ist.

Wir bekommen noch wesentlich paradoxere Ergebnisse, wenn wir in einer nichtrelativistischen Welt das Bild eines sich bewegenden Würfels nicht unter einem Winkel von 90° zur Bewegungsrichtung betrachten, sondern unter einem Winkel von $180° - \alpha$, wobei α ein sehr kleiner Winkel ist. Wir schauen jetzt zu dem Gegenstand nach links, während er sich von links zu uns bewegt. Um die Betrachtungen zu vereinfachen, setzt man voraus $v/c = 1$. Fig. 2 stellt die neue Situation dar. Die Kanten $\overline{AB}, \overline{CD}, \overline{EF}$ bezeichnen wir mit den Zahlen 1, 3, 2. Wir nehmen an, daß die Kante 1 ihr Lichtquant zum Zeitpunkt $t = 0$ aussendet. Man sieht, daß 2 sein Licht viel früher und 3 viel später senden muß, um gleichzeitig beim Betrachter anzukommen.

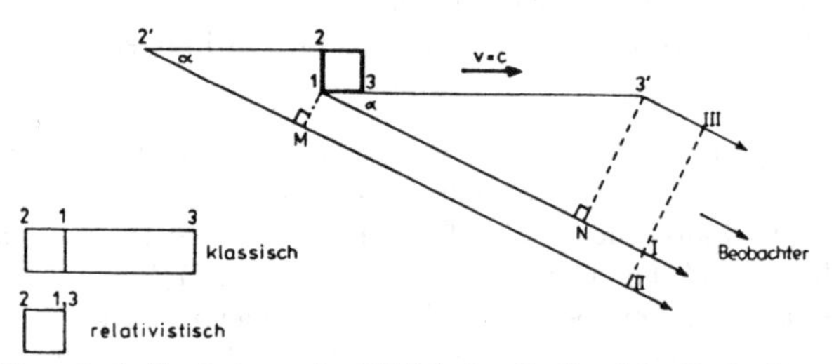

Fig. 2: Die optische Erscheinung des Würfels, der (fast) auf den Beobachter zufliegt.

Tatsächlich muß 2 sein Licht senden, wenn sich die Kante in Höhe des Punktes 2′ befindet, welcher durch die Gleichheit der Entfernungen $\overline{2'2}$ und $\overline{2'M}$ bestimmt wird (Die Geschwindigkeit v wurde gleich der Lichtgeschwindigkeit c angenommen!).

Das Intervall $\overline{2'2}$ ist die Entfernung, die die Kante 2 zwischen der Lichtaussendung von 1 und 2 zurücklegt. Die Länge $\overline{2'M}$ ist die Entfernung, die das Licht von 2′ zurücklegt, um mit dem von 1 ausgesandten Licht „auf einer Linie" zu liegen. Sowohl das Licht als auch die Kante bewegt sich mit der Geschwindigkeit c; man kann sehen, daß die Entfernung $\overline{1M}$ gleich $\overline{12}$ ist ($\overline{1M} = \overline{12} = l$). Entsprechendes gilt auch für die Kante 3. Aus dem Strahlensatz folgt:

$$\frac{\overline{3'N}}{l \sin\alpha} = \frac{\overline{1N}}{l \cos\alpha} = \frac{\overline{13'}}{l} = \frac{l + \overline{1N}}{l}$$

und daher

$$\overline{3'N} = l \sin\alpha \, (1 - \cos\alpha)^{-1}.$$

Beachten Sie, daß $\overline{33'} = \overline{1N}$ ist!

Das Bild des Würfels wird auf der Abbildung durch die Punkte I, II, III angezeigt. Wir sehen einen stark verformten Würfel, mit der Kante 2 links von 1, so als ob wir den Würfel rückwärts betrachten würden, und der Kante 3 weit rechts von 1. In Flugrichtung ergibt sich ein verlängertes Bild; die Fläche zwischen 1 und 2 erscheint als ein Quadrat.

Die *Relativitätstheorie* vereinfacht die Situation. Sie beseitigt die Verzerrung des Bildes, so daß sich ein unverzerrtes aber gedrehtes Bild des Gegenstandes ergibt. Wir können das direkt aus den angeführten Beispielen ersehen. Nehmen wir an, daß der Würfel senkrecht zu seiner Bewegungsrichtung betrachtet wird; die Lorentz-Kontraktion verringert die Entfernung zwischen den Kanten $\overline{AB}$ und $\overline{CD}$ um den Faktor $(1-(v/c)^2)^{1/2}$ und läßt die Entfernung zwischen $\overline{AB}$ und $\overline{EF}$ unverändert. Das Bild der Fläche $ABCD$ wird also genau um den Betrag verkürzt dargestellt, welcher notwendig ist um eine unverzerrte Abbildung des um den Winkel $\arcsin(v/c)$ gedrehten Würfels darzustellen. Bewegt sich der Würfel mit Lichtgeschwindigkeit zu uns ($\alpha = 0$), so verringert die Lorentz-Kontraktion die Entfernung zwischen den Kanten 1 und 3 auf Null. Das Bild, das man dann sieht, ist ein regelrechtes Quadrat, welches mit der Seitenfläche $ABEF$ des Würfels identisch ist. Der Würfel ist im allgemeinen Fall (endliches α) unverzerrt, aber um einen Winkel von $(180° - \alpha)$ gedreht zu beobachten.

Mit Hilfe der folgenden Betrachtung können wir zeigen, daß dieses Ergebnis für jeden Gegenstand allgemeingültig ist.

Optische Erscheinung fast mit Lichtgeschwindigkeit bewegter Körper: Es wird vorausgesetzt, daß ein Bündel von Lichtimpulsen, welches von N Punkten des Körpers herrührt, sich derart in die Richtung von $\vec{k}$ bewegt, so daß alle Lichtimpulse auf einer Ebene senkrecht zu $\vec{k}$ sich befinden (Fig. 3). Dieses Lichtbündel kommt gleichzeitig beim Betrachter an und erzeugt die gesehene Form des Körpers.

Ein solches Lichtbündel wollen wir „ein Bild“ nennen. Unter *nichtrelativistischen* Bedingungen bleibt das „Bild“ kein Abbild, wenn es von einem bewegten Bezugssystem aus gesehen wird. Der Grund hierfür ist der, daß in einem sich bewegenden System die Ebene der Lichtimpulse nicht mehr senkrecht zur Ausbreitungsrichtung steht. In einer relativistischen Welt ist das anders. Dort bleibt das „Bild“ in jedem Bezugssystem ein Abbild. Die Lichtimpulse kommen an jedem Bezugssystem gleichzeitig beim Beobachter an.

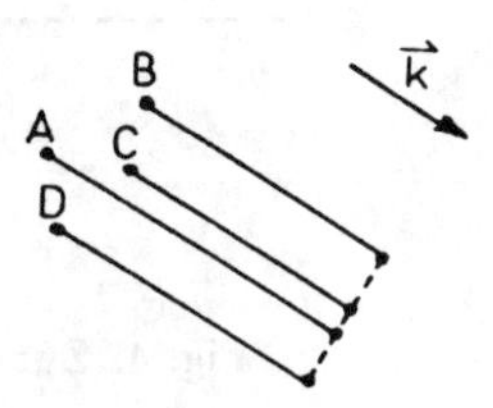

Fig. 3: Die Punkte A,B, . . . senden Lichtquanten aus, die auf der Betrachterebene gleichzeitig eintreffen.

Diese Tatsache kann sofort auf folgende Art und Weise nachgewiesen werden. Die Lichtimpulse sind sichtbar, d. h. man kann sie sich genau dort eingebettet in einer elektromagnetischen Welle vorstellen, wo diese Welle einen Berg hat (Wellengruppe).

Es ist bekannt, *daß elektromagnetische Wellen in allen Bezugssystemen transversalen Charakter besitzen,* d. h. daß die Vorderseite der Welle oder die Ebene des Wellenberges senkrecht zur Ausbreitungsrichtung eines jeden Systems steht (die Vektoren des elektrischen und magnetischen Feldes schwingen $\perp$ zur Ausbreitungsrichtung $\vec{k}$). Es läßt sich ebenfalls zeigen, daß die Entfernung zwischen den Lichtimpulsen eine unveränderliche Größe ist. Man braucht hier lediglich ein Koordinatensystem einzuführen, dessen x-Achse parallel zur Ausbreitungsrichtung ist.

Die einzige veränderliche Größe ist die Ausbreitungsrichtung, also der Vektor $\vec{k}$. Die Änderung der Richtung ist durch die im folgenden abzuleitende *Aberrationsbeziehung* gegeben.

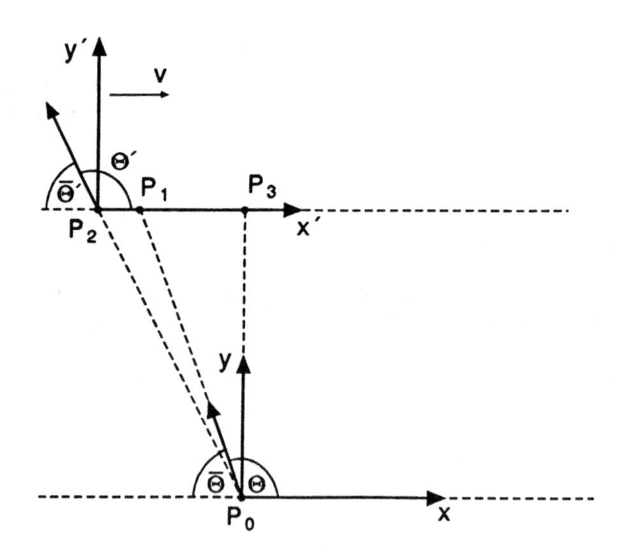

Fig. 4: Zur Ableitung der Aberrationsbeziehung

Ein Lichtstrahl, welcher mit der x-Achse den Winkel $\overline{\theta}$ einschließt, wird in einem mit der Geschwindigkeit v sich entlang der x-Achse bewegenden System unter dem Winkel $\overline{\theta}'$ gesehen. Der Winkel $\overline{\theta}'$ ist der Winkel, unter dem der Beobachter das einfallende Licht herankommen sieht (siehe hierzu die Fig. 4). Wie man aus der Fig. 4 ersehen kann, benötigt das Licht im ruhenden System zum Durchlaufen der Strecke $\overline{P_0P_1}$ die Zeit $t = \overline{P_0P_1}/c = \overline{P_0P_3}/(c \cdot \sin\overline{\theta})$.

In dieser Zeit bewegt sich aber der Punkt P_2 nach P_1. Die Strecke $\overline{P_2P_1}$ hat den Wert

$$\overline{P_2P_1} = v \cdot t = \frac{v}{c}\frac{\overline{P_0P_3}}{\sin\overline{\theta}}.$$

Unter Berücksichtigung der Beziehung

$$\overline{P_1P_3} = c \cdot \cos\overline{\theta} \cdot t = \overline{P_0P_3} \cdot \cot\overline{\theta}$$

ergibt sich für die Strecke $\overline{P_2P_3}$ der Ausdruck:

$$\overline{P_2P_3} = \overline{P_2P_1} + \overline{P_1P_3} = \frac{\overline{P_0P_3}}{\sin\overline{\theta}}\left(\frac{v}{c} + \cos\overline{\theta}\right).$$

Die nichtrelativistische Aberration ergibt sich nun daraus, daß das Licht unter dem Winkel $(\theta')_{n.r.}$ beobachtet wird, für den gilt

$$\sin(\theta')_{n.r.} = \sin(\pi - \overline{\theta}'_{n.r.}) = \sin(\overline{\theta}')_{n.r.} = \frac{\overline{P_0P_3}}{\sqrt{\overline{P_0P_3}^2 + \overline{P_2P_3}^2}} = \frac{\sin\overline{\theta}}{\sqrt{1 + 2(v/c)\cos\overline{\theta} + v^2/c^2}}.$$

Da $\overline{\theta} = \pi - \theta$, haben wir damit die Beziehung zwischen θ' und θ im nichtrelativistischen Fall gefunden. Um die funktionale Abhängigkeit des Beobachterwinkels θ' vom Winkel θ im relativistischen Fall zu bekommen, muß berücksichtigt werden, daß die ermittelte Strecke $\overline{P_2P_3}$ im Ruhesystem des Fernrohres (Beobachters) wegen der vorliegenden Längenkontraktion den Wert $\overline{P_2P_3}'$ besitzt, der sich aus den Beziehungen

$$\overline{P_2P_3}'\sqrt{1 - v^2/c^2} = \overline{P_2P_3}$$

bzw.

$$\overline{P_2P_3}' = \frac{\overline{P_2P_3}}{\sqrt{1 - v^2/c^2}} \tag{31.4}$$

errechnet (siehe Gleichung (31.2)). Die Ruhelänge ist hier die Strecke $\overline{P_2P_3'}$. Sie erscheint im System der ruhenden Lichtquelle als $\overline{P_2P_3}$ und ist mit jener über (31.2) bzw.(31.4) verbunden. Daraus ergibt sich nun die gesuchte Aberrationsbeziehung:

$$\begin{aligned}
\sin\theta' = \sin(\pi - \overline{\theta}') = \sin\overline{\theta}' &= \frac{\overline{P_0P_3}}{\sqrt{\overline{P_0P_3}^2 + \overline{P_2P_3}'^2}} \\
&= \frac{\overline{P_0P_3}}{\sqrt{\overline{P_0P_3}^2 + \frac{\overline{P_0P_3}^2}{(1-(v/c)^2)\sin^2\overline{\theta}}(v/c + \cos\overline{\theta})^2}} \\
&= \frac{\sqrt{1-(v/c)^2}\sin\overline{\theta}}{1 + (v/c)\cos\overline{\theta}} = \frac{\sqrt{1-(v/c)^2}\sin\theta}{1 - (v/c)\cos\theta},
\end{aligned} \tag{31.5}$$

da $\overline{\theta} = \pi - \theta$. Gehen wir nun vom System „bewegter Beobachter – ruhende Lichtquelle“ zum System „ruhender Beobachter – bewegte Lichtquelle“ über, so brauchen wir in (31.5) nur $v \rightarrow -v$ überzuführen. Das liefert

$$\sin\theta' = \frac{\sqrt{1-(v/c)^2}\sin\overline{\theta}}{1+(v/c)\cos\overline{\theta}}. \tag{31.6}$$

Ausgedrückt durch die Winkel (vgl. Figur)

$$\begin{aligned} \overline{\theta'} &= \pi - \theta' \\ \overline{\theta} &= \pi - \theta \end{aligned} \tag{31.7}$$

geht (31.6) schließlich in

$$\sin\overline{\theta'} = \frac{\sqrt{1-(v/c)^2}\sin\overline{\theta}}{1-(v/c)\cos\overline{\theta}} \tag{31.8}$$

über. Das ist formal dieselbe Beziehung wie (31.5), lediglich – und das ist wichtig – die Winkel haben ihre Bedeutung geändert: Es sind gemäß (31.7) die Ergänzungswinkel für θ', θ zu 180°.

Übrigens lautet die Umkehrung von Gleichung (31.8):

$$\sin\overline{\theta} = \frac{\sqrt{1-(v^2/c^2)}\sin\overline{\theta'}}{1-(v/c)\cos\overline{\theta'}}, \tag{31.9}$$

ist also symmetrisch zu (31.8), d.h. es werden nur $\overline{\theta}$ und $\overline{\theta'}$ vertauscht, wie man es auch erwartet.

Wir können aus der Unveränderlichkeit des Bildes eines Punktes folgende Schlußfolgerungen ziehen: Das Bild eines sich bewegenden Punktes, welcher unter dem Winkel θ' betrachtet wird, ist identisch mit dem unter dem Winkel θ gesehenen Bild des sich in Ruhe befindlichen gleichen Punktes. Wir sehen daher ein unverzerrtes Bild, eines sich bewegenden Gegenstandes (Punkthaufens), welcher scheinbar um den Winkel $\theta - \theta'$ gedreht ist. Ein kugelförmiger Gegenstand erscheint demzufolge immer noch als Kugel.

Dies muß nicht um jeden Preis so interpretiert werden, als würde es keine Lorentz-Kontraktion geben. Selbstverständlich liegt Lorentz-Kontraktion vor, aber sie leistet nur Ersatz für die Verlängerung des Bildes, verursacht durch die begrenzte Ausbreitung des Lichtes (siehe Gl. (31.4). Die klassisch zu erwartende Bildverlängerung wird durch die Lorentzkontraktion wieder aufgehoben!

Es ist sinnvoll, den Winkel θ' gemäß Gleichung (31.8) als eine Funktion von θ aufzuzeichnen. Die Fig. 5 zeigt diesen Zusammenhang für $v = 0$ (1), für einen kleinen Wert von v/c (2) und auch für den Fall $v/c \approx 1$ (3). Wir sehen, daß die scheinbare Rotation immer negativ ist. Dies bedeutet, daß man vom Gegenstand auch dessen der Bewegungsrichtung entgegensetzte Seite zu sehen bekommt. Im Extremfall für $v \approx c$ ist θ' für alle Werte von θ, ausgenommen wo der Winkel $180° - \theta$ dem Wert $(1-(v/c)^2)^{1/2}$ entspricht, außergewöhnlich klein.

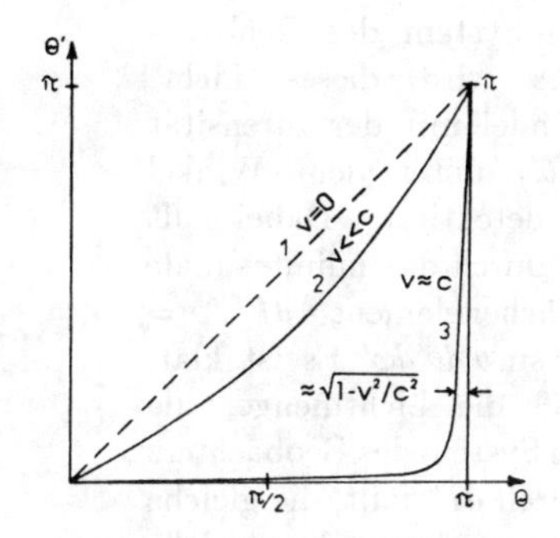

Fig. 5: Veranschaulichung der Aberrationsbeziehung.

Da θ von 180° bis 0° beim sich vorbeibewegenden Gegenstand reicht, stellen wir für den Fall $v \approx c$ fest, daß wir die Vorderseite des Gegenstandes nur ganz am Anfang sehen. Der Gegenstand dreht sich beim Entgegenkommen, wobei wir die zur Bewegungsrichtung entgegengesetzte Seite des Gegenstandes zu sehen bekommen. Dieser Zustand bleibt nun solange erhalten, bis der Gegenstand uns verläßt. Von nun an sieht man den Gegenstand von hinten. Diese paradoxe Situation ist vielleicht nicht so überraschend, wenn man sich an die Tatsache erinnert, daß der Aberrationswinkel beinahe 180° beträgt, wenn $v \approx c$ ist. Bewegt sich der Gegenstand zu uns, sehen wir das Licht von diesem Gegenstand auf uns zukommen.

Lichtintensitätsverteilung eines bewegten isotropen Strahlers: Die Situation wird klarer, wenn wir die Lichtverteilung, wie sie vom Beobachter aus gesehen wird, genauer betrachten. Setzen wir voraus, daß der sich bewegende Gegenstand Strahlen aussendet, welche in ihrem eigenen System isotrop sind, d. h. ihre Stärke ist unabhängig vom Ausstrahlungswinkel θ. Diese Ausstrahlung erscheint überhaupt nicht mehr isotrop im System des ruhenden Beobachters (Laborsystem), wo sie in Vorwärtsrichtung konzentriert zu sein scheint. Wenn $v \approx c$ ist, so scheint das meiste ausgesandte Licht mit der Bewegungsrichtung einen kleinen Winkel θ' zu bilden. Dieser Effekt bewirkt, daß eine isotrope Strahlung so aussieht, als würde fast die gesamte Strahlung in Form eines Scheinwerferkegels ausgesandt.

Den Zusammenhang zwischen der auftretenden Winkelverteilung $I(\theta)$ der Strahlungsintensität im System, das in Bezug auf die Lichtquelle ruht und der Winkelverteilung I (θ') im System des Beobachters (in dem sich die Lichtquelle bewegt) erhalten wir folgendermaßen: Wir betrachten ein Lichtbündel, welches im System der Lichtquelle mit der Intensität $I(\theta)$ unter dem Winkel θ emittiert wird und durch ein infinitesimales Flächenelement $dF = r^2 \sin\theta d\theta d\varphi$ fällt (vgl. Figur).

Im System des Beobachters wird dieses Lichtbündel mit der Intensität $I(\theta')$ unter dem Winkel θ' detektiert. Dabei fällt es durch das infinitesimale Flächenelement $dF' = r'^2 \sin\theta' d\theta' d\varphi'$ Es ist klar, daß die Lichtmenge, die im System des Beobachters durch dF' fällt, die gleiche sein muß wie die, welche im System der Lichtquelle durch dF fällt,

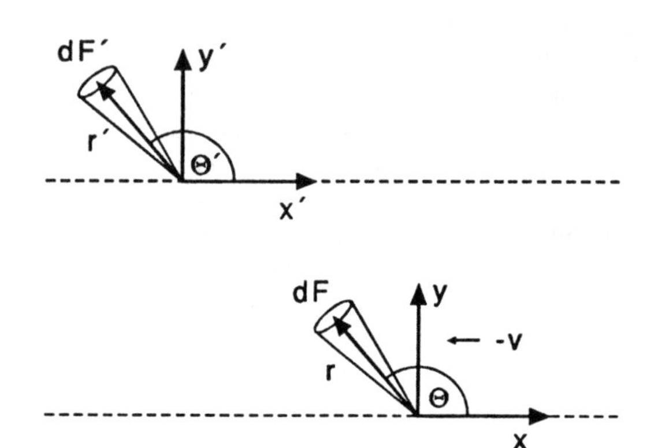

$$I(\theta)dF = I(\theta')dF' \quad .$$

Es ist weiterhin klar, daß das Inkrement $d\varphi' = d\varphi$ sein muß, da hier $d\varphi$ senkrecht zur Bildebene (vgl. Figur) steht und somit nicht von der Transformation zwischen bewegtem und ruhendem System beeinflußt wird.

Ferner dürfen wir $r = r' = 1$ wählen: Der Faktor $r^2(r'^2)$ in der Gleichung für $dF(dF')$ beschreibt nur die geometrische Aufweitung des Lichtbündels, wenn wir dieses nicht in einem definierten Abstand (hier eben $r = r' = 1$) vom Koordinatenursprung durch die Testfläche fallen lassen. Wir erhalten somit

$$I(\theta)\sin\theta d\theta = I(\theta')\sin\theta' d\theta' \quad .$$

Die Aberrationsformel (31.6) liefert uns dabei den Zusammenhang zwischen θ und θ'. Wir benutzen (31.6), da sich die Lichtquelle relativ zum Beobachter bewegen soll (vgl. Figur).

$$\frac{d\theta'}{d\theta} = \frac{\sqrt{1 - v^2/c^2}}{1 + (v/c)\cos\theta} \quad , \quad \frac{d\theta}{d\theta'} = \frac{\sqrt{1 - v^2/c^2}}{1 + (v/c)\cos\theta'} \quad .$$

Somit erhalten wir als Verhältnis der Strahlungsintensitäten:

$$\frac{I(\theta)}{I(\theta')} = \frac{\sin\theta'\, d\theta'}{\sin\theta\, d\theta} = K(\theta) = \frac{1 - v^2/c^2}{(1 + (v/c)\cos\theta)^2} \tag{31.10}$$

oder

$$\frac{I(\theta')}{I(\theta)} = \frac{\sin\theta\, d\theta}{\sin\theta'\, d\theta'} = K(\theta') = \frac{1 - v^2/c^2}{(1 + (v/c)\cos\theta')^2} . \tag{31.11}$$

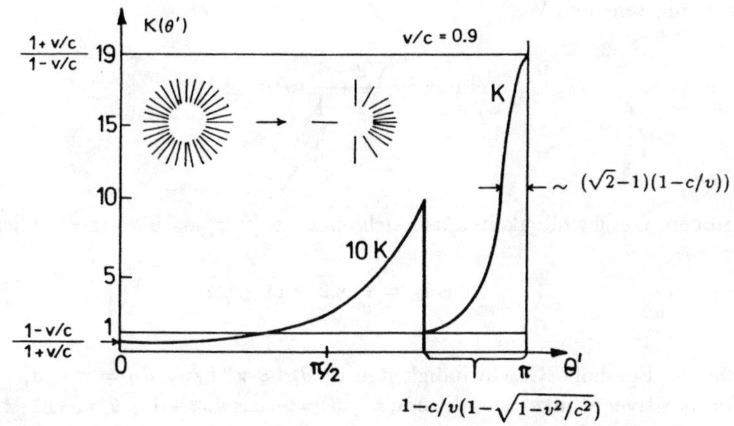

Fig. 6: Das Intensitätsverhältnis K(θ′) als Funktion des Beobachterwinkels θ′.

Die letzte Formel, (31.11), ist für uns die eigentlich interessante, denn sie drückt die Intensität $I(\theta')$ im System des ruhenden Beobachters als Funktion von dessen Beobachtungswinkel θ' aus. $I(\theta)$ ist die Intensitätsverteilung der Lichtquelle im System der ruhenden Lichtquelle. Wie wir oben schon sagten, wollen wir diese als isotrop annehmen, d. h. $I(\theta) = \text{const.}$ setzen.

Hierbei ist θ' der Beobachtungswinkel mit Vorwärtsrichtung bei $\theta' = \pi$. Die Funktion $K(\theta')$ ist als Funktion von θ' in Fig. 6 wiedergegeben. Wir erkennen das Maximum in Vorwärtsrichtung ($\theta' = \pi$) und das Minimum in Rückwärtsrichtung ($\theta' = 0$).

Bei hohen Geschwindigkeiten $v/c = 1$ wird das Maximum extrem scharf, so daß der Hauptteil der Strahlung in einem kleinen Winkel um $\theta' = \pi$ emittiert wird. Die Breite des Strahls ergibt sich aus

$$\frac{1-(v/c)^2}{(1+(v/c)\cos\theta_B)^2} = \frac{1}{2}\frac{1+v/c}{1-v/c} = \frac{1}{2}K(\pi)$$

Umformen der ersten Gleichung liefert:

$$\sqrt{2}\left(1-\frac{v}{c}\right) = 1+\frac{v}{c}\cos\theta_B \quad .$$

Man erkennt sofort, daß nicht jeder Wert von v möglich ist, z.B. führt $v = 0$ sofort auf den Widerspruch $\sqrt{2} = 1$. Der Grund hierfür ist, daß bei $v = 0$ ja gerade keine Veränderung der Intensität $I(\theta) = \text{const.}$ aufgrund der Aberration bewirkt wird. Also gibt es keinen vorwärts gericheten „Scheinwerferkegel", der bei θ_B die Hälfte seines maximalen Intensitätsverhältnisses erreicht.

Es ist klar, daß die Lichtquelle sich wenigstens so schnell bewegen muß, daß θ_B wenigstens den Wert 0 annehmen kann (bei Rückwärtswinkeln erreicht das Intensitätsverhältnis nur die Hälfte des maximalen Wertes). Dann folgt mit $\cos\theta = \cos 0 = 1$, daß v wenigstens den Wert

$$v = c \cdot \frac{\sqrt{2}-1}{\sqrt{2}+1} \approx 0.172\,c$$

annehmen muß.

Für größere Geschwindigkeiten läßt sich ein $\theta_B \in [0,\pi]$ als Lösung der Gleichung

$$\cos\theta_B = \frac{c}{v}(\sqrt{2}-1) - \sqrt{2}$$

berechnen. Für hohe Geschwindigkeiten ist $\theta_B \approx \pi$, bzw. $\theta_B = \pi - \vartheta$, wobei ϑ ein kleiner, positiver Winkel ist. Mit $\cos(\pi - \vartheta) = -\cos\vartheta \approx -1 + \theta = -1 - \pi + \theta_B$ folgt

$$\theta_B \approx \pi - \left(\sqrt{2}-1\right)\left(1 - \frac{c}{v}\right) \quad ,$$

d.h. die Breite besitzt ungefähr den Wert $(\sqrt{2}-1)(1-c/v)$. Der Wert von θ', für den $K(\theta') = 1$ wird, $(\theta' = \theta_1)$, läßt sich ebenfalls leicht angeben. Es muß gelten

$$\frac{1 - \left(\frac{v}{c}\right)^2}{\left(1 + \frac{v}{c}\cos\theta_1\right)^2} = K(\theta_1) = 1$$

d.h.

$$\cos\theta_1 = \frac{c}{v}\left(\sqrt{1 - \left(\frac{v}{c}\right)^2} - 1\right) \quad .$$

Für hohe Geschindigkeiten ist auch hier $\theta_1 \approx \pi$, d.h. wir können mit einem zu oben analogen Argument θ_1 zu

$$\theta_1 \approx \pi + 1 - \frac{c}{v}\left(1 - \sqrt{1 - \left(\frac{v}{c}\right)^2}\right)$$

bestimmen.

Doppler-Verschiebung schnellbewegter Körper[10]**:** Ein sich mit der Geschwindigkeit v bewegender Beobachter beobachtet im sich bewegenden System (also seinem Ruhsystem) Licht der Frequenz $\omega' = 2\pi\nu'$, welches von einer ruhenden Lichtquelle mit der Frequenz $\omega = 2\pi\nu$ abgestrahlt wird.

[10] Wir verweisen auch auf die ausführliche Arbeit von Hasselkamp, Mandry und Scharmann, Zeitschrift für Physik A289 (1979) Seite 151.

Wir rechnen im System der Lichtquelle K.
Die Lichtquelle sendet Licht der Frquenz ω (Periode T) unter einem Winkel θ zur x-Achse aus. In der Figur deutet jeder Strich senkrecht zu $\vec{k}$ einen „Wellenberg" der Lichtwelle an. Wie ist die Situation beim bewegten Beobachter?

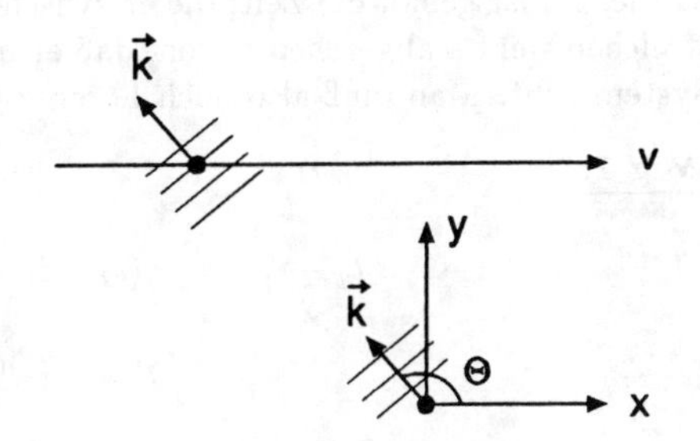

Zeitpunkt t_1:
Der erste Wellenberg kommt an und wird detektiert

Zeitpunkt t_2:
Der zweite Wellenberg kommt an und wird detektiert

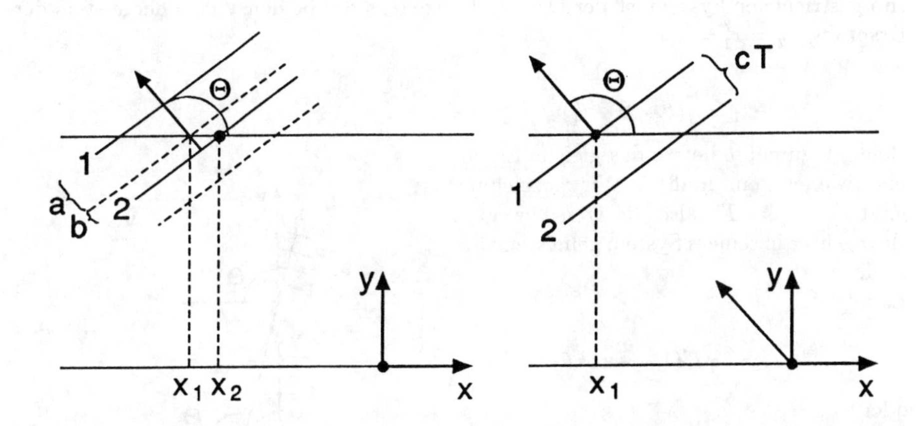

Der Beobachter hat sich aber mit v dem Wellenberg entgegenbewegt (Folglich wird er einen kürzeren Abstand zwischen den Wellenbergen messen $\Rightarrow$ Blauverschiebung des Dopllereffektes).

Es gilt (sicherlich): $x_2 - x_1 = v(t_2 - t_1)$ (Der Beobachter hat sich in der Zwischenzeit mit v in x–Richtung bewegt.) Außerdem gilt (vgl. Figur): $\lambda = cT = a + b = c(t_2 - t_1) + (x_2 - x_1)\cos(\pi - \theta)$. a ist dabei die Strecke, die der Wellenberg 1 in der Zeit $t_2 - t_1$ zurücklegt, b ermittelt sich aus der Geometrie des rechtwinkligen Dreiecks.

Folglich gilt:

$$\begin{aligned} cT &= c(t_2 - t_1) + v(t_2 - t_1)\cos(\pi - \theta) \\ \leftrightarrow T &= (t_2 - t_1)(1 - \frac{v}{c}\cos\theta) \end{aligned}$$

Nun ist aber gerade $t_2 - t_1$ die Zeitdifferenz, die der Beobachter als Periode messen würde: Es ist genau die Zeit, die er zwischen dem Eintreffen zweier Wellenberge verstreichen sieht – abgesehen davon, daß er mit einer Uhr mißt, die in seinem bewegten System ruht. Man muß also noch Lorentz-tranformieren:

Weg 1:

$$\begin{aligned} t_2' - t_1' &= \gamma(t_2 - t_1 - \frac{v}{c^2}(x_2 - x_1)) \\ &= \gamma(t_2 - t_1)(1 - \frac{v^2}{c^2}) = \frac{1}{\gamma}(t_2 - t_1) \end{aligned}$$

also

$$t_2 - t_1 = \gamma(t_2' - t_1')$$

Weg 2:

$$t_2 - t_1 = \gamma(t_2' - t_1' + \frac{v}{c^2}(x_2' - x_1'))$$

(im gestrichenen System ist der Ort des Eintreffens der beiden Wellenberge stets der Ursprung $x_2' = x_1' = 0$)

$$t_2 - t_1 = \gamma(t - 2' - t_1')$$

Beide Argumente liefern das gleiche Ergebnis (wie es sein muß). Wir bezeichnen jetzt $t_2' - t_1' = T'$, also die vom bewegten Beobachter in seinem System gemessene Periode.

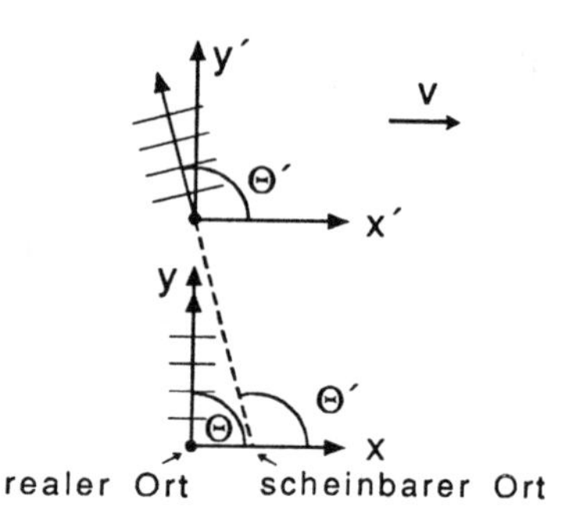

Es folgt:

$$T = \gamma T'(1 - \frac{v}{c}\cos\theta)$$

oder

$$T' = \frac{1}{\gamma} T \frac{1}{1 - \frac{v}{c}\cos\theta}$$

oder

$$\omega' = \gamma\omega(1 - \frac{v}{c}\cos\theta)$$

Dies ist die Doppler-Formel!

(In der Tat ist ω' größer, wenn sich der Beobachter auf die Lichtquelle zubewegt, denn dann ist $\theta \in [\pi/2, \pi] \Leftrightarrow \cos\theta \in [-1, 0]$. Das zusätzliche γ sorgt dann für die durch die Aberration herrührende Dopplerverschiebung: Selbst wenn die Lichtquelle ihr Licht unter $\theta = 90°$ aussendet, mißt der Beobachter eine *höhere* Frequenz. Der Grund dafür ist: Er muß sein Fernrohr ja aufgrund der relativistischen Aberration immer noch *gegen* die Bewegungsrichtung neigen, sieht also *scheinbar* die Lichtquelle auf sich zukommen (obwohl sie ihn gerade passiert, s. Figur). Dies bewirkt den (relativistischen) Doppler-Effekt!)

Diese wichtige Beziehung können wir auch noch auf andere Weise verstehen: Betrachten wir das Licht als ebene Welle

$$\psi = \psi_0 e^{i(\vec{K}\cdot\vec{r}-\omega t)}$$

und verallgemeiern wir den Wellenzahlvektor zu einem Vierervektor (vgl. später Kapitel 33)

$$K_\mu = \left(\vec{K}, i\frac{\omega}{c}\right) \qquad \psi = \psi_0 e^{i\sum_\mu K_\mu x_\mu},$$

so können wir das Verhalten des Vierer-Wellenzahlvektors bei Lorentz-Transformationen untersuchen und ebenfalls den Doppler-Effekt berechnen. K_μ muß ein Vierervektor sein. Die Phase $\sum_{\mu=1}^4 K_\mu x_\mu$ in der ebenen Welle muß nämlich ein Skalar sein, weil sonst die Interferenzeigenschaften in verschiedenen Lorentz-Systemen verschieden wären. Das kann aber nicht sein. Weil nun x_μ ein Vierervektor ist, muß auch K_μ ein solcher sein.

Im mit v bewegten System I' wird die ebene Welle in der x'-y'-Ebene im Winkel θ' zur x'-Achse mit einer Frequenz ω' beobachtet. Der Wellenzahlvektor K_μ der ebenen Welle in dem ruhenden System I der Lichtquelle ist mit dem Vierer-Vektor K'_μ durch eine Lorentz- Transformation verbunden (vgl. Gl. (30.40)):

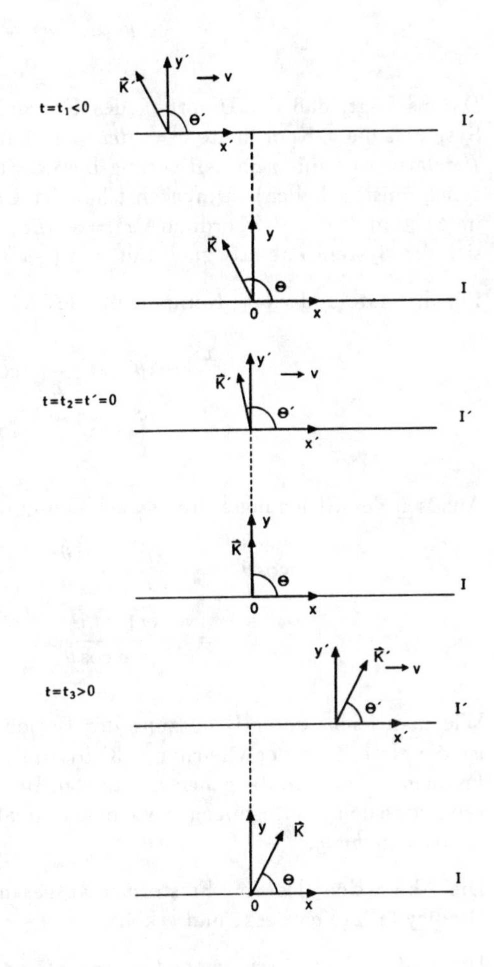

$$K'_\mu = \frac{\omega'}{c}\begin{pmatrix}\cos\theta' \\ \sin\theta' \\ 0 \\ i\end{pmatrix} = \begin{pmatrix}\gamma & 0 & 0 & i\beta\gamma \\ 0 & 1 & 0 & 0 \\ 0 & 0 & 1 & 0 \\ -i\beta\gamma & 0 & 0 & \gamma\end{pmatrix}\frac{\omega}{c}\begin{pmatrix}\cos\theta \\ \sin\theta \\ 0 \\ i\end{pmatrix}.$$

Daß diese Transformation die Situation der Figur richtig wiedergibt, macht man sich leicht klar, wenn man die entsprechende Transformation des Ortsvektors betrachtet,

$$\begin{aligned} x' &= \gamma(x - \beta ct) \\ y' &= y \end{aligned}$$

$$\begin{aligned} z' &= z \\ t' &= \gamma(t - \frac{\beta}{c}x) \quad . \end{aligned}$$

Daraus folgt, daß der Ursprung des Koordinatensystems $I'(x' = y' = z' = 0)$ im System I die x-Koordinate $x = \beta ct = vt$ hat, wie es sein muß, da sich das System I' relativ zu I mit v in x-Richtung bewegt (und wir die Zeiten bei $t = t_2 = t' = 0$ synchronisiert haben). Umgekehrt hat der Ursprung des Systems $I(x = y = z = 0)$ im System I' die x'-Koordinate $x' = -\gamma\beta ct = -\beta ct' = -vt'$, was auch klar ist, da sich das System I relativ zu I' mit v in $(-x')$-Richtung bewegt.

Für die erste und vierte Komponente des K'_μ-Vektors erhalten wir:

$$\begin{aligned} \frac{\omega'}{c}\cos\theta' &= \frac{\omega}{c}(\gamma\cos\theta - \beta\gamma), \\ i\frac{\omega'}{c} &= \frac{\omega}{c}(-i\beta\gamma\cos\theta + i\gamma). \end{aligned}$$

Auflösen des Gleichungssystems nach ω und $\cos\theta'$ liefert nun

$$\begin{aligned} \cos\theta' &= \frac{-\beta + \cos\theta}{1 - \beta\cos\theta}, \qquad \cos\theta = \frac{\beta + \cos\theta'}{1 + \beta\cos\theta'}, \\ \omega' &= \frac{\sqrt{1-\beta^2}}{1 + \beta\cos\theta'}\omega, \qquad \omega' = \sqrt{K(\theta')}\omega. \end{aligned}$$

Wie man leicht unter Benutzung der Beziehung $\sin\theta' = \sqrt{1 - \cos^2\theta'}$ nachrechnet, ist die erste Zeile der Gleichung (31.5) äquivalent (s. oben). Die Abhängigkeit der Frequenz ω' des empfangenen Lichts vom Beobachtungswinkel θ' stimmt mit der aus geometrischen Überlegungen gewonnenen Relation überein. Dies ist die gesuchte *Aberrationsbeziehung.*

Die Aberration des von Fixsternen ausgesandten Lichts wurde zuerst von James Bradley (1727) entdeckt und erklärt.

Damit das Licht eines weit entfernten Sterns das Auge des sich mit der Erde mitbewegenden Beobachters trifft, muß der Beobachter sein Teleskop entsprechend der Aberrationsbeziehung neigen.

Wir wollen uns dies anhand eines Spezialfalles der Aberrationsbeziehung klarmachen. Wir nehmen an, daß der $\vec{k}$-Vektor im ruhenden System I der Lichtquelle gerade den Winkel $\theta = \pi/2$ zur x-Achse einnimmt, d.h., daß das Licht gerade senkrecht zur x-Achse und parallel zur y-Achse entsendet wird. Dies entspricht dem Fall $t = t_2 = t' = 0$ in der obigen Abbildung. Wir fragen nun, unter welchem Winkel θ' der Beobachter im bewegten System I' das Licht empfängt. Gemäß der Aberrationsbeziehung ist dann gerade ($\cos\theta = \cos\pi/2 = 0$)

$$\cos\theta' = -\beta$$

d.h. $\theta' > \pi/2$, wie auch in der Abbildung angedeutet. Dies bedeutet aber, daß der Beobachter sein Fernrohr gegen die Bewegungsrichtung neigen muß, damit der $\vec{k}'$-Vektor in das Fernrohr fällt (siehe Abbildung unten).

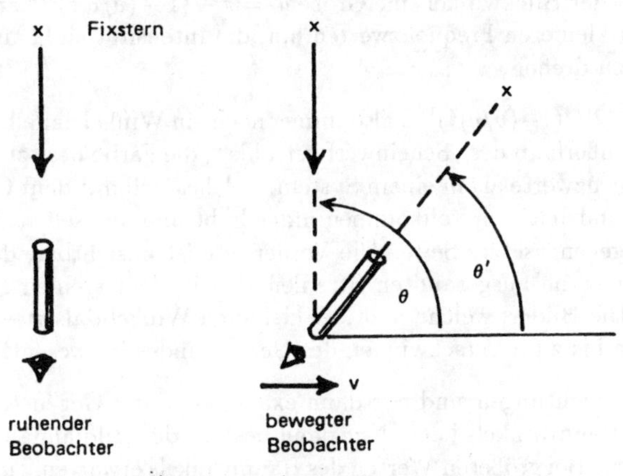

Zur Aberration des Fixsternlichtes.

Wir besprechen noch die Doppler-Verschiebung. Falls der Beobachter sich aus weiter Distanz direkt auf die Lichtquelle zubewegt, muß das Licht unter $\theta = \pi$ ausgesandt werden, damit er es empfangen kann. Gemäß der obigen Formel ist dann auch $\theta' = \pi$ und

$$\omega' = \sqrt{\frac{1+\beta}{1-\beta}}\,\omega > \omega \quad ,$$

d.h. die empfangenen Frequenz ω' ist größer als die eigentliche Lichtfrequenz ω. Bewegt sich der Beobachter in weiter Distanz von der Lichtquelle weg, so ist $\theta = \theta' = 0$ und

$$\omega' = \sqrt{\frac{1-\beta}{1+\beta}}\,\omega < \omega \quad ,$$

d.h. die empfangene Frequenz ω' ist kleiner als die eigentliche Lichtfrequenz. Interessant ist noch der Spezialfall $\theta = \pi/2$. Wir hatten gesehen, daß dann $\cos\theta' = -\beta$ (Aberrationsformel), und folglich

$$\omega' = \frac{1}{\sqrt{1-\beta^2}}\omega = \gamma\omega > \omega \quad . \tag{31.12}$$

Obwohl das Licht unter $\theta = \pi/2$ entsandt wurde, wird es im Beobachtersystem unter $\theta' > \pi/2$ empfangen, d.h. also so, als ob man sich auf die Lichtquelle zubewegt. Dies hat die übliche Dopplerverschiebung zu höheren Frequenzen zur Folge!

Wir beschreiben nun, was wir sehen, wenn sich ein Gegenstand mit annähernd Lichtgeschwindigkeit fortbewegt: Beobachten wir zunächst aus einem Blickwinkel nahe

$\theta' = 180°$. Hierbei sehen wir die Vorderseite des Gegenstandes, wobei, bedingt durch die starke Doppler-Verschiebung, eine hohe Intensität und eine Verschiebung zu sehr hohen Frequenzen festzustellen ist. Man schaut in den Schweinwerferstrahl der Strahlung. Nimmt der Blickwinkel eine Größe $\theta' = \pi - (1 - (v/c)^2)^{1/2}$ an, so verändert sich die Farbe zu kleineren Frequenzwerten hin, die Intensität sinkt und der Gegenstand scheint sich zu drehen.

Wenn $\theta \approx \pi - 2^{1/4}(1-(v/c)^2)^{1/2}$, also immer noch ein Winkel nahe bei 180° ist, so befinden wir uns außerhalb des „Scheinwerferstrahls“, die Farbe besitzt jetzt wesentlich geringere Frequenzwerte als in einem System, welches sich mit dem Gegenstand bewegt. Der Gegenstand hat sich vollkommen umgedreht und wir sehen die zur Bewegungsrichtung entgegengesetzte Seite. Die Vorderseite ist unsichtbar, da alle im bewegten System nach vorne ausgesandten Strahlen sich in dem kleinen „Scheinwerferkegel“ vereinigen. Die Bilder, welche man bei kleineren Winkeln als $\pi - 2^{1/4}(1 - (v/c)^2)^{1/2}$ sieht, bleiben bis zum Verschwinden des Gegenstandes im wesentlichen dieselben.

Alle diese Betrachtungen sind nur dann exakt, wenn der Gegenstand innerhalb eines sehr kleinen Raumwinkels liegt. Nur dann besteht das Bild annähernd aus parallelen Lichtimpulsen. Bei größeren Werten des Raumwinkels erwarten wir für die verschiedenen Teile des Bildes unterschiedliche Rotationen, welche zu Verzerrungen des Bildes führen. Wie auch immer, Penrose hat gezeigt, daß das Bild einer Kugel auch bei großen Blickwinkeln einen kreisförmigen Umfang hat.

Relativistisches Raum-Zeit-Gefüge — Raum-Zeit-Ereignisse. In einem vierdimensionalen Koordinatensystem, wie wir es bei der mathematischen Beschreibung des Minkowski-Raumes eingeführt haben, können wir nicht mehr mit dem Begriff „Ort“ wie im dreidimensionalen Raum operieren, daher führen wir den Begriff „Ereignis“ ein, um die Gleichberechtigung von Orts- und Zeitkoordinaten zu unterstreichen. Den vierdimensionalen Raum aus 3 Orts- und einer Zeitkoordinate bezeichnet man oft einfach als die *Raum-Zeit.*

Ein bewegter oder relativ zu seinem Inertialsystem ruhender Massenpunkt wird als Funktion der Zeit und des Raumes beschrieben. Die Kurve im Minkowski-Raum heißt *Weltlinie.*
Geometrisch können wir die Zeitreise eines ruhenden Punktes (A) (Darstellung im zweidimensionalen Unterraum des Minkowski-Raumes), ebenso wie die eines relativ zu einem Inertialsystem bewegten Massenpunktes (B) wie in der Skizze beschreiben. Die reziproke Steigung der Kurve gibt die Geschwindigkeit an, mit der sich ein Massenpunkt bewegt.

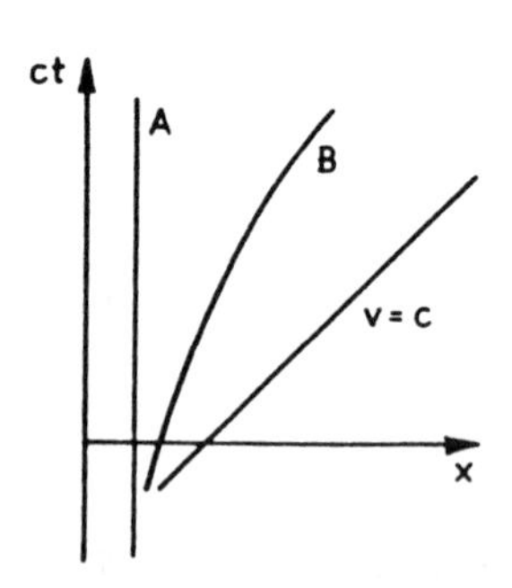

Weltlinien eines ruhenden (A), beschleunigten (B) und mit Lichtgeschwindigkeit bewegten Punktes.

Im Winkel von 45° zur x-Achse befindet sich die Linie des Lichtes; dort gilt

$$\tan\alpha = \frac{ct}{x} = 1 \quad \Rightarrow \quad c = \frac{x}{t}.$$

Eine nach rechts gekrümmte Kurve stellt einen schneller werdenden Massenpunkt dar, eine nach links gekrümmte einen, der laufend abgebremst wird. Da die Lichtgeschwindigkeit nicht übertroffen werden kann, ist die kleinste mögliche Steigung 1.

Relativistische Vergangenheit, Gegenwart, Zukunft.

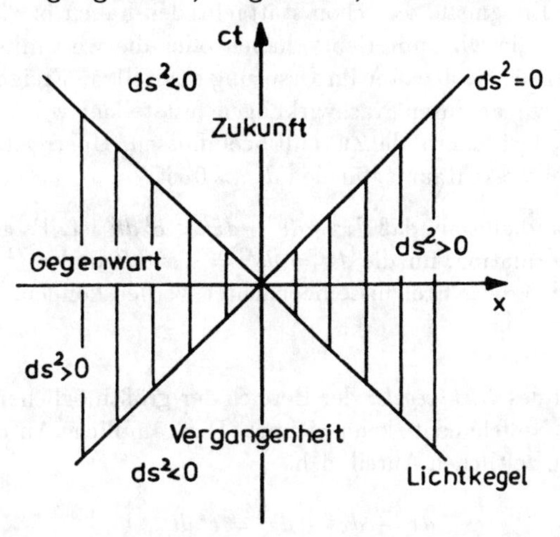

Zweidimensionaler Unterraum der vierdimensionalen Raum-Zeit.

Im Minkowski-Raum ist das Längenelement $ds^2 = dx^2 + dy^2 + dz^2 - c^2dt^2$ invariant gegenüber Lorentz-Transformationen. Wegen der Koordinate ict ist, im vierdimensionalen Raum-Zeit-Gefüge, das Längenelement nicht mehr positiv definit. Es lassen sich folgende Fälle unterscheiden:

a) $ds^2 > 0$

Diesen Abstand nennen wir *raumartig,* weil der „räumliche“ Anteil des Längenelements größer als der zeitliche ist, d. h.

$$\underbrace{dx^2 + dy^2 + dz^2}_{\text{räumlicher Anteil von } ds^2} > \underbrace{c^2dt^2}_{\text{zeitlicher Anteil von } ds^2}$$

Spielen sich beispielsweise zwei Ereignisse zur selben Zeit aber an verschiedenen Orten ab, dann ist $dx^2 + dy^2 + dz^2 \neq 0$ und $c^2dt^2 = 0$.

Für einen Beobachter im Ursprung des obigen Systems sind Ereignisse, die raumartigen Abstand von ihm haben, wegen der endlichen Lichtgeschwindigkeit unerfahrbar.

Aus diesem Bereich lassen sich keine Informationen erhalten. Die Geschwindigkeit der Information müßte größer sein als die des Lichtes. Der raumartige Abstand bleibt unter jeder Lorentz-Transformation raumartig.

b) $ds^2 < 0$

Solche Abstände nennen wir *zeitartig,* weil der zeitliche Anteil von ds^2 überwiegt, d. h.

$$c^2\,dt^2 > dx^2 + dy^2 + dz^2.$$

Es handelt sich um Ereignisse, die schon stattgefunden haben bzw. stattfinden werden, also Ereignisse, die wir „miterlebt“ haben oder die wir „miterleben“ werden, wenn wir uns wieder als Beobachter im Ursprung vorstellen. Ereignisse aus der Vergangenheit können wir an ihren Nachwirkungen feststellen; wir können umgekehrt durch Ereignisse, die fortdauern, die Zukunft beeinflussen. Unerreichbar für uns bleibt der Bereich des Minkowski-Raums, für den $ds^2 > 0$ ist.

Der zeitartige Abstand gibt an, daß $dx^2 + dy^2 + dz^2 < c^2\,dt^2$ ist. Es gibt in diesem Fall eine Lorentz-Transformation, für die $ds^2 = ds'^2 = -c^2\,dt'^2$ und $dx'^2 + dy'^2 + dz'^2 = 0$ ist. Das bedeutet, daß diese Ereignisse beobachtet werden können.

c) $ds^2 = 0$

Dies ist der Bereich des *Lichtkegels;* der Bereich der größtmöglichen Signalgeschwindigkeit, welcher die Nullelemente kennzeichnet. Der räumliche Anteil des Längenelements ist gleich dem zeitlichen Anteil, d. h.

$$dx^2 + dy^2 + dz^2 = c^2\,dt^2. \tag{31.13}$$

Vektoren $d\hat{r}$ mit $ds^2 = d\hat{r} \cdot d\hat{r} = 0$ werden auch *nullartig* oder *lichtartig* genannt. Sie liegen auf einem Kegel in vier Dimensionen, da wir zu der vollständigen Beschreibung dieser Hyperfläche vier Koordinatenachsen zeichnen müßten.

Für einen ruhenden Beobachter am Ort $x = 0$ bilden im Zeitpunkt $t = 0$ alle die Ereignisse die *Gegenwart,* die ebenfalls zur Zeit $t = 0$ ablaufen. Die *Vergangenheit* sind die Ereignisse mit $t < 0$, die *Zukunft* alle Ereignisse mit $t > 0$. Diese Konvention ist unabhängig vom Ort. Erfahrbar sind für den Beobachter allerdings nur die für ihn im zeitartigen Bereich liegenden Ereignisse.

Für *gleichzeitig* werden alle Ereignisse erklärt, für die in irgendeinem bewegten System gilt $t_1' = t_2'$. Gleichzeitig mit dem Ereignis $x' = 0$, $t' = 0$ sind für einen mit v bewegten Beobachter die Ereignisse

$$t' = \frac{t - (v/c^2)x}{\sqrt{1-\beta^2}} = 0,$$

d.h. alle Ereignisse, für die in einem ruhenden System gilt

$$t = \frac{v}{c^2}x.$$

Jedes Ereignis in dem Intervall $-x/c < t < x/c$ (das ist das in der letzten Figur schraffierte Gebiet – die Gegenwart) kann für einen Beobachter, der sich mit der passenden Geschwindigkeit zwischen $\pm c$ bewegt, gleichzeitig sein mit dem Ereignis in $x' = 0$, $ct' = 0$. Mit anderen Worten: Je zwei Ereignisse, die im raumartigen Bereich des Minkowski-Raumes liegen, können gleichzeitig gemacht werden. Dazu ist nur notwendig, daß man diese Ereignisse in einem Inertialsystem mit der geeigneten Geschwindigkeit beschreibt.

Das Kausalitätsprinzip: Das Kausalitätsprinzip der klassischen Mechanik besagt, daß ein Ereignis nicht eher stattfinden kann als seine Ursache, d. h. das auslösende Ereignis muß eher stattgefunden haben als das resultierende.

Wenn dieses Prinzip in der Relativitätstheorie gewahrt bleiben soll, so darf es kein Inertialsystem geben, in dem der Kausalzusammenhang der Ereignisse umgekehrt wird.

Als Beispiel eines geeigneten Ablaufes kann zum Beispiel die auf einen Lichtblitz folgende Schwärzung einer Fotoplatte dienen. Findet das bewirkende Ereignis im System K zur Zeit t_1 am Ort x_1 statt, das bewirkte zur späteren Zeit $t_2 > t_1$ am Ort x_2, so muß für jede Transformation in ein K'-System gelten:

$$t_2' - t_1' \geq 0.$$

Da die Lichtgeschwindigkeit die größtmögliche Signalgeschwindigkeit darstellt, ergibt sich für den Kausalzusammenhang im System K:

$$c \geq \frac{x_2 - x_1}{t_2 - t_1},$$

das heißt

$$c(t_2 - t_1) \geq (x_2 - x_1).$$

Für die Zeitdifferenz im dazu mit v bewegten System K' gilt:

$$t_2' - t_1' = \frac{c(t_2 - t_1) - (v/c)(x_2 - x_1)}{c\sqrt{1 - \beta^2}}.$$

Da nun $c(t_2 - t_1) \geq (x_2 - x_1)$ und $v/c \leq 1$ ist, folgt daraus, daß für alle Inertialsysteme

$$t_2' - t_1' \geq 0$$

gilt. Die Reihenfolge kausal bedingter Ereignisse ist also vom Bezugssystem unabhängig; das Kausalitätsprinzip bleibt in der relativistischen Mechanik erhalten.

Die Lorentz-Transformation im zweidimensionalen Unterraum des Minkowski-Raumes. Die Längenkontraktion und die Zeitdilatation lassen sich in diesem Unterraum gut veranschaulichen. Wir unterscheiden die reellen Koordinaten $x(x')$ und $ct(ct')$ einerseits und die Minkowski-Koordinaten $x(x')$ und $ict(ict')$ andererseits. Zunächst die Darstellung in reellen Koordinaten:

Die Beziehung zwischen zwei zueinander bewegten Systemen ist gegeben durch

$$x' = \frac{x - (v/c) \cdot ct}{\sqrt{1-\beta^2}}, \quad ct' = \frac{ct - (v/c) \cdot x}{\sqrt{1-\beta^2}}. \tag{31.14}$$

Um die Lage der gestrichenen Koordinatenachsen zu erhalten, setzen wir

$$x' = 0 = x - \frac{v}{c}ct \qquad (t'\text{–Achse})$$

und

$$ct' = 0 = ct - \frac{v}{c}x \qquad (x'\text{–Achse}).$$

Der Neigungswinkel α der ct'-Achse gegen die ct-Achse bestimmt sich aus $\tan\alpha = x/ct = v/c$. Der Neigungswinkel β der x'-Achse gegen die x-Achse ist durch $\tan\beta = ct/x = v/c$ gegeben. Es ist also $\alpha = \beta$, d. h. beide Achsen sind gleich gegen die entsprechenden Koordinatenachsen des Ruhesystems (x, ct) geneigt (vgl. Figur).

Zur vollständigen Darstellung von Lorentzkontraktion und Zeitdilatation betrachten wir das Verhalten der Einheitsmaßstäbe auf den beiden Achsen. Da $s^2 = s'^2 = x^2 - c^2t^2 = x'^2 - c^2t'^2$ invariant unter Lorentz–Transformation ist, stellt $x^2 - c^2t^2 = 1$ den invarianten Einheitsmaßstab in allen Lorentzsystemen dar. Die zugehörigen Weltlinien sind gleichseitige Hyperbeln, die den Lichtkegel als Asymptote haben (vgl. Figur).

Diese Hyperbeln schneiden auf den Achsen die Einheitsmaßstäbe aus. Der Einheitsmaßstab im (x, ct)-System (K) ist OA. Ein im System (x', ct') (K') ruhender Beobachter sieht ihn mit der Länge OB' d.h. kürzer als seinen eigenen Maßstab OA'. Die Meßsignale werden nämlich von den Punkten $x = 0$ und $x = 1$ in K ausgesandt; die Endpunkte der Strecke 01 in K werden durch die Weltlinien $x = 0$ und $x = 1$ (Parallelen zur t-Achse) dargestellt. Das entspricht der in K ruhenden Einheitsstrecke. Im System K' wird zur gleichen Zeit $(t' = 0)$ fotographiert, also der Schnittpunkt der x'-Achse mit den Weltlinien der in K ruhenden Punkte 0 und 1 festgestellt.

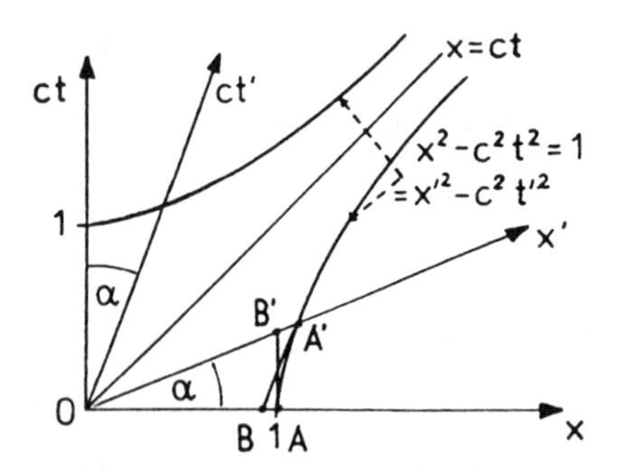

Graphische Darstellung der Lorentztransformation in reellen Koordinaten.

Umgekehrt sieht ein in K ruhender Beobachter den Maßstab OA' als OB, d. h. kürzer als seinen eigenen Maßstab OA. Es besteht also eine wechselseitige Lorentzkontraktion. Entsprechend verläuft die gegenseitige Kontrolle der Uhren.

Eine vorteilhaftere Veranschaulichung von Zeitdilatation und Lorentzkontraktion, die den Vergleich von Einheitsmaßstäben überflüssig macht, erhält man, wenn statt der Zeitkoordinate ct die Koordinate $x_4 = ict$ verwendet wird. Die Gleichungen (31.14) gehen dann über in

$$x_1' = \frac{(x_1 + i\beta x_4)}{\sqrt{1-\beta^2}}\,, \qquad x_2' = x_2\,, \qquad x_3' = x_3\,, \qquad x_4' = \frac{(x_4 - i\beta x_1)}{\sqrt{1-\beta^2}}\,. \tag{31.15}$$

Die zugehörige Lorentz-Transformation ist

$$\alpha_{\mu\nu} = \begin{pmatrix} \gamma & 0 & 0 & i\gamma\beta \\ 0 & 1 & 0 & 0 \\ 0 & 0 & 1 & 0 \\ -i\gamma\beta & 0 & 0 & \gamma \end{pmatrix}. \tag{31.16}$$

Dabei wurde $1/\sqrt{1-\beta^2} = \gamma$ abgekürzt. $\alpha_{\mu\nu}$ ist eine orthogonale Transformation und kann daher als

$$\begin{aligned} x_1' &= \cos\varphi\, x_1 + \sin\varphi\, x_4 \\ x_4' &= -\sin\varphi\, x_1 + \cos\varphi\, x_4 \end{aligned} \tag{31.17}$$

dargestellt werden. Durch Vergleich der Koeffizienten von (31.15) und (31.17) erhält man

$$\cos\varphi = \gamma \geq 1 \quad \text{und} \quad \sin\varphi = \mathrm{i}\beta\gamma \quad \text{oder} \quad \tan\varphi = \mathrm{i}\beta. \tag{31.18}$$

Da $\cos\varphi = \gamma \geq 1$, muß φ ein *imaginärer Winkel* sein. Die trigonometrischen Funktionen $\cos\varphi$, $\sin\varphi$, $\tan\varphi$, $\cot\varphi$ für imaginäre Argumente $\varphi = i\alpha$ (α reell) werden durch die entsprechenden Reihenentwicklungen definiert. Zum Beispiel ist $\cos\varphi = \cos(i\alpha) = 1 - (i\alpha)^2/2! + (i\alpha)^4/4! - \cdots = 1 + \alpha^2/2! + \alpha^4/4! + \cdots > 1$. Es ist also $\cos i\alpha$ größer als 1 und kann sogar im Limes $\alpha \to \infty$ divergieren. Entsprechend ist $\sin i\alpha = i\alpha/1! - (i\alpha)^3/3! + \cdots = i(\alpha/1! + \alpha^3/3! + \cdots)$, also rein imaginär.

Da orthogonale Transformationen winkelerhaltend sind, können wir (31.17) als einfache Rotation der Achsen darstellen (vgl. Figur).

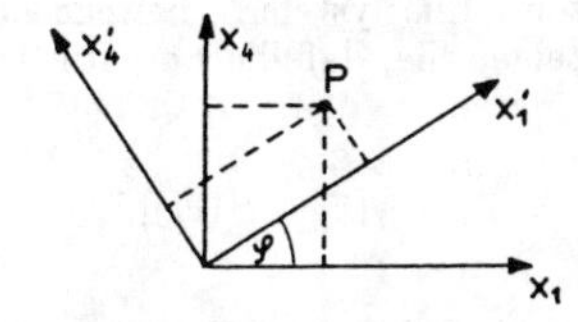

Graphische Darstellung der Lorentztransformationen in Minkowski-Koordinaten.

Lorentzkontraktion und Zeitdilatation werden durch geometrische Betrachtungen aus der Figur ersichtlich:

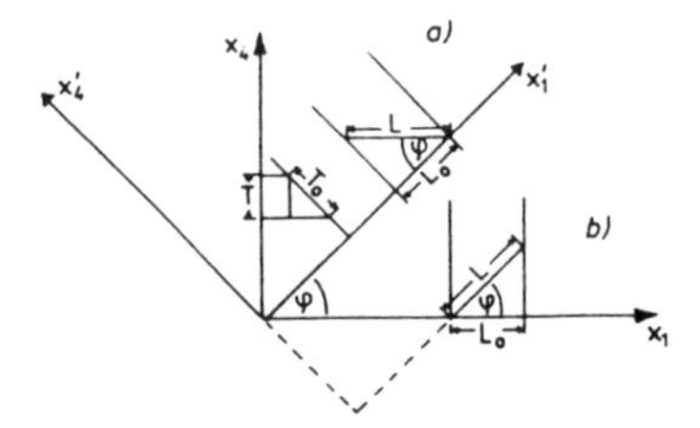

Die Lorentztransformation in Minkowskikoordinaten.

Es ist

$$L = \frac{L_0}{\cos\varphi} = \frac{L_0}{\gamma} \quad \text{und} \quad T = T_0 \cos\varphi = T_0\gamma. \tag{31.19}$$

Bei Verwendung von $x_4 = ict$ sind die geometrischen Beziehungen für Lorentzkontraktionen und Zeitdilatation direkt aus dem Diagramm ablesbar. Eine Untersuchung des Verhaltens der Einheitsmaßstäbe ist nicht notwendig! Aber Vorsicht, es ist *nur die Geometrie,* die die Zeichnung richtig wiedergibt: z. B. ist T in der Zeichnung kleiner als T_0 tatsächlich aber

$$T = \frac{T_0}{\sqrt{1-\beta^2}}, \quad \text{also} \quad \mathrm{T} > \mathrm{T}_0.$$

Auch ist die Beziehung der Längenkontraktion und Zeitdilatation für beide Inertialsysteme wechselseitig. Dies haben wir für die Längenkontraktion mit den Fällen a) L_0 ruht in K' und b) L_0 ruht in K in der obigen Figur erläutert: In beiden Fällen wird im jeweils anderen (bewegten) System immer

$$L = \frac{L_0}{\cos\varphi} = L_0\sqrt{1-\beta^2}$$

gemessen. Die Längenmessung erfolgt in einem Koordinatensystem immer zum gleichen Zeitpunkt; z. B. im Fall a) bei festem x_4 und im Fall b) bei festem x_4'.

31.7 Aufgabe: Zur Lorentz-Transformation

Sei S ein Inertialsystem. Ein System S' bewege sich mit gleichförmiger Geschwindigkeit $\vec{v}$ gegen S. Zeigen Sie, daß die Lorentz–Transformation von S nach S' so aussieht:

$$\vec{x}' = \vec{x}_\perp + \gamma[\vec{x}_{||} - \vec{\beta}\,(ct)], \qquad \gamma = \frac{1}{\sqrt{1-\beta^2}},$$

$$ct' = \gamma[ct - \vec{\beta}\cdot\vec{x}\,], \qquad \vec{\beta} = \frac{\vec{v}}{c},$$

wenn $\vec{x}_\perp$ und $\vec{x}_{||}$ die Komponenten von $\vec{x}$ senkrecht bzw. parallel zu $\vec{\beta}$ bezeichnen.

Lösung:

a) Zeigt $\vec{v}$ in x-Richtung, so erhält man die wohlbekannte Relation

$$x' = \gamma[x - \beta(ct)], \qquad y' = y, \qquad \gamma = \frac{1}{\sqrt{1-\beta^2}},$$
$$ct' = \gamma[ct - \beta x], \qquad z' = z, \qquad \beta = \frac{v}{c}.$$

b) Die allgemeine Lorentz-Transformation bestimmt sich dann durch die Bedingung:

$$\vec{x}'^2 - (ct')^2 = \vec{x}^{\,2} - (ct)^2.$$

Diese wird nun von obigen Relationen erfüllt:

$$\begin{aligned}
\vec{x}'^2 - (ct')^2 &= \vec{x}_\perp^2 + \gamma^2[\vec{x}_{\|}^2 - 2\vec{\beta}\,\vec{x}_{\|}ct + \vec{\beta}^{\,2}(ct)^2 - (ct)^2 + 2\vec{\beta}\,\vec{x}\,ct - (\vec{\beta}\,\vec{x}\,)^2] \\
&= \vec{x}_\perp^2 + \gamma^2[(1-\vec{\beta}^{\,2})\vec{x}_{\|}^2 - (ct)^2(1-\vec{\beta}^{\,2})] \\
&= \vec{x}^{\,2} - (ct)^2.
\end{aligned}$$

Bemerkung: Die Verallgemeinerung der Lorentz-Transformation für eine beliebig orientierte Translationsgeschwindigkeit läßt sich auch in der Weise durchführen, daß man die zu (31.15) analogen Formeln für eine der y- bzw. z-Achse parallele Translation hinschreibt und diese drei speziellen Lorentz-Transformationen nacheinander ausführt.

Die zweite Verallgemeinerung für beliebig orientierte Achsen läßt sich auf Grund der Bemerkung durchführen, daß die Drehungen des gewöhnlichen 3-dimensionalen Raumes, bei unverändert gehaltener Zeit, ebenfalls zu der allgemeinen Lorentz-Transformation gehören. Es genügt dann also, zu den speziellen Lorentz-Transformationen solche Drehungen hinzuzufügen und die Parallelität der Achsen aufzuheben.

32 Additionstheorem der Geschwindigkeiten

In diesem Kapitel untersuchen wir das Verhalten der Geschwindigkeiten bei einer Lorentz-Transformation. Wir betrachten dazu ein Teilchen mit der Geschwindigkeit $\vec{w}$ im Koordinatensystem K. Wie groß erscheint die Geschwindigkeit des Teilchens im System K', das gegenüber K die Relativgeschwindigkeit $\vec{v} = (v_x, 0, 0)$ hat?

Zuerst beschränken wir uns auf die x-Komponenten der Geschwindigkeit. Es gilt nun nach der Lorentz-Transformation:

$$x' = \frac{x - vt}{\sqrt{1-\beta^2}}, \qquad t' = \frac{t - (v/c^2)\,x}{\sqrt{1-\beta^2}},$$

bzw. für die Differentiale:

$$dx' = \frac{dx - v\,dt}{\sqrt{1-\beta^2}}, \qquad dt' = \frac{dt - (v/c^2)\,dx}{\sqrt{1-\beta^2}}.$$

Im System K ist $dx = w_x dt, dy = w_y dt, dz = w_z dt$, wobei $\vec{w} = (w_x, w_y, w_z)$ die Geschwindigkeit im System K ist. Setzt man nun $dx = w_x dt$ in dx' und dt' ein, so erhält man:

$$dx' = \frac{(w_x - v)\,dt}{\sqrt{1-\beta^2}}, \qquad dt' = \frac{(1-(v/c^2)w_x)\,dt}{\sqrt{1-\beta^2}}. \tag{32.1}$$

Die x-Komponente der Geschwindigkeit im gestrichenen System ist gegeben durch $w'_x = dx'/dt'$. Bilden wir nun Quotienten der Differentiale (32.1), so ergibt sich

$$\frac{dx'}{dt'} = w'_x = \frac{w_x - v}{1-(v/c^2)w_x}.$$

w'_y erhält man auf ähnliche Weise mit $y' = y$, $dy' = dy = w_y dt$ und dt' aus (32.1):

$$w'_y = \frac{w_y\sqrt{1-\beta^2}}{1-(v/c^2)w_x}.$$

Auf demselben Wege wie w'_y erhält man w'_z:

$$w'_z = \frac{w_z\sqrt{1-\beta^2}}{1-(v/c^2)w_x}.$$

Damit ist die Geschwindigkeit $\vec{w}\,'$ des Teilchens (mit der Geschwindigkeit $\vec{w}$ in K), wie sie von dem relativ zu K bewegten System K' erscheint, vollständig durch die Transformationsgleichung für die drei Komponenten w'_x, w'_y, w'_z bestimmt:

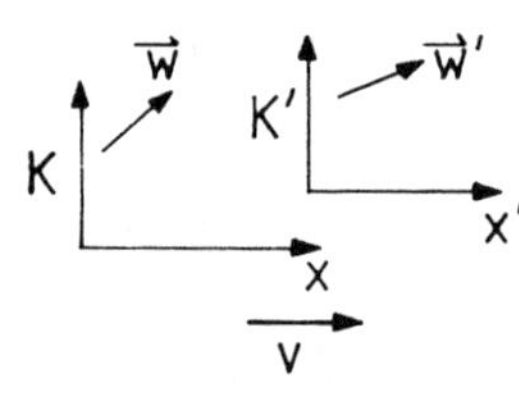

Veranschaulichung der Geschwindigkeitsvektoren $\vec{w}$ (in K) und $\vec{w}\,'$ (in K'). Die Relativgeschwindigkeit beider Systeme ist $\vec{v} = v\,\vec{e}_x$.

$$\vec{w}\,' = \frac{1}{1-(v/c^2)w_x}\left(w_x - v, w_y\sqrt{1-\beta^2}, w_z\sqrt{1-\beta^2}\right). \tag{32.2}$$

Die erste Komponente dieses Resultats ist identisch mit unserem früheren (Gl. 30.45), wenn $v \to -v$ ersetzt wird.

Nimmt man an, daß sich ein masseloses Teilchen in K mit Lichtgeschwindigkeit $|\vec{w}\,| = c$ ausbreitet und daß die Relativgeschwindigkeit von K' zu K wieder $\vec{v} = (v_0, 0, 0)$ ist, so erhebt sich die Frage, welche Geschwindigkeit $\vec{w}\,'$ man in K' beobachtet.

Wir setzen in $|\vec{w}\,'|^2 = w'^2 = w'^2_x + w'^2_y + w'^2_z$ die ungestrichenen Größen aus (32.2) ein:

$$\begin{aligned} w'^2 &= \frac{(w_x - v)^2 + (w_y^2 + w_z^2)(1-\beta^2)}{(1 - v\,w_x/c^2)^2}, \\ &= c^4\left[\frac{w_x^2 - 2w_x v + (v^2/c^2)w_x^2 + v^2 + w_y^2 + w_z^2 - (v^2/c^2)(w_x^2 + w_y^2 + w_z^2)}{(c^2 - v w_x)^2}\right]. \end{aligned}$$

Da sich das Teilchen in K mit Lichtgeschwindigkeit bewegt, gilt $w_x^2 + w_y^2 + w_z^2 = c^2$. Damit erhalten wir

$$w'^2 = c^4 \left[\frac{c^2 - 2w_x v + (v^2/c^2) w_x^2}{(c^2 - v w_x)^2} \right] = c^2 \frac{(c^2 - v w_x)^2}{(c^2 - v w_x)^2} = c^2 .$$

Man sieht, daß man auch in K' keine größere Geschwindigkeit als die Lichtgeschwindigkeit c messen kann, unabhängig davon, welchen Betrag die Geschwindigkeit $\vec{v}$ der Relativbewegung der beiden Koordinatensysteme zueinander besitzt.

Setzen wir

$$\begin{aligned} \vec{v} &= (-c, 0, 0), \\ \vec{w} &= (c, 0, 0), \end{aligned}$$

so bewegt sich das Teilchen in K mit Lichtgeschwindigkeit und K' gegenüber K ebenfalls mit Lichtgeschwindigkeit in die entgegengesetzte Richtung. Dieser interessante Fall soll hier kurz besprochen werden. Naiv könnte man meinen „doppelt so schnelles Licht" zu erhalten. Das ist aber nicht so: Für die x-Komponente gilt nach (32.2)

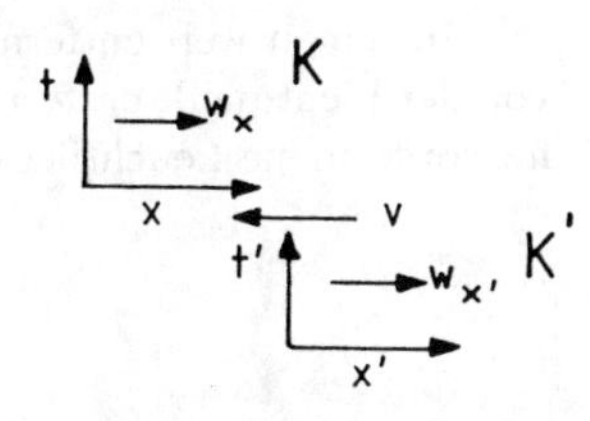

In K bewegt sich Licht mit c entlang der x-Achse. K' bewegt sich mit $\vec{v} = -c\,\vec{e}_x$ dem K-System entgegen.

$$w_x' = \frac{w_x - v}{1 - (v/c^2)\, w_x} .$$

Nach Einsetzen folgt

$$w_x' = \frac{2c}{1 + c^2/c^2} = c, \quad \text{d.h.} \quad w_x' = c.$$

Auch könnte man versuchen „ruhendes Licht" in K' zu erzeugen, indem $\vec{v} = (c, 0, 0)$ gesetzt wird. Das K'-System läuft sozusagen parallel zum Licht mit Lichtgeschwindigkeit. Die Transformation (32.2) ergibt in diesem Fall

$$w_x' = \frac{w_x - v}{1 - (v/c^2)\, w_x} = \frac{w_x - c}{(c - w_x)/c} = -c,$$

auch in Limes $w_x \to c$. Der bewegte Beobachter sieht also das Licht mit Lichtgeschwindigkeit in die negative x'-Richtung eilen. Hierbei erkennt man wiederum die Bedeutung der Lichtgeschwindigkeit c als Grenzgeschwindigkeit für alle Bewegungen. Für $v \ll c$ geht die Gleichung (32.2) in die Galilei-Transformation über:

$$\vec{w}' = (w_x - v, w_y, w_z),$$

was wir ja auch erwarten.

Überlichtgeschwindigkeit, Phasen- und Gruppengeschwindigkeit: Aus dem in den vorangegangenen Abschnitten diskutierten Additionstheorem für Geschwindigkeiten ergab sich, daß die Lichtgeschwindigkeit als obere Grenzgeschwindigkeit für die Ausbreitung physikalischer Phänomene angesehen werden muß.

Es lassen sich aber durchaus physikalische Vorgänge bzw. Experimente angeben, bei denen Überlichtgeschwindigkeit erreicht werden kann:

1. Der von einer rotierenden Lichtquelle ausgehende Lichtstrahl (vgl. Zeichnung) soll auf einen weit entfernten Schirm auftreffen. Ist der Schirm genügend weit von der Lichtquelle entfernt, so wandert der von dem Lichtstrahl auf dem Schirm hervorgerufene Leuchtfleck mit Überlichtgeschwindigkeit.

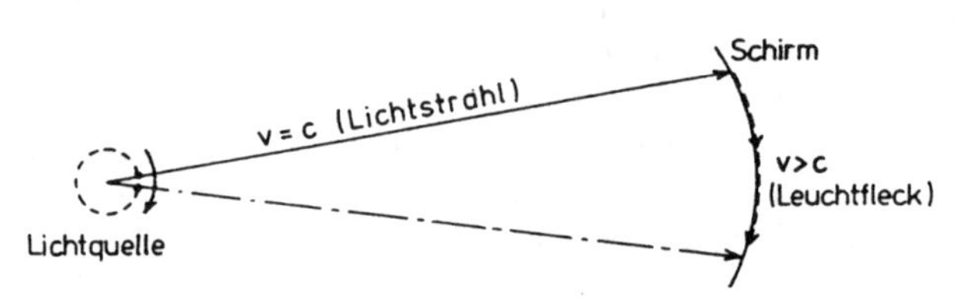

Der Leuchtfleck des Lichtstrahls auf dem Schirm kann mit Überlichtgeschwindigkeit wandern.

2. In der Optik berechnet sich die Geschwindigkeit des Lichtes in einem dispergierenden Medium aus dem Brechungsgesetz

$$c_0/c = n, \tag{32.3}$$

wobei c_0 die Vakuumlichtgeschwindigkeit, n der Brechungsindex und c die gesuchte Ausbreitungsgeschwindigkeit des Lichtes in dem betreffenden Medium sind. Es gibt nun Stoffe (z. B. Metalle), die einen Brechungsindex $n < 1$ besitzen, so daß sich wegen $c = c_0/n$ ergibt: $c > c_0$, d. h. Überlichtgeschwindigkeit in Medien mit $n < 1$.

An dieser Stelle muß man bei dem Begriff Geschwindigkeit zwischen der *Phasen-* und der *Gruppengeschwindigkeit* unterscheiden:

Die Phasengeschwindigkeit ist diejenige Geschwindigkeit, mit der die Phase einer fortschreitenden Welle wandert. Die Phase ist anschaulich der augenblickliche Bewegungszustand einer Schwingung. Z. B. ist $\psi = A\cos(kx-\omega t)$ eine Welle (genauer: eine ebene, harmonische Welle). Ihre Maximalamplitude $\psi = A$ wird z. B. für das Argument (die Phase) $kx - \omega t = 0$ erreicht. Diese Maximalamplitude bewegt sich offenbar mit der Geschwindigkeit $dx/dt = x/t = \omega/k$. Auch für die Wandergeschwindigkeit der anderen Maximalamplituden bei $kx - \omega t = n\pi$ ergibt sich dasselbe Resultat. Das ist die *Phasengeschwindigkeit*

$$v_{\text{ph}} = \frac{\omega}{k}.$$

Es ist nun wichtig, folgendes zu begreifen: Eine solche von $-\infty$ bis $+\infty$ reichende ebene Welle kann keine Information übertragen. Zum Zwecke der Informationsübertragung muß man die Gleichförmigkeit und „Eintönigkeit" der Welle zerstören, d.h. einen Wellenberg (Wellengruppen) konstruieren und sehen, wie dieser sich ausbreitet. Nur diese Störung ist sichtbar (registrierbar).

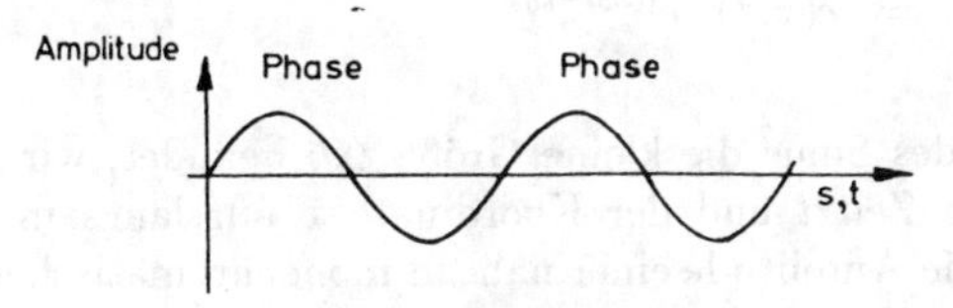

Veranschaulichung einer ebenen Welle.

Die Gruppengeschwindigkeit ist dagegen diejenige Geschwindigkeit, mit der sich ein Wellenpaket ($-zug$), d. h. Überlagerung mehrerer einzelner Wellen, ausbreitet.

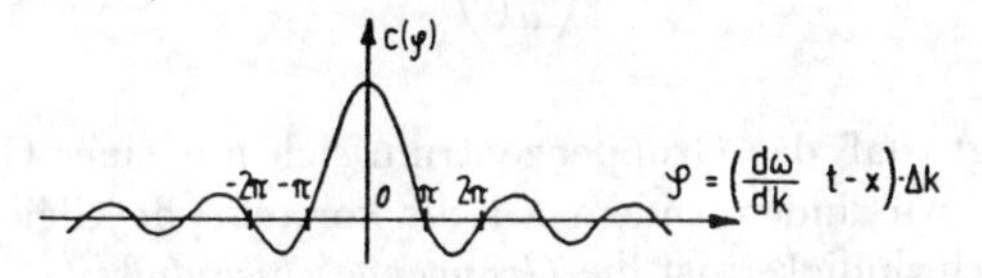

Veranschaulichung einer Wellengruppe.

Entsprechend der gegebenen Definition der Wellengruppe können wir für ein Wellenpaket $\psi(x,t)$ folgenden Ausdruck schreiben:

$$\psi(x,t) = \int\limits_{k_0-\Delta k}^{k_0+\Delta k} c(k) e^{i(\omega t - kx)}\, dk, \tag{32.4}$$

worin $k_0 = 2\pi/\lambda_0$ die Wellenzahl ist, um die herum die Wellenzahlen liegen, die die Gruppe bilden ($\triangle k$ wird als klein angenommen). Da $\triangle k$ klein ist, können wir die Frequenz ω, die im allgemeinen eine Funktion von k ist, nach Potenzen von $(k - k_0)$ entwickeln

$$\begin{aligned} \omega &= \omega_0 + \left(\frac{d\omega}{dk}\right)_0 (k - k_0) + \cdots, \\ k &= k_0 + (k - k_0), \end{aligned}$$

und setzen $k - k_0 = \xi$. Nehmen wir $\xi = k - k_0$ als neue Integrationsvariable und setzen wir die Amplitude $c(k)$ als eine sich langsam verändernde Funktion von k voraus, so können wir $\psi(x,t)$ in folgender Form darstellen:

$$\psi(x,t) = c(k_0)e^{i(\omega_0 t - k_0 x)} \int\limits_{-\Delta k}^{\Delta k} e^{i((d\omega/dk)_0 t - x)\xi} d\xi .$$

Führen wir die einfache Integration nach ξ aus, so finden wir

$$\begin{aligned} \psi(x,t) &= 2c(k_0)\frac{\sin\{[(d\omega/dk)_0 t - x]\Delta k\}}{[(d\omega/dk)_0 t - x]} e^{i(\omega_0 t - k_0 x)} \\ &= c(x,t) \cdot e^{i(\omega_0 t - k_0 x)} . \end{aligned} \tag{32.5}$$

Da sich im Argument des Sinus die kleine Größe Δk befindet, wird sich die Größe $c(x,t)$ als Funktion der Zeit t und der Koordinate x nur langsam ändern. Daher können wir $c(x,t)$ als die Amplitude einer nahezu monochromatischen Welle ansehen und $(\omega_0 t - k_0 x)$ als Phase. Nun ermitteln wir den Punkt x, an dem die Amplitude $c(x,t)$ ihr Maximum hat. Diesen Punkt werden wir als *Zentrum* der Wellengruppe bezeichnen. Offenbar wird das gesuchte Maximum sich im Punkt

$$x = \left(\frac{d\omega}{dk}\right)_0 t$$

befinden. Daraus folgt, daß das Gruppenzentrum sich mit einer Geschwindigkeit v fortbewegen wird, die wir finden, indem wir die vorstehende Gleichung nach t differenzieren; diese Geschwindigkeit ist die *Gruppengeschwindigkeit*

$$v_{\mathrm{gr}} = \left(\frac{d\omega}{dk}\right)_0 . \tag{32.6}$$

Die Relativitätstheorie macht nur eine Aussage über die Lichtgeschwindigkeit als obere Grenze für die Fortbewegung von Teilchen und den Transport von Energie (Signalen), also über die Gruppengeschwindigkeit. Dagegen besteht für die Phasengeschwindigkeit, mit der kein Signal übermittelt werden kann, d.h. keine Energie transportiert und daher keinerlei physikalische Kausalzusammenhänge vermittelt werden kann, eine solche Einschränkung (in der Form einer oberen Grenzgeschwindigkeit) nicht.

Im ersten Beispiel bedeutet das, daß der Beobachter am Schirm den mit $v > c$ wandernden Leuchtfleck nicht zur Übermittlung von Signalen mit Überlichtgeschwindigkeit benutzen kann. Er müßte nach Passieren des Leuchtflecks zur Lichtquelle „funken“, um den weiteren Lauf des Leuchtpunktes auf dem Schirm zu beeinflussen.

Auch im zweiten Beispiel (32.2) sind es die Phasengeschwindigkeiten c_0, c, die den Brechungsindex bestimmen. Wir werden in der Elektrodynamik sehen, daß auch in

Medien mit $n < 1$ die Signalgeschwindigkeit des Lichtes immer $< c_0$ ist (vgl. Band III der Vorlesungen: Klassische Elektrodynamik, Kapitel 19).

Durch diese Unterscheidung der beiden Geschwindigkeiten läßt sich der in den beiden Beispielen scheinbar auftretende Widerspruch beseitigen: Überlichtgeschwindigkeiten sind nur für die Phasengeschwindigkeit möglich, d. h. die Phase einer Welle kann sich durchaus mit einer Geschwindigkeit $v > c$ fortpflanzen. Physikalische Information kann aber nur durch eine Wellengruppe weitergereicht werden. Die Gruppengeschwindigkeit von Signalen (Signalgeschwindigkeit) ist aber in allen untersuchten physikalischen Situationen stets kleiner als die Lichtgeschwindigkeit im Vakuum.

33 Die Grundgrößen der Mechanik im Minkowski-Raum

Ein Vektor im R^3 ist durch Angabe dreier Größen gekennzeichnet, wie z. B. der Ortsvektor

$$\vec{r} = (x, y, z)$$

durch die drei Raumkoordinaten. Sie transformieren sich bei Drehungen des Koordinatensystems entsprechend der dreidimensionalen Drehgruppe (siehe Gleichungen 30.13, 30.14). Dementsprechend ist ein *Vierervektor* durch 4 Größen charakterisiert, die sich unter der Lorentz-Transformation transformieren (vgl. die Diskussion in Kap. 30).

Das Analogon zum Ortsvektor ist im vierdimensionalen Minkowski-Raum der Vektor

$$\vec{\vec{r}} = (x_1, x_2, x_3, x_4) = (x, y, z, ict),$$

der als *Weltvektor* (Vierervektor) bezeichnet wird. Er enthält neben den drei Raumkoordinaten zusätzlich eine imaginäre Komponente, die proportional der Zeit ist. Vierervektoren kennzeichnen wir mit einem Doppelpfeil, also z. B. $\vec{\vec{r}}$.

Ein Vierervektor transformiert sich unter der Lorentz-Transformation ähnlich wie ein Vektor im R^3 unter einer Drehung. Das wird noch deutlicher, wenn man die Lorentz-Transformation als eine Drehung im Minkowski-Raum mit einem imaginären Drehwinkel

$$\cos\varphi = \frac{1}{\sqrt{1-\beta^2}} > 1$$

auffaßt (vgl. Gl. (31.17)).

Skalare Größen sind sowohl im R^3 als auch im R^4 dadurch gekennzeichnet, daß sie *invariant* gegenüber einer entsprechenden Drehung sind. Betrachten wir noch einmal das Quadrat des Abstandes, so ergibt sich unter Verwendung der Orthonormalitätsrelationen

$$\begin{aligned} s'^2 &= \sum_n x_n'^2 = \sum_n x_n' x_n' = \sum_n \Big(\sum_j R_{nj} x_j \sum_k R_{nk} x_k \Big) \\ &= \sum_n \sum_k \sum_j R_{nj} R_{nk} x_j x_k = \sum_k \sum_j \Big(\sum_n R_{nj} R_{nk} \Big) x_j x_k \\ &= \sum_k \sum_j \delta_{jk} x_j x_k = \sum_j x_j x_j = \sum_j x_j^2 = s^2, \end{aligned}$$

mit $n, k, j = 1, 2, 3$ im R^3 und $n, k, j = 1, 2, 3, 4$ im R^4. Die Orthonormalität der Transformationsmatrizen R_{ni} lautet

$$\delta_{jk} = \sum_n R_{nj} R_{nk}$$

wobei $n, j, k = 1, 2, 3$ im R^3 und $n, j, k = 1, 2, 3, 4$ im R^4.

Eine solche Invarianz *(Skalar)* gegenüber *Lorentz- Transformationen* ist auch das infinitesimale Abstandsquadrat im Minkowski-Raum

$$ds^2 = ds'^2 = dx^2 + dy^2 + dz^2 - c^2 dt^2 = dx'^2 + dy'^2 + dz'^2 - c^2 dt'^2,$$

denn es ist das Viererskalarprodukt $d \vec{\vec{r}} \cdot d \vec{\vec{r}}$, wobei $d \vec{\vec{r}} = \{dx, dy, dz, ic\,dt\}$ der infinitesimale Weltvektor ist. Man spricht dann auch von einer *Lorentz-Invarianten* oder von einem *Lorentz-Skalar.* Die Zeit t, nach der in der Newtonschen Mechanik zum Beispiel bei der Berechnung der Geschwindigkeit oder der Beschleunigung differenziert wird, ist nicht transformationsinvariant, da „ict" die vierte Komponente des Weltvektors und somit kein Skalar ist. Nun ist es aber notwendig, eine lorentzinvariante Zeit zu finden. Das vor allem deshalb, um bei der Differentiation eines Vierervektors wieder einen Vierervektor zu erhalten. Anders ausgedrückt: Wir wollen klare Verhältnisse bezüglich des Transformationsverhaltens der verschiedenen Größen (Geschwindigkeit, Beschleunigung) sicherstellen.

Um eine lorentzinvariante Zeiteinheit zu erhalten, gehen wir aus von

$$-ds^2 = c^2 dt^2 - (dx^2 + dy^2 + dz^2)$$

und definieren

$$\begin{aligned} d\tau &\equiv +\sqrt{\frac{-ds^2}{c^2}} = +\sqrt{dt^2 - \frac{dx^2 + dy^2 + dz^2}{c^2}} \\ &= dt\sqrt{1 - \frac{1}{c^2} \frac{dx^2 + dy^2 + dz^2}{dt^2}} \\ &= dt\sqrt{1 - \beta^2}. \end{aligned}$$

Die Größe $d\tau$ besitzt die Dimension einer Zeit. Man bezeichnet $d\tau$ als die *Eigenzeit des Systems,* denn im Ruhesystem (Eigensystem) ist sie identisch mit der dort gemessenen Koordinatenzeit dt, weil dort $v = 0$ und daher $\beta = 0$ ist. Je nachdem, ob $d\tau$ reell oder imaginär ist, unterscheidet man zeitartig bzw. raumartig zueinanderliegende Gebiete des Minkowski-Raumes.

Wie schon gesagt: *Im Ruhesystem eines Körpers ist seine Eigenzeit τ gleich der Koordinatenzeit t,* daher auch der Name Eigenzeit.

Im folgenden betrachten wir, wie sich die dreidimensionalen Größen der Newtonschen Mechanik im vierdimensionalen Minkowski-Raum verändern. Wir lassen uns dabei von dem Gedanken leiten, *daß sich die Naturgesetze Lorentz-kovariant, d. h. als vierdimensionale Gesetze (ausgedrückt durch Viererskalare, Vierervektoren etc.) formulieren lassen müssen.* Das ist im Grunde das Relativitätsprinzip: In allen Inertialsystemen gelten die (form-) gleichen Naturgesetze.

Geschwindigkeit im Minkowski-Raum: Um die *Vierergeschwindigkeit* zu erhalten, muß man den Weltvektor

$$\vec{\vec{r}} = (x_1, x_2, x_3, x_4)$$

nach der lorentz-invarianten Eigenzeit $d\tau$ differenzieren:

$$\begin{aligned}\vec{\vec{v}} = \frac{d\,\vec{\vec{r}}}{d\tau} &= \left(\frac{\dot{x}_1}{\sqrt{1-\beta^2}}, \frac{\dot{x}_2}{\sqrt{1-\beta^2}}, \frac{\dot{x}_3}{\sqrt{1-\beta^2}}, \frac{\dot{x}_4}{\sqrt{1-\beta^2}}\right) \\ &= \frac{1}{\sqrt{1-\beta^2}}(\vec{v}, ic).\end{aligned} \tag{33.1}$$

Es ist offensichtlich

$$\vec{\vec{v}} \cdot \vec{\vec{v}} = \sum_{i=1}^{4} v_i v_i = \frac{1}{1 - v^2/c^2}(v^2 - c^2) = -c^2.$$

Der Ausdruck

$$\vec{\vec{v}} = \frac{1}{\sqrt{1-\beta^2}}(\vec{v}, ic) \tag{33.2}$$

stellt die *Vierergeschwindigkeit* dar und gibt den Zusammenhang mit der „gewöhnlichen" dreidimensionalen Geschwindigkeit $\vec{v}$ wieder. Die vierte Komponente hat zunächst keine besondere Bedeutung. Die Komponenten von $\vec{\vec{v}} = \{v_1, v_2, v_3, v_4\}$ transformieren sich unter Lorentz-Transformationen (30.40) gemäß

$$v_i' = \sum_k \alpha_{ik} v_k.$$

Man mache sich ganz klar: Hätten wir in (33.1) nach der gewöhnlichen Koordinaten-Zeit t (und nicht nach der Eigenzeit τ) differenziert, wäre die vierkomponentige Größe

$\{\dot{x}_1, \dot{x}_2, \dot{x}_3, ic\}$ entstanden. Diese ist aber kein Vierervektor. Ihr Transformationsverhalten bei Lorentz-Transformationen ist unklar (kompliziert). Erst der Vorfaktor $1/\sqrt{1-\beta^2}$ in (33.1) macht aus dieser vierkomponentigen Größe einen Vierervektor.

Impuls im Minkowski-Raum: Im R^3 ist der Impuls definiert als

$$\vec{p} = m_0 \vec{v}. \tag{33.3}$$

Es erhebt sich die Frage der Verallgemeinerung dieses Impulses ins Vierdimensionale. Die nichtrelativistische Beziehung (33.3) muß nämlich so verallgemeinert werden, daß Gleichung (33.3) sich immer wieder als nichtrelativistischer Grenzfall ergibt. Wir suchen einen Viererimpulsvektor.

Analog zu (33.3) definieren wir daher den Impuls im R^4

$$\begin{aligned} \vec{\vec{p}} = m_0 \vec{\vec{v}} &= \left(\frac{m_0}{\sqrt{1-\beta^2}} v_x, \frac{m_0}{\sqrt{1-\beta^2}} v_y, \frac{m_0}{\sqrt{1-\beta^2}} v_z, \frac{icm_0}{\sqrt{1-\beta^2}} \right) \\ &= (m\vec{v}, icm) = (\vec{p}, icm). \end{aligned} \tag{33.4}$$

Die ersten drei Komponenten gehen, wie es sein muß, im nichtrelativistischen Grenzfall in den Newtonschen Impuls (33.3) über. Die vierte Komponente deuten wir später. $\vec{\vec{p}}$ ist offensichtlich ein Vierervektor, weil die Ruhemasse m_0 ein Skalar sein soll und $\vec{\vec{v}}$ ein Vierervektor ist, wie wir gerade gesehen haben.

Man beachte, daß die Masse m keine Konstante mehr ist, sondern sich gemäß der Gleichung

$$m = \frac{m_0}{\sqrt{1-\beta^2}} \tag{33.5}$$

verändert, wobei m_0 die *Ruhemasse* ist, die das Teilchen im Zustand der Ruhe besitzt ($m = m_0$ für $\vec{v} = 0$). Die Ruhemasse ist ein Lorentz-Skalar, d. h. in jedem Inertialsystem dieselbe. Die Masse m ist dagegen *kein* Lorentzskalar, sondern, wie wir sehen, bis auf den Faktor ic die vierte Komponente des Viererimpulsvektors. Die Masse m ändert sich also mit der Geschwindigkeit. Wenn $v \to c$ geht, wird die Masse unendlich groß. Deshalb muß man in Teilchenbeschleunigern immer mehr Energie aufwenden, um die Geschwindigkeit hochrelativistischer Teilchen ($v \approx c$) weiter zu erhöhen.

Minkowski-Kraft (Viererkraft). Im R^3 ist die Kraft definiert durch das Newtonsche Kraftgesetz als

$$\vec{K} = \frac{d}{dt}(m\vec{v}) = \frac{d}{dt}(\vec{p}), \tag{33.6}$$

die Newtonsche Kraft. Auch diese Beziehung muß vierdimensional verallgemeinert werden, und zwar so, daß die Viererkraft zum Vierervektor wird und daß sich die Newtonsche Kraft (33.6) als nichtrelativistischer Grenzfall ergibt. Analog zu (33.6) definieren wir die Kraft im R^4

$$\vec{\vec{F}} = \frac{d}{d\tau}(\vec{\vec{p}}) = \frac{1}{\sqrt{1-\beta^2}} \frac{d}{dt}(\vec{\vec{p}}). \tag{33.7}$$

Das ist gleichzeitig die Lorentz-kovariante Grundgleichung der relativistischen Mechanik. Links und rechts stehen Vierervektoren, ähnlich wie in der Newtonschen Mechanik, ausgedrückt durch das Grundgesetz (33.6), auf beiden Seiten der Gleichung 3-er Vektoren standen. Dieses dynamische Grundgesetz (33.7) haben wir erraten. Das Relativitätsprinzip (Lorentz-Kovarianz der Gleichungen), die Einfachheit und die Analogie zum nichtrelativistischen Grundgesetz (33.6) sowie die Tatsache, daß letzteres als Spezialfall in dem neuen (33.7) enthalten sein muß, haben uns beim Aufstellen (Auffinden, Erraten) der Gleichung (33.7) geleitet. Ähnlich wie im nichtrelativistischen Fall, hat das Grundgesetz (33.7) nicht nur Gesetzescharakter, sondern auch Definitionscharakter. Definiert wird durch (33.7) die spezielle Form der Viererkraft und ihr Zusammenhang mit der 3er-Kraft, der im Detail lautet:

$$\vec{\vec{F}}= \frac{1}{\sqrt{1-\beta^2}}\frac{d}{dt}(m\vec{v},\, icm). \tag{33.8}$$

Da in (33.7) der Vierervektor $\vec{\vec{p}}$ nach der (lorentzskalaren) Eigenzeit τ differenziert wird, ist die so gebildete Viererkraft auch wieder ein Vierervektor. Daraus ergeben sich als Komponenten der Minkowski-Kraft bzw. Viererkraft:

$$\begin{aligned}
F_1 &= \frac{K_x}{\sqrt{1-\beta^2}} \quad \text{mit} \quad K_x = \frac{d}{dt}(mv_x) = m_0\frac{d}{dt}\left(\frac{v_x}{\sqrt{1-\beta^2}}\right),\\
F_2 &= \frac{K_y}{\sqrt{1-\beta^2}} \quad \text{mit} \quad K_y = \frac{d}{dt}(mv_y) = m_0\frac{d}{dt}\left(\frac{v_y}{\sqrt{1-\beta^2}}\right),\\
F_3 &= \frac{K_z}{\sqrt{1-\beta^2}} \quad \text{mit} \quad K_z = \frac{d}{dt}(mv_z) = m_0\frac{d}{dt}\left(\frac{v_z}{\sqrt{1-\beta^2}}\right),\\
F_4 &= \frac{1}{\sqrt{1-\beta^2}}\frac{d}{dt}\left(\frac{icm_0}{\sqrt{1-\beta^2}}\right) = \frac{icm_0}{\sqrt{1-\beta^2}}\left[\frac{\beta\cdot\dot{\beta}}{(1-\beta^2)^{3/2}}\right]\\
&= icm_0\frac{\beta\cdot\dot{\beta}}{(1-\beta^2)^2}.
\end{aligned} \tag{33.9}$$

Hierbei sind K_x, K_y, K_z die Komponenten der gewöhnlichen, dreidimensionalen Kraft. Die vierte Komponente F_4 hat zunächst keine Bedeutung im Dreidimensionalen. Man beachte jedoch, daß wir in K_x, K_y, K_z schon die relativistische Masse (33.5) mit einbezogen haben. Auch dies ist ein wichtiger Punkt der Relativitätsmechanik. Die geschwindigkeitsabhängige Masse ist keine Fiktion, sondern macht sich im Grundgesetz direkt bemerkbar. Das ist durch viele Versuche experimentell belegt worden; z. B. durch die Versuche von Kaufmann, der zeigte, daß Elektronen hoher Geschwindigkeit in Magnetfeldern tatsächlich gemäß der relativistischen Masse abgelenkt werden (vgl. Sie hierzu Beispiel 33.2). Im Ruhesystem des Teilchens ($\beta = 0$) ist die Viererkraft

$$(F_1, F_2, F_3, F_4) = (K_x, K_y, K_z, 0), \tag{33.10}$$

also in ihren ersten drei Komponenten mit der gewöhnlichen (Dreier-) Kraft identisch. Wir können im Prinzip die Viererkraft auch so konstruieren, daß wir vom Ruhesystem, also der rechten Seite von (33.10) ausgehen und die Viererkraft in einem Inertialsystem, in welchem das Teilchen sich bewegt, durch Lorentz-Transformation gewinnen. Diese Idee wird im folgenden Beispiel verfolgt.

33.1 Beispiel: Konstruktion der Viererkraft durch Lorentz-Transformation

Wir wollen die Viererkraft

$$F^\mu = \{\gamma\vec{K}, i\gamma\frac{\vec{v}}{c}\vec{K}\} \qquad \underline{1}$$

aus dem Lorentz-Transformationseigenschaften von F^μ ableiten. Dabei ist $\vec{K} = \frac{d}{dt}(m\vec{v})$ die 3er-Kraft und $\vec{v} = c\vec{\beta}$ die Geschwindigkeit des Teilchens. Im Ruhesytem des Teilchens soll gelten

$$F_0^\mu = \{\vec{K}_0, 0\}, \qquad \underline{2}$$

d.h. die relativistische 4er-Kraft ist in ihren ersten 3 Komponenten mit der 3er-Kraft in diesem System identisch. Diese Gleichung ist konsistent mit der zu beweisenden Gleichung 1. In einem System, in welchem sich das Teilchen mit $\vec{v}$ bewegt, gilt (weil wir dieses System aus dem Ruhesystem des Teilchens durch einen Boost in $(-\vec{v})$-Richtung erhalten):

$$F^\mu = \alpha^\mu_\nu(-\vec{v})F_0^\nu$$

bzw.

$$\begin{aligned} F_{\|} &= \gamma(F_{0\|} - i\frac{v}{c}F_0^4) = \gamma F_{0\|} = \gamma K_{0\|} \\ \vec{F}_\perp &= \vec{F}_{0\perp} = \vec{K}_{0\perp} \\ F^4 &= \gamma(F_0^4 + i\frac{v}{c}F_{0\|}) = i\gamma\frac{v}{c}F_{0\|} = i\gamma\frac{v}{c}K_{0\|} \end{aligned} \qquad \underline{3}$$

Hierbei bedeuten $F_{\|}$ und $F_\perp$ die Raumkomponenten der Viererkraft parallel bzw. senkrecht zur Bewegungsrichtung. Ähnliches gilt für $K_{0\|}$ und $K_{0\perp}$. Um Gleichung 1 zu beweisen, müssen wir uns nur noch überlegen, wie $\vec{K}$ mit $\vec{K}_0$ zusammenhängt. Sodann kann $\vec{K}_0$ auf den rechten Seiten von Gl. 3 substituiert werden, und wir werden Gl. 1 erhalten. Der Zusammenhang zwischen den 3-Kräften $\vec{K}$ und $\vec{K}_0$ läßt sich wie folgt ableiten:

Wir betrachten die Kraft, welche auf ein Teilchen der Geschwindigkeit $\vec{v}$ und der Masse $m = m_0\gamma_v = m_0/\sqrt{1-\frac{v^2}{c^2}}$ im Inertialsystem S wirkt:

$$\vec{K} = \frac{\mathrm{d}}{\mathrm{d}t}(m\vec{v}) \quad . \qquad \underline{4}$$

In einem anderen Inertialsystem S′, welches sich relativ zu S mit $\vec{V} = (V, 0, 0)$ bewegt, ist die Kraft auf diese Teilchen gegeben durch

$$\vec{K}' = \frac{d}{dt'}(m'\vec{v}'), \qquad \underline{5}$$

mit

$$\begin{aligned} t' &= \gamma_V(t-(V/c^2)x), & \gamma_V &= \frac{1}{\sqrt{1-V^2/c^2}} \\ m' &= m_0\gamma_{v'} = m\frac{\gamma_{v'}}{\gamma_v}, & \gamma_{v'} &= \frac{1}{\sqrt{1-(v'^2)/c^2}}, \\ \vec{v}\,' &= \left(\frac{v_x-V}{1-(v_xV)/c^2}, \frac{\sqrt{1-V^2/c^2}v_y}{1-(v_xV)/c^2}, \frac{\sqrt{1-V^2/c^2}v_z}{1-(v_xV)/c^2}\right), & \gamma_v &= \frac{1}{\sqrt{1-v^2/c^2}} \end{aligned} \qquad \underline{6}$$

Offenbar ist (Additionstheorem der Geschwindigkeiten):

$$\begin{aligned} \frac{1}{1-v'^2/c^2} &= \frac{1}{1-\frac{v_x^2+V^2-2v_xV+(1-V^2/c^2)v_y^2+(1-V^2/c^2)v_z^2}{(1-v_xV/c^2)^2c^2}} \\ &= \frac{\left(1-v_xV/c^2\right)^2c^2}{c^2-2v_xV+v_x^2V^2/c^2-v_x^2-V^2+2v_xV-v_y^2-v_z^2+(V^2/c^2)(v_y^2+v_z^2)} \\ &= \frac{\left(1-v_xV/c^2\right)^2c^2}{c^2-v^2-V^2+v^2V^2/c^2} = \frac{\left(1-v_xV/c^2\right)^2}{(1-v^2/c^2)(1-V^2/c^2)} \end{aligned}$$

und daher

$$m' = m\frac{1-v_xV/c^2}{\sqrt{1-v^2/c^2}\sqrt{1-V^2/c^2}}\sqrt{1-v^2/c^2} = m\frac{1-v_xV/c^2}{\sqrt{1-V^2/c^2}} \qquad \underline{7}$$

Wir haben also

$$\begin{aligned} K'_x &= \frac{\mathrm{d}t}{\mathrm{d}t'}\frac{\mathrm{d}}{\mathrm{d}t}\left(m\frac{1-v_xV/c^2}{\sqrt{1-V^2/c^2}}\frac{v_x-V}{1-v_xV/c^2}\right) \\ &= \frac{1}{\frac{\mathrm{d}t'}{\mathrm{d}t}}\frac{\mathrm{d}}{\mathrm{d}t}\left(m\frac{v_x-V}{\sqrt{1-V^2/c^2}}\right) \\ &= \frac{1}{\gamma_V\left(1-\frac{V}{c^2}v_x\right)}\frac{\mathrm{d}}{\mathrm{d}t}\left(m\frac{v_x-V}{\sqrt{1-\frac{V^2}{c^2}}}\right) \end{aligned} \qquad \underline{8}$$

da $V = \text{const.}$, $dx/t = v_x$.

Es folgt weiter (da $\gamma_V = 1/\sqrt{1-V^2/c^2} = \text{const.}$)

$$K'_x = \frac{1}{1-Vv_x/c^2}\left(\frac{\mathrm{d}}{\mathrm{d}t}mv_x - V\frac{\mathrm{d}m}{\mathrm{d}t}\right) \qquad \underline{9}$$

Da $\frac{\mathrm{d}}{\mathrm{d}t}mv_x = K_x$,

$$\begin{aligned} \frac{\mathrm{d}m}{\mathrm{d}t} &= m_0\frac{\mathrm{d}}{\mathrm{d}t}\gamma_v = m_0\gamma_v^3\frac{\vec{v}\dot{\vec{v}}}{c^2} = m_0\gamma_v(1+\frac{v^2}{c^2}\gamma_v^2)\frac{\vec{v}\dot{\vec{v}}}{c^2} \\ &= \frac{\vec{v}}{c}\cdot\left(m_0\gamma_v\frac{\dot{\vec{v}}}{c}\right) + \frac{v^2}{c^2}m_0\dot{\gamma_v} = \frac{\vec{v}}{c}\cdot\left(m_0\gamma_v\frac{\dot{\vec{v}}}{c}\right) + \frac{\vec{v}}{c}\left(\frac{\vec{v}}{c}m_0\dot{\gamma}\right) \\ &= \frac{\vec{v}}{c}\left(m_0\gamma_v\frac{\vec{v}}{c}\right) = \vec{v}\cdot\vec{K}\frac{1}{c^2} \quad , \end{aligned} \qquad \underline{10}$$

folgt

$$\begin{aligned} K'_x &= \tfrac{1}{1-v_xV/c^2}\left(K_x - \tfrac{V}{c^2}v_xK_x - \tfrac{V}{c^2}(v_yK_y - \tfrac{V}{c^2}v_zK_z\right) \\ &= K_x - \tfrac{V/c^2}{1-v_xV/c^2}v_yK_y + v_zK_z) \end{aligned} \qquad \underline{11}$$

Befand sich das Teilchen im System S in Ruhe ($v_x = v_y = v_z = 0$), so gilt

$$K'_x = K_x \qquad \underline{12}$$

Für die anderen Komponenten der Kraft $\vec{K}\,'$ gilt:

$$\begin{aligned} K'_y &= \frac{1}{\gamma_V\left(1-\frac{Vv_x}{c^2}\right)}\frac{\mathrm{d}}{\mathrm{d}t}\left(m\frac{1-v_xV/c^2}{\sqrt{1-\frac{V^2}{c^2}}}\;\frac{\sqrt{1-V^2/c^2}v_y}{1-v_xV/c^2}\right) \\ &= \frac{1}{\gamma_V\left(1-\frac{Vv_x}{c^2}\right)}\frac{\mathrm{d}}{\mathrm{d}t}(mv_y) \;=\; \frac{\sqrt{1-V^2/c^2}}{1-\frac{Vv_x}{c^2}}K_y \end{aligned} \qquad \underline{13}$$

und analog:

$$K'_y = \frac{\sqrt{1-V^2/c^2}}{1-\frac{Vv_x}{c^2}}K_Z \qquad \underline{14}$$

War das Teilchen im System S in Ruhe, so gilt:

$$\begin{aligned} K'_y &= \sqrt{1-V^2/c^2}K_y \\ K'_z &= \sqrt{1-V^2/c^2}K_z \end{aligned} \qquad \underline{15}$$

Die Gleichungen 15 sind unter der Annahme abgeleitet worden, daß das System S′ sich relativ zu S mit $\vec{V} = (V,0,0)$ bewegt. Für eine beliebige Bewegungsrichtung führen wir die Bezeichnungen $||$ (für Komponenten parallel zu $\vec{V}$) und $\perp$ (für Komponenten senkrecht zu $\vec{V}$) ein und erhalten:

$$\begin{aligned} K'_{||} &= K_{||} \\ \vec{K}'_{\perp} &= \frac{1}{\gamma_V}\vec{K}_{\perp} \end{aligned} \qquad \underline{16}$$

Das System S soll nun dasjenige sein, in welchem das Teilchen ruht, das System S′ dasjenige, in welchem sich das Teilchen mit $\vec{v}$ bewegt. Offenbar ist dann $\gamma_V = \frac{1}{\sqrt{1-V^2/c^2}} = \frac{1}{\sqrt{v^2/c^2}}$ und daher (mit den Bezeichnungen von Gleichung 3:

$$\begin{aligned} K_{||} &= K_{0||} \\ \vec{K}_{\perp} &= \frac{1}{\gamma}\vec{K}_{0\perp} \end{aligned} \qquad \underline{17}$$

Setzen wir dies in Gl. 3 ein, so folgt

$$\begin{aligned} F_{||} &= \gamma K_{||} \\ \vec{F}_{\perp} &= \gamma\vec{K}_{\perp} \\ F^4 &= i\gamma\frac{v}{c}K_{||} = i\gamma\frac{\vec{v}}{c}\cdot\vec{K} \quad , \end{aligned} \qquad \underline{18}$$

weil $\vec{v} \cdot \vec{K}_{\perp} = 0$ per definitionem, d.h.

$$F^{\mu} = \{\gamma \vec{K}, i\gamma \frac{\vec{v}}{c} \cdot \vec{K}\}, \quad q.e.d. \qquad \underline{19}$$

Da gemäß Gl. 10 $\frac{\vec{v} \cdot \vec{K}}{c^2} = \frac{\mathrm{d}m}{\mathrm{d}t}$, sieht man sofort, daß

$$F^4 = ci\gamma \frac{\mathrm{d}m}{\mathrm{d}t} \qquad \underline{20}$$

gilt. Man erhält also die schon bekannte Form für F^4.

Kinetische Energie: Die kinetische Energie in der Newtonschen Mechanik berechnet sich wie folgt:

$$T(t) = \int_{t_0}^{t} \vec{K} \cdot \frac{d\vec{r}}{dt'} \, dt'.$$

Differentiation nach der Zeit ergibt

$$\frac{dT}{dt} = \vec{K} \cdot \vec{v} = \frac{d\vec{p}}{dt} \cdot \vec{v}. \tag{33.11}$$

Setzen wir hier für $\vec{K} = d\vec{p}/dt = m_0 \, d\vec{v}/dt$, d. h. die Beziehung entsprechend der Newtonschen Mechanik ein, so finden wir

$$dT = m_0 \, \vec{v} \cdot d\vec{v}$$

oder nach Integration

$$T_2 - T_1 = \frac{m_0}{2} v_2^2 - \frac{m_0}{2} v_1^2.$$

Das ist der schon früher erhaltene Ausdruck für die kinetische Energie in der klassischen (Newtonschen) Mechanik.

Setzen wir dagegen für $\vec{p} = m\vec{v} = (m_0/\sqrt{1-\beta^2})\,\vec{v}$, d. h. den relativistischen (dreidimensionalen) Impuls (siehe Gleichung (33.4)) in Beziehung (33.11) ein, so erhalten wir

$$\frac{dT}{dt} = \vec{v} \cdot \frac{d}{dt}\left(\frac{m_0}{\sqrt{1-\beta^2}} \vec{v}\right)$$

und mit $\vec{v} = v\vec{e}$ ergibt sich

$$\frac{dT}{dt} = v \frac{d}{dt}\left(\frac{m_0 v}{\sqrt{1-\beta^2}}\right) \vec{e} \cdot \vec{e} + v \left(\frac{m_0 v}{\sqrt{1-\beta^2}}\right) \vec{e} \cdot \dot{\vec{e}}$$

und wegen $\vec{e}\cdot\vec{e}=1, \quad \vec{e}\cdot\dot{\vec{e}}=0$:

$$\begin{aligned}\frac{dT}{dt} &= v\frac{d}{dt}\left(\frac{m_0 v}{\sqrt{1-\beta^2}}\right) = c^2\beta\frac{d}{dt}\left(m_0\frac{\beta}{\sqrt{1-\beta^2}}\right)\\ &= m_0 c^2\frac{d}{dt}\left(\frac{1}{\sqrt{1-\beta^2}}\right),\end{aligned}$$

da

$$\beta\frac{d}{dt}\left(\frac{\beta}{\sqrt{1-\beta^2}}\right) = \frac{d}{dt}\left(\frac{1}{\sqrt{1-\beta^2}}\right),$$

wie man durch Ausdifferenzieren nachweisen kann. Integration nach der Zeit ergibt

$$\begin{aligned}T &= m_0 c^2\int_{t_0}^{t}\frac{d}{dt}\left(\frac{1}{\sqrt{1-\beta^2}}\right)dt = \left.\frac{m_0 c^2}{\sqrt{1-\beta^2}}\right|_{t_0}^{t}\\ &= m_0 c^2\left[\frac{1}{\sqrt{1-v^2(t)/c^2}} - \frac{1}{\sqrt{1-v^2(0)/c^2}}\right].\end{aligned}$$

Ist für $t_0=0, v=0$ bzw. $\beta=0$, so erhält man schließlich

$$T = \frac{m_0 c^2}{\sqrt{1-\beta^2}} - m_0 c^2 = (m-m_0)c^2. \tag{33.12}$$

Der Ausdruck $m_0 c^2$ wird sinnvoll als *Ruheenergie* bezeichnet. Durch eine Umstellung der Glieder erhalten wir die Beziehung

$$T + m_0\, c^2 = m\, c^2 = E. \tag{33.13}$$

Die berühmte Gleichung

$$E = m\, c^2 \tag{33.14}$$

ist eine der wichtigsten Aussagen der Relativitätstheorie: *Energie und Masse sind äquivalent.* E nennt man die totale Energie: das ist die gesamte Energie, die ein *freies Teilchen* besitzt. Sie setzt sich für freie Teilchen aus Ruhenergie ($m_0\, c^2$) und kinetischer Energie ($(m-m_0)c^2$) zusammen. Bei Teilchen in einem Kraftfeld enthält die gesamte Energie auch noch die potentielle Energie (vgl. später): Daß die Ruheenergie $m_0\, c^2$ als neuer, selbständiger Energieanteil interpretiert wird, muß letzten Endes durch Befragung der Natur (Experiment) geklärt werden. Beispiele dazu werden wir im folgenden vorstellen. Wir können aber schon jetzt durch Betrachtung eines Spaltprozesses eines Teilchens der Masse m_0 in zwei Tochterteilchen m_1 und m_2 ein Argument für die physikalische Realität der Ruheenergie liefern. Denn im Allgemeinen ist $m_0 \neq m_1 + m_2$. Die Ruheenergie liefert demnach einen Beitrag zur Energiebilanz bei dem Aufbruch eines Teilchens. Diese Möglichkeit ginge verloren, wenn wir in (33.13) die Ruheenergie als immer konstant ansähen und in der Konstanten E auf der rechten Seite absorbierten.

Für $v \ll c$, also $\beta \ll 1$ muß die relativistische kinetische Energie in die kinetische Energie der Newtonschen Mechanik übergehen. Aus

$$T = \frac{m_0\, c^2}{\sqrt{1-\beta^2}} - m_0\, c^2 \tag{33.15}$$

ergibt sich durch eine Entwicklung der Wurzel:

$$T = m_0\, c^2 \left(1 + \frac{1}{2}\beta^2 + \frac{1\cdot 3}{2\cdot 4}\beta^4 + \cdots\right) - m_0\, c^2$$

oder

$$T = m_0\, c^2 + \frac{1}{2} m_0\, v^2 + \cdots - m_0\, c^2 \approx \frac{1}{2} m_0\, v^2 + \cdots .$$

Bei kleiner Geschwindigkeit ($v \ll c$) ist also in sehr guter Näherung $T = \frac{1}{2} m_0\, v^2$, was dem nichtrelativistischen Ausdruck für die kinetische Energie entspricht

Die Äquivalenz zwischen Masse und Energie (33.13) ist in der Kernphysik mannigfach bestätigt worden; z. B. spaltet bei der Kernspaltung ein Atomkern der Masse M in zwei etwa gleich große Kerne mit den Massen M_1 und M_2. Es ist $M > M_1 + M_2$. Dem Massenschwund entspricht die Energiedifferenz

$$\triangle E = (M - M_1 - M_2)c^2,$$

die als kinetische Energie bei der Spaltung frei wird [11].

33.2 Beispiel: Der Einsteinsche Kasten

Im folgenden Gedankenexperiment, das A. Einstein im Jahre 1906 erdachte [12], werden wir uns mit dem Zusammenhang zwischen der Trägheit von Materie und Strahlungsenergie beschäftigen. Wir wollen also untersuchen, welche träge Masse (Quotient aus Impuls und Geschwindigkeit) einer gegebenen Energie äquivalent ist. Dazu nehmen wir an, daß am linken Ende des in der Figur a) abgebildeten Kastens der Masse M und Länge L ein Photonenhaufen der Energie E emittiert wird, welcher vorher in Ruhe war. Die Photonenwolke bzw. Strahlung hat einen Impuls von $p = E/c$ und da der Gesamtimpuls wie vor dem Stoß verschwinden muß, erhält der Kasten einen Impulsübertrag von $p = -E/c$. Durch diesen Rückstoß bewegt sich der Kasten mit der Geschwindigkeit v:

$$v = -\frac{E}{Mc}. \tag{1}$$

[11] Eine ausführliche Diskussion der Massen und Energieverhältnisse ist in J.M. Eisenberg and W. Greiner, Nuclear Theory Vol 1: Nuclear Models, 3rd ed., North Holland (Amsterdam) 1987, zu finden.

[12] A. *Einstein,* Annalen der Physik 20, 627–633 (1906).

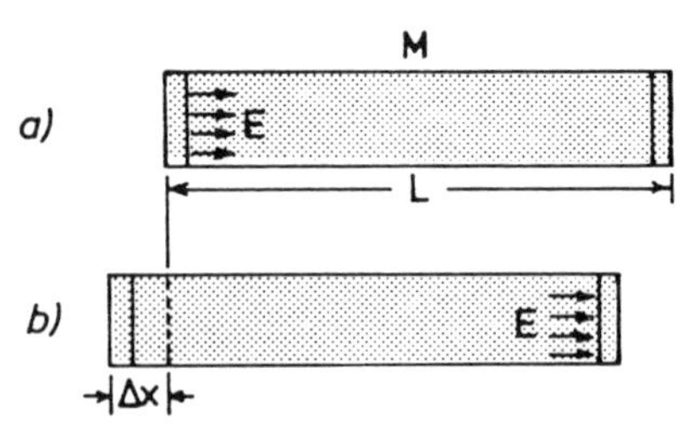

Zum Einsteinschen Kasten: Durch Emission eines Photonenhaufens a) am linken Ende des Kastens erfährt dieser einen Rückstoß und bewegt sich um die Strecke Δx, bis die Strahlungsenergie am rechten Ende des Kastens b) wieder absorbiert wird.

Die Strahlung trifft nach der Zeit $\triangle t$ auf die gegenüberliegende Wand des Kastens, wodurch dieser wieder zur Ruhe kommt, da der beim Abstoppen übertragene Impuls gleich dem negativen Anfangsimpuls ist. Somit wird der Kasten um eine Strecke $\triangle x$ verschoben, für die gilt

$$\triangle x = v \triangle t = -\frac{EL}{Mc^2}. \qquad \underline{2}$$

Setzen wir den Schwerpunkt R_s des Systems in den Koordinatenursprung, so muß dessen Lage auch nach Ablauf des Experimentes unverändert bleiben. Dies ist nur dann möglich, wenn wir der Photonenwolke eine Masse m zuordnen, so daß:

$$R_s = \frac{\triangle x M + mL}{m + M} = 0. \qquad \underline{3}$$

Zusammen mit Gleichung 2 erhalten wir damit:

$$-\frac{mL}{M} = -\frac{EL}{Mc^2} \quad \Leftrightarrow \quad E = mc^2. \qquad \underline{4}$$

Verbal ausgedrückt beschreibt Gleichung 4 die Trägheit der Energie, d. h. jede Änderung $\triangle E$ der Energie eines Körpers zieht eine entsprechende Änderung $\triangle m$ seiner trägen Masse nach sich.

Für unser Beispiel bedeutet das, daß jenes Ende des Kastens, an dem die Photonenwolke emittiert wird, eine Reduzierung seiner trägen Masse um E/c^2 erfährt. Ebenso erhöht sich dieser wieder um den gleichen Betrag, wenn die Photonenwolke am anderen Ende des Kastens gestoppt, bzw. thermalisiert wird. – Es sei noch erwähnt, daß sich unter Berücksichtigung dieses Umstandes sowie der durch den Rückstoß des Kastens geänderten Laufzeit das Resultat von Gleichung 4 nicht ändert.

33.3 Beispiel: Zum Massenzuwachs mit der Geschwindigkeit

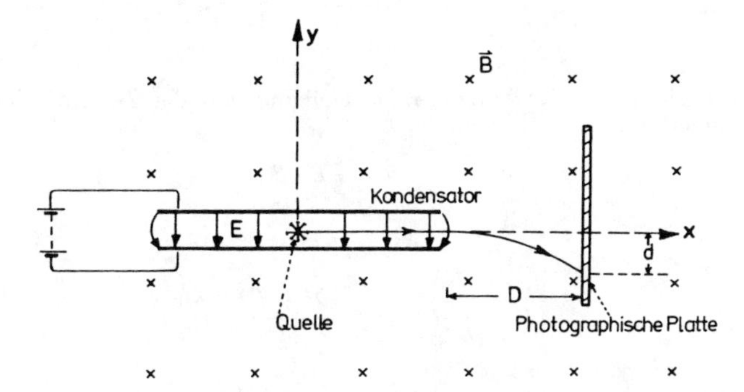

Vereinfachtes Schema von Bucherers Experiment, in dem der Kondensator als Geschwindigkeitsfilter dient. Nach Verlassen des Kondensators, werden die β-Strahlen (Elektronen) durch ein Magnetfeld abgelenkt und mit einer photographischen Platte nachgewiesen. Das Magnetfeld $\vec{B}$ ist in die Zeichenebene hinein gerichtet. Es ist durch Kreuze (x) dargestellt.

Bereits im Jahre 1897 konnte Thomson das Verhältnis von e/m für Elektronen messen, indem er Kathodenstrahlen verwendete. Im Jahre 1901 zeigte W. Kaufmann[13] qualitativ mittels der Parabelmethode, daß der Wert e/m von der Geschwindigkeit der β-Strahlen abhängt. A.H. Bucherer[14] aus Bonn führte 1908 ein verfeinertes Experiment zur Bestimmung von e/m mittels β-Strahlen durch. Die Versuchsanordnung ist in der Figur dargestellt: Zwischen den Platten eines großen Kondensators wurden β-Strahlen aus einer Radiumquelle emittiert. Die Potentialdifferenz zwischen den Platten erzeugt ein $\vec{E}$-Feld in negativer y-Richtung, wodurch ein Elektron die Kraft $\vec{F}_E = -e\vec{E}$ in y-Richtung erfährt ($e > 0$!). Durch das angelegte Magnetfeld wirkt auf ein sich in x-Richtung bewegendes Elektron die Lorentzkraft $\vec{F}_B = -e\vec{v}/c \times \vec{B}$ in Richtung der negativen y-Achse (vgl. Band III der Vorlesungen: Klassische Elektrodynamik). Da nun der Plattendurchmesser des Kondensators groß gegen den Plattenabstand ist, entkommen nur solche Elektronen, für die $|\vec{F}_E| = |\vec{F}_B|$, also:

$$\begin{aligned} e\frac{v}{c}B &= eE , \\ \frac{v}{c} &= \frac{E}{B} . \end{aligned} \qquad \underline{1}$$

(Anmerkung: Diese Beziehung ist auch im relativistischen Fall gültig, obwohl wir mit den nichtrelativistischen Ausdrücken für $\vec{F}_E$ und $\vec{F}_B$ gerechnet haben. Der Grund hierfür ist, daß sich ein Faktor $1/\sqrt{1-v^2/c^2}$ auf beiden Seiten von Gl. 1 weghebt, vgl. Bd. III der Vorlesungen.) Somit wirkt der Kondensator als *Geschwindigkeitsfilter (gekreuzte Felder).* Nach Austritt aus dem $\vec{E}$-Feld bewegt sich das Elektron auf einer Kreisbahn mit Radius R aufgrund des $\vec{B}$-Feldes (dies gilt

[13] W. *Kaufmann,* Gött. math.-nat. Klasse S. 143 (1901); Phys. Zeitschr. 4, 55 (1902).

[14] A.H. *Bucherer,* Verh. d. Deutschen Phys. Ges. 6, 688 (1908)

auch im relativistischen Fall, vgl. Bd. III der Vorlesungen). Aus der Geometrie der Abbildung entnimmt man:

$$\begin{aligned} d(2R - d) &= D^2, \\ R &= \frac{D^2 + d^2}{2d}. \end{aligned} \qquad \underline{2}$$

Durch Gleichsetzen der Lorentz-Beschleunigung mit der Zentripetalbeschleunigung findet man:

$$mv = \frac{e}{c} B \cdot R$$

oder

$$R = \frac{mv}{Be} c \quad \Rightarrow \quad \frac{D^2 + d^2}{2d} = \frac{mv}{Be} c.$$

Mit Gleichung 1 ergibt das:

$$\frac{e}{m} = \frac{2d}{(D^2 + d^2)} \frac{E}{B^2} c^2 . \qquad \underline{3}$$

Bucherer polte das $\vec{E}$- und $\vec{B}$-Feld um, wodurch ein zweiter Leuchtfleck auf der photographischen Platte erschien und bestimmte d als den halben Abstand zwischen den beiden Leuchtflecken. Das Experiment wurde mit verschiedenen $\vec{B}$- und $\vec{E}$-Feldstärken, bzw. Elektronengeschwindigkeiten durchgeführt. In der nachstehenden Tabelle sind die Resultate aufgeführt:

Bucherers Resultate für e/m von β-Strahlen (Elektronen)

v/c	$e/m = \frac{e\sqrt{1-v^2/c^2}}{m_0}$	e/m_0
0.3173	$1.661 \cdot 10^{11}$ C/kg	$1.752 \cdot 10^{11}$ C/kg
0.3787	1.630	1.761
0.4281	1.590	1.759
0.5154	1.511	1.763
0.6870	1.283	1.766

4

Der Wert für e/m_0 errechnet sich aus den Meßwerten für e/m und v/c. Die folgende Abbildung zeigt eine Zusammenfassung der Experimente von Kaufmann, Bucherer und Guye und Lavanchy [15] , welche die Geschwindigkeitsabhängigkeit

[15] Ch.E. *Guye* und Ch. *Lavanchy,* Arch. de Genéve 41, 286, 353, 441 (1916).

der Elektronenmasse eindrucksvoll dokumentieren.

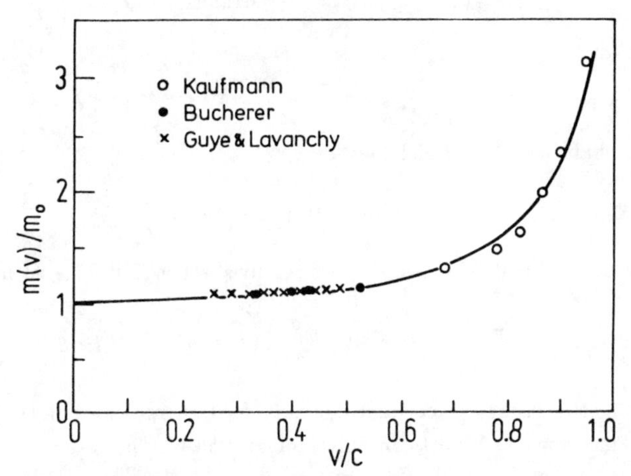

Die träge Masse des Elektrons als Funktion von dessen Geschwindigkeit. Die Messungen stammen von Kaufmann (Phys. Zeitschr. 4, 55 (1902)), Bucherer (Verh. DPG 6, 688 (1908)) und Guye und Lavanchy (Arch. de. Genève 41, 286, 353, 441 (1916)).

33.4 Aufgabe: Relativistischer Massenzuwachs

Man berechne die Geschwindigkeit und die Bahnkurve eines relativistischen Teilchens der Ruhemasse m_0 im Schwerefeld der Erde für die Anfangsbedingung $\vec{r}(t=0)=\vec{0}$ und $\vec{v}(t=0)=v_0\vec{e}_z$.

Lösung: Einsetzen der geschwindigkeitsabhängigen Masse

$$m(v)=\frac{m_0\,c}{\sqrt{c^2-v^2}} \qquad \underline{1}$$

in die Bewegungsgleichung führt auf:

$$\begin{aligned}\frac{d}{dt}(m(v)\vec{v}) &= m(v)\dot{\vec{v}}+\frac{m(v)}{c^2-v^2}(\dot{\vec{v}}\cdot\vec{v}\,)\,\vec{v}\\ &= m(v)g\vec{e}_z.\end{aligned} \qquad \underline{2}$$

Die Geschwindigkeitskomponenten in x- und y-Richtung verschwinden aufgrund der Anfangsbedingung. Aus $\underline{2}$ folgt dann

$$\begin{aligned}\dot{v}_z+\frac{1}{c^2-v^2}v_z^2\,\dot{v}_z &= g\\ \Rightarrow\quad \dot{v}_z\left(1+\frac{v_z^2}{c^2-v_z^2}\right) &= g\\ \Rightarrow\quad \dot{v}_z=g\frac{1}{1+v_z^2/(c^2-v_z^2)} &= g\frac{c^2-v_z^2}{c^2-v_z^2+v_z^2}=g\left(1-\left(\frac{v_z}{c}\right)^2\right).\end{aligned} \qquad \underline{3}$$

Die Lösung von 3 ergibt sich aus:

$$\begin{aligned}\int_{v_0}^{v_z} dv_z'(c^2 - v_z'^2)^{-1} &= \frac{1}{c}\left(\operatorname{artanh}\frac{v_z}{c} - \operatorname{artanh}\frac{v_0}{c}\right) \\ &= \frac{1}{c}\operatorname{artanh}\left(\frac{v_z - v_0}{c - v_z\, v_0/c}\right) = \frac{g}{c^2}t. \end{aligned} \qquad 4$$

Dabei haben wir die Beziehung:

$$\operatorname{artanh}x - \operatorname{artanh}y = \operatorname{artanh}\frac{x-y}{1-xy} \qquad 5$$

verwendet. Die Geschwindigkeit des relativistischen Teilchens ist nun

$$\vec{v}(t) = \left(v_0 + c\tanh\frac{g}{c}t\right)\left(c + v_0\tanh\frac{g}{c}t\right)^{-1} c\,\vec{e}_z. \qquad 6$$

Sie nähert sich für $t \to \infty (\tanh gt/c \simeq 1)$ der Grenzgeschwindigkeit c.

Die Funktion $z(t)$ erhält man durch Integration von 6:

$$\begin{aligned} z(t) &= c\int_0^t dt' \frac{v_0\cosh\frac{g}{c}t' + c\sinh\frac{g}{c}t'}{c\cosh\frac{g}{c}t' + v_0\sinh\frac{g}{c}t'} \\ &= \frac{c^2}{g}\ln\left[\cosh\frac{g}{c}t + \frac{v_0}{c}\sinh\frac{g}{c}t\right]. \end{aligned} \qquad 7$$

Mit $\cosh x \simeq 1 + x^2/2$, $\sinh x \simeq x$ und $\ln(x+1) \simeq x$ für $x \ll 1$ erhält man

$$z(t) \simeq \frac{1}{2}gt^2 + v_0 t \qquad \text{für} \quad t \ll \frac{c}{g},$$

d. h. den normalen freien Fall.

Für $t \to \infty$ findet man $z \simeq ct$, falls $v_0 \ll c$.

33.5 Aufgabe: Ablenkung des Lichtes im Gravitationsfeld

Einstein überlegte sich im Jahre 1911, ob man nicht die Beziehung $m = E/c^2$ für die träge Masse der Strahlungsenergie in das Gravitationsfeld einsetzen kann, um damit die Ablenkung von Lichtstrahlen entfernter Sterne durch die Sonne zu beschreiben. Die Ablenkung bewirkt, daß ein Beobachter die Position des Sterns längs der Verlängerung der Geraden a vermutet (gestrichelte Linie), womit die Richtung des Sterns verschoben erscheint (siehe Figur, insbesondere Figur b)).

Schon im Jahre 1901 führte der deutsche Astronom J. Soldner eine ähnliche Berechnung durch, in der er das Licht als Newtonsches Teilchen mit der Geschwindigkeit c beschrieb. Berechnen Sie für ein Photon, das den Rand der Sonne streift (siehe Figur), den Ablenkwinkel α unter der Annahme, daß es mit der Geschwindigkeit c auf einer Geraden vorbeifliegt. Die auf der Flugbahn senkrecht stehende

Komponente der Schwerkraft ($F \cos\theta$) integriert über die gesamte Flugstrecke ergebe die transversale Impulskomponente.

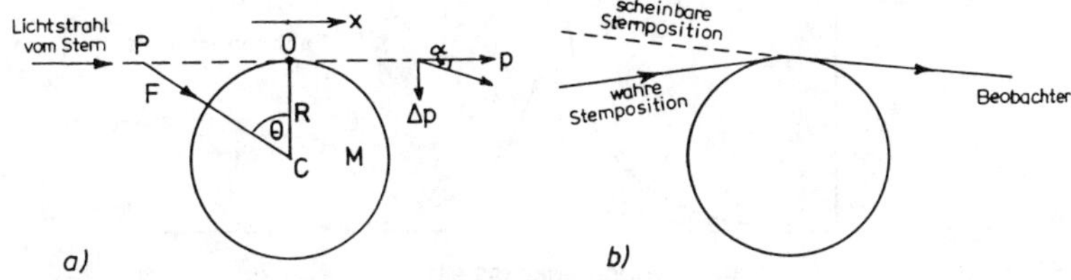

a) Klassische Darstellung der Ablenkung eines Photons, das den Rand der Sonne in O streift, b) reales Ablenkungsverhalten.

Lösung: Die in der Abbildung dargestellte transversale Impulskomponente $\triangle p = \int F \cos\theta \, dt$ berechnen wir zwischen den Grenzen $\pm\infty$, wobei der Ursprung der Bahn x in den Berührungspunkt 0 gelegt wurde. Der Impuls ist $p = E/c$ und $dt = dx/c$. Für die Strecke $\overline{CP}$ entnimmt man aus der Abbildung:

$$
\begin{aligned}
(\overline{CP})^2 &= x^2 + R^2 \\
\Rightarrow \quad \triangle p &= \int_{-\infty}^{\infty} F \cos\theta \frac{dx}{c} = \frac{1}{c} \int_{-\infty}^{\infty} F \frac{R}{\sqrt{x^2 + R^2}} dx \\
&= \frac{\gamma m M R}{c} \int_{-\infty}^{\infty} (x^2 + R^2)^{-3/2} dx \\
&= \frac{\gamma m M R}{c} \frac{x}{R^2 \sqrt{x^2 + R^2}} \bigg|_{-\infty}^{\infty} = \frac{2\gamma m M}{Rc} .
\end{aligned} \qquad \underline{1}
$$

Damit erhalten wir für den Ablenkwinkel $\tan\alpha = \triangle p/p$:

$$
\alpha = \frac{2\gamma m M}{Rcmc} = \frac{2\gamma M}{Rc^2} \qquad \underline{2}
$$

Einsetzen der Zahlenwerte $M_\odot = 1.99 \cdot 10^{30}$ kg, $R_\odot = 6.96 \cdot 10^8\, m$, $\gamma = 6.67 \cdot 10^{-11}\, \mathrm{m^3/(kg\, s^2)}$, $c = 2.998 \cdot 10^8$ m/s liefert einen Ablenkwinkel von $\alpha = 0.875''$, ein Resultat, von dem man zunächst annimmt, daß es wohl quantitativ nur bedingt richtig sein kann. Überraschenderweise erhält man in der allgemeinen Relativitätstheorie bei der Berechnung der Ablenkung eines Lichtstrahles im Schwarzschildfeld denselben Wert bis auf einen Faktor 2, also $\alpha = 4\gamma M/Rc^2 = 1.75''$. Experimentelle Untersuchungen zwischen 1919 und 1954 lieferten Werte zwischen $1.5''$ und etwa $3''$ (Finlay-Freundlich 1955 und von Kluber 1960). Diese Messungen scheinen im Mittel $2.2''$ zu liefern, was um 25 % zu groß wäre. Im Jahre 1952 erhielt van Biesbroeck in einem Präzisionsexperiment den Wert $1.7'' \pm 0.1''$. Neuere Messungen aus dem Jahre 1970 (Hill 1971 und Sramek 1971) am Mullard Radio Astronomy Observatory der Cambridge University und am National Radio Observatory (USA) bestätigen im wesentlichen den von van Biesbroeck erhaltenen Wert, der gut mit der theoretischen Vorhersage übereinstimmt.

Tachyonenhypothese.

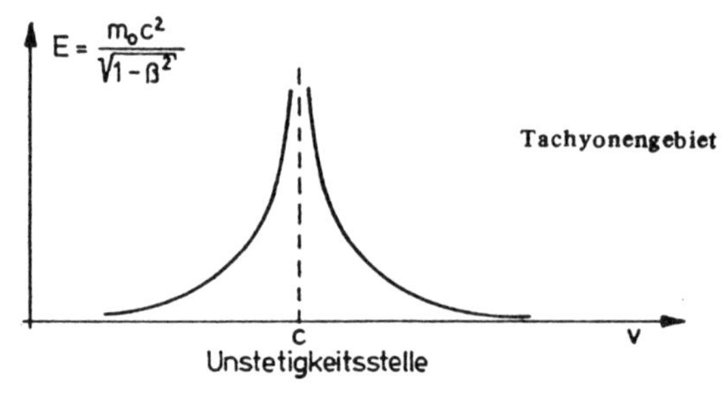

Zur Tachyonenhypothese.

Wir haben gesehen, daß die Lichtgeschwindigkeit eine *obere* Grenzgeschwindigkeit ist. Eine Grenze hat aber zwei Seiten. Mit diesem Hinweis wurde die Hypothese aufgestellt, daß es Teilchen geben könnte, deren *untere* Grenzgeschwindigkeit die Lichtgeschwindigkeit ist.

Diese hypothetischen Partikel nennt man *Tachyonen* (griech.: tachys = schnell). Ihre Existenz steht nicht im Widerspruch zur Relativitätstheorie. Tragen wir die relativistische Energie $E = m_0\,c^2/\sqrt{1-\beta^2}$ (vergleiche Gl. 33.12) als Funktion der Geschwindigkeit auf, so teilt der Pol bei $\beta = 1$ den Geschwindigkeitsbereich in zwei Gebiete auf. Das Gebiet $v < c$ ist das uns (bisher) zugängliche, das Gebiet $v > c$ das der Tachyonen. Jedoch muß man annehmen, daß die Ruhemasse M_0 der Tachyonen rein imaginär ist ($M_0 = im_0$), damit ihre Energie

$$E = \frac{M_0\,c^2}{\sqrt{1-\beta^2}} = \frac{im_0\,c^2}{i\sqrt{\beta^2-1}} = \frac{m_0\,c^2}{\sqrt{\beta^2-1}}$$

für $\beta > 1$ (was die Tachyonen charakterisiert) reell bleibt. Man gibt also die reelle Ruhemasse auf, hält aber an der Forderung nach stets reeller Energie fest. Schließlich ist es die Energie, die von einem Teilchen gemessen wird. Seine Masse ist – mehr oder weniger – ein Proportionalitätsfaktor (z. B. im dynamischen Grundgesetz).

Aus der vorhergehenden Skizze lassen sich sofort einige weitere Eigenschaften der Tachyonen ablesen.

1) Die Tachyonen besitzen eine untere Geschwindigkeitsgrenze $= c$. Für sie gibt es keine obere Geschwindigkeitsgrenze ($c \le |\vec{v}_{\text{Tach.}}| < \infty$).

2) Bei reeller Energie hat die Ruhemasse M_0 der Tachyonen einen imaginären Wert.

3) Wenn ein Tachyon Lichtgeschwindigkeit besitzt, werden seine Energie und sein Impuls unendlich groß.

4) Verliert ein Tachyon Energie, so wächst seine Geschwindigkeit. Bei $E = 0$ ist $|\vec{v}_{\text{Tach.}}| = \infty$.

Weitere Eigenschaften sollen sein:

5) Ein Tachyon kann in jedem Energiezustand masselose Teilchen (Photonen, Neutrinos) aussenden. Sie müssen also zusätzliche Quantenzahlen wie z. B. elektrische Ladung tragen.

6) Die Anzahl von Tachyonen zu einem gegebenen Zeitpunkt in einem gegebenen Raum ist nicht eindeutig bestimmt. Sie ist abhängig vom Standpunkt des Beobachters.

7) Annahme: Tachyonen sind elektrisch geladene Teilchen. Das ist notwendig, wie schon unter 5) bemerkt, damit Lichtwellen (Photonen) abgestrahlt werden können.

Diese letzte Eigenschaft vergrößert die Chance eines Nachweises erheblich (falls diese Teilchen überhaupt existieren). Denn nach der Theorie müßte ein elektrisch geladenes Tachyon eine Tscherenkov-Strahlung[16] abgeben (das sind elektromagnetische Kopfwellen (genauer Machsche Schockwellen), die immer dann auftreten, wenn gewöhnliche, geladene Teilchen mit einer größeren Geschwindigkeit durch ein Medium fliegen als die Geschwindigkeit des Lichtes in diesem Medium beträgt).[17]

Ein guter Vergleich zur Verdeutlichung ist der Machkegel[18]. Er entsteht z. B. bei

[16]Benannt nach Rawel Aleksejewitsch *Tscherenkov,* sowjet. Physiker geb. bei Woronesch 28.7.1904, seit 1959 Professor und seit 1964 Mitglied der Akademie in Moskau. Er entdeckte 1934 die Tscherenkov-Strahlung. 1958 erhielt er gemeinsam mit I.M. Frank und I. Tamm den Nobelpreis. Nach dem Krieg war T. am Bau eines Elektronensynchrotons am Lebedev-Institut beteiligt.

[17]Das Prinzip der Tscherenkov-Strahlung wird in der experimentellen Hochenergie - und Kernphysik in den sog. Tscherenkov-Zählern zur Anwendung gebracht. Sie bestehen i.w. aus einem Medium mit hohem Brechungsindex, so daß die Geschwindigkeit schneller geladener Teilchen, die in den Zähler einlaufen, die Lichtgeschwindigkeit in diesem Medium übertrifft und diese Teilchen folglich Tscherenkov-Strahlung emittieren. Die Strahlung kann beobachtet werden und dient damit indirekt zur Detektion der Teilchen.

[18] Benannt nach Ernst *Mach,* Physiker und Philosoph, geb. in Turas (Mähren) 18.2.1838; gest. Haar bei München 19.2.1916. Wurde 1864 Professor der Physik in Graz, 1867 in Prag, war 1895 – 1901 Prof. der Philosophie in Wien. Als Physiker untersuchte er besonders akustische und optische Probleme. Er verbesserte das stroboskopische Verfahren und wandte die Toeplersche Schlierenmethode erfolgreich auf die Untersuchung fliegender Geschosse an. Besonders erforschte er die Bewegung von Festkörpern mit Überschallgeschwindigkeit.

einem Flugzeug, das mit Überschallgeschwindigkeit fliegt.

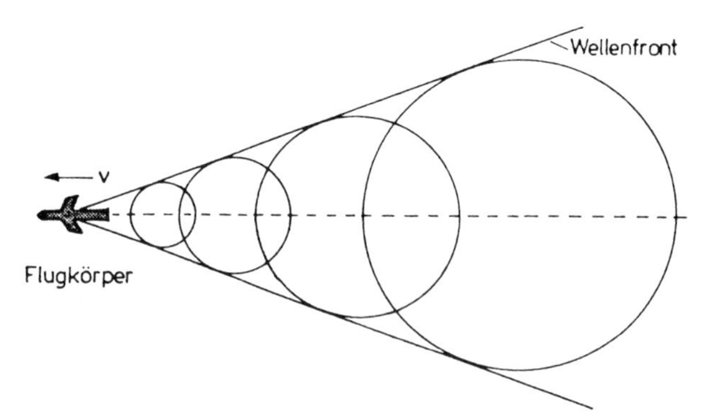

Veranschaulichung des Machkegels beim Überschallflug.

Die Tscherenkov-Strahlung ist das Analogon zur Machschen Stoßwelle, die bei der Bewegung eines Körpers auftritt, dessen Geschwindigkeit größer als die Phasengeschwindigkeit der elastischen Welle in dem umgebenden Medium ist [19].

Da sich ein Tachyon immer mit Überlichtgeschwindigkeit bewegt, müßte es im Vakuum dauernd die sichtbare Tscherenkov-Stahlung aussenden. Der Nachteil dabei ist, daß es Energie verliert und somit seine Geschwindigkeit ins Unendliche wächst, während es strahlt. Diese Schwierigkeit soll dadurch überbrückt werden, daß dem Tachyon vermittels eines elektrischen Feldes dauernd Energie zugeführt wird. Dadurch wäre die Geschwindigkeit wieder geringer und die Tscherenkov-Strahlung müßte sich beobachten lassen.

Zum Abschluß soll betont werden, daß die Tachyonen bisher nichts mehr sind als eine „Möglichkeit der Theorie". Ein experimenteller Nachweis steht noch aus.

Ableitung des Energiesatzes im Minkowski-Raum. Betrachten wir das Skalar-Produkt von Viererkraft und Vierergeschwindigkeit:

$$\overset{\Rightarrow}{F} \cdot \frac{d\overset{\Rightarrow}{r}}{d\tau} = m_0 \frac{d^2\overset{\Rightarrow}{r}}{d\tau^2} \cdot \frac{d\overset{\Rightarrow}{r}}{d\tau} = \frac{m_0}{2} \frac{d}{d\tau}\left(\frac{d\overset{\Rightarrow}{r}}{d\tau}\right)^2 . \tag{33.16}$$

Die Norm der Vierergeschwindigkeit ist konstant und gleich dem negativen Lichtge-

[19] In der Kernphysik wurden Mach-Schockwellen beim schnellen („Überschall")Stoß eines kleinen Kerns durch einen großen von H. Gutbrod et.al. entdeckt. Sie wurden fast 15 Jahre zuvor von Scheid, Müller und Greiner vorhergesagt (W. Scheid, H. Müller and W. Greiner, Phys. Rev. Lett. 32, 741 (1974)). Diese nuklearen Verdichtungswellen stellen den Schlüsselmechanismus zur Verdichtung der Kernmaterie dar. Damit wird die Zustandsgleichung der Kernmaterie erforscht. s. z.B. W. Greiner and H. Stöcker, Scientific American, January 1985, und H. Gutbrod and H.Stöcker, Scientific American, November 1991.

schwindigkeitsquadrat

$$\begin{aligned}\left(\frac{d\vec{\vec{r}}}{d\tau}\right)^2 &= \vec{\vec{v}}\cdot\vec{\vec{v}}=\left(\frac{1}{\sqrt{1-\beta^2}}(\vec{v},ic)\right)^2\\ &= \frac{1}{1-\beta^2}(v^2-c^2)=-c^2.\end{aligned}\tag{33.17}$$

Es ist also das Skalarprodukt

$$\vec{\vec{F}}\cdot\frac{d\vec{\vec{r}}}{d\tau}=0.$$

Durch komponentenweises Ausrechnen des Skalarproduktes erhalten wir die Beziehung

$$\begin{aligned}&\left(\frac{K_x}{\sqrt{1-\beta^2}},\frac{K_y}{\sqrt{1-\beta^2}},\frac{K_z}{\sqrt{1-\beta^2}},\frac{1}{\sqrt{1-\beta^2}}\frac{d}{dt}\left(\frac{icm_0}{\sqrt{1-\beta^2}}\right)\right)\\ &\cdot\left(\frac{1}{\sqrt{1-\beta^2}}\left(\frac{dx}{dt},\frac{dy}{dt},\frac{dz}{dt},ic\right)\right)=0,\end{aligned}$$

$$\begin{aligned}&\frac{1}{1-\beta^2}\left(K_x\frac{dx}{dt}+K_y\frac{dy}{dt}+K_z\frac{dz}{dt}+\left(\frac{d}{dt}(imc)\right)ic\right)\\ &= \frac{1}{1-\beta^2}\left(\vec{K}\cdot\frac{d\vec{r}}{dt}-\frac{d}{dt}(mc^2)\right)\\ &= 0\end{aligned}$$

Daraus folgt

$$(\vec{K}\cdot\vec{r}-d(mc^2))=-(dV+d(mc^2))=0.\tag{33.18}$$

wobei die Relation $V(\vec{r})=V(x,y,z)=\int\limits_{\vec{r}_0}^{\vec{r}}\vec{K}\cdot d\vec{r}$ benutzt wurde, was eine Beschränkung auf konservative Kraftfelder bedeudet. Die Integration von Gl. (33.18) liefert den *relativistischen Energiesatz*

$$V(x,y,z)+mc^2=\text{const.}=E.\tag{33.19}$$

Auch hier sehen wir, auf andere Weise als früher, daß mc^2 als Gesamtenergie (Ruheenergie m_0c^2 + kinetische Energie $(mc^2-m_0c^2)$) der Masse m interpretiert werden muß.

Die vierte Impulskomponente: Die vierte Komponente des Viererimpulses (33.4) konnten wir bisher nicht deuten. Wir wollen nun den Impuls durch die Energie ausdrücken. Dazu berechnen wir zuerst die vierte Impulskomponente. Setzt man $E = mc^2$ in die vierte Impulskomponente $p_4 = imc$ ein, so folgt

$$p_4 = imc = i\frac{mc^2}{c} = \frac{iE}{c} \quad .$$

Die Komponenten des Viererimpulses lauten dann

$$p_1 = mv_1, \qquad p_2 = mv_2, \qquad p_3 = mv_3, \qquad p_4 = \frac{iE}{c} \tag{33.20}$$

mit

$$m = m_0\sqrt{(1-\beta^2}$$

Die vierte Impulskomponente stellt also im wesentlichen die Energie des Massenpunktes dar.

Die Erhaltung des Impulses und der Energie für ein freies Teilchen: Aus Gleichung (33.7) und (33.8) folgt

$$\begin{aligned} \frac{d\vec{\vec{p}}}{d\tau} &= \frac{1}{\sqrt{1-\beta^2}}\frac{d}{d\tau}\left(m\vec{v}, i\frac{E}{c}\right) = \vec{\vec{F}} \\ &= \left(\frac{\vec{K}}{\sqrt{1-\beta^2}}, \frac{icm_0\beta\dot{\beta}}{1-\beta^2}\right) \quad . \end{aligned} \tag{33.21}$$

(vgl. (33.9)).

Wirken keine 3er–Kräfte, d.h. ist $\vec{K} = 0$, so folgt offensichtlich aus den ersten drei Komponenten

$$\frac{d}{dt}(m\vec{v}) = 0,$$

also

$$m\vec{v} = \frac{m_0}{\sqrt{1-\beta^2}}\vec{v} = \overrightarrow{\text{const}}.$$

Das ist die relativistische Form des Impulssatzes für ein freies Teilchen. Aus dieser (Vektor–) Gleichung können wir sofort folgern, daß die Richtung von $\vec{v}$ konstant ist. Betrachten wir nun den Betrag der Vektorgleichung und benutzen $m_0 = \text{const.}$, so folgt ($v \equiv |\vec{v}|$)

$$\frac{v}{\sqrt{1-(v/c)^2}} = \text{const.} \quad ,$$

d.h. auch der Betrag von $\vec{v}$ muß konstant sein. Folglich ist auch $\beta = v/c = \text{const.}$, d.h.$\dot{\beta} = 0$.. Damit folgt aus der vierten Komponente der Gleichung (33.21):

$$\frac{dE}{dt} = 0 \quad \text{oder } E = mc^2 = \text{const.}$$

Das ist nun auch der Energiesatz für ein freies Teilchen.

Relativistische Energie für freie Teilchen: Multipliziert man zwei Viererimpulse skalar miteinander, so ergibt sich:

$$\vec{\vec{p}} \cdot \vec{\vec{p}} = (\vec{p}, icm) \cdot (\vec{p}, icm) = \vec{p}^2 - c^2m^2 = p^2 - c^2m^2$$

und gleichzeitig

$$\vec{\vec{p}} \cdot \vec{\vec{p}} = m_0^2 \, \vec{\vec{v}} \cdot \vec{\vec{v}} = -m_0^2c^2,$$

da $\vec{\vec{v}} \cdot \vec{\vec{v}} = -c^2$ (s.o. Gleichung (33.17)). Daraus resultiert.

$$p^2 - c^2m^2 = -m_0^2c^2$$

und mit

$$\begin{aligned} m &= \frac{E}{c} : \\ p^2 - \frac{E^2}{c^2} &= -m_0^2c^2 \quad , \\ E^2 &= p^2c^2 + m_0^4c^2 \end{aligned}$$

bzw.

$$E^2 = (\vec{p}c)^2 + (m_0c^2)^2 = (mc^2)^2 \quad . \tag{33.22}$$

Dies ist die *relativistische Energie–Impuls–Beziehung für ein freies Teilchen*, da kein zusätzliches Potential vorkommt. Man beachte, daß formal auch negative Energien möglich sind.

$$E_1 = +\sqrt{(\vec{p}c)^2 + (m_0c^2)^2} \quad , \quad E_2 = -\sqrt{(\vec{p}c)^2 + (m_0c^2)^2} \quad . \tag{33.23}$$

Wenn ein Teilchen die Ruhemasse Null hat (Photon, Neutrino), so ist

$$E = p \cdot c \tag{33.24}$$

Für Photonen findet man in der Quantentheorie, daß ihre Energie der Frequenz proportional ist, nämlich $E = \hbar\omega$. Hier ist $\hbar$ das Plancksche Wirkungsquantum. Nach Gleichung (33.24) folgt dann sofort für den Impuls p des Photons

$$p = \hbar\frac{\omega}{c} = \hbar\frac{2\pi\nu}{c} = \hbar 2\pi\frac{1}{Tc} = \hbar\frac{2\pi}{\lambda} = \hbar k \tag{33.25}$$

mit k als Wellenzahl. Das ist die *de Brogliesche Beziehung* zwischen Impuls p und Wellenzahl k. Sie spielt bei der Entdeckung der Quantenmechanik eine wichtige Rolle. Weil nun die Impulsrichtung $\vec{p}$ sicherlich mit der Ausbreitungsrichtung $\vec{k}$ der Lichtwelle übereinstimmen muß (nur das ist physikalisch sinnvoll), kann diese Gleichung auch vektoriell geschrieben werden, nämlich

$$\vec{p} = \hbar\vec{k} \tag{33.26}$$

Das relativistische Energiespektrum (33.23) ist in der nebenstehenden Figur veranschaulicht. Dieses Spektrum ergibt sich auch später in der relativistischen Quantenmechanik aus der Dirac-Gleichung, der relativistischen Form der Schrödingergleichung. Sie gilt für Fermionen mit Spin 1/2; also z.B. für Elektronen.
Ein Elektron, das in einem Zustand positiver Energie sitzt, könnte in beliebige, tiefere Zustande „spontan“ übergehen und dabei Energie abstrahlen. Das würde nie aufhören, weil es immer weitere, tiefere Zustände für Elektronenübergänge gibt. Eine Strahlenkatastrophe, die natürlich nie beobachtet wurde, wäre unvermeidbar.

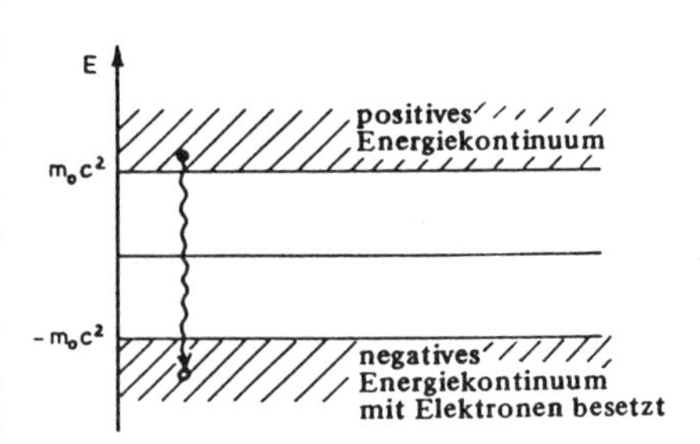

Das relativistische Energiespektrum eines freien Teilchens.

Um diese Schwierigkeit zu vermeiden, muß angenommen werden, daß die Zustände mit negativer Energie alle besetzt sind: Ein Elektron kann dann nicht in die negativen Energiezustände springen, weil das nach dem Pauli-Prinzip verboten ist. Das so mit Elektronen aufgefüllte Energiekontinuum (die „Dirac-See“) ist homogen und isotrop im ganzen Raum ausgebreitet. Die *Dirac-See repräsentiert sozusagen das Vakuum.* Es soll weder Ladung noch Masse besitzen. Ein Loch (unbesetzter Elektronenzustand in der See) verhält sich wie ein positives Elektron, das ist ein *Positron.* Ein Lichtquant (Photon) kann, falls seine Energie $\hbar\omega > 2m_0c^2$ ist, ein Elektron aus der negativen See in das positive Energiekontinuum heben und dabei ein Loch (Positron) zurücklassen. Das ist die Grundlage der Elektron-Positron-Paarerzeugung oder, allgemeiner, der Teilchen-Antiteilchenerzeugung, die also in der Relativitätstheorie begründet liegt.

Die hier skizzierte Theorie hat auch Schwierigkeiten; vor allem die unendlich große Masse und die unendlich große Ladung des Vakuums (besetztes negatives Energiekontinuum) müssen beseitigt(„wegrenormiert“)werden. Dieses Konzept wird in der Quantenelektrodynamik formuliert und verwirklicht[20]

Beispiele zur Äquivalenz von Masse und Energie:

a) Ein Beispiel zur Äquivalenz von Masse und Energie ist die Positron-Elektron Zerstrahlung. Das Positron ist das zum Elektron gehörige Antiteilchen. Allgemein sind Antiteilchen Elementarteilchen, die bei sehr großen Energieumsetzungen, zusammen mit gewöhnlichen Teilchen, auftreten können und in wesentlichen Eigenschaften (elektrische Ladung, magnetisches Moment) gleichsam als deren Spiegelbild erscheinen. Eine Deutung für deren Auftreten gibt die Quantenmechanik in ihrer relativistischen Verallgemeinerung der *Diracschen Wellengleichung.* Danach können die Teilchen neben positiven auch negative Energiezustände besitzen. Teilchen und Antiteilchen

[20] Wir verweisen auf den Band VII der Vorlesungen: Quanenelektrodynamik (W. Greiner u. J. Reinhard, Verlag H. Deutsch-Thun und Frankfurt am Main

verschwinden (zerstrahlen) ebenso gemeinsam, wie sie gemeinsam auftauchen (Paarvernichtung bzw. Paarerzeugumg).

b) Der Massendefekt: Addiert man die Einzelmasse der Protonen und Neutronen, aus denen ein Atomkern besteht, und vergleicht die Summe mit dem Ergebnis, das man erhält, wenn man die Masse desselben Kerns im Massenspektrographen bestimmt, so stellt man fest, daß der zusammengesetzte Kern leichter ist als die Summe der Einzelmassen seiner Nukleonen. Ein Teil der Masse ist „verschwunden"; sie ist in Energie (Bindungsenergie) umgewandelt worden. Dies ist eine weitere Bestätigung der Gleichung $E = mc^2$. Zum Beispiel ist die Masse eines He–Kerns (α–Teilchen) $M_\alpha c^2 =$ 3727.44 MeV, dagegen ist $2M_p c^2 + 2M_n c^2 = 3755.44$ MeV. Die Bindungsenergie des α–Teilchens ist also

$$2M_p c^2 + 2M_n c^2 - M_\alpha c^2 = 28\,\text{MeV} \quad .$$

33.6 Aufgabe: Massenverlust der Sonne durch Strahlung

Die im Mittel auf die Erdoberfläche eingestrahlte Sonnenenergiedichte beträgt

$$\varepsilon = 1.4 \cdot 10^6\,\text{erg} \cdot \text{cm}^{-2} \cdot \text{s}^{-1} \quad .$$

Wieviel Masse verliert die Sonnen pro Sekunde, wenn man diesen Energieverlust in Massenverlust umrechnet? Wie lange würde die Sonne existieren, wenn diese Verlustrate konstant bliebe? ($m_s = 1.9910^{33}$ g)

Lösung: Die Sonne strahle nach allen Seiten gleichmäßig Energie ab. Dann beträgt die Kugelfläche um die Sonne im Abstand Sonne–Erde ($r_e = 1.5 \cdot 10^{13}$ cm):

$$F = 4\pi r_e^2 = 2.82 \cdot 10^{27}\,\text{cm}^2 \quad .$$

Die Energieabstrahlung in $\Delta t = 1$ s ist somit:

$$\begin{aligned} \Delta E &= \varepsilon \cdot F \cdot \Delta t \\ &= 1.4 \cdot 10^6 \cdot 2.82 \cdot 10^{27} \cdot \text{erg} \cdot \text{cm}^{-2}\,\text{s}^{-1} \cdot \text{cm}^2 \cdot \text{s} \\ &= 3.96 \cdot 10^{33}\,\text{erg} \end{aligned}$$

Dies entspricht einem Massenverlust von

$$\Delta m = \frac{\Delta E}{c^2} = 4.4 \cdot 10^{12}\,\text{g}, \qquad (c = 3 \cdot 10^{10}\,\text{cm} \cdot \text{s}^{-1}).$$

Für die Lebensdauer der Sonne ergibt sich dann:

$$T = \Delta t \frac{m_s}{\Delta m} = \frac{1.99 \cdot 10^{33}\,\text{g} \cdot 1\,\text{s}}{4.4 \cdot 10^{12}\,\text{g}} = 4.53 \cdot 10^{20}\,\text{s} = 1.43 \cdot 10^{13}\,\text{Jahre} \quad ,$$

Diese Aufgabe ist jedoch unrealistisch, weil wegen Energieerhaltungssätzen für die Elementarteilchen nur ein Bruchteil der Masse überhaupt zerstrahlen kann. Setzt man an, daß ca. 1/1000 der Sonnenmasse zerstrahlen kann, bleibt die Lebensdauer der Sonne immer noch ca. 10^{13} Jahre, was vergleichsweise dem geschätzen Alter der Welt entspricht.

33.7 Aufgabe: Geschwindigkeitsabhängigkeit der Protonenmasse

Die Ruhemasse des Protons ist $m_0(p) = 1.66 \cdot 10^{-27}\,\mathrm{kg}$. Berechnen Sie die Masse des Protons, wenn es sich mit

a) $3 \cdot 10^7\mathrm{m/s}$ und b) $2.7 \cdot 10^8\mathrm{m/s}$

bewegt. Vergleichen Sie die kinetische Energie des Protons in beiden Fällen nach der klassischen und relativistischen Rechnung. (1 Joule = 1 kg $\mathrm{m}^2/\mathrm{s}^2 = 0.62 \cdot 10^{13}$ MeV).

Lösung: Für die vorliegenden Geschwindigkeiten berechnet man sich die folgenden Werte für

$$\beta^2 = \frac{v^2}{c^2} \qquad \text{und} \qquad \gamma = \frac{1}{\sqrt{1-\beta^2}}$$

$$\begin{array}{lll} \text{a)} & \beta = 0.1, & \gamma = 1.005 \quad , \\ \text{b)} & \beta = 0.91 & \gamma = 2.3 \quad . \end{array}$$

Für die Protonenmasse erhält man aus der Beziehung

$$m = \frac{m_0}{\sqrt{1-\beta^2}} = \gamma m_0$$

$$\begin{array}{ll} a) & m = 1.005\, m_0 \cong 1.67 \cdot 10^{-27}\,\mathrm{kg}, \\ b) & m = 2.300\, m_0 \cong 3.82 \cdot 10^{-27}\,\mathrm{kg}. \end{array}$$

Zur Berechnung der relativistischen kinetischen Energie

$$T = E - E_0 = m_0 c^2(\gamma - 1)$$

erhält man dann

a)

$$\begin{aligned} T = m_0 \cdot (3 \cdot 10^8)^2 \frac{\mathrm{m}^2}{\mathrm{s}^2} \cdot 0.005 &= (1.5 \cdot 10^{-10})\mathrm{kg}\frac{\mathrm{m}^2}{\mathrm{s}^2} \cdot 0.005 \\ &= 7.5 \cdot 10^{-13}\,\mathrm{Joule} \end{aligned}$$

b)

$$T = m_0 \cdot (3 \cdot 10^8)^2 \frac{\mathrm{m}^2}{\mathrm{s}^2} \cdot 1.3 = 1.3 \cdot 10^{-10}\,\mathrm{Joule}.$$

Ein Vergleich der Geschwindigkeiten und der kinetischen Energien zeigen, daß sich die Fälle a) und b) in der Geschwindigkeit um eine Faktor 9 unterscheiden, in der Energie aber um einen Faktor 260.

Die klassische Berechnung der kinetischen Energie

$$T = \frac{1}{2} m_0 v^2 = \frac{1}{2} m_0 c^2 \beta^2$$

ergibt

$$\text{a)} \quad T = 7.5 \cdot 10^{-13}\,\mathrm{J} \quad \text{und} \quad \text{b)} \quad T = 6.1 \cdot 10^{-11}\,\mathrm{J}$$

Für Fall a) sind klassische und relativistische Energie ungefähr gleich, während für Fall b) der relativistische Wert um einen Faktor 3.2 größer ist als das klassische Resultat, was man von den errechneten β–Werten her auch erwartet.

33.8 Aufgabe: Effektivität eines funktionierenden Fusionsreaktors

1970 betrug der Gesamtenergieverbrauch der Welt $5.5 \cdot 10^{13}$ kWh (Kilowattstunde). Ein Fusionsreaktor würde durch die Reaktion $D^2 + D^2 \to He^4 +$ Energie Energie erzeugen können. (D^2 – Deuterium mit $m_0(D^2) = 2.0147$ a.m.u., He^4 – Helium mit $m_0(He^4) = 4.0039$ a.m.u., wobei 1 a.m.u. = 1 atomare Masseneinheit = 1/12 (Ruhemasse von ${}^{12}_{6}C$) = $1.685 \cdot 10^{-27}$ kg). Wieviel kg Deuterium würde man benötigen, um den Weltenergieverbrauch von 1970 erzeugen zu können?

Lösung: Die Ruhemasse von zwei Deuteriumkernen vor der Reaktion ist

$$m_0(\text{vor}) = 2m_0(D^2) = 4.0294\,\text{a.m.u.} \quad ,$$

während die Ruhemasse nach der Reaktion ist

$$m_0(\text{nach}) = m_0(He^4) = 4.0039\,\text{a.m.u.} \quad .$$

Während der Reaktion tritt damit ein Massenverlust von

$$\Delta m = m_0(\text{vor}) - m_0(\text{nach}) = 0.0255\,\text{a.m.u.}$$

auf. Die freiwerdende Energie ΔE berechnet sich nach der Relation $E = mc^2$ zu $\Delta E = (\Delta m)c^2$.

Das bedeudet, daß pro Deuterium–Masse die Energie

$$\frac{\Delta E}{2m_0(D^2)} = \frac{\Delta m}{2m_0(D^2)}c^2 = (0.00635)c^2$$

erzeugt wird. Umgekehrt ist die benötigte Menge Deuterium (Masse M) für eine bestimmte Menge zu erzeugende Energie E

$$M(D^2) = \frac{E}{c^2} \cdot \frac{1}{0.00635} \quad .$$

Der Faktor 0.00635 ist dabei ein Maß für die Effizienz der Reaktion $D^2 + D^2 \to He^4 +$ Energie . Bei einem jährlichen Energieverbrauch von (1 kWh = $3.6 \cdot 10^6$ Joule)

$$E = 5.5 \cdot 10^{13} \cdot 3600\,\text{Joule} \approx 2 \cdot 10^{20}\,\text{Joule}$$

würde man also (1 Joule = 10^7 erg = 10^7 g cm^2/s^2 = 10^4 kg cm^2 s^{-2} = 10^{-6} kg m^2 s^{-2})

$$M(D^2) = \frac{2 \cdot 10^{20}}{(3 \cdot 10^5)^2} \cdot \frac{1}{0.00635} \frac{\text{Joule}\,\text{s}^2}{\text{km}^2} \approx 3.5 \cdot 10^5\,\text{kg} = 350\,\text{t}$$

Deuterium benötigen.

Da weiterhin die Ozeane auf der Erde ca. 0.2 ‰ Deuterium enthalten, wäre die Menschheit jedes Energieproblem für 1 Mio. Jahre los – wenn es Fusionsreaktoren gäbe.

33.9 Aufgabe: Zerfall des τ–Mesons

Die Ruhemasse des π–Mesons beträgt $m_\pi = 139.6\,\mathrm{MeV/c^2}$. Das π^+–Meson zerfällt in ein μ^+–Meson mit der Ruhemasse $m_\mu = 105.7\,\mathrm{MeV/c^2}$ und ein Neutrino ν mit der Ruhemasse $m_\nu = 0$. Bestimmen sie Impuls und Energie des entstehenden μ^+–Mesons.

Lösung: In der untenstehenden Abbildung ist der beschriebene Zerfall dargestellt, (a) im Ruhesystem des μ^+–Mesons und (b) im Laborsystem, als Blasenkammeraufnahme, mit nachfolgendem Zerfall $\mu^+ \to e^+\nu\bar{\nu}$.

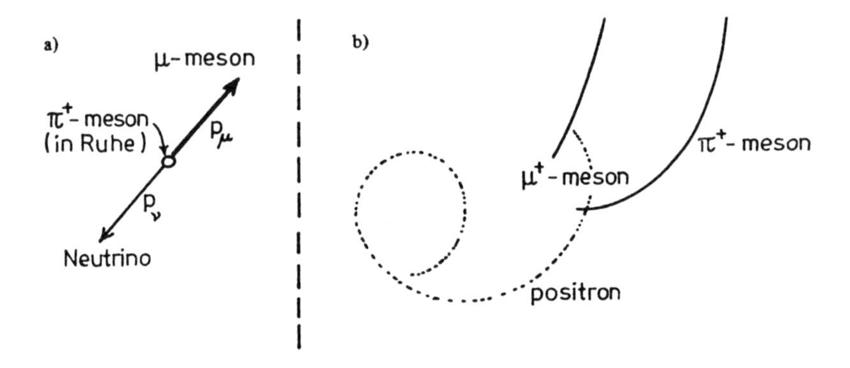

Aus der Forderung nach Erhaltung des Viererimpulses

$$\vec{\vec{p}}_\pi = \vec{\vec{p}}_\mu + \vec{\vec{p}}_\nu$$

ergeben sich sowohl die Erhaltung des Impulses als auch der Energie. Wir verwenden im folgenden die Beziehung für den 3er–Impulsbetrag $p = \mid \vec{p}_\nu \mid = \mid \vec{p}_\mu \mid$. Die Gesamtenergie des μ–Mesons ist dann

$$E_\mu^2 = c^2p^2 + m_\mu^2 c^4$$

und die des Neutrinos:

$$E_\nu^2 = c^2p^2 \quad \mathrm{da}\,(m_\nu = 0).$$

Weiter gilt

$$E_\pi = E_\mu + E_\nu$$

bzw.

$$m_\pi c^2 = \sqrt{c^2p^2 + c^4 m_\mu^2} + cp$$

Quadrieren und umordnen ergibt

$$cp = \frac{c^2}{2}\left(\frac{m_\pi^2 - m_\mu^2}{m_\pi}\right) = \frac{1}{2}\left[m_\pi c^2 - \frac{(m_\mu c^2)^2}{m_\pi c^2}\right]$$

und durch Einsetzen der Ruhemasse aus der Aufgabenstellung $m_\pi = 139.6\mathrm{MeV/c^2}$ und $m_\mu = 105.7\mathrm{MeV/c^2}$ ergibt sich:

$$cp = \frac{1}{2}\left[139.6 - \frac{105.7}{139.6}\cdot 105.7\right]\,\mathrm{MeV} = 29.8\,\mathrm{MeV}.$$

Für die kinetische Energie des μ^+–Mesons erhält man dann

$$
\begin{aligned}
T_\mu &= E - m_\mu c^2 = \sqrt{c^2p^2 + m_\mu^2 c^4} - m_\mu c^2 \\
&= \left[\sqrt{(29.8)^2 + (105.7)^2} - 105.7\right] \text{MeV} = 4.3\,\text{MeV}
\end{aligned}
\qquad \underline{1}
$$

33.10 Aufgabe: Lebensdauer der K^+–Mesonen

Die Lebensdauer eines K^+–Mesons beträgt $\tau = 1.235 \cdot 10^{-8}$ s, wenn man sie bei ruhenden K–Mesonen mißt. In der folgenden Abbildung sind die Zerfallsdaten eines K–Mesonenstrahlers mit einem Impuls von 1.6 GeV/c bzw. 2.0 GeV/c im Laborsystem zu sehen. Hier ist derjenige Anteil (N/N_0) der überlebenden K–Mesonen (N_0 ist die Gesamtzahl der K–Mesonen im Strahl) aufgetragen gegen die zurückgelegte Flugstrecke. Der Ursprung der Längenskale sei hierbei willkürlich gewählt. Da sich die K–Mesonen praktisch mit Lichtgeschwindigkeit bewegen, kann die Einteilung auf der Abszisse ebenso als Zeitskala verstanden werden, wie man sie im Laborsystem verwendet.

Aus der Figur ist jedoch ersichtlich, daß die K–Mesonen mit einem größerem Laborimpuls scheinbar (im Labor) länger leben. Einem bestimmten Zeitintervall im Laborsystem entspricht jedoch aufgrund der Zeitdilatation ein verkürztes Zeitintervall im Ruhesystem des K–Mesons. Letzteres Intervall wird um so kürzer, je größer der Impuls des K–Mesons im Laborsystem ist. Zeigen Sie nun, daß die in der Figur angegebenen Daten mit der oben angegebenen Lebensdauer eines K^+–Mesons verträglich sind, wenn man das Phänomen der Zeitdilatation, wie es von der speziellen Relativitätstheorie gefordert wird, berücksichtigt. (Die Ruheenergie des K–Mesons beträgt $m_0c^2 = 0.494$ GeV).

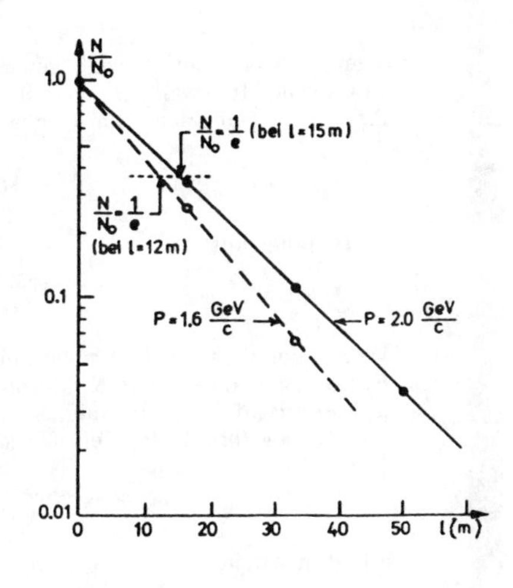

Lösung: In der Abbildung ist im halblogarithmischen Maßstab N/N_0 gegen den Flugweg l dargestellt. Die beiden Zerfallskurven sind in dieser Darstellung Geraden; dies bedeutet, daß die Zerfallsdaten der Gleichung

$$N = N_0 e^{-l/\lambda} \qquad \underline{1}$$

genügen, denn dann hängt ja $\ln(N/N_0)$, was der Skala auf der Ordinate entspricht, linear von l ab. Dann gilt aber

$$\ln\left(\frac{N}{N_0}\right) = -\frac{l}{\lambda} \qquad \underline{2}$$

und wir sehen sofort, daß λ diejenige Fluglänge bezeichnet, nach der die überlebende Rate der K–Mesonen auf den Wert $1/e$ abgesunken ist. Aus der Figur entnimmt man daher:

$$\lambda = 12\,\mathrm{m} \qquad \text{beim Impuls} \qquad p = 1.6\,\mathrm{GeV/c},$$

$$\lambda = 15\,\mathrm{m} \qquad \text{beim Impuls} \qquad p = 2.0\,\mathrm{GeV/c}.$$

Nennen wir die Geschwindigkeit eines K–Mesons $v = \beta c$, so benötigt ein Meson die Zeit Δt, um die Strecke l zurückzulegen:

$$\Delta t = \frac{l}{\beta c}.$$

Wir können daher Gleichung 1 in der Form schreiben:

$$N = N_0 e^{-\Delta t \beta c/\lambda}. \qquad \underline{3}$$

Wir vergleichen dieses Ergebnis mit der bekannten Form des Zerfallsgesetzes:

$$N = N_0 e^{-\Delta t'/\tau}, \qquad \underline{4}$$

Wenn $\Delta t'$ ein Zeitintervall, gemessen im *Ruhesystem* des K–Mesons bezeichnet. Ein solches Intervall $\Delta t'$ zeigt im Laborsystem eine Dilatation und wird dort zu $\Delta t = \gamma \Delta t'$ gemessen. Ein Vergleich von 3 mit

$$N = N_0 e^{-\Delta t'/\tau} = N_0 e^{-\Delta t/\gamma\tau} \qquad \underline{5}$$

führt daher auf

$$\frac{\beta c}{\lambda} = \frac{1}{\gamma\tau} \qquad \text{bzw.} \qquad \tau = \frac{\lambda}{\beta\gamma c}. \qquad \underline{6}$$

Wegen der Relation 4 ist τ die Lebensdauer des K–Mesons, wie man sie in dessen Ruhesystem mißt. Für K–Mesonen mit Impulsen in der vorgegebenen Größenordnung ist die Geschwindigkeit v praktisch gleich der Lichtgeschwindigkeit, d.h. $\beta \approx 1$. Den Impuls der Teilchen können wir jedoch exakt berechnen; gemäß

$$pc = m_o \gamma \beta c^2 \quad (p = mv = m_0 \gamma v = m_0 \gamma \beta c) \qquad \underline{7}$$

erhalten wir ja:

$$\begin{aligned} \beta\gamma &= \tfrac{pc}{m_0 c^2} = \tfrac{1.6}{0.494} = 3.239 \quad \text{für} \quad p = 1.6\,\mathrm{GeV/c}. \\ &= \tfrac{2.0}{0.494} = 4.049 \qquad\quad \text{für} \quad p = 2.0\,\mathrm{GeV/c}. \end{aligned}$$

Für die mittlere Lebensdauer τ im Ruhesystem des K–Mesons erhält man also aus Relation 6:

$$\tau = \left(\frac{12\,\mathrm{m}}{3 \cdot 10^8\,\mathrm{m/s}}\right) \cdot \frac{1}{3.239} = 1.235 \cdot 10^{-8}\,\mathrm{s} \quad \text{für} \quad p = 1.6\,\mathrm{GeV/c}$$

und

$$\tau = \left(\frac{15\,\mathrm{m}}{3 \cdot 10^8\,\mathrm{m/s}}\right) \cdot \frac{1}{4.049} = 1.235 \cdot 10^{-8}\,\mathrm{s} \quad \text{für} \quad p = 2.0\,\mathrm{GeV/c}$$

in Übereinstimung mit dem in der Aufgabenstellung angegebenen Wert. Offenbar beträgt jedoch die im Laborsystem gemessene Lebensdauer

$$\gamma' = \gamma\tau = \frac{\lambda}{\beta c} \qquad \underline{8}$$

wegen Relation 6, so daß die Lebensdauer im Laborsysthem um eine Faktor von ≈ 2 bzw. ≈ 4 gegenüber der Lebensdauer im Ruhesystem des K–Mesons gestreckt erscheint. Je schneller sich da K–Meson bewegt, desto größer ist die Zeitdilatation und desto lnager „lebt" es im Laborsystem. Um die Geschwindigkeit der K–Mesonen zu bestimmen, schreiben wir $\alpha = \beta\gamma$ und erhalten:

$$\alpha^2 = \beta^2\gamma^2 = \frac{\beta^2}{1-\beta^2} \qquad \text{bzw.} \qquad \beta^2 = \alpha^2(1-\beta^2)$$

oder umgeformt

$$\left(1+\alpha^2 = 1 + \frac{\beta^2}{1-\beta^2} = \frac{1}{1-\beta^2}\right)$$

$$\beta^2 = \frac{\alpha^2}{1+\alpha^2} \qquad \text{bzw.} \qquad \beta = \frac{\alpha}{\sqrt{1+\alpha^2}} = \frac{\beta\gamma}{\sqrt{1+\beta^2\gamma^2}}.$$

Für ein K-Meson mit Impuls 1.6 GeV/c fanden wir $\beta\gamma = 3.239$; also ergibt sich für β:

$$\beta = \frac{3.239}{\sqrt{1+10.49}} = 0.955,$$

d.h. $v = 0.955c$. Die K-Mesonen bewegen sich also praktisch mit Lichtgeschwindigkeit, wie weiter oben ja angenommen wurde.

33.11 Aufgabe: Zur Kernspaltung

Eine der grundlegenden Reaktionen bei der Kernspaltung ist

$$n + {}_{92}\mathrm{U}^{235} \to {}_{92}\mathrm{U}^{236} \to {}_{38}\mathrm{Sr}^{92} + {}_{54}\mathrm{Xe}^{140} + 4\mathrm{n}.$$

Die Massen der wesentlichen Reaktionspartner betragen:

$$\begin{aligned} m_0(\mathrm{U}^{235}) &= 235.175\,\text{a.m.u.}, \\ m_0(\mathrm{Sr}^{92}) &= 91.937\,\text{a.m.u.}, \\ m_0(\mathrm{Xe}^{140}) &= 139.947\,\text{a.m.u.}, \\ m_0(n) &= 1.009\,\text{a.m.u.} \end{aligned}$$

(a.m.u. = „atomic mass unit" , die atomare Masseneinheit, 1 a.m.u. = 1.6585 $\cdot 10^{-27}$ kg). Berechnen Sie die Energie, welche pro Reaktion frei wird. Wieviel kg Uran wird benötigt, um bei einem Wirkungsgrad von $\eta = 0.5$ die gesamte 1970 auf der Welt verbrauchte elektrische Energie ($5 \cdot 10^{12}$ kWh) zu erzeugen?

Lösung:

$$\begin{aligned} m_0(n) + m_0(\mathrm{U}^{235}) &= 236.184\,\text{a.m.u.} = 391.711 \cdot 10^{-27}\,\text{kg}. \\ m_0(\mathrm{Sr}^{92}) + \mathrm{m}_0(\mathrm{Xe}^{140}) + 4\mathrm{m}_0(\mathrm{n}) &= 235.92\,\text{a.m.u.} = 391.273 \cdot 10^{-27}\,\text{kg}. \end{aligned}$$

Der Massendeffekt der Reaktion beträgt also

$$\triangle m = 0.438 \cdot 10^{-27}\,\text{kg}$$

oder

$$\triangle E = 3.94 \cdot 10^{-11}\,\text{J}.$$

Um $5 \cdot 10^{12}$ kWh elektrische Energie freisetzen zu können, benötigt man also rund 360 t Uran U^{235}. Das entspricht bei einer Dichte von $18.7\,\text{g/cm}^3$ einem Würfel der Kantenlänge 2.7 m.

33.12 Aufgabe: Masse – Energie –Äquivalenz am Beispiel des τ^0–Mesons

Das π^0-Meson ist ein neutrales Teilchen, welches in zwei hochenergetische Photonen zerfällt. Die Ruhenergie des π^0-Mesons beträgt $m_0c^2 = 135\,\text{MeV}$.

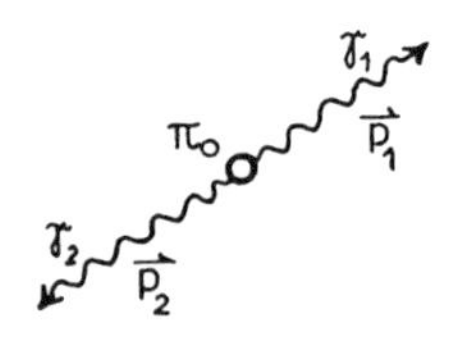

a) Finden Sie die Energie der Photonen, wenn ein π^0 in Ruhe zerfällt.

b) Finden Sie die maximale und minimale Energie der γ-Strahlen im Laborsystem, wenn das π^0 in diesem eine totale Energie von $E_{\text{tot.}} = 426\,\text{MeV}$ besitzt.

Lösung:

a) Die beiden emittierten Photonen mögen die Energien E_1, E_2 und die Impulse $\vec{p}_1$ bzw. $\vec{p}_2$ haben. Wegen des Energie-Impulssatzes ist dann:

$$E_1 + E_2 = E = m_0c^2, \qquad \vec{p}_1 + \vec{p}_2 = 0,$$

also $|\vec{p}_1| = |\vec{p}_2|$ (siehe Figur).

Außerdem gilt

$$|\vec{p}_i| = \frac{E_i}{c} \qquad (i = 1,2)$$

und daher

$$E_1 = E_2 = \frac{E}{2} = 67.5\,\text{MeV}.$$

b) Wegen $E_{\text{tot.}} = mc^2 = 3.16\,m_0c^2 = \sqrt{10}\,m_0c^2$ folgt für die Geschwindigkeit des π^0-Mesons im Laborsystem: $\gamma^2 = 10$ bzw. $\beta = 0.9486$. Das π^0-Meson bewegt sich also mit einer Geschwindigkeit von $|\vec{v}| = 0,9486\,c$ im Laborsystem. Im Ruhesystem des Mesons zerfällt dieses nun in zwei Photonen, wie wir dies in a) beschrieben haben. Im Laborsystem können nun die beiden $\gamma's$ unter den verschiedensten Winkeln gegenüber der Strahlachse (Richtung von $\vec{v}$) emittiert werden und erscheinen dann dort mehr oder weniger rot- bzw. blau verschoben (s. weiter unten). (s. Figur)

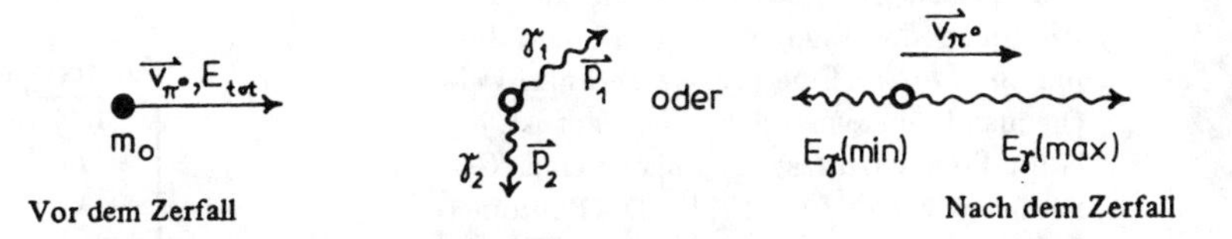

$E_{\gamma(\max)}$ erhält man, wenn sich ein emittiertes γ in Richtung von $\vec{v}$ bewegt (s. Figur), $E_{\gamma(\min)}$ wenn sich ein γ in entgegengesetzter Richtung zu $\vec{v}$ bewegt. Bezeichnen wir das Ruhesystem von $\pi^0\,[S\,]$ mit ungestrichenen Größen, das Laborsysytem $[S']$ mit gestrichenen Größen. Die Energie $E_0(\gamma) = 67,5\,\text{MeV}$ (gemessen in S) eines emittierten Photons transformiert sich wie die zeitartige Komponente eines Vierervektors, also:

$$E' = \gamma[E_0 - \vec{\beta} \cdot (c\vec{p})].$$

In S ist $|\vec{p}| = E_0/c$ und die max. [min.] γ-Energie erhält man, wenn $\vec{p}$ in neg. [pos.] $\vec{\beta}$-Richtung (vom S-System aus gesehen) zeigt. Also:

$$E_{\gamma(\max)} = \gamma \cdot E_0(1+\beta) = \sqrt{\frac{1+\beta}{1-\beta}} \cdot E_0 = 416\,\text{MeV}$$

und

$$E_{\gamma(\min)} = \gamma \cdot E_0(1-\beta) = \sqrt{\frac{1-\beta}{1+\beta}} \cdot E_0 = 10,9\,\text{MeV}.$$

33.13 Aufgabe: Zur Paarvernichtung

Ein isoliertes System enthalte $6 \cdot 10^{27}$ Protonen und ebensoviele Antiprotonen in Ruhe. $(m_0(p) = m_0(\overline{p}) = 1.7 \cdot 10^{-27}\,\text{kg})$. Die Protonen und Antiprotonen vernichten sich alle und erzeugen $30 \cdot 10^{27}\pi$-Mesonen. Welches ist die mittlere kinetische Energie der π-Mesonen? $(m_0(\pi)/m_0(p) = 0.15)$.

Lösung: Die totale Masse des Systems beträgt $M_{\text{total}} = 12 \cdot 10^{27}\, m(p)$. Da $30 \cdot 10^{27}\pi$-Mesonen produziert werden, hat jedes davon im Mittel eine Gesamtenergie von $m_{\text{total}}(\pi) = \frac{12}{30}\, m_0(p) = 0.4\, m_0(p)$. Daraus ergibt sich sofort eine mittlere kinetische Energie von

$$\begin{aligned} E_{\text{kin}}(\pi) &= [m_{\text{total}}(\pi) - m_0(\pi)]c^2 = \left[0.4 - \frac{m_0(\pi)}{m_0(p)}\right] m_p c^2 \\ &= (0.4 - 0.15) \cdot 0.937\,\text{GeV} = 234\,\text{MeV}. \end{aligned}$$

33.14 Aufgabe: Kinetische Energie des Photons

Ein spezieller radioaktiver Kern emittiert Photonen der Energie $E = h\nu$ und Impuls $p = h\nu/c$. Eine präzise Technik, welche als „Mößbauer-Effekt" bekannt ist, erlaubt Frequenzmessungen bis zu einer Genauigkeit von $d\nu/\nu = 10^{-15}$. Die Photonen der Frequenz ν werden von einem Detektor absorbiert. Befinden sich Emitter und Detektor auf gleicher Höhe über der Erdoberfläche, so empfängt der Detektor ein Photon der Frequenz $\nu' = \nu$. Dies ist nicht mehr der Fall, wenn sich der Emitter in einer Höhe L oberhalb des Detektors befindet. (Siehe Figur).

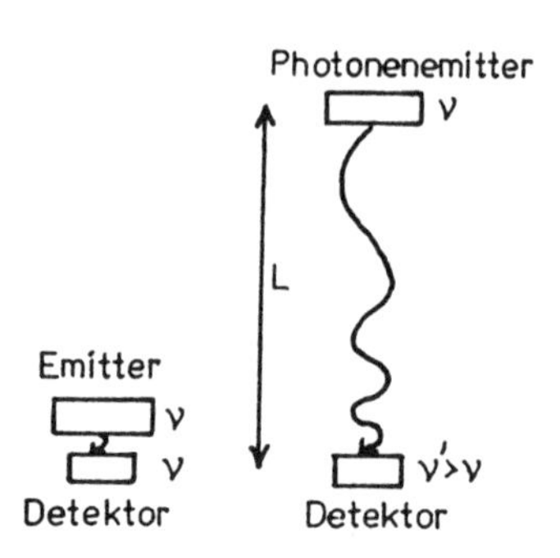

a) Die Ruhemasse eines Photons ist $m_0 = 0$. Wie groß ist die tatsächliche Masse eines Photons der Energie $E = h\nu$?

b) Fällt ein Photon durch eine Höhe L im Gravitationsfeld der Erde, so nimmt die potentielle Energie des Photons ab. Als Resultat gewinnt das Photon „kinetische" Energie. Wie groß ist die Photonenergie E', wenn jenes in den Detektor gelangt?

c) Welche Frequenz ν' mißt der Detektor?

d) Nehmen Sie an, das Photon fällt von einer Höhe $L = 10$ m. Könnte man die Frequenzverschiebung im Gravitationsfeld der Erde mit Hilfe des Mößbauer-Effektes messen?

e) Könnte dieser Effekt einen Einfluß haben auf die Lichtemission sehr schwerer Sterne?

Lösung:

a) Wegen $E = h\nu = mc^2$ folgt für die Masse eines Photons

$$m = \frac{h\nu}{c^2}.$$

b) Die potentielle Energie eines Photons der Masse m beträgt in Höhe L über dem Erdboden $mgL = (h\nu/c^2) \cdot gL$. Diese Energie gewinnt das Photon, wenn es die Höhe L hinunterläuft. Also

$$E' = E + mgL = \left(1 + \frac{gL}{c^2}\right) h\nu.$$

c) Die neue Frequenz ergibt sich daraus sofort zu

$$\nu' = \left(1 + \frac{gL}{c^2}\right)\nu.$$

d) Als relative Frequenzänderung betrachten wir die Größe

$$\frac{\triangle\nu}{\nu} = \frac{gL}{c^2} = 10^{-15}, \qquad \text{falls} \quad L = 10\,\text{m}.$$

D. h. der Effekt ist mit einer 10 m hohen Fallstrecke auf der Erde mit Hilfe des Mößbauer-Effekts meßbar. Das Experiment wurde zuerst 1960 von Pound und Rebka mit einer 72 Fuß hohen Fallstrecke (rund 22 m) ausgeführt. Sie erhielten einen experimentellen Wert von $(5,13 \pm 0,51) \cdot 10^{-15}$ gegenüber der theoretischen Vorhersage von $4,92 \cdot 10^{-15}$.

e) Verläßt Licht das Gravitationsfeld des emittierten Körpers, so gewinnt es potentielle Energie und erscheint dafür rotverschoben. Sehr schwere Sterne sehen wir daher „kälter“ als sie an der Oberfläche tatsächlich sind.

33.15 Aufgabe: Das sogenannte „Zwillingsparadoxon“

Auf der Erde leben Drillinge A, B und C. Zur Erdzeit $t = 0$ besteigen B und C jeweils ein Raumschiff und entfernen sich geradlinig von der Erde. A beobachtet die Reisen der Brüder von der Erde aus und stellt mit seinen Uhren und Maßstäben folgendes fest: B erfährt während eines Jahres eine gleichmäßige Beschleunigung derart, daß er von Geschwindigkeit Null auf eine solche von $v = 0.8\,c$ kommt. Er fliegt dann ein weiteres Jahr mit dieser konstanten Geschwindigkeit. Im Laufe eines weiteren Jahres verringert B seine Geschwindigkeit und kehrt sie um in $-0.8\,c$. Mit dieser Geschwindigkeit fliegt er wiederum ein Jahr und verringert im Laufe eines weiteren Jahres seine Geschwindigkeit auf Null um wieder auf der Erde zu landen. C macht eine ähnliche Reise wie B, bei der er, wiederum laut A, in einem Jahr gleichförmig auf eine Geschwindigkeit von $0.8\,c$ beschleunigt, dann aber 11 Jahre lang mit dieser Geschwindigkeit fliegt, innerhalb eines weiteren Jahres auf die gleiche Art und Weise wie B umdreht, mit gleicher Geschwindigkeit 11 Jahre lang zurückfliegt, um seine Geschwindigkeit dann in einem Jahr auf Null zu verringern und wieder bei A auf der Erde zu landen. B und C mögen die Dauer ihrer Reise mit gleichen Uhren wie A bestimmt haben.

a) Skizzieren Sie in einem Raum-Zeit-(t, x) Diagramm die Bewegungszustände der drei Brüder.

b) Die beiden Brüder B und C vergleichen nach der Landung von C auf der Erde die Zeitdauer ihrer Reise. Welcher Unterschied besteht zwischen der auf C's Uhr festgestellten Dauer der Reise von C und der auf B's Uhr festgestellten Dauer der Reise von B.

c) Für den Beobachter A auf der Erde betrug die Zeitdifferenz zwischen der Reisedauer von C und derjenigen von B 20 Jahre. Vergleichen Sie dies mit dem Ergebnis aus b). Liefert dies nicht einen Widerspruch zum Relativitätspostulat der speziellen Relativitätstheorie, wonach alle Inertialsysteme gleichberechtigt sind?

d) Nehmen wir an, ein weiterer Beobachter D wurde *instantan* zum Zeitpunkt $t = 0$ auf seine Gechwindigkeit $v = 0.8\,c$ beschleunigt. Nach Aussagen von A auf der Erde entfernt sich D mit dieser konstanten Geschwindigkeit 10 Jahre lang von der Erde, bevor er instantan durch eine große Beschleunigung seine Geschwindigkeit umdreht, um mit $v = 0.8\,c$ zurückzufliegen. Nach weiteren 10 Jahren Fluges mit konstanter Geschwindigkeit erreicht er wieder die Erde, wo er instantan seine Geschwindigkeit auf Null verringert und bei A landet. Wir wollen annehmen, daß die Anzahl der Herzschläge von A und D deren jeweilige verstrichene Eigenzeit messen. Wie sieht das Raum-Zeit Diagramm von A und D aus? Wie sind A und D während des Fluges von D gealtert?

Lösung:

a) Im Raum-Zeit-Diagaramm sehen die Bewegungen von A, B und C so aus:

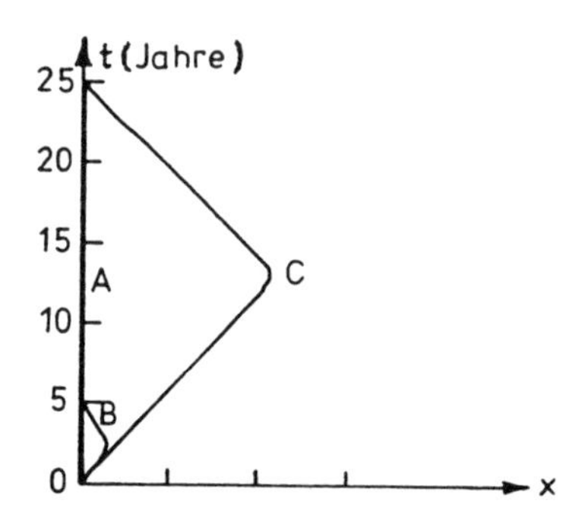

b) Da B und C Beschleunigungsperioden durchlaufen haben, können wir die Eigenzeit τ_B und τ_C der Reisen von B bzw. C nicht berechnen. Die Beschleunigungsperioden waren jedoch für B und C gleich, so daß wir die Eigenzeitdifferenz $\tau_C - \tau_B$ berechnen können, indem wir nur die Phasen der konstanten Geschwindigkeit betrachten. Von der Erde aus gemessen betrug diese für die Bewegung von B zusammen 2 Jahre, für C zusammen 22 Jahre. B und C flogen währen dieser Perioden mit der gleichen Geschwindigkeit von $v = 0.8\,c$ gegenüber der Erde. Mit Hilfe des Zeitdilationsfaktors können wir dann $\triangle\tau \equiv \tau_C - \tau_B$ durchaus berechnen:

$$\triangle t = 20\,\mathrm{J} = \gamma \triangle \tau$$

bzw.

$$\triangle \tau = \gamma^{-1} \cdot 20\,\mathrm{J} = \sqrt{1 - 0.8^2} \cdot 20\,\mathrm{J} = 12\,\text{Jahre}.$$

Wenn B und C also die mit ihren eigenen Uhren gemessenen Reisedauern vergleichen, so stellen sie fest, daß C 12 Jahre länger als B unterwegs war. Vergleichen sie die Anzeige ihrer Uhren direkt miteinander, so zeigt sich, daß C's Uhr 8 Jahre weniger anzeigt als die von B, der nach seiner Rückkehr noch 20 Erdjahre auf C warten mußte.

c) Obwohl nach der Landung von C auf der Erde alle drei Brüder ihre Uhren an einem Ort auf der Erde vergleichen können, so beträgt der Zeitunterschied der Reisen von C und B nach deren Aussagen 12 Jahre, obwohl A 20 Jahre dafür angibt. Man könnte nun so argumentieren: Währen der Phasen der konstanten Geschwindigkeit bewegt sich A mit einer Geschwindigkeit von $|v| = 0.8\,c$ gegen B oder C, so daß jene die Zeitabläufe bei A verlangsamt sehen. Aus Symmetriegründen sollte dann aus dem Relativitätsprinzip folgen, daß die obige Differenz zu ihren Aussagen nicht zulässig ist. Diese Argumentation ist jedoch falsch. Es besteht keine Symmetrie zwischen der Bewegung von A und der von B bzw. C, weil letztere (absolut) beschleunigt wurden und nicht immer in einem Inertialsystem verweilten.

d) Das Raum-Zeit-Diagramm von A und D sieht so aus:

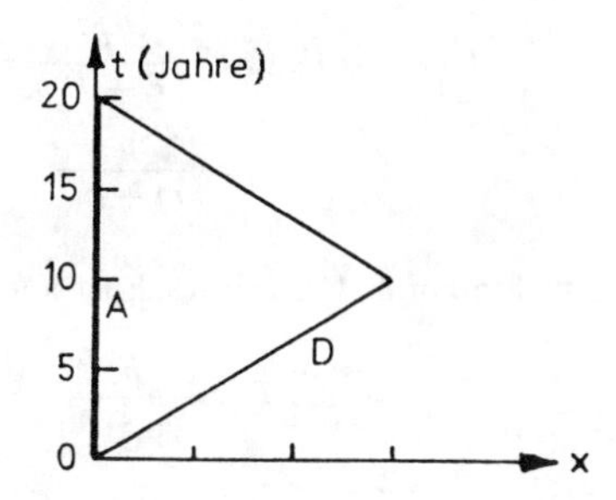

Während des Fluges von D verstreichen 20 Jahre Eigenzeit bei A, während D nur um $\triangle\tau_D = \triangle t \cdot \gamma^{-1} = 12$ Jahre altert. D ist also um 8 Jahre weniger gealtert als A. Die zwischen zwei Raumzeitpunkten x und y verstrichene Eigenzeit hängt also von der Trajektorie T des Beobachters zwischen x und y ab. Jene ist durch die Bogenlänge $\tau(T) = \frac{1}{c}\int_x^y ds$ der Trajektorie zwischen x und y gegeben. Daß in unserem Beispiel $\tau_D < \tau_A$ ausfällt, obwohl die Weltlinie von D in der obigen Abbildung größer ist als die von A, ist eine Folge der indefiniten Metrik der Raum-Zeit.

33.16 Aufgabe: Kinetische Energie eines relativistischen Teilchens

Die kinetische Energie eines nicht relativistischen Teilchens lautet

$$T = \frac{1}{2}m_0\vec{v}^{\,2} = \frac{\vec{p}^{\,2}}{2m_0},$$

wobei $\vec{p} = m_0\vec{v}$ der Impuls des Teilchens ist. Finden Sie eine formal ähnliche Form für die relativistische kinetische Energie.

Lösung: Es ist

$$E = mc^2 = \frac{m_0c^2}{\sqrt{1 - v^2/c^2}} \qquad \underline{1}$$

die relativistische Gesamtenergie eines freien Teilchens und

$$\vec{p} = m\vec{v} = \frac{m_0\vec{v}}{\sqrt{1 - v^2/c^2}} \qquad \underline{2}$$

der relativistische Impuls. Für $\underline{1}$ gilt gemäß Gl. (33.22) noch die folgende Form

$$\begin{aligned} E^2 &= c^2\vec{p}^{\,2} + (m_0c^2)^2 \\ &= c^2\vec{p}^{\,2} + E_0^2, \end{aligned} \qquad \underline{3}$$

wobei $E_0 = m_0 c^2$ die Ruhenergie ist. Also gilt

$$c^2\vec{p}^2 = E^2 - E_0^2 = (E - E_0)(E + E_0)$$

und daher folgt für die relativistische kinetische Energie

$$\begin{aligned} T = E - E_0 &= \frac{c^2\vec{p}^2}{(E + E_0)} = \frac{c^2\vec{p}^2}{(m + m_0)c^2} \\ &= \frac{p^2}{m + m_0}. \end{aligned} \qquad \underline{4}$$

Das ist die gesuchte Form. Offensichtlich ist auch

$$\lim_{v\to 0} T = \frac{\vec{p}^2}{m_0 + m_0} = \frac{\vec{p}^2}{2m_0} \qquad \underline{5}$$

und

$$\begin{aligned} T &= \frac{m^2\vec{v}^2}{m_0(1 + 1/\sqrt{1 - v^2/c^2})} = \frac{m^2\sqrt{1 - v^2/c^2}\,\vec{v}^2}{m_0(1 + \sqrt{1 - v^2/c^2})} \\ &= \frac{m\vec{v}^2}{1 + \sqrt{1 - v^2/c^2}} \underbrace{=}_{v\to c} m\vec{v}^2 = \vec{p}\cdot\vec{v}. \end{aligned} \qquad \underline{6}$$

Auf diese Relationen wurde zum ersten Mal von W.G. Holladay (Vanderbilt University, Nashville, Tn.) aufmerksam gemacht.

34 Anwendungen der speziellen Relativitätstheorie

Der elastische Stoß[21] **:** Beim allgemeinen Stoßproblem interessieren wir uns für die Änderungen der Impulse und Energien der stoßenden Teilchen. Dabei setzen wir von der Wechselwirkung nur voraus, daß sie lediglich bei sehr kleinen Entfernungen der Teilchen wirksam ist. Das Problem läßt sich mit Hilfe der Erhaltungssätze von Impuls und Energie lösen. Bezeichnen wir die Viererimpulse der beiden Teilchen vor dem Stoß mit $\overset{\Rightarrow}{p}$ und $\overset{\Rightarrow}{P}$, nach dem Stoß dagegen mit $\overset{\Rightarrow}{p}{}'$ und $\overset{\Rightarrow}{P}{}'$, so lautet der Viererimpulssatz

$$\overset{\Rightarrow}{p} + \overset{\Rightarrow}{P} = \overset{\Rightarrow}{p}{}' + \overset{\Rightarrow}{P}{}' . \qquad (34.1)$$

In der Vierergleichung sind zwei Erhaltungssätze verborgen, nämlich derjenige für den gewöhnlichen Dreier-Impuls

$$\vec{p} + \vec{P} = \vec{p}\,' + \vec{P}\,' \qquad (34.2)$$

[21] Wir verweisen auf das Buch „Spezielle Relativitätstheorie" von Achilles Papapetrou (Deutscher Verlag der Wissenschaften, 1955), an das wir uns in diesem Abschnitt halten.

(siehe Gleichung (33.20)) und derjenige für die Energie

$$e + E = e' + E' = \overline{E}, \tag{34.3}$$

wobei mit den Ruhemassen der Teilchen m_0 bzw. M_0

$$\frac{e^2}{c^2} = m_0^2 c^2 + \vec{p}^{\,2}, \qquad \frac{E^2}{c^2} = M_0^2 c^2 + \vec{P}^{\,2} \tag{34.4}$$

die Energien der Teilchen vor dem Stoß sind. Da nun der Stoß als elastisch angenommen wurde, bleiben die Ruhemassen m_0 und M_0 beim Stoßprozeß unverändert. Daher werden die Energien der Teilchen nach dem Stoß durch e' und E' gegeben, wobei

$$\frac{e'^2}{c^2} = m_0^2 c^2 + \vec{p}^{\,\prime 2}, \qquad \frac{E'^2}{c^2} = M_0^2 c^2 + \vec{P}^{\,\prime 2}. \tag{34.5}$$

Mit $\overline{E}$ haben wir dabei die Gesamtenergie des betrachteten Systems bezeichnet. In den Gleichungen (34.2) und (34.3) sind die Ruhemassen und die Komponenten der Anfangsimpulse als gegeben zu betrachten. Gesucht sind die Komponenten der Endimpulse $\vec{p}\,'$ und $\vec{P}\,'$. Wir haben also vier Gleichungen für sechs Unbekannte, so daß die allgemeine Lösung zwei unbestimmte Parameter enthalten wird.

Am einfachsten gestaltet sich das Stoßproblem in demjenigen Koordinatensystem, in welchem die Anfangsimpulse $\vec{p}$ und $\vec{P}$ entgegengesetzt gleich sind. Es ist dies dasjenige Koordinatensystem, in dem der Gesamtimpuls verschwindet und daher der Schwerpunkt der beiden Teilchen ruht. Es handelt sich also um das Ruhesystem des Schwerpunktes, das man oft noch kürzer als das Schwerpunktsystem bezeichnet. In diesem Koordinatensystem müssen wegen (34.1) auch die Endwerte $\vec{p}\,'$ und $\vec{P}\,'$ der Impulse entgegengesetzt gleich sein.

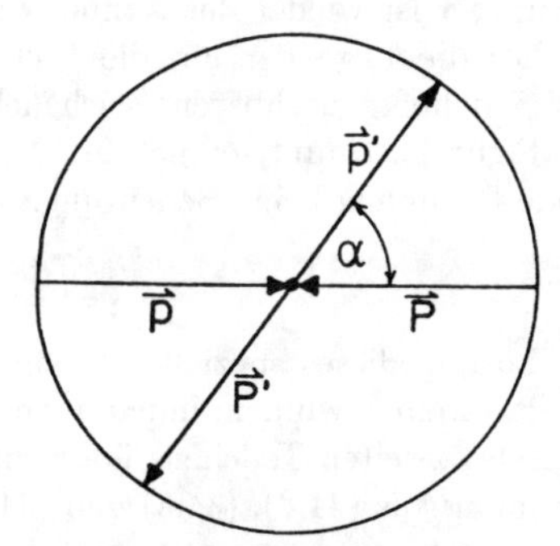

Darstellung des elastischen Stoßes im Schwerpunktsystem.

Andererseits verlangt der Energiesatz (34.3), daß die Beträge $|\vec{p}\,| = |\vec{P}\,|$ und $|\vec{p}\,'| = |\vec{P}\,'|$ der Impulse beim Stoß unverändert bleiben:

$$|\vec{p}\,| = |\vec{p}\,'| \qquad \text{oder einfach} \qquad p = p'. \tag{34.6}$$

Dabei haben wir, $p = |\vec{p}\,|$, $P = |\vec{P}\,'|$ usw. abgekürzt. Durch den Stoßvorgang wird also lediglich die Gerade, auf der die zwei Impulse liegen, beliebig im Raum gedreht (Figur). Der Ablenkungswinkel α stellt den einen unbestimmten Parameter dar. Der zweite Parameter ist der Azimutwinkel, der die Lage der durch $\vec{p}$ und $\vec{p}\,'$ definierten

Ebene bestimmt, die ja ersichtlich um die Richtung von $\vec{p}$ beliebig gedreht werden kann.

Für die physikalischen Anwendungen besonders interessant ist der Fall, bei dem das eine Teilchen, z. B. das zweite, vor dem Stoß ruht:

$$\vec{P} = 0. \tag{34.7}$$

Formel (34.2) vereinfacht sich dann zu

$$\vec{p} = \vec{p}\,' + \vec{P}\,'. \tag{34.8}$$

Die Energiegleichung behält ihre Form (34.3), wobei aber jetzt aus (34.4)

$$\frac{E}{c} = M_0 c \tag{34.9}$$

folgt. Als ersten unbestimmten Parameter kann man in diesem Fall den Winkel θ oder α (Figur) wählen. Der zweite Parameter ist wieder der Azimutwinkel, welcher die Lage der um die Richtung von $\vec{p}$ beliebig drehbaren Zeichenebene der Figur bestimmt; er hat für die folgende Rechnung keine Bedeutung.

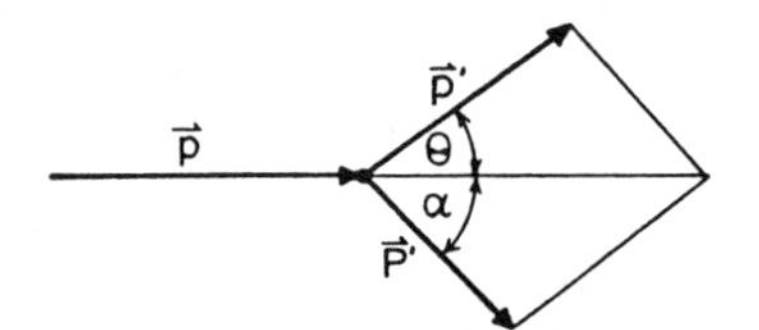

Impulsbilanz eines stoßenden und eines ruhenden Teilchens.

Die Lösung dieses speziellen Stoßproblems könnte man aus der Lösung im Schwerpunktsystem gewinnen, indem man durch eine Lorentz-Transformation zum Ruhesystem des zweiten Teilchens übergeht. Wir werden hier die Endformel durch direkte Rechnung aus (34.8), (34.3) und (34.9) ableiten.

Wir wählen als Parameter den Winkel θ und notieren die aus der Figur unmittelbar folgende trigonometrische Formel (siehe auch Gleichung (34.8))

$$P'^2 = p'^2 + p^2 - 2p\,p' \cos\theta. \tag{34.10}$$

Quadrieren wir nun die aus (34.5) und (34.3) folgende Beziehung ($\varepsilon = \overline{E}/c$)

$$\varepsilon - \sqrt{M_0^2 c^2 + P'^2} = \sqrt{m_0^2 c^2 + p'^2}\,,$$

so ergibt sich

$$p'^2 + m_0^2 c^2 = P'^2 + M_0^2 c^2 + \varepsilon^2 - 2\varepsilon \sqrt{M_0^2 c^2 + P'^2}.$$

Setzt man nun in dieser Beziehung den Wert (34.10) von P'^2 ein, so entsteht eine Gleichung, die neben dem Term mit der Quadratwurzel nur noch einen in p' linearen Teil enthält. Man kann also durch nochmaliges Quadrieren die Quadratwurzel eliminieren und zu einer Gleichung zweiten Grades in p' gelangen. Wir geben diese Gleichung ohne die elementare Zwischenrechnung an:

$$p'^2(\varepsilon^2 - p^2\cos^2\theta) - 2pp'\cos\theta\,(\varepsilon^2 - \varepsilon M_0 c - p^2) - p^2c^2(M_0^2 - m_0^2) = 0.$$

Durch Auflösen dieser Gleichung enthält man den Wert von p':

$$p' = \frac{p}{\varepsilon^2 - p^2\cos^2\theta}\Big\{\cos\theta\,(\varepsilon^2 - \varepsilon M_0 c - p^2) \pm [\cos^2\theta\,(\varepsilon^2 - \varepsilon M_0 c - p^2)^2 + (\varepsilon^2 - p^2\cos^2\theta)c^2(M_0^2 - m_0^2)]^{1/2}\Big\}. \tag{34.11}$$

Diese Beziehung liefert schon den gesuchten Wert von p', da auf der rechten Seite neben dem Winkel θ nur bekannte Größen auftreten. Man kann aber (34.11) in eine einfachere Form bringen, wenn man die aus (34.4), (34.3) und (34.7) folgende Beziehung

$$\varepsilon - M_0 c = \sqrt{p^2 + m_0^2 c^2} \tag{34.12}$$

quadriert und von der so entstehenden Gleichung

$$\varepsilon^2 + M_0^2 c^2 - 2\varepsilon M_0 c = p^2 + m_0^2 c^2$$

Gebrauch macht. Das Endergebnis lautet

$$p' = \frac{p}{(M_0 c + e/c)^2 - p^2\cos^2\theta}\Big\{\cos\theta\left(m_0^2c^2 + M_0 c\frac{e}{c}\right) \pm \left(\frac{e}{c}c + M_0 c^2\right)\sqrt{M_0^2 - m_0^2\sin^2\theta}\Big\}. \tag{34.13}$$

Es sei noch bemerkt, daß im Falle $M_0 > m_0$ nur das positive Vorzeichen vor der Wurzel in (34.11) und (34.13) zugelassen werden darf. Es ist nämlich nach (34.12) $\varepsilon > p$ und daher $\varepsilon^2 - p^2\cos^2\theta > 0$. Im Falle $M_0 > m_0$ wird also die Wurzel in (34.11) den Betrag des neben ihr stehenden Termes übersteigen, so daß nur das positive Vorzeichen zu $p' > 0$ führt. Für $M_0 < m_0$ dagegen muß man beide Vorzeichen berücksichtigen. Die Erklärung dieses Verhaltens liefert Gleichung (34.13). Im Falle $M_0 < m_0$ durchläuft nämlich θ zweimal den Bereich $0 \le \theta \le \theta_{\max}$, wobei $\theta_{\max}$ sich aus

$$M_0 = m_0 \sin\theta_{\max}$$

ergibt. Daher werden jedem Winkel θ in diesem Bereich zwei Lösungen des Stoßproblems entsprechen. Im Falle $M_0 > m_0$ dagegen durchläuft θ einmal den Bereich $0 \le \theta \le \pi$, so daß es zu jedem Wert von θ nur eine Lösung gibt.

Setzt man den Wert (34.13) von p' in die erste der Gleichungen (34.5) ein, so ergibt sich nach einer elementaren Rechnung der Wert von e'/c. Die Endformel lautet

$$\begin{aligned}\frac{e'}{c} &= \frac{1}{(M_0c+e/c)^2 - p^2\cos^2\theta}\left\{\left(\frac{e}{c}+M_0c\right)\left(M_0c\frac{e}{c}+m_0^2c^2\right)\right.\\ &\left.\pm cp^2\cos\theta\sqrt{M_0^2 - m_0^2\sin^2\theta}\right\}.\end{aligned} \tag{34.14}$$

Um die Rechnung abzuschließen, müssen wir noch Formeln für $\vec{P}'$ und E'/c angeben. $\vec{P}'$ läßt sich sofort aus (34.7) berechnen, nämlich

$$\vec{P}' = \vec{p} - \vec{p}', \tag{34.15}$$

da $\vec{p}'$ durch p' und den Winkel θ bestimmt ist. Die Energie E'/c berechnet man am einfachsten aus (34.3) und (34.9):

$$\frac{E'}{c} = M_0c + \frac{e}{c} - \frac{e'}{c}. \tag{34.16}$$

Die Formeln (34.13) bis (34.16) stellen die vollständige Lösung des gestellten Stoßproblems dar.

Compton-Streuung: Wir wollen diese Formeln auf den Fall des Stoßes eines Photons mit einem ruhenden Elektron anwenden. Das spezielle Merkmal des Photons ist, daß seine Ruhemasse äußerst klein gegenüber der Ruhemasse des Elektrons und vielleicht sogar streng gleich Null ist. Wir dürfen also auf alle Fälle

$$m_0 = 0 \tag{34.17}$$

setzen. Mit (34.17) vereinfacht sich die erste der Gleichungen (34.4) zu

$$\frac{e}{c} = p. \tag{34.18}$$

Führt man (34.17) und (34.18) in (34.13) ein, so folgt

$$p' = p\frac{M_0c}{M_0c + p(1-\cos\theta)}. \tag{34.19}$$

Dabei wurde die Wurzel in (34.13) mit dem positiven Vorzeichen genommen, da im vorliegenden Fall $M_0 > m_0$ ist. Für e'/c findet man entweder aus (34.14) oder aus (34.5)

$$\frac{e'}{c} = p'. \tag{34.20}$$

Wie man aus (34.18) unmittelbar ersieht, ist immer $p' < p$ (mit Ausnahme des Falles $\theta = 0$). Dies ist auch unmittelbar verständlich, da im Stoßprozeß das Elektron einen

Zuwachs seiner, vor dem Stoß verschwindenden, kinetischen Energie erfährt und daher die Energie des Photons um denselben Betrag verkleinert werden muß.

Die Photonenenergie e hängt nun mit der Frequenz und der Wellenlänge λ der Strahlung zusammen:

$$e = \hbar\omega = h\nu = \frac{\hbar c \cdot 2\pi}{\lambda} = \frac{hc}{\lambda}. \tag{34.21}$$

Dabei ist $\hbar = h/2\pi$ das Plancksche Wirkungsquantum und $\omega = 2\pi\nu$ die Kreisfrequenz der Photonenschwingung.

Die entsprechende Beziehung nach dem Stoß lautet:

$$e' = h\nu' = \frac{hc}{\lambda'}. \tag{34.22}$$

Danach bedeutet die aus (34.20) folgende Beziehung $e' < e$, daß durch den Stoß die Frequenz verkleinert, dagegen die Wellenlänge λ vergrößert wird. Führt man (34.21) und (34.22) in (34.20) ein, so ergibt sich

$$\nu' = \nu \frac{M_0 c^2}{M_0 c^2 + h\nu(1 - \cos\theta)}. \tag{34.23}$$

Daraus folgt:

$$\frac{1}{\nu'} = \frac{1}{\nu} + \frac{h}{M_0 c^2}(1 - \cos\theta). \tag{34.24}$$

Oder in den Wellenlängen ausgedrückt:

$$\lambda' = \lambda + \lambda_0(1 - \cos\theta), \tag{34.25}$$

wobei $\lambda_0 = h/M_0 c$ eine Konstante ist, die man als die *Compton-Wellenlänge* des Elektrons bezeichnet. Formel (34.25) bestimmt die bei der Streuung eintretenden Zunahme der Wellenlänge der Strahlung als Funktion des Streuwinkels θ.

Der unelastische Stoß: Beim unelastischen Stoß ändern sich per Definition auch die Ruhemassen beider oder wenigstens eines der stoßenden Teilchen. Wir werden in diesem Fall mit m_0 und M_0 die Werte der Ruhemassen vor dem Stoß, mit m_0' und M_0' die Werte nach dem Stoß bezeichnen. Die Gleichungen (34.1), (34.4) und (34.2, 34.3) gelten auch hier ohne jede Änderung. Dagegen ändert sich (34.5) zu

$$\left(\frac{e'}{c}\right)^2 = m_0'^2 c^2 + p'^2, \qquad \left(\frac{E'}{c}\right)^2 = M_0'^2 c^2 + P'^2. \tag{34.26}$$

Es sei noch bemerkt, daß nach der benutzten Definition der unelastische Stoß nicht notwendig mit einem Verlust von kinetischer Energie verbunden sein muß. Kinetische Energie wird nur dann verbraucht, wenn die Summe der Ruhemassen durch den Stoßprozeß vergrößert wird, wenn also $m_0' + M_0' > m_0 + M_0$ ist. Im Falle $m_0' + M_0' < m_0 + M_0$ wird dagegen kinetische Energie erzeugt.

Die Formeln (34.1), (34.4), (34.2), (34.3) und (34.26) kann man auch dann anwenden, wenn bei dem Stoßprozeß die beiden stoßenden Teilchen verschwinden und zwei ganz neue Teilchen entstehen. Als m_0' und M_0' sind dann die Ruhemassen der neu entstehenden Teilchen anzusetzen. Ein solcher Fall ist die Zerstrahlung eines Elektron-Positron-Paares, wobei also $m_0 = M_0 =$ Ruhemasse des Elektrons (Positrons) und $m_0' = M_0' =$ Ruhemasse des Photons $= 0$ ist. Wir betrachten diesen Prozeß im Schwerpunktsystem des Elektron-Positron-Paares. Es ist dann $\vec{p} = -\vec{P}$. Daher wird nach dem Impulssatz (34.2) auch $\vec{p}\,' = -\vec{P}\,'$, d.h. die beiden Photonen werden in entgegengesetzten Richtungen mit gleichen Impulsen, also auch gleichen Energien emittiert (Figur). Die Beziehung zwischen p und p' ergibt sich aus dem Energiesatz. Wegen $e/c = E/c = \sqrt{m_0^2c^2 + p^2}$ und $e'/c = E'/c = p'$ ergibt sich nämlich aus (34.3):

$$p' = \sqrt{m_0^2c^2 + p^2}. \tag{34.27}$$

Die Energie jedes Photons ist nach (34.21)

$$h\nu = cp' = \sqrt{m_0^2c^4 + p^2c^2}. \tag{34.28}$$

Die kleinste Photonenenergie entspricht danach dem Fall $p = 0$ und ist gleich der Ruheenergie m_0c^2 des Elektrons.

Der zu der Zerstrahlung inverse Prozeß – die Erzeugung eines Elektron-Positron-Paares – tritt bei der Wechselwirkung eines genügend energiereichen Photons mit einem Atomkern auf. Dies ist ein Prozeß, welcher von dem bisher betrachteten Stoß verschieden ist. Von der Wechselwirkung sind nämlich auch hier zwei Teilchen – das Photon und der Atomkern – anwesend, nach dem Stoß dagegen drei: Der Atomkern und die beiden Elektronen. Das wichtigste Merkmal dieses Prozesses, welches für die experimentelle Bestätigung des Satzes von der Trägheit der Energie von Bedeutung ist, kann man aber unmittelbar aus dem Energiesatz ableiten.

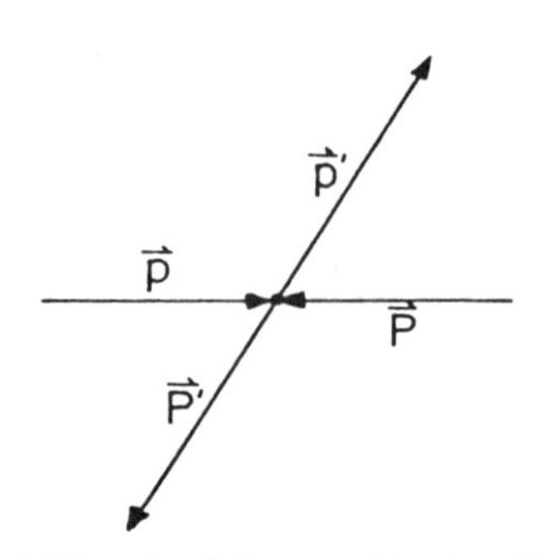

Impulsbilanz im Schwerpunktsystem für einen Zweierstoß.

Bezeichnen wir nämlich die Photonenenergie mit $\hbar\omega$, die Ruhemasse des Atomkernes und des Elektrons (Positrons) mit M_0 und m_0 und die Endwerte der Impulse der drei Teilchen mit $\vec{P}$, $\vec{p}_-$ und $\vec{p}_+$, so gilt:

$$\hbar\omega + M_0c^2 = \sqrt{M_0^2c^4 + P^2c^2} + \sqrt{m_0^2c^4 + p_-^2c^2} + \sqrt{m_0^2c^4 + p_+^2c^2}. \tag{34.29}$$

Dabei wurde angenommen, daß der Atomkern sich vor der Wechselwirkung in Ruhe befand. Aus dieser Beziehung folgt unmittelbar

$$\hbar\omega > 2m_0c^2. \tag{34.30}$$

Das heißt, der Prozeß ist nur bei Photonen möglich, deren Energie die Summe der Ruheenergien von zwei Elektronen übersteigt. Das haben wir uns schon im letzten Kapitel klargemacht.

Als ein weiteres Beispiel zum unelastischen Stoß erwähnen wir die *Kernreaktionen*. Wenn dabei auch nach dem Stoß nur zwei Teilchen vorhanden sind, ist der Prozeß wieder durch die Gleichungen (34.1), (34.4), (34.2), (34.3) und (34.26) beschrieben. Man kann aber in diesem Fall die Energiegleichung vereinfachen, da dabei in der Regel die Geschwindigkeiten aller Teilchen klein im Verhältnis zur Lichtgeschwindigkeit sind. Für solche Teilchen, die man gewöhnlich als nichtrelativistisch bezeichnet, gilt in guter Näherung die aus (34.4) und (33.13) folgende Beziehung:

$$e = m_0 c^2 + \frac{1}{2} m_0 q^2. \tag{34.31}$$

Daher reduziert sich der Energiesatz (34.3) auf

$$(m_0 + M_0)c^2 + E_{\text{kin}} = (m_0' + M_0')c^2 + E_{\text{kin}}'. \tag{34.32}$$

Dabei bedeutet E_{kin} und E_{kin}' die Summe der mit Hilfe von (33.13) berechneten kinetischen Energien vor und nach dem Stoß. Das heißt, wenn wir mit q, Q und q', Q' die Geschwindigkeiten der Teilchen vor und nach dem Stoß bezeichnen:

$$E_{\text{kin}} = \frac{1}{2} m_0 q^2 + \frac{1}{2} M_0 Q^2, \qquad E_{\text{kin}}' = \frac{1}{2} m_0' q'^2 + \frac{1}{2} M_0' Q'^2. \tag{34.33}$$

Zerfall eines instabilen Teilchens: Der einfachste Fall liegt offenbar dann vor, wenn das instabile Teilchen in zwei neue Teilchen zerfällt. Auch hier lassen sich die wichtigsten Ergebnisse aus den Erhaltungssätzen ableiten. Der Einfachheit halber betrachten wir den Prozeß im Ruhesystem des ursprünglichen Teilchens. Es folgt dann aus dem Impulssatz, daß die Impulse $\vec{p}'$ und $\vec{p}''$ der beiden neuen Teilchen die Summe Null haben müssen,

$$\vec{p}' = -\vec{p}''. \tag{34.34}$$

Bezeichnen wir mit M_0 die Ruhemasse des ursprünglichen Teilchens und mit m_0', m_0'' diejenigen der neuen Teilchen, so lautet der Energiesatz

$$M_0 c = \sqrt{m_0'^2 c^2 + p'^2} + \sqrt{m_0''^2 c^2 + p'^2}. \tag{34.35}$$

Dabei haben wir die aus (34.34) folgende Beziehung $p'' = p'$ berücksichtigt. Sind die Ruhemassen M_0, m_0' und m_0'' bekannt, so kann man aus (34.35) den Wert von p' bestimmen. Bei dieser Zerfallsart werden also beim Zerfall von ruhenden Teilchen die neuen Teilchen immer mit dem aus (34.35) folgenden Impuls p', und daher mit den eindeutig definierten Energiewerten

$$e' = \sqrt{m_0'^2 c^4 + p'^2 c^2}, \qquad e'' = \sqrt{m_0''^2 c^4 + p'^2 c^2} \tag{34.36}$$

emittiert.

Auch der Zerfall in mehr als zwei neue Teilchen läßt sich ähnlich behandeln. Liegt z. B. ein Zerfall in drei neue Teilchen vor, so lauten die Erhaltungssätze im Ruhesystem des ursprünglichen Teilchens:

$$0 = \vec{p}' + \vec{p}'' + \vec{p}''', \tag{34.37}$$

$$M_0 c = \sqrt{m_0'^2 c^2 + p'^2} + \sqrt{m_0''^2 c^2 + p''^2} + \sqrt{m_0'''^2 c^2 + p'''^2}. \tag{34.38}$$

Wir werden diese Gleichungen nicht näher diskutieren. Nur eine wichtige qualitative Folgerung sei hier erwähnt. Die Impulsgleichung kann jetzt nicht mehr, wie im vorigen Fall, die nach dem Zerfall vorkommenden Impulsbeträge p', p'', p''' auf eine einzige Größe reduzieren. Deshalb folgen jetzt aus der Energiegleichung nicht mehr eindeutig bestimmte Werte dieser Größen. Bei einem Zerfall mit mehr als zwei Produktteilchen werden also die neuen Teilchen nicht mehr – wie im Falle von zwei Produktteilchen – mit eindeutig bestimmten Energiewerten emittiert, sondern werden ein kontinuierliches Energiespektrum zeigen. Diese Tatsache führte übrigens W. Pauli 1930 dazu, das Neutrino als hypothetisches Zerfallsprodukt beim β-Zerfall des Neutrons zu postulieren. (s. Bd. 8 der Vorlesung ,Eichtheorie der schwachen Wechselwirkung). Diese Teilchen wurden später tatsächlich experimentell nachgewiesen.

34.1 Aufgabe: Die relativistische Rakete

In dem Fall, daß Raketen in Geschwindigkeitsbereiche vordringen, die vergleichbar mit der Lichtgeschwindigkeit sind, muß man in den Bewegungsgleichungen zur relativistischen Mechanik übergehen. Formulieren Sie die allgemeine Bewegungsgleichung für dieses Problem und diskutieren Sie es für den eindimensionalen Fall.

Lösung: p^μ ist der Viererimpuls des Raumschiffes und $dq^\mu = \delta m \cdot \omega^\mu$ der Viererimpuls der vom Schiff pro Zeiteinheit ausgestoßenen Masse δm gesehen von einem Inertialsystem. Die Energieimpulserhaltung fordert

$$p^\mu = dq^\mu + (p^\mu + dp^\mu) \qquad \underline{1}$$

mit dem neuen Viererimpuls des Schiffes $p^\mu + dp^\mu$. Wir setzen dq^μ und $dp^\mu = d(mu^\mu)$ ein und dividieren durch die Eigenzeit $d\tau$.

$$0 = \frac{\delta m}{d\tau}\omega^\mu + \frac{dm}{d\tau}u^\mu + m\frac{du^\mu}{d\tau}. \qquad \underline{2}$$

$\delta m/d\tau$ und $dm/d\tau$ sind die Raten für die ausgestoßenen Massen bzw. für die damit verknüpfte abnehmende Masse des Schiffes. Es gilt nun nicht mehr die Relation $\delta m/d\tau = -dm/d\tau$! Wir definieren $\lambda = \delta m/d\tau$:

$$\dot{m}u^\mu + m\dot{u}^\mu = -\lambda\omega^\mu. \qquad \underline{3}$$

Wir multiplizieren $\underline{3}$ mit u_μ und benutzen $u_\mu u^\mu = -c^2$ und $u_\mu \dot{u}^\mu = 0$ (Einsteinsche Summenkonvention), wegen

$$\frac{d}{d\tau}(u_\mu u^\mu) = \dot{u}_\mu u^\mu + u_\mu \dot{u}^\mu = 0. \qquad \underline{4}$$

Daraus folgt:

$$\lambda = \dot{m}\frac{c^2}{u_\mu \omega^\mu}. \qquad \underline{5}$$

Damit haben wir die Bewegungsgleichung eines Körpers mit variabler Masse, wie ihn die Rakete vorstellt.

$$\frac{d}{d\tau}(mu^\mu) = -\frac{\dot{m}c^2}{u_\nu \omega^\nu}\omega^\mu. \qquad \underline{6}$$

Die Lösung dieser Gleichung für ein eindimensionales Problem ist nicht weiter schwierig; wir schreiben für die beiden Geschwindigkeiten ω und u:

$$\frac{\omega}{c} \equiv \tanh\phi, \qquad \frac{u}{c} \equiv \tanh\theta, \qquad \underline{7}$$

und können nun mit $h = c\tan\alpha$ und $\alpha = \theta - \phi$ die Relativgeschwindigkeit der ausgestoßenen Materie zum Schiff angeben.

$$\begin{aligned} u_\nu \omega^\mu &= c^2(\sinh\theta\sinh\phi - \cosh\theta\cosh\phi) \\ &= -c^2\cosh(\theta-\phi) = -c^2\cosh\alpha. \end{aligned} \qquad \underline{8}$$

Gleichung $\underline{6}$ nimmt damit für $\mu = 1$ folgende Gestalt an

$$\frac{d}{d\tau}(m\,c\sinh\theta) = \frac{\dot{m}c^2}{c^2\cosh\alpha}c\sinh\phi, \qquad \underline{9}$$

und reduziert sich schließlich auf die einfache Differentialgleichung

$$\begin{aligned} \dot{m}\sinh\theta + m\dot{\theta}\cosh\theta &= \dot{m}\frac{\sinh\phi}{\cosh\alpha}, \\ \dot{m}\sinh\theta\cosh\alpha + m\dot{\theta}\cosh\theta\cosh\alpha &= \dot{m}\sinh\phi, \\ \dot{m}(\sinh\theta\cosh\alpha - \sinh\phi) + m\dot{\theta}\cosh\theta\cosh\alpha &= 0, \\ \dot{m}\sinh\alpha + m\dot{\theta}\cosh\alpha &= 0 \\ \Rightarrow \quad m\dot{\theta} + \dot{m}\frac{h}{c} &= 0. \end{aligned} \qquad \underline{10}$$

Wenn mit h die relative Austrittsgeschwindigkeit der Masse konstant ist, kann θ als Funktion der Masse angegeben werden.

$$\theta = \log\left(\frac{m}{\mu}\right)^{-h/c}. \qquad \underline{11}$$

M ist die Integrationskonstante, die hier die Rolle der Startmasse des Raumschiffes spielt.

$$\frac{u}{c} = \tanh\theta = \frac{1-e^{-2\theta}}{1+e^{-2\theta}} = \frac{1-(m/M)^{2h/c}}{1-(m/M)^{2h/c}}. \qquad \underline{12}$$

Wenn man annimmt, daß die relative Austrittsgeschwindigkeit der abgestoßenen Masse bei ungefähr $h \leq c$ liegt und die Hälfte der Startmasse abgegeben wird, dann resultiert für die Endgeschwindigkeit

$$\frac{u}{c} = \frac{1-(0.5)^2}{1+(0.5)^2} = \frac{3}{5}. \qquad \underline{13}$$

34.2 Aufgabe: Die Photonenrakete

Als eine Möglichkeit, Raumschiffe in der Zukunft anzutreiben, wird die Emission von elektromagnetischer Strahlung in Betracht gezogen.

Starten Sie mit der Gleichung 3 aus der Aufgabe über die relativistische Rakete und vergleichen Sie die beiden Antriebssysteme.

Lösung: Die Bewegungsgleichung lautet:

$$\frac{d}{d\tau}(mu^\mu) = -\lambda P^\mu. \qquad \underline{1}$$

P^μ ist der Viererimpulsvektor der austretenden Strahlung. Wir multiplizieren wieder mit u_μ und bekommen

$$\begin{aligned} mu_\mu\dot{u}^\mu + \dot{m}u_\mu u^\mu &= -\lambda u_\mu P^\mu \qquad \underline{2} \\ \Rightarrow \quad \lambda &= \frac{\dot{m}^2c^2}{u_\mu P^\mu} \qquad \text{wegen} \quad u_\mu u^\mu = -c^2 \quad \text{und} \quad u_\mu \dot{u}^\mu = 0. \end{aligned}$$

Also lautet Gleichung 1:

$$\frac{d}{d\tau}(mu^\mu) = -\left(\frac{\dot{m}c^2}{u_\nu P^\nu}\right)P^\mu. \qquad \underline{3}$$

Dieses Ergebnis ist uns schon von der relativistischen Rakete her vertraut. Der Unterschied besteht darin, daß der Photonen-Impulsvierervektor wegen der Masselosigkeit ein Nullvektor ist:

$$P_\mu P^\mu = 0. \qquad \underline{4}$$

Wir betrachten wieder den eindimensionalen Fall. Gleichung 4 reduziert sich dann auf

$$(P^1)^2 - (P^4)^2 = 0 \qquad \Leftrightarrow \qquad P^1 = \pm P^4. \qquad \underline{5}$$

Wenn das Raumschiff in positive x-Richtung fliegt, sollten die Photonen notwendigerweise einen negativen Impuls haben:

$$P^1 = -P^4. \qquad \underline{6}$$

Wir schreiben uns die diskrete Photonenenergie mit Hilfe der de-Broglie-Beziehung auf, also

$$W = h\nu \qquad \Rightarrow \qquad P^4 = \frac{h\nu}{c}, \quad P^1 = -\frac{h\nu}{c} \qquad \underline{7}$$

$$u_\nu P^\nu = u^1P^1 - u^4P^4 = (u^1 + u^4)P^1 = -(u^1 + u^4)P^4. \qquad \underline{8}$$

Gleichung 3 wird dann für $\mu = 1$ und $\mu = 4$ zu

$$\begin{aligned} (u^1 + u^4)\frac{d}{d\tau}(mu^1) &= -\dot{m}c^2, \qquad \underline{9} \\ (u^1 + u^4)\frac{d}{d\tau}(mu^4) &= \dot{m}c^2. \qquad \underline{10} \end{aligned}$$

Die Summe dieser beiden Gleichungen ergibt

$$\frac{d}{d\tau}(mu^1 + mu^4) = 0 \qquad \Rightarrow \qquad mu^1 + mu^4 = Mc, \tag{11}$$

wobei mit M über die Integrationskonstante die Startmasse der Rakete eingeführt wurde, das ist die Situation mit $u^1 = 0$ und $u^4 = c$.

Schreiben wir wieder die Gleichung mit Hilfe der Definitonen

$$u^1 = c \sinh\theta \qquad u^4 = c\cosh\theta \tag{12}$$

um, so resultiert

$$\begin{aligned} m(\sinh\theta + \cosh\theta) &= M \quad \Leftrightarrow \quad m = Me^{-\theta} \\ \Rightarrow \quad \frac{u}{c} &= \tanh\theta = \frac{1-(m/M)^2}{1+(m/M)^2}. \end{aligned} \tag{13}$$

Wir finden also keine Abhängigkeit der Endgeschwindigkeit von der Frequenz der Strahlung. Trotzdem wird es wohl noch lange Zeit dauern, um die erheblichen Schwierigkeiten bei der Entwicklung von Photonentriebwerken zu überwinden. Solch ein Triebwerk sollte natürlich über einen ausreichenden Schub verfügen. Wir sehen auch keinen Vorteil eines solchen Triebwerktyps gegenüber einem, der massive Teilchen nahe der Lichtgeschwindigkeit emittiert.

34.3 Aufgabe: Das relativistische Zentralkraftproblem

Lösen Sie das Zentralkraftproblem relativistisch für ein Teilchen der Masse m mit der Ladung q und einer zentralen Ladung Q, die unverrückbar im Ursprung des Koordinatensystems sitzt. Beziehen Sie nur die elektrostatische Wechselwirkung $\vec{K} = (Qq/r^2)\,\vec{e}_r$ in die Betrachtung ein.

Lösung: Die relativistische Form des 2. Newtonschen Axioms ist die Vierervektorengleichung

$$F^\mu = m_0 \frac{d}{d\tau} u^\mu, \tag{1}$$

in der F^μ die sogenannte Viererkraft ist und u^μ die Vierergeschwindigkeit:

$$\begin{aligned} F^\mu &= \left(\gamma\vec{K}, \frac{\gamma}{c}\vec{K}\cdot\vec{u}\right), \\ u^\mu &= (\gamma\vec{u}, \gamma c). \end{aligned}$$

$\vec{K}$ und $\vec{u}$ sind die Kraft und Geschwindigkeit gemäß Newtonscher Mechanik.

Wir dürfen aber als einzige Kraft $\vec{K}$ in dem relativistischen Ausdruck nur die Lorentzkraft benutzen, die auf ein geladenes Teilchen wirkt. Die andere wichtige Wechselwirkung, die Gravitation, kann *nicht* ohne weiteres in diesem Kalkül behandelt werden, weil sie von den beteiligten Massen abhängt. Diese Probleme werden in der allgemeinen Relativitätstheorie behandelt.

Unser Zentralkraftproblem beruht auf der elektrostatischen Wechselwirkung der beiden Ladungen Q und q.

$$\vec{K} = \frac{Qq}{r^2}\vec{e}_r\,, \qquad \underline{2}$$

$$\Rightarrow \quad F^\mu = \left(\gamma\frac{Qq}{r^2}\vec{e}_r, \frac{\gamma}{c}\frac{Qq}{r^2}\vec{u}\cdot\vec{e}_r\right). \qquad \underline{3}$$

Wir wollen für dieses Problem wieder Polarkoordinaten benutzen. Dabei müssen wir aber auf die Abhängigkeit der Einheitsvektoren von der Zeit achten.

Das Linienelement in diesen krummlinigen Koordinaten sieht wie folgt aus:

$$ds^2 = dr^2 + r^2\,d\phi^2 + dz^2 - c^2\,dt^2. \qquad \underline{4}$$

Mit den Definitonen für den Viererverktor dx^μ und der Matrix $g_{\mu\nu}$

$$dx^\mu = (dr, d\phi, dz, c\,dt), \qquad \underline{5}$$

$$g_{\mu\nu} = \begin{pmatrix} 1 & 0 & 0 & 0 \\ 0 & r^2 & 0 & 0 \\ 0 & 0 & 1 & 0 \\ 0 & 0 & 0 & -1 \end{pmatrix} \qquad \underline{6}$$

können wir 4 kurz

$$ds^2 = g_{\mu\nu}dx^\mu dx^\nu \qquad \underline{7}$$

schreiben. In dem sogenannten metrischen Tensor $g_{\mu\nu}$ ist nicht nur der Vorzeichenwechsel für die Zeit-Koordinate eingebaut, der uns die Benutzung von komplexen Zahlen erspart, sondern auch die Skalierungsfaktoren der neuen Koordinaten. Der Geschwindigkeitsvektor in unseren neuen Koordinaten mit Beschränkung auf die z-Ebene sieht so aus:

$$u^\mu = (\dot{r}, \dot{\phi}, 0, c\gamma), \qquad \underline{8}$$

$$\gamma\frac{Qq}{r^2} = m(\ddot{r} - r\dot{\phi}^2), \qquad \underline{9}$$

$$0 = m(2\dot{r}\dot{\phi} + r\ddot{\phi}), \qquad \underline{10}$$

$$\frac{1}{c}\frac{Qq}{r^2}\dot{r} = m\frac{d}{d\tau}(\gamma c) = m\dot{\gamma}c. \qquad \underline{11}$$

Die Punkte bedeuten hierbei immer die Ableitung nach der *Eigenzeit.*

Die mit r multiplizierte Gleichung 10 liefert wieder die Drehimpulserhaltung:

$$m(2r\,\dot{r}\dot{\phi} + r^{2\prime}\ddot{\phi}) = m\frac{d}{d\tau}(r^2\dot{\phi}) \quad \Rightarrow \quad L \equiv r^2\dot{\phi} = \text{konst.} \qquad \underline{12}$$

Die Gleichung 11 sichert die Erhaltung der Energie:

$$\frac{d}{d\tau}\left(m\gamma c + \frac{1}{c}\frac{Qq}{r}\right) = 0 \quad \Rightarrow \quad E = m\gamma c^2 + \frac{Qq}{r} = \text{konst}$$

$$\Leftrightarrow \quad \gamma = \frac{E}{mc^2} - \frac{Qq}{mc^2 r}. \qquad \underline{13}$$

Nun wollen wir noch aus 9 eine Bewegungsgleichung gewinnen. Dazu benutzen wir die beiden eben gewonnenen Erhaltungssätze.

$$\left(\frac{E}{mc^2} - \frac{Qq}{mc^2 r}\right)\frac{Qq}{r^2} = m\left(\ddot{r} - \frac{L^2}{r^3}\right). \qquad \underline{14}$$

Wir führen die Variable $s = 1/r$ ein und formen wie beim nichtrelativistischen Keplerproblem auf eine Differentialgleichung für $s(\phi)$ um.

$$\dot{r} = -r^2 \frac{ds}{d\phi}\dot{\phi} = -L\frac{ds}{d\phi}, \qquad \underline{15}$$

$$\ddot{r} = -L\frac{d^2 s}{d\phi^2}\dot{\phi} = -L^2 s^2 \frac{d^2 s}{d\phi^2} \qquad \underline{16}$$

$$\Rightarrow \quad \frac{1}{mc^2}(E - Qq\,s)Qq\,s^2 = -m\left(L^2 s^2 \frac{d^2 s}{d\phi^2} + L^2 s^3\right)$$

$$s'' + s = \left(\frac{Qq}{mcL}\right)^2 s - \frac{EQq}{m^2 L^2 c^2}. \qquad \underline{17}$$

Wir definieren die „Kreisfrequenz“ $\alpha^2 = 1 - (Qq/mLc)^2$ und können damit sofort die Lösung dieser uns wohl bekannten Differentialgleichung angeben.

$$\frac{1}{r} = s = -\frac{EQq}{m^2 L^2 c^2 \alpha^2} + A\cos(\alpha\phi). \qquad \underline{18}$$

Hier haben wir schon benutzt, daß wir mit $\phi = 0$ im Perihel starten wollen. Da α von 1 abweicht, bekommen wir keine geschlossene Bahn, sondern es existiert eine Präzession (Periheldrehung).

Die Konstante A können wir finden, wenn wir unsere Lösung in die folgende Beziehung einsetzen, die die Vierergeschwindigkeit $u^\mu = (\dot{r}, \dot{\phi}, 0, \gamma c)$ erfüllen muß (vgl. dazu 8).

$$u_\mu u^\mu = -c^2 = u^\nu g_{\nu\mu} u^\mu = \dot{r}^2 + r^2\dot{\phi}^2 - (c\gamma)^2 \qquad \underline{19}$$

$$\Rightarrow \quad L^2\left(\frac{ds}{d\phi}\right)^2 + s^2 L^2 - c^2\left(\frac{E}{m_0 c^2} - \frac{Qq}{m_0 c^2}s\right)^2 = -c^2$$

$$\Rightarrow \quad A = \sqrt{\left(\frac{E}{Lm_0 c\alpha^2}\right)^2 - \left(\frac{c}{L\alpha}\right)^2}. \qquad \underline{20}$$

Es ist noch zu bemerken, daß α^2 im allgemeinen auch negativ werden kann ($Qq > mLc$). Dann wären keine periodischen Lösungen von 17 mehr möglich. Dieser Fall könnte eintreten, wenn wir z. B. den Drehimpuls L sehr klein werden lassen. Betrachtet man dies in einem Atom mit einem Kern der Ladung $Q = Ze$ und bedenkt, daß der Drehimpuls eines Elektrons ($q = e$) in der Größenordnung $mL \approx \hbar$ (Plancksches Wirkungsquantum) liegt, dann können wir mit folgendem Z diesen Fall erwarten.

$$Z \geq \frac{\hbar c}{e^2} \approx 137. \qquad \underline{21}$$

D. h. in Atomen mit einer Kernladung $Z \geq 137$ bekommen wir auf Grund relativistischer Effekte bei Punktkernnäherung diesen Kollaps. Die Größe $c^2/\hbar c^1 \cong 1/137$ ist bekannt als die Sommerfeldsche Feinstrukturkonstante.

Der „Kollaps der Bahnen“ hängt mit dem überkritischen Problem der Quantenelektrodynamik eng zusammen. Dies wurde von der Frankfurter Schule ausgiebig untersucht und hat weitreichende Konsequenzen. So führt es beispielsweise zu einem neuen Verständnis der Frage „Was ist Vakuum; ist das Vakuum immer leer?“ Wir verweisen auf Band VII der Vorlesungen (Quantenelektrodynmik) und auf die dort zitierte Literatur [22].

34.4 Aufgabe: Beispiel zur Vertiefung: Gravitationslinsen

Der Nachweis der Lichtablenkung am Sonnenrand und ihre richtige Deutung und theoretische Beschreibung im Rahmen der Allgemeinen Relativitätstheorie stellte, wenige Jahre nach ihrer Formulierung, einen der höchsten Triumpfe der neuen Einsteinschen Gravitationstheorie dar. Gemäß der Allgemeinen Relativitätstheorie äußert sich Gravitation als Modifikation der ebenen Minkowskischen Raum-Zeit-Geometrie. In der Umgebung schwerer Massen wird die Raum-Zeit verzerrt. Lichtstrahlen, welche sich bekanntlich entlang bestimmter Geodäten, d. h. kürzesten (man kann auch sagen "geradesten") Linien zwischen zwei Weltpunkten mit $ds^2 = 0$, ausbreiten, folgen nicht mehr Geraden im euklidischen Sinne, sondern i. a. gekrümmten Kurven (siehe Figur).

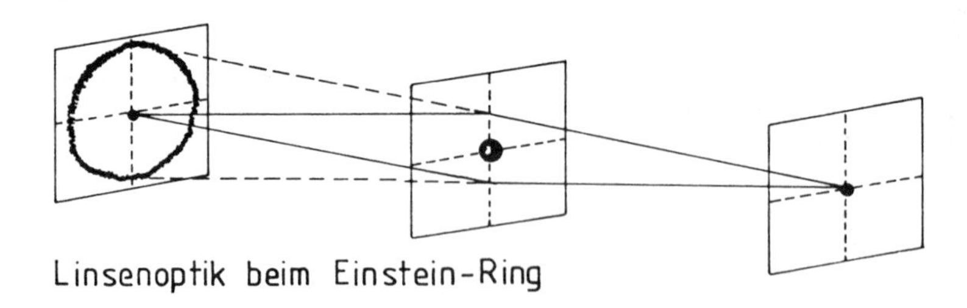

In gewisser Weise wirken also Gravitationsfelder auf die Lichtausbreitung wie die Anwesenheit eines optisch dichteren Mediums mit einem bestimmten Brechungsindex, was wir von der geometrischen Optik her kennen. Wir können uns leicht vorstellen, daß bestimmte Anordnungen von Massen ein derartiges Gravitationsfeld erzeugen, so daß Licht, welches von einem weit entfernten Objekt ausgesendet werden möge, beim Durchlaufen dieses Gravitationsfeldes, ähnlich abgelenkt werden kann, wie beim Passieren einer optischen Linse. Gravitationsfelder mit solchen Eigenschaften bezeichnet man in Analogie als Gravitationslinsen.

Von Einstein selbst stammt zu diesem Problem eine Rechnung, in der erstmals die folgende, einfache Konfiguration betrachtet wird: Zwischen Erde und einer weit entfernten Lichtquelle (z. B. ein Stern) möge sich genau auf der optischen Achse ein massereiches Objekt als Quelle eines Gravitationsfeldes befinden. Bei einer derartigen perfekten Ausrichtung hintereinander gelegener Objekte treffen

[22] Für populäre Darstellungen dieses Gebietes siehe z. B. J. Reinhardt and W. Greiner: Physik in unserer Zeit, Heft 6 (1976), Seite 171; W. Greiner and J.H. Hamilton: American Scientist 19, 154 (1980); J. Greenberg and W. Greiner: Physics Today, Aug. 1982, Seite 24

von dem Stern nur jene Lichtstrahlen auf die Erde, die vom dazwischenliegenden Gravitationsfeld zur Erde hinfokusiert werden (siehe Figur).

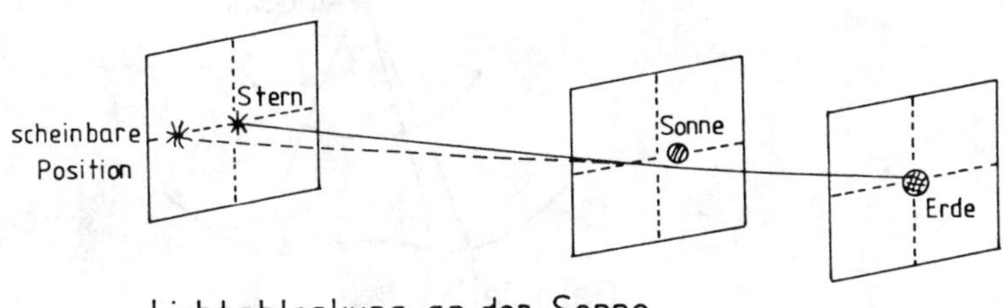

Lichtablenkung an der Sonne

Wegen der Azimutalsymmetrie wird der Stern auf einen von der Erde aus sichtbaren Ring abgebildet. Da der Stern wegen des dazwischenliegenden Objekts nicht direkt beobachtbar ist, müßte man stattdessen nur einen sogenannten Einstein-Ring sehen. Nun stellt die soeben diskutierte Konfiguration ein besonders einfachen Idealfall dar, und es mag sehr unwahrscheinlich sein, exakt eine derartige Situation zu beobachten. Auf jeden Fall ist es möglich, die Abbildungseigenschaften allgemeiner Linsensysteme zu berechnen. So zeigt sich neben solchen ringartigen Abbildungen auch die Möglichkeit zu Doppel- oder Dreifachabbildungen eines Objektes.

Besonders interessante Objekte der Astronomie sind Quasare, die man seit 1963 kennt. Quasare sind sternähnliche (d.h. von der Erde aus gesehen punktförmige) Licht- und Radioquellen, deren Spektrum eine starke Rotverschiebung zeigt. Deshalb können sie nicht Sterne unserer Milchstraße sein, sondern sie sind sehr weit entfernte Objekte, deren Rotverschiebung eine Folge der Expansion des Universums ist.

Im Jahre 1979 wurde ein Paar von Quasaren entdeckt, die sehr eng beisammen stehen. Die Analyse ihrer Spektren ergab, daß diese sowohl in der relativen Intensität der Spektrallinien als auch in ihrer Rotverschiebung übereinstimmen. Weitere Beobachtungen ergaben, daß sich zwischen den beiden Quasaren eine Galaxie mit geringer Rotverschiebung (also näher zu uns) befindet. Damit wurde es wahrscheinlich, daß es sich bei dem Doppelquasar nicht um zwei verschiedene Objekte handelt, sondern daß die Astronomen aufgrund der Lichtablenkung im Gravitationsfeld (sehen Sie dazu Aufgabe 33.3) nur zwei Bilder eines einzigen Objektes sehen. Inzwischen hat man noch einen weiteren Doppelquasar sowie einen Dreifachquasar [23] entdeckt.

Die von der Lichtquelle (Quasar) ausgehenden Wellenfronten werden in der Nähe einer starken Masse (Galaxie) gefaltet, so daß der Beobachter von drei Wellenfronten passiert wird (siehe Figur). Auf der Erde sieht man also drei Bilder des Quasars. Daß man bei Doppelquasaren nur zwei Bilder sieht, kann daran liegen, daß eines der Bilder sehr schwach ist oder zwei Bilder so nahe beieinander liegen,

[23] Spektrum der Wissenschaft, Januar 1981

daß sie optisch nicht mehr getrennt werden können.

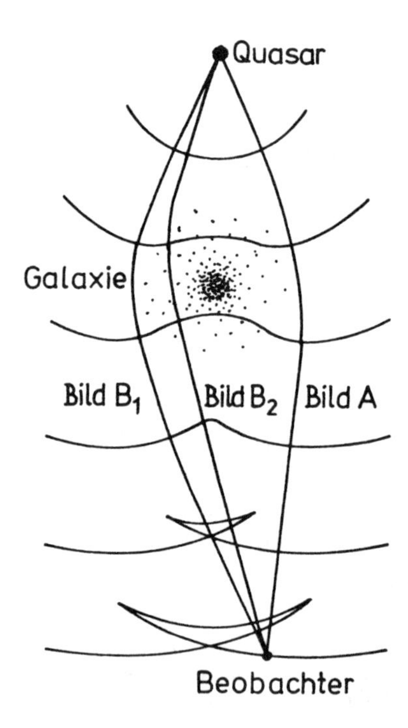

Ausbreitung einer Wellenfront bei einer Gravitationslinsen-Konstellation.

Den Gravitationslinseneffekt kann man nur bei Quasaren beobachten, weil er Ablenkwinkel aus der Sicht der Erde proportional ist zum Gravitationspotential der Linse am Ort der Erde. Eine Abschätzung der Massenverteilung im Universum zeigt, daß die Wahrscheinlichkeit eines Gravitationslinseneffekts mit einer entfernten Galaxie als Linse um etwa den Faktor 10^4 größer ist als die Wahrscheinlichkeit eines solchen Effekts mit einem Stern unserer Milchstraße als ablenkende Masse.

Mittlerweile haben sich mehrere dieser Beobachtungen als Kandidaten für Gravitationslinsensysteme bestätigt. Erst im Jahre 1987 entdeckte man einen nahezu perfekten Einstein-Ring [24].

Im Zusammenhang mit der Beobachtung von Gravitationslinsensystemen erhofft man sich ebenfalls Klärung einer Reihe von hochinteressanten Fragen. Das Licht, das hier beobachtet wird, durchläuft kosmische Entfernungen. Folglich sollte sich bei Gravitationslinsen bereits die Geometrie der Raum-Zeit als Ganzes auswirken. Da die optischen Eigenschaften einer Gravitationslinse genau berechnet werden können, ist es möglich, auch den Einfluß etwa der Expansion des Universums mit zu berücksichtigen. Im Prinzip wäre es möglich, die sogenannte Hubble-Konstante, die grob gesagt Ausdehnung und Expansionsgeschwindigkeit des Universums verknüpft, zu bestimmen.

[24] Spektrum der Wissenschaft, September 1988

Ein weiterer interessanter Aspekt stellt sich bezüglich der sogenannten Dunklen Materie (dark matter). Gravitationslinsen müssen sich nicht unbedingt aus Massenverteilungen (z. B. Quasare, Galaxien) konstituieren, die über ihre elektromagnetische Strahlung sichtbar sind. Aus der relativen Häufigkeit von Gravitationslinsenphänomenen ließe sich nun ebenfalls auf die Häufigkeit von Verteilungen dunkler Materie im Kosmos schließen. Eine Abschätzung ihrer Masse hätte dann Konsequenzen bezüglich der Entscheidung zwischen kosmologischen Modellen, die alle eine mittlere Massendichte als Parameter enthalten. Wir wollen es hier bei diesen Anmerkungen belassen und mögen mit Spannung weitere Beobachtungen abwarten, die uns der Lösung dieser Fragekomplexe näher bringen werden.

Index

M

N

O

P

Q

R

Prof. Dr. rer. nat. Dr. h. c. mult. Walter Greiner
geb. Oktober 1935, Promotion 1961 in Freiburg/Brsg., 1962–1964 Ass. Prof. University of Maryland, seit 1964/65 o. Prof. für Theoretische Physik der Universität Frankfurt am Main und Direktor des Instituts für Theoretische Physik. Gastprofessor u. a. an der Florida State University, University of Virginia, Los Alamos Scientific Laboratory, University of California, Berkeley, Oak Ridge National Laboratory, University of Melbourne, Yale University, Vanderbilt University, University of Arizona. Hauptarbeitsgebiete: Theoretische Kernphysik, Theoretische Schwerionenphysik, Feldtheorie (Quantenelektrodynamik, Theorie der Gravitation), Atomphysik. 1974 Empfänger des Max-Born-Preises und der Max-Born-Medaille (Institute of Physics [London] und Deutsche Physikalische Gesellschaft), 1982 des Otto-Hahn-Preises der Stadt Frankfurt am Main und der Ehrendoktorwürde der University of Witwatersrand, Johannesburg. Seit 1989 Ehrenmitglied der Lorand-Eötvös-Gesellschaft (Ungarn), seit 1990 Honorarprofessor der Universität Peking und seit 1991 Doctor of Science honoris causa der Universität Tel Aviv und Doctor honoris causa der Université Louis Pasteur Strasbourg, 1992 Doctor honoris causa der Universität Bukarest.

Brytschkow
Maritschew · Prudnikow
TABELLEN
UNBESTIMMTER INTEGRALE
VERLAG HARRI DEUTSCH
THUN UND FRANKFURT AM MAIN

Wörterbuch Physik / Dictionary of Physics

von R. Sube, G. Eisenreich
Englisch - Deutsch - Französisch - Russisch
2. berichtigte Auflage 1984, 3 Bände, 2895 Seiten, über 75.000 Fachbegriffe in jeder Sprache, Lexikonformat, Kunstleder, im Schuber, zusammen DM 490,-
ISBN 3-87144-143-0
"Diese außerordentlich umfangreiche Darstellung physikalischer Begriffe in einem mehrsprachigen Wörterbuch basiert auf der kritischen Auswertung von Enzyklopädien, Lehrbüchern, Monographien und Zeitschriftenartikeln. ... Die Verfasser erreichten jedoch durch Beschränkung der Anzahl von Komposita, weitgehendes Vermeiden von Verben ..., daß noch ein handlicher Umfang gewahrt werden konnte. Dadurch und aufgrund zahlreicher Verweise erzielten sie eine hervorragende Übersichtlichkeit dieses Wörterbuches. ... "
(Physikalische Berichte)

Wörterbuch Physik

von R. Sube, G. Eisenreich
Studentenausgabe (Englisch - Deutsch)
1987, 1008 Seiten, ca. 75.000 Fachbegriffe, kart., DM 98,-
ISBN 3-87144-940-7
Zweisprachige Sonderausgabe der viersprachigen Orignalausgabe

Fachlexikon ABC Physik

Ein alphabetisches Nachschlagewerk in 2 Bänden
2. überarbeitete Aufl. 1989, 1046 Seiten, etwa 11.000 Stichwörter, 1.600 Abb. im Text, 48 teils farbige Tafeln, graphische Darstellungen und Literaturanhang
Leinen mit Schutzumschlag, zus. DM 128,-
ISBN 3-8171-1047-2
Halblederausgabe mit Goldprägung
(2 Bände im Schuber) DM 148,-
ISBN 3-8171-1227-0

"Dies ist wohl das umfassendste und ausführlichste alphabetische Nachschlagewerk zur Physik. Über 11.000 Stichworte geben Auskunft über alle Teilgebiete der Physik. Die Reichhaltigkeit des behandelten Stoffes läßt dieses Nachschlagewerk dem in Forschung und Lehre tätigen Physiker ebenso nützlich erscheinen wie dem Physikstudenten."
(Physikalische Blätter)

- Irrtümer und Preisänderungen vorbehalten -

Aus unserem Verlagsprogramm

Fachlexikon ABC Mathematik
Ein alphabetisches Nachschlagewerk
1978, 624 Seiten, etwa 700 Abbildungen, 6.000 Stichworte, Lexikon-Format, Leinen mit Schutzumschlag, DM 48,-
ISBN 3-87144-336-0

Ein alphabetisches Nachschlagewerk mit etwa 6.000 Stichworten aus allen Bereichen der Mathematik. Der kompakte Band hilft beim Nachschlagen von Lehrsätzen und Definitionen, gibt längere Einführungsartikel in die verschiedenen Gebiete der Mathematik und enthält eine reichhaltige Sammlung von Biographien berühmter Mathematiker.

G.E. Joos, E. Richter
Höhere Mathematik für den Praktiker
1979, Studentenausgabe der 12., neubearbeiteten Auflage 1978, 498 Seiten, 137 Abbildungen, 281 Aufgaben mit Lösungen, kart., DM 38,-
ISBN 3-87144-532-0

B. Michlin
Partielle Differentialgleichungen in der mathematischen Physik
Übersetzt aus dem Russischen.
Völlig neubearbeitete Auflage des Titels **Lehrgang der mathematischen Physik**.
1978, 519 Seiten, geb., DM 79,80
ISBN 3-87144-364-6

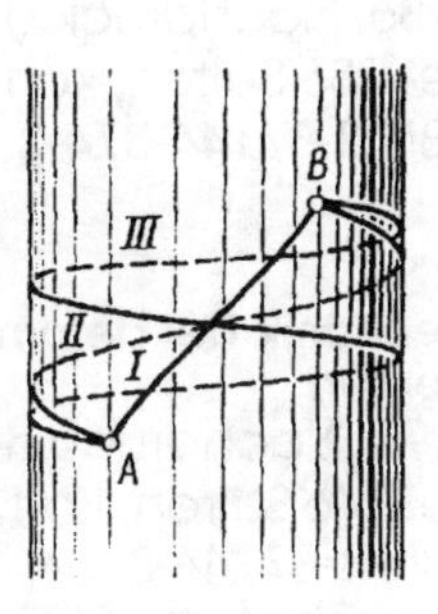

A.D. Myschkis
Angewandte Mathematik für Physiker und Ingenieure
Übersetzt aus dem Russischen von Joachim Storm.
1981, 655 Seiten, 191 Abb., Leinen, DM 29,80
ISBN 3-87144-294-1

- Irrtümer und Preisänderungen vorbehalten -

Aus unserem Verlagsprogramm

J.M. Ziman

Prinzipien der Festkörpertheorie

Übersetzt aus dem Englischen

Studentenausgabe

2. Auflage 1992, 442 Seiten, 213 Abbildungen, 3-sprachiges (Deutsch, Englisch, Russisch) Sachverzeichnis kart., DM 48,- (statt Originalausg. DM78,-

ISBN 3-8171-1255-6

U. Schröder

Spezielle Relativitätstheorie

2. verbesserte und erweiterte Auflage 1987, 221 Seiten, kart., DM 24,-

ISBN 3-87144-949-0

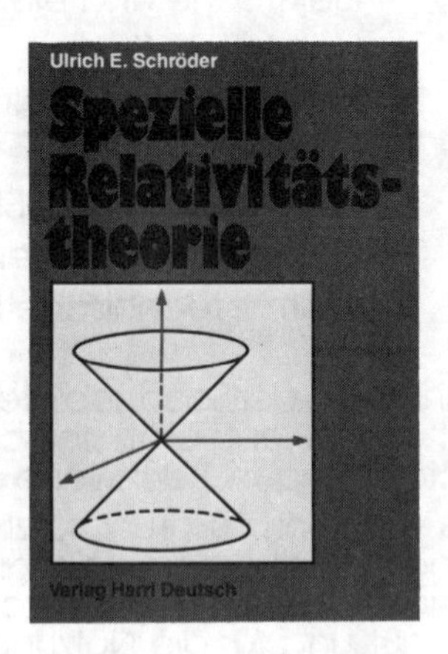

Neben den zahlreichen Monographien, die es zu diesem Thema gibt, soll diese Darstellung als erste Einführung dienen. Die vieldiskutierten Paradoxa werden anhand von Beispielen ausführlich behandelt. Ein Anhang mit Aufgaben soll zum weiteren Nachdenken anregen. Eine Zusammenstellung neuerer Experimente zur Prüfung der speziellen Relativitätstheorie schließt das Buch ab.

V.S. Wolkenstein

Aufgaben zur Physik

3. Auflage 1990, 399 Seiten, kart., DM 22,-

ISBN 3-87144-233-X

Lösen von Aufgaben ist das beste Training zum Verständnis wissenschaftlicher Grundlagen. 1550 Aufgaben werden hier geboten! Kurze Einführungen in die Theorie und die wichtigsten Gesetze gehen den Aufgaben zu folgenden Gebieten voraus: Grundlagen der Mechanik - Molekülphysik und Thermodynamik - Elektrizität und Magnetismus - Schwingungen und Wellen - Optik - Atom- und Kernphysik. Die Lösungen zu den Aufgaben sind angegeben. In einem Anhang sind die wichtigsten Konstanten und häufig benötigte Stoffeigenschaften zusammengestellt.

- Irrtümer und Preisänderungen vorbehalten -

K. Simonyi
Kulturgeschichte der Physik

1990, 576 Seiten, zahlreiche Abbildungen, farbiger Tafelteil, Leinen mit Schutzumschlag, DM 98,-
ISBN 3-87144-689-0

Simonyis hochinteressantes Buch behandelt die Physikgeschichte von den frühen Anfängen bis zu den heutigen Tagen. In wechselseitiger Verbindung mit der Entwicklung des mathematischen und philosophischen Gedankenguts entsteht ein ungemein vielschichtiges Abbild der Physik, dessen weltanschaulichen Aspekten der Autor mit besonderem Interesse und in ungewöhnlicher Weise nachspürt. Das Buch beinhaltet zahlreiche Abbildungen, Tabellen, Fotos und Faksimiles. Ausführliche Bildlegenden geben eine Fülle zusätzlicher Informationen. Der im Buch enthaltene Tafelteil ermöglicht in seiner abgestimmten Gesamtheit eine farbige Übersicht über die wichtigsten Schritte in der Entwicklung der Physik. Über 1200 Namen samt Lebensdaten sind im Personenregister verzeichnet.

A. Sommerfeld
Vorlesungen über Theoretische Physik
Nachdruck der jeweils neuesten Auflage.

Band 1:

Mechanik
1986, Nachdruck der 8. Auflage, 256 Seiten, kart., DM 22,-
ISBN 3-87144-374-3

Band 2:

Mechanik der deformierbaren Medien
1992, Nachdruck der 6. Auflage, 446 Seiten, kart., DM 29,80
ISBN 3-87144-375-1

Band 3:

Elektrodynamik
1988, Nachdruck der 4. Aufl. 343 Seiten, kart., DM 22,-
ISBN 3-87144-376-X

Band 4:
Optik
1989, Nachdruck der 3. Auflage, 336 Seiten, kart., DM 22,-
ISBN 3-87144-377-8

Band 5:
Thermodynamik und Statistik
1988, Nachdruck der 2. Auflage, 338 Seiten, kart., DM 22,-
ISBN 3-87144-378-6

Band 6:
Partielle Differentialgleichungen in der Physik
1992, Nachdruck der 6. Auflage, 298 Seiten, kart., DM 24,-
ISBN 3-87144-379-4

Aus unserem Verlagsprogramm

M. von Ardenne, G. Musiol, S. Reball u.a.

Effekte der Physik

1990, 820 Seiten, zahlr. Abbildungen, kart., DM 68,-
Ein Standardwerk als preisgünstige Studienausgabe
(Originalausg. DM 374,50).
ISBN 3-8171-1174-6

Das Buch enthält 225 Effekte der Physik in ausführlicher Darstellung. Sie sind in 8 Sachgebiete gegliedert:

- Atomare und molekulare Effekte
- Elektrische und elektromagnetischeEffekte
- Halbleitereffekte
- Mechanische Effekte
- Optische Effekte
- Photographische Effekte
- Physiologische Effekte
- Wärmetechnische Effekte.

Innerhalb der Sachgebiete sind die Effekte alphabetisch geordnet. Jeder Abschnitt enthält historische Bemerkungen, phänomenologische Beschreibungen, Kennwerte und Funktionen, Anwendungen und Literatur.

Es werden alle grundsätzlichen physikalischen Wechselwirkungen von und in Festkörpern, Flüssigkeiten, Gasen, Plasmen, Molekülen, Atomen und Kernen bei gleichzeitiger Einwirkung von Feldern und Teilchen erfaßt und für die Nutzung für Entwicklungs-, Meß-, Steuer- und Regelaufgaben aufbereitet.

Gesamtverzeichnisse oder
themenspezifische Prospekte bitte direkt beim

Verlag Harri Deutsch
- Vertrieb -
Gräfstraße 47

6000 Frankfurt am Main

bestellen

- Irrtümer und Preisänderungen vorbehalten -